오감(五感)센서의 물리적인 원리 및 응용

센서 물리학개론

정용택 지음

홍릉과학출판사

서문

센서는 현대 산업사회에서 사람이 살아가는 데 필수적이면서도 그 고마움을 간과하고 지내는 공기와도 같은 존재이다. 스마트폰의 알람 소리를 듣고 아침에 일어나며, 전자레인지 및 전기밥솥의 온도조절 센서의 도움으로 아침식사를 준비한다. 수십 개의 센서가 장착되어 있는 자동차로 출근을 하고, 각종 출입장치용 센서에 의해 출근을 했다는 것을 컴퓨터에 기록하고, 온도와 습도센서에 의해 사무실의 냉난방을 조절한다. 또한, 특별한 장소는 금속탐지 및 폭발물 감지용 센서가 장착된 게이트를 통과하기도 한다. 위험장소 및 특별한 목적으로 CCTV에 의해 24시간 기록되고 있으며, 프로세스 자동화 공장에는 각종 센서에 의해 제어되어 제품들이 제조되고 있다.

센서는 개별적으로 동작하기도 하지만, 서로 네트워크로 연결되어 지역 전체를 제어하기도 한다. 예를 들면 전력 배송, 통신관리, 교통 제어, 상수원 공급 등의 목적을 위해 센서 네트워크 기술은 필수적이다. 또한, 오존 농도, 먼지 농도, 이산화탄소 등과 관련된 대기 오염의 측정 및 관리 등 무수히 많은 분야에서 센서가 활용되고 있다. 어떻게 보면 한 나라의 공공의 목적 및 시큐리티 목적을 위해 센서가 필수적인 역할을 하고 있는 셈이다.

만약 센서가 없다면 현대 사회는 완전히 블랙아웃 상태로 빠질 것이다. 센서기술은 특별히 인간이 창조해 낸 것이 아니라 자연에 존재하는 물리/화학적 현상을 이용해서 어떤 관측 현상을 자동적으로 인식할 수 있도록 해 주는 기술이다. 즉, 입력 대상에 따라 출력이 변화하는 재료를 찾아서 그 용도에 맞는 전기회로의 도움으로 인간에게 자동적으로 통보해 주는 것이 센서기술이다.

센서는 인간 오감 대신에 각종 상황을 감지하고 제어하는 역할을 한다. 시각을 통해 정지해 있거나 움직이는 물체의 크기를 감지할 수 있다. 또한, 색상 정보와 형태 정보도 감지한다. 이런 작용으로 얼굴을 보면 누가 누구인지 인식을 한다. 매우 많은 군중 속에서도 얼굴을 보고 사람을 찾을 수 있는 우수한 선택성을 가지고 있다. 그러나 인간의 눈은 한정된 동적범위(dynamic range)를 가지고 있다. 즉, 전자기파 스펙트럼에서 가시광선 영역만 볼 수 있다. 가시광선은 파장으로 보면 보라색인 410 nm부터 빨간색인 750 nm 영역으로 자연계에 존재하는 전자기파 스펙트럼에서 가시광선은 매우 협소한 영역으로 인간의 눈은 자연에 존재하는 매우 일부분만 보고 판단하고 있는 것이다. 청각도 이와 비슷하다. 한정된 주파수 영역에서의 인식 능력은 매우 뛰어 나지만, 들을 수 있는 범위는 가청 주파수 영역인 20 Hz~20 kHz 영역에만 국한되어 있으며, 박쥐와 같은 동물들이 활용하는 초음파 영역에 대해 인간은 감지를 하지 못한다.

반면 센서기술을 이용하면 인간이 인지하지 못하는 영역도 충분히 감지가 가능하다. 다만 센서기술의 가장 큰 단점인 선택성은 현재 인간의 오감에 비해 떨어지지만, 향후 컴퓨터 기술과 반도체 기술이 발전하면 2020년쯤에는 이런 기술적인 한계를 극복할 것으로 예측하고 있다. 앞으로는 한

나라 또는 기업의 기술력을 평가하는 데 있어 가장 중요한 요소가 초정밀센서 기술 및 이를 연동한 네트워크 기술에 대해 얼마만큼 차별화된 기술을 보유하고 있는지에 따라 결정될 것으로 전망한다.

지금까지 국내외에 센서 관련된 기술서적은 무수히 많이 나와 있다. 이 책에서는 기존에 나온 우수한 책들을 참고하고, 저자의 센서 관련한 약 25여년간의 실무경험을 바탕으로 보다 쉽게 이해할 수 있도록 정리를 하였다. 기존의 센서 관련된 기술서적을 보면 대부분 기능이나 원리 중심으로 분류되어 있다. 물론 이런 분류방법도 한편으로는 좋지만, 인간이 느끼는 오감(五感)으로 센서를 분류하면 보다 이해하기 쉽다는 생각이 들었다. 그래서 저자는 기존 기술을 인간의 오감으로 분류를 하였으며, 센서별 동작원리 및 응용분야에 대해 정리를 하였다. 이런 분류 체계는 다소 생소할 수도 있지만, 센서를 오감에 비유하면 기술적인 분류보다는 더 친근하게 다가오리라 생각한다.

이 책은 크게 세 가지 Part로 구성되어 있다. Part I은 센서와 관련된 기초적인 내용을 다루었고, Part II는 센서와 관련된 물리적인 내용을 정리하였다. 그리고 Part III는 오감센서의 분류에 따라 각 센서별 원리 및 응용분야에 대해 기술하였다. 기초적인 내용부터 깊이 있는 내용까지 다루고 있으므로 독자들의 기술적인 수준에 따라 다양하게 활용이 가능하리라 기대한다. 우선 센서물리학의 초보자들도 센서에 대한 전반적인 원리에 대해 이해할 수 있도록 기본 원리에 대한 설명을 충실히 하였으며, 센서물리학에 지식이 있는 독자들의 더 깊은 이해를 돕기 위해서 수학적 모델을 이용한 설명을 곁들였다. 오감센서에 적용된 물리적인 원리들이 공통으로 적용되는 경우도 많아 이런 원리에 대한 기본 지식을 활용한다면, 다른 응용분야에도 충분히 활용이 가능하리라 생각한다. 이 책은 보다 많은 사람들이 센서에 대한 이해와 흥미를 가지게 되고, 대한민국의 센서 기술 발전에 작은 밑거름이 되기를 바라는 마음으로 책을 펴내게 되었다.

참고로 이 책에서 사용된 전문적인 용어의 한글 번역은 한국물리학회지에서 발행한 물리학 용어집을 기초해서 번역을 하였으나, 일부 생소한 용어들은 외국어의 발음을 기초로 한글로 옮긴 부분도 있으니 독자 분들의 양해를 구하는 바이다. 혹시 내용 중 일부 잘못된 내용이 있으면, 향후 개정판에 반영이 될 수 있도록 저자의 개인 이메일로 연락을 주시기 부탁드리는 바이다.

참고로 Part I "2. 센서의 신호 특성" 부분은 Jacob Fraden의 *Handbook of Modern Sensors*의 "2. Sensor Characteristics"의 내용을 발췌한 것이며, Part II "5.4.4 안테나 종류"와 Part III "7.4 레이더 센서의 원리"는 Kai Chang의 *RF and Microwave Wireless Systems*에서 발췌하였음을 밝혀 둔다.

2013년 5월

저자 정 용 택

차례

Part Ⅰ
센서의 기초

1 센서 개요

1.1 센서의 기본 개념

센서란 무엇인가? 이미 센서는 우리 생활 전반에 많은 부분에서 사용되고 있기 때문에 굳이 설명이 필요 없을 것으로 생각한다. 그래도 센서를 주제로 책을 쓰기 때문에 센서에 대한 정의를 정리해 보고자 한다. 센서에 대해 학문적으로는 "외부 자극에 의해 반응하고 이를 전기적인 신호로 출력하는 소자"라고 정의할 수 있다. 앞서 서문에서 논의했듯이 센서는 인간의 오감(五感)과 비유할 수 있다. 시각, 청각, 촉각 분야에서는 센서가 인간보다 훨씬 뛰어난 성능을 발휘하고 있지만, 냄새 및 맛 분야에서는 아직 센서가 걸음마 단계에 있다. 하지만 이 분야에 대해서도 시제품이 나와 있는 수준이며, 조만간 인간의 능력을 뛰어넘는 센서가 개발될 것이라 보고 있다.

센서의 역할에 대한 이해를 돕기 위해 그림 1-1과 같이 카메라와 눈을 비교해 보면 알 수 있다. 눈은 가시광선의 빛에 반응을 하여 빛을 망막의 시신경쪽으로 전달하는 역할을 한다. 망막의 시신경을 따라 뇌로 전달된 후 뇌에서 색깔, 크기, 모양 등을 분석 및 판단하여 눈에 비친 물체의 정보를 파악하고 인식한다. 신호 또는 외부 자극은 가시광선의 빛에 해당하고, 출력은 망막의 시신경에 해당한다. 눈과 같은 역할을 하는 센서가 사진기 또는 카메라에 내장되어 있는 필름, CMOS, CCD 등이다. 신호를 받아들이는 눈과 같은 구조적인 부분은 센서가 훨씬 앞서 있지만, 눈을 통해 들어온 영상을 분석하고 인식하는 분야에 대해서는 아직 센서가 인간의 수준에 비하면 훨씬 낮은 수준이다. 청각 부분도 마찬가지로 사람 귀로 들을 수 없는 미세한 소리에 대해서는 센서를 통해 신호를 잡을

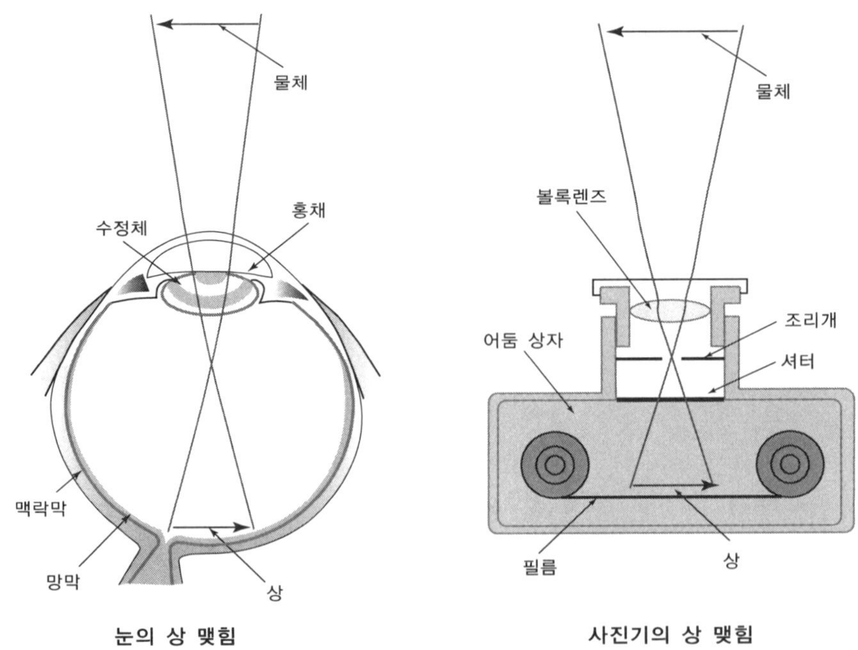

그림 1-1 눈과 카메라의 상 맺힘 개념도

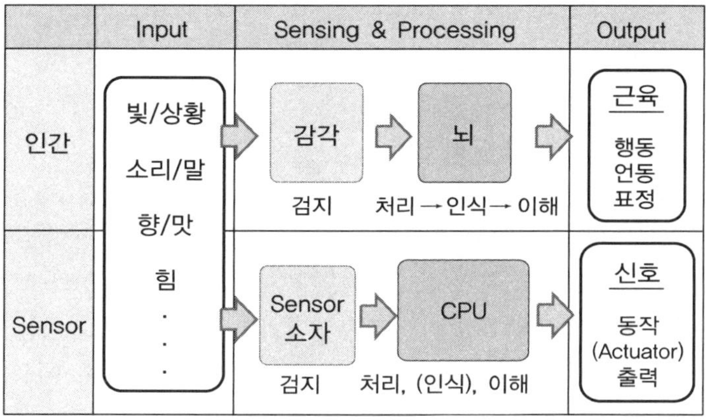

그림 1-2 인간의 감각과 센서 시스템의 비교

수 있지만, 이 신호가 좋은 소리인지 또는 파괴되는 소리인지 등의 수집된 신호의 분석 기술은 아직 인간의 능력을 따라가지 못한다. 이것은 바둑에서 컴퓨터가 인간을 이기지 못하는 것과 같은 논리이다. 그러나 가까운 장래에 컴퓨터 성능이 획기적으로 발전한다면 이 부분에 있어서도 인간을 능가할 것으로 예견하고 있다. 그림 1-2에 인간의 감각과 센서 시스템을 비교하였다.

스마트폰과 자동차에서 사용되는 센서들을 보면 센서가 현대 IT 기술에 있어 얼마나 중요한 역할을 하고 있는지 알 수 있다. 현재 스마트폰에 사용되고 있는 센서는 그림 1-3과 같으며, 대략 약 10여 종류 정도가 사용되고 있다. 또한, 스마트폰의 원가경쟁력을 위해 센서 단가는 현재 약 $30 이하 수준이다. 최근 MEMS(Micro-Electro Mechanical Systems, 나노미터에서 밀리미터의 초소형

그림 1-3 스마트폰에 적용이 되고 있거나 예상되는 센서

크기로 전자제품 또는 시스템을 제작하는 반도체 기술) 기술의 발달로 첨단 기능을 가진 센서들이 초소형화, 저가격화 되면서 스마트폰에 탑재되는 센서는 지속적으로 증가할 것으로 예상하고 있다.

현재는 카메라, 마이크로폰, 가속도센서, 근접센서, 중력센서, 지자기센서 등이 주로 사용되고 있으나, 미국 국토안보부 과학기술국에 따르면 오감 인지가 가능한 후각, 미각 센서까지 미래에는 탑재될 것으로 예상하고 있다[1]. 2009년 휴대폰용 센서시장 규모는 약 35.5억 달러 정도였으며, 2015년에는 약 80억 달러로 연평균 약 20% 정도로 성장을 예상하고 있다. 스마트폰용 센서는 사용자의 신체적인 변화 감지에서부터 주위 환경을 감지하는 센서, 그리고 사용자의 감정 상태까지 고려하는 센서로 진화하여 인간의 오감을 뛰어넘어 새로운 영역의 감각까지도 포용하는 센서들이 스마트폰에 유기적으로 집약됨으로써 인간과의 감성적인 인터랙션이 가능할 것으로 예상하고 있다. 현재 스마트폰에 탑재된 센서들의 종류와 기능은 표 1-1과 같다[2][3].

자동차용 센서는 그림 1-4와 같이 스마트폰과는 달리 안전성, 쾌적성, 에너지 절감 등의 용도로 사용되고 있다. 자동차가 만들어진 초기에는 기계적인 장치를 이용해 작동했지만, 최근 이들 장치들이 대부분 전자식으로 바뀌고 있다. 자동차에 탑재된 각종 센서는 차량의 외부와 내부에서 일어나는 변화를 감지하는 용도로 사용되고 있다. 예를 들어 엔진의 경우, 대기압력, 연소실 압력, 배기압력, 연소압력, 흡기온도, 연소가스온도, 실린더벽 온도, 냉매온도 등 엔진과 관련된 각종 상황을 센서로 체크하고, 이 정보를 트랜스미션 제어장치에 전달하고, 트랜스미션은 엔진회전, 출력, 엔진토크, 제

표 1-1 스마트폰에 탑재된 주요 센서의 종류 및 기능

센서 종류	주요 기능
이미지센서	빛을 감지해서 그 세기의 정도를 디지털 영상 데이터로 변환해 주는 센서이며, CCD와 CMOS 방식이 있음
마이크로폰센서	물리적인 소리를 공기압력의 변화에 의해 전기적인 신호로 변환하는 센서이며, 일렉트릭콘덴서가 많이 사용되었으나 최근 MEMS 마이크로폰이 확대되는 추세
근접센서	기계적인 접촉에 의한 검출방식이 아니라 검출체가 가까이 근접했을 때 검출 대상물체의 유무를 판별하는 무접촉 방식의 센서이며, 보통 통화를 위해 스마트폰을 얼굴 가까이 가져가거나 주머니 등에 넣는 경우 화면이 자동으로 꺼지도록 하는 용도
조도센서	주변 밝기에 따라 화면의 디스플레이 조도를 자동으로 조절해 주는 센서이며, 통상 모바일 단말의 전력소모량을 줄이고 눈의 피로감을 덜 수 있도록 하는 용도
중력센서	중력이 어느 방향으로 작용하는지를 탐지해 물체 움직임을 감지하는 센서이며, 스마트폰의 디스플레이 방향(가로, 세로)을 자동으로 보정해 주는 역할에 사용
GPS센서	위성위치 확인 시스템을 통해 물체의 시간 및 위치정보 획득이 가능한 센서이며, 최근 GPS 수신기의 소형화 및 경량화로 모바일 제품에 탑재가 보편화 추세
가속도센서	단위 시간당 물체 속도의 변화, 충격 등 동적 힘의 변화를 감지하는 센서이며, 초기에는 2축 가속도센서가 주류였으나, 최근에는 MEMS 기술을 적용한 보다 정교해진 3축 가속도센서가 보편화되고 있으며, 기울기 변화, 흔들림 등 물체 움직임을 감지
지자기센서	지구 자기장의 흐름을 파악해 나침반처럼 방위각을 탐지하는 센서이며, 기존에는 2축 지자기센서가 주류였으나, 최근에는 3축 지자기센서가 보편화 추세
자이로스코프	물체의 관성력을 전기신호로 검출하며, 주로 회전각을 감지하는 센서이며, 높이와 회전, 기울기 등을 직접 감지할 수 있어 3축 가속도센서와 연계하여 보다 정교한 모션센싱이 가능함

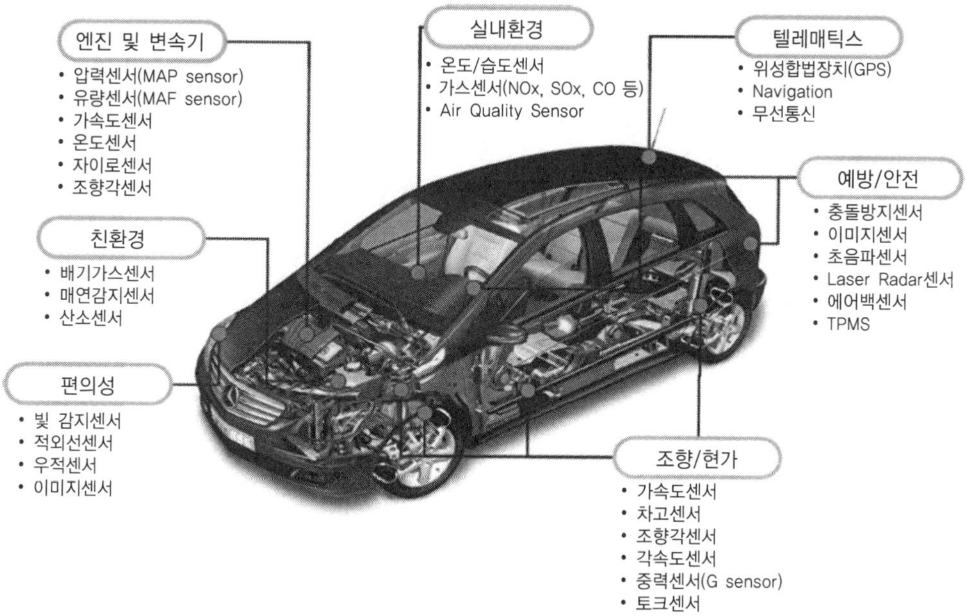

그림 1-4 자동차에 적용된 각종 센서

어유압 등 정보를 받아들이는 센서를 통해 기어를 제어한다. 예전에는 자동차를 기계공학의 산물이라 생각하였으나, 최근에는 자동차 내부에 각종 첨단 센서를 내장함으로써 자동차의 안전성과 편리성에 차별화를 할 수 있는 요소로 자리잡고 있다. 따라서 자동차는 센서기술의 결정체라고 볼 수 있다.

최근 자동차 센서기술은 주요 기능이 통합화, 지능화, 초소형화 되는 추세이며, 1세대 기계식 센서에서 2세대 반도체 센서를 거쳐 지능형 센서로 바뀌고 있다. 이는 자동차 활용성 및 효율성, 환경문제 등을 이유로 연비제어, 안전성 등을 상황에 맞게 조절하는 용도로 발전되고 있다. 1980년대에는 자동차 1대당 평균센서 수가 40여개였지만, 1990년대에는 50여개로 확대되었으며, 2000년대에는 80여개로, 그리고 2010년대에는 160여개로 점차 사용되는 센서의 사용수량이 늘어가고 있는 추세이다. 특히 앞으로 주행과 관련해 자동차 업체간 기술력 차이가 줄어들 것으로 예상돼, 얼마나 많은 지능화된 센서를 내장하고 있느냐에 따라 자동차의 경쟁력을 좌우할 것으로 예상하고 있다[4][5].

1.2 센서의 시장규모

스마트폰과 자동차에 사용되는 센서들의 수가 점점 증가하고 있듯이 다른 분야에도 센서는 매우 핵심적인 역할을 하고 있다. 그림 1-5와 같이 2011년 센서의 세계시장 규모는 약 55조원 정도이며, 2020년쯤에는 약 80조원으로 급성장 할 것으로 예상하고 있다. 특히 반도체 기술의 하나인 MEMS 기술의 발달로 소형화, 경량화, 저가격화, 복합화가 가능해져 그 사용범위가 점점 더 확대될 것으로 보고 있다. 그 중에서 바이오센서, 이미지센서, 압력센서, 유량센서 4가지 종류의 센서가 전체 시장에서 약 60%를 차지할 정도로 가장 많이 사용되고 있다[6].

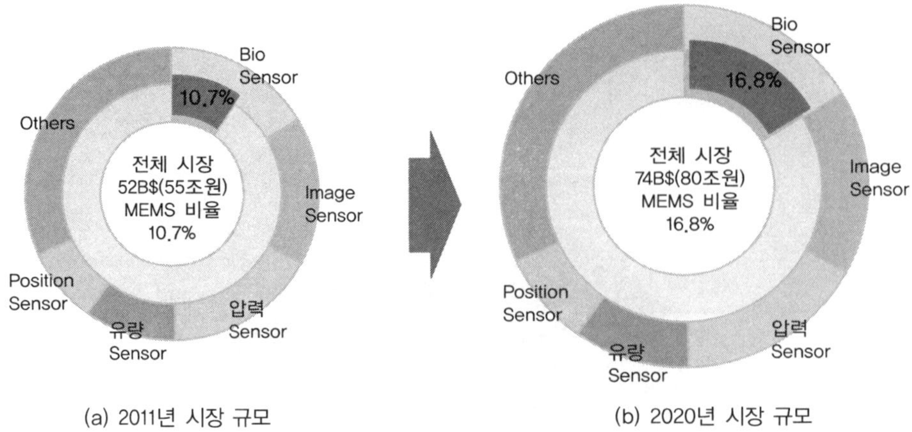

그림 1-5 센서시장 규모

센서시장 규모가 2010년에 약 55조원으로 다른 분야의 시장크기에 비해 매우 작다고 볼 수 있다. 그러나 스마트폰이나 자동차의 예에서처럼 비록 가격은 낮지만 첨단 센서가 장착되지 않으면 스마트폰과 자동차는 경쟁에서 뒤처지게 된다. 따라서 단순히 센서시장 규모만 보고 생각보다 작다고 판단하는 것은 큰 오해이다. 센서를 이용한 부가 시스템의 시장까지 같이 생각한다면 작게는 10배에서 1,000배 이상의 시스템 시장이 있으며, 또한 이러한 시스템을 이용한 서비스 시장까지 생각한다면 센서가 시장에 미치는 파급효과는 생각하는 이상의 규모로 확대해서 생각할 수 있다. 향후에는 MEMS 기술의 발전으로 센서의 소형화, 저가격화, 저전력형, 다기능화 등이 가능해져 매우 다양한 분야에 응용될 것으로 예측하고 있다.

오늘날 사용되고 있는 센서들은 간단한 것부터 복잡한 것까지 매우 다양하게 있다. 센서를 구분하는 데 있어 다양한 방법들이 있을 수 있지만, 가장 기본적인 방법은 능동형(active)과 수동형(passive) 두 가지로 나눌 수 있다. 능동형은 센서쪽에서 임의의 신호를 내보내어 반사되어 오는 신호를 분석해서 감지하는 센서를 의미하며, 수동형은 물체 자체에서 나오는 신호를 이용해서 감지하는 센서를 의미한다. 따라서 능동형은 송신부와 수신부가 함께 있으며, 부가적인 전원 및 회로가 필요한 단점이 있다. 반면, 수동형은 수신부만 있으면 되므로 회로구성이 간편한 장점은 있으나 잡음에 취약한 단점이 있다. 능동형과 수동형은 센서의 용도에 맞게 만들어서 제작한다.

1.3 센서의 분류

박쥐는 몸에서 임의의 초음파를 발산하여 돌아오는 반사파를 분석해서 방향을 탐지하므로 박쥐의 경우는 능동형 센서 방식이라 볼 수 있다. 자동차의 속도위반을 측정하기 위한 스피드건은 능동형 방식이며, 공항에 비행기의 이착륙을 도와주기 위해 사용하는 레이더도 능동형 방식이다. 또한, 바닷속 물고기의 무리를 찾기 위해 사용하는 어군탐지기도 능동형 방식이다. 이에 반해 각 도시의 안전을 지키기 위해 사용하고 있는 CCTV는 수동형 방식이며, 물체의 온도를 측정하는 비접촉식 온도계도 수동형 방식이고, 침입감지용으로 가장 많이 사용되는 열선감지기도 수동형 방식이다. 또한,

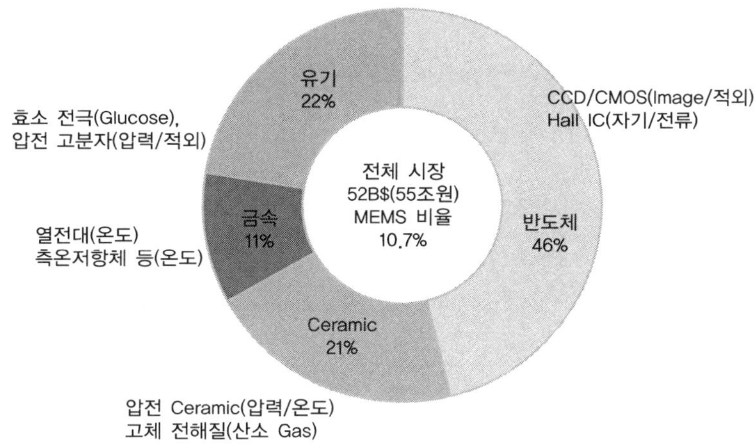

그림 1-6 센서 재료별 시장 규모(2011년 기준)

인간의 눈과 귀와 같은 센서도 자연에서 발생하는 신호에 따라 반응하는 센서이므로 수동형 센서이다. 인간이 개발하여 사용하고 있는 센서들은 대부분 자연에 존재하는 동식물의 방식을 모방한 기술이며, 사용하고자 하는 목적에 따라 수동형과 능동형 센서로 구분할 수 있다.

센서가 출력하는 신호에 따라 기준(reference) 대비 상대적(relative) 또는 절대적(absolute)으로 분류할 수 있다. 절대적 센서의 대표적인 예는 온도를 측정하는 서미스터(thermistor)이다. 서미스터의 전기저항은 온도와 비례하는 관계에 있다. 반면 같은 온도를 측정하는 센서이지만, 열전쌍(thermocouple) 센서는 상대적 센서의 대표적인 예이다. 열전쌍의 양쪽 금속의 온도 기전력 차이에 의해 전압으로 출력신호가 나오는데, 온도로 환산하기 위해서는 표준 대비 전압차이를 고려해서 환산해야 한다.

또 다른 센서의 분류로는 센서를 만든 재료에 따라 그림 1-6과 같이 금속(conductor), 반도체(semiconductor), 세라믹(ceramic), 유기 재료 등으로 분류할 수 있다. 이 그림에서 알 수 있듯이 2011년 기준 반도체와 세라믹 계열의 재료가 2/3 정도를 차지하고 있으며, 반도체와 세라믹이 센서의 가장 중요한 재료로 이용되고 있다.

MEMS 기술을 이용한 센서의 응용분야는 각종 시장조사 기관에서 향후 매우 큰 폭으로 성장할 것으로 예상하고 있다. 그 이유는 반도체 기술을 이용해서 소형화가 가능하고, 대량 생산으로 가격이 대폭 낮아지며, 복합 기술의 적용으로 응용분야가 다양해질 수 있다는 장점 때문이다. 특히 스마트폰의 확산에 따라 스마트폰 내에 MEMS로 만든 센서를 장착하려는 시도가 앞으로 확대될 것으로 예상된다. MEMS의 응용분야에 따른 시장규모는 표 1-2와 같다. 현재는 주로 압력, 가속도, 각속도 분야가 주류이지만, 향후에는 이동복합, 마이크, 적외선 분야가 유망할 것으로 예상하고 있다[7].

그리고 센서에서 감지되는 수단에 의해서, 생물학적(biological), 화학적(chemical), 전기적(electrical), 전자기파(electromagnetic wave), 열 또는 온도(heat, temperature), 기구적인 변위(mechanical displacement), 방사(radiation), 방사능(radioactive), 기타로 분류할 수도 있다. 이 책에서는 센서를 인간의 오감에 비유하여 크게 5가지로 분류해 보았다.

표 1-2 MEMS 센서의 시장 현황 예측

(단위 : M$)

	2011년	2017년	연평균 성장률(%)
가속도	1,520	1,560	0.4
압력	1,400	2,240	8.1
각속도	1,290	1,470	2.2
음파(마이크)	440	840	11.4
자기(compass)	360	450	3.8
적외선	350	650	10.9
이동복합(가속도/각속도/지자기 응용)	80	1,690	66.3
기타	120	500	26.9
합계	5,560	9,400	9.1

Yole사 자료 참고

2 센서의 신호 특성

센서에 입력되는 대부분의 외부 자극은 전기적인 형태가 아니기 때문에 센서에서 전기적인 신호로 출력을 내기 위해서는 몇 가지 에너지 변환 단계가 필요하다. 예를 들면, 광섬유 센서로 압력을 측정한다고 하면, 압력차이 때문에 광섬유 내에 스트레인이 생기게 되고, 이로 인해 광섬유 내부의 굴절률이 변하게 되어 광섬유를 통과하는 빛의 투과량에 영향을 미치게 된다. 마지막 단계에서 광섬유 끝단에 위치해 있는 포토다이오드에서 광섬유를 지나온 빛을 감지하여 전기적인 신호로 변화시키게 된다. 이런 예에서 알 수 있듯이 외부 자극에 의해 센서 내부에서 많은 변화가 발생하는데, 이러한 내부 변화가 외부 자극의 크기와 어떤 관계에 있는지에 따라 성능이 좋은 센서가 되기도 하고 성능이 나쁜 센서가 되기도 한다.

이와 같이 센서는 외부 신호에 대해 물리적, 화학적, 생물학적 특성의 변화를 이용해서 전기적인 신호로 변환해 주는 부품이며, 변환 특성에 의해 정성적 및 정량적 분석도 가능하다. 이러한 분석을 위해서는 센서로 입력되는 외부 신호에 대한 기준이 있어야 한다. 이러한 기준을 위해 국제도량형총회에서 기본적인 물리량을 정의하였다. 또한, 입력된 신호에 대해 센서가 얼마나 잘 전기적인 신호로 변환해 주며, 주변 상황에 따라 센서의 특성이 어떻게 변하는지에 대한 정보가 있어야만 정성 및 정량 분석이 가능하다. 본 장에서는 이러한 센서의 이해에 필요한 기본적인 지식에 대해 정리하였다.

2.1 국제단위계

국제단위계의 필요성은 19세기 유럽에서 산업혁명이 확산되고 과학기술이 발전하면서부터 제기되었다. 이때까지만 해도 우리나라가 속해 있는 동아시아에서는 척관법을 사용하고 있었고, 영국과 미국에서는 피트/파운드법, 프랑스에서는 10진계인 미터법을 사용하고 있었다. 그러나 국가 간의 무역과 정보교류가 점점 늘어나면서 국가마다 서로 다른 체계의 단위를 사용하면 자기네들 단위로 다시금 일일이 환산해야 하는 불편함이 있었다. 그래서 국제사회에서 국제적으로 통일된 단위계의 필요성이 제창되었고, 이에 따라 각국의 과학자들이 모여서 어느 국가에서 사용하고 있는 단위가 가장 과학적이고 합리적인가를 논의하게 되었다. 그 결과, 여러 가지의 단위계 중에서 프랑스에서 사용하는 미터법이 가장 간결하고 합리적이라는 것에 의견일치를 보았고, 이에 따라 1875년 국제도량형총회」(General Conference on Weights and Measures, CGPM)가 발족되었다. 우리나라는 1959년에 가입하였으며 대통령령으로 시행되고 있다.

국제도량형총회에서 제정한 7가지 기본 물리량은 SI(국제 단위계, International System of Unit) 단위계로 표 2-1과 같다. 참고로 2007년 제23차 국제도량형총회에서는 과학기술 발전에 따라 기존에 정의되었던 SI단위를 재정의 하고자 하는 안건이 제출되었으며, 현재 사용 중인 SI단위 중 질량, 전류, 온도 및 물질량에 대해 새로운 정의를 적용하는 것을 주요 내용으로 하고 있으며, 현재 활발히 논의가 진행 중에 있다[8].

이 밖의 물리 단위는 표 2-1의 7가지 기본 단위를 바탕으로 다른 모든 단위는 이들로부터 유도되는데, 그 중에서 22개의 유도 단위는 편의상 특별한 명칭이 주어져 있으며, 그 상세한 내용은 표 2-2와 같다. 이것은 2010년 대통령령으로 국가표준기본법의 시행령으로 제정된 내용이다.

2.2 전달함수(Transfer Function)

모든 센서는 외부 신호에 대해 전기적인 신호 또는 기계적인 신호 관계를 나타내는 입력 대 출력 관계가 있다. 만약 이상적인 작업자에 의해 이상적인 재료를 이용해서 어떤 센서가 완벽하게 설계되고 만들어졌다고 하면, 이러한 이상적인 센서의 출력은 외부 자극에 대해 항상 참값(true value)을 보여줄 것이다. 이러한 이상적인 입력 대 출력 관계는 표, 그래프, 또는 수학적인 방정식의 관계로

표 2-1 SI 표준 기본 단위의 정의

물리량	이름	단위	정의 (정의 년도)
길이	Meter	m	진공 속에서 빛이 1/299,792,458초 동안 진행한 거리(1983)
질량	Kilogram	kg	90% platinum + 10% iridium 표준기(1901)
시간	Second	s	세슘 133 원자의 바닥상태에 있는 두 초미세 준위 간의 전이에 대응하는 복사선의 9,182,631,770 주기의 지속 시간(1967)
전류	Ampere	A	무한히 길고 무시할 수 있을 만큼 작은 원형 단면적을 가진 두 개의 평행한 직선 도체가 진공 중에서 1 m 간격으로 유지될 때, 두 도체 사이에 매 미터 당 2×10^{-7} N의 힘을 생기게 하는 전류(1948)
온도	Kelvin	K	물의 삼중점을 기본 고정점으로 선정하고 이 고정점 온도의 1/273.16(1967)
물질량	Mole	mol	탄소 12의 0.012 kg에 있는 원자의 개수와 같은 수의 구성요소를 포함한 어떤 물질계의 물질량(1971)
광도	Candela	cd	진동수 540×10^{12} Hz인 단색광을 방출하는 광원의 복사도가 어떤 주어진 방향으로 매 스테라디안(sr)당 1/683 W일 때 이 방향에 대한 광도(1979)

출처 : 한국표준과학연구원 자료

표 2-2 특별한 명칭을 가진 SI 유도 단위

(국가표준기본법 시행령, 대통령령 제22534호, 2010.12.20. 공포, 시행)

물리량	SI단위			
	명칭	기호	다른 단위	SI 기본 단위
평면각	radian	rad		$m \cdot m^{-1} = 1$
입체각	steradian	sr		$m^2 \cdot m^{-2} = 1$
진동수	Hertz	Hz		s^{-1}
힘	Newton	N		$m \cdot kg \cdot s^{-2}$
압력, 응력	Pascal	Pa	N/m^2	$m^{-1} \cdot kg \cdot s^{-2}$
에너지, 일, 열량	Joule	J	$N \cdot m$	$m^2 \cdot kg \cdot s^{-2}$
일률, 전력	Watt	W	J/s	$m^2 \cdot kg \cdot s^{-3}$
전하량	Coulomb	C		$A \cdot s$
전위, 전위차, 기전력	Volt	V	W/A	$m^2 \cdot kg \cdot s^{-3} \cdot A^{-1}$
전기용량	Farad	F	C/V	$m^{-2} \cdot kg^{-1} \cdot s^4 \cdot A^2$
전기저항	Ohm	Ω	V/A	$m^2 \cdot kg \cdot s^{-3} \cdot A^{-2}$
전기전도도	Siemens	S	A/V	$m^{-2} \cdot kg^{-1} \cdot s^3 \cdot A^2$
자기력선속	Weber	Wb	$V \cdot s$	$m^2 \cdot kg \cdot s^{-2} \cdot A^{-1}$
자기력선속밀도	Tesla	T	Wb/m^2	$kg \cdot s^{-2} \cdot A^{-1}$
인덕턴스	Henry	H	Wb/A	$m^2 \cdot kg \cdot s^{-2} \cdot A^{-2}$
섭씨온도	Celsius	℃		K
광선속	lumen	lm	$cd \cdot sr$	$cd \cdot sr$
조명도(광조도)	lux	lx	lm/m^2	$m^{-2} \cdot cd \cdot sr$
방사능	becquerel	Bq		s^{-1}
흡수선량	gray	Gy	J/kg	$m^2 \cdot s^{-2}$
선량당량	sievert	Sv	J/kg	$m^2 \cdot s^{-2}$
촉매활성도	katal	kat		$mol \cdot s^{-1}$

만들 수 있다. 여기서 입력 대 출력의 관계가 시간과 무관하다고 하면 이 관계를 전달함수(transfer function)라고 한다. 즉, 외부 자극 s에 대한 센서의 전기적인 출력신호 S의 관계를 전달함수라고 하며, $S = f(s)$로 표현할 수 있다. 일반적으로 외부 자극 s는 센서에서 측정된 S값을 이용해서 전달함수의 역인 $f^{-1}(S)$로부터 외부 자극 s를 계산할 수 있다. 센서를 통해 알게 된 측정값 S는 보통 전압, 전류, 디지털 카운트 등의 숫자인데, 이로부터 외부 자극 s를 유추할 수 있다. 실제로 측정 대상물에 센서를 부착하고, 센서 출력값 S의 역 전달함수 관계식으로부터 외부 자극 s를 계산하여 유추하고 있다[9].

2.2.1 수학적 모델(Mathematical Model)

센서로 사용하려면 물리적 또는 화학적 법칙에 대한 이해가 있어야 하며, 이러한 법칙이 수학적인 형태로 표현이 가능해야 한다. 그래야만 센서의 출력값 S로부터 전달함수를 통해 외부 자극 s를 계산할 수 있다. 선형적으로 저항이 변하는 전위차계(potentiometer)를 이용해서 변위 d를 측정한다고 하면, 전달함수로 옴의 법칙을 이용해서 계산할 수 있다. 즉, 전위차계에서 측정된 S는 전압 v이므로 역 전달함수로부터 변위 d는 다음과 같다.

$$d = \frac{v}{E} D \tag{2.1}$$

여기서 E는 표준전압이며, D는 최대 변위로 둘 다 상수이다. 이 식으로부터 측정 전압값 v로부터 변위 d를 계산할 수 있다. 실제로는 센서가 이상적이지 않기 때문에 전달함수를 간단한 형태로 표현하는 경우는 거의 없으며, 대부분은 다양한 방법의 근사적인 방법의 전달함수를 이용해서 외부 자극을 계산한다.

2.2.2 함수 근사(Functional Approximations)

센서로 측정한 값과 함수근사식으로 계산한 값을 비교함으로써 함수근사식이 얼마나 잘 일치하는지 알 수 있다. 만약 근사식이 선형함수와 같은 전달함수이면 계산하기 쉽다. 그러나 센서로 획득한 데이터는 대부분 비선형적인 관계를 나타낸다. 먼저 다음과 같이 가장 간단한 선형함수인 전달함수를 가정해 보자.

$$S = A + Bs \tag{2.2}$$

여기서 A는 입력신호 s가 0인 경우 센서에서 출력되는 신호에 해당하며, 각 데이터의 기울기가 B이며, 이 기울기는 센서의 감도(sensitivity)를 의미한다. 즉, 기울기가 크면 외부 자극의 조그만 변화에도 센서가 인지할 수 있다는 것을 의미한다. 그리고 센서출력 S는 전기적인 값으로 센서의 특성, 신호 조건 및 회로에 따라 진폭, 위상, 주파수, 펄스폭 변조(Pulse-Width Modulation, PWM), 디지털 코드 등의 형태로 출력된다. 식 (2.2)는 이상적인 전달함수인데, s 대신에 기준점인 입력 표준값 s_0를 사용해서 보다 실제적인 센서의 전달함수를 다음과 같이 쓸 수 있다. 이것을 옵셋(offset) 보정이라 한다.

$$S = S_0 + B(s - s_0) \tag{2.2a}$$

여기서 S_0는 옵셋보정을 통한 초기 입력값에 해당한다. 식 (2.2), (2.2a)와 같은 선형적인 전달함수를 가진 센서는 매우 드물다. 많은 경우 이와 유사한 형태의 전달함수를 가정해서 근사하는 방법을 사용한다. 그 대표적인 것이 다음과 같은 로그함수, 지수함수, 멱함수(power function) 등이다.

$$S = A + B \ln s, \quad s = \exp\left(\frac{S - A}{B}\right) \tag{2.3}$$

$$S = A \exp(ks), \quad s = \frac{1}{k} \ln \frac{S}{A} \tag{2.4}$$

$$S = A + Bs^k, \quad s = \sqrt[k]{\frac{S - A}{B}} \tag{2.5}$$

앞의 3가지 전달함수는 결정해야 할 변수도 작고 계산도 용이하기 때문에 비교적 간단한 전달함수에 해당한다. 따라서 결정해야 할 변수가 가급적 적을수록 편리하며, 센서의 교정을 위해서도 적은 비용이 든다.

2.2.3 다항식 근사(Polynomial Approximations)

센서의 전달함수가 일차함수와 같은 단순한 형태가 아니고 복잡한 경우도 많다. 이러한 복잡한 전달함수를 포현하기 위해 사용하는 방법이 다항식 근사법이다. 예를 들면 식 (2.4)의 지수함수는 다음과 같은 3차 다항식으로 근사시킬 수 있다.

$$S = A\exp(ks) \approx A\left(1 + ks + \frac{k^2}{2!}s^2 + \frac{k^3}{3!}s^3\right) \tag{2.6}$$

실제로 대부분의 센서 전달함수로 2차 또는 3차 다항식으로 근사시켜도 큰 무리가 없다. 따라서 식 (2.6)은 다음과 같이 쓸 수 있다.

$$\begin{aligned} S &= a_2 s^2 + b_2 s + c_2 \\ S &= a_3 s^3 + b_3 s^2 + c_3 s + d_3 \end{aligned} \tag{2.7}$$

식 (2.7)의 역 전달함수도 다음과 같은 근사식으로 사용한다.

$$\begin{aligned} s &= A_2 S^2 + B_2 S + C_2 \\ s &= A_3 S^3 + B_3 S^2 + C_3 S + D_3 \end{aligned} \tag{2.8}$$

위 식의 계수 A, B, C는 a, b, c의 역으로부터 계산된 값이다. 만약 좀 더 정밀한 결과를 얻고자 한다면 보다 높은 다항식을 사용하면 된다. 대부분의 경우 외부 자극의 일정 범위 내에서는 대부분 이차 다항식의 전달함수를 이용해서 계산해도 큰 문제가 없다.

2.2.4 감도(Sensitivity)

일반적으로 식 (2.2)와 (2.2a)에 있는 계수 B를 감도라고 하며, 고정된 값이다. 반면 비선형적인 전달함수인 경우 감도 B는 고정값이 아니며, 외부 자극의 범위에 따라 몇 가지 다른 감도를 가지게 된다. 비선형 전달함수인 경우 감도는 다음과 같이 전달함수의 도함수로 정의된다.

$$b_i(s_i) = \frac{dS(s_i)}{ds} \approx \frac{\Delta S_i}{\Delta s_i} \tag{2.9}$$

2.2.5 선형 근사법(Linear Piecewise Approximation)

선형 근사법은 데이터 처리에 가장 적합한 방법이다. 비선형 전달함수에서 구간을 나누어서 식 (2.2a)가 적용될 수 있는 영역을 식 (2.9)의 원리를 이용해서 계산하는 방법이다. 이에 대한 개념적인 설명은 그림 2-1과 같다. 입력 s_1, s_2, s_3에 대해 출력 n_1, n_2, n_3가 나오는 매듭(knot)을 가진 비선형적인 그래프를 선형적인 구간으로 근사하여 계산하고, 각 선형적인 직선들은 매듭에서 만나게 되어 있다. 이렇게 하면 각 구간마다 오차가 발생하는데, 각 구간별 실제 값과 최대 편차로부터 선형 근사법이 얼마나 잘 맞는지 판단한다. 편차는 평균 제곱(mean square), 최대 차이 등 여러 가

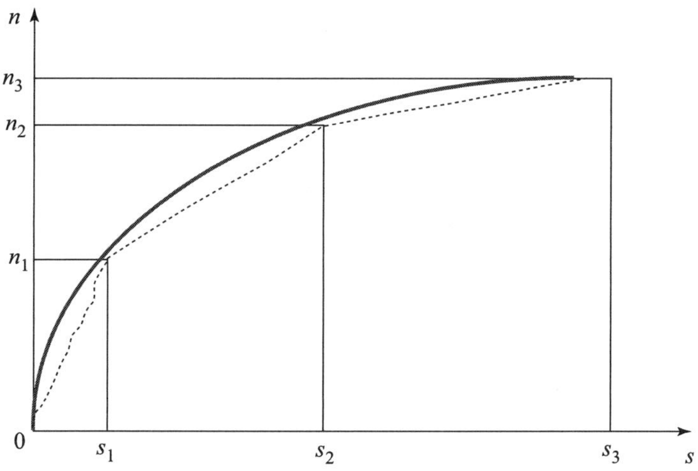

그림 2-1 선형 근사법 개념

지 방법으로 계산할 수 있다. 편차를 허용할 정도로 작은 범위 내에서 매듭을 나누는 것이 좋으며, 반드시 매듭 간의 간격이 동일할 필요도 없다.

2.2.6 스플라인 보간법 (Spline Interpolation)

3차 다항식 이상의 다항식 근사에서 오차를 최소화하는 방법이 스플라인 보간법이다. 선형 근사법과 비슷한 방법으로 스플라인 보간법은 매듭에 해당하는 선택된 실험값들 사이를 3차 다항식 보간법으로 계산하는 방법이다. 그림 2-2와 같이 이웃하는 매듭 사이는 곡선이며, 각각의 곡선은 3차

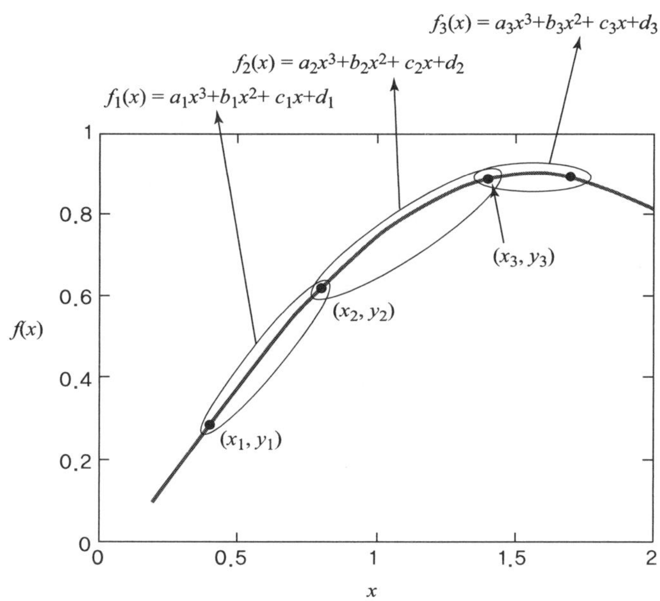

그림 2-2 스플라인 보간법 개념

다항식으로 근사한 식을 이용해서 계산한다. 가장 좋은 방법은 가급적 낮은 다항식으로 계산하는 것이다. 현재 가장 많이 사용하는 방법이 3차 다항식을 이용한 큐빅 스플라인(cubic spline) 보간법이다. 스플라인 보간법은 전달함수의 오차를 최소화하여 가장 부드럽게 근사시킬 수 있는 방법이다.

2.2.7 다차원 전달함수 (Multidimensional Transfer Functions)

센서의 출력신호가 하나 이상의 입력신호에 따라 달라질 수 있는데, 이것은 일대일 대응이 아니라 일대다의 전달함수인 경우이다. 습도센서는 두 가지 입력 변수, 즉 상대적인 온도와 습도에 따라 출력이 달라지는 경우이다. 또한, 적외선의 복사 법칙 중 하나인 Stefan-Boltzmann 법칙은 다음과 같이 두 가지 온도에 의해 복사량이 결정된다.

$$V = G(T_b^4 - T_s^4) \tag{2-10}$$

여기서 G는 상수이고, T_b는 물체의 절대온도이며, T_s는 물체 주위의 온도이다. 이와 같이 하나의 변수가 아니고 두 개 이상의 변수에 의해 출력이 결정되는 경우는 그림 2-3과 같은 다차원 전달함수 모델을 이용해서 계산한다.

2.3 교정 (Calibration)

센서 제조사의 오차와 신호를 출력하는 인터페이스 회로의 오차가 시스템이 요구하는 것보다 크다면, 센서 교정 또는 센서와 인터페이스 회로의 조합에서 오차를 최소화해야 한다. 예를 들어, 온도를 ±0.1℃의 정밀도로 측정하고 싶은데, 사용하고 있는 온도계의 정밀도가 ±1℃이라고 하면, 이 상태로는 센서를 사용할 수가 없다. 오히려 정밀도를 높이기 위해 전달함수의 변수를 최적화하거나

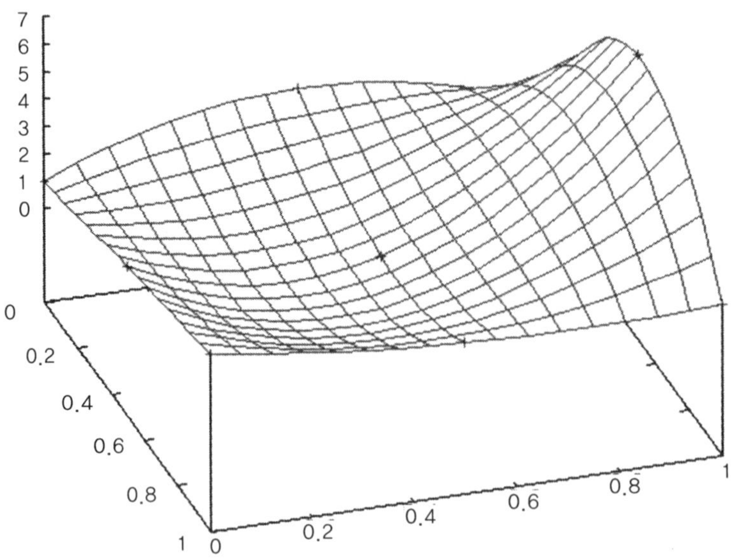

그림 2-3 이차원 전달함수의 개념

입력 대 출력을 보다 정밀하게 계산해야 한다. 그렇다고 넓은 온도범위에 대해 교정할 필요는 없다. 일반적으로 알려진 열원을 이용해서 몇 개의 온도에서만 교정하는 것으로도 충분하며, 이 매듭(교정점)에서의 입력 대 출력은 비교적 잘 일치한다.

교정을 하는 목적은 역 전달함수의 미지 변수를 찾아내고, 사용하고자 하는 영역에서 외부 자극에 대해 계산할 수 있도록 해주기 위함이다. 즉, 몇 가지 입력에 대해 센서의 전기적 출력 관계를 계산하고, 이로부터 역 전달함수의 변수를 찾아내어 적절한 근사식 결과를 저장해 놓으면 센서는 사용할 준비가 되는 것이다.

2.3.1 전달함수 변수의 계산

전달함수의 모델이 식 (2.2)와 같이 선형적이라고 하면, 교정은 상수 A와 B를 결정해야 하고, 만약 식 (2.4)와 같이 지수함수라고 하면, 상수 A와 k를 결정해야 한다. 선형 전달함수의 계수를 결정하기 위해서는 두 개의 입력 대 출력 관계를 알면 된다. 예를 들어, 그림 2-4와 같이 pn 접합을 이루고 있는 다이오드에 순방향을 이용해서 온도를 측정한다고 하면, 이의 전달함수는 다음과 같이 가정할 수 있다(온도는 입력, A/D 카운트 n은 출력).

$$n = n_1 + B(t - t_1) \tag{2.11}$$

이 센서는 두 온도 (t_1, t_2)에 대해 각각 출력이 (n_1, n_2)가 된다. 먼저 t_1의 온도에서 출력이 n_1이라고 하면, 다른 온도 t_2는 식 (2.11)에 의해 다음과 같이 된다.

$$n_2 = n_1 + B(t_2 - t_1) \tag{2.12}$$

따라서 감도 B는 식 (2.12)로부터 다음과 같이 계산할 수 있으며, 식 (2.11)은 B, n_1, t_1의 알고 있는 값을 가진 선형 전달함수이다.

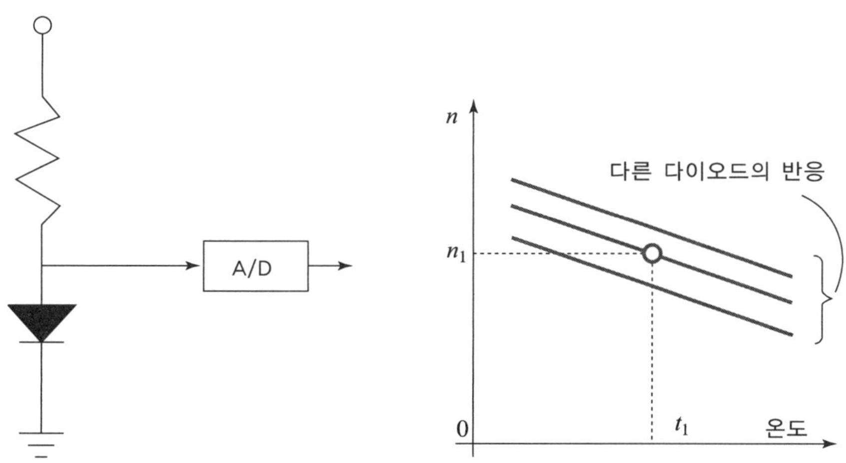

(a) pn 다이오드 온도센서 (b) 입력 대 출력 교정

그림 2-4 pn 다이오드 온도센서 및 출력 관계

$$B = \frac{n_2 - n_1}{t_2 - t_1} \tag{2.13}$$

이와 같이 교정이 끝나면 온도는 측정값 n으로부터 다음 식에 의해 계산할 수 있다.

$$t = t_1 + \frac{(n - n_1)}{B} \tag{2.14}$$

그리고 그림 2-4(b)와 같이 다이오드마다 옵셋이 서로 다르기 때문에 이 부분도 교정을 해 주어야 하는데, 선형적인 전달함수인 경우는 한 점으로도 충분히 교정이 가능하다.

그러나 실제 센서에서는 이러한 선형적인 전달함수는 매우 드물며, 대부분 비선형적인 전달함수의 특성을 가지고 있다. 비선형 전달함수인 경우는 보통 2개 이상의 교정점이 필요하며, 3차 다항식인 경우의 전달함수 형태는 다음과 같다.

$$S = as^3 + bs^2 + cs + d \tag{2.15}$$

여기서 교정을 위해서는 4개의 변수를 결정해야 하므로, 최소한 4개의 교정점이 필요하다. 교정점이 각각 $(s_1,\ S_1)$, $(s_2,\ S_2)$, $(s_3,\ S_3)$, $(s_4,\ S_4)$라고 하여 식 (2.15)에 대입하면 다음과 같다.

$$\begin{aligned} S_1 &= as_1^3 + bs_1^2 + cs_1 + d \\ S_2 &= as_2^3 + bs_2^2 + cs_2 + d \\ S_3 &= as_3^3 + bs_3^2 + cs_3 + d \\ S_4 &= as_4^3 + bs_4^2 + cs_4 + d \end{aligned} \tag{2.16}$$

이 시스템을 교정하기 위해서는 다음과 같은 행렬식을 이용해서 각 변수들을 계산해야 한다.

$$\begin{aligned} \Delta = &\left(\frac{s_1^2 - s_2^2}{s_1 - s_2} - \frac{s_1^2 - s_4^2}{s_1 - s_4}\right)\left(\frac{s_1^3 - s_2^3}{s_1 - s_2} - \frac{s_1^3 - s_3^3}{s_1 - s_3}\right) \\ &- \left(\frac{s_1^2 - s_2^2}{s_1 - s_2} - \frac{s_1^2 - s_3^2}{s_1 - s_3}\right)\left(\frac{s_1^3 - s_2^3}{s_1 - s_2} - \frac{s_1^3 - s_4^3}{s_1 - s_4}\right) \end{aligned} \tag{2.17}$$

$$\begin{aligned} \Delta_a = &\left(\frac{s_1^2 - s_2^2}{s_1 - s_2} - \frac{s_1^2 - s_4^2}{s_1 - s_4}\right)\left(\frac{S_1 - S_2}{s_1 - s_2} - \frac{S_1 - S_3}{s_1 - s_3}\right) \\ &- \left(\frac{s_1^2 - s_2^2}{s_1 - s_2} - \frac{s_1^2 - s_3^2}{s_1 - s_3}\right)\left(\frac{S_1 - S_2}{s_1 - s_2} - \frac{S_1 - S_4}{s_1 - s_4}\right) \end{aligned}$$

$$\begin{aligned} \Delta_b = &\left(\frac{s_1^3 - s_2^3}{s_1 - s_2} - \frac{s_1^3 - s_3^3}{s_1 - s_3}\right)\left(\frac{S_1 - S_2}{s_1 - s_2} - \frac{S_1 - S_4}{s_1 - s_4}\right) \\ &- \left(\frac{s_1^3 - s_2^3}{s_1 - s_2} - \frac{s_1^3 - s_4^3}{s_1 - s_4}\right)\left(\frac{S_1 - S_2}{s_1 - s_2} - \frac{S_1 - S_3}{s_1 - s_3}\right) \end{aligned}$$

위 식을 이용하면 다항식 계수들은 다음과 같이 계산할 수 있다.

$$a = \frac{\triangle_a}{\triangle},\ b = \frac{\triangle_b}{\triangle}, \tag{2.18}$$
$$c = \frac{1}{s_1 - s_4}\left[S_1 - S_4 - a\left(s_1^3 - s_4^3\right) - b\left(s_1^2 - s_4^2\right)\right],$$
$$d = S_1 - as_1^3 - bs_1^2 - cs_1$$

교정은 매우 많은 시간이 필요할 수도 있기 때문에 생산 단가를 낮추기 위해서는 교정하고자 하는 점을 최소화하는 것이 중요하다. 그러므로 최적의 전달함수 또는 근사법이 필요하다. 예를 들면 2차 다항식으로도 충분히 계산이 가능한데도 불구하고 굳이 3차 다항식을 쓸 필요가 없다는 것이다.

2.3.2 선형 회귀법(Linear Regression)

교정 중에 입력되는 신호를 정밀하게 측정하지 못하거나 매우 큰 무작위오차(random error)가 발생한다면, 최소의 측정으로 충분한 정밀도를 기대하기는 어렵다. 선형 전달함수에서 두 점으로만 교정하게 되면 충분한 정밀도를 가진 결과를 얻을 수 없다. 선형 전달함수에서 오차를 최소화 할 수 있는 방법이 선형 회귀법이다.

종속변수를 독립변수와 오차항의 선형결합으로서 나타낼 수 있는 것을 선형 회귀모델이라고 하며 $y = f(x) + \varepsilon$이라는 형태로 표현한다. 독립변수를 x, 종속변수를 y라고 하면 그 관계는 다음과 같다.

$$y = a + \beta x \tag{2.18}$$

식 (2.18)을 그래프로 표현하면, a는 y축상의 절편에 해당하며, β는 직선의 기울기를 나타낸다. x의 1단위 증가에 대해 다른 조건이 일정하다고 하면 y는 β만큼 증가하는 것을 의미한다. 여기에서 a, β의 참값을 알고 있다면 문제가 없다. 그러나 실제의 센서 출력에서는 여러 번의 측정값에서부터 a와 β를 추정할 필요가 있다. 또한, 실제 상황에서는 이론상으로 가정한 것과 달리 다양한 오차 요인이 y와 x간의 관계에 개입이 된다. 여기에서 y와 x의 값뿐만 아니라 우연하게 좌우되는 것을 모델에 도입하면 식 (2.19)와 같이 쓸 수 있다.

$$y = a + \beta x + \varepsilon \tag{2.19}$$

마지막에 더해진 ε항을 오차항이라 하며, 이론적으로 도출된 $a + \beta x$는 설명할 수 없는 우연에 의한 y의 변동을 나타낸다. 여기서 실제 센서로부터 측정된 데이터가 $(x_1, \cdots, x_i, \cdots x_n)$, $(y_1, \cdots, y_i, \cdots, y_n)$과 같다고 가정하면, 이 데이터에서 a와 β의 참값을 추정하게 된다. 이때 일반적으로 오차항 ε에 대해 다음과 같은 가정을 한다.

① ε은 정규분포에 따른다. 특정의 값 x_i에 대해서 여러 번 y_i를 측정하여 ε_i의 측정값을 많이 얻을 수 있다면 그것은 정규분포에 가까운 형태로 분산되어 있다.

② ε의 기대값은 0이다. 특정의 값 x_i에 대해서 여러 번 y_i를 측정하여 ε_i의 측정값을 많이 얻을 수 있다면 그 평균은 0이 된다.

③ ε의 분산은 x의 값에 의해 달라지지 않는다. 바꾸어 말하면 우연의 동작용법은 x의 값에 의해 달라지지 않는다.

④ 다른 측정값의 ε은 각각 독립적이다. 어떤 관측 대상에 특유의 사정에 의한 우연은 다른 관측 대상에 영향을 미치지 않는다.

⑤ x의 값은 ε에 좌우되지 않으며, ε에 좌우되는 것은 y의 측정값뿐이다.

이상의 가정을 만족한 경우 최소제곱법에 의한 a와 β의 추정값은 각각 다음과 같이 계산할 수 있다. 여기서 n은 측정된 데이터 횟수이며, $\sum$는 총 데이터 횟수의 합을 의미한다.

$$a = \frac{\sum y_i \sum x_i^2 - \sum x_i \sum x_i y_i}{n\sum x_i^2 - \left(\sum x_i\right)^2}, \quad \beta = \frac{n\sum x_i y_i - \sum x_i \sum y_i}{n\sum x_i^2 - \left(\sum x_i\right)^2} \tag{2.20}$$

2.4 외부 자극의 계산

센서가 감지한다는 것은 센서의 출력값 S로부터 외부 자극 입력값 s를 결정한다는 것이다. 이것은 다음과 같은 두 가지 방법으로 계산할 수 있다.

1. 역 전달함수 $s = F(S)$를 이용해서 계산
2. 직접 전달함수 $S = f(s)$를 이용해서 계산

2.4.1 국부 선형 근사법

그림 2-5는 서미스터 온도센서를 이용한 선형 근사법의 예를 나타내었다. 4개의 교정점을 이용해서 교정한 선형 근사식으로부터 미지의 온도를 계산하는 내용이다. 그림 2-5(a)와 같이 센서의 출력신호가 12비트 아날로그-디지털 변환기(A/D converter)를 거쳐 디지털 출력값인 n으로 출력되는 시스템에서 교정을 통해 얻은 결과가 그림 2-5(b)라 하고, 0℃부터 +60℃ 사이 온도를 측정하는 센서라고 가정하였다. 이 그래프에서 온도에 대한 비선형 출력신호 $n(T)$는 다음과 같다.

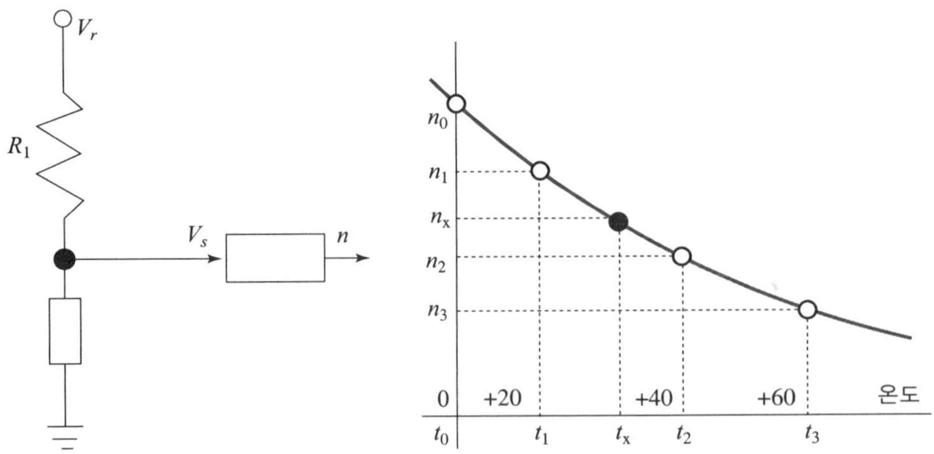

(a) 서미스터 온도센서 (b) 선형 근사법 적용

그림 2-5 서미스터의 4개 매듭으로부터 선형 근사 적용 예

표 2-3 온도 교정에 사용된 측정값 예

측정점	0	1	2	3
출력값	2,819	1,863	1,078	593
온도(℃)	0	20	40	60

$$n_x = N_0 \frac{R_0 \exp[\beta(T^{-1} - T_0^{-1})}{R_1 + R_0 \exp[\beta(T^{-1} - T_0^{-1})} \tag{2.21}$$

여기서 T는 K으로 측정된 온도이며, T_0는 표준온도이며, R_0는 온도 T_0일 때 측정된 서미스터의 저항이다. 식 (2.21)을 온도 T의 함수로 다시 변형시키면 다음과 같다.

$$T_x = \left(\frac{1}{T_0} + \frac{1}{\beta}\ln\left(\frac{n_x}{N_0 - n_x}\frac{R_1}{R_0}\right)\right)^{-1} \tag{2.22}$$

이 식에서 20℃와 40℃ 온도에서의 값을 이용해서 R_0와 β 값을 구할 수 있다. 저항 $R_1 = 10.0$ kΩ이라 가정하고, 각 온도에서 측정한 디지털 출력이 표 2-3과 같다고 하면, 식 (2.21)과 (2.22)에 의해 $R_0 = 8.350$ kΩ, $\beta = 3{,}895$ K가 된다.

이와 같이 온도센서의 교정이 끝나면 임의의 온도에 대해 식 (2.22)로부터 측정이 가능해진다. 그러나 식 (2.22)는 저렴한 마이크로프로세스에서 계산하기에는 다소 복잡한 전달함수이다. 이런 경우 쉽게 계산하는 방법이 국부 선형 계산법이다. 즉, 0℃부터 60℃까지 구간을 0℃부터 20℃, 20℃부터 40℃, 40℃부터 60℃ 등의 3개 국부 영역으로 나누어서 다음의 선형 근사식을 이용해서 온도를 계산할 수 있다.

$$t_x = t_1 + \frac{n_x - n_1}{n_2 - n_1}(t_2 - t_1) \tag{2.23}$$

만약 측정값 $n = 1{,}505$라고 하면, 20℃와 40℃ 영역 사이에 있는 값이라 볼 수 있기 때문에 식 (2.23)로부터 온도를 쉽게 계산할 수 있다.

$$t_x = 20 + \frac{1{,}505 - 1{,}863}{1{,}078 - 1{,}863}(40 - 20) = 29.12 \tag{2.24}$$

동일한 출력 값에 대해 식 (2.22)를 이용하면 28.22℃로 계산되는데, 국부 선형 근사법으로 계산한 값이 약 0.9℃ 정도 높게 계산되었다. 응용분야에 따라 이 정도 오차가 허용되지 않는다고 하면, 국부로 구분하는 영역을 더 세부적으로 나누어서 근사해서 적용해야 한다. 이 경우 교정을 위한 측정값이 보다 많이 필요하게 된다.

2.4.2 반복 계산법(Newton 법)

반복 계산법(Newton법)은 미지의 함수의 해를 찾는 아주 좋은 방법이다. 전달함수 $S = f(s)$는 $S - f(s) = 0$로 변환해서 Newton법을 이용해서 비선형 방정식의 해를 구할 수 있다[10].

$$s_{i+1} = s_i - \frac{f(s_i)}{f'(s_i)} \tag{2.25}$$

여기서 몇 단계 계산을 하게 되면 입력값 s에 수렴하게 되어 있다. 여기서 s_{i+1}은 $i+1$번 반복했을 때의 값이며, s_i는 바로 그 이전인 i번째 값이다. $f'(s_i)$는 전달함수의 일차 미분 형태이다. 임의의 초기값을 s_0라고 하면

$$s_1 = s_0 - \frac{f(x)}{f'(x)} \tag{2.26}$$

이후 s_2도 같은 방법으로 s_1을 대입하여 구하고, 다시 s_3도 같은 방법으로 s_2를 대입하여 계산하는 것을 반복한다. 따라서 s_{i+1}은 s_i번째를 대입한 식 (2.25)와 같은 형태가 된다. 이 과정을 무한 반복하다보면 점점 해에 가까워지게 된다. 실제로 계산해 보면, 근사값만 잘 잡아서 6~7번 반복하면 구하고자 하는 값과 소수점 20자리 넘게 같은 근사값을 계산할 수 있다.

임의의 수인 612의 제곱근을 Newton법으로 계산해 보면 이해가 쉽다. 이것을 Newton법의 식으로 변형하면 다음과 같다.

$$x^2 = 612, \rightarrow f(x) = x^2 - 612,\ f'(x) = 2x \tag{2.27}$$

여기서 초기값으로 10으로 가정을 해 보고 Newton법으로 계산하면 다음과 같다. 초기값을 10 대신에 다른 값으로 변경해도 거의 동일한 결과를 얻을 수 있다.

$$x_1 = x_0 - \frac{f(x_0)}{f'(x_0)} = 10 - \frac{10^2 - 612}{2 \cdot 10} = 35.6$$

$$x_2 = x_1 - \frac{f(x_1)}{f'(x_1)} = 35.6 - \frac{35.6^2 - 612}{2 \cdot 35.6} = \underline{2}6.3955055617978\ldots$$

$$x_3 = x_2 - \frac{f(x_2)}{f'(x_2)} = \cdots = \underline{24.7}90635492455\cdots$$

$$x_4 = \cdots = \underline{24.7386}88294075\cdots$$

$$x_5 = \cdots = \underline{24.738633753767}\cdots$$

이 예에서 약 5번 정도의 반복을 통해 매우 근접한 해를 구할 수 있음을 알 수 있다. 또 다른 예로 $\cos(x) = x^3$을 만족하는 양의 값 x를 구하는 데에도 Newton법으로 계산할 수 있다.

$$f(x) = \cos(x) - x^3,\ f'(x) = -\sin(x) - 3x^2 \tag{2.28}$$

위의 두 식을 식 (2.26)에 대입하여 약 6번 정도의 반복을 하게 되면 0.865474033102와 같은 매우 정확한 해를 계산할 수 있다. 다음과 같은 3차 다항식의 경우에도 적용이 가능하다. 반복 계산법인 Newton법은 센서의 민감도가 낮은 경우는 큰 오차가 생길 수도 있다. 달리 말하면, 전달함수의 일차 미분이 영이 되는 경우 또는 발산하는 경우에는 사용할 수가 없다. 이 경우에는 변형된 반복 계산

법을 사용해야 한다.

2.5 스판 (Span)

센서에 의해 측정할 수 있는 외부의 입력 동적범위를 스판 또는 총 입력 범위(input full scale)라고 하며, 오차를 허용할 수 있는 범위에서 외부에서 센서로 입력할 수 있는 최대의 값을 의미한다. 이 값은 보통 파워 또는 힘의 로그 레벨인 데시벨로 표시한다. 파워에 대한 데시벨의 정의는 파워의 로그 비율에 10을 곱한 형태이며 다음과 같다.

$$1\,\text{dB} = 10\log\frac{P_2}{P_1} \tag{2.29}$$

유사한 방법으로 힘, 전류, 전압에 대해서는 10 대신에 20을 곱하여 표시한다.

$$1\,\text{dB} = 20\log\frac{S_2}{S_1} \tag{2.30}$$

2.6 정밀도 (Accuracy)

정밀도는 센서에서 가장 중요한 특성이며, 부정확도는 입력신호에 대한 센서의 출력신호의 최대 오차를 나타낸다. 오차는 센서의 출력 전압으로부터 계산된 값과 실제값과의 차이를 의미한다. 예를 들어, 변위센서가 1 mm 움직일 때 1 mV 출력전압이 나오는 특성을 가지고 있는데, 실제 측정에서 변위 $s=10$ mm에 대해 센서에서 $S=10.5$ mV 출력신호가 나왔다고 가정을 해 보면 센서의 오차는 0.5 mm가 된다. 이 초과분 0.5 mm가 측정오차이며, 0.5 mm/10 mm의 백분율로 계산해 보면 5%의 부정확도를 가지고 있는 센서라고 볼 수 있다. 따라서 부정확도에 해당하는 오차는 다음과 같은 방법으로 표시가 가능하다.

① 측정값과 실제값의 차이를 나타내는 방식 : 이 방식은 오차가 입력신호의 크기에 무관할 때 사용이 가능하며, 예를 들어 온도센서의 경우 0.15℃, 유량 센서의 경우 10 fpm과 같이 표기한다.

② 입력 범위에서 상대적인 % 표시 방식 : 이 방식은 선형 전달함수의 특성을 가진 센서에 대해 유용하며, 비선형 전달함수인 센서에는 부적합한 방식이다. 유량 측정용 센서인 서모나노미터(thermonanometer)의 전달함수는 제곱근 함수의 형태를 가지고 있는데, 느린 유량에서는 매우 민감하고 빠른 유량에서는 덜 민감한 특성을 가지는 경우이다. 이 경우 입력 범위에 대해 상대적인 값인 %가 적합하다.

2.7 교정 오차

센서가 제조공정 중에 교정하면서 발생하는 오차가 교정 오차이다. 이 오차는 구조적으로 생길 수밖에 없기 때문에 모든 전달함수에 이 오차를 고려해야 한다. 교정 오차는 오차의 유형에 따라 전 영역에 걸쳐 일정하지는 않으며, 그림 2-6에 교정 오차의 개념을 요약하였다. 두 개의 외부신호

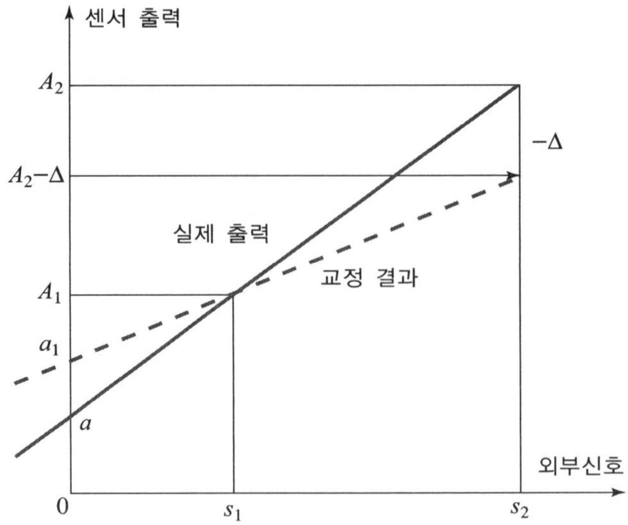

그림 2-6 교정 오차 개념

s_1과 s_2로 교정을 했으나, 실제 센서의 출력이 달리 나오는 경우이며, 측정된 측정값과 교정된 교정값과의 차이가 Δ로 나타난다.

2.8 히스테리시스 오차(Hysteresis Error)

히스테리시스 오차는 그림 2-7과 같이 센서의 히스테리시스 특성에 의해 나타나는 오차이다. 변위센서의 경우, 물체가 왼쪽에서 오른쪽으로 움직일 때와 이와 반대로 움직일 때 같은 지점을 지나는 위치에서의 센서 출력값이 다른 경우이다. 만약 x와 y의 차이가 20 mV라 가정하고 센서의 감도

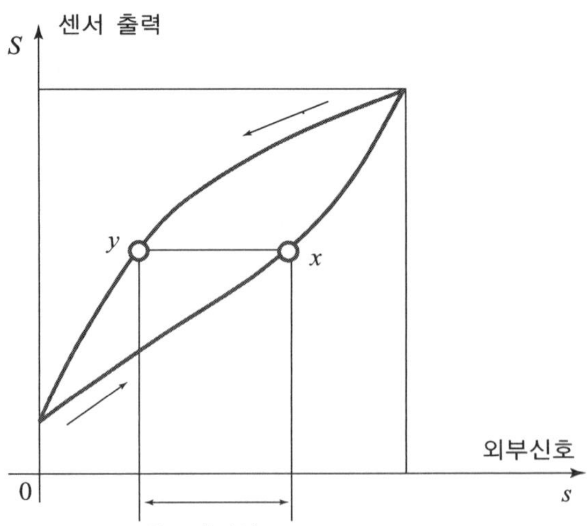

그림 2-7 히스테리시스 특성을 가진 센서의 전달함수

가 10 mV/mm라고 하면, 이 센서의 히스테리시스에 의한 오차는 2 mm가 된다. 마찰, 디자인, 재료의 특성에 의해 히스테리시스 오차가 발생한다.

2.9 비선형 오차 (Nonlinearity Error)

비선형 오차는 센서의 전달함수를 선형함수로 가정할 때 생길 수 있는 오차이다. 비선형성을 정의하는 데에는 몇 가지 방법이 있다. 그림 2-8(a)와 같이 종단점을 이용하는 방법이 있는데, 입력의 최소 최대에 해당하는 센서 출력 포인트 두 점을 이용해서 직선을 가정하는 방법으로 1번 직선과 같다. 이 방법은 시작점과 끝점에서는 오차가 가장 적으나 그 사이의 값에는 오차가 많이 발생한다. 그리고 어떤 특정 영역에서 오차를 최소화하고자 하면 3번 직선과 같이 임의의 영역 부분의 오차를 최소화할 수 있는 영역을 고려해서 직선을 가정할 수도 있다. 또 다른 방법으로 그림 2-8(b)와 같이 소위 최적의 선형성을 얻는 방법으로 이웃하는 직선의 오차와 동일한 오차를 가질 수 있는 중간 직선을 선택하는 방법이다. 선형성이 좋지 않은 경우는 전달함수를 직선 대신에 다른 방법을 선택하는 것이 오차를 최소화하는 방법이다.

2.10 포화 (Saturation)

모든 센서는 동작하는 범위가 한정되어 있다. 아무리 선형성이 좋다고 하더라도 일정 입력범위를 벗어나면 센서의 출력신호는 더 이상 증가하지 않고 포화된다. 이는 사람의 청각이 알파파와 같이 낮은 주파수는 들을 수 없고, 또한 초음파와 같이 매우 높은 주파수도 들을 수 없는 것과 같은 원리이다. 따라서 센서의 특성을 고려할 때 반드시 이러한 포화 영역을 고려해서 적절한 동작범위에 있는 센서를 선택해야 한다.

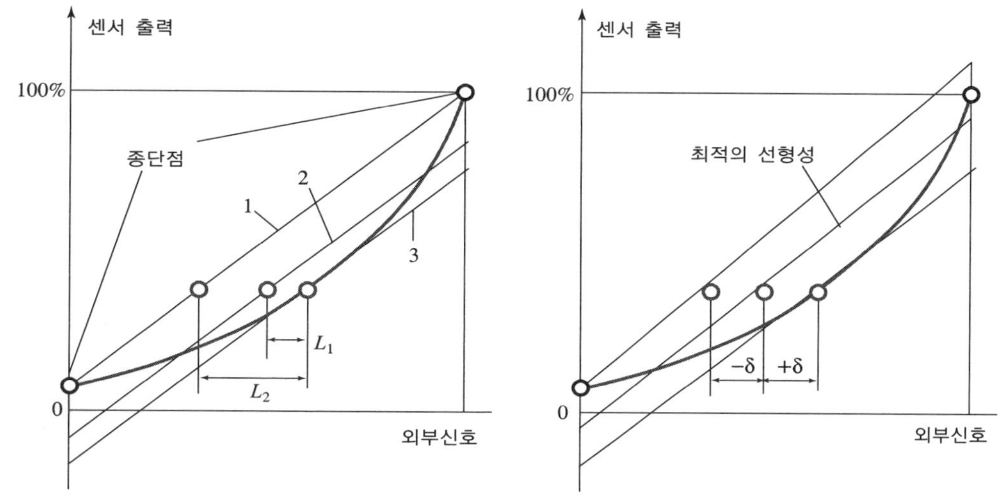

(a) 종단점을 이용한 선형 근사 (b) 최적 선형성 근사

그림 2-8 비선형 전달함수의 선형 근사법

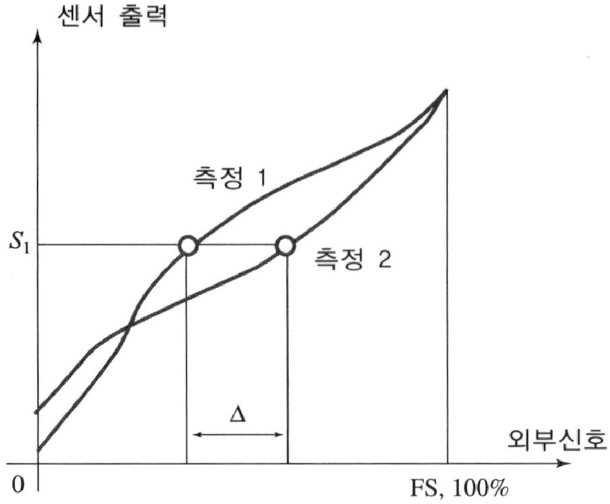

그림 2-9 반복성 오차의 개념

2.11 반복성 오차 (Repeatability Error)

반복성 오차는 그림 2-9와 같이 동일한 외부입력에 대해 센서의 출력이 약간씩 다를 때 발생하는 오차이다. 반복성 오차는 주로 열적 잡음, 재료의 특성 등에 의해 발생하며, 반복성 오차는 최대오차를 고려해서 다음과 같은 식으로 표현할 수 있다.

$$\delta_r = \frac{\Delta}{\text{Full Scale}} \times 100 \tag{2.31}$$

2.12 분해능 (Resolution)

분해능은 센서가 인식할 수 있는 최소의 입력신호 차이를 의미한다. 외부 신호가 입력 범위 내에서 연속적으로 변화할 때 센서의 출력신호는 아무런 잡음이 없어도 완벽하게 평탄한 신호로 나오지 않고, 매우 작은 계단 형식으로 출력이 된다. 디지털 신호로 출력이 되는 센서의 경우인데, 입력신호에 따라 출력신호로 구분이 가능한 최소의 신호 차이가 분해능이다.

2.13 출력 임피던스

임피던스는 직류에서의 저항과 동일한 개념으로 교류에서는 저항을 임피던스라고 한다. 이에 대한 개념은 유체를 생각하면 쉽게 이해가 된다. 물이 흐르는 배관 연결작업시 작은 직경의 배관을 연결할 때에는 압력차가 많이 생기지 않고 물이 잘 흐르도록 배관을 연결해 주어야 한다. 물이 나오는 곳의 배관의 직경은 가급적 작아야만 그 다음 배관 연결시 문제가 없이 잘 연결할 수 있다. 그리고 반대로 물을 공급받는 쪽의 배관은 가급적 큰 직경이어야만 어떤 배관도 쉽게 연결이 된다.

이와 마찬가지로 전기회로에서도 임피던스의 개념이 중요하다. 따라서 센서의 출력신호를 읽어

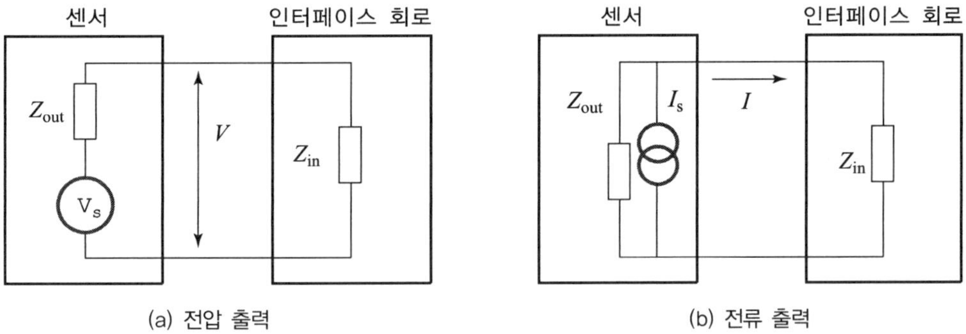

그림 2-10 인터페이스 회로부와 센서의 연결

내기 위한 전기회로에서 출력 임피던스 Z_{out}은 매우 중요하다. 출력 임피던스는 그림 2-10과 같이 전압 출력 및 전류 출력에 따라 회로의 입력 임피던스와 연결되어 있다. 출력신호의 왜곡을 최소화하기 위해서, 전류 출력의 경우 출력 임피던스 Z_{out}을 가능한 한 높여야 하고, 입력 임피던스 Z_{in}은 낮추어야 하며, 전압 출력의 경우는 전류와 반대가 되어야 한다.

2.14 동적 특성 (Dynamic Characteristics)

센서가 정적인 상태(입력신호가 매우 천천히 변하는 경우)에서는 전달함수에 따라 센서의 신호도 따라서 변한다. 그러나 입력신호가 상대적으로 빨리 변하게 되면 센서의 출력신호는 정확하게 따라가지 않는다. 그 이유는 외부 입력신호에 대해 센서가 즉각 반응하지 않기 때문이다. 달리 말하면, 센서는 시간에 따른 특성이 존재하는데, 이것을 동적 특성이라 한다. 만약 센서가 입력신호에 즉각 반응하지 않으면, 실제 신호와는 약간 다른 형태로 출력을 하게 되는데, 이것을 동적 오차라 하며, 정적인 오차와 동적 오차 사이의 차이점은 동적 오차가 시간 의존성이라는 점이다. 센서에 전원을 가한 순간부터 센서가 어느 정도의 정밀도로 측정이 가능한 상태가 되는 시간 차이를 워밍업 시간이라 한다. 대부분의 센서들은 아주 짧은 워밍업 시간을 갖고 있지만, 열적으로 안정이 필요한 센서들은 일정한 워밍업 시간이 필요하다.

제어 시스템의 일반적인 입력-출력 관계는 상수 계수를 갖는 일차 미분방정식의 형태로 표현한다. 이때 센서의 동적(시간 의존성) 특성은 이러한 수식을 이용해서 예측이 가능하다. 센서 디자인에 따라 미분방정식은 몇 차수의 형태로 표현이 될 수 있다. 시간과 무관한 전달함수를 갖는 센서는 0차수로 계산이 가능하며, 이러한 센서는 커패시터와 같은 에너지 저장 장치와 무관한 경우이다. 즉, 0차수 전달함수 특성을 갖는 센서는 외부 반응에 즉각 반응을 하는 센서이며, 동적 특성을 전혀 고려하지 않아도 무관한 경우이다.

이에 반해 하나의 에너지 저장장치와 연계된 센서는 일차수 미분 함수 특성을 갖고 있으며, 입력 $s(t)$와 출력 $S(t)$ 사이의 관계식은 다음과 같다.

$$b_1 \frac{dS(t)}{dt} + b_0 S(t) = s(t) \tag{2.32}$$

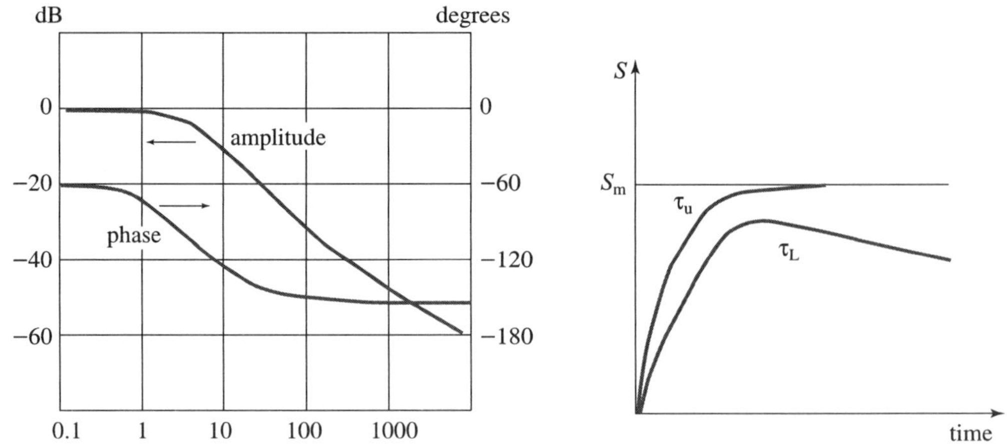

(a) 주파수 특성 (b) 일차수 센서의 반응

그림 2-11 일차수 센서의 주파수 특성

식 (2.32)를 적용할 수 있는 대표적인 센서가 에너지 저장을 열용량으로 변환하는 온도센서이다. 이와 같은 일차수 센서는 다양한 방법으로 특성을 평가할 수 있다. 대표적인 것이 입력신호에 대해 얼마나 빨리 반응하는가 하는 주파수 반응이다. 주파수 반응은 Hz 또는 rad/s로 표현할 수 있으며, 그림 2-11과 같이 임의의 주파수에서 출력신호의 상대적인 감소 변화를 나타낸다. 일반적으로 -3 dB를 감소 수(주파수 한계)로 사용하는데, 이것은 최댓값에 비해 출력 전압 또는 전류가 약 30% 정도 떨어지는 주파수를 의미한다. 주파수 반응 한계점인 f_u를 상위 컷오프 주파수라고 하며, 이 주파수는 센서가 반응하는 최대의 주파수를 나타낸다.

속도 반응은 주파수 반응과 직접적인 관련이 있으며, 단위 시간당 입력신호의 단위로 표시된다. 주파수 또는 속도는 센서 형태, 응용분야 및 디자이너의 선호도에 따라 바뀔 수가 있다. 속도 반응을 나타내는 다른 방법은 시간에 의한 것인데, 이것은 입력신호가 주어졌을 때 정상상태 또는 최댓값 대비 약 80% 수준에 도달하는 시간을 의미한다. 일차수 반응인 경우는 시정수(time constant)를 사용하는 것이 좋다. 시정수 τ는 센서 관성의 측도를 의미하는 것인데, 전기적인 관점에서 보면 전기용량과 저항의 곱의 형태, 즉 $\tau = CR$로 볼 수 있다. 열역학 관점에서 보면 열용량과 열저항으로 대신 사용할 수 있다. 일차수 시스템 반응은 다음과 같다.

$$S = S_m(1 - e^{-t/\tau}) \tag{2.33}$$

여기서 S_m은 정상상태 출력이며, t는 시간이다. t 대신에 τ를 입력하게 되면

$$\frac{S}{S_m} = 1 - \frac{1}{e} = 0.6321 \tag{2.34}$$

로 된다. 이것의 의미는 정상상태의 약 63%가 되는 시간이 시정수라는 의미이다. 유사한 표현으로 시정수의 두 배가 되는 시점에서는 출력신호가 정상상태의 약 86.5%에 도달하는 지점이며, 세 배가 되는 시점에서는 약 95%가 되는 시점이다.

차단 주파수는 센서가 반응하는 가장 낮은 주파수 또는 높은 주파수를 의미한다. 위쪽 차단 주파수는 센서가 얼마나 빨리 반응하는가 하는 정도를 나타내며, 낮은 쪽 차단 주파수는 센서가 얼마나 느리게 반응하는가 하는 정도를 나타낸다. 일반적으로 차단 주파수는 일차수 센서인 경우 시정수와 다음과 같은 관계가 있다.

$$f_c \approx \frac{0.159}{\tau} \tag{2.35}$$

특정한 주파수에서의 위상 변이(phase shift)는 출력신호가 입력신호 변화에 따라 얼마나 빨리 따라오는가 하는 정도를 나타낸다. 단위는 각도 또는 라디안으로 나타내며, 주기적인 신호 변화를 나타내는 센서에 대해 적용된다. 만약 피드백 제어 시스템에 사용되는 센서인 경우, 센서의 위상 특성은 매우 중요한 파라미터가 된다. 두 개의 에너지 저장 성분을 가지고 있는 센서는 이차 미분방정식으로 설명이 가능하다. 이 경우 입력 $s(t)$와 출력 $S(t)$ 사이의 미분 관계식은 다음과 같다.

$$b_2 \frac{d^2 S(t)}{dt^2} + b_1 \frac{dS(t)}{dt} + b_0 S(t) = s(t) \tag{2.36}$$

이런 조건을 만족하는 센서는 관성질량과 스프링으로 구성된 가속도계 센서가 대표적이며, 주기적인 신호에 따라 반응하는 센서는 이차수 반응을 잘 나타난다. 이차수 센서는 Hz 또는 rad/s로 표시되는 공진 주파수로 특성을 평가한다. 이차수 반응의 특성을 가진 센서에 대해서 제조자는 센서의 공진 주파수와 감쇠비를 표기해야 한다. 공진 주파수는 감지기의 역학적, 전기적, 열적 특성과 관련되어 있다. 일반적으로 공진 주파수의 최소 60% 수준을 동작 주파수 범위로 선택해서 사용한다.

Part II

센서의 물리적인 기본 원리

3 센서의 물리적 원리

센서는 일반적으로 비전기적인 효과를 전기적인 신호로 변환시켜주는 역할을 하는 것으로 전기적인 출력이 나오기 위해서는 몇 단계를 거치게 된다. 이러한 단계에는 에너지의 종류가 변화해서 최종적으로 전기적인 신호를 보내게 되어 있다. 센서에는 일반적으로 직접형과 혼합형 두 가지로 분류할 수 있다. 직접형 센서는 비전기적인 외부 자극을 전기적인 신호로 바로 변환하는 것이며, 이런 경우에는 여러 단계의 변환과정이 필요하지 않는다. 그러나 대부분은 외부 자극에 대해 바로 전기적인 신호로 변화하지 않고 몇 단계를 거치게 되어 있다. 예를 들어, 불투명한 물체의 변위측정을 위해 광섬유 센서를 사용한다고 하자. LED에 의해 여기된 빛이 광섬유를 통해 나와서 물체의 표면에 부딪힌 후 반사된다. 반사된 빛은 다시 수광부인 광섬유를 통해 입사되어 포토다이오드에 의해 전기적인 신호로 변환시켜 주는 과정을 거치게 된다. 이와는 달리 열기전력(seeback) 효과, 초전(piezoelectricity) 효과, 광전(photoelectric) 효과 등은 전기적인 신호로 바로 변환되는 과정이다. 이 장에서는 이와 같이 직접 전기적인 신호로 변환하는 물리적인 효과에 대해 정리를 해 보고자 한다[11, 12].

3.1 전하량, 전기장, 전위

건조한 날 카펫을 걸어갈 때 마찰에 의해 스파크가 일어나는 현상을 자주 경험하는데, 이것을 우리는 마찰전기(triboelectric) 효과라 한다. 여기서 접두어 tribo는 '마찰과 관련된'이라는 뜻이다. 전하에는 잘 알다시피 음과 양의 두 종류가 있다. 미국의 첫 번째 물리학자인 Benjamin Franklin (1706~1790)이 양전하와 음전하라는 이름을 최초로 명명하였다. 그는 뇌우(thunderstorm) 속에 연을 날리는 실험을 통하여 대기 전기도가 마찰에 의해 생성된다는 것을 증명하였다. 이것은 매우 위험한 실험으로 그는 매우 운이 좋았다. 그 당시 유럽의 몇몇 과학자들은 이와 유사한 실험을 하다가 번개에 부상을 당하거나 죽은 사람도 있었다.

마찰전기 효과는 기구적으로 전하들이 재분배되면서 발생하는 현상이다. 유리관에 실크를 문지르면 유리관 표면에 있는 전자들이 벗겨지면서 양전하들이 유리관 표면에 남게 되어 결과적으로 유리관 표면은 전기적으로 양극을 나타내게 된다. 여기서 전하는 생성되거나 없어지지 않는다는 전하 보존법칙을 생각해야 한다. 즉, 전하량은 한 곳에서 다른 쪽으로 움직일 뿐이다. 음전하를 나타내는 것은 다른 물체로부터 전자를 가져왔다는 것을 의미한다. 전자를 잃어버린 물체는 반대로 양전하를 나타낸다.

이것을 좀 더 쉽게 설명하자면, 전기에는 크게 흐르는 전기와 흐르지 않는 전기로 나눌 수 있다. 흔히 흐르는 전기를 전류(電流), 흐르지 않는 전기를 정전기(靜電氣)라 부른다. 정전기를 유도하는 방법 중의 하나가 대전(帶電)이 잘되는 물체 간의 마찰을 이용하는 것이며, 이로 인해 생기는 정전기가 마찰전기이다. 플라스틱 책받침을 머리카락에 여러 차례 문지른 후 머리 위로 천천히 들어 올리면 머리카락이 따라 올라오는데, 이것은 플라스틱 책받침으로 머리카락을 문지르면 마찰로 인한 에너지가 발생하여 머리카락에 있던 전자의 일부가 플라스틱 쪽으로 이동한다. 전자는 음전하를 가지고 있으므로 책받침은 음전하로 대전되고 전자를 잃은 머리카락은 양전하로 대전된다. 이때 서로 다른 전하는 끌어당기는 성질이 있으므로 책받침과 머리카락은 달라붙는다.

마찰전기 효과는 물체의 전체 전하량에 비하면 매우 작은 양의 전자변화이다. 물체의 총 전하량은 상대적으로 매우 크다. 미국 화폐인 페니 동전을 보면, 이 동전 하나의 무게는 약 3.1 g 정도이다. 이 동전 안에 있는 총 원자수는 약 2.9×10^{22}개이다. 구리 원자는 4.6×10^{-18} C의 양전하를 가지고 있으므로, 페니 동전 내에 있는 총 전하량은 $q=(4.6\times10^{-18}\ \mathrm{C/atom})\ (2.9\times10^{22}\ \mathrm{atoms})=1.3\times10^{5}$ C이 된다. 이 정도의 전하량은 100 W 전구를 0.91 A로 약 40시간 정도 켤 수 있는 수준이다.

재료는 전하량 측면에서 보면 도체, 부도체, 반도체 세 가지로 분류할 수 있다. 재료 내부에 자유롭게 움직이는 전하를 가진 재료가 도체이며, 이와 반대는 부도체이다. 실제로 완벽한 부도체란 없는데, 실제 상황에서 대다수의 부도체를 완벽한 부도체로 가정을 하는 것이다. 반도체는 도체와 부도체의 중간 단계로, Si과 Ge이 대표적인 반도체 재료이다. 반도체에 부가적인 물질을 첨가하면 더 좋은 전기전도도 특성을 나타낼 수도 있다.

양전하와 음전하의 전기장 분포는 그림 3-1과 같다. 전기장은 양전하에서 시작해서 음전하에서 끝나는 것으로 정의하며, 장(field)의 밀도는 전기장 E의 크기를 나타낸다. 물리학에서 장(field)은 전기장뿐만 아니라 압력, 온도, 자기 등에서도 동일하게 적용되는 개념으로 스칼라와 벡터의 개념을 가지고 있다. 벡터장(vector field)은 소위 선속(flux, 기호 Φ)을 나타내는 벡터분포를 나타낸다. 선속의 영어 표현인 flux는 라틴어 fluere에서 유래한 것으로 흐름이라는 뜻을 나타낸다. 전기장의 물리적인 정의는 다음과 같다.

$$\varepsilon_0 \oint E\, ds = q \tag{3-1}$$

여기서 $\varepsilon_0=8.8542\times10^{12}\ \mathrm{C^2/Nm^2}$으로 진공의 유전상수이다. 위 방정식은 가우스(Gauss) 법칙으로 알려져 있는 표현식으로, 전하 q는 가우스 곡면을 둘러싸고 있는 순 전하량을 의미한다. 즉, 닫힌곡면 안에 들어 있는 양의 전하량이 많아지면 그에 비례하여 전기장이 세질 것이므로 전기력선은 더욱 촘촘해진다. 그래서 어떤 닫힌곡면 안에서 밖으로 나오는 전기력선의 수는 그 곡면 안의 양의 전하량에만 비례하고 닫힌곡면의 모양에는 상관이 없다.

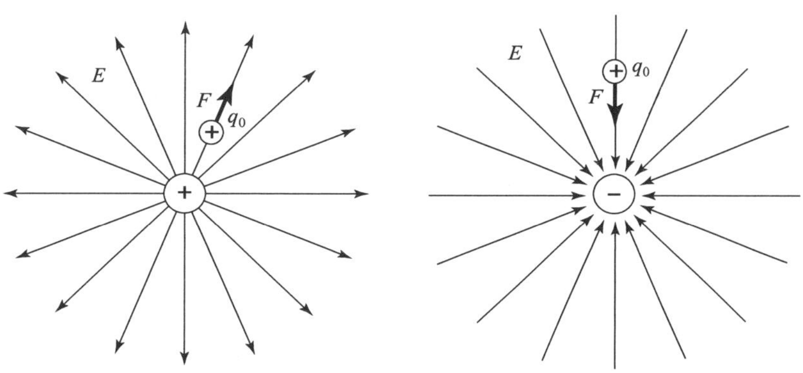

그림 3-1 전하가 그리는 운동경로 및 전기장 분포

임의의 닫힌곡면의 안에서 밖으로 나오는 전기력선의 개수와 닫힌곡면의 밖에서 안으로 들어오는 전기력선의 개수의 차이를 그 닫힌곡면에 대한 선속(flux)이라고 한다. 만약 닫힌곡면 안에 들어있는 전하가 없는 경우는 닫힌곡면으로 들어오는 전기력선의 수와 나가는 전기력선의 수가 같아져서 선속이 0이라는 의미이다. 닫힌곡면 안에 여러 개의 전하가 있다면, 각각의 전하가 내는 선속을 단순히 더하면 총 선속을 계산할 수 있다. 이와 같이 닫힌곡면 안에 있는 전하의 총량과 이 곡면에 대한 선속 사이에는 비례관계가 성립하는데, 이를 가우스 법칙이라 하며, 이 닫힌곡면을 가우스 곡면이라 한다. 전하에 작용하는 힘은 다음과 같다.

$$F = \frac{1}{4\pi\varepsilon_0}\frac{qq_0}{r^2} \tag{3-2}$$

전하가 구형 대칭으로 공간적으로 균등하게 분포된 경우의 구 바깥에서의 전기장에 대한 표현식은 다음과 같다.

$$E = \frac{1}{4\pi\varepsilon_0}\frac{q}{r^2} \tag{3-3}$$

여기서 r은 구의 중심으로부터 거리를 의미한다. 이 구의 내부에서의 전기장에 대한 표현식은 다음과 같다.

$$E = \frac{1}{4\pi\varepsilon_0}\frac{qr}{R^3} \tag{3-4}$$

여기서 R은 구의 반경이며, r은 구의 중심으로부터 거리를 의미한다. 또한, 구의 중심($r=0$)에서는 전기장이 0이다. 만약 무한히 긴 선에 전하량이 분포되어 있다면 선의 수직방향으로 전기장이 형성되며 이때의 크기는 다음과 같다.

$$E = \frac{\lambda}{2\pi\varepsilon_0 r} \tag{3-5}$$

여기서 r은 선으로부터의 거리이며, λ는 선 전하밀도(단위 길이당 전하)이다. 무한히 넓은 면에 전하가 분포되어 있는 경우, 여기에 수직한 방향에 대한 전기장은 다음과 같다.

$$E = \frac{\sigma}{2\varepsilon_0} \tag{3-6}$$

여기서 σ는 면 전하밀도(단위 면적당 전하)이다. 마지막으로 고립된 전도체 표면에서의 전기장은 다음과 같다.

$$E = \frac{\sigma}{\epsilon_0} \tag{3-7}$$

전기장을 나타내는 위 식들의 차이점은 기하학적인 모양에서 비롯된다. 즉, 전하는 물체 표면의 바깥에만 분포한다는 것이 가우스 법칙의 핵심이다. 동일한 전하는 서로 밀어내는 힘이 작용하고 있으므로 동일한 전하는 서로 멀리 떨어지려고 움직이게 된다. 이의 결과로 표면 바깥으로 전하가 분포하게 된다.

1836년 Faraday는 충전된 도체의 전하는 도체 표면에만 분포하며 상자 내부에는 어떠한 영향도 미치지 않는다는 사실을 발견했다. 그는 이 사실을 증명하기 위해 금속박으로 코팅된 큰 공간을 만들고 그 공간의 외벽에 고전압을 가했다. 그리고 검전기로 내벽에 전하가 없음을 확인하였다. Faraday 상자 안팎의 전기장이 독립적이므로 번개나 외부 전기장으로부터 전기 장비를 보호하는 용도로 사용된다. 자동차나 비행기는 번개를 효과적으로 차단할 수 있어 내부가 안전함과 동시에 창문의 크기가 휴대폰의 사용전파보다 훨씬 크므로 휴대폰의 통화는 가능하다.

전기 쌍극자(electric dipole)는 그림 3-2와 같이 거리 $2a$만큼 떨어진 위치에 반대되는 전하를 가지고 있는 조합을 의미한다. 전기 쌍극자 중심에서 거리 r만큼 떨어진 P지점에서의 전기장에 대한 벡터합의 크기는 다음과 같다.

$$E = \frac{1}{4\pi\varepsilon_0}\frac{qa}{r^3} \tag{3-8}$$

전하 분포의 중요한 특징은 전하 q와 쌍극자 사이의 간격인 $2a$이다. 식 (3-8)에서 전하와 간격은 곱의 형태로 표현되어 있다. 이것은 전기 쌍극자로부터 다양한 거리에서 전기장 E를 측정할 때 전하 q와 간격 $2a$를 떼어놓고 생각할 수가 없다는 뜻이다. 예를 들어, 전하 q를 배로 늘리고, 간격 a를 반으로 줄인다면, 전기장의 크기는 변하지 않는다. 이와 같은 $2qa$를 쌍극자 모멘트 p라고 하며, 식 (3-8)을 쌍극자 모멘트로 표현하면 다음과 같다.

$$E = \frac{1}{4\pi\varepsilon_0}\frac{p}{r^3} \tag{3-9}$$

모든 재료에 항상 쌍극자 모멘트가 있는 것은 아니다. 예를 들면 메탄, 아세틸렌, 에틸렌, 이산화탄소와 같은 가스들에는 쌍극자 모멘트가 존재하지 않는다. 반면, 일산화탄소는 약한 쌍극자 모멘트(0.37×10^{-30} Cm)가 존재하고, 물에는 강한 쌍극자 모멘트(6.17×10^{-30} Cm)가 존재한다.

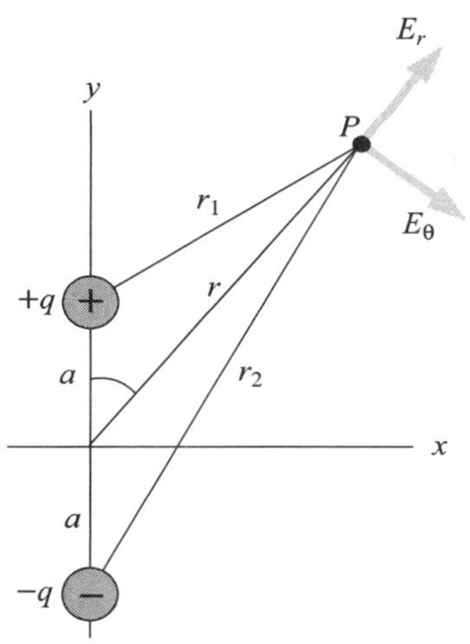

(a) 전기 쌍극자

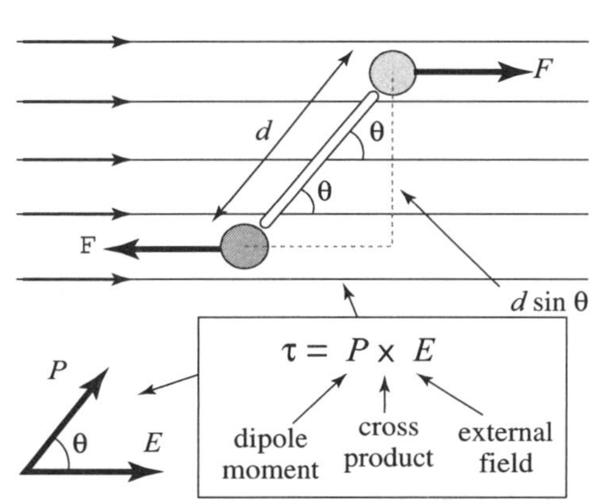

(b) 외부 전기장에 의해 회전력을 받는 전기 쌍극자

그림 3-2 전기 쌍극자의 전기장 및 회전력

쌍극자는 결정재료인 초전체(pyroelectrics)와 압전체(piezoelectrics) 재료에서 볼 수 있다. 쌍극자가 전기장 속에 놓이게 되면, 그림 3-2(b)처럼 회전력이 생기게 된다. 만약 전기장이 충분히 강하다고 하면 쌍극자는 전기장과 동일한 방향으로 배열을 하게 되며, 이때 작용하는 회전력 $\vec{\tau}$는 벡터 형태로 다음과 같다.

$$\vec{\tau} = \vec{p} \times \vec{E} \tag{3-10}$$

쌍극자 회전 프로세스를 폴링(poling)이라고 하며, 외부 전기장이 결정구조의 복원력을 극복할 만큼 충분히 강하다면 전기장에 의해 정렬이 일어난다. 폴링을 보다 쉽게 하기 위해서는 폴링하는 동안 분자 구조의 이동성을 쉽게 하기 위해 열을 가하면 된다. 초전체 및 압전체 재료의 제조공정 중에 열을 이용한 폴링 공정을 사용한다.

대전된 물체 주위의 전기장은 벡터인 $\vec{E}$뿐만 아니라 스칼라 값인 전위(electric potential) V로 표시할 수 있다. 두 값은 매우 밀접한 관계가 있으며, 실제 사용하고자 하는 목적에 따라 달리 사용한다. 공간의 어떤 특정 위치에서의 전위 자체는 거의 사용하지 않지만, 두 지점 사이의 전위차 형태로 주로 사용한다. 임의의 두 점 사이의 전위차를 계산하기 위해서는 작은 전하량을 가진 테스트 전하 q_0를 이용해서 계산한다. 만약 전하량이 A 라는 위치에 놓여 있다면, $q_0 \vec{E}$의 전기력과 평형상태에 있다고 볼 수 있다. 이러한 평형상태에 있는 테스트 전하량 q_0를 다른 위치인 B로 이동시킨다고 하면, 전기장에 대해 일을 해야만 옮길 수가 있다. 위치 A에서 위치 B로 옮기는 일 $-W_{AB}$는 두 점 사이의 전위를 이용해서 다음과 같이 계산할 수 있다.

$$V_B - V_A = -\frac{W_{AB}}{q_0} \tag{3-11}$$

달리 표현하면 전위란 전기장 내에서 단위전하가 갖는 위치에너지라고 정의하며, 이 값은 스칼라양이다. SI단위계로 1 V=1 joule/coulomb과 같다. 전위의 기준점은 임의적이며, 기준점을 달리하면 각 점의 전위값은 변하게 된다. 그래서 물리적으로 의미있는 양은 두 점 사이의 전위차이다. 전위 V에 어떤 상수를 더해도 전기장에는 아무런 영향을 미치지 않으며, 이것을 전기장의 게이지불변(gauge invariant)이라고 한다. 편리성을 위해 대전체에서 무한히 멀리 떨어진 점의 전위를 0이라 정할 때, 무한히 먼 곳에서 전위 V인 한 점으로 전하량 q_0를 갖는 점전하를 가져오는 데 필요한 일은 다음과 같다.

$$W = -q_0 V \tag{3-12}$$

식 (3-12)는 양전하 근처의 전위는 (+)라는 것을 나타낸다. 왜냐하면 양의 테스트 전하를 무한대에서 임의의 위치까지 옮기는 것은 반발력에 대항하는 것이기 때문이다. 두 점 사이의 전위차는 테스트 전하가 움직이는 경로와는 무관하며, 오직 두 점 사이의 전기장의 차이만 관계한다.

3.2 전기용량

그림 3-3(a)와 같이 두 개의 분리된 임의의 형태를 가진 전도체에 배터리를 이용해서 서로 반대되

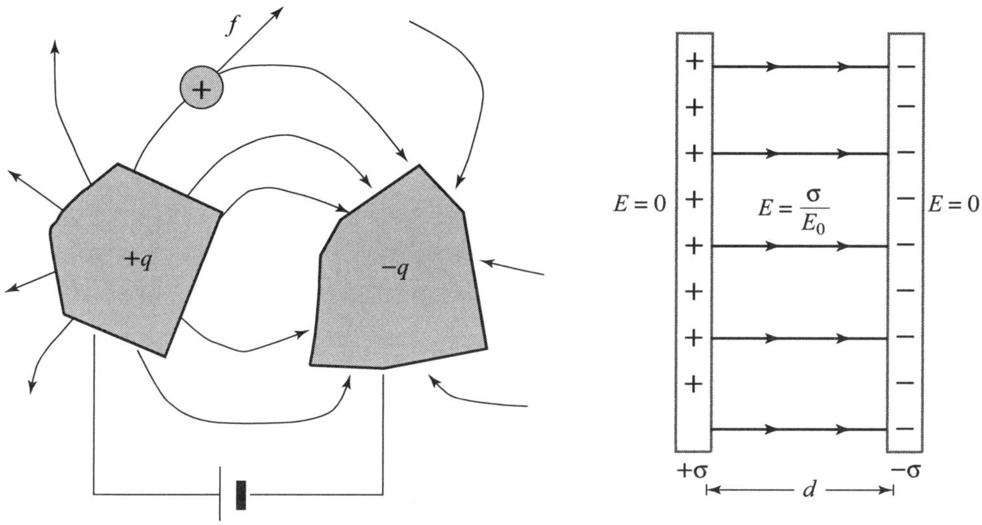

(a) 두 물체 사이의 전기장의 분포 (b) 평형판 전기용량

그림 3-3 전기용량의 정의

는 전극을 연결해 주면 두 물체는 각각 양과 음의 전하로 대전된다. 음으로 대전된 판은 추가적인 전자를 지속적으로 공급을 받게 되며, 양으로 대전된 판은 거꾸로 전자 결핍이 생긴다. 두 판이 완벽히 고립되어 있고 진공 중에 있다고 가정을 하면, 일정 시간이 지난 후 배터리 전원 공급을 차단하게 되면 이론적으로는 무한히 긴 시간 동안 전하를 띤 상태를 유지한다. 이와 같이 전하를 품고 있는 물체의 조합을 전기용량이라 정의한다. 두 물체 사이에 양의 테스트 전하 q_0를 두게 되면, 양의 전극판으로부터 음의 전극판까지 작용하는 전기장의 영향을 받게 된다. 즉, 양으로 대전된 물체로부터는 밀려나는 힘을 받을 것이고, 음으로 대전된 물체로부터 당기는 힘 f를 받을 것이다.

전기용량은 전도체에 대전된 전하량 q와 전도체 사이의 전위차 V와 다음과 같은 관계에 있다. 여기서 전위차 V는 두 전도체의 전위가 아니라 두 전도체 사이의 전위차이다.

$$\frac{q}{V} = C \tag{3-13}$$

여기서 비례상수인 C를 축전기의 전기용량이라 한다. 이 값은 대전판의 모양과 상대적인 위치에 따라 달라지며, q와 V와 동일한 부호를 가진다. 전기용량의 SI단위는 1 farad = 1 coulomb/volt이며, 줄여서 F로 표시한다. 일반적으로 farad은 매우 큰 값이기 때문에 실제적으로는 다음과 같은 단위를 사용한다.

1 picofarad(pF)	$= 10^{-12}$ F
1 nanofarad(nF)	$= 10^{-9}$ F
1 microfarad(μF)	$= 10^{-6}$ F

전기회로와 연결시키면, 전기용량은 다음과 같은 복소저항(complex resistance) 항을 가진 형태로

표시할 수 있다.

$$\frac{V}{i} = -\frac{1}{j\omega C} \tag{3-14}$$

여기서 $j = \sqrt{-1}$ 이며, i는 ω의 주파수를 갖는 사인파 전류를 의미한다. 전기용량의 복소저항은 고주파에서 매우 낮아진다. 이것을 정기용량에 대한 옴의 법칙이라 부른다. (−) 부호와 복소수의 의미는 축전기의 전압은 전류에 비해 90° 뒤에 나타난다는 것을 의미한다.

축전기는 센서를 디자인할 때 매우 중요한 물리적인 고려사항이다. 거리, 면적, 부피, 압력, 힘, 화학 구성 등을 측정할 때 사용된다. 다음절에는 축전기에 대한 기본적인 특성과 유용한 몇 가지 수식에 대해 정리를 하고자 한다.

3.2.1 축전기

정전용량은 전극판 사이의 전위차 V와 전하량 q와 다음과 같은 관계가 있다.

$$C = \frac{q}{V} \tag{3-15}$$

또한, 진공 중에 있는 평면 축전기의 정전용량은 다음과 같다.

$$C = \frac{\varepsilon_0 A}{d} \tag{3-16}$$

전기용량 센서에서 정전용량은 외부 자극의 척도를 의미하며, 외부 자극에 의해 식 (3-15)와 식 (3-16)에 있는 하나의 변수가 변하게 되면 정전용량이 바뀌게 된다. 즉 식 (3-16)에서 전극판 사이의 거리 또는 전극판 면적이 변하게 되면 전기용량이 변하게 된다. 식 (3-16)은 평행한 전극판인 경우에 적용될 수 있지만, 다른 기하학적인 구조에 대해서도 비슷하게 적용된다. 특히, 식 (3-16)의 A/d 비를 평행판의 기하학 인자라고 한다.

그림 3-4(a)와 같은 원통형 축전기인 경우 반경이 각각 a와 b, 길이가 l인 중심축이 동일한 두

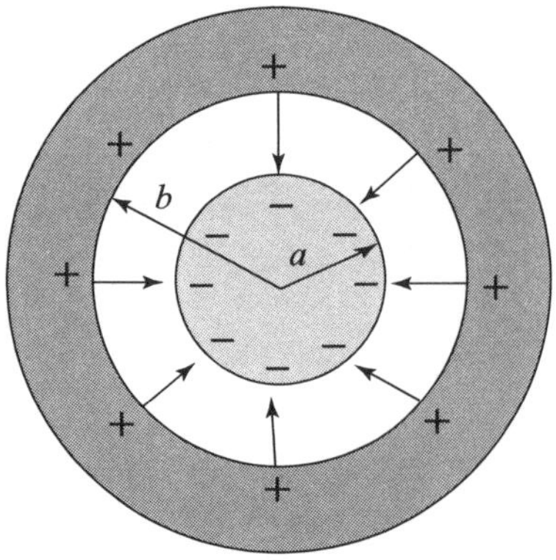

(a) 원통형 축전기

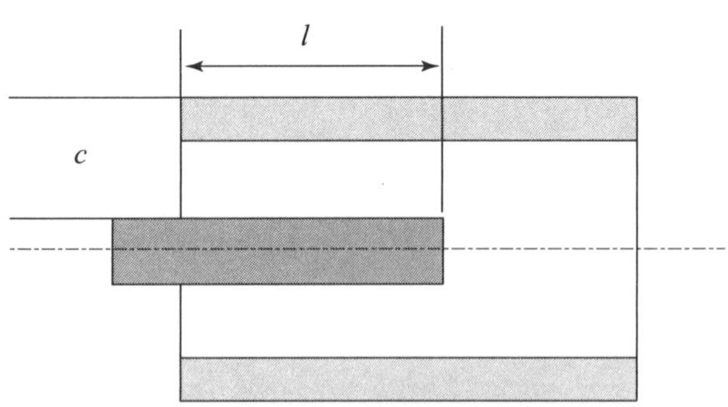

(b) 정전용량형 변위 센서

그림 3-4 원통형 축전기 및 정전용량 변위 센서 개념도

개의 원통형 축전기를 가정해 보자. 여기서 $l \gg b$라고 하면 원통 끝에서 발생하는 프린징(fringing) 효과는 무시할 수 있으며, 이 경우의 정전용량은 다음과 같이 가정할 수 있다.

$$C = \frac{2\pi\varepsilon_0 l}{\ln \dfrac{b}{a}} \tag{3-17}$$

식 (3-17)에서 l은 그림 3-4(b)와 같이 두 원통이 겹치는 길이를 의미한다. 여기서 $2\pi l(\ln b/a)^{-1}$를 동축 축전기의 기하학 인자라고 한다. 변위센서는 그림 3-4(b)와 같이 외부 원통은 고정되어 있고 내부 원통이 움직이면서 정전용량의 변화를 측정해서 식 (3-17)로부터 변위 l을 계산하는 원리이다. 정전용량 원리를 이용한 센서는 Part III에 자세히 나와 있으며, 원리의 간단함 때문에 매우 다양한 분야에서 응용되고 있다.

3.2.2 유전상수

식 (3-16)은 진공 중에 놓여진 평행판 축전기인 경우에 적합한 수식이다. 1837년, Michael Faraday는 평행판 사이를 유전체 물질로 채운 후 그 효과를 관측한 최초의 과학자이다. 유전체 물질로 채운 후 그 물질의 유전율로 알려진 k만큼 정전용량이 증가하였다. 이와 같이 유전물질에 의한 정전용량의 증가는 분자분극 때문이다. 예를 들어 물과 같은 종류의 유전체는 분자들이 항구적인 쌍극자 모멘트 특성을 보이는 반면, 어떤 종류의 유전체는 외부 전기장이 가해질 때에만 분자들이 분극현상을 나타내는 것도 있다. 이와 같이 외부의 영향으로 쌍극자가 생기는 것을 유도된 것이라 부른다. 그리고 원래부터 전기 쌍극자가 존재하거나 존재하지 않거나 모든 유전체는 외부 전기장에 의해 영향을 받아 분자들이 재정렬을 하려는 경향이 있는데, 이러한 재정렬 경향을 분극(polarization)이라 한다.

이러한 분극 현상은 그림 3-5와 같다. 전극판 사이에 전위차가 없으면 모든 쌍극자들이 랜덤하게 분포되어 있지만, 전극판이 충전되어 전기장이 생기게 되면 전기장의 방향으로 쌍극자들이 같은 방향으로 분극된다. 그림 3-5(b)에서 각각의 쌍극자는 고유의 전기장을 가지고 있는데, 전기장의 방향은 외부에서 가해준 전기장 E_0와는 반대 방향이다. 쌍극자들에 의한 고유 전기장의 합을 E'이라고 하면 축전기 내에서의 총 전기장($E = E_0 + E'$)은 유전체 물질이 없는 경우의 전기장 E_0보다는 작아지게 된다. 이와 같이 작아진 전기장에 의해 축전기 양단의 전압도 $V = V_0/k$만큼 작아지게 된

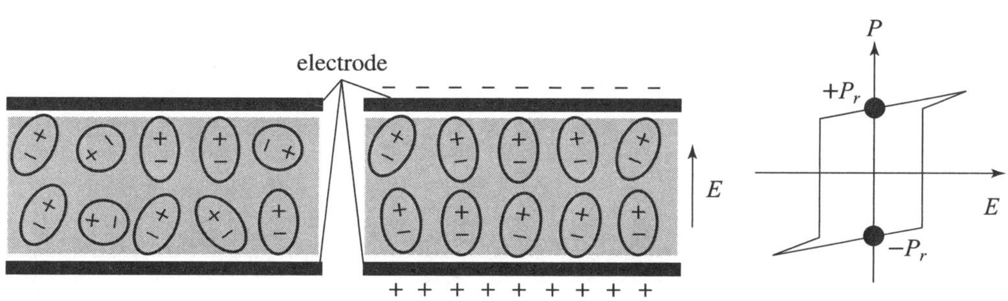

(a) 무극성 분자 (b) 전기장에서의 유전체 분극 (c) 자발분극 정의

그림 3-5 유전체의 분극 현상 및 자발분극의 정의

다. 따라서 식 (3-15)를 유전체가 있는 경우, 유전체의 유전율 k를 고려해서 다시 쓰면 다음과 같다.

$$C = k\frac{q}{V_0} = kC_0 \tag{3-18}$$

그리고 평행판 축전기에 대해서는 다음과 같다.

$$C = \frac{k\varepsilon_0 A}{d} \tag{3-19}$$

또한, 평행판 모양이 아닌 일반적인 형태의 축전기에 대해서도 기하학적인 인자 G를 고려하면 다음과 같이 쓸 수 있다.

$$C = \varepsilon_0 kG \tag{3-20}$$

여기서 기하학적 인자인 G는 물체의 형태와 전극판 사이의 거리에 따른 함수이며, 정전용량은 유전상수 k에 따라 변한다는 것을 알 수 있다.

유전상수는 주파수와 온도에 따라 변하는 특성을 가지고 있다. 일부 유전체(예를 들면 폴리에틸렌)는 매우 넓은 영역의 주파수에서 유전상수가 일정한 특성을 보이지만, 대다수 유전체는 매우 큰 주파수 의존 특성을 가지고 있는데, 일반적으로 주파수가 올라가면 유전상수는 감소하는 특성이 있다. 또한, 온도가 올라갈수록 유전상수는 감소한다. 그림 3-7은 온도에 따른 물의 유전상수가 감소하는 현상을 보여주고 있다.

전기회로에서 좋은 축전기는 유전상수 k와 기하학적 인자인 G의 변화가 작은 것이 좋다. 이상적으로 보면 온도, 습도, 압력, 다른 외부 인자에 의해 영향을 전혀 받지 않는 것이 제일 좋다. 전기회로의 질을 평가할 때 좋은 축전기가 가장 중요한 요소로 작용한다. 그러나 전기용량성 센서를 디자

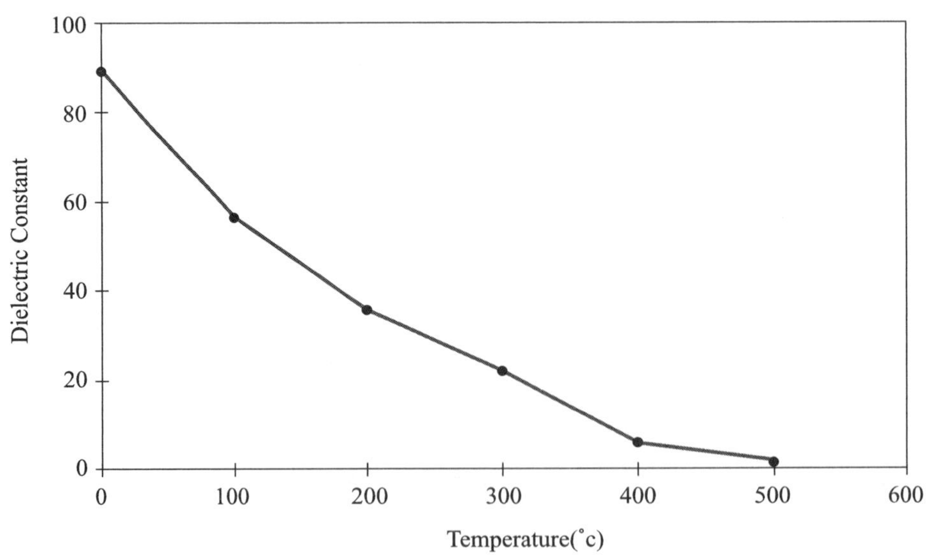

그림 3-7 온도에 따른 물의 유전상수 특성

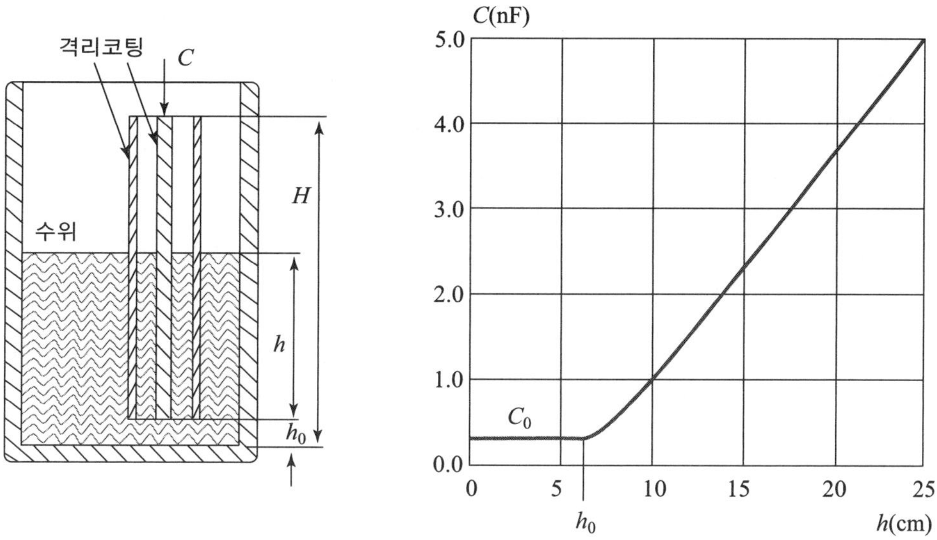

(a) 정전용량형 수위센서 (b) 수위에 따른 정전용량 변화

그림 3-8 정전용량 수위센서의 수위측정 원리

인한다고 하면, 측정 대상인 온도, 압력, 습도, 기타 외부 입력 등에 잘 변화하는 축전기를 사용해야 한다.

그림 3-8은 수위를 측정하는 정전용량 센서의 원리를 보여주고 있다. 물에 의한 전기적인 단락을 방지하기 위해 표면에 격리 코팅막을 입힌 동축(coaxial) 원통형 축전기를 센서로 사용한다. 이 센서를 탱크 내에 설치하여 수위에 따른 동축 축전기의 정전용량 변화를 측정하여 수위로 환산할 수 있다. 식 (3-20)을 이용하면 다음과 같이 쓸 수 있다.

$$C_h = C_1 + C_2 = \varepsilon_0 G_1 + \varepsilon_0 k G_2 \tag{3-21}$$

여기서 C_1은 센서부에서 물이 없는 부분의 정전용량값이며, C_2는 물에 의해 잠기 부분의 정전용량값이다. 동축 축전기의 정전용량식인 식 (3-17)을 이용하면 식 (3-21)은 다음과 같다.

$$C_h = \frac{2\pi\varepsilon_0}{\ln\frac{b}{a}}\left[H - h(1-k)\right] \tag{3-22}$$

여기서 h는 센서가 물에 잠긴 높이이며, 물이 바닥에서 h_0까지의 정전용량은 식 (3-22)에서 $h=0$로부터 계산하면 된다. 측정된 정전용량으로부터 수위를 계산한 결과가 그림 3-8(b)와 같다. h_0부터 거의 선형적으로 변화하는 특성을 보이고 있다. 물의 유전상수는 그림 3-7과 같이 온도에 따라 변화하기 때문에 반드시 물의 온도를 측정하는 센서를 부가적으로 설치해서 보상해 주어야 한다.

또 다른 정전용량 센서의 사례가 습도센서이다. 그림 3-9와 같이 전극판 사이의 유전체는 수분을 잘 흡수하는 재료로 채워서 사용하며, 재료의 유전상수는 식 (3-20)에서 흡수된 수분의 양에 따라 변화한다.

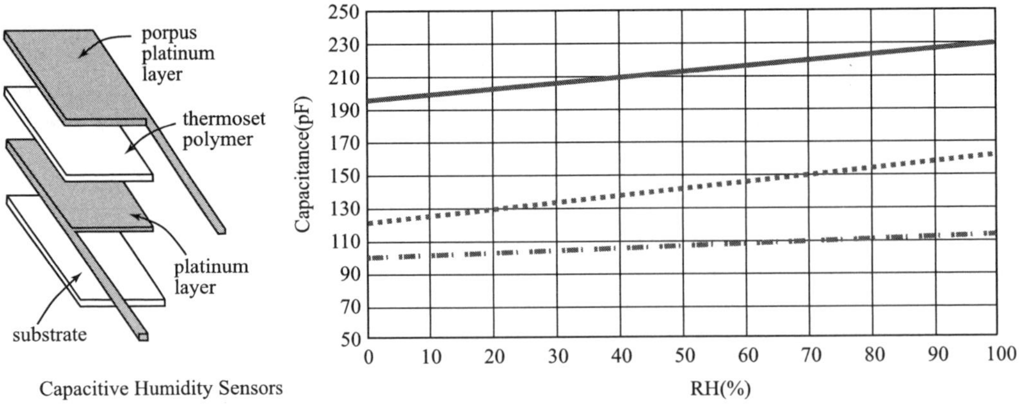

그림 3-9 정전용량 습도센서의 원리

3.3 자성 (Magnetism)

자석은 아주 오래전 자철석(Fe_2O_3)으로 알려진 철광석 무기물에서 발견된 특성이다. 연철 재질에 자석 특성을 가진 재료를 문지르면 동일한 자성이 생성된다. 이 분야에 대해 학문적으로 연구한 사람은 William Gillbert이다. 그의 가장 큰 업적은 지구가 거대한 자석이라는 사실을 최초로 밝혀낸 것이다. 자성(magnetism)이란 뜻은 자철광이 매우 풍부한 아시아의 Magenesia 지역이름에서 유래했다.

전기(electricity)와 자성사이에는 강한 유사성이 존재한다. 전기적으로 대전된 봉의 양끝에는 반대 전하가 분포하는데, 이런 현상은 자석에서도 동일하게 나타나며, S(south)극과 N(north)극으로 표시한다. 동일 극성은 서로 밀어내고 극성이 다르면 서로 끌어당긴다. 전기의 전하와 다른 점은 자성의 극은 항상 쌍으로 존재한다는 것이다. 자석을 아무리 작은 조각으로 잘라내어도 작은 조각에는 항상 S극과 N극이 존재하며, 이런 사실로부터 자성은 원자의 배열과 관련된 특성이라 볼 수 있다.

자석을 공간에 두면 자석 주위가 이전에 비해 변화가 생긴다. 금속 조각을 자석 주위의 공간에 두면 금속 조각이 자석의 움직임에 따라 같이 움직이는데, 이와 같이 자석 주위에 눈에 보이지 않는

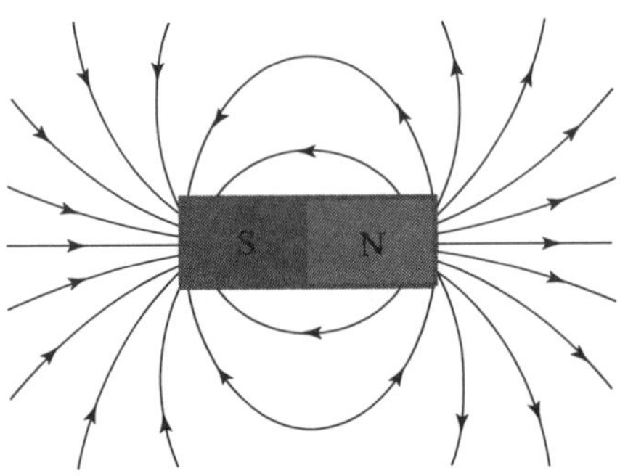

그림 3-10 자기장 방향에 대한 개념

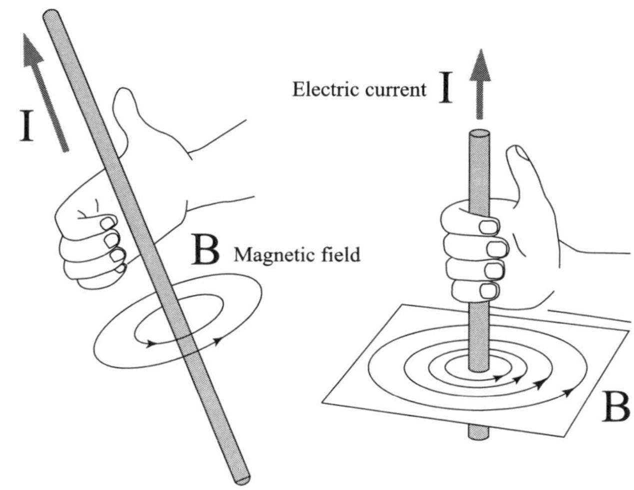

그림 3-11 도체의 전류 흐름에 따른 자기장 형성

자기장(magnetic field)이 형성된다. 조그만 금속막대 또는 바늘을 자석 옆에 놓아두면 자기장에 의해 막대와 바늘이 움직이게 된다. 이러한 자기장의 방향은 그림 3-10과 같이 N극에서 나와 S극으로 향한다.

자기장에 대한 근본적인 개념은 다른 형태의 자성에서도 동일하게 적용된다. 이러한 개념은 1820년 덴마크의 물리학자인 Hans Christian Oersted의 실험결과에 의해 밝혀졌다. 그는 자석이 전혀 없는 공간에서 전선의 전류 흐름 방향에 따라 나침반의 바늘이 움직인다는 사실을 발견했다. 그림 3-11과 같이 전류가 흐르는 전선 주위에 자기장이 형성되며, 전류가 흐르지 않고 전하만 있는 경우에는 자기장이 발생하지 않는다는 것이다. 이러한 사실로부터 전하의 흐름이 자기장의 생성원인이라고 볼 수 있다.

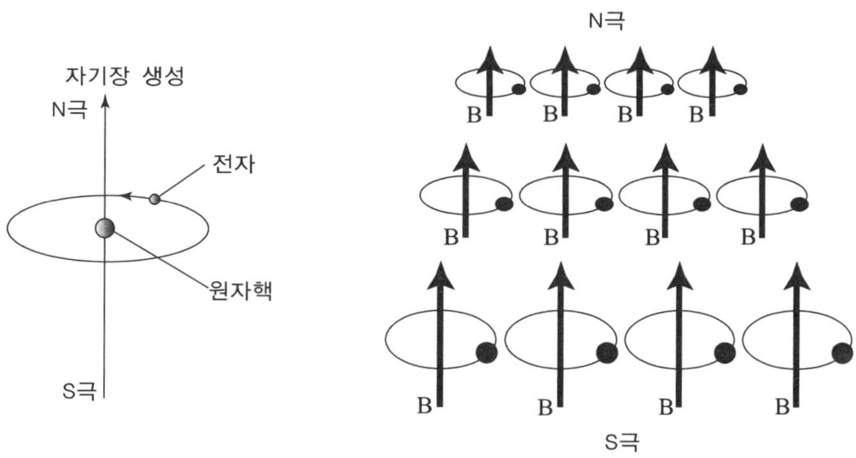

(a) 움직이는 전자에 의한 자기장 생성　　(b) 여러 개의 자석에 의한 자기장의 중첩

그림 3-12 자기장 생성 및 자기장의 중첩 효과

전류의 흐름에 따라 자기장이 생성되는데, 이것은 Albert Einstein이 영구자석의 본성을 설명하는 데에서 찾을 수 있다. 자기장의 생성원인에 대한 개념은 그림 3-12(a)와 같이 원자핵 주위를 회전하는 전자 때문이다.

전자는 원자핵 주위로 회전하면서 전류를 생성시키며, 이 전류에 의해 미약한 자기장이 생성된다. 달리 표현하면, 원자는 회전하는 전자에 의해 영구 자석이 된다는 뜻이다. 그림 3-12(b)와 같이 여러 개의 영구 자석인 원자들의 자기장이 중첩되어 자기장이 더해지게 된다. 이러한 자화과정은 매우 명백하며 자기장에 기여하는 요인은 전자의 움직임 이외에는 어떠한 것도 없다는 것이다. 이러한 동일한 방향의 원자핵들이 존재하게 되면 이를 강자성체라고 한다.

3.3.1 Faraday 법칙

Michael Faraday는 다음과 같은 질문을 던졌다. "만약 전류가 자기장을 만드는 능력이 있다면, 역으로 자기장을 이용하면 전류를 만들 수 있지 않을까?" 만약 전하를 자기장 내에 움직이게 하면, 이 전하의 방향을 바뀌게 하는 힘이 작용하게 되는데, 움직이는 전하에 작용하는 힘은 자기장과의 상호작용 결과라는 것이 전자기학 이론의 핵심이다. 편향된 전하는 전기장을 생성하고, 이로 인해 도체 내에서 전위차가 발생하여 전류가 생성되는 것이다.

어떤 특정방향으로의 자기장의 세기는 그 위치에서 자기장 선의 접선 방향으로 벡터 $\vec{B}$로 정의된다. 즉 단위 면적당 자기장 선의 수는 $\vec{B}$의 크기에 비례한다. 또한, 선들의 밀도가 높을수록 비례해서 $\vec{B}$도 커지며, 반대로 선들의 밀도가 낮게 되면 $\vec{B}$의 크기는 작아진다. 자기장의 선속은 다음과 같이 정의할 수 있다.

$$\Phi_B = \oint B ds \tag{3-23}$$

벡터 자기장 $\vec{B}$를 정의하기 위해서 양의 전하 q_0를 가진 테스트 전하가 속도 v로 자기장 속을 이동한다고 가정하면, 그림 3-13(a)와 같이 전하에 횡성분으로 편향시키는 힘 F_B가 작용한다. 자기장 속을 움직이는 동안 속도 v의 방향이 변하는 것은 매우 흥미로운 사실이다. 그림 3-13(b)와 같이

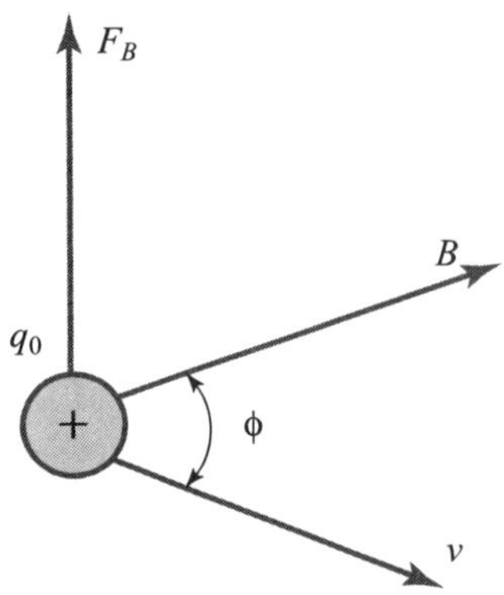

(a) 양전하가 자기장을 통과하면서 받는 힘

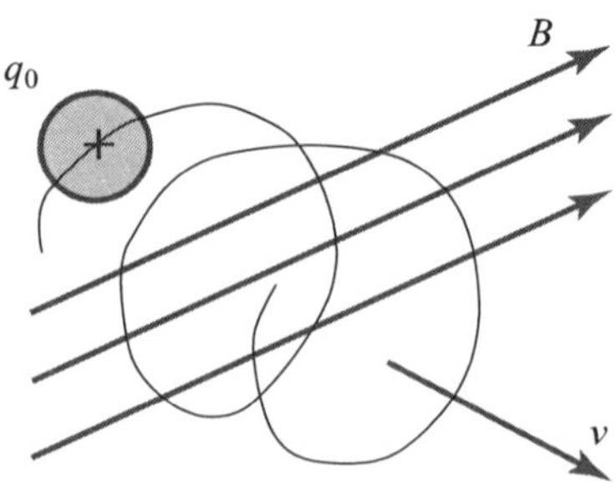

(b) 자기장 속을 나선형으로 움직이는 전하

그림 3-13 자기장 내를 운동하는 전하

나선형으로 움직이는 경우 자기저항 효과가 매우 잘 나타나며, 이를 이용해서 자기저항 센서로 이용한다. 자기장 속에서 편향시키는 힘은 다음과 같다.

$$\vec{F}_B = q_0\vec{v} \times \vec{B} \tag{3-24}$$

여기서 $\vec{F}_B$ 벡터의 방향은 속도 벡터 $\vec{v}$와 자기장 벡터 $\vec{B}$에 의해 형성된 평면에 대해 항상 오른쪽 각도로 향하며, 따라서 $\vec{v}$와 $\vec{B}$에 대해 항상 오른쪽 각도를 형성하기 때문에 측면힘이라 부른다. 벡터합의 법칙에 따라 자기장의 편향되는 힘의 크기는 다음과 같다.

$$F_B = q_0 vB\sin\phi \tag{3-25}$$

여기서 ϕ는 속도 벡터와 자기장 벡터의 사이각이다. 만약 속도 방향과 자기장의 방향이 평행하면 편향된 힘은 0가 된다. 식 (3-25)에서 자기장의 단위는 (Newton/coulomb)/(meter/second)로 SI단위계에서 tesla(줄여서 T)라고 표기한다. 또한 coulomb/second는 전류의 단위인 ampere이므로, 1 T=1 newton/(ampere·meter) 또는 1 weber/(square meter)가 된다. 그리고 gauss라는 단위도 자주 사용하는데, 1 tesla=10^4 gauss이다.

3.3.2 솔레노이드(Solenoid)

솔레노이드는 자기장을 만들어 내는 용도로 사용된다. 그림 3-14(a)는 솔레노이드의 개념을 나타낸 것으로 코일에 전류를 흘림으로써 막대자석처럼 솔레노이드 양끝이 N극과 S극처럼 동작한다. 솔레노이드에서 자기장의 크기는 코일의 감은 수에 비례한다. 솔레노이드 내부에서 자기장의 방향은 솔레노이드 축 방향과 동일하다. 코일을 매우 촘촘이 감았다고 가정하면, 솔레노이드는 원통형 전류판과 유사하게 볼 수 있다. 이 경우 솔레노이드 안쪽에서의 자기장 크기는 다음과 같다.

$$B = \mu_0 i_0 n \tag{3-26}$$

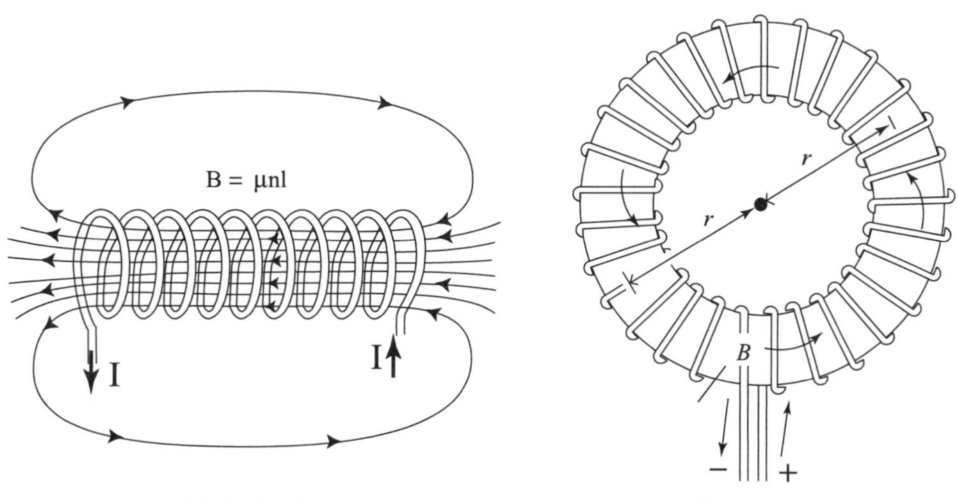

(a) 솔레노이드 (b) 토로이드

그림 3-14 솔레노이드와 토로이드의 자기장 생성

여기서 n은 단위 길이당 코일의 감은 수이며, i_0는 솔레노이드 코일을 따라 흐르는 전류이다. 이 식은 솔레노이드 길이가 무한히 길다고 가정하여 유도된 식이지만, 솔레노이드 내부의 중심에서는 거의 식 (3-26)으로 가정해도 무리가 없다. 식 (3-26)을 보면 자기장은 솔레노이드의 반경이나 길이에 무관하며 솔레노이드의 단면에서는 항상 일정하다. 자기장이 솔레노이드의 직경에 무관하기 때문에 여러 겹으로 코일을 감아서 자기장의 세기를 올릴 수 있다. 또한, 솔레노이드 바깥부분의 자기장은 안쪽에 비해 매우 약하다.

3.3.3 토로이드(Toroid)

자기장을 만드는 또 다른 방법이 그림 3-14(b)와 같은 토로이드 형태이다. 이것은 솔레노이드를 도넛 형태로 원형으로 굽혀서 만든 것으로, 토로이드 내부에서 자기장의 세기는 다음과 같다.

$$B= \frac{\mu_0}{2\pi}\frac{i_0 N}{r} \tag{3-27}$$

여기서 N은 코일의 총 감은 수이며, r은 자기장이 계산되는 내부 원까지 반경이다. 솔레노이드와는 달리 토로이드는 단면적에 따라 자기장이 일정하지 않다. 또한, 이상적인 경우 토로이드의 바깥에서는 자기장이 0이다.

주어진 표면에 따른 자기장 밀도 또는 자기장 선수는 표면에서의 자기장 선속으로 다음과 같이 정의된다.

$$\Phi_B= \int B ds \tag{3-28}$$

적분은 표면을 따라 이루어지며, 만약 자기장이 일정하고 표면에서 오른쪽 각도로 존재한다면 적분의 결과는 $\Phi_B= BA$와 같이 매우 간단하다. 여기서 A는 표면의 면적이다. 자기장의 흐름 또는 자기장 선속은 전기장의 선속과 유사하며, 자기장 선속에 대한 SI단위는 tesla·meter^{2}이며, 이것을 weber라 읽고 약자로 Wb라고 한다.

$$1\ \text{Wb}= 1\,\text{T}\cdot\text{m}^2 \tag{3-29}$$

3.4 인덕턴스(Inductance)

1831년 영국의 Michael Faraday와 미국의 Joseph Henry는 자기장의 변화에 따라 전선에 전류가 유기되는 전자기장의 가장 근본효과를 발견하였다. 영구자석이 만든 자장이나 솔레노이드로 만든 자장에 따라 차이가 없이 효과는 동일하게 나타났는데, 전류는 자기장이 변할 때 유도되었다. 자기장에 변화가 없으면 전류가 생성되지 않았다. 유도에 관한 Faraday 법칙은 다음과 같다. 유도된 전압 또는 기전력(electromotive force)은 회로에 가해진 자속의 변화량과 같으며, 만약 변화율이 Wb/s이면, 기전력 ε은 volt의 단위로 다음과 같다.

$$\varepsilon= -\frac{d\Phi_B}{dt} \tag{3-30}$$

여기서 (−)부호가 갖는 의미는 유도 기전력에 의한 유도 전류가 자기력선속의 변화를 상쇄하는 방향으로 흐르는 것을 의미하며 이를 렌츠(Lenz)의 법칙이라고 부른다. 만약 변화하는 자기장을 솔레노이드에 근접시키면, 기전력은 감은 수만큼 배가될 것이며, 이와 유사한 코일에 자기장을 변화시키면 유도기전력은 다음과 같다.

$$V = -N\frac{d\Phi_B}{dt} \tag{3-31}$$

여기서 N은 전선의 감은 수이다. 이 식을 센서 디자이너 또는 응용 엔지니어 입장에서 다음과 같이 쓸 수 있다.

$$V = -N\frac{d(BA)}{dt} \tag{3-32}$$

이 식은 자기장을 변화시키거나 폐회로의 면적을 변화시켜도 동일한 기전력이 생성된다는 의미이다. 그러므로 다음과 같은 경우에 유도 전압이 생성된다.

① 자석이나 코일, 전선 등의 자기장 소스를 움직일 때
② 자기장을 만드는 코일 또는 전선의 전류를 변화시킬 때
③ 유도되는 회로에 대해 자기장의 방향을 바꿀 때
④ 유도되는 회로를 늘리거나, 줄이거나, 코일의 감은 수를 변화시키는 등의 기하학적인 구조를 변화시킬 때

만약 1번 코일 근처에서 2번 코일에 전류를 흘리게 되면, Faraday 법칙에 의해 1번 코일에서도 기전력이 나타난다. 코일에 흐르는 전류가 변화하면 그에 따라 자속이 변화하므로 전자 유도에 의해서 코일 내에 유기 기전력이 발생한다. 이것을 자기유도(self induction)라 하며, 이에 따라 생성된 전압을 자기유도 기전력이라 한다. 솔레노이드 중간부분에서의 Faraday 법칙은 다음과 같다.

$$v = -\frac{d(n\Phi_B)}{dt} \tag{3-33}$$

괄호 내에 있는 수를 선다발 이음(flux linkage)이라고 하며, 소자특성에 매우 중요하다. 공간에 자석 물질이 없는 간단한 코일에 대해서 이 값은 다음과 같이 코일을 통한 전류에 비례한다.

$$n\Phi_B = Li \tag{3-34}$$

여기서 L은 코일유도라고 하는 비례상수이다. 식 (3-34)를 식 (3-33)에 대입하면

$$v = -\frac{d(n\Phi_B)}{dt} = -L\frac{di}{dt} \tag{3-35}$$

이 식으로부터 인덕턴스(inductance)는 다음과 같이 정의할 수 있다.

$$L = -\frac{v}{di/dt} \tag{3-36}$$

만약 인덕터(인덕턴스 기능이 있는 소자) 내의 공간에 자석 물질이 없다면, 식 (3-36)에서 정의된

값은 오직 소자의 기하학적 형태에만 의존한다. 인덕턴스에 대한 SI단위는 volt·second/ampere이며, 미국 물리학자인 Joseph Henry의 이름을 따서 1 henry=1 volt·second/ampere로 정의하며, 줄여서 H로 표현한다.

식 (3-36)으로부터 몇 가지 결론을 내릴 수 있다.

① 유도 전압은 인덕터를 통하는 전류의 변화율에 비례한다.
② 직류에서는 유도 전압이 0이다.
③ 유도 전압은 전류의 변화율에 따라 선형적으로 증가한다.
④ 전압극성은 동일한 전류의 방향이라도 증가하거나 감소함에 따라 변한다.
⑤ 유도 전압은 유도 전류에 반대되는 방향으로 나타난다.

축전기와 마찬가지로 인덕턴스는 기하학적 요소로부터 계산되는데, 그림 3-15와 같은 코일에 대한 인덕턴스는 다음과 같다.

$$L = \frac{n\Phi_B}{i} \tag{3-37}$$

만약 n이 단위 길이당 코일의 감은 수라 하면, 길이 l에서 생성된 자속 수는 다음과 같다.

$$N\Phi_B = (nl) \cdot (BA) \tag{3-38}$$

여기서 A는 코일의 단면적이다. 솔레노이드의 경우, $B = \mu_0 n i$이므로 인덕턴스는 다음과 같다.

$$L = \frac{N\Phi_B}{i} = \mu_0 n^2 l A \tag{3-39}$$

여기서 lA는 솔레노이드의 부피에 해당하는 기하학적 인자이다. 전기회로에 연결시키면 인덕턴스는 "복소저항"과 같은 형태로 쓸 수 있다.

$$\frac{V}{i} = j\omega L \tag{3-40}$$

여기서 $j = \sqrt{-1}$이고, i는 $\omega = 2\pi f$의 주파수를 갖는 사인파 전류이며, 인덕터의 복소저항은

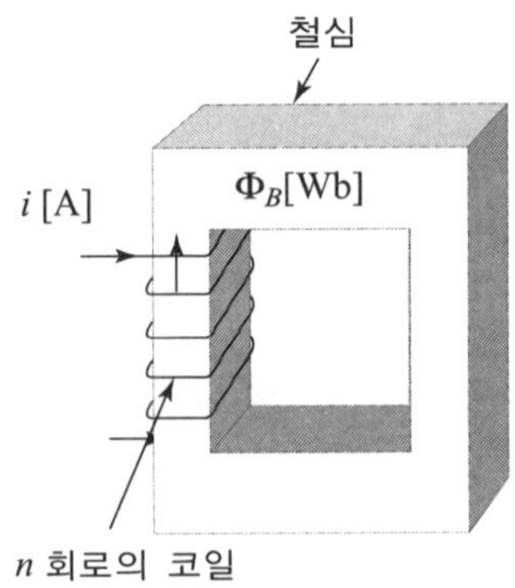

그림 3-15 인덕턴스

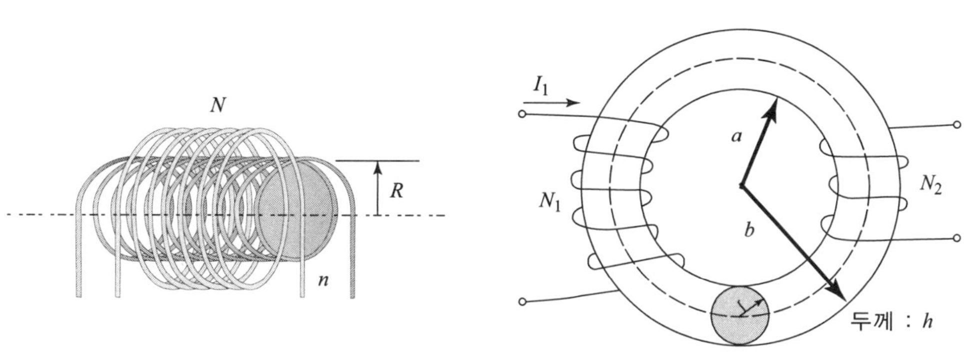

(a) 솔레노이드의 상호 인덕턴스 (b) 토로이드의 상호 인덕턴스

그림 3-16 솔레노이드와 토로이드의 상호 인덕턴스

높은 주파수에서 증가한다. 이것을 인덕터의 Ohm의 법칙이라 부른다. 복소수의 의미는 전류가 전압에 비해 90° 뒤에 나타남을 의미한다.

만약 두 개의 코일을 서로 근처에 갖다 놓고 하나의 코일에 전류를 흘리면, 옆에 있는 코일의 전자와 상호작용에 의해 자기장이 생성되어 다음과 같은 기전력 v_2가 생성된다.

$$v_2 = -M_{21}\frac{di_1}{dt} \tag{3-41}$$

여기서 M_{21}을 두 코일 사이의 상호 인덕턴스 계수라고 한다. 상호 인덕턴스의 계산은 쉽게 계산할 수 없고, 실험적으로 측정하는 것이 더 쉽다. 상대적으로 매우 간단한 조합의 경우에는 상호 인덕턴스를 계산할 수 있다. 그림 3-16(a)와 같이 단위 길이당 코일 수가 n인 긴 솔레노이드 주위에 코일 수가 N인 코일을 가져가면, 이때 상호 인덕턴스는 다음과 같다.

$$M = \mu_0 \pi R^2 n N \tag{3-42}$$

또한, 그림 3-16(b)의 토로이드에 대한 상호 인덕턴스는 다음과 같다.

$$M = \frac{\mu_0 N_1 N_2 h}{2\pi}\ln\left(\frac{b}{a}\right) \tag{3-43}$$

상호 인덕턴스의 변화를 관측하는 것도 하나의 좋은 센서가 될 수 있다. 예를 들면, 두 개의 코일로 이루어진 변위 센서의 경우, 하나는 정지해 있고, 다른 하나는 움직인다고 하면, 식 (3-41)의 유도전압으로부터 변위를 환산할 수 있다.

3.5 저항

재료 내의 전자는 밀폐된 컨테이너 내부의 가스와 같이 불규칙적으로 움직이며, 특정 방향도 없고 재료 내부의 평균 전자 농도는 일정한 특성이 있다. 그림 3-17과 같이 길이가 l인 임의의 재료로 된 바의 양 끝단에 전압이 V인 배터리를 연결하면, 재료 내부에서의 전기장 E는 다음과 같다.

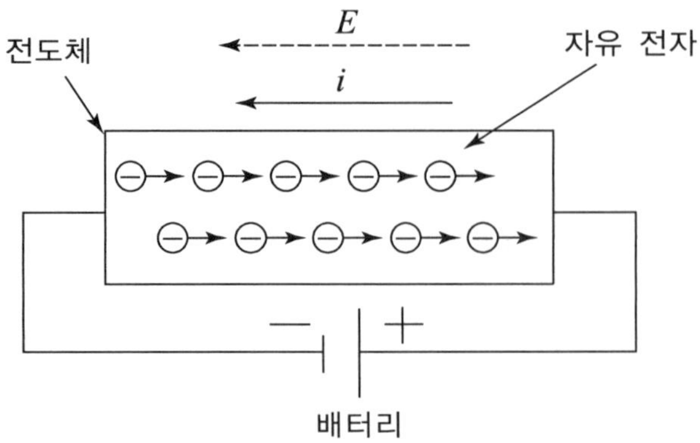

그림 3-17 재료 내의 전압에 의한 전류 생성 방향

$$E = \frac{V}{l} \qquad (3\text{-}44)$$

예를 들어 바의 길이가 1 m이고 배터리의 전압을 1.5 V라고 가정하면, 전기장은 1.5 V/m의 세기를 가질 것이다. 이러한 전기장은 자유전자들에 작용을 해서 전기장의 방향에 일치하도록 움직이게 하여 재료 내부에 전류가 생성된다. 이 경우 전하 q가 이 재료 내부를 지난다고 하면, 정의에 의해 다음과 같이 단위 시간당 전하의 변화량이 전류가 된다.

$$i = \frac{dq}{dt} \qquad (3\text{-}45)$$

전류의 SI단위는 ampere로 1 ampere=1 coulomb/1 s이며, 줄여서 A로 표시한다. 전류와 저항에 대한 소위 "국제" 전기단위는 1893년 국제전기협의회에서 최초로 도입되었고, 1948년 제9차 국제도량형총회에서 전류의 단위인 암페어는 무한히 길고 무시할 수 있을만큼 작은 원형 단면적을 가진 두 개의 평행한 직선 도체가 진공 중에서 1미터의 간격으로 유지될 때 두 도체 사이에 매 미터당 2×10^{-7} 뉴턴(N)의 힘을 생기게 하는 일정한 전류로 정의하였다. ampere는 매우 큰 전류의 세기이므로 센서공학에서는 다음과 같이 일반적으로 이보다 훨씬 작은 단위를 사용한다.

1 microampere(μA)	$= 10^{-6}$ A
1 nanoampere(nA)	$= 10^{-9}$ A
1 picoampere(pA)	$= 10^{-12}$ A
1 femtoampere(fA)	$= 10^{-15}$ A

재료의 단면적 형태, 균질성 여부에 관계없이 어떤 단면적을 통과하는 전류는 주어진 전기장 하에서는 항상 일정하다. 이것은 서로 다른 직경으로 된 여러 개의 파이프를 흐르는 물과 동일한 개념이다. 즉, 좁은 파이프에서는 물이 빨리 흐르고 넓은 파이프쪽에서는 물이 천천히 흐르는데, 단위 시간당 어떤 단면적을 통과하는 물의 양은 항상 일정하다. 이러한 이유는 파이프 속에 있는 물은 소멸되거나 새로 만들어지는 것이 아니기 때문이다. 이와 동일한 원리가 전류에도 적용이 된다. 물리학의 기본 법칙 중 하나가 전하보존의 법칙이다. 정상상태 조건에서 재료 내에 있는 전하는 없어

지지도 생성되지도 않는다.

전기전도에 대한 간단한 메커니즘은 다음과 같다. 구리 전선과 같은 전도성 재료는 주기적으로 배치된 스프링과 같은 양전하를 가진 구리 이온들로 모델링할 수 있다. 이온들은 강한 전자기력에 의해 서로 구속되어 있다. 각각의 구리 원자들은 하나의 전도성 전자를 가지고 있는데, 이 전자는 격자 사이를 자유롭게 움직일 수 있다. 전기장 E가 구리 재료에 가해지면, 각 전자에는 $-eE$의 힘이 작용한다. 이 힘에 의해 전자는 가속되어 움직이게 된다. 그러나 원자 주위에 있는 전자들은 재료온도에 의해 끊임없이 진동을 하고 있으며, 이와 같은 진동을 하는 이웃 원자들 주위의 전자들에 의해 충돌이 일어나 매우 짧은 거리만 움직일 수 있다. 이러한 충돌로 전자의 운동에너지는 격자로 전달되거나 양의 이온에 포획된다. 임의의 전자가 포획이 되면, 다른 전자가 전기장의 방향에 따라 움직이게 되고 또 그 이웃의 격자와 충돌한다. 이러한 충돌 사이의 평균 시간을 τ라고 하며, 이 시간은 재료의 종류, 구조, 불순물의 양에 따라 달라진다. 예를 들면, 상온에서 순수한 구리에서의 전도전자는 충돌시간 $\tau=2.5\times10^{-14}$ s 동안에 약 0.04 μm 정도 움직인다. 전자들의 흐름 또는 일정한 표류는 재료 내부에서 유지되며, 재료 내 원자들과의 전자충돌은 재료를 들뜨게 한다. 결과적으로 재료의 온도를 올리는 역할을 하게 된다. 이러한 이유로 저항성 재료에 전류를 흘리게 되면 소위 Joule 열이 발생하게 된다.

전류의 방향은 전기장의 방향과 일치하며, 전자흐름과는 반대 방향이다. 그러므로 전류는 배터리의 양극에서 음극으로 흐르며, 전자는 이와 반대 방향으로 움직인다. 파이프를 따라 흐르는 물과는 달리, 전자가 양극쪽으로 움직이기 시작하기 전에 미리 전자들이 충전될 필요는 없다. 전자들은 항상 도체 내부에 존재한다. 전도체 내에서 전기장은 빛의 속도로 전달되기 때문에 전류는 전도체 내의 모든 부분에서 거의 동시에 나타난다.

3.5.1 비저항(Specific Resistivity)

두 종류의 다른 재질로 동일한 형태의 봉(rod)을 만든다고 하면, 예를 들어 구리와 유리로 만든 봉에 동일한 전압을 가하게 되면, 이때 발생하는 전류는 매우 다르게 나타나는데, 이와 같이 전류를 잘 흐르게 하는 능력을 저항이라 하며, Ohm의 법칙에 의해 저항은 다음과 같이 정의된다.

$$R=\frac{V}{i} \tag{3-46}$$

인덕턴스와 축전 기능이 없는 순수한 저항체 재료에서는 전압과 전류의 위상은 같아 전류와 전압은 저항에 의해 항상 동일하게 변한다. 그리고 저항특성을 가지고 있는 재료를 저항체라고 부른다. 저항의 SI단위 표현은 1 ohm(Ω)=1 volt/1 ampere이며, 크기에 따라 다음과 같이 사용한다.

1 milliohm(mΩ)	$= 10^{-3}\ \Omega$
1 kilohm(kΩ)	$= 10^{3}\ \Omega$
1 megohm(MΩ)	$= 10^{6}\ \Omega$
1 gigohm(GΩ)	$= 10^{9}\ \Omega$
1 terohm(TΩ)	$= 10^{12}\ \Omega$

전류를 물의 흐름과 비교하면, 파이프 내의 압력(Pascal)은 저항체 내에 흐르는 전압(V)과 같으며, 전류(C/s)는 물의 양(L/s)과 같고, 저항(Ω)은 파이프 내 물의 흐름을 방해하는 것과 같다. 물의 흐름은 파이프가 짧고, 넓고, 아무런 방해물이 없을 때 잘 흐른다. 만약 파이프 내부에 필터가 있다면 물의 흐름은 방해를 받아 물 흐름의 저항이 커지게 된다. 인체의 혈관 내를 피가 흘러 다니는 것과 유사하다.

전기회로의 디자인은 Kirchhoff 법칙에 따라 설계를 하는데, 이는 독일 물리학자인 Gustav Robert Kirchhoff(1824~1887)의 이름에서 따 온 것으로, 원래 배관 연결을 위해 고안된 아이디어를 전기회로에 적용한 것이다. 저항은 소자의 특성이며, 저항체의 재료와 구조에 따라 달라진다. 따라서 재료 자체의 특성을 규정하기 위한 것으로 비저항 ρ는 다음과 같이 정의한다.

$$\rho = \frac{E}{j} \tag{3-47}$$

여기서 전류밀도 $j = i/a$ 이며, a는 재료의 단면적이다. 비저항의 SI단위는 Ω·m이다. 비저항의 역수를 전도도 $\sigma = 1/\rho$ 로 정의하여 자주 사용하는 물성 중 하나이며, 전도도의 SI단위는 [1/Ω]의 단위를 갖는 siemens이다.

평균 충돌시간 τ, 전하량 e, 전자질량 m, 단위 체적당 전도 전자수 n을 사용하여 어떤 재료의 비저항은 다음과 같이 정의한다.

$$\rho = \frac{m}{ne^2\tau} \tag{3-48}$$

그리고 전도체의 단면적 a, 길이 l이라 하면 저항과 비저항은 다음과 같다. 여기서 (l/a)를 기하학적 인자라고 한다.

$$R = \rho\frac{l}{a} \tag{3-49}$$

3.5.2 온도 감도

전도체의 비저항 또는 전도도는 항상 일정하지 않고 온도 t에 따라 변하는데, 상대적으로 좁은 온도 대역에서는 근사적으로 선형적인 관계로 볼 수 있기 때문에 비저항과 온도와의 관계는 다음과 같다.

$$\rho = \rho_0\left(1 + \alpha\frac{t - t_0}{t_0}\right) \tag{3-50}$$

여기서 ρ_0는 표준온도(보통은 0℃ 또는 25℃를 기준으로 함) t_0에서의 비저항이다. 넓은 온도범위에서 저항은 온도에 따라 선형적인 관계는 아니다. 그림 3-18은 텅스텐 금속의 온도에 따른 저항 특성 변화인데, 선형적인 관계로 고려를 해도 그렇게 큰 오차는 발생하지 않는다. 그러나 2차 함수를 이용하면 보다 넓은 온도영역에서 더 정확한 계산이 가능하다. 온도 t를 ℃, ρ를 Ω·m로 하여 이차식을 유도하면 다음과 같다.

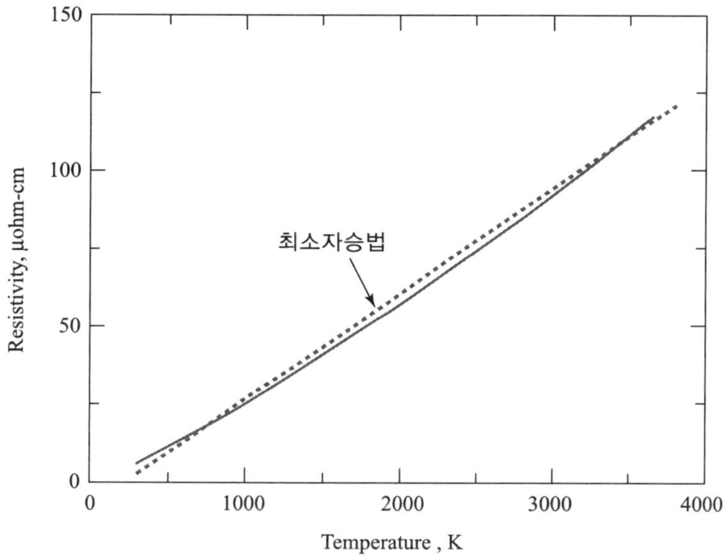

그림 3-18 텅스텐 금속의 온도에 따른 비저항 특성

$$\rho = 4.45 + 0.0269t + 1.914 \times 10^{-6} t^2 \tag{3-51}$$

대부분의 금속들은 온도가 증가하면 저항이 증가하는 양의 온도계수(PTC, Positive Temperature Coefficient) 특성을 가지고 있으나, 반도체와 산화물은 대부분 음의 온도계수(NTC, Negative Temperature Coefficient) 특성을 가지고 있다. 금속에서 온도가 증가하면 자유전자가 그만큼 많아져서 충돌이 일어날 확률이 점점 높아지기 때문에 저항이 증가하는 원인이 된다. 반면 반도체는 온도가 증가하면 저항에 기여하는 소수운반자 농도가 증가하며, 전류에 기여하는 전하의 농도가 높아지므로 저항이 작아진다.

저항체를 전기회로에 사용할 때, 그것의 저항은 가능한 한 온도에 따라 변화가 작아야 한다. 좋은 저항체는 온도계수 $\alpha = 10^{-5}$ 또는 이보다 작은 재료이다. 그러나 센서기술에서는 온도계수가 높거나 예측이 가능한 나쁜 저항체가 센서로 좋은 역할을 한다. 온도 측정용으로 서미스터(thermal과 resistor의 합성어)와 저항형 온도센서(RTD, Resistive Temperature Detector)가 주로 사용되는데, 이들의 온도계수는 매우 크다.

가장 많이 사용하는 RTD 센서는 백금(Pt) 온도센서인데, 그림 3-19와 같이 온도측정 범위가 약 -200℃~600℃ 사이의 매우 넓은 영역을 측정할 수 있다. Pt RTD의 온도-저항의 관계식은 다음과 같다.

$$R = R_0 (1 + 36.79 \times 10^{-4} t) \tag{3-52}$$

Pt RTD의 온도-저항 관계는 식 (3-52)의 선형적인 관계식보다는 다음과 같은 이차식을 사용하면 거의 0.01℃ 이내의 정확도로 온도를 측정할 수 있다.

$$R = R_0 (1 + 39.08 \times 10^{-4} t - 5.8 \times 10^{-7} t^2) \tag{3-53}$$

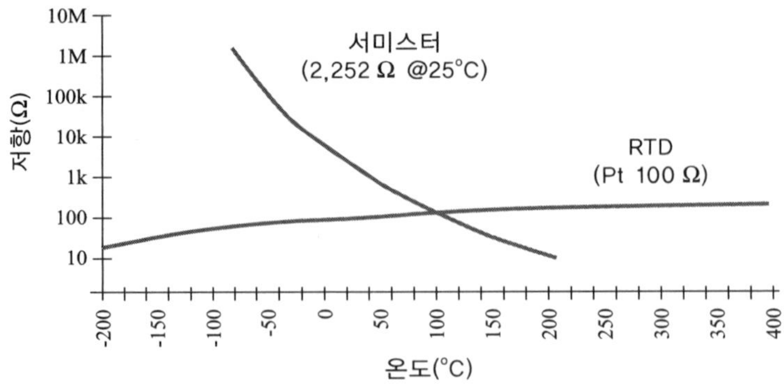

그림 3-19 서미스터와 RTD의 저항-온도 특성

식 (3-52)와 식 (3-53)에 있는 계수들은 재료의 순도와 제조공정에 따라 달라질 수도 있다. 예를 들어 두 식의 정밀도를 비교해 보면, 표준온도 0℃에서 RTD의 저항 $R_0 = 100\ \Omega$이라고 하면, 150℃에서 선형적인 관계식인 식 (3-52)를 이용하면 다음과 같다.

$$R = 100 \cdot (1.0036 + 36.79 \times 10^{-4} \cdot 150) = 155.55\ \Omega$$

반면 2차식 근사를 사용하면 다음과 같다.

$$R = 100 \cdot (1 + 39.08 \times 10^{-4} \cdot 150 - 5.8 \times 10^{-7} \cdot 150^2) = 157.32\ \Omega$$

두 근사식의 차이는 약 1.77 Ω 정도이며, 이것은 달리 표현하면 150℃에서 약 -4.8℃(거의 3%)의 오차를 가지고 있는 것과 동일한 표현이다.

서미스터는 NTC 또는 PTC 특성을 가지는 저항체이다. 서미스터는 산화물 세라믹 반도체 재료에 니켈, 마그네슘, 코발트, 티타늄, 철 등의 금속 물질들을 섞어서 만든 것이다. 다른 금속 산화물도 종종 사용하기도 한다. 서미스터의 저항은 그림 3-19와 같이 RTD에 비해 온도에 따른 저항 변화가 매우 크다. 일반적으로 서미스터는 디스크, 튜브, 방울, 조각, 박막 형태 등 다양한 형상으로 가공해서 사용한다. 최근 박막기술의 발전에 따라 세라믹 기판에 서미스터 박막을 프린팅하는 기법이 개발되었다. 그리고 반도체의 경우는 NTC 또는 PTC 특성을 갖도록 제어가 가능한 장점이 있다.

서미스터는 그림 3-19와 같이 온도-저항 관계가 선형적인 관계는 아니고, 일반적으로 다음과 같이 매우 복잡한 지수함수 형태의 전달함수로 근사할 수 있다.

$$R_t = R_0 e^{\beta\left(\frac{1}{T} - \frac{1}{T_0}\right)} \tag{3-54}$$

여기서 T는 서미스터의 온도이며, T_0는 보정온도, R_0는 T_0에서의 저항, β는 온도 단위의 재료 온도특성이며, 온도와 β는 kelvin 단위이다. 일반적으로 β는 2,600~4,200 K 사이의 값이며, 상대적으로 좁은 온도 영역에서 이 값은 온도와 무관하다. 만약 식 (3-54)보다 더 좋은 정밀도가 필요하다면, 또 다른 근사식을 사용할 수도 있다.

3.5.3 스트레인 센서

재료에 외부 힘이 가해져 변형이 되면 전기저항은 변한다. 이러한 역학적인 변형은 비저항뿐만 아니라 기구학적인 인자도 변화시킨다. 이런 변형(strain) 감도를 압저항(piezoresistive) 효과라고 한다. 앞 절에 언급되었듯이 좋은 저항체는 성능이 안정적이어서 전기회로에는 적합한 반면, 나쁜 저항체는 센서로 사용할 수 있는 가능성이 있다. 변형 센서는 압력과 힘에 대해 안정적이지 못하고 성능이 바뀐다. 주어진 힘에 대해 변형된 스트레스를 σ라고 하면 다음과 같은 관계로 쓸 수 있다.

$$\sigma = \frac{F}{a} = E\frac{dl}{l} \tag{3-55}$$

여기서 E는 재료의 Young률, F는 인가한 힘, a는 단면적이다. 이 식에서 dl/l을 변형이라 정의하며, 재료의 규격화된 변형률을 의미한다. 그림 3-20은 원통형 전도체에 힘 F를 가하여 부피 v는 일정하게 유지하면서 길이만 늘어난 경우이다. 이 힘에 의해 단면적은 작아지게 되었고 길이는 늘어났으며, 결과적으로 식 (3-49)를 다음과 같이 고쳐 쓸 수 있다.

$$R = \frac{\rho}{v}l^2 \tag{3-56}$$

이 식에서 길이에 대해 미분을 취하면 선의 길이에 대한 저항의 변화는 다음과 같이 된다.

$$\frac{dR}{dl} = 2\frac{\rho}{v}l \tag{3-57}$$

식 (3-57)에 의하면 원통의 저항이 높고 길고 얇을수록 감도는 더 좋아진다. 식 (3-56)과 식 (3-57)에 의해 선형변형함수 e로 표현하면 다음과 같다.

$$\frac{dR}{R} = S_e e \tag{3-58}$$

여기서 S_e는 게이지인자 또는 스트레인 게이지 요소의 감도로 알려진 값으로, 금속선인 경우 2~6 사이의 값을 가진다. 이 값은 반도체 게이지인 경우에는 약 40~200 정도로 더 높은 값을 가진다. 왜냐하면 반도체에서 결정구조의 변형에 의한 비저항 변화가 기구학적 인자의 변화에 비해 훨씬 크기 때문이다.

초창기 스트레인 게이지로 금속 필라멘트를 사용하였다. 오늘날에는 구리/니켈의 합금인 con-

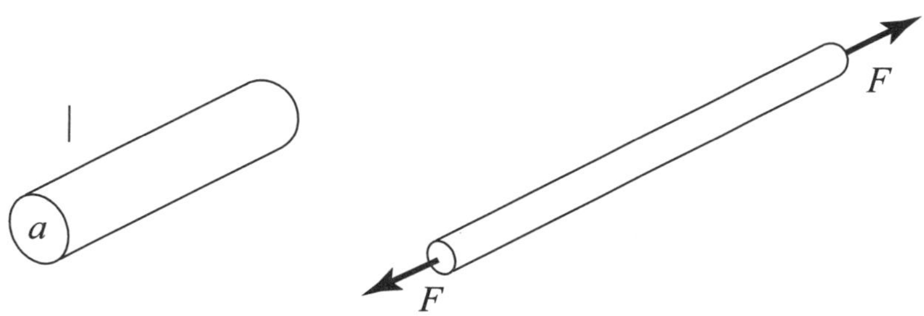

그림 3-20 전도체의 기구학적인 변형

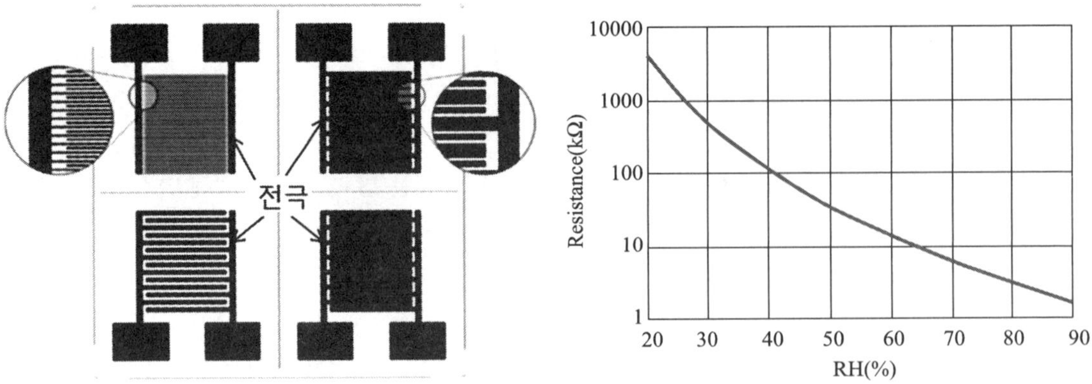

(a) 습도센서의 디자인　　(b) 표준온도에서 습도에 따른 저항 변화 특성

그림 3-21　습도센서의 디자인 및 전달함수 특성

stantan 박막 또는 B를 불순물로 첨가한 반도체 단결정을 게이지 재료로 사용한다. 반도체 재료에 외부 응력이 가해지면, 이에 따른 비저항 변화율은 반도체 내의 불순물 농도와 재료의 형태에 따라 달라진다. 이때 넓은 동작온도에서 사용하려면 온도에 대한 보상이 반드시 고려되어야 한다.

3.5.4 습도센서

저항체를 센서로 사용할 때는 주위 환경에 따른 비저항의 변화를 보정해 주어야 한다. 비저항에 가장 큰 영향을 주는 환경 요인 중 하나가 습도이다. 습도 의존성 저항체의 비저항은 흡수된 물분자의 농도에 따라 잘 변한다. 이것이 저항형 습도센서이며, hygristor라고 부른다.

대표적인 습도센서는 그림 3-21(a)와 같이 세라믹 기판 위에 두 개의 실크 인쇄 전도성 전극으로 구성되어 있다. 전극은 금속으로 되어 있으며, 두 전극 사이 공간과 전극에는 습기를 흡수하는 반도체성 겔로 덮여 있다. 결과적으로 전극 사이는 저항체로 형성되어 있다. 여기에 사용되는 겔은 하이드록시에틸셀룰로스, 노닐페날에틸렌 글리콜에테르, 탄소 파우더가 첨가된 산화물 등으로 만든다. 또 다른 센서 재료로는 리튬클로라이드(LiCL) 필름으로도 만든다. 습도에 따른 저항의 변화는 그림 3-21(b)와 같이 비선형적이다. 대부분의 습도센서의 반응시간은 10~30초 정도이며, 저항변화는 1 kΩ~100 MΩ 범위에 있다.

3.6 압전효과 (Piezoelectric Effect)

압전(壓電, Piezo-Electric)의 'Piezo'란 용어는 그리스의 '누른다'는 뜻을 가진 'Piezein'에서 유래한 말로 압력이 가해지면 전기가 발생한다는 뜻이다. 역으로 전기를 변화시키면 진동을 발생하는 성질을 갖고 있어, 오늘날 마이크와 스피커에 핵심적으로 사용되는 재료이다. 압전 현상은 1880년 프랑스의 Jacque Curie와 Pierre Curie 형제가 처음 발견하였다. 'Piezo'란 용어는 그리스어 'press'를 의미하는 것으로 Hengel이 처음으로 명명하였다. 수정이나 로셀염 등의 결정에 압력을 가하면 전압이 발생하는데, 이것을 압전 직접효과라고 하며, 이와 반대로 전압을 주면 결정체가 변형을 일으키는 현상을 압전 역효과라 한다. 발견자의 이름을 따서 직접효과를 퀴리 효과, 역효과를 리프먼 효과라고 한다.

결정체에 가해지는 힘의 방향과 전하가 발생하는 방향이 같은 경우를 종효과, 직각인 경우를 횡효과라 한다. 압전현상을 나타내는 압전소자는 초기에 로셀염 계통과 인산화수소가리 계통의 두 종류가 있었고, 그후 티탄산바륨 계통의 압전소자가 알려졌으나 센서로 사용하기에는 몇 가지 문제점이 있었다. 그 이후 이성분계로 PZT라고 불리는 압전 세라믹이 발견되어 가속도계 등의 센서용으로 널리 사용하게 되었다. PZT세라믹은 티탄산납($PbTiO_3$)과 지르코산납($PbZrO_3$)을 일정한 비율로 섞은 것으로 사용 용도에 따라 불순물을 첨가하여 여러 가지 재료물성을 갖는 압전 세라믹으로 사용할 수 있다. 최근에는 박막기술의 발전으로 압전필름이 개발되어 이에 대한 활발한 연구가 이루어지고 있다[13].

수정, 로셀염, 티탄산바륨 등의 결정에 변형력을 가하면 그 힘에 비례하는 전하가 생기고 또 전기장 속에 두면 그림 3-22와 같이 기계적인 변형이 생긴다. 이런 압전소자는 공진(共振, Resonance) 특성을 이용한 공진자에 많이 쓰인다. 변환소자는 기계진동을 전기진동으로 변환하는 것(마이크로폰, 픽업 등)과 전기진동을 기계진동으로 변환하는 것(스피커, 초음파발생기 등)이 있다.

일반적으로 고체물질은 원자나 이온이 규칙적으로 배열되어 있으며, 이러한 배열이 3차원적으로 된 것을 결정이라 한다. 이러한 결정에 전계를 인가하면 +, −의 전하가 전계에 대하여 역방향으로 변위되기 때문에 결정 중에 기계적인 변형이 생긴다. 이 현상을 전기왜곡(electro-striction) 현상이라 하며, 전계의 방향을 변화시켜도 전기왜곡은 변화되지 않는다. 또, 역으로 결정에 기계적인 응력을 가하면 결정격자 내 전하의 위치를 변화시킬 수가 있지만, 만약 격자가 대칭중심을 가지고 있으면 그 대칭성 때문에 분극이 나타나지 않는다. 그러나 대칭 중심이 없는 결정족에서는 기계적인 응력에 의해 분극이 발생하는데, 이것이 압전효과(piezoelectric effect)를 나타나게 하는 원인이 된다. 압전성 결정에 전계를 인가하면 기계적인 변형이 발생하며 전계의 방향을 반대로 하면 변형의 방향도 변화한다. 따라서 압전효과에 의해 생긴 변형은 전기왜곡과는 다른 것이다.

1927년 A. Meissner에 의해 압전효과에 대한 간결한 이론모델이 제시되었는데, 그림 3-23(a)와 같이 Si과 산소원자로 된 나선형 모델을 제시하였다. 그림 3-23(a)는 z축에서 본 $x-y$축 단면인데,

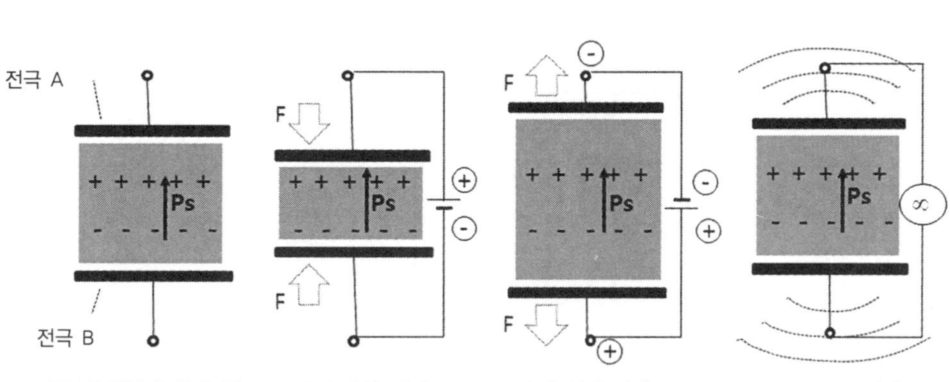

그림 3-22 압전체가 전기장에 의해 진동하는 과정

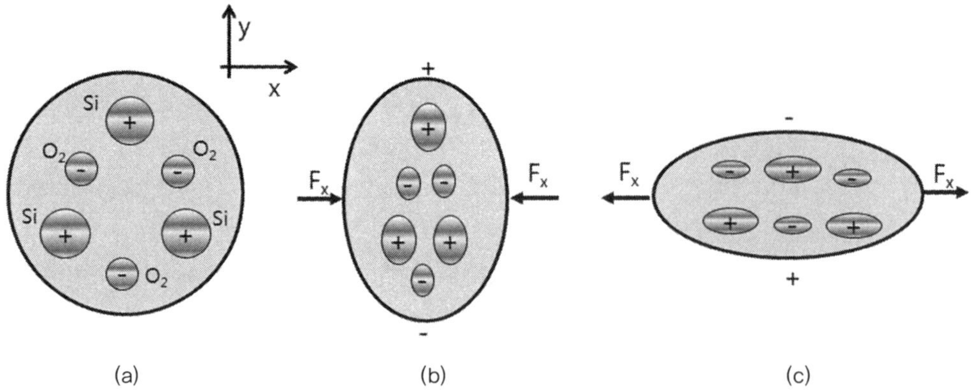

그림 3-23 수정 단결정의 압전효과 모델

단결정 셀에는 3개의 Si 원자와 6개의 산소원자로 되어 있는데, 산소원자는 쌍으로 덩어리로 이루어져 있다. 각 Si 원자는 4개의 양전하가 있으며, 산소 원자쌍은 4개의 음의 전하를 가지고 있어 결과적으로 외부에서 아무런 압력이 가해지지 않으면 수정 단결정 셀 내에는 전기적으로 중성으로 유지되어 있다. 여기에 x축 방향으로 F_x의 외부힘이 작용하게 되면, 육방체 격자에 변형이 일어나게 되는데, (b)와 같이 압착하는 힘이 작용하게 되면 Si 원자쪽은 (+)로 되고 산소 원자쪽은 (−)로 대전된다. 결과적으로 y축 방향으로 전하가 배열된다. 동일한 방식으로 (c)와 같이 늘리는 힘이 작용하게 되면, y축의 반대 방향으로 대전된다. 이러한 모델로부터 외부의 힘에 의해 결정이 변형되어 전하를 발생하는 원리를 설명할 수 있다. 이와 유사한 방법으로 초전체(pyroelectric)에도 동일한 방법으로 설명할 수 있다[14].

생성된 전하를 감지하기 위해 그림 3-24와 같이 전도성 전극을 양쪽면에 붙이게 되면 압전효과를 감지할 수 있게 된다. 압전센서는 금속판 사이에 유전체를 삽입한 축전기 형태로 되어 있는데, 유전체가 압전효과를 나타내는 재료이다. 이 유전체가 전하 생성기 역할을 하여 축전기 양단에 전위차 V가 유기된다. 압전효과는 가역적인 물리현상으로, 단결정에 외부에서 전압을 가하면 기구적인 스

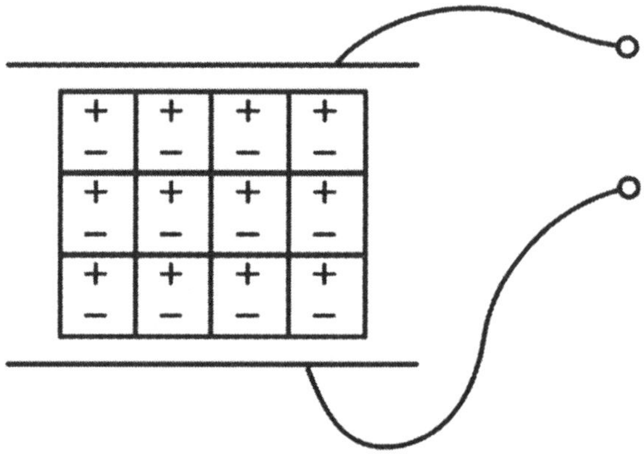

그림 3-24 압전센서의 내부 구조

트레인을 만들 수 있다. 압전체에 이러한 원리를 이용해서 한 쌍의 전극은 전압을 가해주기 위해 연결하고, 또 다른 한 쌍의 전극은 생성된 스트레인에 의한 전하의 변화를 읽어내도록 하면, 매우 다양한 형태의 압전 변환기를 만들 수 있다.

압전효과의 크기는 분극의 벡터식을 이용해서 간단하게 다음과 같이 쓸 수 있다[15].

$$\overrightarrow{P} = \overrightarrow{P_{xx}} + \overrightarrow{P_{yy}} + \overrightarrow{P_{zz}} \tag{3-59}$$

여기서 x, y, z는 결정축과 관계된 좌표계를 의미한다. 축방향의 스트레스 형태로 다시 표현하면 다음과 같다.

$$\begin{aligned} \overrightarrow{P_{xx}} &= d_{11}\overrightarrow{\sigma_{xx}} + d_{12}\overrightarrow{\sigma_{yy}} + d_{13}\overrightarrow{\sigma_{zz}}, \\ \overrightarrow{P_{yy}} &= d_{21}\overrightarrow{\sigma_{xx}} + d_{22}\overrightarrow{\sigma_{yy}} + d_{23}\overrightarrow{\sigma_{zz}}, \\ \overrightarrow{P_{zz}} &= d_{31}\overrightarrow{\sigma_{xx}} + d_{32}\overrightarrow{\sigma_{yy}} + d_{33}\overrightarrow{\sigma_{zz}} \end{aligned} \tag{3-60}$$

여기서 상수 d_{mn}은 결정 단면의 직각 방향의 압전효과 계수이다. 이러한 계수들은 C/N(coulomb/newton)의 단위를 가지고 있으며, 단위 힘당 전하의 의미이다. 두 가지 부가적인 단위를 도입하면 계산을 보다 간단하게 할 수 있다. 하나는 압전효과 계수와 유전율의 비율로 정의된 g-계수로 다음과 같다.

$$g_{mn} = \frac{d_{mn}}{\varepsilon_0 \varepsilon_{mn}} \tag{3-61}$$

이 계수는 인가된 단위 압력 당 결정에 의해 생성된 전압 기울기(전기장)를 의미하며, 이것의 단위는 (V/m)/(V/m^2)이다.

두 번째 계수는 h-계수인데, 이것은 결정축에 해당하는 Young률을 g-계수에 곱한 것이다. 압전 재료는 기구적인 에너지를 전기적 신호로 직접 바꿀 수 있는데, 이때 변환 효과는 다음과 같이 정의된 소위 결합계수인 k_{mn}으로부터 계산할 수 있다.

$$k_{mn} = \sqrt{d_{mn} h_{mn}} \tag{3-62}$$

음파 및 초음파 센서와 같이 에너지 효율이 매우 중요한 응용분야에서는 이 k 계수가 매우 유용하다. 압전체에서 생성된 전하는 주어진 힘에 비례하므로 x축 방향의 전하는 다음과 같다.

$$Q_x = d_{11} F_x \tag{3-63}$$

압전센서는 충전용량 C를 가지고 있는 축전기와 같으므로 양쪽 전극에 생성된 전압 V는 다음과 같다.

$$V = \frac{Q_x}{C} = \frac{d_{11}}{C} F_x \tag{3-64}$$

정전용량은 전극판 면적 a, 유전체 두께 d를 사용하면 다음과 같다.

$$C = k\varepsilon_0 \frac{a}{l} \tag{3-65}$$

식 (3-65)를 식 (3-64)에 대입하면 출력 전압은 다음과 같다.

$$V= \frac{d_{11}}{C} F_x = \frac{d_{11} l}{k \varepsilon_0 a} F_x \tag{3-66}$$

3.7 초전효과 (Pyroelectric Effect)

초전(焦電, Pyro-Electric)이란 용어는 열을 의미하는 Pyro와 전기를 의미하는 Electricity가 합성된 것으로 열을 받으면 전기적인 변화가 생긴다는 뜻이다. 또한 열은 물리학적으로 온도를 의미하는 것으로 열이 변한다는 것은 온도가 변한다는 뜻이다. 초전체 사이에 (+), (-) 전극을 붙여 놓고 외부에서 온도를 변화시키면 초전체의 내부 분극이 변하게 되고, 따라서 전극에 고정전하량이 변하게 되어 결국 전류의 크기가 변하게 된다. 초전효과의 개념에 대해서는 고대 그리스 시대부터 알려져 왔으며, 1717년 Louis Lemery가 초전성(焦電性, Pyroelectricity)이라는 용어를 최초로 사용하였으며, 1756년 Franz Aepinus가 이런 현상을 실험적으로 증명하였다.

모든 물체가 절대온도 0K 이상의 온도에서는 분자와 원자가 진동을 하게 된다. 이러한 진동을 하면서 내놓는 빛이 적외선(Infrared)이며, 적외선으로부터 물체의 온도를 측정할 수 있다. 초전체는 적외선(열 또는 온도)을 받으면 그림 3-25와 같이 전기분극이 변하여 전류를 발생시키는 특성이 있는 재료이다. 임의의 온도 이상이 되면 초전 특성이 사라지는데, 그 온도를 퀴리온도(Curie Temperature) 또는 임계온도라 한다.

압전체와 마찬가지로 초전체도 열에 의해 생성된 전하를 잘 모으기 위해 그림 3-25와 같이 양쪽 면에 전극을 입혀서 얇은 세라믹 또는 필름 형태로 만들어서 사용한다. 초전체는 기본적으로 축전기이며, 입사한 열(heat)을 전기적 신호로 변화시킬 수 있는 재료이다. 전기적 신호를 읽어내기 위해

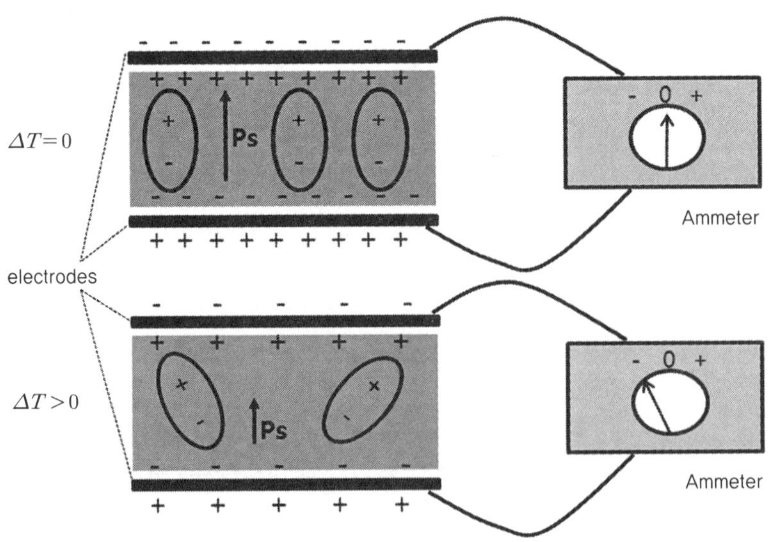

그림 3-25 초전체의 개념

외부에서 별도의 전원공급 장치는 필요가 없는 수동형 센서재료이다. 그러므로 전하를 읽어내는 단순한 전기회로만 있으면 된다.

초전체는 적외선이 지속해서 입사하게 되면 전기분극의 변화가 없어 고정전하에 아무런 변화가 일어나지 않는다. 따라서 입사하는 적외선에 변화가 있어야 재료 내부의 전기분극이 변하여 전기적 특성을 측정할 수 있다. 이를 위해 적외선이 입사하는 부분에 초퍼(Chopper)를 설치하여 적외선을 교류 형태로 입사하게 한다. 이때 초퍼의 회전수는 시정수를 고려하여 적절한 속도로 움직여야 한다. 너무 빠르거나 느리면 적외선의 변화를 초전체는 인식하지 못한다. 초전체는 온도 변화를 감지하는 특성이 있으므로 침입 감지용 센서에 가장 많이 사용되고 있다.

열(熱, Heat)에 대해 사전에서 찾아보면 '열은 따뜻한 정도가 서로 다른 두 물체가 접촉했을 때 높은 온도의 물체에서 낮은 온도의 물체로 이동하는 에너지'를 말한다. 물리학에서는 열과 에너지의 개념을 분명하게 구분하며, 열은 에너지의 이동형태로 정의한다. 열은 일상생활에서 흔히 '온도가 높음'이라는 뜻으로 많이 쓰이며, '열전도, 열대류, 열복사의 방법으로 이동한다.'라고 정의되어 있다. 요약해서 말하면 열이란 두 물체 사이의 온도 차이 때문에 이동과정에 있는 에너지이며, 열이 전달된 후에는 에너지로 저장된다.

온도는 열역학을 기술하는 기본적인 물리량 중 하나이다. 두 물체 사이에 온도 차이가 있으면 온도가 높은 곳에서 낮은 곳으로 에너지가 이동하는데, 이것을 우리는 '열'이라고 한다. 겨울철 전기 히터 또는 모닥불을 피워 놓으면 전기 히터 또는 모닥불의 온도가 주위보다 높아서 열이 전달되어 우리는 따듯함을 느끼는 것이다. 따라서 온도는 물체의 물리량을 의미하며, 온도를 느끼는 것은 열이란 형태로 인식을 하게 된다.

초전성(pyroelectricity)은 온도 변화에 따른 초전체의 전기적인 분극 반응을 의미한다. 일정한 스트레스 σ와 전기장 E에서 초전상수(p)는 다음과 같은 수식으로 표현이 가능하다. 여기서 D, e, T는 각각 전기변위(electric displacement), 스트레인, 재료의 온도이다[16].

$$p = \left(\frac{\partial P}{\partial T}\right)_{E,\sigma} = \left(\frac{\partial D}{\partial T}\right)_{E,e} + \left(\frac{\partial D}{\partial e}\right)_{E,T}\left(\frac{\partial e}{\partial T}\right)_{E,\sigma} \tag{3-67}$$

위 식의 첫 번째 항인 $(\partial D/\partial T)_{E,e}$를 일차 초전효과라 하며, 이것은 초전체의 크기가 고정되어 있고 온도에 따라 분극이 변함에 의해 생성된 전하의 변화량을 의미한다. 그리고 일정한 스트레스를 받고 있는 재료는 온도에 따라 초전 특성으로 생성된 전하에 의해 열적 팽창으로 크기가 변하는데, 이런 효과가 식 (3-67)의 두 번째 항인 이차 초전효과이다. 강유전체인 경우 전기변위는 다음과 같다.

$$\overrightarrow{D} = \overrightarrow{P} + \overrightarrow{d}\sigma \tag{3-68}$$

그리고 분극항인 $\overrightarrow{P}$는 자발분극 $\overrightarrow{P_s}$와 전기장 $\overrightarrow{E}$와 다음과 같은 관계에 있다.

$$\overrightarrow{P} = \overrightarrow{P_s} + \varepsilon\overrightarrow{E} \tag{3-69}$$

식 (3-68)과 식 (3-69)에서 d는 압전계수이며, ε은 재료의 유전율이다. 위의 관계식에서 일차 초전계수는 다음과 같이 쓸 수 있다.

$$\rho_1 = \left(\frac{\partial D}{\partial T}\right)_{E,\sigma} = \left(\frac{\partial P}{\partial T}\right)_{E,\sigma} = \frac{\partial P_s}{\partial T} + E\frac{\partial \varepsilon}{\partial T} \tag{3-70}$$

여기서 첫 번째 항인 $\partial P_s/\partial T$는 전이온도 T_c 이하의 온도에서 전기장이 가해지지 않을 때의 ρ_1을 나타내는 값이며, 두 번째 항은 $\partial\varepsilon/\partial T$가 매우 커지는 퀴리온도 근처에서의 ρ_1 값을 나타낸다. 그리고 이차 초전계수는 다음과 같이 쓸 수 있다.

$$\rho_2 = \left(\frac{\partial D}{\partial e}\right)_{E,T}\left(\frac{\partial e}{\partial T}\right)_{E,\sigma} = \left(\frac{\partial D}{\partial \sigma}\right)_{E,T}\left(\frac{\partial \sigma}{\partial e}\right)_{E,T}\left(\frac{\partial e}{\partial T}\right)_{E,\sigma} = dc\alpha \tag{3-71}$$

여기서 c와 α는 각각 초전체의 탄성상수(elastic stiffness)와 열팽창 계수(thermal expansion coefficient)를 의미하며, 식 (3-71)은 재료의 열팽창에 의한 효과를 설명하는 항이다. 강유전체에서는 일반적으로 일차 초전계수가 우세하며 온도 증가에 따라서 분극이 감소하는 성질 때문에 그 값은 음수가 되는 것이 보통이다.

초전 물질은 여러 가지 용도로 사용되고 있는데, 그 용도에 따라서 물질의 선택기준은 다르게 된다. 다음 4가지는 이 중에서 가장 빈번하게 사용되는 기준들이다.

i) 초전 점 검출기 : $F_D = \dfrac{p}{C_p\rho\sqrt{\varepsilon_0\varepsilon_r\tan\delta}}$

ii) 빠른 펄스 검출기 : $F_i = \dfrac{p}{C_p\rho}$

iii) 대면적 검출기 : $F_v = \dfrac{p}{C_p\rho\varepsilon_0\varepsilon_r}$

iv) 비디콘 : $F_v = \dfrac{p\gamma}{C_p\rho\varepsilon_o\varepsilon_r}$

여기서 C_p는 비열, ρ는 밀도, ε_0는 진공의 유전율, ε_r은 유전상수, $\tan\delta$는 유전손실(dielectric loss tangent), γ는 역열방산계수(reciprocal thermal diffusivity), p는 초전상수이다. 위의 식에서 대체로 p/ε_r 값이 클수록 좋은 초전 재료가 된다는 것을 나타낸다[17].

3.8 홀 효과(Hall Effect)

이 현상은 1879년 Johns Hopkins 대학의 E. H. Hall에 의해 발견된 물리현상이다. 초기에는 금속, 반도체, 도체 내 전기적인 농도를 분석하는 도구로 사용되었으나, 최근에는 자기장, 위치, 물체의 변위 등을 측정하는 용도로 사용되고 있다. 그림 3-26과 같이 금속이나 반도체 재료 등의 고체를 자기장 속에 놓고 자기장의 방향에 직각으로 고체 속에 전류를 흘리면, 두 방향 각각에 직각 방향으로 고체 속에 전기장이 형성되고, 이때 전압이 발생하는데 이 전압을 Hall 전압이라 하고, 이런 물리적인 현상을 Hall 효과라 한다.

y방향으로의 전기장 E_y가 전하에 작용하는 힘과 z방향으로의 자기장 B가 전하에 작용하는 Lorenz 힘은 각각 다음과 같다.

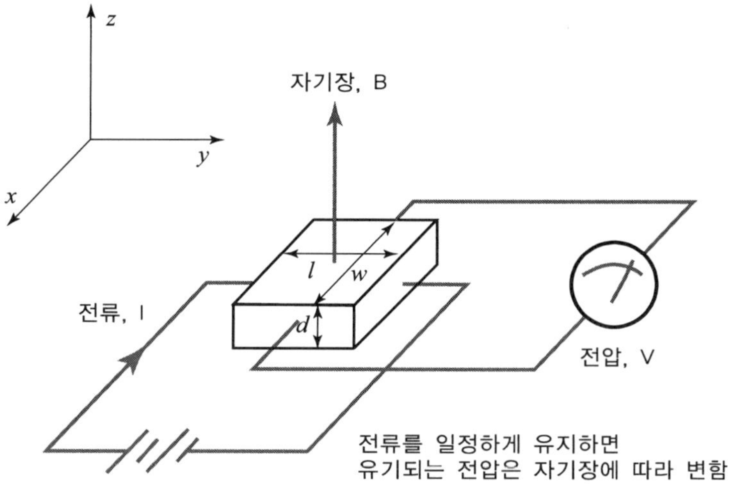

그림 3-26 Hall 효과 개념

$$F_E = qE_y \tag{3-72}$$

$$F_L = -qvB \tag{3-73}$$

이 두 힘이 평형을 이루므로($F_E + F_L = 0$), $qE_y = qvB$가 된다. 여기서 전기장과 자기장에 의해 생성된 Hall 전압은 다음과 같다.

$$V_H = E_y w = vBw \tag{3-74}$$

여기서 w는 고체의 폭, v는 전하의 속도이다. 만약 N을 단위 부피당 전하의 밀도, d를 고체의 두께라고 하면 전류 I는 다음과 같이 쓸 수 있다.

$$I = N \times q \times v \times d \times w \tag{3-75}$$

식 (3-74)와 식 (3-75)를 이용하면 단위 부피당 전하의 밀도는 다음과 같이 쓸 수 있다.

$$N = \frac{I \times B}{q \times d \times V_H} \tag{3-76}$$

즉, Hall 전압을 측정하면 식 (3-76)을 이용해서 전하의 농도를 계산할 수 있다. 식 (3-76)에서 Hall 계수는 다음과 같이 정의한다.

$$R_H = \frac{d \times V_H}{I \times B} = \frac{1}{N \times q} \tag{3-77}$$

식 (3-77)의 부호가 (-)이면 n형 반도체이며, (+)이면 p형 반도체이다. 또한, Hall 전압으로부터 비저항을 다음과 같이 계산할 수 있다.

$$\rho = \frac{V_H \times d \times w}{I \times l} \tag{3-78}$$

또한, 전하이동도 μ도 다음 식으로부터 계산할 수 있다.

$$\mu = R_H \frac{1}{\rho} = R_H \sigma \tag{3-79}$$

Hall 전압을 측정하는 방법 중 대표적인 것이 van der Pauw 방법이다. 이 방법은 반도체 산업현장에서 전하농도 분석 및 비저항을 측정하기 위해 가장 많이 사용하고 있는 방법이다. 이 방법을 사용하기 위해서는 다음과 같은 조건을 만족해야 한다[18].

① 금속접촉이 샘플의 가장자리에 있어야 한다.
② 금속접촉 부분이 충분히 작아야 한다.
③ 샘플의 두께가 일정해야 한다.
④ 샘플의 표면이 하나로 연결되어 있어야 한다. 즉, 샘플 내부에 빈 공간이 없어야 한다.
⑤ 금속접촉은 Ohmic contact 조건을 만족해야 한다.
⑥ 광전도 효과가 없어야 한다.
⑦ 샘플의 넓이는 금속접촉의 크기와 샘플의 두께보다 훨씬 커야 한다.
⑧ 샘플의 온도, 자기장의 세기, 전류와 전압을 정밀하게 측정해야 한다.

이상이 샘플이 가져야 할 조건이다. 특히, 홀 효과를 측정하기 위해서는 샘플표면에 금속접촉을 4곳에 해야 하는데, 권장하는 금속접촉의 위치는 그림 3-27과 같다. 이론적으로는 그림 3-27(c)와 같은 위치의 금속접촉은 권장하지 않지만, 실제적으로는 편의상 이런 위치에 금속접촉을 하여 측정하기도 한다. 이렇게 하여도 오차는 크게 나지 않는다. 그리고 위의 조건 중 Ohmic contact은 그림 3-28과 같이 전류-전압 관계가 일직선인 관계를 가지며, 또한 전류가 0일 때 전압도 0인 경우의 금속접촉을 의미한다.

비저항을 측정하기 위해서는 표면저항 R_s를 알아야 하는데, 이를 위해 van der Pauw 법칙에서 그림 3-29에서와 같이 두 개의 특성저항 R_A와 R_B를 알아야 한다. 이 두 값을 알기 위해 먼저 정전류 I_{12}를 접촉 1과 2 양단간에 인가한 후 접촉 3과 4 사이에 나타나는 전압 V_{43}을 구한다. 다음에 단자 2와 3 양단간에 전류 I_{23}를 인가한 후 단자 1과 4 사이에 나타나는 전압 V_{14}를 구한다. 이때 저항은 다음과 같다.

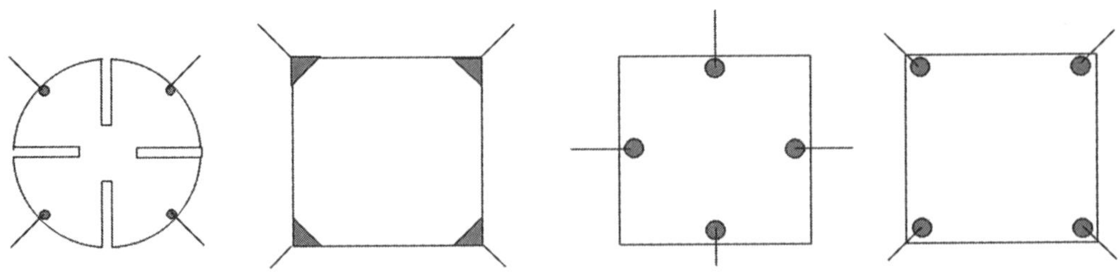

(a) 가장 좋은 위치 (b) 권장하는 위치 (c) 추천하지 않는 위치

그림 3-27 van der Pauw 방법의 금속접촉 위치

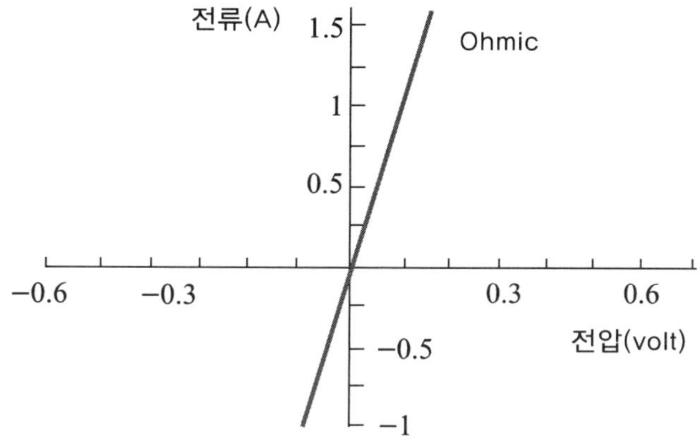

그림 3-28 Ohmic contact의 정의

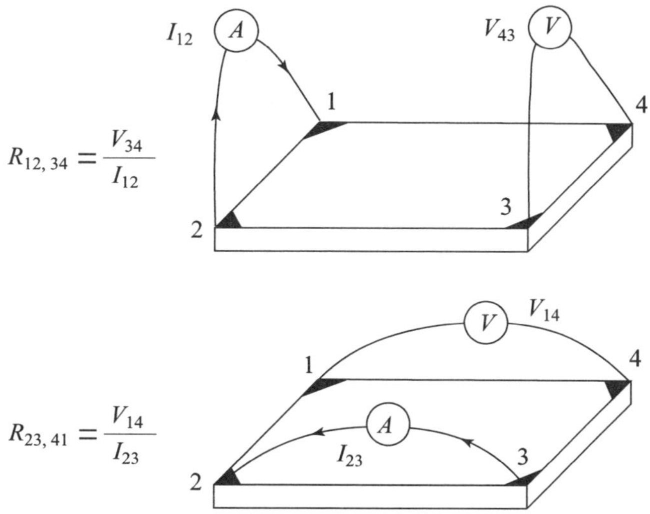

그림 3-29 van der Pauw 법의 비저항 측정 개념

$$R_{12,34} = \frac{V_{43}}{I_{12}}, R_{23,41} = \frac{V_{14}}{I_{23}} \tag{3-80}$$

식 (3-80)에 의해 측정된 저항 값을 이용해서 van der Pauw 법칙을 통해 유도된 다음 식을 이용해서 표면저항 R_s 값을 구할 수 있다.

$$\exp(-\pi R_{12,34}/R_s) + \exp(-\pi R_{23,41}/R_s) = 1 \tag{3-81}$$

여기서 구한 R_s 값을 이용해서 비저항(ρ)는 $\rho = R_s \cdot d$로 구할 수 있다. 비저항을 측정할 때에는 자기장을 가하지 않은 상태에서 측정을 해야 한다. 더 정확한 측정을 위해서는 4군데 접촉을 돌아가면서 전류를 가하고, 전류의 방향을 바꾸어가면서 반대편에서 전압을 측정하여 다음의 식으로 비저항을 계산할 수 있다. 식 (3-81)의 $R_{12,34}$ 대신에 $R_{vertical}$ 값으로, $R_{23,41}$ 대신에 $R_{horizontal}$로 바꾸어서 표면저항을 구할 수 있다.

$$R_{vertical} = \frac{R_{12,34} + R_{34,12} + R_{21,43} + R_{43,21}}{4} \quad (3\text{–}82a)$$

$$R_{horizontal} = \frac{R_{23,41} + R_{41,23} + R_{32,14} + R_{14,32}}{4} \quad (3\text{–}82b)$$

전하운반자 농도는 Hall 전압을 측정하여 계산할 수 있다. 그림 3-30과 같이 Hall 전압은 일정한 전류와 일정한 자속밀도가 샘플에 수직으로 인가될 때 나타난다. Hall 전압을 측정하기 위해 두 번의 측정을 해야 한다. 하나는 자기장의 방향을 (+)z축 방향으로 한 상태에서 측정하고, 나머지는 자기장의 방향을 (-)z축 방향으로 한 상태에서 측정한다. (+)축 방향의 자기장에서 측정된 전압을 P로 표시하고, (-)축 방향의 자기장에서 측정된 전압을 N으로 표시하여 비저항 측정과 동일한 방법으로 각 상태에서 측정된 전압은 다음과 같다.

$$V_{13} = V_{13,P} - V_{13,N}$$
$$V_{24} = V_{24,P} - V_{24,N}$$
$$V_{31} = V_{31,P} - V_{31,N}$$
$$V_{42} = V_{42,P} - V_{42,N}$$

따라서 전체적인 Hall 전압은 다음과 같다.

$$V_H = \frac{V_{13} + V_{24} + V_{31} + V_{42}}{8} \quad (3\text{–}83)$$

Hall 전압의 부호가 (+)이면 p형이며, (-)이면 n형 반도체임을 나타낸다. 그리고 표면 운반자 농도 n_s는 다음과 같다.

$$n_s = \frac{I \cdot B}{q \cdot |V_H|} \quad (3\text{–}84)$$

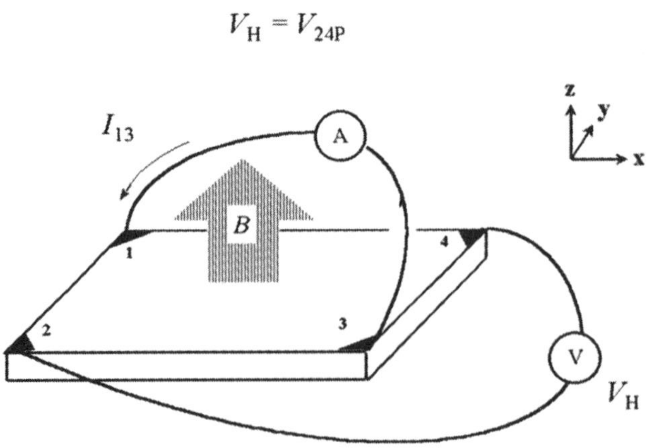

그림 3-30 Hall 전압 측정 개념도

Hall 효과를 이용하여 자기장을 측정할 수 있다. 상업용 Hall 효과 자력계는 10 μT에서 1 T까지 전범위 안에서 자기장을 측정할 수 있다. 응용목적에 따라 제작자들은 원하는 감도를 얻기 위해 다른 반도체들을 사용한다. 전형적인 상업용 Hall 효과 센서 소자들은 인가된 자기장에서 mT당 15 mV의 Hall 전압을 제공할 수 있다. 또한, Hall 효과는 자기적으로 작동하는 전자 스위치에 널리 사용되고 있다. Hall 효과 전자 스위치는 기계적인 접합 조립이 없기 때문에 거의 영구적인 비접점 키보드와 패널 스위치에 사용된다. 또 다른 장점은 전기적 접점은 반동이 없다는 것이다. 따라서 Hall 효과 스위치는 점화 시스템의 조정, 속도 조절, 위치 감지기, 정렬 제어, 브러시 없는 직류모터 등에 응용되고 있다.

3.9 열전효과 (Thermoelectric Effect)

3.9.1 제베크 효과 (Seebeck Effect)

1821년 독일 물리학자인 Thomas Johann Seebeck(1770~1831)가 비스무스(Bi)와 구리(Cu)를 이용하여 연결된 선에서 온도에 따라 전압이 발생하는 것을 발견하였다. 이런 현상을 발견자의 이름을 따서 제베크(Seebeck) 효과라고 부른다. 그 당시 제베크가 열전효과를 실험한 개념도는 그림 3-31과 같다[19].

Seebeck는 그림 3-31에서와 같이 비스무스와 구리를 연결하고 그 안에 나침반을 배치하였다. 이 장치에서 비스무스의 한쪽을 뜨겁게 가열하면 온도차이로 인하여 반시계 방향으로 전류가 유도되며, 이 유도전류로 인하여 자기장이 아래의 나침반에 영향을 미쳐 나침반 방향이 변화하는 것으로 열전효과를 처음으로 규명하였다.

이것은 금속 막대의 양단간에 온도차($\Delta T = T_1 - T_2$)가 발생하면 n형 반도체의 경우, 고온단에 있는 전자들은 저온단에 있는 전자들보다 더 높은 운동에너지를 가지게 되어 고온단의 전자들이

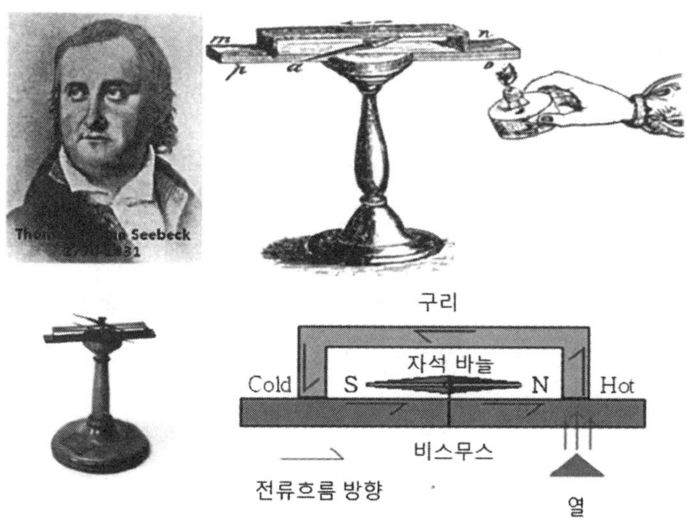

그림 3-31 제베크의 열전효과 실험 개념도

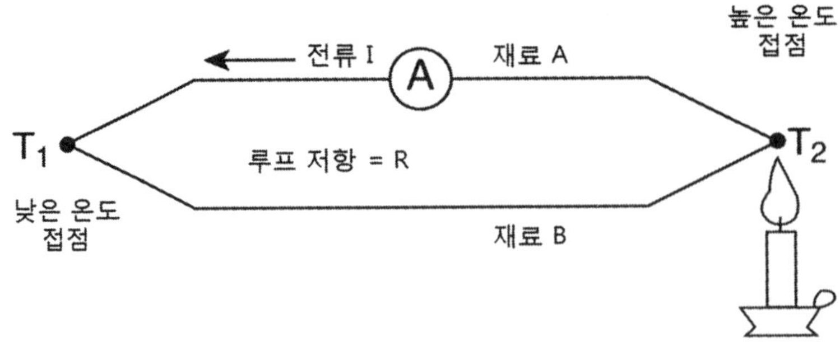

그림 3-32 제베크 효과의 개념

평균적으로 Fermi level보다 더 높은 에너지 상태로 되기 때문에 고온단에 있는 전자들은 에너지를 낮추기 위해 저온단으로 확산하게 된다. 전자들이 저온단으로 이동함에 따라 저온단은 (-)로 대전되고, 고온부는 (+)로 대전되어 금속 막대의 양단간에 전위차가 발생하는데 이를 제베크 전압이라 한다. 이의 기본적인 개념은 그림 3-32와 같다.

제베크 전압은 전자들을 막대의 고온단으로 되돌려 보내려는 방향으로 작용하며, 제베크 전위가 저온단으로 전자의 이동을 일으키는 열적 구동력과 정확히 균형을 이룰 때 평형상태가 된다. 이와 같이 재료 양단간의 온도차에 의해 발생하는 제베크 전압을 열기전력(thermoelectromotive force)이라 하며, 양단간의 온도차가 매우 적은 범위에서 제베크 전압(V_s)은 온도차 ΔT에 비례하여 다음과 같은 식으로 표현이 가능하다.

$$V_s = \alpha_A \cdot \Delta T \tag{3-85}$$

여기서 비례상수 α_A를 재료 A의 제베크 계수(Seebeck Coefficient)라 하며, 단위 온도차에서 유도되는 전압을 의미한다. 일반적으로 금속에서는 수 μV/K의 아주 작은 값을 가지며, 반도체에서는 수백 μV/K의 값을 가진다. 이 제베크 계수의 값이 클수록 당연히 열전효과에 의하여 발생하는 기전력이 커지므로 좋은 열전소자가 된다. 그러나 어떤 재료의 절대 제베크 계수를 직접 측정할 수 있는 방법은 없다. 예를 들어, 재료 A의 절대 제베크 계수를 측정하기 위하여 재료 A로만 구성된 접합을 만들어 전압계에 연결하면, 각 전선에 유기된 제베크 전위는 서로 정확하게 상쇄되어 전압계에는 전위차가 나타나지 않는다. 따라서 제베크 전압은 연결하는 전선이 연구하려는 재료와 다른 경우에 한해서 측정이 가능하다.

1910년쯤 독일의 Altenkirch는 열전소자의 특성을 가늠하는 지표(figure of merit)로 ZT 값을 도출하였다. 온도차이가 있는 경우 저온부의 온도를 T_L, 고온부의 온도를 T_H이며, 열전효과를 위하여 사용하는 물질의 열전도도를 κ, 전기전도도를 σ라 하면, ZT는 다음과 같다[20].

$$ZT = \frac{\alpha^2 \cdot \sigma \cdot T}{\kappa} \tag{3-86}$$

여기서 T는 고온부와 저온부의 평균온도, 즉 $T = (T_H + T_L)/2$이다. 식 (3-86)에서 ZT는 제베크 계수의 제곱에 비례하는 값이므로, 높은 열전효과를 위해서는 당연히 ZT 값이 클수록 좋은 것임

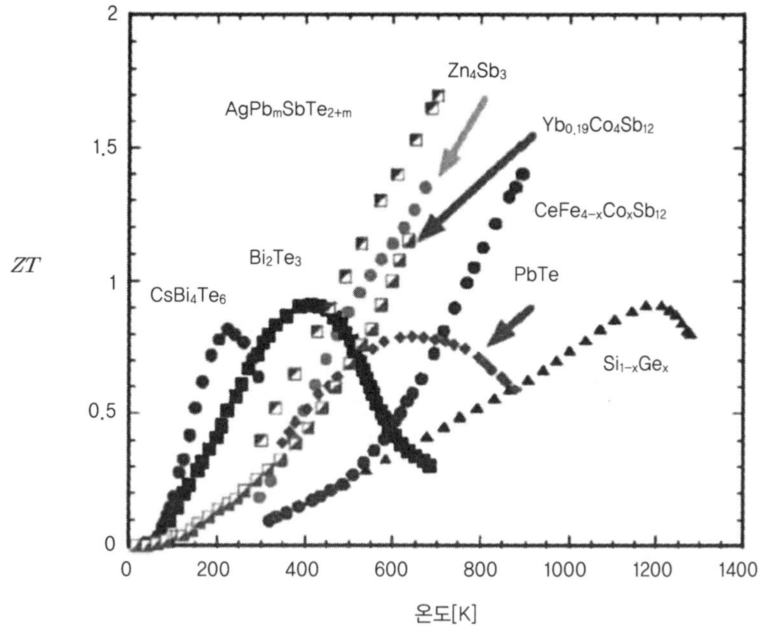

그림 3-33 여러 가지 재료에 대한 온도에 따른 ZT 특성

을 알 수 있다. 높은 ZT를 위해서는 전기전도도(전기비저항의 역)가 높으면서 열전도도는 좋지 못한 물질이 이상적인 경우이다. 금속의 경우는 전기비저항과 열전도도의 곱이 일정하기 때문에 전기비저항과 열전도도를 동시에 낮추는 것은 불가능하다. 또한, 금속은 제베크 계수가 매우 작기 때문에 금속재료의 접합대를 이용한 전자냉각이나 온도측정의 실용 가능성은 거의 없다. 1929년 러시아의 Loffe는 주기율표의 II-V족, IV-VI족 및 V-VI족의 원소를 성분으로 한 화합물 반도체를 사용하면 변환효율을 2.5~4%까지 비약적으로 향상시킬 수 있다는 것을 이론적으로 제시하였다. 이와 같은 이론을 바탕으로 제2차 세계대전 이후부터 열전반도체에 대한 개발 및 이들을 응용한 열전변환장치의 실용화에 관한 연구 및 개발이 전 세계적으로 활발히 진행되고 있다.

일반적으로 널리 사용하는 반도체 재료인 Si의 경우에는 전기전도도가 150 W/cm^{2}K에 달하며, 이로 인하여 상온에서의 ZT는 0.01에 불과하다. 한편, 널리 사용되는 Bi_2Te_3인 경우에는 ZT가 상온에서 1에 근접한다. 가장 이상적인 열전소재로서는 높은 전기전도도와 낮은 열전도도를 가지는 물질의 특성은 그림 3-33과 같다[21].

3.9.2 펠티에 효과(Peltier Effect)

1834년에 프랑스의 시계공(watch maker)이자 후에 물리학자가 된 Jean Charles Athanase Peltier (1785~1845)가 서로 다른 두 금속에 전기를 통하였을 때 그림 3-34와 같이 서로 다른 금속의 양단면에 온도차가 일어나는 현상을 발견하였다. 펠티에 효과는 두 가지의 다른 물질들 간의 접합을 거쳐 전류가 흐를 때 일어나는 열의 방출과 흡수를 의미한다. 전류가 어떤 한 방향으로 흐를 때 열이 발생된다면 전류가 그 반대방향으로 흐르면 열을 흡수하기 때문에 펠티에 효과는 가역적이다. 이 효과를

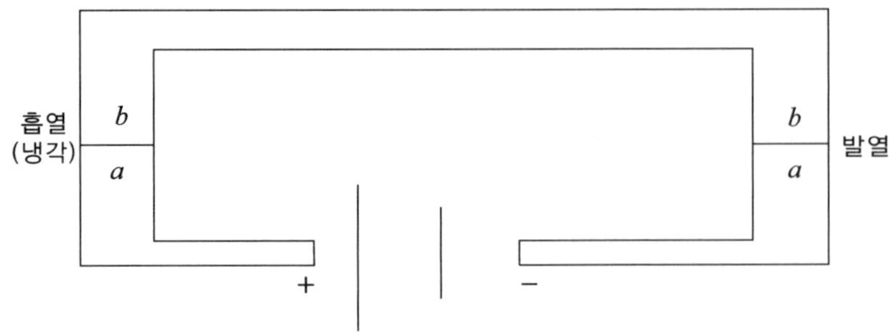

그림 3-34 펠티에 효과의 개념

응용한 제품은 반도체 재료가 나오기 전까지는 실용화가 되지 못하였다. 앞서 제베크 효과에서와 마찬가지로 금속재료로는 온도차이가 거의 나지 않아 실용적인 목적으로 사용되지 못하였으나, Bi와 Te 반도체 재료가 나오면서 비로소 실용적으로 사용되게 되었다[22].

접합에 전류가 흐르게 되면 도체에 전류가 흐를 때 전기저항 때문에 생기는 줄열(Joule heat) 효과에 추가하여 펠티에 효과에 의한 열 발생이나 흡수가 일어난다. 전자가 금속에서 반도체로 흐를 때 금속의 Fermi 준위에 있는 전자들이 반도체의 전도대로 움직이게 된다. 따라서 전도전자들은 금속에서 반도체로 움직일 때 평균 운동에너지가 ΔE만큼 증가하게 된다. 이 운동에너지의 변화는 열의 흡수로 발생한다. 즉, 열에너지가 전자의 평균 운동에너지를 증가시키는 데 이용된다. 또한, 그림 3-34에서 전류를 반대방향으로 흘려주는 경우에는 전자의 운동에너지는 ΔE만큼 감소되고 그와 관련된 열이 발생하게 된다. 즉, 전자들이 접합을 지나갈 때 평균 운동에너지가 변화되기 때문에 전류의 방향에 따라서 열이 흡수되거나 발생하게 된다. 이와 같은 열의 흡수 또는 발생은 다음과 같이 정의할 수 있다. 여기서 i는 전류, t는 시간, 계수 p는 전압의 단위를 가진 재료의 열기전력 특징을 나타내는 것으로 펠티에 계수라고 한다.

$$dQ_P = \pm p \cdot i \cdot dt \tag{3-87}$$

펠티에 효과는 두 가지 목적으로 사용된다. 즉, 접합에 가하는 전류의 방향을 제어함으로써 열을 생성하거나 열을 제거할 수 있다. 이것은 정밀한 온도제어가 필요한 소자에 적합하다. 그리고 펠티에 열은 Joule열과는 달리 인가하는 전류의 크기에 직접 비례하는 관계에 있다는 점에서 펠티에 열은 Joule열과는 원인이 구분된다. 따라서 펠티에 효과는 냉각형 열화상 카메라의 센서를 냉각하는 용도로 사용되는 냉각기의 기본 원리이다.

3.9.3 톰슨 효과(Thomson Effect)

1851년 영국의 물리학자인 William Thomson은 기존의 제베크 효과와 펠티에 효과가 서로 연관된 것임을 밝혀내고 이들 사이의 상관관계를 정리하였다. 이 과정에서 그림 3-35와 같이 도체(금속 또는 반도체)인 막대기의 양끝을 다른 온도로 유지하고 전류를 흘릴 때, 줄열(Joule's heat) 이외에 발열 또는 흡열이 일어나는 현상을 발견했는데, 이것을 톰슨 효과라고 한다[23].

도체 막대기의 양끝의 온도차를 ΔT, 전류를 I, 단위시간의 발열량을 Q라 하면, ΔT가 작은

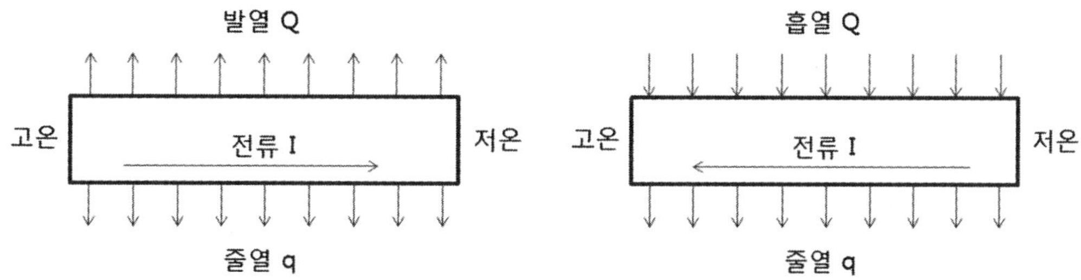

그림 3-35 톰슨 효과 (톰슨계수가 양인 경우)

범위에서는 Q는 다음과 같다.

$$Q = \sigma \cdot I \cdot \triangle T \tag{3-88}$$

여기서 비례상수 σ를 톰슨계수라 한다. 고온쪽에서 저온쪽으로 전류를 흘릴 때 발열하는 경우를 양으로 하며, 전류의 방향을 반대로 하면 발열, 흡열이 반대로 된다. 톰슨계수인 σ는 물질에 따라 다른 물질상수이고 또한 온도에 따라서도 다르다. 실온에서 구리, 아연 등은 양의 값을 가지며, 철과 백금 등은 음의 값을 가진다. 특이하게도 납의 σ는 거의 제로인 특성이 있어 열기전력 측정을 할 때 기준물질로 사용한다.

톰슨계수의 부호에 따른 열기전력 비교는 그림 3-36과 같다. 막대의 중간 부분에 열을 가하여 중간 부분이 양 끝단보다 온도가 높으며, 전류를 왼쪽에서 오른쪽 방향으로 흘릴 때 그림 3-36(a)와 같이 톰슨계수가 양인 경우 좌측 부분의 막대에서는 열을 흡수하고, 우측 부분의 막대에서는 열을 발산한다. 반대로 그림 3-36(b)와 같이 톰슨계수가 음인 경우는 그림 3-36(a)와 반대 현상이 일어난다.

3.10 광전도 효과(Photoconductive Effect)

광전도 효과란 반도체의 에너지갭보다 큰 에너지를 가진 빛이 입사하면 이 빛에너지는 흡수되어 가전도대(valence band) 내에 있는 전자가 전도대(conduction band)로 천이시키는 에너지로 소모되고, 전도대 내에는 다수 전하(majority carrier)인 전자(electron)의 농도가 많아지게 되어 반도체의 저항이 감소하게 되는 원리이다. 만약 외부에서 입사하는 빛의 에너지가 에너지갭보다 작으면 이 빛은 아무런 작용 없이 반도체를 투과하게 된다. 광전도 효과는 그림 3-37과 같이 크게 내인성

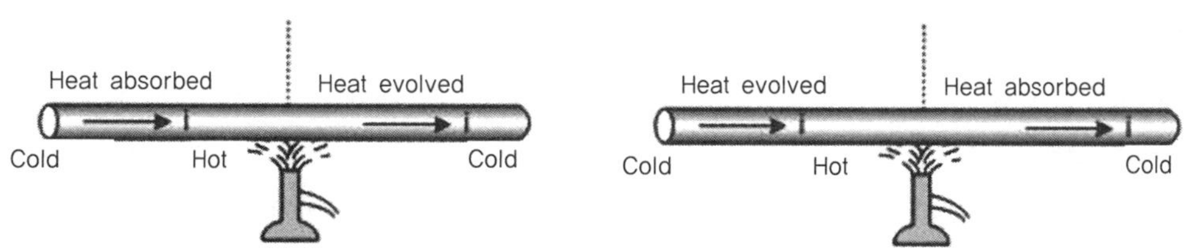

(a) 톰슨계수가 양인 경우 (b) 톰슨계수가 음인 경우

그림 3-36 톰슨계수의 부호에 따른 열기전력 비교

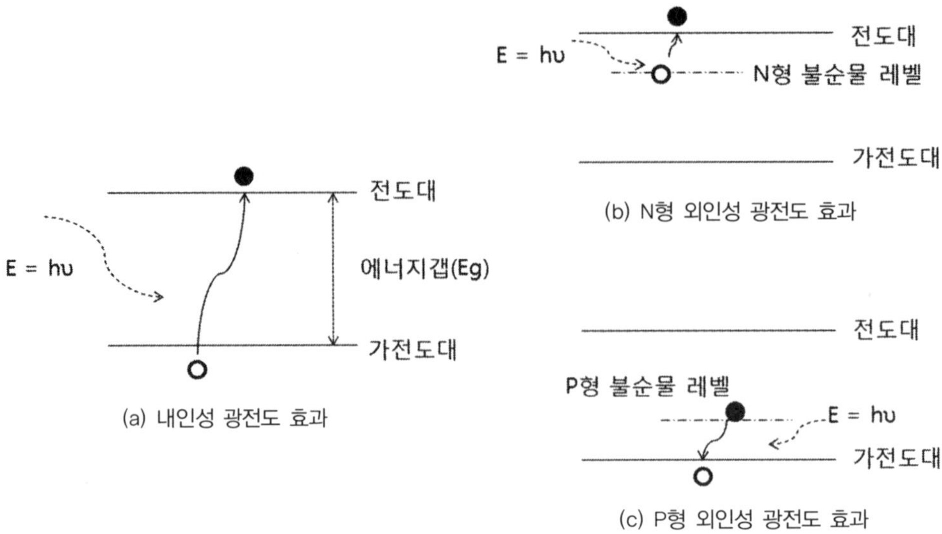

그림 3-37 반도체의 광전도 효과 개념

(intrinsic) 광전도와 외인성(extrinsic) 광전도 효과로 나눌 수 있다[24].

내인성 광전도 효과는 내인성 반도체(intrinsic semiconductor)인 경우에 나타나는 현상이며, 외인성 광전도 효과는 임의로 불순물을 주입한 n형 또는 p형 외인성 반도체(extrinsic semiconductor)에서 나타나는 현상이다. 그림 3-37(b)와 같이 n형 반도체는 에너지갭 내에 전도대 가까이에 불순물 레벨이 존재한다. 불순물 레벨과 전도대 사이의 에너지 차이보다 큰 에너지의 빛이 입사하게 되면, 이 빛에너지는 불순물 레벨에 있는 전자를 전도대로 천이시키는 에너지로 사용되어 흡수된다. 결국 전도대 내에 있는 다수 전하인 전자의 농도가 많아져 저항이 감소하는 원리이다. 마찬가지로 이보다 작은 에너지를 가진 빛이 입사하게 되면 투과하게 된다. 그림 3-37(c)와 같은 p형 반도체는 에너지갭 내에 가전도대 가까이에 불순물 레벨이 존재한다. 불순물 레벨과 가전도대 사이의 에너지 차이보다 큰 에너지의 빛이 입사하게 되면, 불순물 레벨에 있는 정공이 가전도대로 천이하여 다수 전하인 정공의 농도가 많아져 저항이 감소하는 원리이다. 마찬가지로 에너지가 작은 빛이 입사하게 되면 투과하게 된다.

광전압(photovoltaic) 효과는 기본적으로 광전도 효과이며, pn 다이오드의 확장 개념이 광전압 효과이다. 그림 3-38(a)와 같이 에너지갭보다 큰 에너지의 빛이 입사하면 광전도 효과에 의해 p형 쪽의 가전도대에 있는 전자가 전도대로 천이하게 된다. 이때 전도대의 전자의 농도가 많아져 확산으로 n형 쪽의 전도대로 이동하면서 전류가 발생하는 원리이다. 동일한 개념으로 n형 쪽은 가전도대에 있는 전자와 동일한 숫자로 정공의 농도가 많아져 확산으로 전류가 발생하는 원리이다. 입사광량이 늘어나면 그림 3-38(b)와 같이 전류가 점점 커진다. 광전압 효과는 광전도형과는 달리 외부에 전원을 가하지 않아도 전류가 발생하는 장점이 있어 반도체형으로 열화상카메라를 제조할 때에는 대부분 pn 다이오드 접합의 형태로 제작한다.

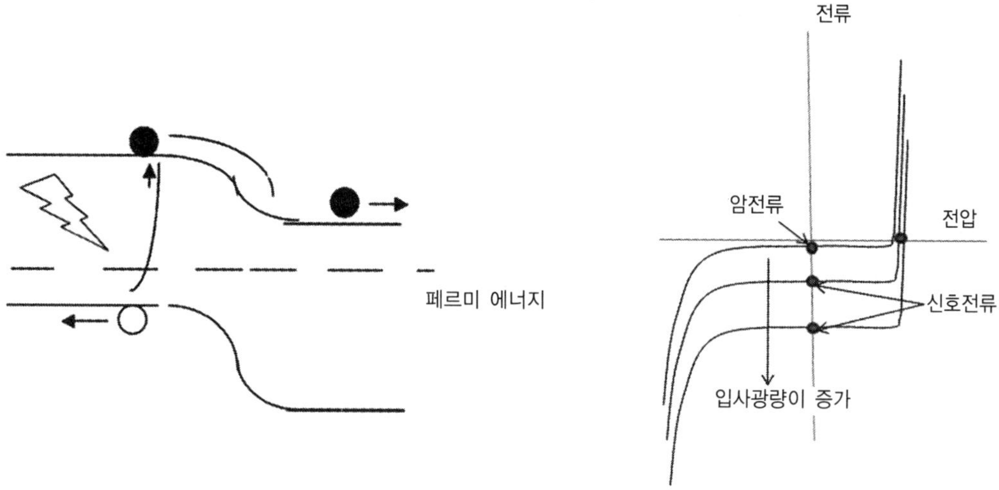

(a) 광전압 효과 개념 (b) 입사광량에 따른 전류 변화

그림 3-38 광전압 효과 개념 및 입사광량에 따른 전류 변화

3.11 재료 내부에서의 열적 특성

3.11.1 온도의 기본 단위

온도는 물질의 뜨겁고 찬 정도를 나타내는 물리량으로 뜨거운 물질은 높은 온도를 가지고 있다는 것과 동의어이다. 온도 단위에는 화씨온도(Fahrenheit Temperature), 섭씨온도(Celcius Temper-ature), 절대온도(Kelvin Temperature) 세 가지가 사용되고 있다. 화씨온도는 독일의 물리학자 Daniel Gabriel Fahrenheit가 1724년에 제안한 것으로 물의 어는점과 끓는점을 180등분한 온도 눈금으로 물의 어는점을 32°F, 끓는점을 212°F로 정의한 온도이다. 주로 미국과 유럽의 실생활에서 많이 사용하고 있다. 섭씨온도는 스웨덴의 천문학자인 Anders Celcius가 1742년에 제안한 것으로 1기압에서 물의 어는점과 끓는점을 100등분한 온도 눈금으로 물의 어는점을 0℃, 끓는점을 100℃로 정의한 온도이다. 지금은 화씨온도보다 섭씨온도가 전 세계적으로 많이 통용되고 있다.

일상생활에서는 물을 기준으로 한 화씨온도와 섭씨온도를 사용함에 있어 아무런 문제가 없으나 열역학 분야에서는 조금 더 다른 온도 체계가 필요하였다. 물리학의 새로운 온도기준은 1848년 영국의 물리학자인 Baron Kelvin이 분자의 운동에너지가 0이 되는 온도를 0K로 정의한 것으로, 0K의 정의는 이상기체의 부피가 0이 되는 온도이며, 더 이상 냉각될 수 없는 온도이고, 따라서 물질 내 열에너지가 0인 온도이다. 그리고 온도눈금은 섭씨온도의 눈금과 동일하게 정의하여 0K=-273.15℃이며, 물이 어는 온도인 0℃는 273.15K가 된다. 열역학에서 사용하는 온도는 절대온도를 사용하며, 일상생활에서는 섭씨온도 또는 화씨온도를 사용한다. 이 세 가지 온도의 변환관계는 표 3-1과 같다.

표 3-1 섭씨온도, 화씨온도, 절대온도 변환관계

	섭씨온도에서	섭씨온도로
화씨온도	[°F] = [℃] × 9/5 + 32	[℃] = ([°F] −32) × 5/9
절대온도	[K] = [℃] + 283.15	[℃] = [K] − 273.15

3.11.2 열팽창(Thermal Expansion)

모든 고체 물질은 온도가 증가하면 부피가 늘어나는 특성이 있다. 이것은 온도에 의해 원자와 분자들의 진동이 커지기 때문이다. 즉, 온도가 올라가면 원자들 사이의 평균 거리가 증가하는데 이로 인해 전체 체적이 증가하는 것이다. 일차원적인 측면에서 보면, 초기 온도 T_1일 때 길이를 l_1, 온도 T_2일 때 길이를 l_2라고 하면, l_1과 l_2의 관계는 다음과 같다.

$$l_2 = l_1[1 + (T_2 - T_1)] \tag{3-89}$$

여기서 $\Delta l = l_2 - l_1$, $\Delta T = T_2 - T_1$이라 정의하면, 선형열팽창계수(linear thermal expansion coefficient)를 다음과 같이 정의할 수 있으며, 이 값은 재료마다 다른 값을 가지게 된다.

$$\alpha = \frac{\Delta l}{l} \cdot \frac{1}{\Delta T} \tag{3-90}$$

대표적인 재료에 대한 선형열팽창계수는 표 3-2와 같다. 더 정확하게 표현하면 α는 온도에 따라 다른 값을 가지지만, 일반적인 엔지니어링 목적에서는 이를 무시하고 사용한다. 또한, 재료들의 축 방향에 대해서도 등방성이라 보고 모든 방향으로 동일한 것으로 가정한다. 따라서 체적에 대한 변화

표 3-2 대표적인 재료의 선형열팽창계수

(단위: ℃×10^{-6})

재료	α	재료	α
폴리에틸렌	216	스테인리스 304	17.2
테플론	99	구리	16.6
나일론	90	금	14.2
Plexiglas (Lucite)	72	주석	13.0
폴리카보네이트	70	알니코 (영구자석)	12.6
아연	35	강철 (SAE 1020)	12.0
카드뮴	30	철	12.0
납	29	니켈	11.8
알루미늄	25	동	9.3
연납 (50−50)	23.6	일반유리	9.0
황동	20.0	알루미늄 (폴리크리스탈)	8.0
은	19.0	텅스텐	4.5
인듐	18.0	실리콘	2.6

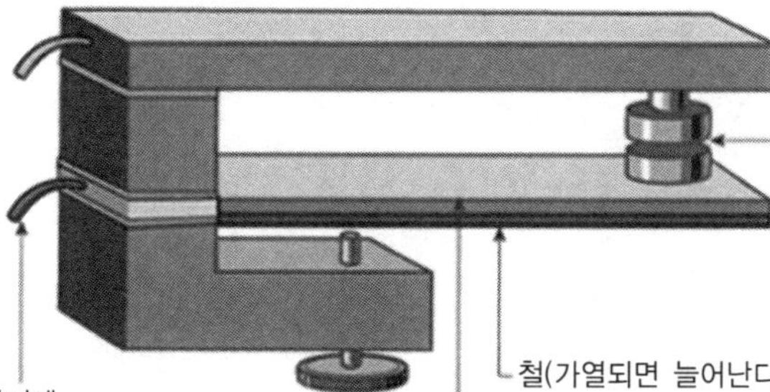

그림 3-39 바이메탈 센서의 원리

율은 다음과 같이 표현할 수 있다.

$$\triangle V = 3\alpha \cdot V \cdot \triangle T \tag{3-91}$$

이러한 열팽창의 원리를 이용한 대표적인 센서는 그림 3-39와 같은 온도를 측정하는 바이메탈 센서이다. 간단한 바이메탈은 두 개의 금속으로 되어 있는데, 자연 상태의 금속은 열팽창의 차이가 적어 주로 합금을 사용한다. 팽창이 적은 쪽에는 니켈과 철의 합금을 이용하고, 팽창이 큰 쪽에는 구리와 아연의 합금, 또는 다른 다양한 금속의 합금을 사용한다. 그림과 같은 구성에서 표 3-2를 보면 황동은 철에 비해 팽창계수가 크다. 전류가 바이메탈로 흐를 때 일정한 온도 이상으로 바이메탈의 온도가 올라가면, 바이메탈의 오른쪽이 아래로 휘어지게 된다. 그러면 위에 전선과 연결된 접점이 끊어지게 되므로 전류가 흐르지 못하게 된다. 하지만 다시 온도가 내려가면 오른쪽 부분이 위로 올라가 다시 전류가 흐르게 된다.

3.11.3 열용량(Heat Capacity)

물체가 데워지면 온도가 올라가는데, 데운다는 것은 일정 양의 열을 물체에 전달한다는 의미이다. 열은 원자를 진동시키는 운동에너지 형태로 물체에 저장된다. 어떤 물체 내에 저장될 수 있는 열의 양은 물탱크와 비유하면 쉽게 이해할 수 있다. 물탱크는 부피가 크면 그만큼 많은 물을 담을 수 있지만, 그 이상은 담을 수가 없다. 이와 마찬가지로 재료마다 열을 저장할 수 있는 양은 열용량(heat capacity)이라는 특성으로 규정된다. 서로 다른 재료들은 원자량이 다른 원자로 구성되어 있기 때문에 원자 진동에 의한 운동에너지는 각각 다르며, 따라서 열용량도 재료마다 다르다. 그림 3-40은 열용량에 대한 물리적인 개념을 나타내었다. 동일한 열을 가하였을 때, 열용량이 큰 물질의 온도는 조금만 올라가고, 열용량이 작은 물질은 온도가 상대적으로 많이 올라간다.

물리적으로 열용량은 어떤 물질의 온도를 1K 올리는 데 필요한 열량으로 정의한다. 즉, 큰 온도변화 없이 열에너지를 흡수할 수 있는 능력을 의미한다. 보통 열용량(C)은 다음과 같이 표현할 수 있다. 열용량의 단위는 [J/K]이다.

$$C = \frac{\triangle Q}{\triangle T} \tag{3-92}$$

열용량은 물체의 크기에 따라 달라지기 때문에 일반적으로 비열(specific heat capacity)이라는 단

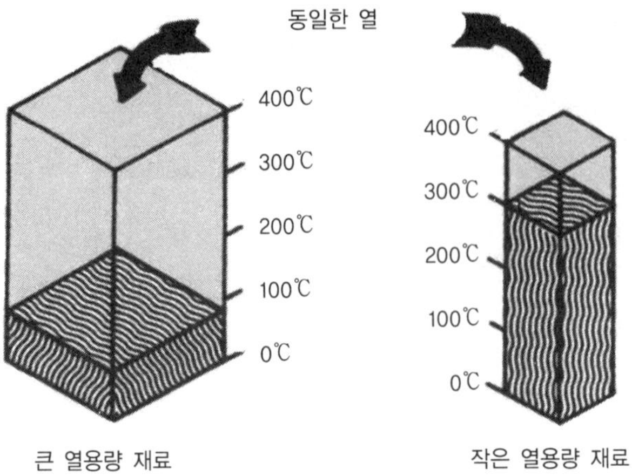

그림 3-40 열용량의 물리적인 개념

위로 물질을 비교한다. 비열은 단위질량당 열용량을 의미하는 것으로 단위 물질의 열을 흡수하는 본질적인 능력을 의미한다. 물리적으로 비열(c)는 단위질량(1 g)의 물질을 1K 올리는 데 필요한 열량(또는 에너지)으로 정의하며, 단위는 [J/(g·K)]이며 다음과 같이 정의한다.

$$c = \frac{Q}{m \cdot \Delta T} \tag{3-93}$$

열용량은 대문자 C로 보통 표시하는 반면, 비열은 소문자 c로 표시하여 서로 구분한다. 비열에는 체적을 일정하게 유지하면서 단위질량 물질을 1K 올리는 데 필요한 에너지를 정적비열(specific heat at constant volume, c_v)이라 하며, 압력을 일정하게 유지하며 단위질량 물질을 1K 올리는 데 필요한 에너지를 정압비열(specific heat at constant pressure, c_p)이라 한다. 다음과 같이 나타낼 수 있다.

$$c_v = \left(\frac{\delta Q}{dT}\right)_v = T\left(\frac{\partial S}{\partial T}\right)_v, \quad c_p = \left(\frac{\delta Q}{dT}\right)_p = T\left(\frac{\partial S}{\partial T}\right)_p \tag{3-94}$$

일반적으로 정압비열이 정적비열보다 크다. 이와 유사한 표현으로 몰열용량(mole heat capacity)도 있다. 이것은 1몰 물질을 1K 올리는 데 필요한 열량으로 단위는 [J/(mol·K)]이다. 대표적인 재료에 대한 비열은 표 3-3과 같다.

표 3-3에 있는 단위는 [J/kg℃]인데, 다른 자료에는 [cal/g℃]로 표현하기도 한다. 이들 사이의 관계는 다음과 같다.

$$1\,\frac{\text{joule}}{\text{g} \cdot ℃} = 0.2388\,\frac{\text{cal}}{\text{g} \cdot ℃} \tag{3-95}$$

3.11.4 열전달

절대온도 0K보다 높은 온도를 가진 물체가 열평형 상태에 있으면, 분자의 평균 운동에너지에 의해 임의의 온도를 유지하게 된다. 물체가 가지고 있는 온도는 주위와 열평형 상태가 깨지게 되면

표 3-3 대표적인 재료의 비열

(25℃ 기준, 단위: J/kg℃)

재료	c	재료	c
물	4,184	나일론	1,700
실리콘 오일	1,674	베이클라이트	1,598
스티로폼	1,300	폴리에스테르	1,172
테플론	998	공기 (1기압)	995.8
알루미나	795	유리	780
실리콘	668	알루미늄	481
강철	452	니켈	443
망간	410	아연	389
구리, 다이아몬드	385	황동	381
은	238	주석	226
텅스텐	139	수은	138
플래티늄	134	금, 흑연	130

온도가 높은 곳에서 낮은 쪽으로 열이 전달되는데, 그림 3-41과 같이 전도(conduction), 대류(convection), 복사(radiation)의 세 가지 방법으로 전달된다.

전도(conduction)는 에너지 전달이 고체 매개체를 통해 열이 전달되는 방식이며, 온도가 높은 쪽에서 분자의 운동이 활발하여 인접한 다른 분자들에게도 활발한 운동이 전해져서 고체 매개체 전체가 뜨거워지는 현상이다. 그림 3-42와 같이 이웃하는 원자들의 진동 또는 원자와 원자 사이를 움직이는 전자들에 의해 열이 전달되는 것이며, 고체 물체의 직접적인 접촉에 의해 열이 전달된다. 열이 잘 전도되는 물질인 금속과 같은 도체(구리, 은 등의 금속)는 빠르게 열을 전달하는 반면, 열이 잘

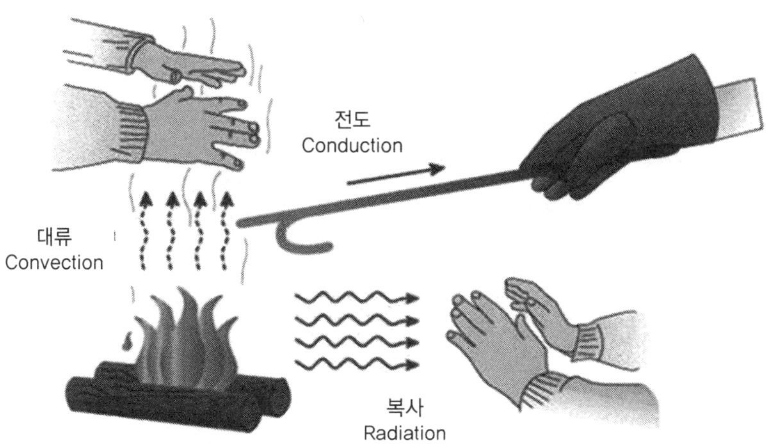

그림 3-41 열전달의 세 가지 방식

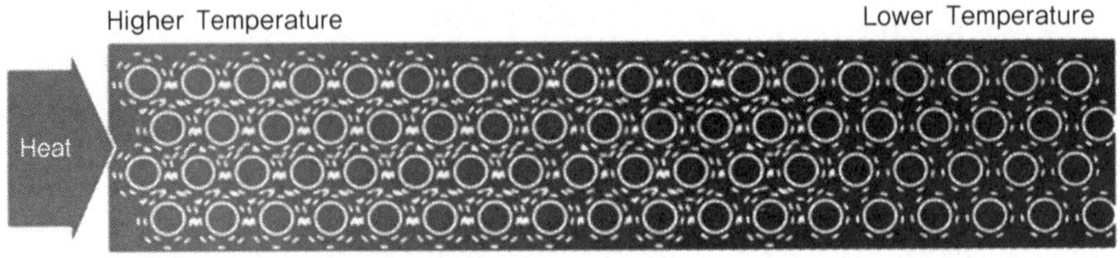

그림 3-42 열전도의 개념

전달되지 않는 부도체(유리, 나무, 공기 등)에서는 열의 전도가 잘 되지 않는다.

전도에 영향을 주는 인자는 그림 3-43과 같이 물체 사이의 온도차이, 길이(또는 두께), 단면적, 그리고 재료의 열전도율이다. 열전도율은 열전달을 얼마나 잘 하느냐 하는 정도이며, 단위는 W/mK 이다. 열전도율을 이용한 열류량은 다음과 같다.

$$Q = k\frac{A \cdot \triangle T}{L}[\mathrm{W/m^2}] \tag{3-96}$$

여기서 Q는 열류량(W/m^2), k는 열전도율(W/m·K), A는 재료의 단면적(m^2), $\triangle T$는 양끝단의 온도차이다. 식 (3-96)에서 전도를 하는 물체의 면적이 넓을수록, 길이가 짧을수록, 온도차이가 클수록 열류량은 커지게 된다.

공기의 열전도율은 0.025 W/m·K, 스티로폼은 0.01 W/m·K, 물의 열전도율은 약 0.6 W/m·K, 알코올과 기름은 약 0.1~0.2 W/m·K, 유리와 콘크리트는 0.8 W/m·K, 강철은 약 50 W/m·K, 구리는 약 385 W/m·K, 은은 약 427 W/m·K이다. 특이하게도 다이아몬드는 도체가 아닌 부도체임에도 불구하고 열전도율이 900~2,300 W/m·K 정도로 매우 높으며, 다이아몬드와 유사 구조인 그래핀(Graphene)의 열전도율은 4,800~5,300 W/m·K으로 매우 높으며, 다양한 응용분야를 가진 꿈의 신소재라는 그래핀에 대해 최근 많은 연구가 이루어지고 있다.

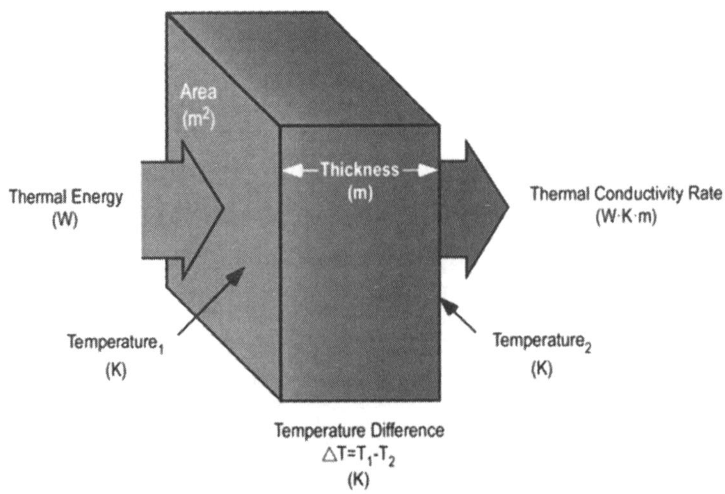

그림 3-43 열전도율의 개념

대류(convection)는 그림 3-44와 같이 온도차이에 따른 열팽창에 의한 액체 및 기체의 밀도 차이로 열이 전달되는 현상으로 높은 온도를 가진 입자가 직접 이동에 의해 열에너지가 전달되는 현상이다. 따라서 대류는 반드시 열을 전달하는 매개체가 있어야 하며, 가스와 액체가 주 매개체이다. 액체나 기체는 열전도율이 작지만 대류에 의한 열의 이동은 활발하게 일어난다.

대류에 의한 열전달은 전도와 유사한 관계식을 통해 다음과 같이 정의할 수 있다.

$$H = \alpha \cdot A \cdot (T_1 - T_2) \tag{3-97}$$

여기서 대류계수 α는 유체의 비열, 점성, 그리고 움직이는 정도, 중력, 온도 기울기에 따라 결정되며, 단위는 [W/(m^{2}K)]이다. 예를 들어 중력을 고려한 수평면에서 공기 대류계수는 다음과 같다.

$$\alpha = 2.49 \cdot \sqrt[4]{T_1 - T_2} \tag{3-98}$$

그리고 수직면에서 공기 대류계수는 다음과 같다.

$$\alpha = 1.77 \cdot \sqrt[4]{T_1 - T_2} \tag{3-99}$$

위의 두 공기 대류계수는 한쪽은 열손실을 무시할 수 있는 무한 열원이며, 물체 주위의 온도는 일정한 온도를 가지고 있는 가정하에서만 성립한다. 실생활에서 선풍기, 에어컨, 전기히터 등이 대류의 원리를 응용한 것이고, 지구상의 바람과 비와 같은 기상 현상은 공기의 대류에 의한 영향을 가장 많이 받아 발생한다. 기상 관측 및 예측을 위해서는 거대 대류 현상에 대한 시뮬레이션을 위해 슈퍼컴퓨터를 사용하고 있다.

전도와 대류 현상은 복사(radiation)에 비해 직관적으로 쉽게 알 수 있는 자연현상이다. 태양에서 지구까지 오는 빛에 대해 많은 과학자들이 생각을 하였다. 복사에 대한 개념이 생기기 전에는 열 또는 빛이 전달되기 위해서는 반드시 매개체가 있어야 한다는 고정 관념이 있었다. 보통의 파동은 모두 그 파동이 전달되는 매질이 필요하며, 수면파는 물이라는 매질이, 음파는 공기라는 매질로 전달되듯이 19세기 빛이 파동이라는 확신을 가졌을 때 매질이 필요하다고 생각하였으며, 이러한 매질을 에테르(aether)라고 명명하였다. 초기에 에테르는 빛이 진공 중에도 전파되는 것으로 보아 물질

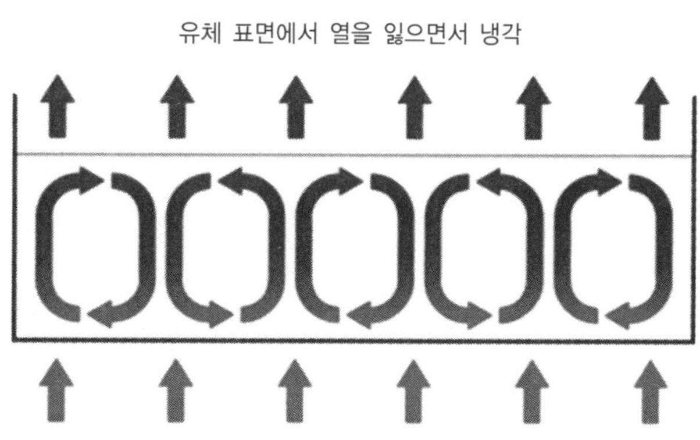

그림 3-44 대류 현상의 원리

이 텅 비어 버린 진공 속에도 충만된 그 무엇이라 생각하였고, 또한 보통 물체의 운동에 거의 영향을 주지 않을 것으로 생각하였다. 빛의 파동설을 처음으로 제창한 Huygens가 이와 같은 에테르의 존재를 가정하였다. 이러한 에테르의 존재를 확인하기 위해 A. A. Michelson과 E. W. Morley가 간섭계를 이용해서 그림 3-45와 같은 실험을 하였다[25]. 에테르의 움직이는 방향과 거슬러 움직이는 방향에 따라 빛의 속도는 차이가 나서 간섭계로 돌아온 곳에서 간섭무늬가 나타날 것으로 예상하였으나 아무런 변화가 관측되지 않았다. 이 실험에서 두 가지 사실을 알 수 있는데, 파동이라는 빛을 전달하는 매개체인 에테르는 존재하지 않으며, 빛의 속도는 일정하다는 사실이다.

따라서 태양빛은 높은 온도를 가지고 있는 전자기파로 지구까지 열에너지가 전달되며 이런 현상을 복사라고 이해하게 되었다. 태양빛 이외에 모든 물체는 분자들의 열적 진동에 의해 전자기파의 형태로 에너지를 복사하여 열을 전달한다. 태양에서 전달되는 열에너지는 지구와 태양 사이에 아무런 매개체가 없기 때문에 100% 복사에 의해 전달된다. 그러나 지구까지 도달한 빛에너지는 지구를 감싸고 있는 대기에 의해 인간이 살기에 적절한 빛에너지만 지표에 도달하고 있다.

즉, 한 물체가 뜨거워지면 열을 내게 되는데 이를 복사(Radiation)라 한다. 고체에서 방출되는 복사에는 여러 가지 파장(또는 진동수)을 가진 빛으로 구성되어 있다. 19세기 말에 물리학자들은 흑체에서 어떻게 여러 가지 진동수를 가진 복사가 나오며 이들은 물체 표면의 온도와 어떠한 관계가 있는지를 연구하였다. 1860년 Kirchhoff는 '흑체 복사 강도의 분포는 벽의 물질이나 공동(Cavity)의 모양 및 크기와는 상관없고 오직 온도와 빛의 파장에만 관계된다.'라는 것을 밝혔다. 즉, 같은 온도로 데워진 물체는 돌이든 쇠든 방출하는 빛의 분포는 똑같다는 것이다. 이 당시만 해도 열복사는 전자기파와 아무런 관계가 없는 것으로 생각했으나, 1888년 Heinrich Hertz가 전자기파의 존재를 발견한 이후, 물리학자들은 가시광선이나 열복사에 전자기파 이론을 적용하기 시작하였다.

1900년 Max Planck의 이론적인 복사법칙이 나오기 전까지는 두 가지 이론이 알려졌었다. 첫 번째는 1879년 Stefan이 실험적으로 발견하였고, 1884년 Boltzmann이 Maxwell의 전자기학을 이용하여 이론적으로 열복사와 온도와의 관계를 최초로 설명하였으며, 이것은 이후의 열복사 연구에 중요한 계기가 되었다. 이 법칙에 의하면 온도 T인 흑체(Black Body)의 단위면적에서 단위시간에 방출되는 복사에너지 s는 $s = \sigma \cdot T^4$로 쓸 수 있으며, 비례상수 σ를 Stefan-Boltzmann(슈테판-볼쯔만) 상

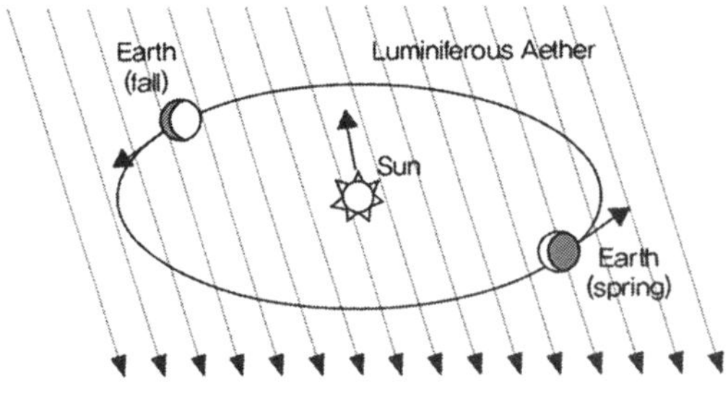

(a) 빛을 운반하는 에테르 속에서 지구의 움직임

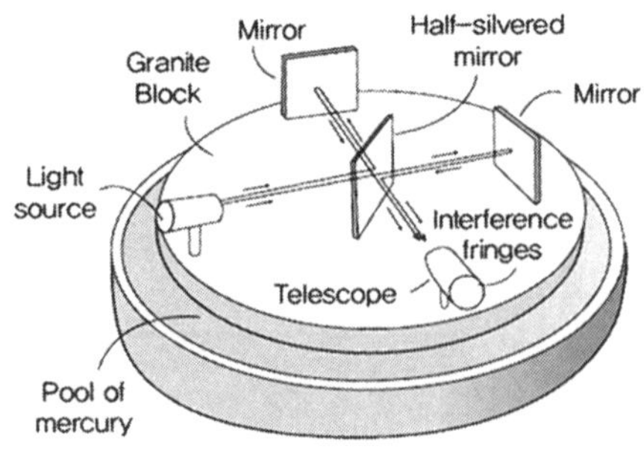

(b) 빛의 속도 차이를 측정하기 위한 간섭계

그림 3-45 에테르 존재를 확인하기 위한 아이디어 및 빛의 속도 측정 간섭계

수라고 정의하였다. 1886년 미국 천문학자인 Langley는 적외선 강도를 측정할 수 있는 볼로미터(Bolometer)를 개발해서 흑체 구리에서 발생하는 에너지와 태양에서 발생하는 에너지를 비교하는 실험을 통해 흑체 복사에 대한 정량적인 실험을 하였으며, 그 관계를 나타내는 구체적인 실험결과를 제시하였다. 이어 1887년 러시아의 Wladimir Michelson은 Stefan-Boltzmann 법칙을 자신의 이론과 결합해 Langley의 실험적 결과에 정성적인 설명을 부여하였으나 정량적으로 설명하기에는 부족하였다.

곧이어 1893년 독일의 Wilhelm Wien은 Stefan-Boltzmann 법칙을 보다 일반적인 방법으로 유도하는 한편, 절대온도 T에서 흑체로부터 방출되는 복사에너지 밀도가 최대로 되는 파장에 반비례한다는 Wien(빈)의 변위법칙을 발표했다. 즉, $\lambda_m = b/T$로 쓸 수 있으며, b는 Wien의 상수이다. 이 상수는 고전 역학적으로는 계산이 불가능하며, 양자역학에 의해서만 계산이 되는 값이다. 이 법칙에 의해 물체를 가열했을 때의 색은 온도를 높일수록 짧은 파장의 빛으로 이동함을 나타내는 것으로 온도가 높을수록 빨간색에서 보라색쪽으로 이동해 가는 것을 설명할 수 있었다.

1900년에 Max Planck가 앞선 두 가지 실험 및 이론을 완벽하게 정리한 복사법칙을 발표하였다. 그의 가장 큰 업적은 복사에너지가 연속적으로 분포된 것이 아니라 $h\nu$의 양만큼 불연속적으로 양자화 되어 있다는 가정이었다. 이러한 혁명적인 아이디어로 1905년 Einstein에 의해 광전자 효과를 설명할 수 있게 된 계기가 되었다. 광전자 효과 이전에 빛은 파동의 성질만 가지고 있다고 생각했으나, 광전자 효과의 실험적인 증명으로 물리학자들은 빛은 입자이자 파동의 성질을 동시에 가지고 있다는 사실을 알게 되었다. 이상적인 흑체에서 나오는 Planck 복사법칙은 다음 식과 같으며, 여기서 E는 분광복사휘도(Spectral Radiance), T는 흑체의 절대온도 K, k_B는 Boltzmann 상수로 1.38×10^{-16} erg/K, h는 Planck 상수로 6.625×10^{-27} erg-sec, c는 빛의 속도로 3×10^{10} cm/sec이다[26, 27].

$$E(\nu,\ T) = \frac{2h\nu^3}{c^2}\frac{1}{[\exp(h\nu/k_BT)-1]} \tag{3-100}$$

$$E(\lambda,\ T) = \frac{2hc^2}{\lambda^5}\frac{1}{[\exp(hc/\lambda k_BT)-1]} \tag{3-101}$$

이 식에서 Stefan-Boltzmann 법칙과 Wien의 법칙을 유도할 수 있다.

Stefan-Boltzmann 법칙 : $E = \sigma T^4$,

$\sigma = 5.6705\times10^{-5}\ \mathrm{erg}\cdot\mathrm{cm}^2\cdot\mathrm{K}^{-4}\cdot\mathrm{s}^{-1}$

(σ : Stefann-Boltzmann 상수)

Wien의 변위법칙 : $\lambda_{\max} = \dfrac{3\times10^7}{T}$, ($\lambda$: Å, T: Kelvin)

Wien의 변위법칙은 해당 온도에서 복사분포의 최대점이 되는 파장을 알려주는 관계식이며, Stefan-Boltzmann 법칙은 모든 파장에서 방출되는 총 에너지에 대한 정보를 나타낸다. 그러므로 Wien의 변위법칙은 온도가 올라감에 따라 최대 복사가 일어나는 파장이 짧아지는 것을 설명해 주며, Stefan-Boltzmann 법칙은 온도가 올라감에 따라 곡선의 높이가 높아지는 것을 설명해 준다.

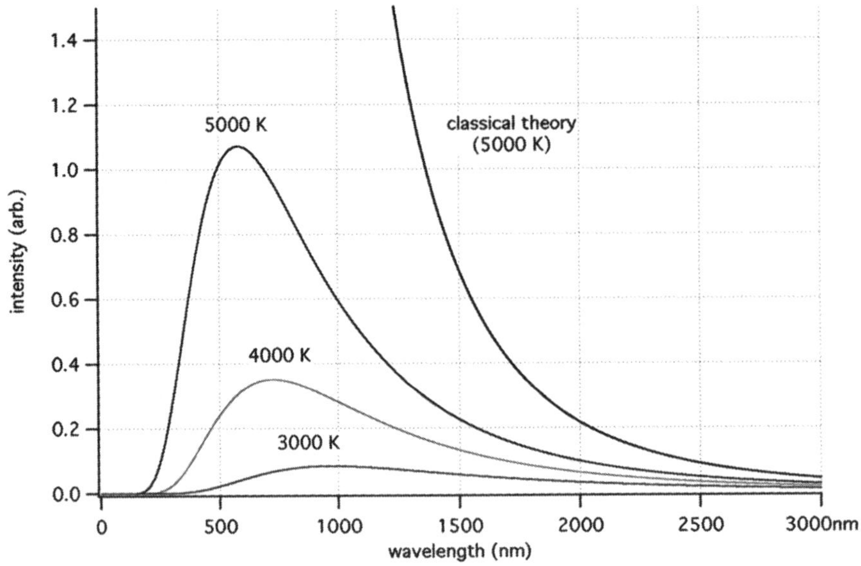

그림 3-46 Planck 복사법칙의 계산 결과

Planck 복사법칙의 수식으로 온도별, 파장에 따른 계산 결과는 그림 3-46과 같다. 그림에서 알 수 있듯이 고전적인 방법에서 계산된 자외선 파국(Ultraviolet Catastrophe)을 Planck 복사법칙에서는 잘 해결되었다.

열에너지의 전달방식을 역으로 이용하면 단열에 활용이 가능하다. 전도와 대류의 열류차단을 위한 저항형 단열, 복사에 의한 열류차단을 위한 반사형 단열 및 열용량을 이용한 열류 지연을 시키는 용량형 단열방법이 있다. 저항형 단열이란 열전도를 낮출 수 있는 재료로서 분자간 거리가 멀고 다공질이며 밀도가 낮은 재료를 이용한 단열방식이다. 기체는 분자간 거리가 멀기 때문에 전도에 대해서는 최고의 단열재가 된다. 대표적인 저항형 단열재는 경량 콘크리트, 발포스티렌, 중공층 등이 있다.

반사형 단열은 복사열 흡수 및 방사율이 낮은 재료를 이용하여 복사열 에너지를 반사해서 단열하는 방법이다. 반사형 단열재의 종류로는 특별합금이나 코팅 처리한 철판, 알루미늄 블랭킷, 금속 블랭킷, 알루미늄 박판으로 처리한 석고 보드 등이 있다. 용량형 단열은 축열에 의해 열전달을 지연시키는 방법으로 열용량이 클수록 축열 효과는 크다. 대표적인 것이 벽의 두께이다. 얇은 벽의 경우에는 열용량이 적기 때문에 실온은 바깥기온과 같이 변화한다. 반면에 두꺼운 벽의 경우에는 열용량이 크기 때문에 실온은 바깥기온보다 완만하게 변한다. 이러한 열에너지 흐름을 응용한 예가 옷 복장에서도 나타난다. 겨울철에는 검은색 계통의 옷으로 열에너지를 흡수하여 몸을 따뜻하게 보온하고, 여름철에는 하얀색 계통의 옷으로 열에너지를 반사시켜 몸을 시원하게 유지시킨다.

3.12 자기탄성 효과(Magnetoelastic Effect)

강자성체에 자기장을 가하면 강자성체의 모양이 변하는 현상으로, 1842년 James Joule에 의해

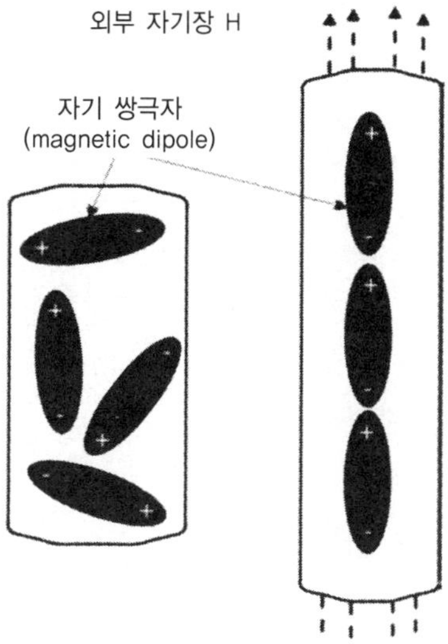

그림 3-47 자기변형 효과 개념

니켈 금속에서 처음으로 관측되었다. 자기장의 세기가 아주 높지 않을 경우 부피의 변화가 없이 시편의 길이와 단면적이 변화한다. 이 현상은 모든 강자성체 재료에서 나타나는데, 자기장 속에 있는 강자성체는 탄성, 전류, 자장을 발생하며, 어떤 경우에는 열을 발생하기도 한다. 이러한 성질을 이용해서 센서, 액추에이터, 트랜스듀서 등의 응용에 활용한다.

그림 3-47은 Terfenol-D 재료에 대한 자기변형 효과의 개념이다. 왼쪽과 같이 자기장이 없는 상태에서는 자기 쌍극자들이 랜덤하게 배열되어 있다. 그러나 오른쪽과 같이 외부 자기장이 가해지면, 강자성체 내부에 있는 국소의 자기 쌍극자들이 자기장의 방향에 따라 재배열하면서 재료에 변형이 유발하게 된다. 외부 자기장의 세기가 증가하면 할수록 자기 쌍극자들의 재배열 포화가 되기까지 보다 많은 자기 쌍극자들이 재배열하게 되며 이에 따라 변형이 지속적으로 생기게 된다.

외부 자기장의 세기에 따른 변형되는 정도는 그림 3-48과 같다. 자기장이 없을 때 봉의 길이를

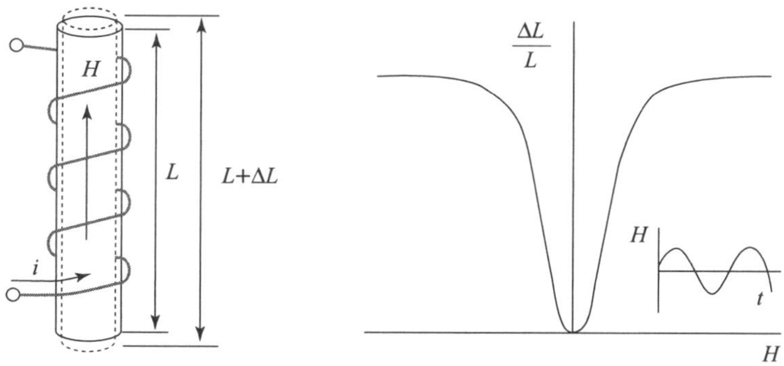

(a) 외부 자기장에 따른 길이 변형 (b) 외부 자기장의 변화에 따른 길이 변형률

그림 3-48 외부 자기장의 세기에 따른 길이 변형률

표 3-4 자기탄성 효과의 종류

직접 효과	역 효과
자기변형 효과 - 외부 자기장의 방향에 따라 자성체에 변형이 생기는 효과	Villari 효과 - Joule 효과의 역 현상으로 자성체에 외부에서 응력을 가하면 자기특성이 변화
Wiedemann 효과 - 자성체에 전류를 흘리거나 전류를 흘린 후에 자성체를 비틀면 자성체가 자화되는 현상	Matteuci 효과 - 강자성체에 종방향의 자기장을 가하고, 자성체를 비틀면 재료의 자화가 변화하는 현상
Magnetovolume 효과 - 대부분 퀴리온도 근처에서 발생하는 현상으로 자화에 의한 부피 변화 효과	Nagaoka-Honda 효과 - 부피의 변화에 따라 재료 내의 자성이 바뀌는 효과
ΔE 효과 - 자화에 의하여 자성재료의 Young률이 변화되는 효과	Inverse ΔE 효과 - 탄성의 변화로 자화가 유도되는 효과

L이라 하고, 자기장의 세기에 따라 늘어난 길이를 ΔL이라고 하면, 자기장의 세기에 따른 $\Delta L/L$은 그림 3-48(b)와 같이 자기 쌍극자의 재배열 포화가 될 때까지 변하게 된다. 이러한 특성은 자성체 재료들이 가지고 있는 고유한 특성이다.

자기변형 효과는 이 효과의 발명자 이름을 본 따서 Joule 효과라 하며, 이 효과는 자기탄성결합(magnetoelastic coupling) 때문에 생기는 현상이다. 이것은 자기장의 방향에 따라 생성된 변형 현상 중 하나인데, 이러한 현상을 자기탄성 효과라 하며, 자기변형 효과는 자기탄성 효과의 가장 대표적인 현상이다. 자기탄성 효과는 자기변형 효과 이외에 표 3-4와 같이 직접 효과와 이에 대응하는 역 효과로 구분할 수 있다[28].

3.13 자기저항 효과(Magnetoresistance Effect)

자기저항 효과(MR 효과)는 일명 Thomson 효과라 하며, 자성체의 전기적 저항이 자화방향과 전류의 방향에 따라 변화하는 현상이다. 물리적인 원인은 자기장에 의해 스핀방향이 서로 다른 전자의 에너지준위가 분리되어 Fermi 표면의 상태밀도가 변하여 비저항이 변화하는 것으로 알려져 있다. 비등방성(anisotropic) 자기저항 재료인 경우, 상온에서 자기저항 변화율이 2~5% 정도로 매우 적다. 1988년 Baibich 등이 자기저항변화 효과를 상온에서 50%까지 변화시키는 거대 자기저항 다층막을 보고함으로써 이 재료에 대해 큰 관심을 끌게 되었다. 거대 자기저항은 발견된 지 불과 수년 만에 하드디스크 드라이버의 재생헤드로 상용화에 성공하였다. 이런 빠른 기술의 진보는 거대자기저항 현상에 관련된 깊은 물리적 이해가 뒷받침되었기에 가능하였다.

외부의 자기장에 따라 재료 내의 저항이 변화하는 현상인 자기저항 효과는 모든 금속 물질에서 발견되는 물리현상이다. 고전적으로 MR 효과는 자기장의 세기와 전류 흐름에 대한 상대적인 자기장의 방향에 영향을 받는 것으로 알려져 있는데, MR 효과는 재료의 종류와 원리에 따라 크게 정상 자기저항(ordinary MR), 비등방성 자기저항(anisotropic MR), 거대 자기저항(giant MR), 대규모 자기저항(colossal MR) 등 네 가지로 구분할 수 있다[29].

3.13.1 정상 자기저항(Ordinary Magnetoresistance)

비자성 금속물질인 경우 높은 자기장에서는 꽤 큰 MR 효과가 있으나 낮은 자기장에서는 MR 효과가 매우 미미하다. 비저항의 변화량 $\Delta\rho$는 자기장이 전류와 같은 방향($\Delta\rho_{\parallel}$)과 전류의 횡방향($\Delta\rho_T$) 모두 양의 값이며, 일반적으로 $\rho_T > \rho_{\parallel}$ 이다. 일반 자기저항은 Fermi 표면의 전자궤도 구조와 관련해서 다음 세 가지로 구분이 가능하다.

i) 폐쇄된 Fermi 표면을 가진 금속 재료인 경우, k 공간에 있는 궤도에 속박된 전자들은 자기장의 영향에 의해 전자의 사이클로트론 주파수가 증가한다. 이때 사이클로트론 주파수는 $\omega_c\tau = 100$ 정도까지 커지게 된다. 이 경우 저항은 매우 큰 자기장에서도 포화가 된다. 이러한 특성을 가진 재료들은 In, Al, Na, Li 등이다.

ii) 전자와 정공의 수가 동일한 금속인 경우, 자기저항은 외부 자기장의 세기에 따라 증가하게 되는데, Bi, Sb, W, Mo 등이 이런 특성을 가진 재료들이다.

iii) 어떤 결정구조의 방향으로 열린 궤도가 있는 Fermi 표면을 포함한 금속인 경우, 결정구조 방향의 자기장에 대해서는 큰 자기저항 효과를 보이지만, 다른 방향은 저항이 포화되는 특성이 있다. 이러한 특성을 가진 재료는 Cu, Ag, Au, Mg, Zn, Cd, Ga, Sn, Pb, Pt 등이다.

3.13.2 비등방성 자기저항(Anisotropic Magnetoresistance)

강자성체 금속 또는 합금인 경우, 낮은 자기장에서는 $\Delta\rho/\rho$가 약 2% 정도의 MR 효과가 관측된다. 앞의 일반 OMR과는 달리, MR 효과는 비등방성 특성이 있으며, 그림 3-49와 같이 $\Delta\rho_{\parallel}$ 는 자기장의 세기에 따라 증가하는 특성을 가진 반면, $\Delta\rho_T$는 감소하는 특성을 가지고 있다.

자기저항 효과는 스핀 궤도의 결합에 의해 생기는 현상으로, 핵 주위에 있는 전자구름은 자기장의 방향이 회전함에 따라 약간의 변형이 일어나며, 이러한 변형이 전도대의 전자들이 격자를 움직일 때 산란의 정도를 변화시킨다. 만약 전류의 횡방향으로 자기장과 자화가 가해지면, 전자궤도는 전류의 면이 되어 산란의 단면적이 줄어들게 되어 저항은 낮게 된다. 반대로 전류에 평형한 방향으로 자기장이 가해지면, 전자궤도들은 전류의 수직방향으로 회전하게 되어 산란단면적이 증가하여 비저항이 증가하게 된다.

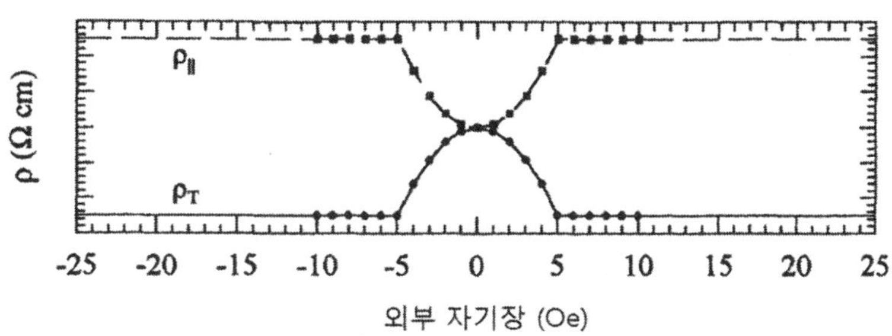

그림 3-49 비등방성 자기저항 효과 특성

3.13.3 거대 자기저항(Giant Magnetoresistance)

거대 자기저항 현상이 기존의 정상 자기저항과 비등방성 자기저항 등과 가장 크게 다른 점은 거대 자기저항 현상은 자연계에 존재하는 물질에서 발현되는 현상이 아니고, 인위적으로 제작된 시료에서만 발현되는 현상이라는 점이다. 1980년대에 진공 증착기술의 발달에 의해서 균일한 수 원자층 두께의 금속 박막을 제작하는 것이 가능해졌고, 그 결과 인위적으로 박막의 조정을 조절해가면서 그림 3-50과 같은 초격자(superlattice) 구조를 제작하는 것이 가능해졌다. 조성변조 초격자 구조는 서로 다른 조성의 물질을 수 원자 층의 두께로 조성을 변조해 가면서 쌓은 물질로, 자연계에는 존재하지 않는 인위적인 물성을 가지도록 설계가 가능하므로 기존에 존재하지 않던 많은 수직자기이방성, 중간교환 상호작용 등의 새로운 물리적인 발현을 가능하게 했다[30].

거대 자기저항 현상은 그림 3-50과 같이 자성체와 비자성체를 수 nm 두께로 번갈아 증착한 초격자 다층박막에서 처음으로 발견되었는데, 거대 자기저항 현상이 구현되기 위해서는 자성체가 수 nm 두께의 금속을 사이에 두고 서로 다른 자화방향을 가지는 조건이 만족되어야 하기 때문이다.

거대자기 현상의 원리의 개념적인 설명은 그림 3-51과 같다. 그림 3-51(a)는 두 자성층이 평행한 자화 방향을 가지고 있는 경우를 나타내고 있으며, 그림 3-51(b)는 두 자성층의 자화 방향이 반평행한 경우를 나타내고 있다. 이중 전류 모델에 의하면 스핀이 up인 전자와 down인 전자들은 서로 다른 저항을 가지고 있기 때문에 그림 3-51(c)와 그림 3-51(d) 같이 두 개의 저항이 각각 직렬과 병렬로 연결된 것처럼 가정할 수 있다. 즉, 그림 3-51(a)와 같이 두 자성층의 자화 방향이 평행한 경우는 스핀이 up인 전자들이 위아래 층에서 모두 같은 방향이므로 같은 저항 $R_\uparrow$ 을 가지므로 두 저항이 직렬로 연결되고, 이와는 병렬로 스핀이 down인 전자들이 느끼는 저항 $R_\downarrow$ 이 두 층에 대해서 직렬

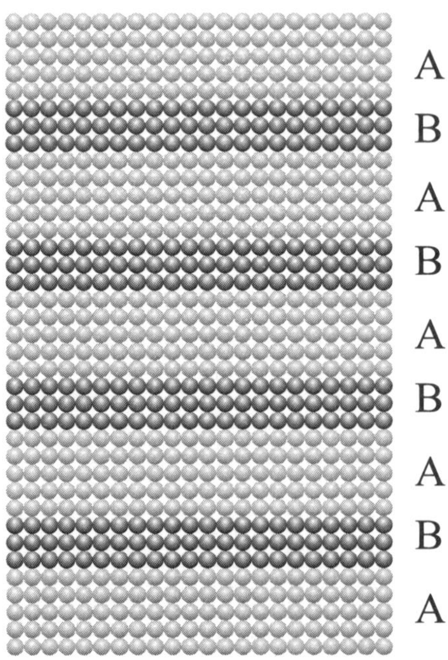

그림 3-50 조성변조 초격자 다층박막

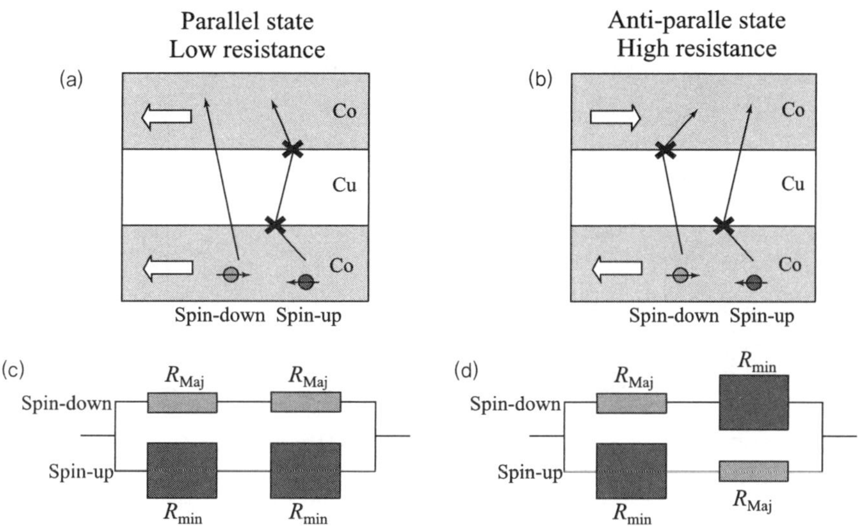

(a) 두 자성층이 평행한 경우 (b) 두 자성층이 반평행한 경우
(c), (d) 저항으로 표현된 상태의 (a)와 (b)

그림 3-51 거대자기현상의 개념도

로 연결된 것으로 모델화 할 수 있다. 따라서 전체 저항의 배열은 그림 3-51(c)와 같아진다. 또 그림 3-51(b)와 같이 두 자성층의 자화방향이 반평행한 경우는 한 층에서의 스핀이 up인 전자들이 다른 층에서는 down인 전자와 같으므로 그림 3-51(d)와 같은 저항의 배열을 가지게 된다. 따라서 평행한 상태와 반평행한 상태의 저항은 각각 다음과 같다[31].

$$R_P = \frac{2R_\uparrow R_\downarrow}{R_\uparrow + R_\downarrow},\ R_{AP} = \frac{R_\uparrow + R_\downarrow}{2} \tag{3-102}$$

이 단순화된 모델에 의하면 자기저항 변화율은 다음과 같으며, 이 단순모델은 거대 자기저항 현상의 가장 중요한 현상에 대한 충분한 물리적인 이해를 도와주고 있으나 구체적인 실험결과를 설명하기에는 많이 부족하다.

$$\frac{\Delta R}{R} = \frac{R_{AP} - R_P}{R_p} = \frac{(R_\uparrow - R_\downarrow)^2}{4R_\uparrow R_\downarrow} \tag{3-103}$$

3.13.4 대규모 자기저항(Colossal Magnetoresistance)

대규모 자기저항은 최근 페로브스카이트 구조인 $La_{1-x}M_xMnO_{3+\delta}$(M=Ca, Sr)에서 발견되었다. 가장 큰 효과는 $x=0.33$에서 관측이 되었다. colossal이라는 단어는 매우 큰 효과가 관측되었다는 의미에서 사용이 되었는데, $\Delta R/R$이 무려 약 125,000% 정도이다. 그림 3-52는 Jin 등에 의해 발표된 데이터인데, 온도에 따른 재료의 비저항 변화를 나타낸 것으로 금속영역에서 대규모 자기저항 효과가 관측되었다[32]. 그림에서 알 수 있듯이 높은 CMR 효과를 얻기 위해서는 약 10^4Oe 정도의 자기장을 가해야 하는 문제가 여전히 남아 있다.

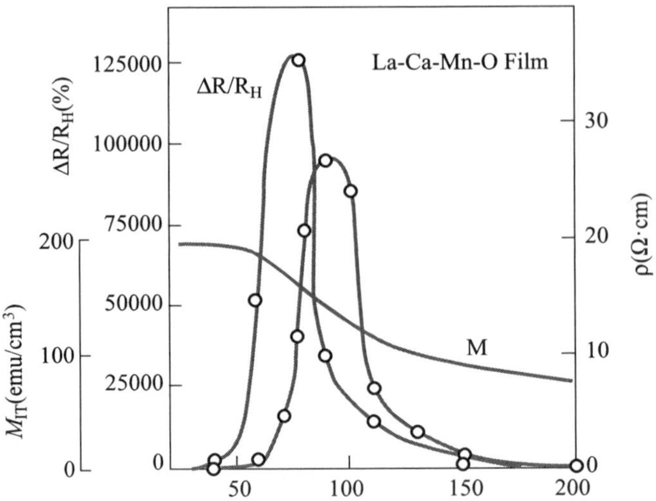

그림 3-52 Jin 등에 의해 발표된 CMR 결과

3.14 자기광학 효과(Magneto-optic Effect)

유리와 같이 광학적으로 투명한 등방물질을 자기장 속에 두어 광이 물질 중에 자기장과 평행으로 전파될 때에 광의 편광면이 회전하는 현상이 1845년 이탈리아의 물리학자 Faraday에 의해 발견되었다. 즉, 자기광학 효과는 매질을 전파해 나가는 광선의 광학적 특성이 매질에 인가된 자기장에 의하여 그림 3-53과 같이 편광면이 회전하는 현상으로 발견자의 이름을 따서 Faraday 효과라고도 한다[33].

이 효과는 자기장이 매질에 인가되면 Zeeman 효과에 의해 매질의 에너지 준위들이 분리되어 이 매질을 진행하는 광선의 편광상태에 따라 에너지 준위가 달라지며, 이에 따라 광선의 편광상태에 따른 광학적 특성도 달라지기 때문이다. 매질의 광학적 특성은 복소수 굴절률 ($\tilde{n} = n + ik$)로 표시할 수 있는데, 여기서 n과 k는 각각 굴절률과 흡수계수를 나타낸다. 진행하는 광선과 같은 방향으

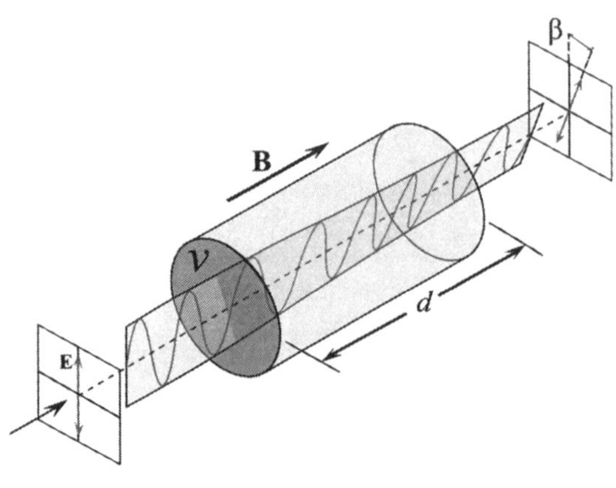

그림 3-53 자기광학 효과의 개념

로 자기장이 인가되는 경우 빛의 세기가 크지 않고 매질이 파장 λ에 대해 투명하면, 이 파장의 빛은 주로 원형복굴절성(Magnetic Circular Birefringence, MCB)에 의하여 영향을 받게 되며, 이는 오른쪽 방향으로 원형편광된(Righthand Circularly Polarized, RCP) 광선과 왼쪽 방향으로 원형편광된(Lefthand Circularly Polarized, LCP) 광선에 대한 굴절률이 각각 다른 값을 갖는 자기광학 효과를 나타낸다[34].

이로부터 RCP 성분과 LCP 성분에 대한 굴절률 차이를 구할 수 있으며, 이 굴절률 차이는 다음과 같다.

$$n_r - n_l = \frac{Re(x_{12})}{n} = \frac{Ne^2}{nm\varepsilon_0} \frac{eB/m}{(\omega_0^2 - \omega^2) + \gamma^2\omega^2} \tag{3-104}$$

여기서 n은 자기장이 인가되지 않았을 때 매질의 굴절률을 나타낸다. 즉, 원형복굴절성은 오른쪽 방향으로 원형편광된 빛과 왼쪽 방향으로 원형편광된 빛에 대한 굴절률 n_r과 n_l이 Zeeman 효과[주)] 에 의한 에너지 준위들의 splitting 때문에 각각 다른 값을 갖는 효과를 나타내며, 자기원편광이색성(Magnetic Circular Dichroism, MCD)은 RCP 광선과 LCP 광선에 대한 흡수계수 k_r과 k_l이 다른 값을 갖는 효과를 나타낸다. 선형 편광된 광선이 진행방향과 평행한 자기장 영역에서 거리 l을 진행한

주) Zeeman 효과[35]

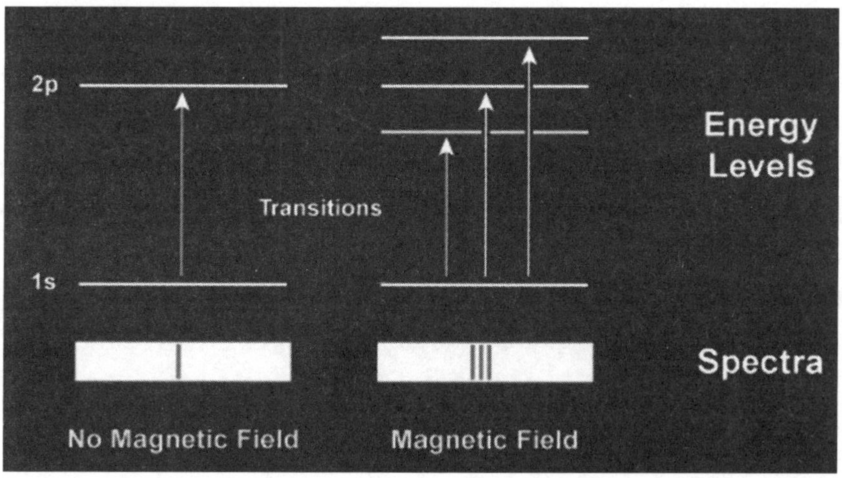

위의 그림처럼 광원(light source)을 강력한 자기장 안에 두고, 거기서 나오는 빛의 스펙트럼을 조사하면, 하나뿐이어야 하는 스펙트럼선이 여러 개로 갈라져 보이는 현상으로 1896년 P. Zeeman이 발견했다. 이 스펙트럼선의 개수에 따라 정상제만 효과와 이상제만 효과로 나눌 수 있으며, 이 현상의 원인은 전자 스핀 때문이다. 정상제만 효과는 전자론으로 설명이 가능하나, 이상제만 효과는 양자역학에 의해서 설명될 수 있으며, 이상제만 효과의 연구를 통해서 소립자가 가지는 기본적인 양으로서 스핀이라는 개념이 탄생하였다.

경우 MCB 효과에 의한 편광면의 회전각은 다음과 같다.

$$\theta_F = \frac{\pi}{\lambda}(n_r - n_l)l \tag{3-105}$$

MCD에 의해서는 RCP 광선과 LCP 광선에 대한 흡수계수가 달라지며, 이로 인하여 인가되는 타원율(ellipticity)은 다음과 같다.

$$\varphi_F = \frac{\pi}{\lambda}(k_r - k_l)l \tag{3-106}$$

또한, 광선이 진행하는 방향에 수직으로 인가된 자기장에 의해서도 광학적인 특성이 달라지는데, 이때 자기장에 의해 유도되는 선형복굴절성을 자기선형복굴절성(Magnetic Linear Birefringence, MLB)이라고 한다. 자기장에 대하여 평행인 방향의 굴절률을 $n_{\parallel}$, 수직인 방향의 굴절률을 $n_{\perp}$이라고 하면, MLB에 의하여 유도되는 자기장에 대하여 평행인 편광성분과 수직인 편광성분 사이의 위상 지연은 다음과 같다.

$$\phi_L = \frac{2\pi}{\lambda}(n_{\parallel} - n_{\perp})l \tag{3-107}$$

또한, 두 편광성분들 사이의 흡수계수 변화로 MLD 효과가 유도되는데 이는 다음과 같다.

$$\varphi_L = \frac{4\pi}{\lambda}(k_{\parallel} - k_{\perp})l \tag{3-108}$$

MLB와 MLD는 2차 비선형 효과로 그 크기가 작다. 또한, 자기장 측정에는 광학적으로 투명한 매질을 사용하기 때문에 MCD에 의한 효과는 거의 무시될 수 있다. 따라서 자기장 측정에는 MCB, 즉 Faraday 자기광학 효과를 이용한다.

이와 같은 Faraday 효과는 모든 재료에서 나타나는 일반적인 물리현상이며, 그 크기를 나타내는 자기광학계수, 즉 Verdet 상수는 재료에 따라 달라지게 된다. 자기장센서 또는 전류센서에 사용되는 재료는 Verdet 상수가 큰 자기광학 재료가 적합하며, 주로 반자성, 상자성, 강자성 재료들이 이에 해당한다. 그리고 빛에 투명한 재료를 사용하는 경우, 자기장에 의하여 주어지는 복굴절도는 자기장에 비례하므로 식 (3-105)는 다음과 같이 간략히 쓸 수 있다.

$$\theta_F = v \cdot l \cdot B \tag{3-109}$$

여기서 v는 Verdet 상수이며, 이 상수는 다음과 같다.

$$v = \frac{Ne^3}{2cnm^2\varepsilon_0}\frac{\omega^2}{(\omega_0^2 - \omega^2)^2 + \gamma^2\omega^2} \tag{3-110}$$

여기서 공명으로부터 멀리 떨어져 있는 경우($\omega \ll \omega_0$), Verdet 상수는 다음과 같다.

$$v \propto \frac{1}{\lambda^2 - \lambda_0^2/2} \tag{3-111}$$

여기서 흡수선(λ_0)에 가까워질수록 Verdet 상수의 크기가 커짐을 알 수 있는데, 흡수선에 가까워지면 흡수계수가 커져 매질을 투과하는 광선의 세기가 약해져 검지율이 저하되며, 또한 MCD에 의한 타원 편광효과 때문에 자기장 센서의 광원에 대한 파장 선택에 주의가 필요하다.

현재 사용되고 있는 전류센서는 철심 주위를 구리선으로 감아 놓은 Current Transformer(CT)이며, 이를 고전압의 환경에 적용할 경우에는 절연을 위하여 자기차폐기 등과 같은 절연을 위한 매질을 사용해야 한다. 이러한 절연구조는 종종 절연파괴를 일으키는 전기장의 응력으로 인해 재현성이 우수하지 않을 뿐 아니라 차단기 근처의 장치들에 화재를 일으키거나 중계시설에 전기적 손상을 입히고 전원공급의 방해 등을 일으킬 수 있다. 따라서 이러한 문제점을 해결할 수 있는 고전류 측정방식에 Faraday 효과를 이용한 전류센서가 사용된다. 이 방법은 광학적으로 자기장을 측정하기 때문에 검지율이 매우 높고, 비접촉식 원격 측정이 가능하며, 전자파 간섭에 의한 영향을 적게 받기 때문에 이에 대한 다양한 연구가 진행되고 있다.

4 센서용 재료의 특성

물리적 센서는 외부의 자극에 대해 사람이 이해하기 쉬운 전기적인 신호로 출력하는 역할을 한다. 수은 온도계와 같이 온도에 따른 부피의 변화를 통해 온도를 측정할 수 있는 방법도 있으며, 생화학적인 반응에 의해 외부 자극을 인식하는 재료들도 있다. 이러한 모든 종류의 센서를 논하기에는 너무 방대하므로 이 책에서는 물리적인 변환에 의한 센서의 종류에 대해서만 국한해서 정리를 하도록 한다.

자연계에 존재하는 고체들을 특성에 따라 분류할 때, 물리학에서 가장 많이 사용하는 고체의 분류 방법이 전도성(conductivity)이다. 즉, 금속처럼 전기저항이 매우 작은 재료들은 쉽게 전기를 통하지만, 나무 등과 같이 전기저항이 매우 큰 경우는 전기가 통하지 않는다. 전기가 잘 통하는 물체를 도체라고 하며, 반대로 전기를 통하지 않는 물체를 부도체라 한다. 이 사이에 어떤 조건에 따라 전기가 통하는 물체를 반도체라 한다. 이와는 달리 어떤 임계온도 이하에서는 저항이 전혀 없는 재료를 초전도체라 한다.

도체는 물질 내에 존재하는 자유전자에 의해 전기가 잘 통하지만, 부도체는 대전입자가 원자 주위에 속박되어 있어 일정 거리만 이동하게 되는데, 이러한 이동 정도를 전기분극(electric dipole)이라 한다. 자연계에 존재하는 절연체는 모두 유전체(dielectrics)라고 할 수 있다. 절연체는 전압을 인가해도 아무런 변화를 일으키지 않는 것이 아니라, 절연체도 원자 또는 분자들로 이루어져 있기 때문에, 실제로 전기장 속에 놓이면 그림 4-1과 같이 평균적으로 플러스와 마이너스 전하의 많고 적음에 치우침이 일어나며, 절연체 양쪽면에 전극을 입혀 놓으면 내부 분극의 영향으로 전극에 고정 전하가 생성되어 전기분극이라는 현상으로 관측된다.

소재를 이루는 모든 결정은 그 대칭관계에 의해 32개 결정군으로 분류된다. 그 중 대칭 중심을 갖는 12개 그룹은 압전성이 없고, 나머지 20개 그룹 중에서 전기적으로 부도체인 결정에서 압전 특성이 존재한다. 이 중에서 비대칭성이 큰 10개 그룹은 전계 및 응력이 가해지지 않은 상태 하에서 자발적으로 분극되어 있다. 결과적으로 압전 현상은 결정 구조의 이온 변형에 의해서 발생하며, 외

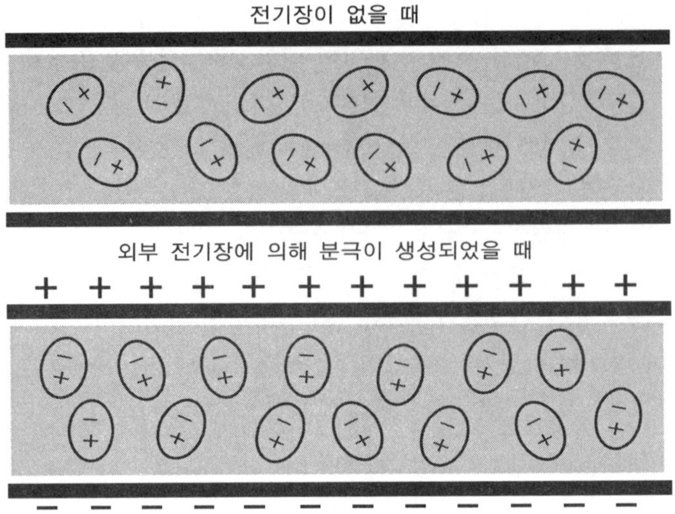

그림 4-1 전기장에 의한 분극 생성

부 응력이 가해지지 않은 상태에서는 압전 재료 내의 전하 분포가 대칭적이고 전기적으로 중성이지만, 외부 응력이 가해지면 전하의 분포가 비대칭적이 된다.

이러한 전기분극의 크기는 유전율(permittivity)에 의해 결정된다. 이 중에서 외부의 압력에 의해 분극이 변하는 재료가 압전체(piezoelectricity)이며, 압전체 중에서 열 또는 온도의 변화에 의해서 분극이 변하는 재료를 초전체(pyroelectricity)라고 한다. 또한, 초전체 중에서 외부에서 전기장을 가하지 않았는데도 전기분극이 0이 아니고, 그림 4-2(c)와 같이 자발분극(spontaneous polarization)이라는 일정한 분극값($+P_r$, $-P_r$)을 가진 재료를 강유전체(ferroelectricity)라 한다.

이러한 유전체의 종류를 분류하면 그림 4-3과 같다. 로셸염(Rochelle salt), 티탄산바륨($BaTiO_3$), PZT($Pb[Zr_xTi_{1-x}]O_3$) 등은 강유전체의 특성이 있는 물질로서 압전체와 초전체 특징을 모두 가지고 있으며, 초전체는 압전 특성을 동시에 가진 재료이다. 압전체 재료 중에서 일부는 초전 특성을 동시에 가지고 있으며, 수정과 같은 재료는 압전 특성만 가지고 있다[36].

이처럼 보통의 유전체와 압전체의 구분은 결정 구조에서 차이가 있다. 일반 유전체는 180° 점대칭

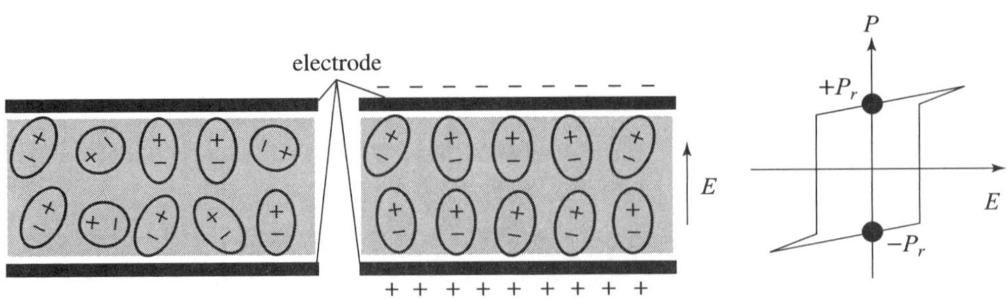

(a) 무극성 분자　　(b) 전기장에서의 유전체 분극　　(c) 자발분극 정의

그림 4-2 유전체의 분극 현상 및 자발분극의 정의

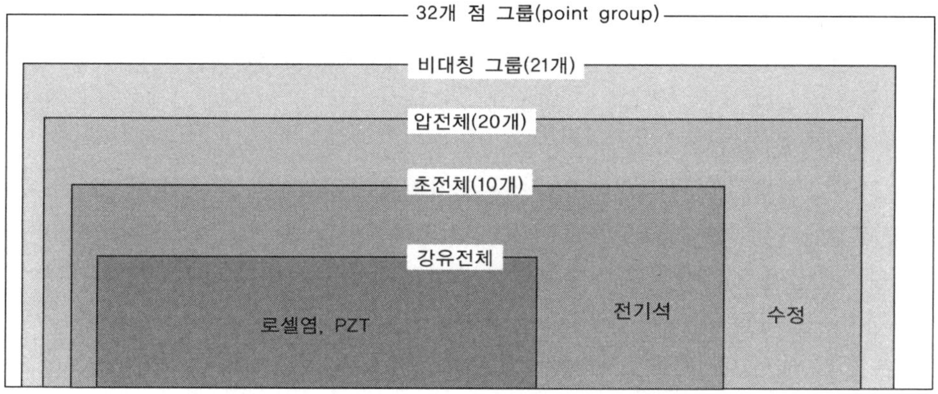

그림 4-3 32개 결정 점 그룹의 유전 특성별 분류

을 갖는 재료로서 어떤 위치에서도 결정 구조는 거의 변하지 않는다. 반면에 압전체는 점대칭 구조를 이루지 않고 있어 180° 뒤집으면 원자와 이온의 위치가 원래와는 다른 위치에 놓이게 되어 한쪽으로 전하가 모이게 되면서 전기분극이 생성된다.

4.1 압전 재료 (Piezoelectric Materials)

4.1.1 세라믹 압전 재료

일반적인 압전 세라믹은 보통 PZT 계열을 지칭하는 것으로 그림 4-4와 같은 페로브스카이트(Perovskite) 구조로 되어 있는데, 큰 격자구조 안에 작은 4가의 금속이온(Ti 또는 Zr), 2가의 금속이온(Pb, Ba)과 O^{2-} 이온으로 구성되어 있고, 결정 내에 사면체 또는 능면체 대칭이라 불리는 조건 안에서 각 결정은 분극을 갖고 있다.

이러한 결정을 만들기 위해 압전 세라믹은 금속 산화물의 미세한 파우더를 일정 비율로 혼합시켜 열을 가하여 제조하는데, Curie 온도에 해당하는 온도 이상에서 소결된 세라믹의 내부는 그림 4-4

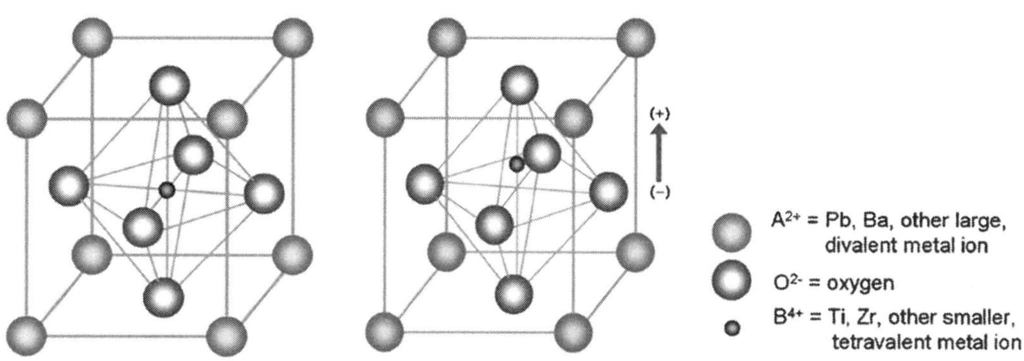

(a) Curie point 이상의 온도에서 소결 (b) Curie point 이하의 온도에서 소결

그림 4-4 일반 압전 세라믹의 결정 구조

(a)와 같이 페로브스카이트 구조를 갖지 않는다. 그러나 Curie 온도 이하의 온도에서 소결된 세라믹의 내부는 그림 4-4(b)와 같이 사면체 또는 능면체의 대칭을 갖고 분극을 형성하게 되어 압전효과를 발생하는 재료가 된다. 이러한 재료는 평소에는 중성을 띄다가 자극이 가해지면 극성을 가지면서 전류 또는 전압이 발생한다.

고순도 금속 산화물의 미세 분말기술이 가능해지면서 세라믹 PZT 센서가 제조되기 시작했다. 특정 순도로 분말을 제분하여 화학적으로 비율을 정확하게 혼합하는데, 이 과정을 하소(calcining)라고 한다. 이 혼합물을 고온에 노출시켜 화학적 조성들이 원하는 성분비에 가깝게 결합이 되도록 한다. 이 과정까지는 아직 원하는 결정구조로 되지는 않는다. 다음 과정이 하소된 분말을 고체 또는 액체 바인더(고온에서 타 버리는 재료)와 혼합하여 최종 센서 형태와 유사한 빵 모양으로 만드는 단계이다. 이 과정에는 압착(고압의 피스톤으로 압력을 가하는 과정), 주물(casting, 몰드 속으로 점성이 있는 액체를 붓는 과정), 압출가공(다이 내부로 혼합물을 압착하는 과정 또는 롤러 쌍을 이용해서 얇은 판을 만드는 과정), 테이프캐스팅(천천히 움직이는 벨트 위에 점성이 있는 액체를 붓는 과정) 등이 있다.

성형이 어느 정도 만들어진 후에는 가마에 집어넣고 매우 조심스럽게 온도 구배를 조절한다. 고온에서 유기물 바인더를 태우고 나면, 재료는 약 15% 정도 부피가 줄어든다. 이 재료를 어느 정도의 고온에서 숙성시간(soak time) 동안 두게 되면 최종 화학적 반응이 일어나게 된다. 그 이후 온도를 서서히 낮추게 되면 결정이 형성된다. 재료에 따라 고온에 노출되는 시간은 약 24시간 정도이다.

온도를 완전히 내려 재료가 상온에 도달했을 때, 양쪽 면에 전극을 구현한다. 전극 구현에는 몇 가지 방법이 알려져 있다. 가장 많이 사용되는 방법들이 fired-on silver(silver-glass 혼합물을 실크스크린 한 후 가열), 무전해 도금(특수 용기 안에서 화학적 증착), 스퍼터링(진공 내에서 금속 증기를 증착) 등이다.

재료의 결정성 평가는 전기분극의 정도로 평가한다. 수정과 같은 몇몇 재료들은 셀들의 방향이 결정축을 따라 자연적으로 생성되어 스트레스에 매우 민감한 경우도 있다. 다른 재료들은 분극이 불규칙적으로 분포되어 있으며 압전 특성을 가지기 위해서는 분극이 되도록 해 주어야 한다. 결정체에 압전효과를 내도록 하는 방법에는 다음과 같은 단계를 거치는 열을 이용하는 방법이 가장 많이 사용된다.

① 그림 4-5(a)와 같이 분극이 불규칙적으로 분포되어 있는 결정 재료(세라믹 또는 폴리머 필름)를 퀴리온도보다 약간 낮은 온도까지 온도를 올려준다. 이렇게 되면 재료들은 약간 스트레스를 받게 되는데, 온도가 높으면 외부에서 쉽게 원하는 방향으로 분극을 만들 수 있다.

② 그림 4-5(b)와 같이 강한 전기장 $\vec{E}$를 외부에서 가하게 되면, 분극들이 전기장의 방향으로 배열을 하게 되는데, 모든 분극들이 다 배열을 하는 것은 아니고, 대다수의 분극들이 전기장의 방향으로 배열한다는 의미이다.

③ 두께 방향으로 전기장을 가한 채 재료의 온도를 내린다.

④ 전기장을 제거하면 폴링과정이 종료된다. 분극된 재료가 Curie 온도보다 낮은 온도에서 유지되는 한, 그림 4-5(c)와 같이 분극은 영원히 존재하게 된다.

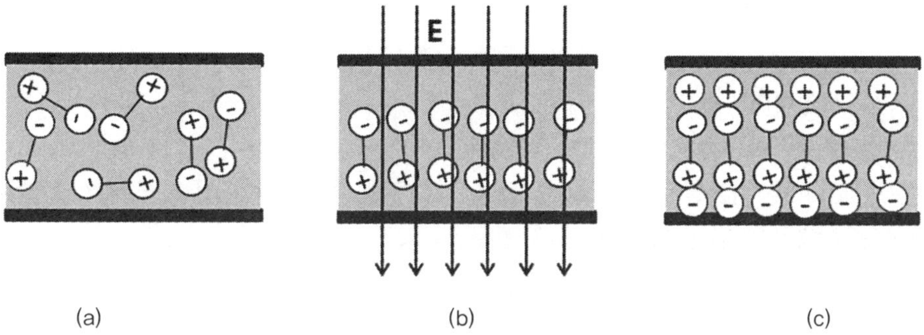

그림 4-5 압전 재료의 열적 폴링(poling) 과정

또 다른 방법이 코로나 방전 폴링이다. 이 방법은 폴리머 압전/초전 필름을 만드는 데 사용된다. 필름을 약 수백만 volt/cm 전위를 40~50초 동안 코로나 방전에 노출시키게 되면, 코로나 분극을 쉽게 만들 수 있다. 이 방법은 주로 상온에서 만들 수 있는 장점이 있다.

폴링을 하고 난 후에는 모양을 가공 또는 마무리하는 작업이 필요하다. 이 작업에는 자르기, 가공, 연마 등의 공정이 있으며, 이런 공정이 끝난 후 센서를 보호할 수 있는 하우징에 고정시키고, 하우징에서 나온 전기적인 단자들을 이용해서 회로에 사용한다. 폴링 과정이 끝나면, 결정체에는 분극이 장기간 유지된다.

분극이 된 압전체 재료는 정상상태를 유지하고 있는 동안에는 전기적으로 방전이 된다. 이때 외부에서 스트레스 또는 공기압이 가해지면, 균형이 깨지게 되어 압전체 재료는 전하를 생성하게 된다. 만약 스트레스가 계속 유지되면, 전하는 다시 내부 누출로 인해 중성으로 유지된다. 그러므로 압전센서는 스트레스의 변화가 있을 때만 반응을 한다. 즉, 압전센서는 DC 소자라기 보다는 AC 소자로 볼 수 있다.

압전 방향성 민감도(d 계수)는 온도 의존적인 특성을 가지고 있다. 수정의 경우 민감도는 -0.016%/℃로 변하며, PVDF 필름은 40℃ 이하 온도에서는 (-) 부호이지만, 이보다 높은 온도에서는 오히려 (+) 부호를 가진다. 오늘날 가장 많이 사용하는 압전센서용 재료는 세라믹이다. 초기에 많이 사용된 재료가 바륨티타네이트($BaTiO_3$)이었다. 영구 분극의 안정성은 쌍극자의 항자력에 따라 달라진다. 어떤 재료들은 분극이 시간에 따라 변하는 것도 있다. 이러한 분극의 안정성을 올리기 위해 불순물을 주입해서 성능을 안정되게 하는 방법이 연구되었다. 압전 상수는 동작온도에 따라 변하며, 유전상수도 유사한 의존성을 가지고 있다.

Si 재료는 압전 특성이 없기 때문에 압전 물질을 박막 형태로 입혀서 사용한다. 가장 많이 사용하는 압전 물질이 산화아연(ZnO), 질화알루미늄(AlN), PZT로 잘 알려진 $Pb(Zr, Ti)O_3$ 등이다. 산화아연은 압전 특성뿐만 아니라 초전특성도 같이 지니고 있는 재료이며, 초음파 센서의 초창기 모델에 가장 많이 사용한 재료이다. 이 재료의 가장 큰 장점은 화학적 에칭이 매우 용이하다는 것이며, 스퍼터링 기법으로 Si 기판 위에 쉽게 박막형 필름을 증착하기가 용이한 점이다.

질화알루미늄은 습도와 고온에 특성이 안정적인 장점 때문에 매우 우수한 압전 재료로 사용되고 있다. 이 재료의 압전계수는 산화아연보다는 약간 작지만 박막 형태로 만든 경우에는 다른 필름형 재료들에 비해 높은 압전계수를 가지고 있다. PZT 재료는 앞서의 두 재료보다 훨씬 큰 압전계수뿐만 아니라 매우 우수한 초전특성도 가지고 있다. 이런 특성 때문에 적외선 복사 검출 센서용 재료에 많이 사용되고 있다[37, 38].

이러한 압전체는 최근까지 세라믹인 PZT 계열의 재료를 이용하여 제작하였다. 이러한 재료들은 유해성분인 납(Pb)을 기본으로 하고 있다. 이에 21C에 접어들면서 선진 각국에서 납 사용을 규제하기 시작하면서 새로운 압전 재료에 대해 연구를 하고 있다.

유럽의 경우, 2003년 2월에 전자산업에 관한 규제사항 중 하나인 '특정유해물질 사용제한에 관한 지침(Restriction of Hazardous Substance, RoHS)'을 발표했다. 즉, 2006년 7월부터 전기전자부품에 위험물질인 6개 유해화학물질[납(Pb), 카드뮴(Cd), 수은(Hg), 크롬(Cr), 브롬계 난연제 2종]의 사용을 금지하였다. 이 당시 압전 세라믹 부품용의 납 사용은 예외사항으로 두었으나, 대체 물질이 개발되면 압전 세라믹용의 납 산화물의 사용을 금지하기로 하였다. 미국과 일본도 이와 유사한 법규를 만들어 시행하고 있다. 현재 납을 대신하여 BNT(Bi, Ni, Ti) 계열, NKN(Na, K, Ni) 계열에 대해 연구하고 있다.

4.1.2 폴리머 압전 재료

1969년에 H. Kawai가 PVDF(Polyvinylidene fluoride) 재료에서 강한 압전효과를 처음으로 발견하였고, 1975년에 일본 회사인 Pioneer 사에서 이어폰용의 PVDF를 최초로 상용화하였다. PVDF는 59.4 wt%의 불소와 3 wt%의 수소로 구성된 준 결정성 고분자이다. 일반적으로 상업용 PVDF 필름은 그림 4-6과 같이 CF_2-CH_2 단위가 반복된 형태로 합성 제조된다. 고분자 사슬을 따라 배열된 CH_2와 CF_2의 공간적 배열은 결정성 구조를 갖는 PVDF만이 가지는 특성인데, 일반적으로 고분자의 결정성과 필름의 형태 구조는 저항성과 기계적 강도를 결정짓는 중요한 요소가 된다[39].

PVDF는 영하 180도부터 260도까지 매우 넓은 온도영역에서 사용이 가능하여 우수한 열적 안정성을 갖고 있다. 일반적으로 불소계 고분자는 단화수소 화합물계 고분자보다 열적으로 더 안정하다. 분자 구조상에서 F 원자의 강한 전기음성도와 C-F 결합의 높은 해리 에너지가 불소계 고분자를 안정화시키기 때문이다. 또한, PVDF는 여러 화학물질, 즉 여러 지방족, 방향족, 염소계 화합물뿐만 아니라 할로겐화물, 산화물, 무기산 등의 약품성 화학약품 및 용제에 대해 안정된 화학적 저항성을 가지고 있다. 그리고 최소의 유전율 손실률 특성을 가지고 있어서 폭넓은 주파수 영역에서도 안정적이다. 그 이외에도 마찰계수가 낮으며, 무독성, 난연성 등의 특징을 가지고 있다.

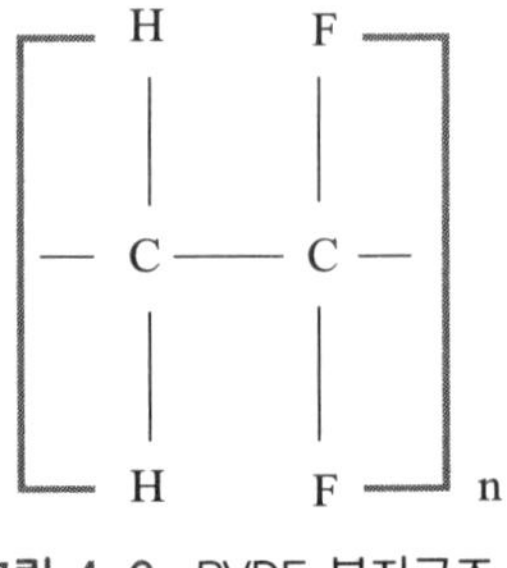

그림 4-6 PVDF 분자구조

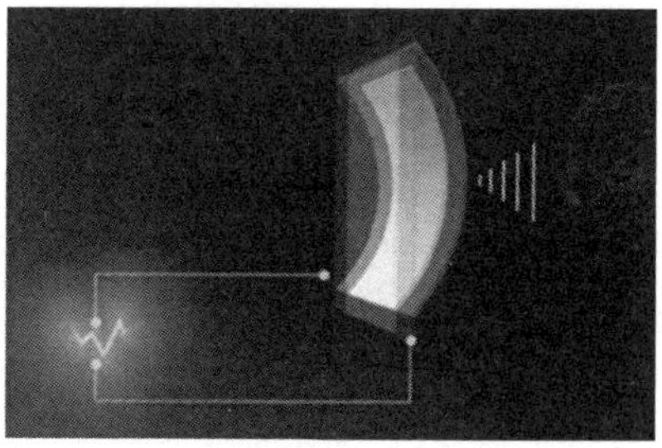

(a) 필름스피커의 원리

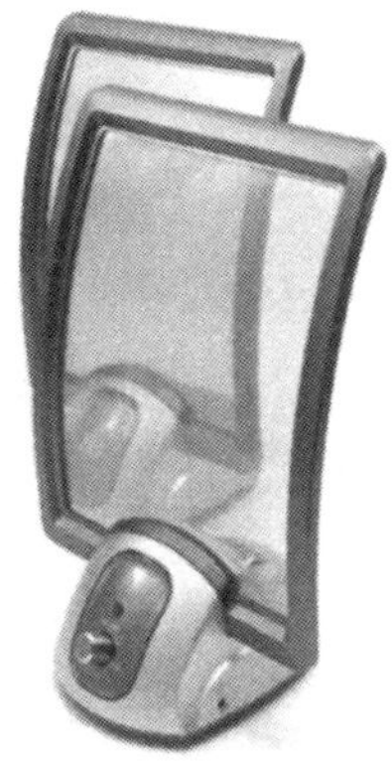

(b) 필스 사에서 개발한 필름형 스피커

그림 4-7 필름스피커의 원리 및 필스 사 제품 외형

PVDF의 분자량은 약 10^5 정도이며, 가시광선과 근적외선 영역에서 투과 특성을 보이지만, 중적외선과 원적외선 영역에서는 흡수하는 특성이 있다. 또한, 약 170℃ 근처에서 녹는 특성이 있으며, 밀도는 약 1,780 kg/m^{3}이며, 기구적으로 단단하며, 휘어지는 특성을 가지고 있다. 그리고 $BaTiO_3$ 또는 PZT에 비해 압전계수가 크지 않지만, 매우 높은 전기장 속에서 분극이 없어지지 않는 특성이 있다. 또한, PVDF의 d_{31} 값이 PZT의 10% 정도이지만, 최대 허용되는 전기장의 세기가 PVDF에서 관측되는 최대 스트레인은 PZT에서 보다 약 10배 정도 크다.

다른 강유전체 재료와 마찬가지로 PVDF도 초전(pyroelectric) 특성을 가지고 있으며, 7~20 μm 파장 영역대의 적외선에 반응을 잘 한다. 그러나 필름 자체는 적외선을 잘 흡수하지만, 적외선을 반사시키는 얇은 금속으로 된 전극막이 양쪽에 있기 때문에 적외선이 필름에 도달하지 못하는 단점이 있다. 이러한 문제점을 개선하기 위해 적외선을 잘 흡수하는 금속합금인 니크롬(nichrome)을 전극막으로 사용하는 방법이 개발되었다. 이 전극막은 적외선을 흡수하면 이 열을 PDVF 필름쪽으로 잘 전달시킬 수 있도록 하는 역할을 한다.

필름상으로 압출 성형하는 과정에서 단방향으로 전기자극을 가하면 압전 특성을 나타내는데, 필름스피커는 이러한 PVDF의 압전 특성을 이용해 필름형태로 사출한 PVDF 양면에 전극을 달고 전기자극을 필름의 진동으로 바꾸어 소리를 내는 원리를 응용한 것이다. 필름스피커는 얇은 필름막을 사용하기 때문에 성형이 자유롭고 필름에 인쇄를 할 수 있으며 360도 무지향성의 특성을 가지고 있다. PVDF를 이용한 필름스피커 개발은 2002년쯤부터 시작되었으나, 초기에는 너무 고음역대만 구현되고 400 Hz 이하의 저음역 특성이 구현되지 않았으나, 최근 그림 4-7과 같이 PVDF에 탄소나노튜브 코팅을 통해 출력을 강화하고 최저 음역을 250 Hz까지 내렸으며, 80 μm의 얇은 필름을 사용해 스피커의 성형이 자유로운 것은 물론, 내구성과 광투과성을 높인 제품이 나오기 시작했다[40].

4.2 초전 재료 (Pyroelectric Materials)

19세기에 로셀염(Rochelle salt)이 주로 초전 센서용으로 사용되었으나, 1915년 이후 재료공학의 발전으로 KDP(KH_2PO_4), ADP($NH_4H_2PO_4$), $BaTiO_3$, PZT 등 초전 특성을 가진 다양한 재료들이 알려지게 되었다. 1969년에 H. Kawai가 PVF, PVDF에서 압전 특성을 발견했는데, 이들 재료 역시 초전 특성을 동시에 가지고 있다. 현재는 초전 특성을 가진 재료가 약 1,000여개 이상 알려져 있다. 초전체를 만드는 공정은 앞서의 압전체를 만드는 공정과 거의 유사하다.

초전 센서에는 주로 강유전체가 많이 쓰인다. 강유전체는 초전체에 속하는 재료로서 자발분극의 방향이 외부 전기장을 인가하였을 때 쉽게 바뀌는 성질을 가진 재료이다. 이러한 강유전체의 특성은 그림 4-8의 전기이력곡선에서 잘 설명된다. 즉, 전기장이 없는 상태에서도 분극이 어느 정도 존재하는데, 이것을 자발분극이라 한다. 또한, 외부 전기장의 세기 및 방향에 따라 항상 일정한 분극값을 나타내는 특성이 있다. 이러한 강유전체의 특징은 다음과 같이 요약할 수 있다. 높은 유전상수, 높은 압전상수, 높은 전기저항, 상대적으로 낮은 유전손실, 낮은 습도 민감도, 높은 초전 계수, 높은 임계온도 등의 특성을 가진 재료이다. 강유전체로 사용되는 초전체는 크게 두 가지로 나눌 수 있는데, 하나는 단결정의 초전 재료(single crystal pyroelectric material)이며, 다른 하나는 세라믹 초전 재료(ceramic pyroelectric material)이다.

단결정 초전체는 유전상수가 100 이하로 낮고 유전손실도 작으며 재료평가지수가 대체로 큰 장점을 지니고 있다. 하지만 초전상수가 작고 습기에 약하며 다양한 성분이 첨가된 단결정을 재현성 있게 제조하기 어려울 뿐만 아니라 제조단가 및 가공비 등이 높은 문제가 있다. 단결정 초전 재료의 대표적인 것으로 TGS(황산 트리글리신), $LiTaO_3$(리튬탄탈레이트), 그리고 PVDF(폴리비닐리덴디플루오리드) 등이 있다. 자세한 물리적인 특성은 표 4-1과 같다.

초전 계수와 높은 유전상수를 가진 $BaTiO_3$와 TGS(Triglycine sulfate) 계열의 재료가 가장 많이 사용되고 있다. $BaTiO_3$(티탄산바륨)는 페로브스카이트(perovskite)형 결정구조를 가지고 있으며, 단결정 및 세라믹 형태로 많은 연구가 이루어지고 있다. 그 이외에 $LiTaO_3$(리튬탄탈레이트) 단결정 재료도 많이 사용되고 있다. 이 재료는 높은 임계온도로 인하여 온도 안정성이 뛰어나기 때문에 단소자형 검출기에 적합하다. 반면에 열전도도가 높기 때문에 비디콘 등의 응용에는 부적합하다. 대표적인 단결정 초전체의 물리적인 특성은 표 4-1과 같다.

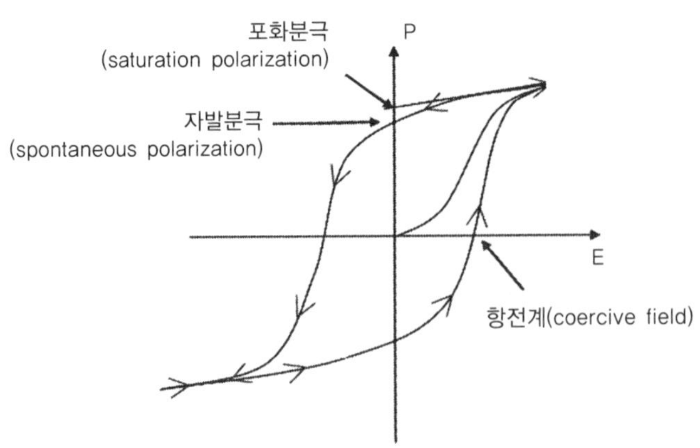

그림 4-8 강유전체의 전기이력곡선

표 4-1 대표적인 단결정 초전체의 물리적 특성

재료 종류	초전계수 [$\mu C/m^2/K$]	유전상수	임계온도 [℃]
TGS	280	38	49
DTGS	550	43	61
$LiTaO_3$	230	47	665
$(Sr-Ba)Nb_2O_6$	550	400	121
PVDF	27	12	80

표 4-2 대표적인 TGS 재료의 물리적 특성

재료 종류	초전계수 [$\mu C/m^2/K$]	유전상수	임계온도 [℃]
TGS	280	38	49
DTGS	550	43	61
LTGS	400	40	49
ATGSAs	700	30~32	51
ADTGSP	460	22	60

TGS는 $(NH_2CH_2COOH)_3H_2SO_4$의 식을 갖는 고분자 화합물로서 높은 재료평가지수를 가지고 있지만 습도에 매우 약한 단점을 갖고 있다. 이러한 단점을 보완하기 위해 몇몇 물질들을 첨가하여 사용하는데, 첨가 물질들은 deuterium(D), beryllium(B), fluorite(F), manganese(M), phosphorous(P), arsenic(As), lithium(Li), alanine(A) 등이 있다. 첨가 물질에 의해 변형된 형태로는 DTGS, ATGSAs가 있으며, 이들의 물리적 특성은 표 4-2와 같다. $LiTaO_3$는 습도에 강하며 임계온도가 높아 열적으로 매우 안정한 특성을 지니고 있다. 단소자형 검출기에는 적합한 반면, 높은 열전도도로 인해 비디콘 등의 응용에는 부적합하다.

PVDF는 $(CH_2-CF_2)_n$의 식을 갖는 TGS와 같은 고분자 물질로서 매우 극성이 강한 고분자이다. 주로 얇은 박막으로 만들어 사용하며 TGS보다 열, 습도에 강하고 기계적으로 튼튼한 장점을 갖고 있다. 그러나 유전손실이 높은 단점이 있으며, PVDF는 큰 단면적으로 이용하기 때문에 전압감도가 높고, 낮은 열전도도와 낮은 유전상수로 인해 비디콘 등의 응용에 적합하다.

세라믹 초전 재료는 단결정 초전 재료에 비해 내구성이 좋고 전압출력에 대한 성능지수가 우수하고 다양한 성분이 첨가된 재료를 재현성 있게 제조할 수 있는 장점이 있다. 세라믹 초전 재료는 유전율의 크기에 따라 사용 용도를 달리하게 되는데, 유전율이 작으면 단순 적외선 감지소자에 적합하며, 1000 이상으로 크게 되면 이미지센서에 적합하다. 주로 PZT를 기본으로 하여 여기에 La_2O_5, $SrTiO_3$, NbO_5, FeO_3 등을 첨가하여 임계온도 및 초전상수를 변화시켜 사용한다. 세라믹 초전 재료들 중 단소자형 검출기로 많이 쓰이는 재료들은 PZT($Pb(Zr, Ti)O_3$), PT($PbTiO_3$), PLT($(Pb, La)TiO_3$), PCT($(Pb, Ca)TiO_3$)가 있다.

4.3 자성 재료 (Magnetic Materials)

인공적인 실용적인 영구자석은 1900년 초에 변압기, 전동기, 발전기 등의 철심으로 사용되는 규소강판을 사용하면서 본격적으로 도입되었다. 1930년쯤에 알니코(Alnico) 자석 개발, 1940년쯤에 soft 페라이트 자석 개발, 1950년쯤에 바륨-페라이트 자석 개발, 1960년대에 사마륨-코발트 자석 개발, 1980년대에 고온 초전도체 개발 등으로 발전되었다. 1900년도 초, Curie, Lanngevin, Weiss 등에 의해 상자성, 반자성, 강자성에 대한 이론적인 자기적 특성이 규명되면서 많은 연구가 시작되었다.

페라이트는 세라믹의 일종으로 부서지기 쉬운 결점이 있지만, 에너지 함량이 많고, 값싼 소재, 안정된 재료 특성, 가볍고, 내식성이 우수하다는 장점 때문에 많이 사용되었다. 페라이트 자석은 일본에서 발명되었지만, 현재의 실용 페라이트 자석은 1950년쯤 네덜란드의 Phillips 사가 바륨-페라이트 자석을 개발하여 널리 보급하였다. 이후 페라이트 자석의 특성 향상의 한계로 알니코 자석과 페라이트 자석의 장점만으로 취한 사마륨-코발트 자석이 개발되었고, 이의 성능 개선품인 네오디움 자석이 개발되었다. 이것의 특성은 사마륨-코발트 자석과 비슷하며 원활한 원자재 수급과 성능 향상으로 최근에 많이 사용되고 있다.

자성체는 특성에 따라 그림 4-9와 같이 4가지 종류로 구분된다. 모든 물질은 강한 자기장 안에서는 자기모멘트를 나타내므로 엄밀한 뜻에서 일종의 자성체이다. 그러나 자기장에 대한 자화의 방향이나 세기가 물질에 따라 다르므로 몇 개의 종류로 분류된다. 강자성(ferromagnetism)은 자석에 달라붙는 강한 자성을 지닌 자성체이며, 원자의 자기모멘트가 정렬되어 있는 물질이다. 반강자성(anti-ferromagnetism)은 2개의 원자의 자기모멘트가 크기가 같고 방향이 반대인 경우이다. 페리자성(ferrimagnetism)은 반자성체에서 자기모멘트의 크기가 다른 것이다. 상자성(paramagnetism)은 열진동 때문에 자기모멘트가 무질서한 방향을 잡고 있는 물질이다. 반자성체는 자기장을 걸면 자기장과 반대방향으로 자화가 이루어지는 특성이 있다.

강자성체는 자기장에 의해 자화되는 것이 아니라 본래 자화(spontaneous magnetization)되어 있는 것이다. 얼른 보아 자화되지 않은 것처럼 보이는 것은 그것이 수많은 작은 자기구역(磁氣區域)으로 분할되어 있기 때문이다. 그 각각의 자화 방향은 다르지만 자기장 속에 놓이면 그것들은 자기장과 같은 방향이 된다. 모든 자기구역의 자화 방향이 평행으로 되어 있는 상태를 포화(飽和)라고 하며, 포화 자화의 세기는 자발자화의 세기와 같다.

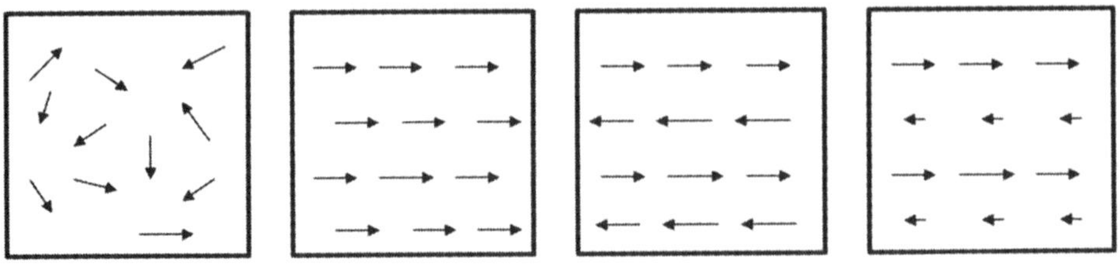

(a) 상자성　(b) 강자성　(c) 반강자성　(d) 페리자성

그림 4-9 자성체의 종류

자성은 온도에 매우 약하다. 자석 주위에 온도가 높아지면 자력은 떨어진다. 자석이 완전히 자력을 잃어버리는 온도를 퀴리온도(Curie Point)라 한다. 이 온도 이상에서는 전자스핀 방향이 흩어지게 되어 상자성체가 된다. 즉, 강자성체가 상자성체로 변하는 온도를 퀴리온도라 한다. 이 온도를 넘으면 어떤 자석도 다시 상온으로 온도를 내리더라도 자력을 회복하지 못한다. 퀴리온도는 자석에 따라 다르며, 알리코 자석은 850℃, 페라이트 자석은 460℃, 네오디움 자석은 360℃, 사마륨-코발트 자석은 730℃이다.

이와 반대로 일정 온도까지 올린 후 상온으로 돌아왔을 때 원래의 자력을 회복할 수 있는 온도를 허용온도라 한다. 알리코 자석은 450℃ 이하, 페라이트 자석은 200℃ 이하, 네오디움 자석은 70℃ 이하, 사마륨-코발트 자석은 230℃ 이하이다. 이 이하의 온도에서 사용하면 일반적으로 상온으로 회복했을 때 원래의 자력을 회복할 수 있다.

자석의 특성은 그림 4-10의 자기이력곡선(Magnetic Hysteresis Curve)으로 설명된다. x축은 자장의 세기, (+)방향은 N극, (-)방향은 S극, y축은 자속밀도이다. 자석을 자장 중에 놓고 "0"의 위치에서부터 자장을 증가시키면 자장 중의 자속밀도가 급격히 증가하지만, a 이상에서는 외부자장을 가해도 자속밀도는 가해준 자장만큼 증가하게 되는데 이때가 포화점 'a'가 된다. 이 상태에서 외부자장을 점차 줄이면 자속밀도는 a→b로 감소하고 외부자장을 0(Zero)으로 하면 'b'점으로 오게 되고, 이 값을 전류자속밀도(Residual Induction)라 하고, Br로 표시하며 단위는 Gauss이다. 다시 역방향의 외부 자장을 가하면 점점 자속밀도는 감소하여 'c'점에 오게 되고, 이러한 역방향의 외부자장 강도를 보자력 또는 항자력(Coercive Force)으로 Hc로 표시하며 단위는 Oe(Oersted)다. 영구자석을 설계하고 해석하는 경우, 대부분 자기이력곡선의 b→c의 제2상한을 이용한다[41].

영구자석은 이동검출, 변위, 위치 등 다양한 목적의 자기 센서용의 부품으로 사용된다. 어떤 특정한 목적을 위해 자석을 선택하기 위해서는 다음과 같은 사항들을 고려해야 한다.

- Gauss 단위의 잔류자속밀도(Br) - 자력이 얼마인지?
- Oersteds 단위의 보자력(iHc) - 외부 자기소거력에 대해 얼마나 잘 자력을 유지하는가?
- 최대 에너지 적(Maximum Energy Product, MEP)인 $B \times H$는 10^6인 gauss-oersteds로 표시한

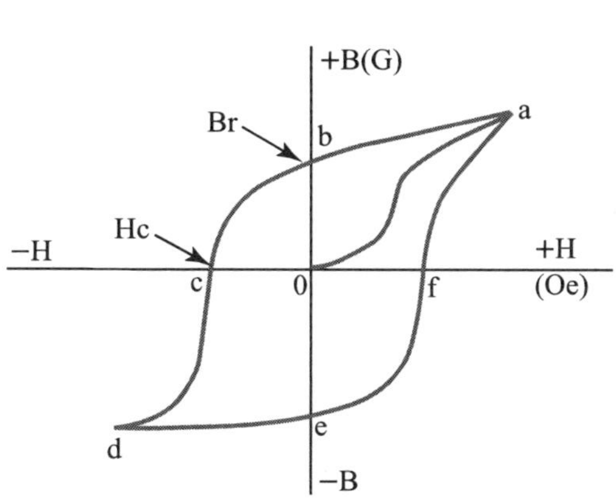

그림 4-10 강자성체의 자기이력곡선 형태

다. 자기소거력에 매우 강한 자석은 높은 MEP 값을 가지며, 높은 MEP 값을 가진 자석일수록 성능이 좋고 자력이 강하고 가격도 높다.

- %/℃로 표시되는 온도 계수는 B가 온도에 따라 변화하는 정도를 나타낸다.

자석의 종류에는 크게 페라이트(ferrite)계, 알니코(Alnico)계, 희토류계로 나눌 수 있다. 페라이트 자석은 그 재질에 따라 스트론튬(strontium) 자석과 바륨(barium) 자석으로 나눈다. 스트론튬 자석은 바륨 자석에 비해 성능은 탁월하지만 가격이 다소 비싸다. 일반 스피커 및 소형 장난감용 모터에는 가격이 저렴한 바륨 자석이 많이 사용되며, 자동차용 모터나 고성능 스피커 및 센서 용도로는 스트론튬 자석이 사용된다. 페라이트 자석은 재질에 따라 세라믹형과 본드형으로 나뉘며, 본드 자석은 플라스틱 자석과 고무 자석으로 세분화할 수 있다. 세라믹 자석은 도자기를 만드는 것과 같이 페라이트 파우더를 성형공정에서 일정한 모양으로 만든 후 높은 온도에서 구워낸 자석을 말한다. 플라스틱 자석은 플라스틱 원료에 페라이트 원료를 섞어 사출 공정으로 자석을 만드는 것으로 보통 이와 같은 페라이트계 플라스틱 자석은 소형 가전기기용 모터나 액세서리 등에 사용된다. 고무 자석은 고무의 원료와 페라이트 파우더를 섞어 만드는 것으로 자력은 약하나 제도판용, 냉장고 문의 흡착용, 액세서리 등에 사용된다. 이와 같이 페라이트계의 자석들은 사용범위가 넓고 효율성이 뛰어나며 최대 에너지적이 가격에 비해 다른 어느 자석보다 매우 우수한 특성을 가지고 있다.

알니코 자석은 크게 주조형 자석과 소결형 자석으로 나눌 수 있다. 주조형 자석이 주류이며, 알루미늄과 니켈, 코발트를 주원료로 만들며 용광로에서 녹인 것을 원하는 형상으로 만들어 주조형 거푸집에 부어 식힌 다음 규격에 맞게 연마가공을 하여 만든다, 이 자석의 특징은 온도에 따른 자속량의 변화가 극히 적고, 높은 자속밀도를 얻을 수 있으나 보자력이 아주 약해 외부자계에 의해 쉽게 자력을 잃어버리는 단점이 있다. 실제로 알니코 자석은 착자시킨 직후에는 매우 흡착력이 강하지만 붙였다 떼었다 몇 번 하면 거의 자력이 없어질 정도로 자력이 약해진다.

희토류 자석은 화학 주기율표상에서 란틴계열의 사마륨(Sm)이나 네오디뮴(Nd) 등의 원소로 만든 것으로 사마륨 자석과 네오디뮴 자석으로 구분한다. 사마륨 자석은 잔류자속밀도나 보자력 등이 매우 높고 온도특성도 우수하나, 주원료인 코발트가 지구상에 매장량이 매우 적고, 남아프리카의 극히 일부 지역에 한정되어 있다. 이러한 단점을 보완한 것이 네오디뮴 자석이다. 네오디뮴 자석 역시 잔류자속밀도와 보자력이 사마륨 자석을 능가하는 뛰어난 자석이지만, 온도특성이 매우 나빠 온도 변화에 의한 자속밀도의 변동이 심하고 80℃가 넘는 환경에서는 사용이 쉽지 않다는 것과 산화력이 강해 공기 중에서 쉽게 산화하여 녹이 생기는 단점을 보완하기 위해 코팅을 해야 하는 단점이 있다. 최근에는 온도특성의 개선에 많은 진전이 있어 약 150℃ 정도의 온도에서도 사용이 가능한 네오디뮴 자석이 개발되기도 했지만 아직도 페라이트 자석에 비해 가격이 너무 높다는 단점이 있다. 이상과 같은 세 가지 종류에 대한 자석의 특성은 표 4-3과 같다.

4.4 반도체 재료 (Semiconductor Materials)

반도체는 여러 가지 물리적 성질로 구분된다. 물리적인 관점에서 에너지갭으로 쉽게 구분을 할 수 있다. 그림 4-11에 부도체, 반도체, 도체의 에너지 밴드 차이를 구분하였다. 전도대(conduction

표 4-3 자석종류에 따른 특성비교

주요특성	페라이트	알니코	희토류	
			사마륨	네오디뮴
주요성분	$SrCO_3$ $6Fe_2O_3$	AlNiCo	$SmCo_5$ Sm_2Co_{17}	Nd-Fe-B
잔류자속밀도 Br [gauss]	3,600~4,400	6,500~14,000	8,200~11,600	10,000~13,000
보자력, iHc [oersted]	2,800~5,000	600~1,500	6,200~20,000	11,000~25,000
최대에너지적 MEP [G·Oe]	2.9~4.8	2.5~9.5	16~32	25~43
밀도	4.7~5.1	7.0~7.3	8.2~8.4	7.3~7.5
퀴리온도[℃]	460	850	750 850	320
최고사용온도[℃]	300		350 250	80~120
동일무게당 가격비	1	15	40	20

band)와 가전도대(valence band) 사이의 차이가 매우 크면 부도체이고, 이 영역이 겹쳐 있으면 도체, 그 중간이 반도체이다. 또 다른 관점에서 물체의 저항으로 구분하는 경우도 있는데, 금속인 경우는 거의 0에 가까운 저항을 가지며, 부도체는 저항이 거의 무한대인 경우이다. 그리고 반도체는 극성에 따라 저항이 0에 가깝다가 또 역으로 바꾸면 저항이 커지는 특성이 있다. 비저항 관점에서 반도체는

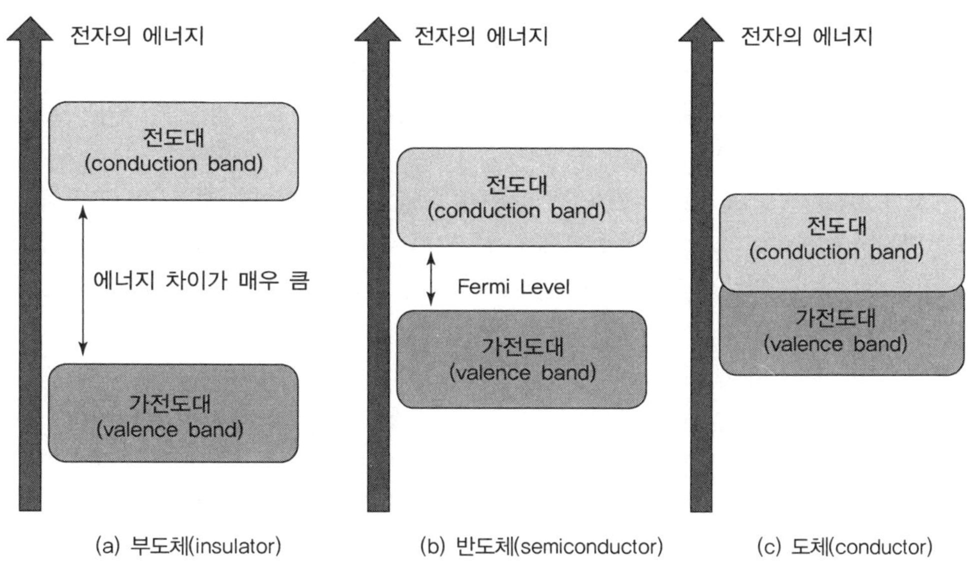

그림 4-11 에너지 간격으로 정의된 부도체, 반도체, 도체의 개념

일반적으로 실온(室溫)에서 10^{-3}~10^{8}[Ω·cm] 정도의 비저항을 가지나 반도체의 비저항 범위가 엄격하게 정해져 있는 것은 아니며, 본질적으로는 전기전도현상의 물리적 기구(機構)에 따라 변한다.

반도체 대부분은 결정체(結晶體)를 이루고 있으나 비정질(非晶質, Amorphous)의 것도 있다. 일반적으로 절연체로 알려진 것의 대다수가 약간씩이나마 전기전도성을 가지고 있기 때문에 반도체는 절연체의 범주에 속한다고 할 수 있다. 비저항의 크기는 물질의 종류가 같더라도 외부 조건에 따라서 여러 가지로 변한다. 또한, 그 물질의 결정격자의 결함, 순도, 제조 및 가공방법이 다르면 반도체나 절연체에서는 비저항이 심하게 변하지만, 도체에서는 그 변화가 별로 크지 않다.

도체는 온도가 증가함에 따라 비저항이 증가하지만, 반도체나 절연체는 도리어 감소하며, 그 변화율도 도체의 경우보다는 훨씬 크다. 반도체나 절연체는 외부로부터 빛이나 열 등의 자극이 가해질 경우 비저항이 크게 변하는 특징이 있다. 이와 같은 비저항의 변화율이 반도체는 특히 커서 이 특성이 여러 분야에서 이용된다.

반도체는 그 물질에 따라 양 또는 음의 전기를 지니는 전자가 전류를 흐르게 하는 캐리어(carrier)가 된다. 이때 양의 전기를 지니는 캐리어를 특히 정공(hole)이라고 한다. 금속의 경우와 같이 전류 캐리어가 주로 전자인 경우를 n형 반도체, 전류 캐리어가 주로 정공일 경우를 p형 반도체라고 한다. 이처럼 전자와 정공 두 가지의 캐리어가 존재할 수 있는 것이 반도체의 가장 큰 특징이다.

반도체는 불순물의 유무에 의해 내인성 반도체(intrinsic semiconductor)와 외인성 반도체(ex-trinsic semiconductor)로 구분된다. 내인성 반도체는 고순도의 단결정 구조를 가진 순수한 반도체이다. 즉, 반도체의 결정에 불순물이 없거나, 있더라도 매우 적어 대부분의 운반체가 열적으로 들뜬 전자와 그 뒤에 남은 정공일 경우의 반도체이다. 외인성 반도체는 순수한 반도체에 의도적으로 첨가물질을 도핑한 것이다. 도핑 처리한 반도체의 목적은 불순물 첨가제에 의하여 과잉 발생한 다수 캐리어(전공 또는 전자)가 전류의 흐름을 주도하게 하려는 것이다.

캐리어의 종류에 따라 외인성 반도체는 그림 4-12와 같이 두 종류로 분류할 수 있다. n형 Si 반도체는 도핑 물질로 안티몬(Sb), 비소(As), 인(P) 등의 5족 원소를 사용한다. 이때 5족 원소를 도너(donor)라고 하며 다수 캐리어는 전자이다. 도너에 의한 과잉 전자는 상온에서 쉽게 전도대로 옮겨지면서 전류가 흐르게 된다. 음(negative)의 전하를 가지는 자유전자가 다수 캐리어이므로, negative의 머리글자를 취해서 n형 반도체라 한다.

p형 Si 반도체는 도핑 물질로서 붕소(B), 갈륨(Ga), 인듐(In) 등의 3족 원소를 사용한다. 이때, 3족 원소를 억셉터(acceptor)라고 하며 다수 캐리어는 정공이다. 억셉터에 의한 과잉 정공은 상온에서 쉽게 전도대로 옮겨진다. 양(positive)의 전하를 가지는 정공이 다수 캐리어이므로 positive의 머리글자를 취해서 p형 반도체라 한다.

한편, 페르미-디랙(Fermi-Dirac)의 통계이론과 Pauli의 배타원리(排他原理)에 따라 고체 내 전자들은 대체로 이들 허용된 범위 내 에너지 값을 낮은 쪽에서부터 취하여 가며, 하나의 에너지 준위에 대하여 같은 에너지 값을 차지할 수 있는 전자의 수는 일정하다. 즉, 한 에너지 준위에는 일정 수 이상의 전자는 있을 수 없으며, 허용대역 내에 거의 연속적으로 분포된 에너지 준위를 아래쪽부터 전자가 차지하게 된다. 최외곽 전자의 분포 형태는 그림 4-13과 같이 세 가지 종류가 있다. 그림 4-13(a)는 불순물이 없는 진성(intrinsic) 농도의 상태, 그림 4-13(b)는 n형 불순물이 첨가된 상태,

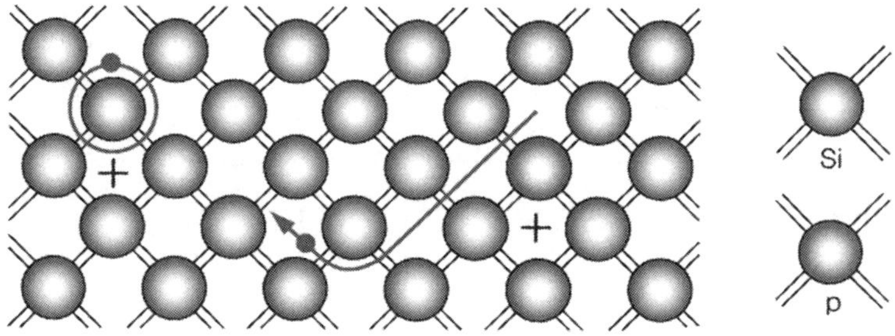

(a) n형 반도체

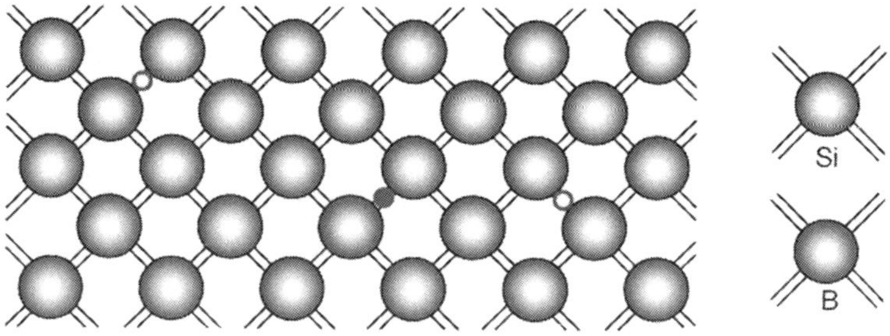

(b) p형 반도체

그림 4-12 불순물 반도체의 종류

그림 4-13(c)는 p형 불순물이 첨가된 상태이다[42].

고체는 절대영도(-273℃)에서는 전도대(conduction band)에 전자가 없어 완전한 절연체 특성을 보이지만, 온도가 높아지면 열운동에 의하여 전자들이 에너지를 얻어 일정한 확률로 전도대의 에너지 준위에 상당하는 에너지 값을 갖게 된다. 즉, 전도대역에 전자가 있게 되며, 그 확률은 에너지갭(E_g)이 클수록 지수함수적으로 감소한다. 에너지갭이 수 eV인 부도체인 경우는 전자들이 열운동을 받아도 상온에서는 전도대에 전자가 거의 없게 된다. 그러나 에너지갭이 1 eV 정도인 반도체는 상온에서도 열에 의해 들뜬 상당수의 전자가 전도대에 존재하게 된다.

이상과 같이 반도체와 절연체의 경계는 명확히 정의하기가 어려우며 상온에서는 절연체이더라도 온도가 높아지면 반도체 특성을 나타낼 수도 있다. 고체에다 불순물을 소량 첨가하면 고체를 구성하는 원자와 첨가한 불순물 원자와의 원자핵외(核外) 전자구조가 다르므로, 이 결정체 내에서 전자들의 에너지 대역구조가 앞서와 달라지며, 금지영역 속에 새로이 불순물 준위(impurity level)라는 전자에 대한 허용된 에너지 준위가 생긴다. 이와 같은 허용준위가 생기면 이들 새 에너지 준위들과 전도대역 또는 가전자대 사이에서 전자의 이동이 외부적 에너지에 의하여 생기며, 에너지갭이 충분히 크다 하더라도 반도체로 될 수 있다.

p형 반도체와 n형 반도체를 접촉시키면 페르미(Fermi) 에너지 레벨을 중심으로 접촉면이 그림 4-14와 같이 된다. 이와 같은 접촉을 pn 접합이라 한다. pn 접합면이 평형상태에 도달하게 되면, pn 접합부에서는 서로의 전자와 정공이 재결합하여 사라지며, 이들 다수의 캐리어(전자, 정공)가 없는 공핍층(depletion area)이 형성된다. 또한, 양쪽 면 사이에 내부확산전위(built-in potential,

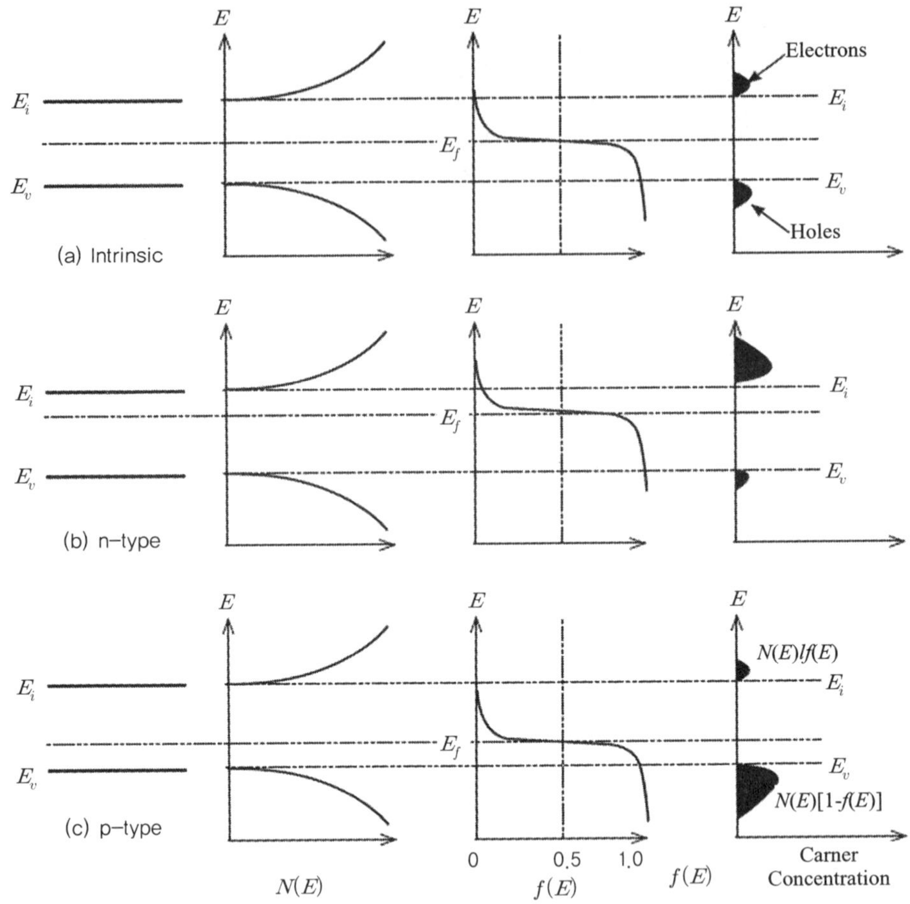

그림 4-13 평형상태의 전자분포 상태

V_{bi})라는 전위차가 생긴다. 공핍층 내에는 n형 쪽은 양으로 대전되고, p형 쪽은 음으로 대전된다. 이러한 것을 소수 캐리어(minority carrier)라고 한다.

즉, p형 쪽으로 유입된 전자는 그곳에서는 소수 캐리어가 되며, n형 쪽으로 유입된 정공은 그곳에서의 소수 캐리어가 된다. 이에 대하여 p형이나 n형 반도체에서 주로 전기전도도에 기여하는 캐리어, 즉 p형 쪽의 정공이나 n형 쪽에 있는 전자들을 다수 캐리어(majority carrier)라고 한다. 따라서 p–n 접합에 외부전압을 인가하면 p형 및 n형 반도체 영역의 소수 캐리어의 농도가 증가하며, p–n 접합을 통해서는 상대방 영역으로 소수 캐리어가 주입되는 것이 된다.

이것을 특히 (소수) 캐리어의 주입이라 하며, p–n 접합의 정류작용이나 접합형 트랜지스터 동작의 기본이 된다. 이처럼 주입된 소수 캐리어의 수명은 $10^{-6} \sim 10^{-3}$초 정도로 매우 짧으며, 이 시간이 경과되면 이들 여분으로 주입된 소수 캐리어들은 그곳에 있는 다수 캐리어들과 결합되어 소멸되는데, 이것을 캐리어의 재결합(再結合)이라고 한다. 즉, 이와 같은 재결합으로 과잉된 소수 캐리어가 소멸됨으로써 각 반도체 영역 내 캐리어들은 그들의 온도에 따라 결정되는 일정수의 농도를 유지하게 된다. 이 상태를 열적 평형상태라고 한다.

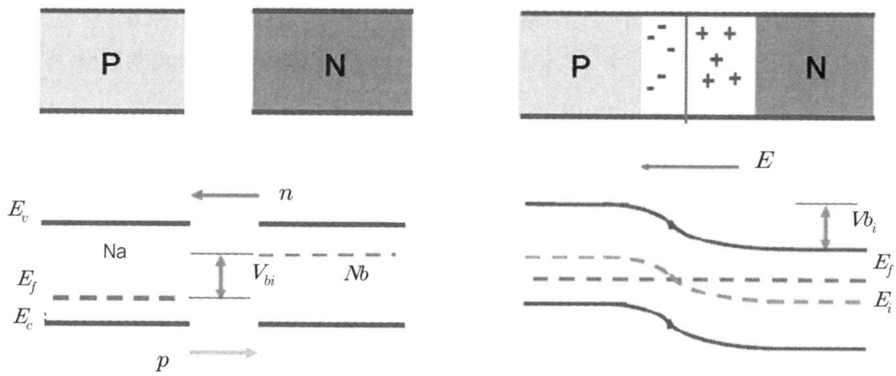

$$\phi_p = -\frac{kT}{q} In\left(\frac{N_A}{n_l}\right), \quad \phi_n = -\frac{kT}{q} In\left(\frac{N_p}{n_l}\right)$$

$$\text{Potential } \phi_p = \frac{1}{q}(E_i - E_{FP}), \ \phi_n = \frac{1}{q}(E_{Fn} - E_i) \ V_{bi} = \phi_n - \phi_p = \frac{kT}{q} In\left(\frac{N_A N_D}{n_i^2}\right)$$

그림 4-14 p-n 접합시 발생하는 built-in potential(내부 확산전위) 형태

p-n 접합을 다이오드라고 하며 반도체에서 가장 기본이 되는 형태이다. p-n 접합에 bias의 방향을 조절하면 그림 4-15와 같이 내부 확산전위가 낮아지기도 하고 높아지기도 하면서 도체와 부도체의 성질을 가지게 된다. 이러한 특성을 이용해서 정류작용하게 되며, 다이오드 2개를 붙여서 만든 트랜지스터를 이용해서 증폭 작용을 하게 된다.

접합 부분을 통하여 계속 소수 캐리어의 주입이 이루어지면 과잉 소수 캐리어가 있는 동안 그

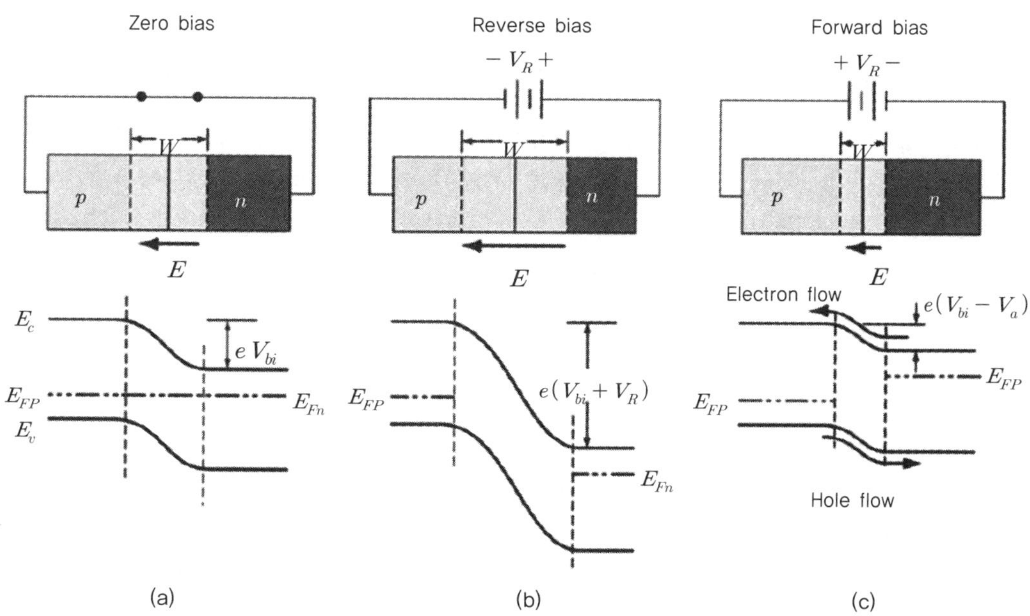

그림 4-15 bias에 따른 내부 확산전위의 변화

부분의 전기저항은 감소한다. 이 소수 캐리어의 주입에 의한 전기저항의 변동, 즉 전기저항의 변조(變調)를 이용한 것이 바이폴러 접합 트랜지스터(bipolar junction transistor)이다. 이처럼 열적 평형상태에서 이탈된 캐리어의 농도 분포상태를 쉽게 만들어 낼 수 있는 것이 또 다른 특성이다.

반도체에 강한 전기장이 작용하면, 전도전자가 전기장에 의해 가속되어 얻는 에너지의 증가 비율이 전도전자와 결정격자의 충돌에 의한 전자의 에너지 감소비율을 넘어 전도전자군의 온도가 결정격자의 온도보다 높아지는데, 이 상태를 '뜨거운 전자(hot electron)'라고 한다. 뜨거운 전자에 의한 전류는 옴의 법칙이 적용되지 않으며, 일반적으로 전자의 온도가 높아지면 이동도가 낮아지고, 또한 어느 영역에서든 전류는 전기장의 제곱근에 비례한다. 이 현상은 마이크로파(초단파)의 전기적 진동을 일으키는 마이크로파 발진소자인 건(Gunn) 다이오드 등에 이용되고 있다.

이들 뜨거운 전자들은 포논(phonon, 음향양자)이나 고체 플라스마와 결합하여 불안정현상을 일으키는데, 이와 같은 현상은 여러 가지 반도체 능동소자에 이용된다. 가전자대역에 있는 전자를 열에너지 대신 빛에너지를 주어서-빛을 조사(照射)하여- 전도대역까지 끌어 올릴 수 있다. 이때 필요한 빛의 광양자(光量子) 에너지는 반도체의 전도대역과 가전자대역 사이의 금지영역 폭에 상당하는 에너지보다 커야 한다.

물리학의 양자론(量子論)에 의하면, 빛을 이루는 광자가 지니고 있는 에너지는 그의 진동수에 비례하며 파장에 반비례한다. 따라서 가전자대역의 전자를 들뜨게 하려면 일정한 파장보다 짧은 파장의 빛을 쬐어주어야 한다. 이 한계파장은 금지영역의 폭, 즉 에너지갭이 클수록 짧다. 절연체인 다이아몬드는 자외선이 필요하지만, 규소나 게르마늄 등의 반도체에서는 비교적 파장이 긴 근적외선(近赤外線)의 빛이면 된다. 빛의 파장이 이 한계파장보다 길면 그 빛은 반도체에 흡수되지 않고 투과된다. 한계파장보다 짧아지면 그 빛을 이루는 광양자의 에너지는 가전자대역의 전자, 즉 가전자를 들뜨게 하는데 이용되어 반도체에 흡수된다.

4.5 초전도체 재료 (Superconductor Materials)

초전도(Superconductivity) 현상은 1911년 네덜란드의 저온 물리학자 Kammerlingh Onnes에 의하여 최초로 발견되었다. Onnes는 1908년에 4K(영하 269℃)까지 냉각하여 헬륨을 액화시키는 데 성공하였다. 그는 이를 이용하여 아주 낮은 극저온에서 물질의 전기적 성질을 연구하기 시작하였다. 그 당시 금속의 전기저항은 상온에서 냉각할 때 낮아지는 것으로 알려져 있었다. 그러나 전기저항이 어디까지 낮아지는가에 대한 극한치는 알려져 있지 않았다. 그는 순도가 높은 수은선재를 통하여 전류를 흘리고 온도를 내리면서 연속적으로 저항을 측정하는 실험을 하던 도중 온도가 4.2K에 도달했을 때 저항이 갑자기 사라진 것을 확인하였다. 그는 이렇게 새로 발견한 상태를 초전도(super-conductivity)라고 명명하였다.

1911년 수은의 초전도 현상이 발견된 당시 초전도 현상은 단순히 전기적 저항이 없는 완전 초전도체 상태라고만 믿었다. 이후 1933년 Walther Meissner와 R. Ochsenfeld는 초전도체에 외부 자기장을 가하더라도 어떤 임계자기장 이하이면 초전도체 내부에는 아무런 자기장이 존재하지 않는다는 사실을 발견하였으며, 이런 현상을 Meissner 효과라 한다.

1957년에 John Bardeen, Leon Cooper, Robert Schrieffer는 초전도체의 물리적 현상을 이론적으로 정립하였는데, 이 모델을 발견자 이름을 하나씩 따서 BCS 모델이라 한다. 이 모델은 양자역학의 진보된 이론으로 표현된 것이나, 주요 이론은 초전도체 내의 전자들이 양자기저 상태로 응축하여 집합적이며 동일 위상으로 움직인다는 것을 제시하였다.

1986년 Georg Bednorz와 Alex Muller는 수백 종류의 산화물계 화합물을 조사하고 있었는데, LaBaCuO에서 35K 온도가 되면 초전도의 징후가 나타나는 현상을 발견하였다. 이후 많은 물리학자들이 새로운 초전도체에 대해 연구하였는데, 1987년 2월 Chu 등이 YBCO에서 액체질소 온도보다 높은 90K의 고온초전도 현상을 발견함으로써 고온초전도체에 대한 연구 열풍이 불게 되었다. 이후 1988년 임계온도가 125K인 TiBaCaCuO, 1993년 133K인 HgBaCaCuO가 개발되었으며, 특히 HgBaCaCuO는 고압하에서 임계온도가 165K까지 상승하였다[43].

4.5.1 초전도체 특징 및 이론

초전도체는 중요한 3가지 임계값을 갖는데, 임계전류밀도(critical current density, J_c), 임계자장(critical magnetic field, H_c), 임계온도(critical temperature, T_c)이다. 초전도체는 이 범위 안에 존재해야만 그 특성을 유지할 수 있다. 만약 이 세 가지 중 하나라도 범위를 넘어서게 되면 초전도체는 상전도체로 상전이하게 되는데, 이를 Quench라고 한다.

초전도체의 중요한 특징 중 하나는 물질에 따라 다른 임계온도 이하에서 전기저항이 사라지는 완전도체 성질을 보이는 것이다. 완전도체 특성이야말로 고자기장 자석 제작, 송전선 등 대규모 응용의 기초가 되는 중요한 특성이다. 도체 내에 전류가 흐를 때 외부 기전력을 제거하면 전류는 곧 사라지는 것이 일반적이다. 그러나 초전도체의 경우 내부에 저항이 없기 때문에 순환전류를 흘릴 때 이 순환전류의 감쇄가 일어나지 않는다. 그러나 초전도체라 하여 무작정 많은 전류를 흘릴 수 있는 것이 아니라 어떤 특정 전류 이상을 흘리면 저항이 있는 정상상태로 전환하게 되며 이를 임계전류밀도(J_c)라고 한다. 초전도 상태에서 흘릴 수 있는 최대 임계전류밀도는 온도에 따라 다음과 같은 온도 의존성을 나타낸다.

$$I_c(T) = I_{c0}\left(1 - \frac{T}{T_c}\right)^{3/2} \tag{4-1}$$

최근 개발된 고온 초전도체의 경우 자속의 이동이 쉬워서 저항없이 흘릴 수 있는 전류의 크기가 작은 단점이 있다. 따라서 고온 초전도체에서는 임계전류밀도를 높이기 위한 자속 고정의 필요성이 매우 높으며 이는 대규모 응용을 위한 선재화에 있어 아주 중요한 문제점으로 남아 있다.

Meissner와 Ochsenfeld가 1933년에 발견한 완전 반자성 현상은 초전도체를 규정하는 가장 근본적인 현상이다. 이 현상에 대한 개념은 그림 4-16과 같다. 임계온도 이하의 초전도체에 자기장을 가하면 초전도체 표면에 외부 자기장을 상쇄하는 방향으로 초전도 전류가 유도되어 초전도체 내부에는 자기장이 0이 되며 초전도체 내부로 자기장이 침투할 수 없다는 것이다. 그러므로 초전도체 내부의 자기장은 0이기 때문에 초전도체의 자화는 완전 반자성을 나타내어 그림 4-16(b)와 같이 자석이 공중에 뜨게 되는 현상을 볼 수 있다. 이 현상은 완전도체와 초전도체를 구분하는 초전도체만의 독특

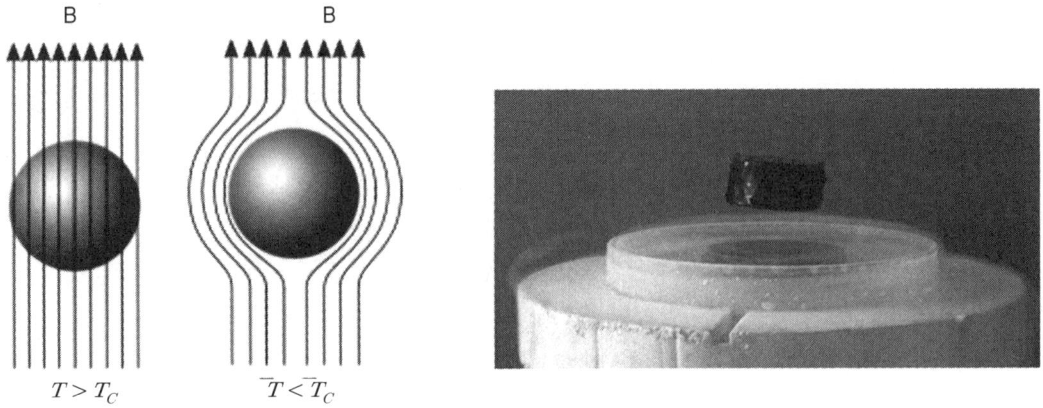

(a) Meissner 효과 개념 (b) Meissner 효과의 실제적인 사례

그림 4-16 Meissner 효과의 개념

한 현상이다[44].

초전도체가 보이는 또 다른 특이한 현상은 1962년 영국의 대학원생인 B. Josephson이 발표한 초전도체 위상의 결맞음(phase coherence)의 결과로 나타나는 Josephson 효과이다. 이 효과의 개념은 그림 4-17과 같다. 두 개의 초전도 물질이 임의의 얇은 절연물질로 격리되어 있어도 전압이 0인 상태에서도 전류가 흐르는 현상이다. 그러나 그림 4-17(b)에서 보듯이 일반적인 재료들은 전압이 0이면 저항이 무한히 커져서 전류가 전혀 흐르지 않는다. 외부 전압을 가하지 않아도 단순히 위상차에 의해서 나타나는 전류의 흐름 현상을 Josephson 전류라고 하며 다음과 같다.

$$I = I_0 \sin\left(\delta_0 + \frac{2e}{\hbar} Vt\right) \tag{4-2}$$

여기서 전압 V를 가하면 Josephson 접합 사이에 교류전류가 흐르게 되며 이를 교류 Josephson 효과라고 한다. 여기서 δ_0는 접합 사이 장벽의 폭이다. 예를 들어 Josephson 접합에 1 μV를 가하면 483.6 MHz의 교류전류가 나타난다. 이런 특성을 이용해서 미세 자기장의 검출, 마이크로파의 검출

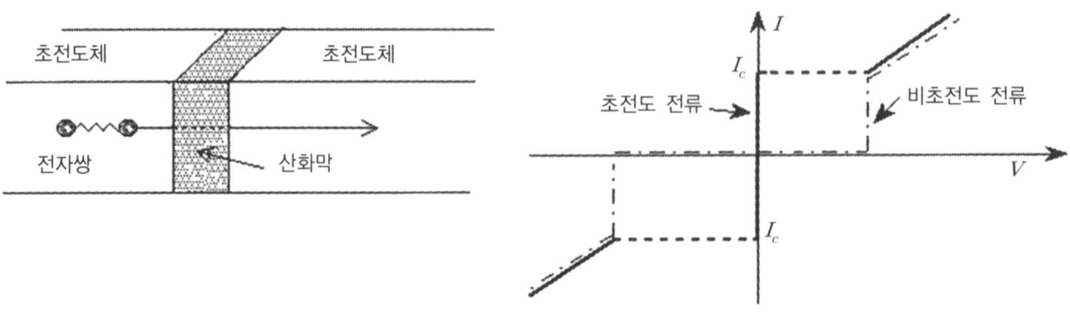

(a) Josephson 접합 (b) Josephson 접합의 전류-전압 특성

그림 4-17 Josephson 효과의 개념

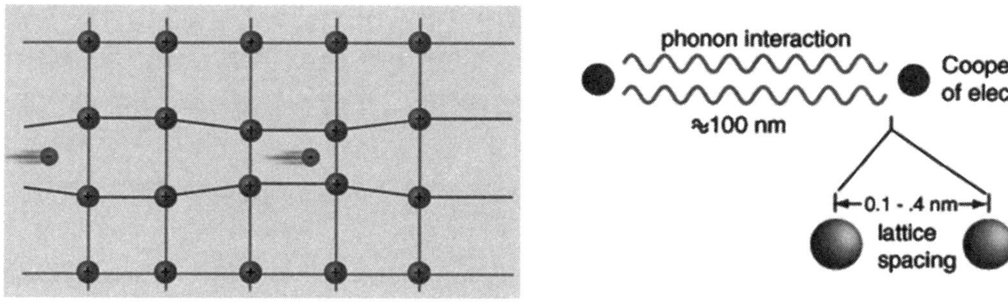

(a) 격자 내부를 움직이는 Cooper pair 모델 (b) Cooper pair의 상대적인 거리

그림 4-18 Cooper pair의 이론적인 모델

등에는 반드시 Josephson 효과를 이용하고 있다. 또한, 이 접합은 기존의 반도체 회로보다 약 10~100배 이상 빠르게 스위칭 기능을 수행할 수 있는 장점 때문에 초고속 초소형 컴퓨터에 이상적으로 적용할 수 있다.

초전도체에 대한 이론적 이해는 Cooper pair라고 하는 전자쌍의 개념에 근거한 BCS 이론에 의하여 해석되고 있다. 이것은 초전도체 내 모든 Cooper pair들이 서로 연관되어 있어서 이들 전자쌍들이 무리지어 작용한다는 이론이다. 초전도체에 전압을 가하면 Cooper pair가 운동을 하게 되어서 전류가 형성된다. 이때 전압을 제거해도 전류는 계속 흐르게 되는데, 이것은 Cooper pair가 어떠한 저항도 받지 않기 때문이다. 전류가 정지하기 위해서는 모든 Cooper pair가 동시에 정지해야 하는데 이와 같은 일은 거의 불가능한 일이다. 초전도체를 가열하면 Cooper pair가 각각의 전자로 분리되어서 물체가 정상적인 도체가 된다. 이와 같은 Cooper pair의 이론적인 모델은 그림 4-18과 같다. 초전도체 내 (+) 극성을 가진 격자 사이로 (-)로 대전된 전자가 움직일 때, (+) 격자의 움직임으로 인해 다른 쪽 전자를 (+) 격자 쪽으로 더 끌어당기게 된다는 것이다. 또한, Cooper pair 전자 간의 간격은 대략 격자크기에 비해 약 3~10배 정도 떨어져 존재한다[45, 46].

Cooper pair는 저온에서 도체 내를 움직이는 한쪽 전자가 운동에너지 때문에 전자 주위의 원자에 격자 진동을 유발시키고, 다른 쪽 전자가 이를 흡수하는 이중 상호작용을 하며, 이와 같이 격자 진동을 교환하는 간접적 전자-전자 상호작용은 서로 당기는 인력으로 작용한다는 것이 BCS 이론의 핵심이다. 그러므로 만약 격자 진동의 교환에 의한 전자-전자 간의 인력이 배척력으로 작용하는 전자 간의 전기적 상호작용보다 크다면 두 전자 사이에는 서로 당기는 힘이 존재하여 두 전자가 하나의 쌍으로 묶여져 운동하게 된다. 정상상태에서는 독립적으로 움직이던 두 전자가 하나의 쌍을 이루는 초전도 상태로 상변화를 하는 과정에서 전자들의 에너지는 낮아져서 Fermi 에너지 준위에는 아무런 여기상태도 존재할 수 없는 에너지 간격이 생긴다. 이 에너지 간격 때문에 초전도체에 전류를 흘리면 Fermi 에너지 상에서 움직이는 전자의 에너지 증가가 에너지 간격보다 적으면 계속 전류가 흐르게 된다. 즉, 저항이 없는 완전도체의 성질을 지니게 된다.

4.5.2 초전도체 종류 및 응용분야

초전도체는 그림 4-19와 같이 크게 두 가지로 나눌 수 있다. Type 1은 Onnes가 처음 발견한 초전도 물질들이다. 순수한 금속물질로 대표적인 재료가 수은이다. Type 1 물질들은 임계값이 상당히 낮기 때문에 응용하기에는 많은 어려움이 있다. Type 2는 저온 초전도체와 고온 초전도체로 나눌 수 있다. Type 2 물질은 Type 1보다 비교적 높은 임계값을 갖기 때문에 Type 2 초전도 물질의 발견으로 비로소 초전도체를 응용할 수 있게 되었다[47].

Type 1과 Type 2의 가장 큰 차이점은 그림 4-19에서와 같이 초전도 상태에서 상전도 상태로 상전이할 때, 그 중간단계에 차이점이 있다. Type 1 초전도체는 중간상태라는 것이 존재하는데, 이는 순간적으로 존재하는 상태로 초전도체의 일부분이라도 상전이하게 되면 곧바로 전체가 상전도 상태로 된다. 반면, Type 2 초전도체는 혼합상태(mixed state)가 존재하는데, 이는 초전도체와 상전도체가 공존하는 상태이다. 혼합상태는 물리적으로 안정되어 임계값을 넘지 않는 범위에서 계속적으로 존재가 가능하다. 저온 초전도체는 임계전류밀도는 높지만 임계자장이나 임계온도는 상당히 낮은 편이다. 고온 초전도체는 세라믹 화합물로서 낮은 임계전류밀도, 높은 임계자장, 높은 임계온도를 갖는 재료들이다.

고온 초전도체를 이용한 센서는 이미 상용화되었다. 초전도 물성 중 저항이 갑자기 떨어지는 것을 이용하면 용기 안의 액체 질소량을 측정하는 장치를 개발할 수 있다. 용기 안의 액체 질소량이 줄어듦에 따라 초전도체 막대의 저항은 액체 질소면 위의 길이에 비례하게 되고 이것은 용기 안에 담긴 액체 질소의 양을 측정할 때 유용하다. 다른 예는 Josephson 소자의 빠른 스위칭 동작을 이용한 전자회로의 소자이다. 최근에 고온 초전도체로 만든 Josephson 결합을 이용한 양자간섭소자(SQUID, Superconducting Quantum Interface Device)는 자기장 감지센서로 사용되고 있으며 현존하는 자기장 센서 중 가장 민감하다. SQUID는 지구 자기장의 약 1천억 분의 1에 해당하는 10^{-15} T의 자기장을 측정할 수 있으며, 자기장 이외에도 자기장 기울기, 전류, 전압, 기계적 진동 등 자기장 변환이 가능한 어떤 물리량이라도 측정이 가능하다. 이러한 고감도 특성으로 뇌, 심장, 기타 신경계의 활동과 관련된 자기장을 측정하여 의료 진단에 활용되고 있다.

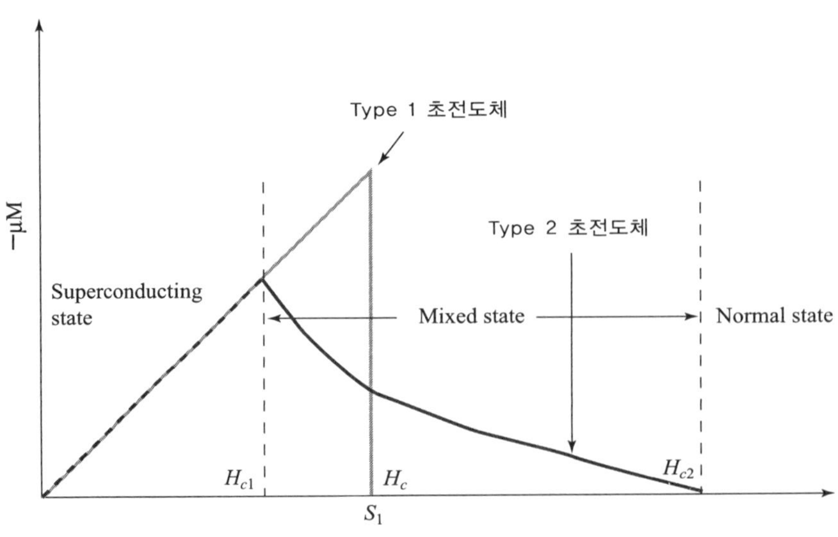

그림 4-19 초전도체의 종류

5 전자기파의 센서 응용

물리학에서 파(wave)는 에너지를 전달하기 위해 공간을 통해 움직이는 진동(oscillation)의 한 형태로 규정하고 있다. 파의 움직임은 한 지점에서 다른 지점으로 에너지를 전달하는 과정이며, 이 과정에서 입자의 이동이 없어도 에너지는 전달된다. 파에는 두 가지 종류로 구분하고 있다. 하나는 역학적 파동(mechanical wave)으로 이는 반드시 매질을 통해 에너지가 전달되며, 이러한 전달과정에서 매질은 변형이 발생한다. 이에 해당하는 대표적인 파로 음파를 들 수 있는데, 음파는 이웃하는 분자들의 충돌에 의해 전달되는데, 공기 분자들이 충돌한 후 복원력에 의해 원위치로 움직이는 과정을 되풀이하여 에너지를 전달한다. 또한, 용수철의 흔들림, 물의 운동 등이 이에 해당한다. 두 번째가 전자기파(electromagnetic wave)인데, 이것은 매질이 필요하지 않는 에너지 전달방식으로 대전된 입자들이 전기장과 자기장의 형태로 진동하면서 진공으로 에너지를 전달하는 방식이다. 이런 종류의 파동에는 라이오파, 마이크로웨이브, 적외선, 가시광, 자외선, X선, 감마선 등이 이에 해당한다.

파는 진동 방향에 따라 그림 5-1과 같이 횡파(longitudinal wave)와 종파(transverse wave)로 구분하는데, 종파는 파의 진행방향(에너지 전달방향)에 대해 오른쪽 각도의 수직으로 진동하는 파이며, 횡파는 진행방향과 평행한 방향으로 진동하는 파이다. 역학적 파동은 이러한 횡파와 종파를 항상 동시에 가지고 있는 반면, 전자기파는 항상 종파만으로 진동하여 에너지를 전달한다.

이러한 파가 움직여 한 곳에서 다른 곳으로 퍼져 나가는 것을 파동(wave motion)이라 한다. 호수의 수면에서 물결파가 퍼져나갈 때 수면의 높이가 가장 높아진 마루와 가장 낮아지는 골이 생긴다. 마루에서 마루 또는 골에서 골까지의 거리를 파장(wavelength)이라 하고, 잔잔했을 때 수면을 기준으로 마루까지의 높이나 골까지의 깊이를 진폭(amplitude)이라 한다. 매질의 한 곳에서 잠시 동안만 지나가는 파동을 펄스(pulse)라고 하며, 오랫동안 지속적으로 지나가는 파동을 주기적인 파동 또는

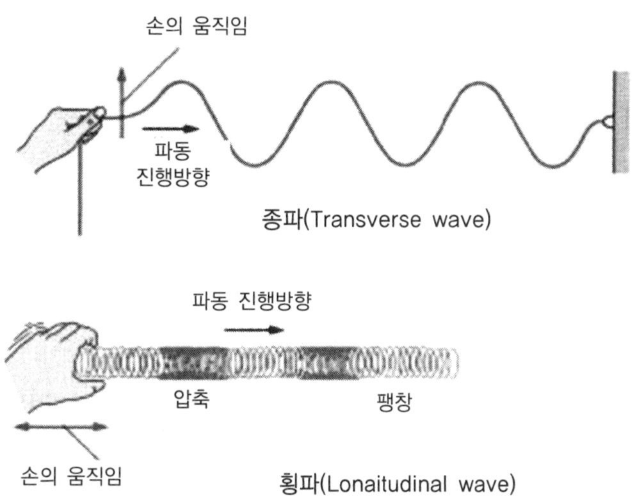

그림 5-1 파동의 진행방향에 대한 종파와 횡파의 정의

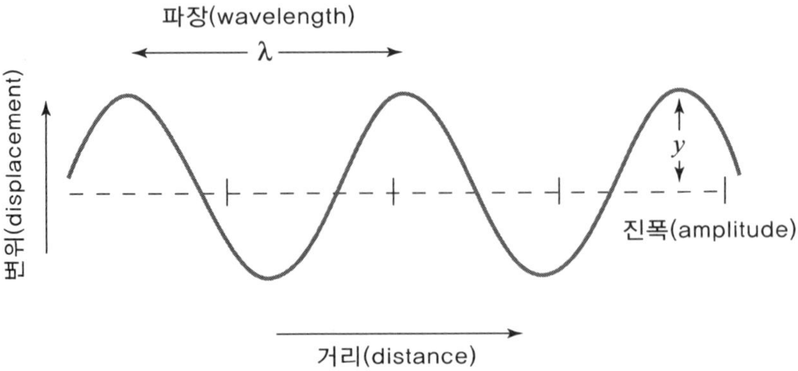

그림 5-2 파동의 정의

단순히 파동이라고도 한다. 파동을 설명하는 기본적인 수학적인 형태는 사인(sine)파이며, 그림 5-2와 같은 파동을 설명하는 파동함수는 다음과 같다.

$$y(x,t) = A\sin(kx - \omega t + \phi) \tag{5-1}$$

$$y(x,t) = A\sin\frac{2\pi}{\lambda}(x - vt + \phi') \tag{5-2}$$

여기서 A는 파동의 최대진폭, x는 파동이 진행하는 공간축, t는 시간, k는 파수(wavenumber), ω는 각진동수(angular frequency), ϕ는 위상(phase)이다. 진폭의 단위는 파동의 형태에 따라 다른데, 종방향의 역학적 파동인 현의 파동인 경우는 거리(meter)의 단위를 가지며, 횡방향의 역학적 파동인 음파인 경우는 압력(pascal)의 단위를 가지고, 전자기파인 경우는 전기장(volts/meter)의 단위를 가진다. 파장의 단위는 일반적으로 거리 단위로 나타내며, 파수는 단위거리당 공간 주파수로 거리의 역수 단위이며, 파장과는 다음과 같은 관계에 있다.

$$k = \frac{2\pi}{\lambda} \tag{5-3}$$

주기 T는 파동의 진동이 완전히 1 사이클을 끝내기까지의 시간이며, 주파수 f는 초당 주기의 수를 나타내며 보통 hertz로 표현한다. 주파수와 주기는 다음과 같은 관계에 있다.

$$f = \frac{1}{T} \tag{5-4}$$

각진동수 ω는 초당 물체가 움직인 radian 각도를 나타내며 주파수와는 다음과 같은 관계에 있다.

$$\omega = 2\pi f = \frac{2\pi}{T} \tag{5-5}$$

전자기파의 주파수 f, 속도 c와 파장 λ과의 관계는 $c = f\lambda$인데, 모든 전자기파의 전파속도는 빛의 속도인 3×10^8 m/s의 정속도를 가진다. 예를 들어, 주파수가 30 MHz인 전파의 파장은 $(3\times10^8) \div (3\times10^7) = 10$ m이고, 3 THz인 경우는 파장이 0.1 mm가 된다. 즉, 주파수가 아주 낮은 파는 파장이 길고 에너지가 낮으며, 주파수가 높으면 파장이 짧아지고 에너지가 높아진다. 현재 알려진 파장에

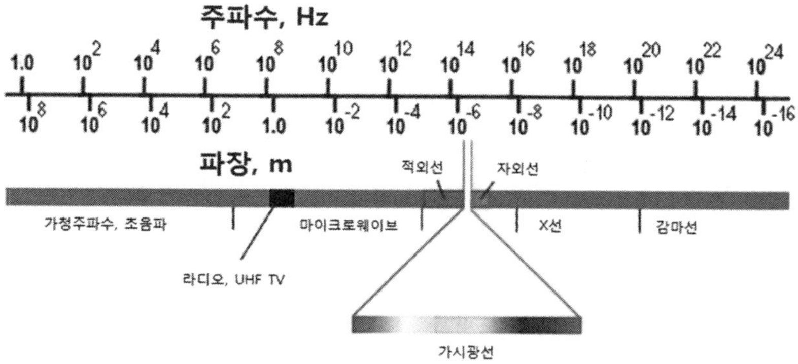

그림 5-3 파장 또는 주파수에 따른 파동의 분류

따른 파의 종류는 그림 5-3과 같다.

그림 5-3에서 인간이 느끼는 파장 대역은 귀로 듣는 가청주파수인 10 Hz~20 kHz 대역과 눈으로 볼 수 있는 가시광선 영역인 380~780 nm 대역뿐이며, 나머지는 인간이 느끼지 못하는 전자기파가 대부분이다. 주파수가 낮은 영역부터 마이크로웨이브까지는 파장 대신에 주파수로 표시를 주로 하고, 적외선 영역부터는 파장으로 주로 표시를 한다.

사람의 귀로 들을 수 없는 20 Hz 이하인 영역을 저음파(infrasonic) 영역, 20 kHz 이상인 영역을

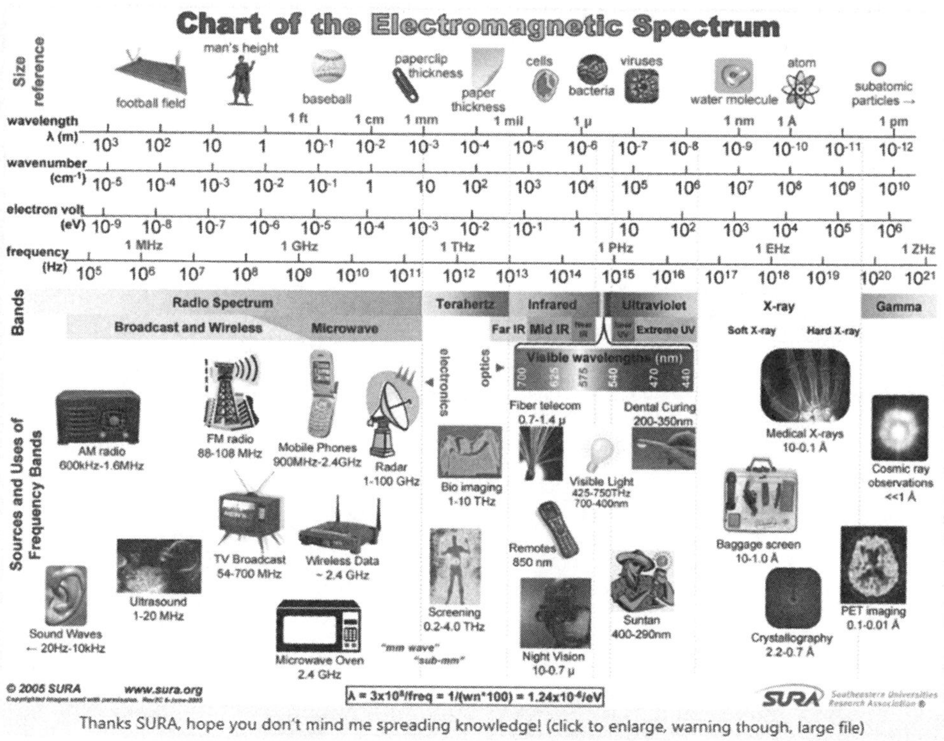

그림 5-4 전자기파 영역별 대표적인 응용분야

초음파(ultrasonic)로 구분한다. 초음파 영역은 비파괴 검사용으로 많이 사용되고 있으며, 어군탐지용으로도 활용되고 있는 분야이다. 라디오 및 TV 등에 사용되는 방송용 전파는 주파수가 10 kHz~300 GHz의 범위를 가지고 있다. FM 방송은 88~108 MHz의 대역을 사용하며, VHF TV에는 30~300 MHz 대역을 사용한다. 이러한 전자기파는 각 파장 또는 주파수마다 특성이 달라서 각 대역마다 고유한 특성을 이용해서 센서의 응용에 사용하고 있다. 센서에서 가장 많이 사용하는 주파수 대역은 초음파 대역, 마이크로웨이브 대역, 적외선 대역, 가시광선 대역, 자외선 대역, 그리고 X선 대역 등이다. 이러한 대역은 모두 물질파의 특성을 가지고 있으며, 반사, 투과, 굴절의 특성을 가지고 있다. 각 주파수에 따른 응용분야는 그림 5-4와 같다[48].

적외선을 기점으로 적외선보다 긴 파장 영역인 마이크로웨이브 영역과 적외선보다 짧은 파장을 가진 영역(적외선, 가시광선, 자외선, X선 등)의 응용분야를 보면, 마이크로웨이브 영역은 주로 방송이나 통신용으로 많이 사용되는 전파 영역이며, 적외선 등은 반사 또는 투과에 의해 물체를 눈으로 볼 수 있도록 해 주는 빛의 영역에 속한다. Maxwell의 방정식을 사용하여 투과, 반사, 굴절 등에 관한 일부 공통된 물리적인 현상이 있지만, 일반적으로는 빛을 다루는 기술영역과 전파로 다루는 기술영역으로 크게 나누어 볼 수 있다.

5.1 Maxwell 방정식에 의한 반사 및 투과

그림 5-5와 같이 굴절률이 다른 3개의 층으로 된 매질로 빛이 입사한다고 가정을 해 보면, 각 매질 사이에서는 굴절률의 차이로 인해 반사와 굴절 현상이 일어난다. 1세기쯤 알렉산드리아의 Heron에 의해 알려진 반사법칙에 의해 매질에서의 반사각은 입사각과 동일하다.

$$\Theta_1 = \Theta_2 \tag{5-6}$$

이것은 기하학적으로 다음과 같이 증명할 수 있다. 반사된 빛의 총 경로 $L = d_1 + d_2$이다. 여기서

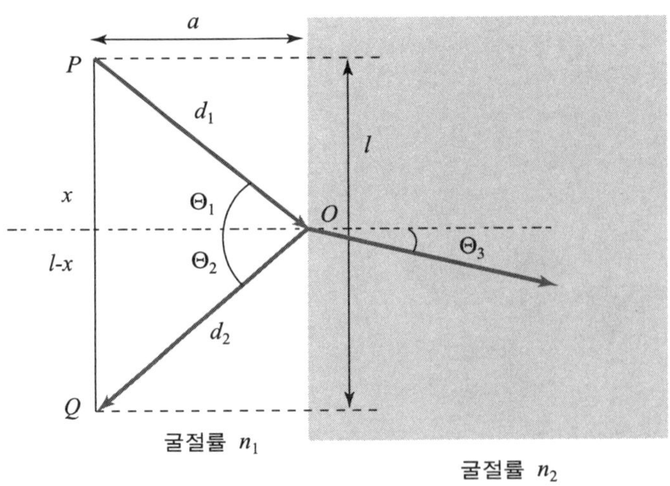

그림 5-5 굴절률이 다른 매질을 지나가는 전자기파의 반사와 굴절

피타고라스 정리에 의해 d_1과 d_2는 각각 다음과 같다($d_1 = \sqrt{x^2 + a^2}$, $d_2 = \sqrt{(l-x)^2 + a^2}$). 이 값을 L로 다시 정리하면

$L = \sqrt{x^2 + a^2} + \sqrt{(l-x)^2 + a^2}$가 되며, 빛의 경로가 최소가 되려면 위의 식에서 x로 일차미분했을 때 0이 되는 조건이다. 따라서 위의 식을 x에 대해 일차미분하면 다음과 같다.

$$\frac{dL}{dx} = \frac{x}{\sqrt{x^2 + a^2}} + \frac{-(l-x)}{\sqrt{(l-x)^2 + a^2}} = 0 \tag{5-7}$$

위의 조건을 만족하기 위해서는 다음과 같은 결론을 얻을 수 있다.

$$\frac{x}{\sqrt{x^2 + a^2}} = \frac{(l-x)}{\sqrt{(l-x)^2 + a^2}} \rightarrow \sin\Theta_1 = \sin\Theta_2 \rightarrow \Theta_1 = \Theta_2$$

1650년 프랑스의 수학자인 P. de Fermat는 빛이 공간의 두 지점 사이를 진행할 때 그 주변의 무수히 많은 여러 경로 중 반사된 빛은 최소의 시간이 걸리는 경로를 따른다는 것을 제안하였다. 후일 이런 이론의 제창자 이름을 본 따서 Fermat's principle(페르마의 원리)라고 명명하였다. 이러한 페르마의 원리로부터 굴절률이 다른 매질로 빛이 투과할 때 입사하는 빛과 굴절된 빛의 관계식을 유도할 수 있는데, 이것은 1621년 Willebrord Snell에 의해 밝혀진 법칙으로 Snell's law(스넬의 법칙)이라고 한다.

$$n_1 \sin\Theta_1 = n_2 \sin\Theta_2 \tag{5-8}$$

여기서 n_1, n_2는 서로 다른 매질의 굴절률이다. 진공 속을 지나가는 빛의 속도를 c_0라 하고, 매질에서의 빛의 속도를 c라고 하면 굴절률은 다음과 같다.

$$n = \frac{c_0}{c} \tag{5-9}$$

일반적으로 $c < c_0$이므로, 일반적인 매질 내에서 굴절률은 항상 1보다 큰 값이 된다. 또한, 매질 내에서 빛의 속도는 매질의 유전율과 비례하므로 굴절률은 유전율과 다음과 같다.

$$n = \sqrt{\varepsilon_r} \tag{5-10}$$

파장에 따라 변하는 굴절률을 분산(dispersion)이라 한다. 불투명한 영역 쪽이 아닌 투명한 파장 영역에서 굴절률의 변화는 대부분 그 변화량을 무시할 수 있을 정도로 점진적으로 변화한다. 만약 빛이 수직 입사하는 경우, 굴절률이 다른 매질 사이에서 반사되는 반사계수는 다음과 같다.

$$\rho = \left(\frac{n_1 - n_2}{n_1 + n_2}\right)^2 \tag{5-11}$$

만약 빛이 공기 중에서 굴절률 n인 매질쪽으로 입사하게 되면, 다음과 같다.

$$\rho = \left(\frac{n-1}{n+1}\right)^2 \tag{5-12}$$

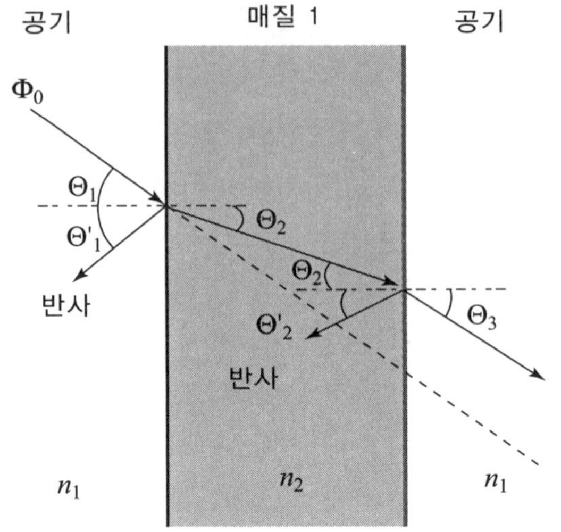

그림 5-6 매질 내를 통과하는 빛의 경로

만약 빛이 매질을 통과해서 지나가는 경우, 한쪽 면에서의 반사계수를 ρ_1이라고 하면 두 경계면에서의 합해진 반사계수는 다음과 같은 식으로 표현이 가능하다.

$$\rho_2 \approx \rho_1(2-\rho_1) \tag{5-13}$$

만약 공기 중에서 굴절률이 2인 매질로 입사하는 빛을 가정한다면, 첫 번째 면에서 반사된 반사계수는 식 (5-12)에 의해 0.04(4%)는 반사, 나머지 96%가 투과한다. 만약 내부의 간섭을 무시하면 두 번째 경계면에서의 반사계수는 3.84%(0.96의 4%에 해당)가 반사되어 결국 92.16%의 빛이 투과하게 된다. 이 결과는 식 (5-13)으로 계산한 결과와 거의 일치한다.

그림 5-6과 같이 공기 중에 있는 빛이 임의의 재료를 통과해서 다시 공기로 투과해서 나오는 빛의 경로를 고려해 보면, 각 매질 사이의 반사 및 투과 각도는 식 (5-8)의 Snell의 법칙을 따르게 되어 있다. 따라서 투과해서 나온 빛의 각도는 입사각과 동일한 각도로 투과하게 된다. ($\Theta_1 = \Theta_3$) 이 경우의 반사계수는 어느 방향에서 빛이 지나가더라도 동일한 형태이다.

5.2 빛의 특성

빛과 관련된 소자를 센서 또는 광원으로 사용할 때 기본적인 물리량에 대한 정의가 중요하다. 광학분야에 사용되는 용어는 다소 비슷해 보이지만 물리적으로는 약간씩 차이가 있다. 광원, 센서 또는 어떠한 광시스템을 고려할 때 광원에서 센서의 표면까지 얼마의 광에너지가 전달되었는지 정의하는 것은 중요하다. 이에 관련된 기본적인 물리 개념에 대해 정리하고자 한다.

5.2.1 입체각(Solid Angle)

평면각이 평면에서의 퍼짐 정도를 나타내는 척도의 개념이라면 입체각은 공간에서의 퍼짐 정도를 나타내는 척도를 나타내는 각도이다. 이러한 공간에서 퍼짐을 표시하는 각도의 개념은 등방위성

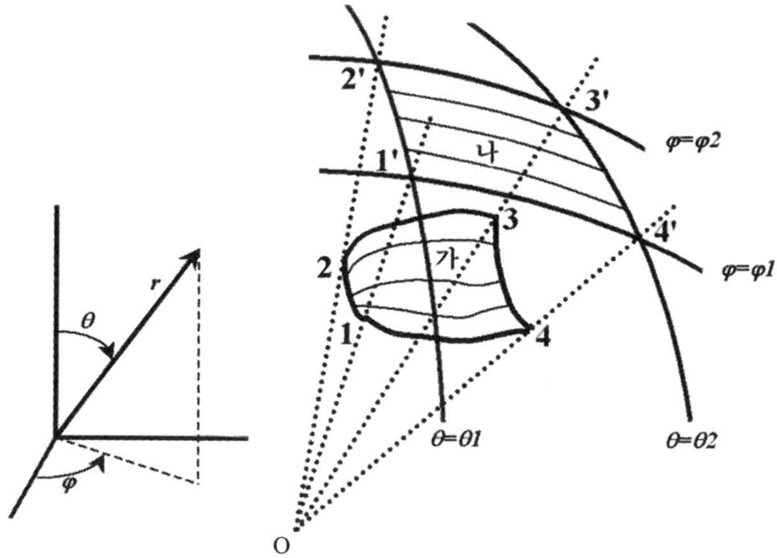

그림 5-7 입체각의 개념

으로 퍼지는 현상, 예를 들어 점원(point source)으로부터 빛, 전파, 방사선이 발산될 때 세기를 기술하는 데 가장 기본적인 단위가 된다.

그림 5-7에서 점 O에 점광원이 놓여져 있을 때 면 '가'와 '나'는 서로 면적의 형상 및 크기가 다르지만 두 면 다 빛의 동일한 퍼짐 각도 이내에 있기에 이 두 면에 도달하는 빛에너지의 합은 같게 된다. 이와 같은 의미로 정의되는 각도를 공간에서 정의하면 공간에서의 세기와 같은 문제를 쉽게 다룰 수가 있다.

정량적인 정의의 이해를 위해서 먼저 앞서의 정성적인 입체각의 성격을 보면, 이 각도는 점광원으로부터 공간의 어느 지점까지 거리의 제곱에 반비례하고, 또 그 지점에서 얼마나 펼쳐지는가에 비례한다. 이러한 특성에 따라 입체각(Ω)의 크기는 다음과 같이 정의한다.

$$\Omega = \frac{A}{r^2} \tag{5-14}$$

여기서 A는 면적이며, r은 점광원으로부터의 거리이다. 그런데 이 식에서 면적은 점광원에 대해 기울어진 면적이 아니라 점광원으로부터 그 면까지 그려지는 수직한 면적이어야 한다. 따라서 입체각에 대한 정의는 다음과 같다.

$$\text{입체각} = \frac{\text{점광원에서 면적까지의 선분에 수직한 성분의 면적}}{\text{점광원에서 면적까지의 거리}^2} \tag{5-15}$$

앞의 그림에서 면 '나'는 면 '가'를 동일 원점을 중심으로 하는 구에 투영시킨 면이고, 이 두 면은 공간에서 퍼짐의 정도가 서로 같기에 입체각이 서로 같은 것이다. 그리고 미세한 면적(dA)에 대한 입체각은 다음과 같이 정의한다.

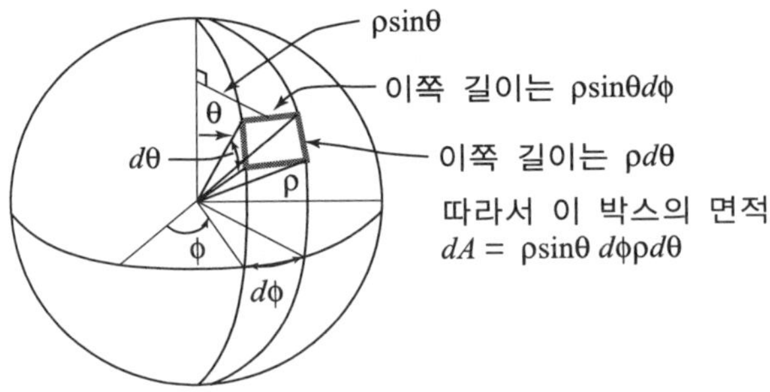

그림 5-8 구좌표계의 박스면적 정의

$$d\Omega = \frac{dA}{r^2} \tag{5-16}$$

그림 5-8과 같은 구좌표계(spherical coordinates)를 사용하게 되면 미세면적은 $dA = (r\sin\theta\, d\phi)(rd\theta)$가 된다. 따라서 이 식에서 반구에 대한 입체각은 다음과 같다.

$$\Omega = \int_{\phi=0}^{2\pi}\int_{\theta=0}^{\frac{\pi}{2}} \sin\theta\, d\theta\, d\phi = 2\pi \tag{5-17}$$

그리고 구에 대한 입체각의 경우 구의 표면적은 $4\pi r^2$이므로 식 (5-14)에 의해 $\Omega = 4\pi r^2 / r^2 = 4\pi$가 된다. 입체각은 앞의 예에서 알 수 있듯이 차원이 없지만, 편의상 steradian(약자로 sr) 단위로 표시한다. 그리고 그림 5-9와 같이 α만큼 기울어진 면적에 대한 입체각은 다음과 같다.

$$\Omega_{\text{기울어진 표면}} = \left(\frac{A}{r^2}\right)\cos\alpha \tag{5-18}$$

5.2.2 복사측정(Radiometry)

복사측정에 대한 기본적인 물리량의 정의는 표 5-1과 같다[49]. 복사발산도(exitance)와 복사광도(irradiance)는 동일한 단위를 가지지만 물리적인 의미는 다르다. 복사발산도는 투광부 표면의 단위 면적당 빠져 나가는 일률을 의미하는 반면, 복사광도는 수광부 표면의 단위 면적당 입사하는 일률을 의미한다. 따라서 복사발산도는 에너지를 생산하는 자가 발광 소스의 특성을 규정하는 것이고, 반면 복사광도는 능동형 수광부 표면의 특성을 나타낸다. 복사발산도는 $M = \partial\phi / \partial A$와 같은 미분형태로 표시할 수 있으며, 작은 면적인 경우에는 $M = \phi / A$로 근사적으로 쓸 수 있다. 이에 대한 개념은

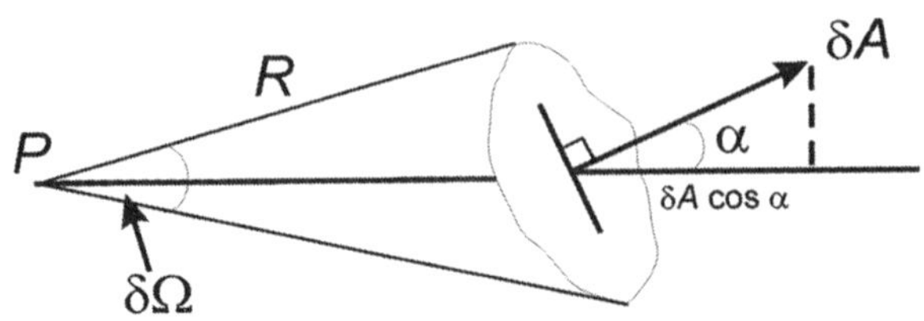

그림 5-9 임의의 각도 α만큼 기울어진 면적의 입체각

표 5-1 복사측정의 기본적인 물리량

정의	기호	용어	단위
총 선속 (total flux)	φ	복사속(radiant flux)	watts
소스표면에서 방출되는 선속밀도	M	복사발산도(exitance)	watt/cm^2
수광부로 입사하는 선속밀도	E	복사광도(irradiance)	watt/cm^2
점소스의 세기	I	복사강도(intensity)	watt/steradian
면소스의 세기	L	복사휘도(radiance)	watt/steradian/cm^2

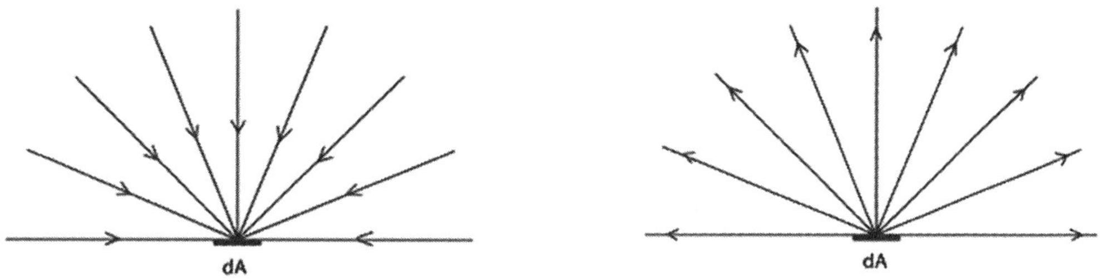

(a) 복사발산도(exitance) 개념 (b) 복사광도(irradiance) 개념

그림 5-10 복사발산도와 복사광도의 개념

그림 5-10과 같다.

복사강도(intensity)는 단위 입체각당 일률을 의미하며, $I = \partial\phi/\partial\Omega$의 미분형태로 정의할 수 있다. 점소스에서 발산하는 복사를 규정할 수 있는 유일한 물리량이 강도이다. 왜냐하면 점소스는 무시할 수 있을 정도의 작은 면적을 가지고 있기 때문에 분모항에 면적을 사용할 수 없기 때문이다. 확장광원(extended source)에 사용되는 복사휘도(radiance)는 점소스의 복사강도와 동일한 물리적인 개념으로 사용된다.

예를 들어, 3 W/sr의 복사강도를 가진 점소스에서 복사되는 총 일률은 얼마일까? 점소스의 입체각은 4π이므로, $\phi = I \times \Omega = 3 \times 4\pi = 12\pi$가 된다. 그러나 실제적으로는 광학시스템 또는 센서는 오직 한정된 입체각을 가진 일률만 집광이 가능하므로 점소스에서 복사하는 총 일률은 사용하지

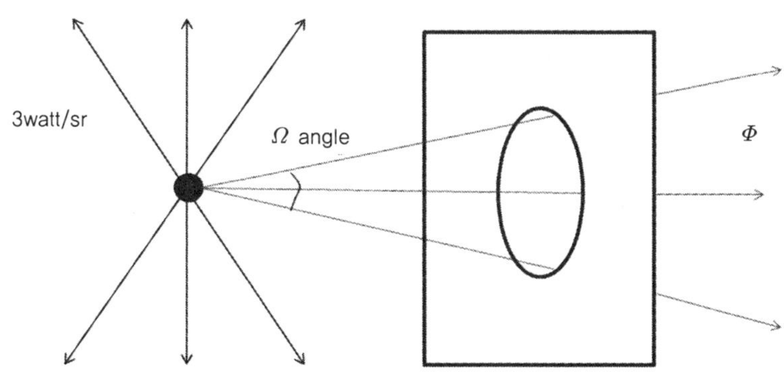

그림 5-11 조리개를 이용한 점소스의 일률

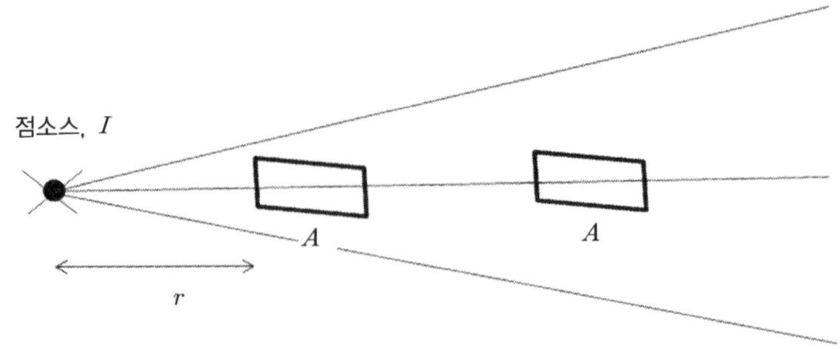

그림 5-12 점소스로부터 거리의 제곱에 비례하여 복사강도가 줄어듦

않는다. 그림 5-11과 같이 점소스에서 3 m 떨어진 지점에서 반경이 1 mm인 조리개를 통과하는 일률을 계산하기 위해서는 먼저 입체각을 계산해야 한다.

$$\Omega = A/r^2 = \pi(1\times10^{-3}\,\mathrm{m})^2/(3\,\mathrm{m})^2 = 3.5\times10^{-7}\,\mathrm{sr} \tag{5-19}$$

따라서 조리개를 통과한 일률은 다음과 같다.

$$\phi = I\times\Omega = 3\times(3.5\times10^{-7}) = 1.05\times10^{-6}\,\mathrm{W} \tag{5-20}$$

점소스의 경우에는 거리의 제곱에 반비례해서 광량이 줄어든다는 법칙이 적용된다. 그림 5-12와 같이, 복사강도 I를 갖는 점소스에서 수광부 A가 거리 r 만큼 떨어진 경우, 수광부의 복사속과 복사광도는 다음과 같다.

$$\phi = I\times A/r^2,\ E = \phi/A = I/r^2 \tag{5-21}$$

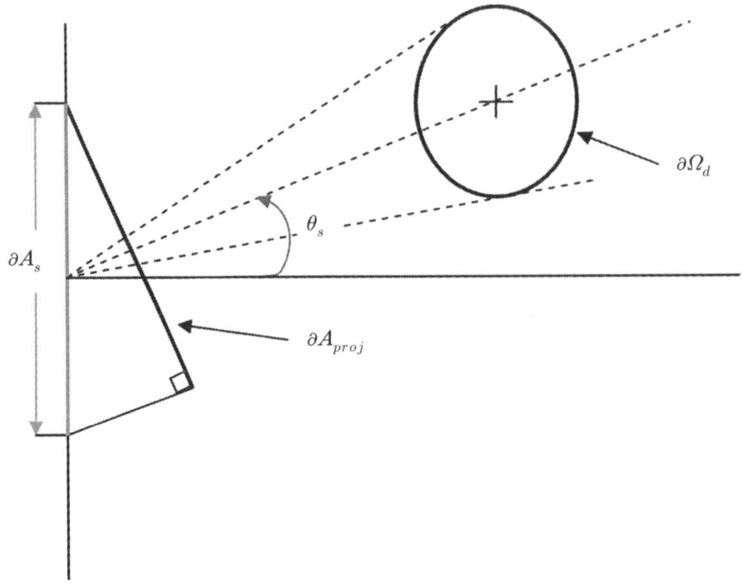

그림 5-13 확장광원(extended source)의 복사휘도(radiance) 정의

확장광원의 경우는 점소스의 복사강도와 달리 복사휘도(radiance)로 정의하며, 그림 5-13에서 단위 입체각당 맵핑된 면적당 복사되는 일률의 양으로 다음과 같이 정의된다.

$$L=\frac{\partial^2\phi}{\partial\Omega_d\partial A_{proj}}=\frac{\partial^2\phi}{\partial\Omega_d(\partial A_s\cos\theta_s)}\approx\frac{\phi}{\Omega A\cos\theta} \tag{5-22}$$

복사휘도와 관련되어 손실이 없는 광학시스템에서 복사휘도는 보존된다는 이론이다. 이에 대한 개념은 그림 5-14와 같으며, 광원소스와 수광부에서의 입체각은 각각 다음과 같다.

$$\partial\Omega_s=\text{소스에서 수광부의 입체각}=\frac{\partial A_R\cos\theta_R}{r^2} \tag{5-23}$$

$$\partial\Omega_R=\text{수광부에서 소스의 입체각}=\frac{\partial A_s\cos\theta_s}{r^2} \tag{5-24}$$

소스에서 수광부로 전달된 일률과 복사휘도는 식 (5-22)의 정의에 의해 다음과 같다.

$$\partial^2\phi=L_s\cdot(\partial A_s\cos\theta_s)\partial\Omega_s \tag{5-25}$$

$$L_R=\frac{\partial^2\phi}{\partial\Omega_R(\partial A_R\cos\theta_R)} \tag{5-26}$$

따라서 위의 식에서 다음과 같은 결론을 내릴 수 있다.

$$L_R=\frac{\partial^2\phi}{\partial A_R\cos\theta_R\partial\Omega_R}=\frac{\partial^2\phi}{\partial A_R\cos\theta_R\frac{\partial A_s\cos\theta_s}{r^2}}=\frac{\partial^2\phi}{\partial\Omega_s\partial A_s\cos\theta_s}=L_s \tag{5-27}$$

복사휘도와 다른 물리량(복사발산도와 복사강도)과의 관계는 다음과 같다. 그림 5-13에서 복사강도는 복사휘도를 이용해서 다음의 식에서 계산할 수 있다.

$$I=\frac{\partial\phi}{\partial\Omega_d}=\int_{A_s}L\cdot\cos\theta_s\cdot\partial A_s \tag{5-28}$$

유사한 방법으로 복사발산도는 복사휘도를 이용해서 다음의 식에서 계산할 수 있다.

$$M=\frac{\partial\phi}{\partial A_s}=\int_{\Omega_d}L\cdot\cos\theta_s\cdot\partial\Omega_d \tag{5-29}$$

소스의 모든 각도에 대해 동일한 복사휘도를 갖는 물체를 랑베르 복사체(Lambertian)라고 한다.

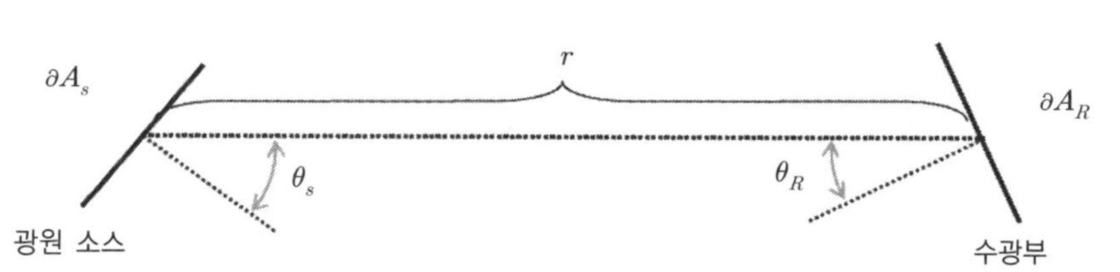

그림 5-14 손실이 없는 광학시스템에서 복사휘도의 보존 이론

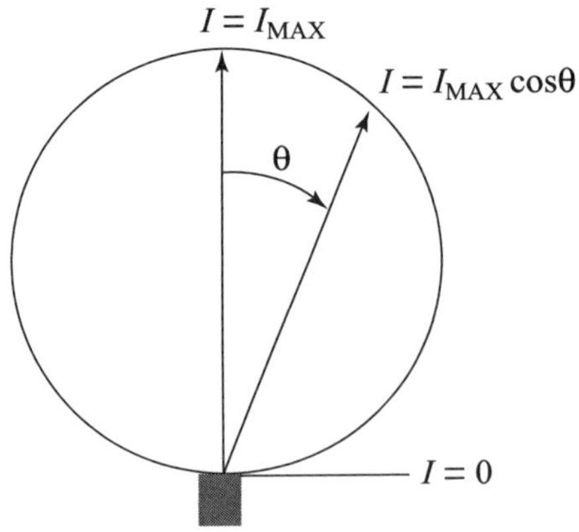

그림 5-15 랑베르 복사체의 각도에 따른 복사강도

앞서 흑체에 대해 논의했지만, 흑체가 이상적인 랑베르 복사체에 해당한다. 일반적인 복사체의 경우 대략 20°의 시야각 내에 있는 경우 거의 랑베르 복사체라 가정을 해도 무방하다.

그러나 이상적인 랑베르 복사체라고 하더라도 입체각당 복사속의 양은 그림 5-15에서와 같이 각도에 따라 변한다. 식 (5-28)에서 랑베르 복사체의 경우 복사휘도인 L은 소스의 위치에 무관하므로 다음과 같이 쓸 수 있다.

$$I = \frac{\partial\phi}{\partial\Omega_d} = \int_{A_s} L\,\partial A_s \cos\theta_s = L A_s \cos\theta_s \tag{5-30}$$

이와 같이 복사휘도가 각도와 무관하더라도 복사강도는 각도의 코사인 값만큼 변한다. 만약 랑베르 복사체가 아니라고 하면 복사휘도도 각도의 함수로 변할 것이며, 따라서 복사강도는 코사인 값보다 더 빨리 떨어지는 값을 나타낼 것이다.

평면 랑베르 소스인 경우, 복사휘도와 복사발산도는 다음과 같은 관계에 있다고 볼 수 있다.

$$M[\text{watt/cm}^2] = L[\text{watt/(cm}^2\ \text{sr)}]\pi[\text{sr}] \tag{5-31}$$

여기서 비례상수가 2π 대신에 π가 된 이유는 면적에 대한 적분이 구가 아니라 반구에 대한 적분이기 때문이다. 이것은 식 (5-29)의 적분 수식에 의해 유도가 가능하다.

$$M = \frac{\partial\phi}{\partial A_s} = \int_{\Omega_d} L \cdot \cos\theta_s \cdot \partial\Omega_d = \int_0^{2\pi} d\phi \int_0^{\pi/2} L\cos\theta_s \sin\theta\, d\theta = 2\pi L \frac{1}{2} = \pi L \tag{5-32}$$

위의 식에서 복사휘도 L은 랑베르 복사체로 가정하였기 때문에 적분 구간 밖에 나올 수 있다. 이에 대한 이해를 높이기 위해 그림 5-16과 같은 경우를 고려해 보자. 소스와 수광부가 서로 마주보고 있는 경우, 즉 $\theta_s = 0$이고, 소스의 면적 $A_s = 1\,\text{cm}^2$, 복사휘도 $L_e = 5\,\text{W/cm}^2\text{-sr}$, 수광부의 면적 $A_d = 1\,\text{mm}^2$, 소스와 수광부가 서로 10 m 떨어져 있다고 하면, 이때 수광부에 도달하는 복사속은 얼마일까?

이것을 계산하기 위해서는 우선 수광부의 입체각을 다음과 같이 계산해야 한다.

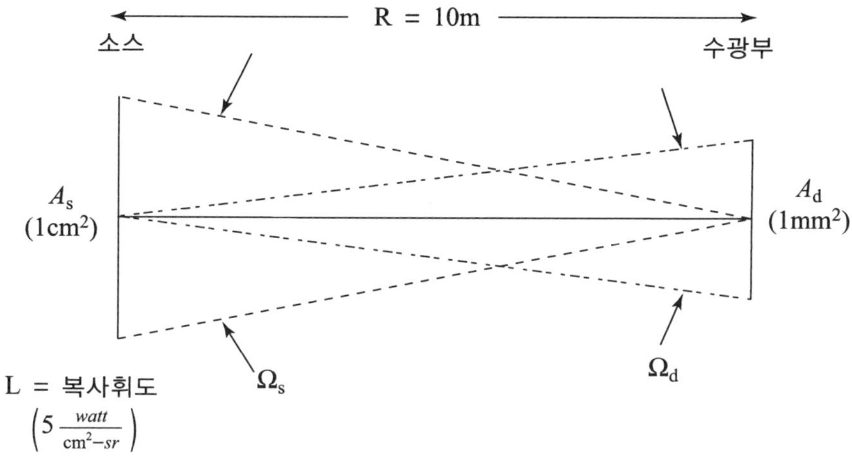

그림 5-16 소스에서 수광부까지 복사휘도 일률 전달

$$\Omega_d = (1\times10^{-3}\,\mathrm{m})^2/(10\,\mathrm{m})^2 = 10^{-8}\,\mathrm{sr} \tag{5-33}$$

수광부에 도달하는 복사속은 복사휘도와 소스 면적, 수광부의 입체각을 곱하여 계산할 수 있다.

$$\phi_d = L \cdot A_s \cdot \Omega_d = 5(\mathrm{W/cm^2\text{-}sr})(1\,\mathrm{cm})^2\times10^{-8}\,\mathrm{sr} = 5\times10^{-8}\,\mathrm{W} \tag{5-34}$$

그림 5-17과 같은 광학 시스템의 렌즈에 의해 빛이 모아지는 경우, 식 (5-27)의 정의에 의해 전달되는 복사속은 다음과 같다.

$$\begin{aligned}\phi &= L\cdot A_{obj}\cdot\Omega_{Lens} = L\cdot A_{Lens}\cdot\Omega_{obj}\\ &= L\cdot\frac{A_{Lens}\cdot A_{obj}}{p^2} = L\cdot\frac{A_{Lens}\cdot A_{img}}{q^2}\end{aligned} \tag{5-35}$$

식 (5-35)에서 $A_{img} = A_{obj}(q/p)^2$ 이므로, 상의 복사광도는 다음과 같다.

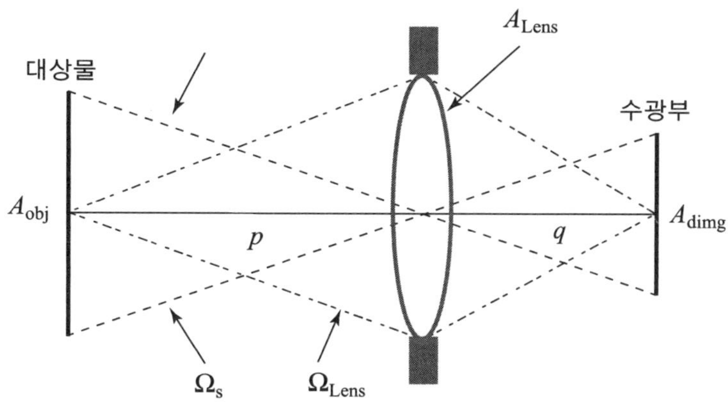

그림 5-17 광학 시스템에 의해 전달되는 복사속

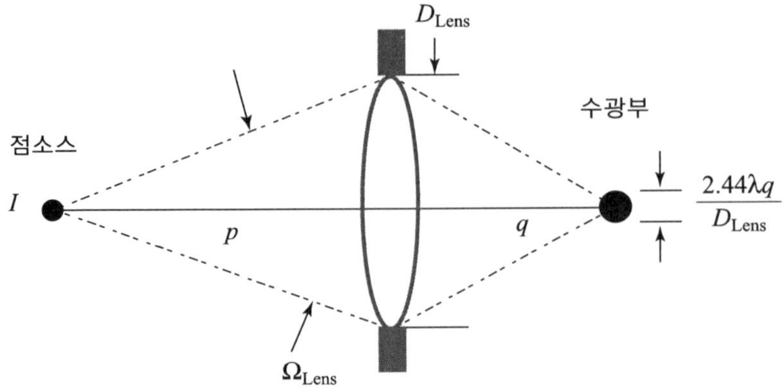

그림 5-18 점소스의 복사속 전달

$$E_{img} = \frac{\phi}{A_{img}} = L \cdot \frac{A_{Lens}}{q^2} \tag{5-36}$$

만약 그림 5-17의 대상물이 점소스인 경우에는 렌즈를 투과한 후 수광부에 맺히는 상은 조금 다른 형태를 나타낸다. 이런 경우는 그림 5-18의 광학시스템을 고려해야 하며, 이 경우 렌즈에 의해 전달되는 복사속은 다음과 같다.

$$\phi = I \cdot \Omega_{Lens} \tag{5-37}$$

빛은 회절이라는 특성을 가지기 때문에 렌즈에 의해 전달되는 복사속의 약 84% 정도가 직경 2.44 $\lambda q / D_{Lens}$ 를 갖는 점으로 모아지게 된다. 이 직경의 q / D_{Lens} 는 뒤에서 다시 정의되겠지만 $F/\#$로 다시 쓸 수 있다. 이렇게 모인 점은 전체적으로 일정하지 않고 그림 5-19(a)와 같은 형태로 나타난다. 따라서 이렇게 회절에 한정된 크기 정도로 만드는 소스를 점소스라고 한다.

만약 점소스가 렌즈로부터 매우 멀리 떨어져 있다고 하면, 렌즈 뒤편의 초점거리에 상이 맺힐 것이며, 이 경우 이미지 크기의 $F/\#$는 F/D_{Lens} 가 된다. 따라서 회절에 한정된 평균 복사광도는 다음과 같다.

$$E = \frac{I \cdot A_{Lens}}{p^2} \times \frac{0.84}{\frac{\pi}{4}[2.44 \cdot \lambda \cdot F/\#]} \tag{5-38}$$

점소스가 아니고 람베르 복사체에 그림 5-20과 같이 렌즈를 사용한 경우의 복사속 전달은 식 (5-25)에 의해 다음과 같다.

$$\partial^2 \phi = L_s \cdot (\partial A_s \cos\theta_s)\partial\Omega_d = L_s \cdot \partial A_s \cdot \cos\theta_s \cdot \frac{\cos\theta_d \cdot \partial A_d}{r^2} \tag{5-39}$$

식 (5-39)를 그림 5-20(b)를 이용해서 계산하면 다음과 같다.

$$\phi_d = \int_{A_s}\int_{A_d} L \cdot \partial A_s \cdot \cos\theta_s \cdot \frac{\cos\theta_d \cdot \partial A_d}{r^2} \tag{5-40}$$

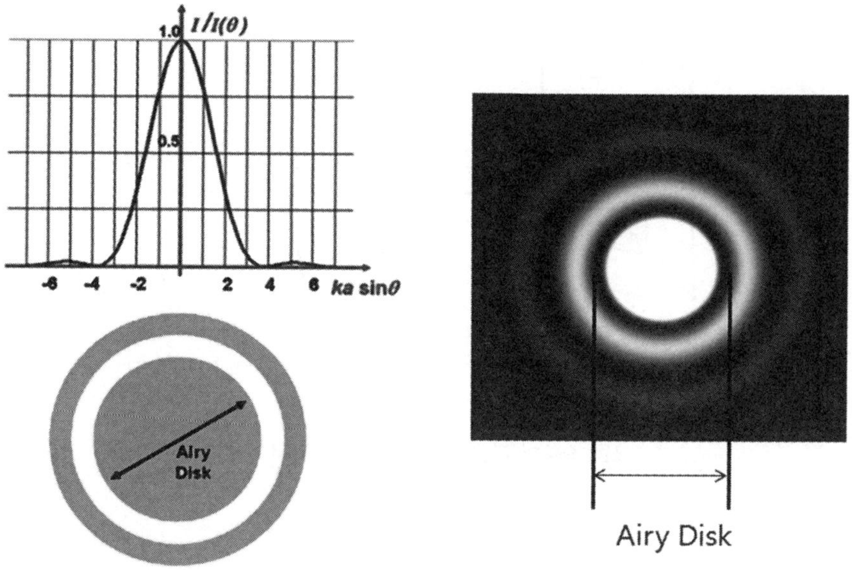

(a) 회절에 한정된 광출력 분포 (b) 회절에 한정된 실제 이미지 사진

그림 5-19 회절에 한정된(Diffraction-limited) 광출력 현상

여기서 $\theta_s = \theta_d \equiv \theta$, $dA_s = 2\pi r dr$, $r = z\tan\theta$, $r_{12} = z/\cos\theta$, $dr = d(z\tan\theta) = z(d\theta/\cos^2\theta)$, $dA_s = 2\pi z\tan\theta\, z(d\theta/\cos^2\theta)$의 관계식을 이용하면, 확장소스의 복사속은 다음과 같다.

$$\phi_d = 2\pi L A_d \int_0^{\theta_{\max}} \cos\theta \cdot \sin\theta\, d\theta = \pi L A_d \sin^2\theta_{\max} \tag{5-41}$$

$$E = \phi_d / A_d = \pi L \sin^2\theta_{\max} \tag{5-42}$$

만약 작은 각도인 경우에는 $F/\#$를 사용할 수 있는데, 광학시스템에서는 다음 식을 자주 사용

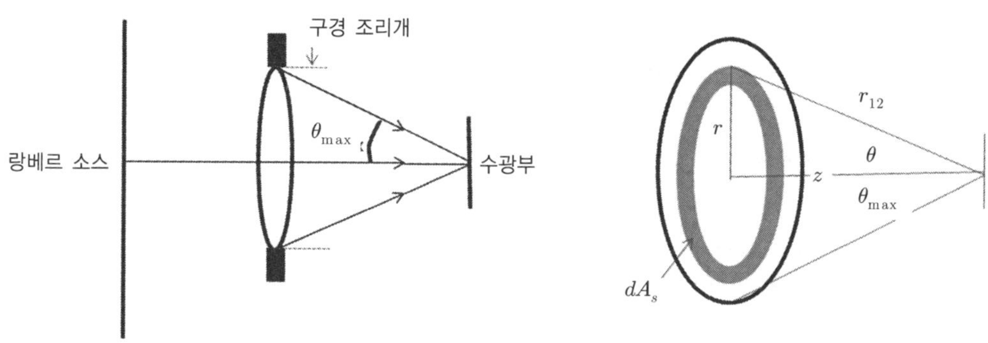

(a) 랑베르 소스의 렌즈에 의한 복사속 전달 (b) 확장 소스의 계산

그림 5-20 랑베르 소스(확장소스)의 렌즈에 의한 복사속 전달

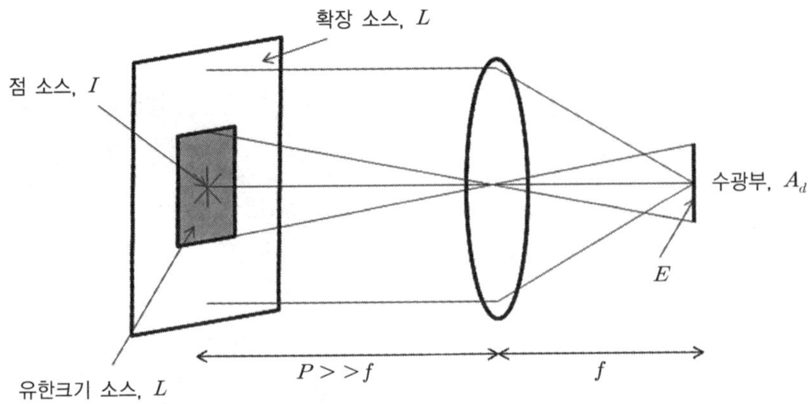

그림 5-21 다양한 소스에 대한 복사속 전달

한다.

$$\sin^2\theta = \frac{1}{4(F/\#)^2+1} \tag{5-43}$$

따라서 확장소스에서 수광부까지 전달되는 복사광도는 식 (5-42)와 식 (5-43)에 의해 다음과 같이 쓸 수 있다.

$$E = \frac{\pi L}{4(F/\#)^2+1} \tag{5-44}$$

앞에서 설명된 다양한 소스에 대한 복사속 전달 과정의 요약은 그림 5-21과 같으며, 각각에 대한 수광부로 도달하는 복사광도는 다음과 같다.

점소스 $\quad : E = \dfrac{0.84\, ID_{Lens}^2}{p^2\lambda^2(F/\#)^2 2.44^2}$ (5-45)

유한소스 $\quad : E = \dfrac{LA_{Lens}}{f^2}$ (5-46)

확장소스 $\quad : E = \pi L \sin^2\theta = \dfrac{\pi L}{4(F/\#)^2+1}$ (5-47)

5.2.3 투과창(Window)

포토다이오드, LED, 카메라 등에 빛이 입사하는 부분에 내부 전기회로 보호 및 빛을 잘 투과시켜 주기 위해 투과창(Window)을 장착해서 사용한다. 센서들이 좋은 특성을 내기 위해서는 측정 대상물로부터 방사하는 빛을 최대한 많이 투과시킬 수 있어야 한다. 또한, 주변 온도 및 습도 환경에 강해야 하며, 태양빛에 의한 자외선에 의한 부식에 강해야 하며, 열적 충격에도 강인해야 하고, 전자기파를 어느 정도 차폐해야 하는 다기능을 가져야 한다.

빛이 수직으로 투과창에 입사하는 경우, 광의 반사 및 투과에 대한 물리적인 개념은 그림 5-22와

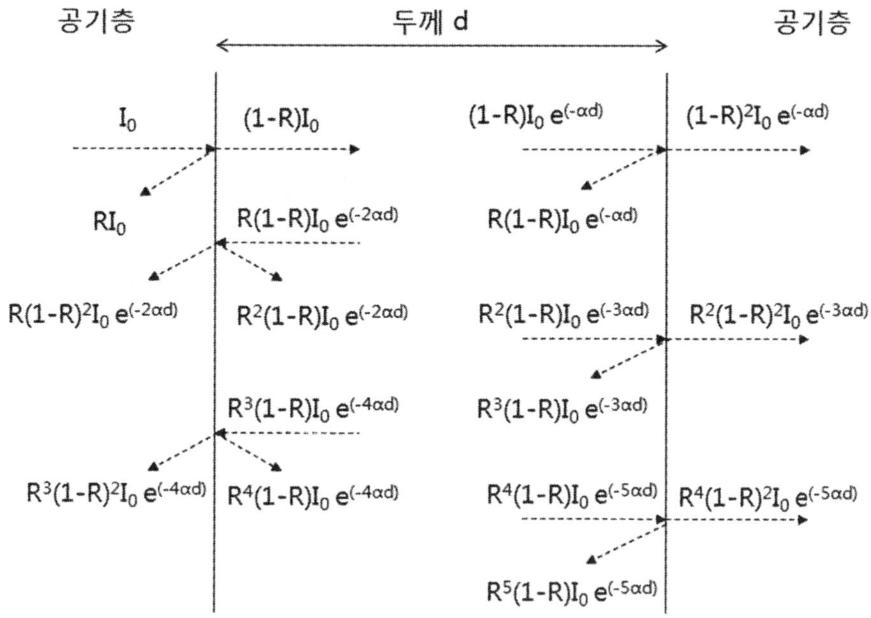

그림 5-22 수직입사 광의 내부반사에 의한 광에너지 흐름

같다. 두께가 d, 굴절률이 n인 투과창 표면으로 I_0 광의 세기로 수직 입사하고, 표면에서의 반사를 R, 투과창 내부에서의 흡수계수를 α, 투과창 내부에서 빛의 간섭현상을 무시한다면, 그림에서 투과창을 투과하여 나온 광을 모두 합하면 다음과 같다[50].

$$\begin{aligned} I &= (1-R)^2 I_0 e^{(-\alpha d)} + R^2(1-R)^2 I_0 e^{(-3\alpha d)} + R^4(1-R)^2 I_0 e^{(-5\alpha d)} + \ldots \\ &= I_0 \frac{(1-R)^2 e^{(-\alpha d)}}{1-R^2 e^{(-2\alpha d)}} \end{aligned} \tag{5-48}$$

따라서 투과도 T는 다음과 같다.

$$T = \frac{I}{I_0} = \frac{(1-R)^2 e^{(-\alpha d)}}{1-R^2 e^{(-2\alpha d)}}, \quad R = \frac{(n-1)^2}{(n+1)^2} \tag{5-49}$$

위 식에서 투과도 T를 높게 하려면 반사율 R이 작거나, 흡수계수 α와 투과창의 두께 d가 작아야 한다. 반사율을 작게 하려면 굴절률 n이 공기의 굴절률인 1에 근접한 재료를 선택하는 것이 좋으며, 일반적으로 흡수계수 및 굴절률은 파장의 함수로 주어진다. 굴절률이 큰 재료인 경우는 반사방지(Anti Reflection, AR) 코팅을 하여 반사율을 작게 해야 한다. 파장에 따른 대표적인 투과창 재료의 투과도 특성은 그림 5-23과 같다.

Ge, Si, GaAs와 같은 재료들은 굴절률이 다른 재료들에 비해 상대적으로 크다. 이런 재료들은 AR 코팅을 하여 반사율을 작게 해야 효과적이다. AR 코팅 원리는 1886년 Loar Rayleigh에 의해 제시되었는데, 기판의 굴절률 n_s, 공기의 굴절률 n_0라고 하면, 코팅을 할 재료의 굴절률은 $n_1 = \sqrt{n_0 n_s}$에 해당하는 재료를 선택하면 된다는 뜻이다. 즉, 굴절률이 1.5인 투과창에 AR 코팅을 한다고 하면

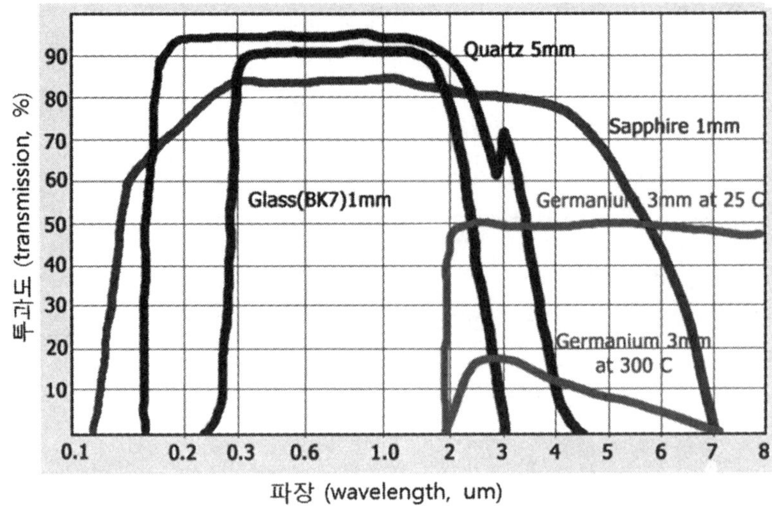

그림 5-23 대표적인 재료들의 파장에 따른 투과도 특성

$n_1 \simeq 1.22$가 된다. 그리고 AR 코팅을 하고자 하는 막의 두께는 $n_1 d = \lambda/4$의 조건을 만족하면 된다. 유리에 단층, 이층, 복수층의 AR 코팅을 한 경우의 효과는 그림 5-24와 같다[51].

유리의 굴절률은 약 1.5인데, 반사율 $R = (1.5-1)^2/(1.5+1)^2 \simeq 0.04$로 그림과 같이 반사율이 약 4% 정도이다. 여기에 AR 코팅을 한다면 앞서의 Rayleigh 법칙에 의해 코팅층의 굴절률은 약 1.22가 되는데, 이런 굴절률을 가진 재료는 드물기 때문에 가장 근접한 굴절률($n = 1.38$)을 가진 MgF_2를 코팅을 하게 되면, 반사율은 약 1.5%까지 낮출 수가 있다. 이번에는 굴절률 $n = 1.69$인 Al_2O_3를 유리에 먼저 코팅하고, 그 다음 MgF_2를 이중으로 코팅 박막을 입히게 되면 그림 5-24(b)와 같이 약 550 nm 근처에 약 0%의 반사율을 가질 수 있도록 만들 수 있다. 이번에는 공기/MgF_2/ZrO_2/CeF_3/유리 구조로 3층 코팅을 하게 되면 그림 5-24(c)와 같이 일정 구간의 반사율이 약 0%에 근접하게 만들 수 있다.

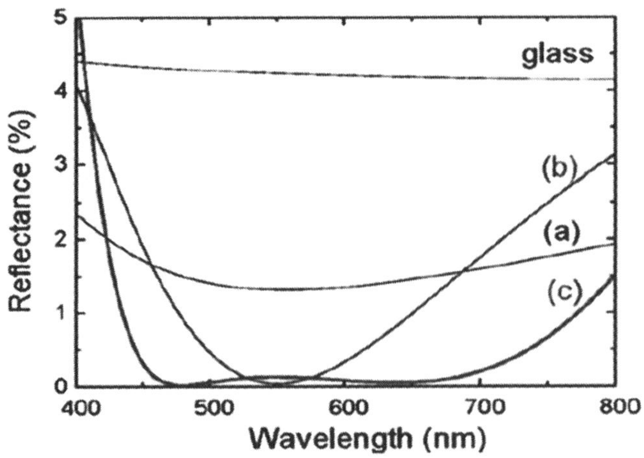

그림 5-24 유리에 AR 코팅을 한 경우 반사도 개선 효과

5.2.4 렌즈(Lens)

투과창은 앞에서 설명한 바와 같이 두 가지 역할을 하는데, 단순히 외부환경에서 회로 내부를 보호하고 원하는 대역의 빛을 투과시켜주는 역할을 한다. 하지만, 렌즈는 투과창의 역할뿐만 아니라 원하는 대역의 빛을 센서에 집광시켜주는 역할을 한다. 망원경에 사용되는 렌즈의 역할은 멀리 떨어져 있는 물체를 가까이 있는 것과 같은 역할을 하기도 하고, 현미경에 사용되는 렌즈는 매우 근접한 사물을 확대해 주는 역할도 한다. 사용목적에 따라 투과창을 사용하지 않고 렌즈만 사용하는 경우도 있다. 따라서 렌즈의 재질은 투과창에 사용된 재질과 동일한 재질로 사용해야 하며, 렌즈의 투과율이 낮으면 그 만큼 효율이 낮아지기 때문이다. 라틴어의 lentils는 렌즈의 어원인데, lentils는 식물의 씨앗의 일종인데, 이 씨앗은 가운데는 평편하고 양쪽 끝은 동그랗게 되어 있는 모양에서 렌즈라는 용어가 만들어졌다.

렌즈는 그림 5-25와 같이 볼록렌즈와 오목렌즈로 구분된다. 볼록렌즈는 광축을 따라 입사한 빛이 렌즈를 통과한 후 한 점(이 점까지의 거리를 초점거리)으로 모이게 하는 렌즈이며, 오목렌즈는 광축을 따라 입사한 빛이 렌즈를 통과한 후에는 거꾸로 발산하게 하는 렌즈이다. 오목렌즈의 초점거리는 렌즈가 입사하는 쪽에 생기게 되는데, 볼록렌즈와 구분해서 오목렌즈의 초점거리는 보통 (-)로 표시하며, 볼록렌즈의 경우와 구분하기 위해 오목렌즈의 초점을 허초점이라 한다. 광학에서 (-)의 의미는 반대쪽이라는 뜻이다. 렌즈는 모양에 따라 양볼록렌즈(biconvex lens), 평면볼록렌즈(plano-convex lens), 수렴오목볼록렌즈(positive meniscus lens), 발산오목볼록렌즈(negative meniscus lens), 평면오목렌즈(plano concave lens), 양오목렌즈(biconcave lens) 등 형태에 따라 6가지 정도로 구분한다.

공기 중에 있는 렌즈의 초점거리는 다음과 같은 일명 렌즈제작자 공식(lensmaker's equation)을 이용해서 계산할 수 있다.

$$\frac{1}{f} = (n-1)\left[\frac{1}{r_1} - \frac{1}{r_2} + \frac{(n-1)d}{nr_1r_2}\right] \tag{5-50}$$

여기서 f는 렌즈의 초점거리, n은 렌즈의 굴절률, r_1은 빛이 입사하는 쪽의 렌즈곡률 반지름,

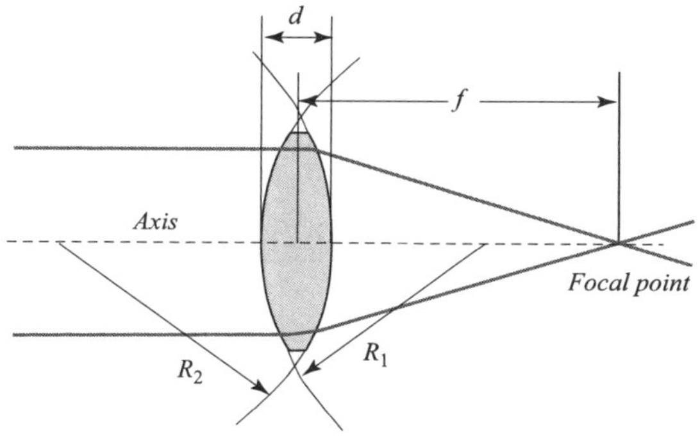

(a) 볼록렌즈의 초점거리

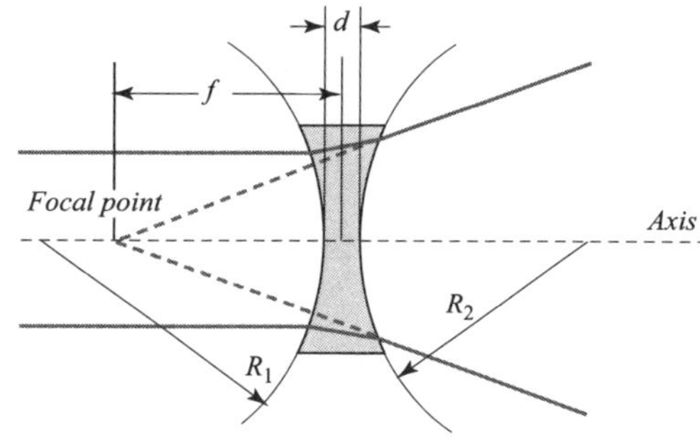

(b) 오목렌즈의 초점거리

그림 5-25 볼록렌즈와 오목렌즈의 초점거리 위치

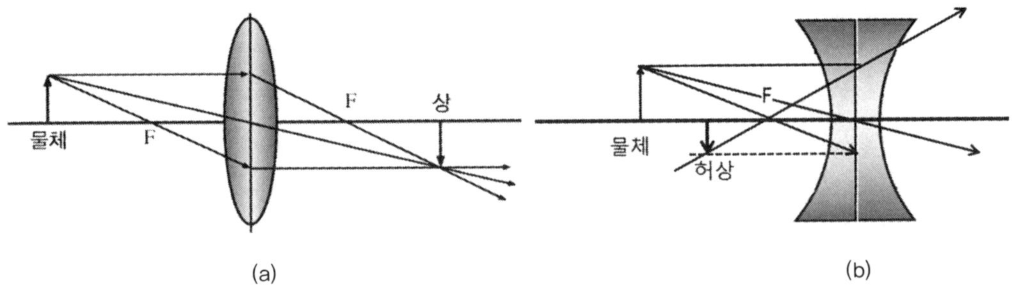

그림 5-26 (a)볼록렌즈와 (b)오목렌즈의 상 맺힘 원리

r_2는 빛이 나가는 쪽의 렌즈곡률 반지름, d는 광축에 있는 렌즈의 두께를 의미한다. 만약 렌즈의 두께가 렌즈곡률 반지름에 비해 매우 작다고 하면 다음과 같은 근사식으로부터 계산할 수도 있다[52].

$$\frac{1}{f} \approx (n-1)\left[\frac{1}{r_1} - \frac{1}{r_2}\right] \tag{5-51}$$

빛이 렌즈를 통과하게 되면 다음과 같은 세 가지 법칙을 따른다. 그림 5-26(a)와 같은 볼록렌즈인 경우, i) 렌즈 축에 나란하게 입사한 광선은 굴절 후 초점을 지나며, ii) 렌즈의 초점을 지난 광선은 굴절 후 렌즈 축에 나란하게 나가며, iii) 렌즈의 중심을 지난 광선은 그대로 나간다. 그림 5-26(b)의 오목렌즈에도 동일한 원리가 적용된다. i) 렌즈의 축에 나란하게 입사한 광선은 굴절 후 허초점에서 나온 것처럼 퍼져 나간다. ii) 렌즈의 허초점을 향하여 입사한 광선은 굴절 후 렌즈 축에 나란하게 나간다. iii) 렌즈의 중심을 지난 빛은 그대로 나간다.

얇은 볼록렌즈에 대한 기본적인 개념은 그림 5-27과 같다. 피사체의 영상은 렌즈를 통해 역상으로 상이 뒤집혀서 결상면인 센서쪽으로 상이 맺히게 된다. 먼 거리에서 광이 평행으로 입사하여 렌즈를 통해 한 점으로 집광되는 위치를 초점거리(그림에서 f)라고 하며, 렌즈부터 물체까지의 거리를 p, 렌즈부터 상이 맺히는 거리를 q라고 하면, 다음과 같은 관계식이 성립한다. 여기서 M은 렌즈에 의해 확대된 배율을 의미하며, (-)의 의미는 역상을 의미한다.

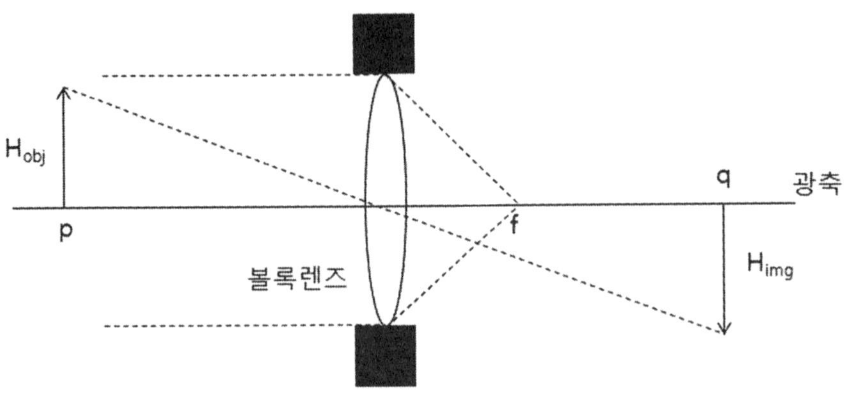

그림 5-27 얇은 볼록렌즈에서 상 맺힘 기본 개념도

$$\frac{1}{p}+\frac{1}{q}=\frac{1}{f},\quad M=\frac{H_{img}}{H_{obj}}=-\frac{q}{p} \tag{5-52}$$

위 식의 의미는 다음과 같다. 초점거리가 5 cm, 물체의 위치는 20 cm 떨어진 곳에 있다고 하면, 상이 맺히는 거리 q와 배율 M은 다음과 같이 계산할 수 있다. 즉, 상이 맺히는 위치는 6.67 cm, 배율은 0.33배가 된다.

$$q=\frac{1}{[(1/f)-(1/p)]}=6.67,\quad M=-\frac{q}{p}=-\frac{6.67}{20}=-0.33$$

만약 렌즈의 두께가 초점거리에 비해 무시할 수 없을 정도로 크다면 얇은 렌즈에 적용된 광학법칙과 약간 달라진다. 초점거리는 렌즈의 중심에서 초점위치까지가 아니고 렌즈의 주점(Principal Point)으로부터 초점위치까지로 정의된다. 두꺼운 렌즈의 주점은 그림 5-28과 같이 다음과 같은 방식으로 결정한다. ① 먼저 우측으로부터 먼 거리에서 빛이 광축과 평행하게 입사한다고 하자. ② 렌즈를 통과하여 광축과 만나는 점의 연장선과 입사하는 광의 연장선과 만나는 점을 정한다. ③ 교

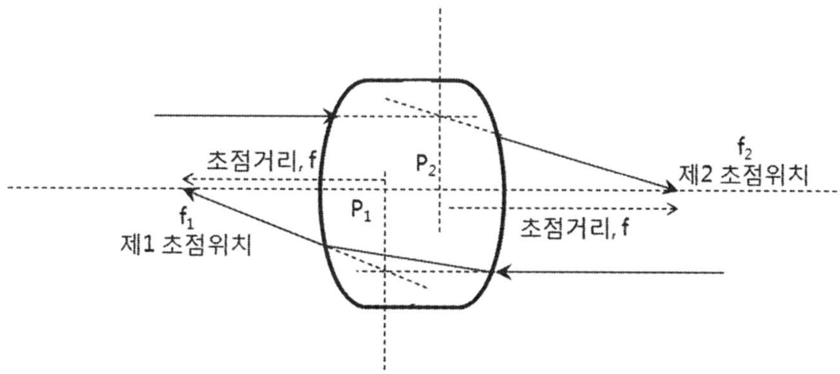

그림 5-28 두꺼운 렌즈의 초점거리 정의

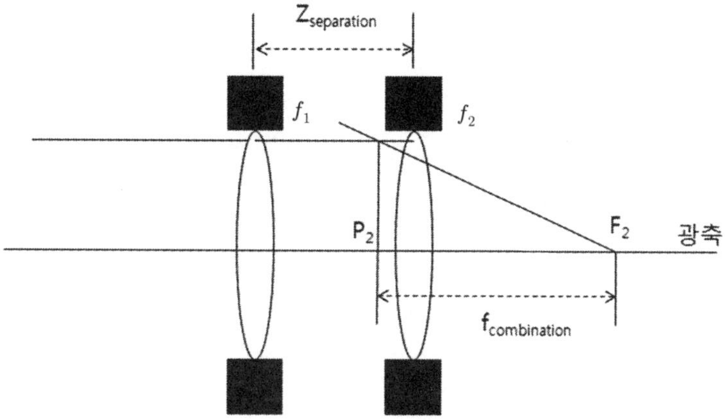

그림 5-29 두 개 렌즈 시스템의 초점거리 정의

차점에서 광축과 수직으로 선을 그어 광축과 만나는 점이 제1주점인 P_1이 된다. ④ 마찬가지로 좌측에서 입사하는 광을 고려해서 동일한 제2주점인 P_2를 결정한다. 얇은 렌즈는 바로 두 개의 주점이 일치하는 경우이며, 초점거리 $f \equiv \overline{p_1 f_1} \equiv \overline{p_2 f_2}$로 주어지며 동일한 굴절률을 가지고 있어 렌즈 양쪽이 동일하다.

그림 5-29와 같이 각각의 초점거리가 f_1, f_2인 얇은 렌즈 두 개가 거리 $Z_{separation}$만큼 떨어져 있는 경우를 생각해 보자. 이 경우 $f_{combination}$은 다음과 같다.

$$f_{combination} = \left[\frac{1}{f_1} + \frac{1}{f_2} - \frac{Z_{separation}}{f_1 f_2} \right]^{-1} \tag{5-53}$$

지금까지 설명된 내용은 렌즈에 대한 기본적인 이론이었다. 그러나 실제 상황에서는 렌즈로 빛이 입사하게 되면, 렌즈의 수차문제로 인해 맺히는 상이 흐릿해 진다. 수차에는 그림 5-30과 같은 색수차와 구면수차 두 가지가 있다. 색수차는 파장이 다른 빛이 입사하게 되면 파장에 따른 굴절률의 차이로 인해 생기는 현상으로 그림 5-30(a)에서와 같이 적색은 조금 더 먼쪽에서 초점이 생기는 반면, 이보다 파장이 짧은 청색은 렌즈 가까운 곳에 초점이 생긴다. 이러한 색수차를 없애기 위해서 기술적으로는 여러 장의 렌즈를 겹쳐 사용하여 색수차를 보정하고 있지만 완벽한 제거는 불가능하고 색수차에 의한 초점 흐림을 최소한으로 줄일 수는 있다. 반면 그림 5-30(b)와 같이 빛이 렌즈를 통과하는 위치에 따라 빛의 경로차에 의해 생기는 수차를 구면수차라고 한다. 이러한 구면수차는 렌즈의 곡면을 비구면으로 설계한 비구면렌즈를 이용하여 극복하고 있다. 따라서 이러한 수차를 완벽히 제거하는 것은 불가능하고, 최소한으로 줄이기 위해서는 여러 겹의 렌즈를 사용해야 하며, 이런 능력에 따라 렌즈의 가격이 좌우된다.

광학계 시스템에서 다양한 조리개(aperture)들의 크기 및 위치는 영상의 질과 복사량 전달에 큰 영향을 미친다. 렌즈는 빛을 집광하는 목적으로 사용하는 것인데, 빛을 얼마나 유효하게 집광할 수 있는가를 정의한 것이 F/#(F number)이다. F/#는 조리개를 개방했을 때 렌즈의 밝기에 해당하는 것인데, 렌즈의 초점거리를 f, 렌즈의 유효직경을 D라고 할 때, F/#$= f/D$로 정의한다. 그림 5-31과 같이 조리개를 가지고 있는 단일 렌즈 시스템을 생각해 보면, 구경 조리개는 광축 방향으로 입사

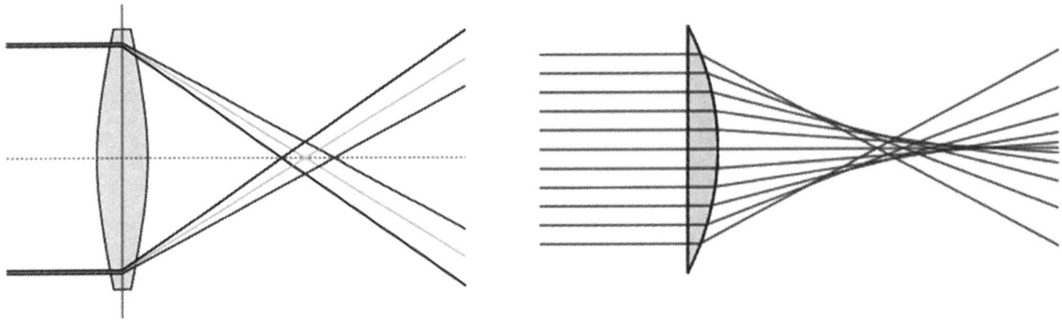

(a) 색수차에 의한 초점 흐림　　　(b) 구면수차에 의한 초점 흐림

그림 5-30 색수차와 구면수차에 의한 초점 흐림

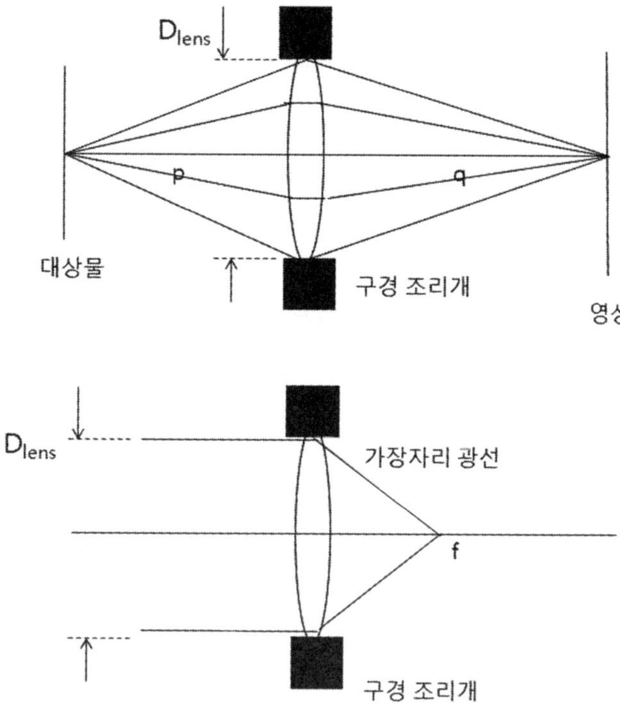

그림 5-31 렌즈의 *F/#* 개념

하는 대상물을 볼 수 있는 각도를 결정하는 역할을 한다. 특히, 가장자리 광선은 $F/\#$를 결정하는 중요한 변수이다. 그림에서 보면 세 가지 종류의 $F/\#$를 다음과 같이 표시할 수 있다.

$$(F/\#)_{\text{대상물, 유한한 거리}} = \frac{p}{D_{lens}}$$

$$(F/\#)_{\text{영상, 유한한 거리}} = \frac{q}{D_{lens}}$$

$$(F/\#)_{\text{영상, 무한대 거리}} = \frac{f}{D_{lens}}$$

$F/\#$가 커지면 그만큼 조리개 개방이 작아진다는 것을 의미하므로 빛의 광량이 적게 입사한다는 뜻이다. 예를 들어, $F/\#=3$과 $F/\#=1$의 차이는 위 식에서 두 가지로 볼 수 있다. 하나는 $F/\#=1$에 비해 조리개의 직경이 1/3로 줄어들었다는 의미이거나, 조리개의 크기는 그대로 유지하면서 초점거리가 3배 늘어났다는 의미이다.

조리개에 의해 광량을 조절하지만, 조리개와 센서 간의 거리로 인해 센서가 볼 수 있는 각이 한정되는데, 이것을 FOV(Field of View)라고 하며, 수평과 수직 두 가지 측면에서 FOV를 정의한다. 특히, 비접촉식 온도계인 경우 측정 대상물의 크기를 FOV가 규정하기 때문에 이는 매우 중요한 개념이다. FOV는 그림 5-32에서 주어진 것처럼 광학시스템이 볼 수 있는 각도 개념이며 다음과 같이 정의된다.

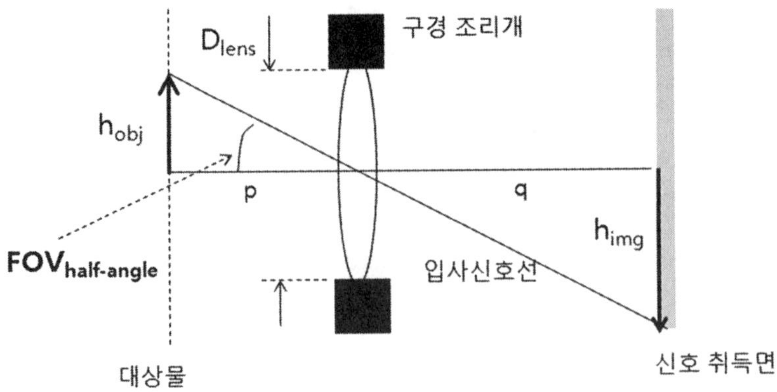

그림 5-32 시야각(FOV)의 개념

$$FOV_{half-angle} = \left|\tan^{-1}\left(\frac{h_{obj}}{p}\right)\right| = \left|\tan^{-1}\left(\frac{h_{img}}{q}\right)\right| \tag{5-54}$$

그림에서와 같이 FOV는 빛을 감지하는 부분(센서 배열, 필름크기, 개별소자)의 크기에 의해 결정된다. 따라서 F/#와 FOV는 광량을 얼마나 잘 보내주는가 하는 정도 및 이미지의 질을 결정하는 중요한 변수들이다. 작은 F/#와 큰 FOV는 빛 흐름의 효율을 향상시켜 주는 반면, 이미지의 질은 큰 수차로 인해 좋지 않은 영향을 받을 수 있다. 반대로 큰 F/#와 작은 FOV는 빛 흐름의 효율을 떨어뜨리지만 색수차에 의한 효과가 작기 때문에 더 좋은 이미지를 얻을 수가 있다. 또한, 렌즈의 초점거리가 길면 FOV가 작아지므로 상대적으로 물체를 확대해서 볼 수 있고, 렌즈의 초점거리가 짧으면 FOV가 넓어지므로 이미지의 배율은 작아진다.

어레이 센서의 피치 사이즈(pitch size)에 따른 FOV를 계산해 보면 FOV에 대한 이해를 높일 수 있다. 피치 사이즈는 어레이 픽셀 간의 간격을 의미하는데, 8×8 어레이의 20 μm 피치 사이즈로 설계했다는 것은 신호 취득면의 크기가 가로×세로가 각각 160 μm×160 μm를 의미한다. 식 (5-47)에서 q는 유효초점거리(EFL, Effective Focal Length)이므로, 신호 취득면의 크기에 따른 최소의 FOV에 대해 계산한 결과는 표 5-2와 같다. 이 값은 식 (5-54)에 2를 곱한 전체각에 해당하는 값이다.

만약 8×8 어레이를 광학용 센서로 사용한다고 하고, 픽셀 간의 피치 사이즈를 50 μm로 한다고 하면, 유효초점거리에 따라 가능한 FOV는 약 2.8도에서 11.4도까지 가능하다. FOV는 센서가 바라볼 수 있는 각을 나타내므로, 이 각이 작다고 하면 아주 좁은 영역만 볼 수 있다는 의미이고, 이 각이 크다면 상당히 넓은 영역을 볼 수 있다는 뜻이다. 만약 적외선을 이용한 비접촉식 온도계로 사용하고자 할 때에는 온도측정이 정밀해야 하므로 이 경우에는 FOV를 좁게 해야만 정확한 온도를 측정할 수 있다. 그리고 실내의 전체적인 온도 분포를 측정하고자 한다면 FOV를 넓게 설계하는 것이 바람직하다. 따라서 식 (5-54)는 광학용 센서를 설계할 때에 매우 중요한 개념이다.

5.2.5 프레넬 렌즈(Fresnel Lens)

프레넬 렌즈는 1748년 Count Buffon이 유리렌즈의 두께를 줄이고 빛의 손실을 최소화 할 수 있는 방법으로 유리렌즈 표면을 계단 모양으로 가공하면 된다는 아이디어를 제안하였으며, 1822년 프랑

표 5-2 센서 이미지의 크기와 유효초점거리에 따른 FOV 결과

Array	Pitch(μm) / EFL(mm)	20	35	50	100	200
8×8	2	4.58	8.02	11.42	22.63	43.62
	4	2.29	4.01	5.72	11.42	22.63
	8	1.15	2.00	2.86	5.72	11.42
16×16	2	9.15	15.94	22.63	43.62	77.36
	4	4.58	8.02	11.42	22.63	43.62
	8	2.29	4.01	5.72	11.42	22.63
32×32	2	18.19	31.30	43.62	77.36	116.05
	4	9.15	15.95	22.63	43.62	77.36
	8	4.58	8.02	11.43	22.63	43.62
64×64	2	35.51	58.53	77.36	116.05	145.37
	4	18.19	31.30	43.62	77.36	116.05
	8	9.15	15.95	22.63	43.62	77.36

스의 물리학자인 Augustin Fresnel이 구면수차를 없앤 등대용 렌즈로 제작하면서 실용화가 이루어졌다. 이 렌즈는 계단 모양의 표면을 이용한 것으로 고성능의 화질을 요구하는 렌즈 목적이 아닌 용도에 적합하다.

프레넬 렌즈의 원리를 볼록렌즈와 비교해서 설명하면 그림 5-33과 같다. 볼록렌즈의 내부를 제거하면 두께가 매우 얇고 같은 초점거리를 갖는 프레넬 렌즈를 만들 수 있다. 프레넬 렌즈는 구면 렌즈에 비해 무게가 가볍고, 두께가 얇으며, 플라스틱 재질인 경우 원하는 형태로 굽힐 수 있으며, 흡수에 의한 광손실을 최소화 할 수 있는 장점이 있다. 특히, 낮은 흡수손실 특성은 적외선 응용분야에서 가격을 낮출 수 있는 요인 중 하나이다.

프레넬 렌즈를 양산할 때 가장 어려운 부분은 그림 5-34와 같은 작은 그루브의 표면을 가공하는 일이다. 그루브 간격이 좁을수록 보다 정밀한 렌즈 특성을 나타낸다. 그루브를 설계하는 가장 일반적인 방법은 모든 그루브들이 동일한 피치 간격을 갖도록 하는 것이다.

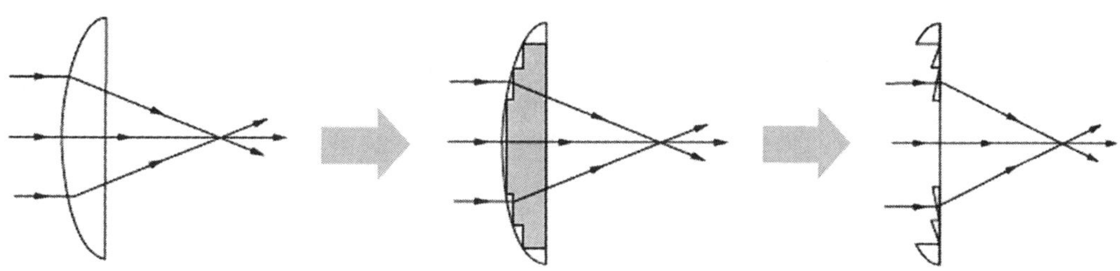

(a) 평블록렌즈 (b) 내부를 제거한 블록렌즈 (c) 프레넬 렌즈

그림 5-33 프레넬(Fresnel) 렌즈의 가공 원리

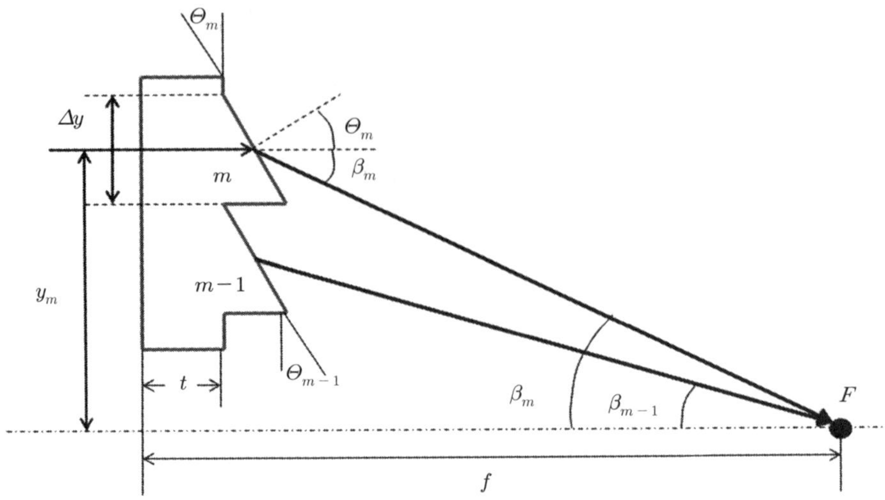

그림 5-34 프레넬 렌즈 그루브(groove) 각도의 계산

단색광이 렌즈 쪽으로 수직으로 입사한다고 가정하면 렌즈를 지나가는 빛은 그림 5-34와 같이 그루브의 측면 부분에서 굴절이 일어나서 초점거리로 빛이 모아지게 된다. 이때 그루브의 중심을 지나가는 빛에 다음과 같은 Snell의 법칙을 적용할 수 있다.

$$\sin\Theta_m = n\sin(\Theta_m + \beta_m) \tag{5-55}$$

여기서 n은 해당 파장에서의 굴절률이며, 수식의 사인 항에 있는 각도는 그림 5-34에 정의한 각도이다. 광축에서 m번째 떨어져 있는 그루브의 각도는 간단한 계산을 하면 다음과 같다.

$$\Theta_m = \tan^{-1}\left[\frac{y_m}{n\sqrt{y_m^2 + (f-t)^2} - (f-t)}\right] \tag{5-56}$$

이 식에서 $y_m' = y_m/f$, $t' = t/f$라고 하면 다음과 같은 프레넬 렌즈의 기본적인 그루브 각도에 관한 식을 얻을 수 있다[53].

$$\Theta_m = \tan^{-1}\left[\frac{y_m'}{n\sqrt{y_m'^2 + (1-t')^2} - (1-t')}\right] \tag{5-57}$$

물리보안용 침입감지센서에 많이 사용되는 열선감지기는 원적외선에서 나오는 열원을 감지한다. 이러한 열선감지기에 사용되는 렌즈들은 거의 대부분 프레넬 렌즈를 사용하며, 사용하는 재질은 저밀도 폴리에틸렌($n=1.51$) 또는 고밀도 폴리에틸렌($n=1.54$)을 가공해서 사용한다. 다양한 프레넬 렌즈에 대한 정보는 Fresnel Tech라고 하는 회사의 홈페이지에서 찾을 수 있다[54].

5.2.6 광섬유(Fiber Optic)

광섬유는 광섬유 내부로 들어간 빛이 전반사 원리에 의해 외부로 빠져 나오지 않고 광섬유를 따라 진행하는 특성이 있다. 광섬유의 원리는 오래 전부터 알려져 있었다. 1920년대에 많은 섬유 다발로 만든 핸들 파이버를 사용하여 빛을 전송하는 아이디어가 나왔으며, 1950년대에 의료용으로 인체 내부 관찰에 사용하게 되었다. 그러나 당시의 광섬유는 빛의 전송손실이 수천 dB/km로 매우 컸었다. 1970년대 초반에 미국의 코닝 사에서 20 dB/km까지 손실을 줄일 수 있는 광섬유가 개발되면서 통신용으로 사용하게 되었다. 현재는 빛의 전송손실이 매우 적으며(100 km 전송시 약 1% 손실), 주파수 대역폭이 넓어 통신기술에 혁신을 가져왔다. 이러한 무손실의 원리를 이용해서 센서로도 사용하게 되었다.

광섬유의 구성재료는 유리섬유와 플라스틱섬유가 있으며, 유리섬유도 석영계 유리섬유와 다성분계 유리섬유로 분류된다. 통신용에는 손실이 적은 석영계 유리섬유가 주로 쓰이고 있으며, 조명장치용이나 장식용으로는 플라스틱섬유가 사용된다.

광섬유는 그림 5-35(a)와 같이 코어(core), 클래딩(cladding), 버퍼코팅(buffer coating) 세 가지 요소로 구성되어 있다. 코어는 얇은 유리섬유의 중심이 되는 부분으로 빛이 이동하는 통로가 되며, 이 중심부분의 굴절률은 바깥부분의 굴절률보다 약간 크도록 설계되어 전반사(total reflection)가 발생하도록 하여 빛이 손실없이 이동이 가능하도록 되어 있다. 클래딩은 코어의 외부를 감싸고 있는 요소로 빛을 코어 안쪽으로 반사시켜 전반사 조건이 되도록 해 주는 역할을 한다. 버퍼코팅은 플라스틱섬유의 코팅으로 광섬유를 보호하는 역할을 한다.

광섬유 코어의 굴절률을 클래드의 굴절률보다 높게 하면 그림 5-35(b)와 같이 코어에 들어온 빛은 코어와 클래드의 경계에서 전반사를 반복하며 코어 속을 전파한다. 즉, 클래딩은 광을 흡수하지 않고 전반사시켜 광원을 손실없이 코어를 따라 아주 먼 거리까지 보낼 수 있도록 해 준다. 물리적으로 코어의 굴절률을 클래드의 굴절률보다 크게 해 주었다고 해서 반드시 전반사가 일어나는 것은 아니다. 광이 입사하는 각도에 따라 다양한 내부반사가 생길 수 있는데, 광원의 입사각도가 임계각도(critical angle)보다 클 경우는 항상 전반사가 일어나게 되어 클래딩은 광을 전혀 흡수하지 않으므로 광섬유가 구부러지거나 휘어져 있더라도 먼 거리까지 광을 전파시킬 수 있다.

광섬유 내부에서 전반사가 일어나도록 하는 입사각도는 그림 5-36에 Snell의 법칙을 적용하면

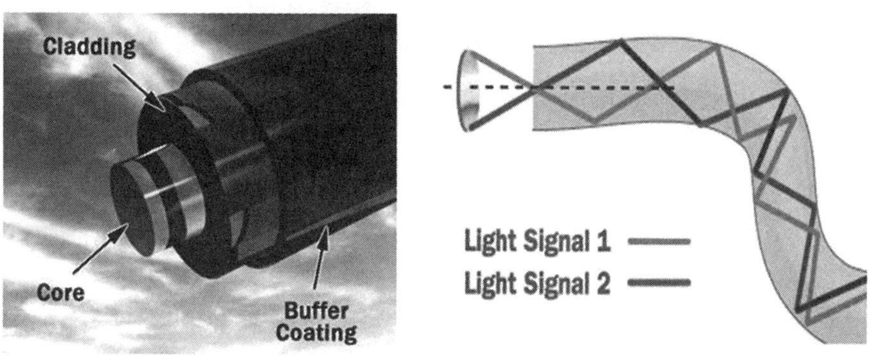

(a) 광섬유 내부 구조 (b) 광섬유 내부의 광전달 방식

그림 5-35 광섬유의 내부 구조 및 광 전달 방식

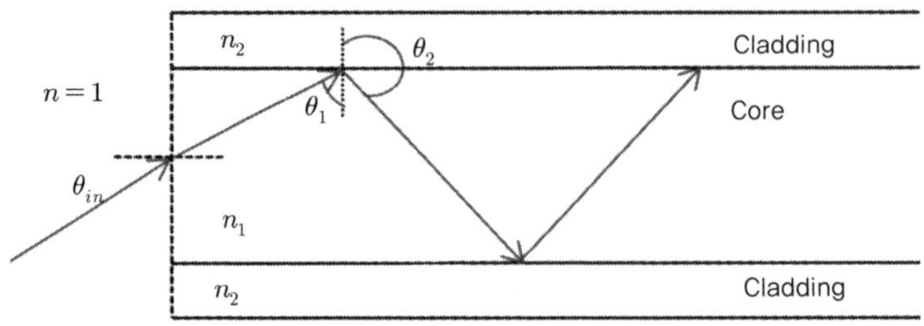

그림 5-36 광섬유 내에서 전반사 입사 조건

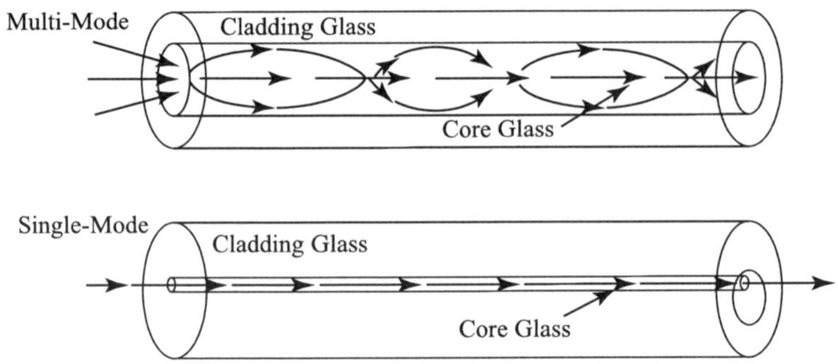

그림 5-37 광케이블의 전송모드에 따른 신호전달 방식

코어와 클래드의 굴절률 함수로 최대 입사 각도를 다음과 같이 계산할 수 있다. 이 식에서 직관적으로 코어의 굴절률이 클래드보다는 커야만 한다는 것을 알 수 있다. 만약 이 각도보다 높은 각도로 입사하게 되면 전반사가 일어나지 않고 손실이 발생하게 된다.

$$\theta_{in} = \sin^{-1}\left(\sqrt{n_1^2 - n_2^2}\right) \tag{5-58}$$

광섬유를 이용해서 광신호로 변환된 레이저 신호를 멀리까지 전송하기 위해 만든 것이 광케이블이다. 광케이블에는 그림 5-37과 같이 두 가지 모드로 만들어서 용도에 따라 사용한다. 싱글모드(single mode)는 광케이블 코어 안에 도파되는 빛의 모드가 하나인 광섬유(코어의 직경이 9 μm)로 모드분산이 적어 긴 거리까지 전송이 가능한 모드이다. 멀티모드는 광케이블 코어 안에 도파되는 빛의 모드가 여러 개인 광섬유(코어의 직경이 62.5 μm, 50 μm)로 단거리 전송에 용이하다.

5.3 적외선 (Infrared Ray)

5.3.1 적외선의 정의

중세의 과학자들은 사람 눈에 보이는 빛에 대해 많은 연구를 하였다. 특히, 사람 눈에 보이는 색에 대해 연구를 많이 하였는데, 물리학자 뉴턴 당시까지만 해도 빛에는 색이 없다고 믿었으며, 색을 물체 자체의 고유한 성질이라고 생각했다. 예를 들어 사과가 빨간 것은 사과가 고유한 성질인 빨간색을 갖고 있기 때문이라는 것이다. 이러한 이론은 나타났다 사라지는 무지개색에 대해서는 설명하

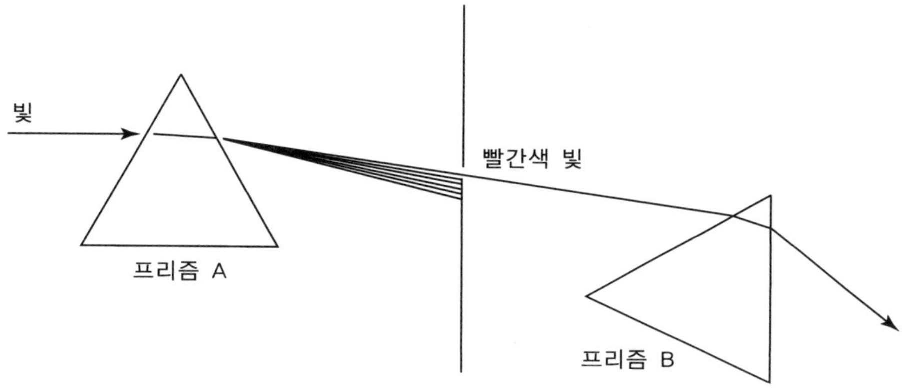

그림 5-38 뉴턴이 실험한 이중 프리즘 실험 개요

기 어려운 현상이었다. 고대 학자인 데카르트는 빛이 프리즘을 통과할 때 프리즘 재질의 특수한 성질로 무지개색이 나타난다고 설명하였다. 즉, 원래 색이 없던 빛이 프리즘의 재질로 여러 가지 색을 가진 빛으로 변화하게 된다는 이론이었다.

1666년 뉴턴은 그림 5-38과 같은 프리즘 실험을 통해 데카르트의 설명이 맞는지 실험을 해 보았다. 프리즘 현상에 대한 데카르트의 설명이 옳다면, 프리즘 B를 통과한 빛의 색은 빨간색이 될 수 없다. 그러나 뉴턴의 실험결과는 이와는 달리 프리즘 B를 통과한 빛의 색도 빨간색으로 나타났다. 이것은 데카르트의 설명에 반하는 결과였다. 따라서 뉴턴은 프리즘 현상을 설명하기 위해 '빛에는 여러 색에 대응하는 종류들이 있으며, 같은 재질에 대해 각 종류의 빛이 굴절되는 정도는 다르다.'라는 가설로 자신의 실험결과를 설명하였다. 1704년 그는 '광학'이라는 책을 출판하였는데, 여기서 가장 큰 크기의 빛 입자가 최대 진동수인 적색을 만들고, 가장 작은 크기의 빛 입자가 최소 진동수인 청색을 만들어 낸다고 발표했다.

1800년대에 영국의 왕립 천문학자인 William Herchel이 프리즘을 이용해서 가시광선 온도를 그림 5-39와 같이 측정하는 실험을 시도하였다. 빨간색 바깥에 아무런 빛이 없는 곳에 있는 온도계 온도가 예상했던 것보다 훨씬 높게 나온 것을 우연히 발견하였다. 이에 Herchel은 눈에 보이지는 않지만 어떤 형태의 전자기파가 존재한다는 사실을 처음 발견하였으며, 빨간색 너머에 있다는 의미에서 적외선(infrared, 赤外線)이라고 최초로 명명하였다.

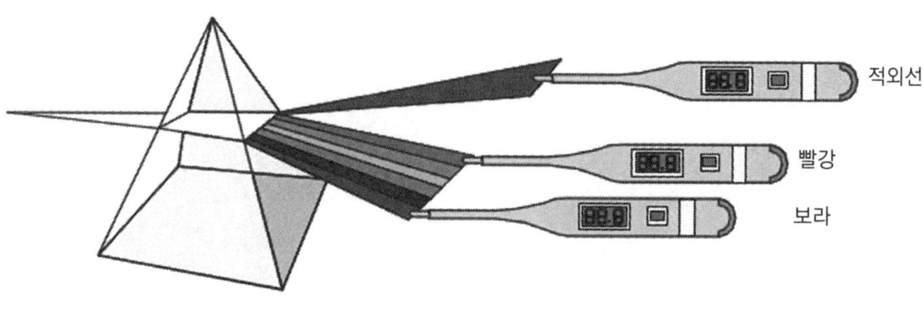

그림 5-39 W. Herchel의 적외선을 발견한 프리즘 실험 개요

1830년쯤에 모든 물체는 적외선을 발산한다는 사실을 알게 되었으며, Nobili에 의해 두 금속의 열기전력 차이를 이용한 최초의 열전대(thermocouple)가 발명되어 보다 정확한 온도를 측정할 수 있게 되었다. 1859년 Kirchhoff는 적외선의 흡수(absorption)와 방사(emission)는 서로 비례관계에 있음을 증명하였으며, 1879년 Stefan은 적외선의 복사량은 온도의 4제곱근에 비례한다는 사실을 발표했다. 1884년 Boltzmann은 Stefan의 주장을 이론적으로 증명하였다. 1893년 Julius는 적외선 흡수는 원자가 아니라 분자에서 일어난다는 사실을 발표했으며, 1896년 Wien은 적외선 복사량이 온도와 파장의 함수임을 제시하였다.

1900년 12월 독일 베를린 대학의 이론물리학 교수였던 Max Planck는 독일 물리학회에서 흑체복사의 에너지는 플랑크 상수라는 특정한 상수와 진동수 곱의 정수배가 되어야 한다는 주장을 했다. 바로 이것이 현대 물리학의 시발점이 되었으며, 적외선 복사현상을 이론적으로 최초로 정립한 계기가 되었다. 이 이론으로 미세 에너지는 불연속적이라는 양자역학적인 개념을 받아들이게 되었다.

적외선은 영어로 infrared이며, 한자로 赤外線이라고 한다. Infrared는 '빨간색'을 뜻하는 red에 '넘어'라는 뜻을 가진 infra라고 하는 접두어가 합해진 것으로 풀이하면 '빨간색 너머'라는 뜻이다. 이러한 영문의 뜻을 그대로 한자로 풀이한 것이 赤外線이다. 빨간색은 사람 눈으로 볼 수 있는 가시광선(visible light) 중 하나이다. 가시광선은 무지개색이라고 하는 '빨주노초파남보'의 일곱 가지 색이 존재하는 빛의 영역이다. 사람의 눈으로 인식할 수 있는 파장을 기준으로 가시광선 중에서 빨간색 바깥에 있는 빛을 적외선이라 하며, 보라색 바깥에 있는 빛을 자외선(紫外線, ultraviolet)이라 한다.

전자기파 스펙트럼에서 적외선은 0.75 μm에서 1,000 μm 파장 영역에 해당하며, 가시광에 비하면 매우 넓은 영역대이다. 적외선은 일부 구간마다 각각의 특성이 다르므로 파장 대역을 세분화해서 부르기도 한다. 일반적으로 구분하는 방법, 국제조명위원회(International Commission on Illumination, CIE)에서 분류하는 방법, ISO에서 구분하는 방법, 천문학자들이 분류하는 방법 등 다양한 방법들이 있다. 일반적인 분류방법은 표 5-3과 같다. 근(近)적외선, 단(短)적외선, 중(中)적외선, 장(長)적외선, 원(遠)적외선 등 5개 영역으로 세분하고, NIR과 SWIR은 반사된 적외선(Reflected Infrared)이라고 부르기도 하며, MWIR과 LWIR은 열 적외선(Thermal Infrared)이라 부르기도 한다[55].

CIE에서는 0.7~1.4 μm를 IR-A, 1.4~3.0 μm를 IR-B, 3.0~1,000 μm를 IR-C로 구분한다. ISO 20473에 의하면 근적외선(Near Infrared, NIR) 영역을 0.78~3.0 μm, 중적외선(Mid Infrared, MIR) 영역을 3.0~50 μm, 원적외선(Far Infrared, FIR)을 50~1,000 μm 영역으로 구분한다. 그리고 천문

표 5-3 파장에 따른 적외선 대역의 분류

적외선 이름	파장 대역
근적외선(NIR, Near InfraRed)	0.75 μm~1.4 μm
단적외선(SWIR,Short Wavelength InfraRed)	1.4 μm~3.0 μm
중적외선(MWIR, Middle Wavelength InfraRed)	3.0 μm~8.0 μm
장적외선(LWIR, Long Wavelength InfraRed)	8.0 μm~15.0 μm
원적외선(FIR, Far InfraRed)	15.0 μm~1,000 μm

학에서는 근적외선을 (0.7~1)~5 μm, 중적외선을 5~(25-40) μm, 원적외선을 50~1,000 μm로 구분한다.

5.3.2 흑체(Blackbody)의 정의

흑체는 모든 각도에서 다양한 주파수를 가지고 입사하는 전자기파 복사를 완벽하게 흡수하는 이상적인 물체를 의미한다. 따라서 열적 평형상태에 있는 흑체에서 나오는 전자기파 복사를 흑체복사라고 하며, 이때 발산하는 전자기파 복사는 Planck의 복사법칙을 따른다. 열적 평형상태에 있는 흑체는 다음과 같은 두 가지 특성이 있다.

① 이것은 이상적인 방사체(Ideal Emitter)로서, 동일한 온도에 있는 어떤 다른 방사체보다 항상 에너지가 높다.

② 이것은 분산 방사체(Diffuse Emitter)로서, 에너지는 방향에 관계없이 등방성으로 복사된다.

1860년 Kirchhoff가 "입사하는 모든 빛을 완벽하게 흡수하고, 반사하거나 흡수되지 않는 무한히 얇은 두께를 가진 물체이다. 나는 이것을 간단히 줄여서 흑체라고 정의한다."라고 처음으로 흑체에 대한 개념을 도입하였으며, 오늘날 무한히 얇은 두께라고 하는 조건은 삭제하고 사용되고 있다.

흑체의 외형적인 개념은 그림 5-40과 같이 외부로 복사(radiation)하지 않는 벽면을 가진 공동(cavity)에 조그만 구멍이 있는 것과 같은 개념이다. 빛이 구멍 안쪽의 공동으로 들어가면, 공동의 내부가 매우 넓어서 한 번 들어온 빛은 외부로 빠져나가지 못한다. 그림과 같은 구멍(hole)을 가진 물체는 입사하는 복사의 파장이 구멍의 직경보다 더 크다면 입사하지 못하고 반사할 것이기 때문에 부분적으로는 완벽한 흑체는 아니지만 흑체에 대한 개념적인 이해를 위해서 자주 사용하는 모델이다. 공동의 온도가 일정하다고 하고 내부로 들어온 빛들이 열적으로 평형상태에 있다고 가정하면 구멍을 통해 빛들이 빠져나갈 수 있다. 만약 구멍이 작다면, 이 구멍을 통해 들어오고 나가는 복사량은 공동 내부의 열적 평형상태에는 영향을 거의 주지 못할 것이다. 따라서 구멍의 크기보다 훨씬 짧은 파장의 빛이 구멍을 통해 나가는 복사는 구멍과 공동의 특성과 관계없이 온도의 함수로만 주어진 에너지 특성을 보일 것이며, 이는 흑체 복사와 거의 유사하다.

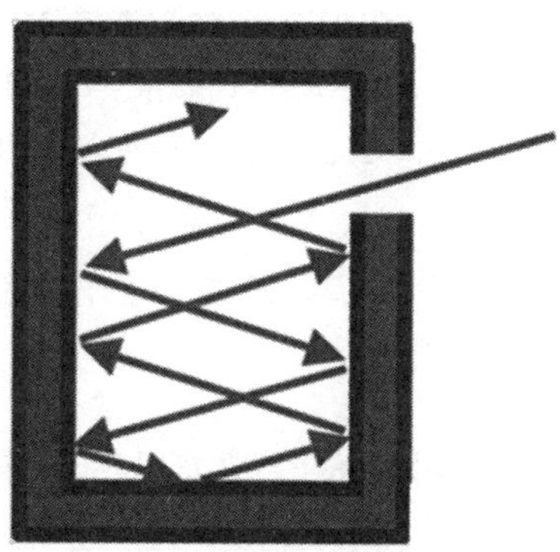

그림 5-40 흑체의 개념

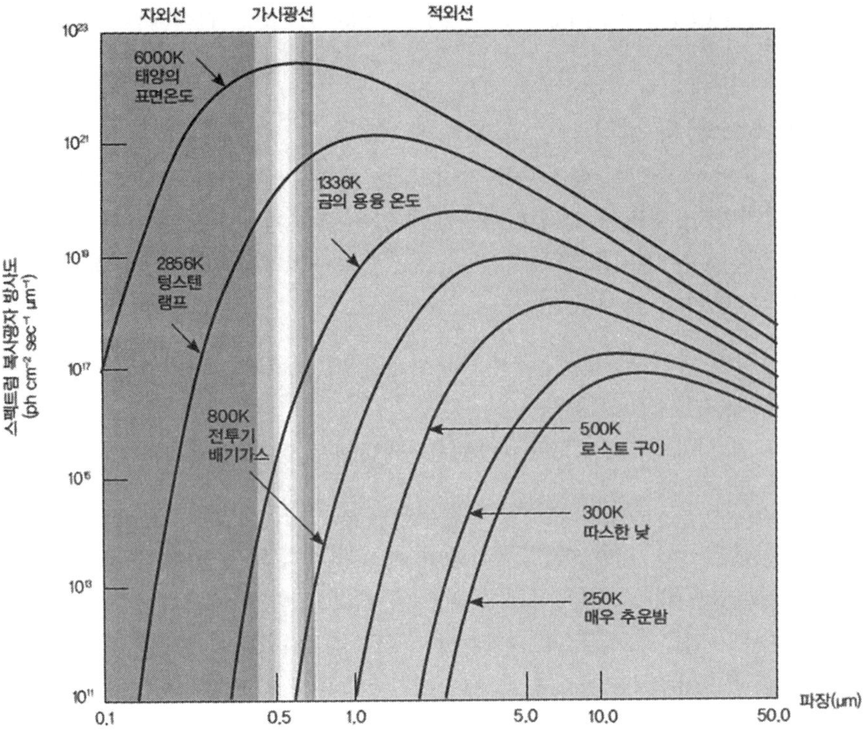

그림 5-41 온도 및 파장에 따른 흑체 복사

흑체 소스의 상업적인 사용은 비접촉식 온도계의 온도 교정을 위해 개발되었으며, 이후 적외선을 이용한 열화상 카메라의 성능 분석을 위해 성능이 우수한 흑체가 개발되었다. 대표적인 상업용 흑체 소스 제조사는 미국의 SBIR 사, Mikron 사 등이 있으며, 이들 업체에서 다양한 형태의 제품을 제공하고 있다. 흑체 소스의 핵심 기술은 온도를 정확하게 제어하는 기술인데, 상업용으로 출시된 제품들의 온도 편차는 평균 ±0.5℃ 이내로 제어하고 있다.

흑체를 이용해서 온도에 따른 복사를 측정하면 앞서 이론적으로 정의된 식 (3-100)의 Planck 복사법칙에서 예측한 결과를 얻게 된다. 그림 5-41은 특정 온도에서 파장에 따른 복사량을 계산한 결과이다. 저온에서부터 약 1,300K 온도까지 나오는 대부분의 복사 에너지 피크 파장은 적외선 영역에 해당한다. 즉, 사람이 생활하는 일반적인 온도인 300K 근처의 피크 파장은 8~14 μm에 해당하며, 500K 근처의 피크 파장은 3~5 μm에 해당한다. 표 5-3의 적외선 분류에서 LWIR 영역은 사람 체온과 관련된 응용분야에 사용되고, MWIR 영역은 군사용의 미사일 추적기 분야에 사용된다. FIR 영역은 분자의 진동 에너지와 관련되어 있어 고체 표면물리 연구에 활용되고 있다.

5.3.3 방사율(Emissivity)의 정의

온도를 측정하는 방법은 접촉식과 비접촉식 방법으로 나눌 수 있다. 접촉식은 측정하고자 하는 물체에 센서를 접촉해서 측정하는 방법이고, 비접촉식은 물체에서 나오는 복사량을 측정해서 온도를 측정하는 방법이다. 접촉식이 비접촉식보다는 정확하다. 그러나 우주 행성의 온도나 태양 표면의 온도처럼 멀리 떨어져 있는 물체의 온도를 측정하거나, 용광로 내부의 매우 높은 온도는 비접촉식 온도계로만 측정해야 한다. 또한, 음식의 조리 중이거나 음식보관의 온도 조절이 필요한 경우에도 비접촉식 방법이 사용된다. 비접촉식 온도계의 온도 측정원리는 앞서 설명된 플랑크 복사법칙을 이용해서 물체의 온도를 유추한다.

비접촉식으로 물체 표면의 온도를 측정할 때 그림 5-42와 같이 반사, 투과, 방사와 같은 세 가지 에너지 형태가 존재하게 된다. 이 중에서 오직 방사에 의한 에너지만 물체 표면의 온도를 측정하는데 필요하다. 반사에 의한 에너지와 투과에 의한 에너지는 물체 표면 자체의 에너지와 관계없는 빛이다. 따라서 비접촉식 온도계로 온도를 측정하고자 할 때는 반사와 투과에 의한 효과는 제거하고 오직 방사에 의한 에너지로만 측정해야 한다. 일반적으로 투명하지 않은 물체인 경우는 투과에 의한 효과는 거의 없으며 반사에 의한 효과만 오차에서 고려하면 된다.

빛이 물체를 지나게 되면 투과 τ, 흡수 α, 반사 ρ 세 가지 물리적 특성이 나타난다. 불투명한 물체는 약간의 반사가 있더라도 투과를 하지 못하는 것인데, 이 경우 $\tau=0$, $\alpha+\rho=1$로 표현되며, 투명한 물체는 $\tau=1$, $\alpha=\rho=0$로 볼 수 있다. 백색체(White Body)는 입사하는 빛을 모든 방향으로 반사하는 것으로, $\tau=0$, $\alpha=0$, $\rho=1$이며, 흑체는 $\tau=0$, $\alpha=1$, $\rho=0$로 정의할 수 있다. 그리고 회색체(Gray Body)는 α, ρ, τ가 모든 파장에 대해 일정한 특성이 있는 것으로, 각 파장에서 복사의 세기가 그 물체와 같은 온도에 있는 흑체의 동일 파장의 복사와 언제나 일정한 비율로 작아지는 표면을 갖는 물체를 의미한다. 공학적으로 흑체를 제외한 다른 모든 고체는 일반적으로 회색체로 간주한다. Kirchhoff는 동일한 온도에서 어떤 물체가 빛을 발산하는 능력은 그것을 흡수하는 능력과 동일하다는 사실을 발표했는데, 이것은 방사율이 흡수율과 동일하다는 의미이다. 즉, 방사율(emissivity) $\varepsilon=\alpha$의 관계에 있다. 따라서 흑체는 $\alpha=1$이며, 방사율 $\varepsilon=1$인 소스를 의미한다.

일반적인 물체는 적외선을 방사하지만 Planck 복사법칙을 따르지 않고, 방사율에 의해 결정된다. 방사율은 아래 식과 같이 흑체 복사량에 비해 얼마만큼의 복사량을 내놓는가 하는 정도이다. 즉, 방사율은 주어진 온도에서 흑체에서 나오는 방사와 물체에서 나오는 방사의 비율로 정의된다[56].

$$\varepsilon(\lambda, T)=\frac{E(\lambda, T)_{source}}{E(\lambda, T)_{Blackbody}} \tag{5-59}$$

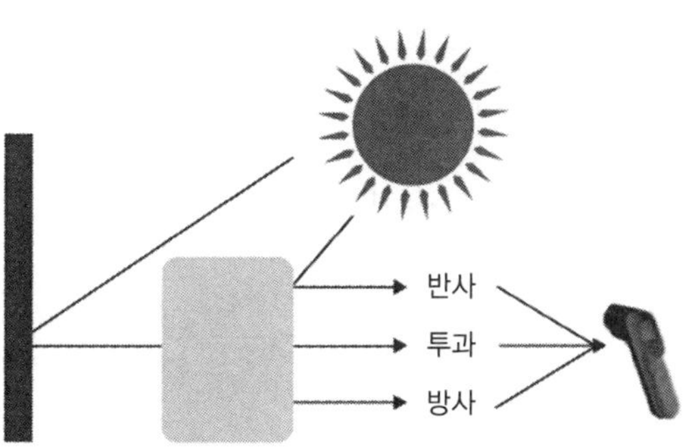

그림 5-42 비접촉식 온도계에 도달하는 에너지

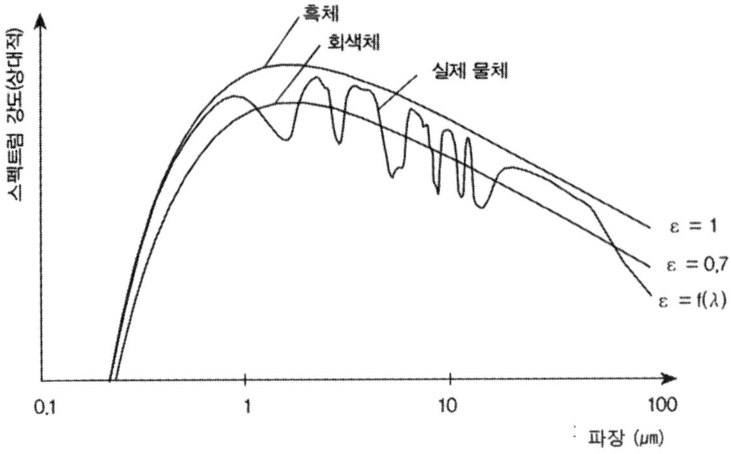

그림 5-43 파장에 따른 방사율의 특성

회색체의 방사율은 파장에 따라 일정하지만 실제 일반적인 재료의 방사율은 그림 5-43과 같이 파장의 함수로 주어진다. 흑체는 이론적인 최대의 적외선 복사량을 내어놓는 물체이므로 방사율은 1.0이며, 회색체 및 일반적인 물체의 방사율은 항상 0과 1 사이의 값을 가진다. 일반적으로 방사율은 금속 물질인 경우 대부분 0.5 이하이며, 비금속 물질은 0.5 이상의 값을 가진다. 또한, 금속 물질은 온도가 올라가면 표면에 산화막이 생기기 때문에 방사율이 올라가고, 반면 비금속 물질은 온도가 올라가면 방사율이 낮아지는 경향이 있다. 대표적인 재료에 대한 파장에 따른 방사율은 그림 5-44와 같다. 어떤 물체의 방사율은 물질의 표면 특성에 의해 결정되며, 이러한 물질의 방사율을 이용해서 물체의 온도를 비접촉식인 적외선 온도계로 측정할 수 있다.

따라서 방사율은 비접촉식 방법으로 온도를 측정할 때 매우 중요한 역할을 한다. 방사율이 1에

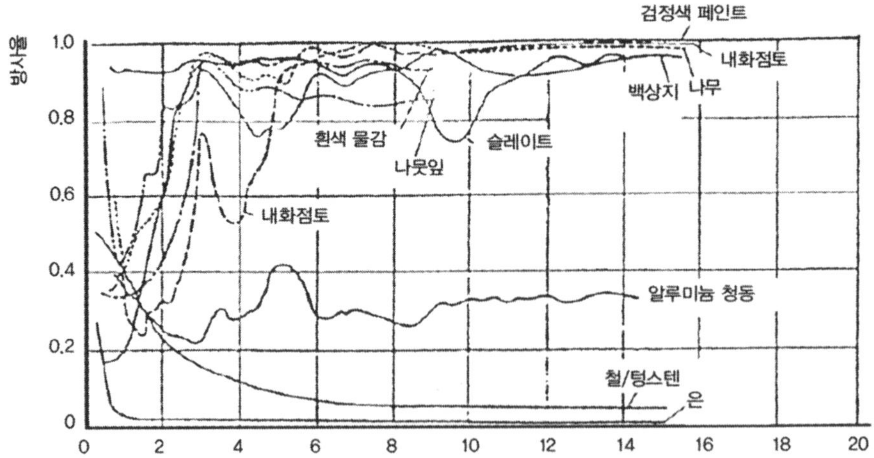

그림 5-44 대표적인 재료에 대한 파장별 방사율 특성

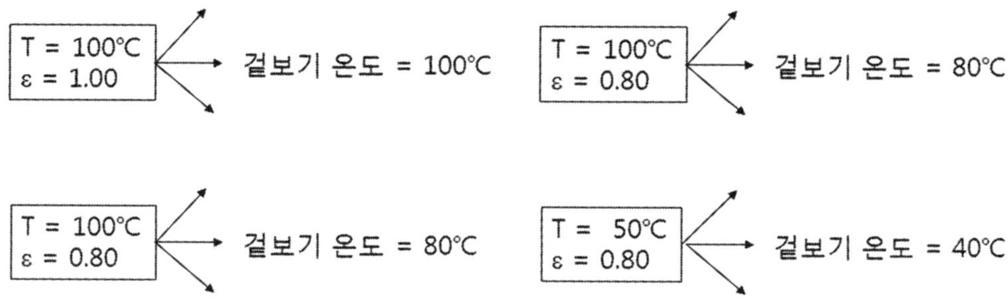

(a) 방사율이 다른 고정된 물체온도 (b) 일정한 방사율에 다른 물체온도

그림 5-45 방사율이 겉보기 온도 측정에 미치는 영향

가까운 물체의 온도를 비접촉식인 적외선으로 측정하기에는 쉬운 반면, 방사율이 0에 가까운 물체의 온도를 비접촉식으로 측정할 때에는 많은 오차가 생길 수도 있다. 방사율이 온도측정에 미치는 영향은 그림 5-45와 같다. 물체의 실제 온도가 100℃로 동일하더라도 방사율이 달라지면 겉보기 온도는 달리 측정되며, 또한 방사율이 동일하더라도 실제 온도가 다르면 겉보기 온도도 달리 측정된다. 따라서 비접촉식 온도계로 측정할 때 반드시 정확한 방사율을 고려해서 측정해야 한다.

비접촉식 온도 측정에서 유의해야 할 사항은 물체 표면의 반사도이다. 비접촉식 온도계는 물체 표면의 방사율 및 반사율을 직접 측정할 수 없다. 따라서 비접촉식 온도계를 이용하여 겉보기 온도를 측정할 때, 물체 표면의 방사율뿐만 아니라 반사율도 고려해서 계산해야 한다. 그림 5-46과 같이 만약 이 물체 옆에 매우 높은 온도를 가진 물체로부터 측정하고자 하는 물체의 표면으로 복사하고 있다면, 겉보기 온도는 실제 온도보다 높게 측정될 것이다. 마찬가지로 옆에 측정 대상물의 온도보다 낮은 온도를 가진 물체가 가까이에서 복사하게 되면 겉보기 온도는 실제 온도보다 낮게 측정될 것이다. 따라서 비접촉식 온도계로 측정할 경우, 주위에 온도 측정에 영향을 줄 수 있는 열원체가 없는 상황에서는 방사율만 고려하면 비교적 정확하게 온도를 측정할 수 있다.

대표적인 금속 재료 및 비금속 재료에 대한 방사율 값은 표 5-4와 같다. 비금속 재료들은 보통 0.8~0.9 사이의 값을 가진다. 방사율 원리를 응용한 것이 겨울철 전기 히터에서 볼 수 있다. 발열부의 뒤쪽은 잘 연마된 금속면으로 되어 있어 발열부의 열을 최대한 반사하는 역할을 한다. 뒷면의 금속면은 방사율이 매우 낮아서 흡수하지 않고 발열체에서 나오는 대부분의 열을 앞쪽으로 반사하

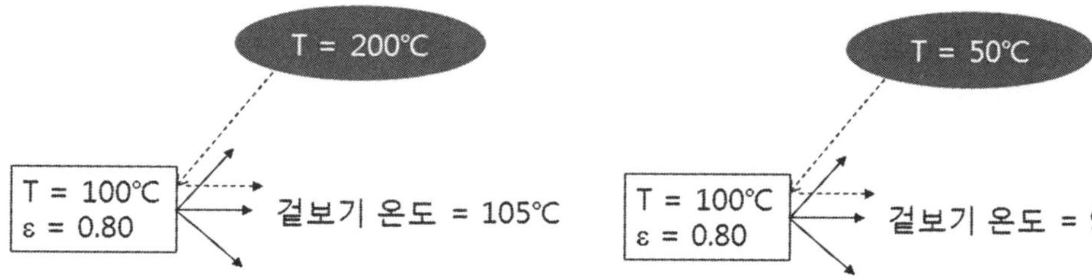

그림 5-46 반사가 겉보기 온도 측정에 미치는 영향

표 5-4 대표적인 재료들의 파장에 따른 방사율

재료	방사율 (파장, μm)			
	1.0	2.2	5.1	8 ~ 14
납 - 연마 - 산화막	0.65 0.35 –	0.5 0.05~0.2 0.3~0.7	0.4 0.05~0.2 0.2~0.7	0.4 0.05~0.1 0.2~0.6
니켈 - 산화막 - 전해연마	 0.8~0.9 0.2~0.4	 0.4~0.7 0.1~0.2	 0.3~0.6 0.1~0.15	 0.2~0.5 0.05~0.15
은	0.04	0.02	0.02	0.02
카본 - 그래파이트	0.8~0.95 0.8~0.9	0.8~0.9 0.8~0.9	0.8~0.9 0.7~0.9	0.8~0.9 0.7~0.8
아스팔트	0.9	0.8	0.9	0.95
세라믹	0.4	0.8~0.95	0.85~0.95	0.95
콘크리트	0.65	0.9	0.9	0.95
점토	–	0.8~0.95	0.85~0.9	0.95
플라스틱	–	–	0.95	0.95
나무	–	–	0.9~0.95	0.9~0.95
눈				0.9
모래				0.9
흙				0.9~0.98
물				0.93
얼음				0.98
종이			0.95	0.95
피부				0.98

는 역할을 한다. 그리고 발열부 앞쪽에 발열부만을 가린 매우 얇은 금속판이 있는데, 이 금속판을 손으로 만져도 별로 뜨겁지 않다. 이것은 금속판의 발열부 쪽의 표면이 매끄럽게 되어 있어 발열체에서 나온 열을 히터 쪽으로 대부분 반사하고 열흡수가 없기 때문이다.

5.4 마이크로웨이브 (Microwave)

5.4.1 마이크로웨이브의 정의

마이크로웨이브는 전자파라고도 하는데, 전기력선과 자기력선으로 이루어진 일종의 유동 에너지이다. 전자파의 존재에 대해서는 1864년 스코틀랜드의 물리학자이자 수학자인 James Clerk Maxwell에 의해 그가 집필한 "전기와 자기"에서 전자기 이론인 Maxwell 방정식을 발표함으로써 처음으로 알려졌다. 1871년에는 빛의 전자기 이론을 발표하여 전자기파의 속도가 빛의 속도와 같다는 것을 확인하고, 빛도 전자기파의 일종임을 증명하였다. 그 후 Maxwell의 이론을 기초로 하여 1887년 독일의 물리학자인 Heinrich Hertz는 실험을 통해 전파의 존재를 입증하였으며, 전자파는 반사, 굴절, 간섭 등의 성질을 갖는다는 것을 입증하였다. 그의 이러한 공로로 전파에 사용되는 주파수의 단위를 Hertz의 약자인 Hz로 표기하게 되었다.

1897년 이탈리아의 물리학자인 Guglielmo Marconi는 무선전신을 발명하였는데, 어떠한 물리적인 연결 장치 없이 무선으로 신호를 전송하는 최초의 기기였다. 그는 이 공로로 1909년 노벨 물리학상을 수상하였으며, 이를 계기로 전자파를 이용한 무선통신 기술 및 라디오 방송의 계기가 되었다. 1920년대에 Detroit 시에서 경찰차에 단방향 방송기기가 사용되었는데, 이것은 고정된 기지국에서 이동차량 간의 최초의 전자파 전달방식이었다. 마이크로웨이브란 용어는 1931년에 공식적으로 처음 사용되었으며, 1943년에 헝가리의 공학자인 Zoltan Bay가 달까지의 거리를 측정하기 위해 극초단파(ultra high frequency, UHF)를 이용함으로써 많은 연구가 진행되었다. 제2차 세계대전 당시에는 군사목적의 통신용으로 필수장비로 자리 잡았다. 또한, 제2차 세계대전 당시에 레이더(radar)시스템이 개발되어 물체에서 반사되어온 전자파를 분석해서 거리와 상대적인 속도를 계산할 수 있게 되었다. 오늘날 전자파를 이용한 기술은 위성통신, GPS 통신, 무선 전화기, 휴대폰, RFID 등 생활 전반에 자리잡고 있다.

마이크로웨이브는 전자기파 중에서 주파수가 0.3 GHz~300 GHz 영역에 해당하는 전자파를 의미한다. 파장으로 보았을 때 1 m~10 cm 영역의 파를 데시미터(decimeter)파, 1 cm~1 mm를 밀리미터(millimeter)파라 한다. 첨두어 "micro-"는 파장이 micrometer 영역이라는 뜻이 아니고, 일반적인 라디오 방송 주파수에 사용되는 파에 비해 상대적으로 작다는 의미로 사용된다. 다른 전자기파와 구분하여 마이크로웨이브의 파장 및 주파수 영역은 표 5-5와 같다. 즉, 마이크로웨이브는 라디오파와 적외선 사이에 존재하는 전자기파이다. 국내는 라디오파와 전자기파는 방송 및 통신용도로 널리 사용되고 있으며, 두 영역대를 합친 무선 주파수 스펙트럼 대역을 표 5-6과 같이 구분하여 엄격히 법적으로 규제하고 있다. 또한, 미국의 전기전자학회(IEEE)에서는 마이크로웨이브 중에서 응용이 가장 활발한 1~40 GHz 영역을 별도로 구분해서 마이크로웨이브 대역을 표 5-7과 같이 세분화하여 정의하고 있다.

표 5-5 전자기파의 영역대별 파장, 주파수, 에너지 분류

이름	파장	주파수 (Hz)	광자에너지 (eV)
감마선	0.01 nm 이하	30 EHz 이상	124 keV 이상
X선	0.01 nm~ 10 nm	30 EHz~50 PHz	124 keV~124 eV
자외선	10 nm~400 nm	30 PHz~750 THz	124 eV~3.1 eV
가시광선	400 nm~750 nm	750 THz~400 THz	3.1 eV~1.7 eV
적외선	750 nm~1 mm	400 THz~300 GHz	1.7 eV~1.24 meV
마이크로웨이브	**1 mm~1 m**	**300 GHz~300 MHz**	**1.24 meV~1.24 μeV**
라디오파	1 mm~30,000 km	300 GHz~10 kHz	1.24 μeV~12.4 feV

표 5-6 마이크로웨이브(전자파) 주파수 스펙트럼 대역 구분

밴드 이름	약어	주파수 범위	주요용도
Very low frequency	VLF	3~30 kHz	표준시간 주파수방송
Low frequency	LF	30~300 kHz	선박 및 항공기 유도비콘
Medium frequency	MF	300 kHz~3 MHz	AM방송, SOS신호
High frequency	HF	3~30 MHz	국제방송, 아마추어무선
Very high frequency	VHF	30~300 MHz	FM방송, VHF TV
Ultra high frequency	UHF	0.3~3 GHz	UHF TV, 이동통신, GPS, 택시무선통신
Super high frequency	SHF	3~30 GHz	시외 및 국제전화, TV 위성중계, 각종 레이더
Extra high frequency	EHF	30~300 GHz	우주통신, 미사일유도

표 5-7 미국 전기전자학회에 의해서 배정한 마이크로웨이브(전자파) 대역

대역 구분	주파수 범위 (GHz)	파장 범위
L band	1.0~2.0	15 cm~30 cm
S band	2.0~4.0	7.5 cm~15 cm
C band	4.0~8.0	3.75 cm~7.5 cm
X band	8.0~12.0	2.5 cm~3.75 cm
Ku band	12.0~18.0	1.67 cm~2.5 cm
K band	18.0~26.5	1.13 cm~1.67 cm
Ka band	26.5~40.0	0.75 cm~1.13 cm
Q band	33.0~50.0	0.6 cm~0.91 cm
U band	40.0~60.0	0.5 cm~0.75 cm
V band	50.0~75.0	0.4 cm~0.6 cm
E band	60.0~90.0	0.33 cm~0.5 cm
W band	75.0~110.0	0.27 cm~0.4 cm
F band	90.0~140.0	0.21 cm~0.33 cm
D band	110.0~170.0	0.18 cm~0.27 cm
G band	140.0~220.0	0.14 cm~0.21 cm

5.4.2 전력 표현법(데시벨)

전력, 전압, 에너지, 소리 등과 같은 양의 상대적인 크기를 나타내는 단위로 데시벨을 사용한다. 데시벨은 10의 배수를 의미하는 deci와 전화기를 발명한 Bell의 합성어(Bell이 전화기를 설계할 때 사용하였다고 함)로 dB로 표기한다. 데시벨은 음성에서 출발하였는데, 사람이 들을 수 있는 가장 작은 소리를 0 dB라 정하고, 이보다 10배 강한 소리를 10 dB, 100배 강한 소리를 20 dB, 1,000배 강한 소리를 30 dB로 정의한 것으로 수식적으로 표현하면 다음과 같다.

$$X(\mathrm{dB}) = 10\log\frac{I}{I_0} \tag{5-60}$$

여기서 I_0는 0 dB 때의 소리 세기이며, I는 측정하고자 하는 소리의 세기이다. 이와 같이 데시벨에서 로그함수를 사용하는 이유는 큰 숫자를 작은 수로 바꾸어서 표현하기 위함이다. 예를 들면, 100,000배 증폭에 대해 이 숫자를 다 사용하는 것 보다는 50 dB이라고 표현하는 것이 훨씬 보기에 좋기 때문이다.

이와 같이 소리에서 사용된 데시벨의 정의를 전파에도 그대로 적용할 수 있다. 전파는 전기장과 자기장의 조합이며, 전력은 전압과 전류의 곱으로 표현되기 때문에 전파에는 이를 구분해서 전력의 경우는 소리와 같이 10을 곱하고, 전압과 전류일 때는 20을 곱해서 표현한다. 즉, 그림 5-47에 소자, 회로 또는 시스템에 의해 출력이 각각 증폭 및 감쇄된 경우가 있는데, 각각의 이득(gain)은 다음과 같다.

(a) $\text{이득} = 10\log\frac{\text{출력}}{\text{입력}} = 10\log\frac{4}{2} = 10\times 0.301 \simeq 3\ \mathrm{dB}$

(b) $\text{이득} = 10\log\frac{\text{출력}}{\text{입력}} = 10\log\frac{0.1}{1} = 10\times(-1) = -10\ \mathrm{dB}$

그리고 전압 및 전류에 대한 이득은 다음과 같이 표현한다.

$$\text{이득}(\mathrm{dB}) = 20\log\frac{V_2}{V_1} = 20\log\frac{I_2}{I_1} \tag{5-61}$$

이와 같이 데시벨은 하나의 가치에 대해서 또 하나의 가치가 몇 배인가를 나타내고, 전압, 전류, 음압 등에 대해서는 상용대수로 나타낸 것에 20을 곱한 수가 된다. 1 mW와 관련된 이득은 dBm을 사용하는데, 다음과 같이 정의하여 사용한다.

$$\mathrm{dBm} = 10\log\frac{\text{전력}\ (\mathrm{mW})}{1\mathrm{mW}} \tag{5-62}$$

그러므로 출력값에 대한 결과값은 다음과 같다.

1 mW = 0 dBm
10 mW = 10 dBm
1 W = 30 dBm
0.1 mW = −10 dBm

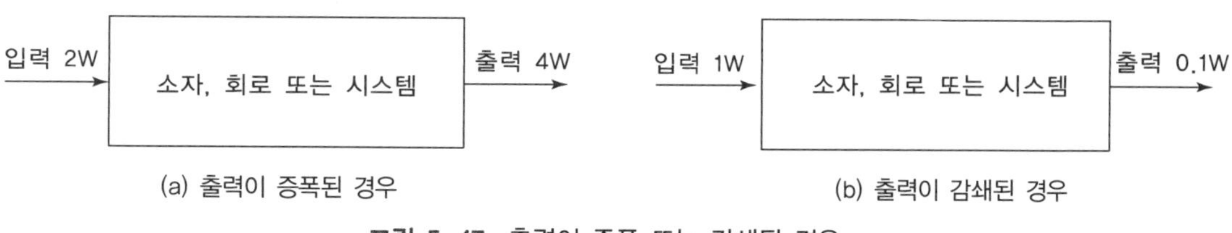

그림 5-47 출력이 증폭 또는 감쇄된 경우

$$1 \times 10^{-7}\,\text{mW} = -70\,\text{dBm}$$

이와 유사개념으로 만약 1 W를 기준으로 사용한다면, dBW란 단위를 사용해서 식 (5-62)와 유사한 개념으로부터 1 W=0 dBW, 10 W=10 dBW, 0.1 W=-10 dBW가 된다.

여러 개의 증폭기를 직렬로 연결한다면 이득은 각 증폭기의 이득을 더해서 구할 수 있다. 이득을 G로 표시하고, 손실률을 L로 표시한다면 전체 이득은 다음과 같이 계산한다.

$$G_T = (G_1 + G_2 + G_3 + \cdots) - (L_1 + L_2 + L_3 + \cdots) \qquad (5\text{-}63)$$

5.4.3 마이크로웨이브의 응용분야

전파이용에 관한 포괄적인 업무를 수행하는 미국의 방송통신정책 주관기관인 FCC(Fedral Communications Commission)는 1934년에 설립되어 그해 7월 11일부터 활동을 시작했다. FCC는 미국내에서 무선을 이용한 응용을 위해 주파수 범위와 사양을 규제하고 있는데, 그 응용범위를 크게 TV 방송용, 라디오 방송용, 위성 통신용, 휴대폰용, 경찰 radar용, 침입감지용, 내비게이션 비콘 등으로 분류하고 있다. 각 응용분야는 그림 5-48과 같은 전파의 대기흡수와 밀접한 관련이 있다[57].

이 그림에서 파장이 길수록 투과를 잘하며, 짧으면 수분과 산소 분자들의 공진에 의해 흡수가 많이 일어난다. 대체로 Ka 밴드보다 낮은 주파수(1 cm보다 긴 파장)에서는 대기 투과도가 거의 100%에 가깝기 때문에 실외용의 응용인 휴대폰 및 위성통신용에 적합하다. 반면 적외선에 가까운 높은 주파수는 대기 투과도 특성이 점점 나빠져 실외용에는 부적합하고, 실내용의 목적으로 사용하는 것이 좋다. 주파수가 높을수록 나타나는 장단점은 표 5-8과 같다. GaAs 반도체의 전자 이동도가 Si 반도체보다 빠르기 때문에 약 4 GHz 이상에서는 Si 대신에 GaAs 소자를 사용해야 하는데, 수율이 Si에 비해 매우 낮기 때문에 Si보다 가격이 매우 비싸지는 원인이 된다.

마이크로웨이브를 이용한 기술은 다양한 상업용과 군사용의 목적으로 사용되고 있으며, 주된 응용분야는 통신, 레이더, 내비게이션, 원격 센싱, RFID, 방송, 자동차, 센서, 감시, 의학, 천문학, 우주 탐사 등의 목적으로 사용된다. 이 중에서 센서용으로는 습도센서, 온도센서, 로봇, 파묻힌 물체 탐지, 교통 모니터링, 침입 감지, 산업용 센서 등에 응용되어 사용되고 있다.

무선 시스템은 어떤 유용한 기능을 수행하기 위해 그림 5-49와 같이 송신기와 수신기로 구성되어 있다. 송신기는 다음과 같이 동작한다. 음성, 비디오, 또는 데이터 등의 입력 기저대역신호(base-

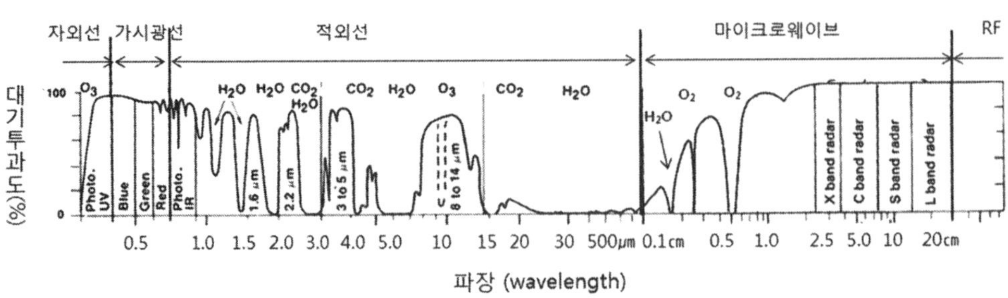

그림 5-48 전자기파의 파장에 따른 대기 투과도 특성

표 5-8 주파수가 높을수록 장단점 비교

장점	• 대량의 정보를 보낼 수 있는 밴드폭을 가짐 • 레이더의 경우 보다 높은 분해능 제공이 가능 • CW 레이더의 경우 보다 큰 Doppler 천이가 발생 • 보다 선명한 이미지 영상 제공이 가능 • 안테나와 다른 부품들의 크기를 줄일 수 있음 • 근처 주파수와 간섭이 비교적 작음 • 디지털 신호처리 및 데이터 전송속도가 빠름 • 재밍이 어려움
단점	• 부품 가격이 올라감 • 높은 대기 흡수로 인해 통신거리가 짧아짐 • Si 기술보다는 GaAs 기술 의존성이 높아짐 • 부품손실률이 높아지고, 수동 소자인 경우 출력 전력이 낮음 • 디자인 툴이 정교하지 못하고 기술적인 성숙도가 낮음

band signal)는 주파수 f_m으로 대역 제한되어 입력이 된다. 이 신호는 baseband filter에 의해 필요한 부분만 통과시킨다. 그 이후 신호는 소위 상향변환(up-conversion) 과정을 통해 진동자(oscillator) 신호와 혼합되어 f_m 신호보다 상당히 높은 $f_{LO}+f_m$ 또는 $f_{LO}-f_m$ 주파수로 변조된 신호를 만든다. 이렇게 변조된 신호는 증폭기에서 증폭된 후 안테나를 통해 신호가 송신된다[58].

신호가 수신기에 도달했을 때 안테나를 통해 채집된 신호는 저잡음 증폭기를 통해 신호를 증폭한

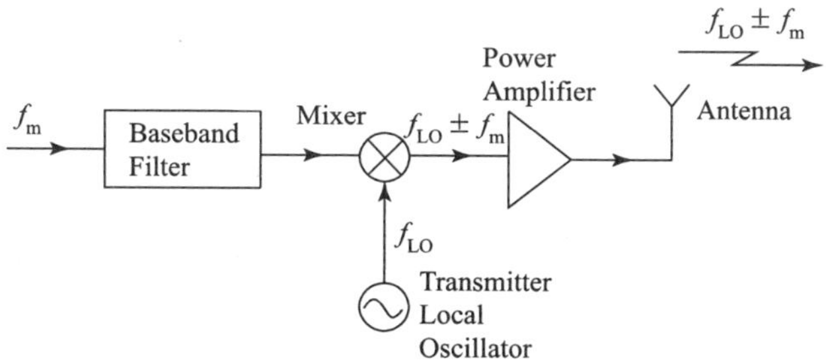

(a) 송신기(Transmitter)

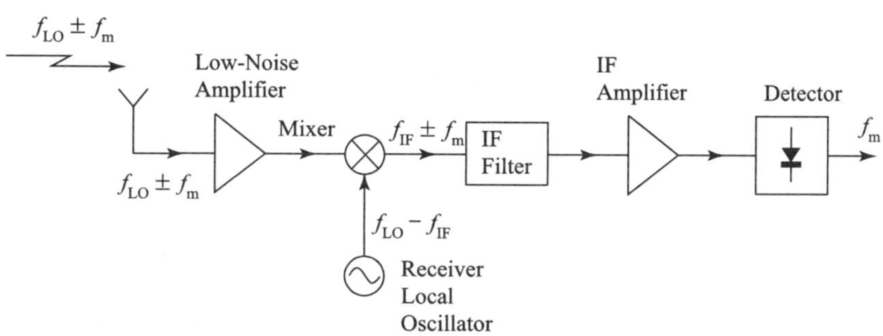

(b) 수신기(Receiver)

그림 5-49 간단한 무선 라디오 시스템의 개념도

다. 이러한 증폭과정은 일반적으로 사용하지만, 안테나를 통해 입력된 신호가 충분히 크다고 하면 증폭과정을 거치지 않는다. 증폭기를 거친 신호는 믹서기를 통해 소위 하향변환(down conversion) 과정을 통해 $f_{IF}+f_m$ 또는 $f_{IF}-f_m$ 주파수의 신호로 변환한 후 증폭기를 거쳐 최종 신호인 f_m을 걸러내게 된다.

송신기와 수신기에 있는 전 과정을 수행하기 위해서는 각 기능별 분리된 마이크로웨이브 부품들이 사용되는데, 전송라인(transmission line), 연결기(coupler), 필터, 공진기(resonator), 증폭기, 진동자, 믹서, 검출기, 안테나 등이다. 특히, 안테나 특성에 대해서만 이 책에서 간략히 다루고자 한다.

5.4.4 안테나 종류

안테나에 대한 특성은 매우 복잡하지만, 여기서는 안테나의 종류 및 간단한 특성에 대해서만 다루고자 한다. 기본적으로 안테나는 라디오파 또는 마이크로웨이브파를 송신하거나 수신하기 위함을 가장 기본적인 목적으로 사용한다. 따라서 마이크로웨이브 시스템에서 안테나가 없으면 신호를 보내거나 받을 수가 없다. 안테나에는 매우 많은 종류가 있으나, 대표적인 안테나의 종류에 대해 그림 5-50에 요약하였다. 안테나는 그림과 같은 기하학적인 외양에 따라 분류하기도 하고, 이득과 빔의 형태로도 분류하는데, 이러한 안테나의 분류는 표 5-9와 같다.

대부분의 안테나들은 전파의 파장에 따라 그 길이가 정해진다. 가장 많이 사용하는 형태 중 간단한 것은 전파 파장의 1/4 크기의 전도체 막대를 사용하는 것이다. 이런 안테나는 무지향성이며 수신과 송신에 제약이 없다. 그러나 안테나 양끝 방향으로 수신되지 않는 음영지역이 있는 단점이 있다. 이것을 해결하기 위하여 추가적인 전도체 막대나 코일을 추가하여 전파의 지향성을 만들어 낼 수 있다.

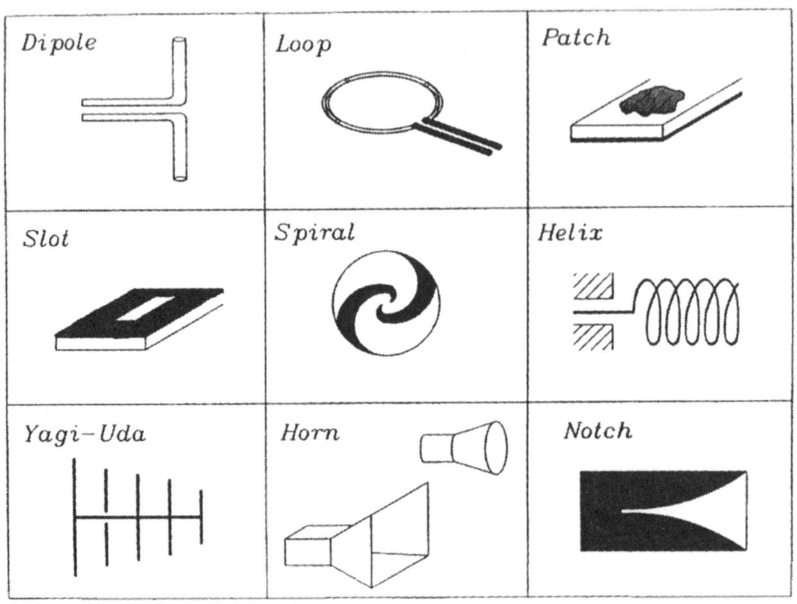

그림 5-50 마이크로웨이브 송수신용 목적의 다양한 안테나 형태

표 5-9 다양한 분류방법에 따른 안테나의 종류

분류	구분	안테나 종류
외양 (Geometry)	Wire 안테나	dipole, loop, helix
	Aperture 안테나	horn, slot
	프린팅 안테나	patch, printed dipole, spiral
이득 (Gain)	고 이득	parabolic
	중 이득	horn
	저 이득	dipole, loop, slot, patch
빔 형태 (Beam shape)	무지향성	dipole
	Pencil 빔	parabolic
	Fan 빔	array
대역폭 (Bandwidth)	광대역	log, spiral, helix
	협대역	patch, slot

① 다이폴 안테나(dipole antenna) : 이 형태는 안테나의 가장 기본적인 형태이다. 두 개의 서로 극이 다른 도선을 구부려서 전체 길이를 파장의 1/2이 되게 만들어서 무지향성인 빔을 형성한다. 이런 안테나는 단파, 초단파 대역에서 주로 사용한다. 특히, 다이폴 안테나는 단일로 사용하는 것보다 여러 개의 배열로 안테나를 구성하는 것이 일반적이며, 흔히 주택의 옥상에 올려놓고 사용하는 TV 수신용 안테나인 Yagi-Uda 안테나는 여러 개의 다이폴 안테나에 반사기와 도파기를 추가하여 변형한 안테나이다.

② 모노폴 안테나(monopole antenna) : 다이폴 안테나와 비슷하게 직선 형태로 되어 있지만, 한쪽이 도체 대신에 접지로 설치된 안테나이다. 접지로 된 부분은 이미지 효과로 인해 마치 다이폴과 같은 효과가 일어난다. 그래서 안테나의 길이도 다이폴보다 짧은 $\lambda/2$가 아니라 $\lambda/4$의 길이로 성능을 발휘한다. 따라서 안테나의 길이도 짧고 무지향성이기 때문에 이동통신용 개인휴대단말기나 FM 라디오 수신용으로 많이 사용한다.

③ 패치 안테나(patch antenna) : 일명 직사각형의 마이크로스트립 안테나(rectangular micro-strip antenna)로 알려져 있는 안테나로서 평편한 기판 위에 네모 혹은 원형 형태의 금속패턴을 가진 라디오 안테나이다. 소형, 경량의 특성 및 여러 가지 패턴조합과 손쉬운 배열을 통해 다양한 특성을 이끌어 낼 수 있지만, 구조상 높은 전력신호를 다루지 못하는 단점이 있다.

④ 혼 안테나(horn antenna) : 도파관(waveguide) 형태의 안테나이며, 도파관 끝부분이 사각형 또는 원형의 깔때기처럼 벌어진 형상을 하고 있다. 대표적인 개구면(aperture) 안테나로서 안테나가 열린면의 크기가 파장에 비례하게 설계되어 있다. 그래서 낮은 주파수에서는 크기가 너무 커서 사용이 어렵고 무게도 무거워져서 통상적으로 GHz 단위 이상에서 주로 사용한다. 특성이 균일하고 이득이 높아서 빔패턴 측정용 표준 안테나로 사용되는 경우가 많으며, 비교적 큰 전력의 신호까지 다룰 수 있기 때문에 고전력용으로 사용이 된다.

⑤ 파라볼라 안테나(parabolic antenna) : 이득이 매우 높은 안테나이며, 빔패턴을 가장 샤프하게

만들 수 있기 때문에 위성통신용으로 가장 많이 사용된다. 파라볼릭 면에 수직으로 입사된 전자파는 반사되어 쌍곡선의 초점 부위에 모아지고, 그러한 초점위치에 위치한 LNB(Low Noise Block)로 그 신호들을 저잡음 증폭시키는 구조로 되어 있다.

⑥ 헬릭스 안테나(helix antenna) : 선을 꼬아서 소형화시킨 안테나이다. 같은 주파수에서 모노폴 안테나에 비해 훨씬 작은 크기로 구현이 가능한 장점이 있으며, 꼬는 간격과 방법 등에 따라 빔패턴의 방향도 축방향 또는 정상방향으로 만들 수 있다. 만드는 방법에 따라 다양한 특성을 나타낼 수 있기 때문에 휴대용 단말기, 라디오, 위성용 등 광범위한 분야에 응용되고 있다.

⑦ 슬롯 안테나(slot antenna) : 도파관의 한 끝을 도체판으로 단락하고, 이 도체판에 전계와 직각 방향으로 가는 홈(slot)을 뚫어서 만든 안테나이다. 홈의 길이를 전파 파장의 절반으로 하면 다이폴 안테나와 마찬가지로 공진하고, 홈 중앙이 전계 최대 전압의 출력이 나오게 되어 전파 방사효율이 최대가 된다. 주로 파라볼라 안테나의 1차 방사기로 사용된다.

5.4.5 안테나 성능 분석

안테나의 성능을 분석하는 데에는 많은 파라미터들이 있다. 이 중에서 대표적인 성능 몇 가지만 정리를 해 본다.

① 입력 전압정재파비(Voltage Standing Wave Ratio, VSWR) : VSWR을 정의하기 위해 그림 5-51과 같은 전송선(transmission line)에 존재하는 전압파(voltage wave)는 다음과 같다.

$$V(z) = V_0^+ e^{-j\beta z} + V_0^- e^{j\beta z} = V_0^+ \left(e^{-j\beta z} + e^{j\beta z}\right) \tag{5-64}$$

위 식에서 입사파와 반사파가 동시에 존재하게 되면 정재파(standing wave)가 나타난다. 정재파는 파동이 공간상으로 움직이지 않고 시간에 대해서만 변한다는 의미이다. 정재파가 있더라도 전송선 내부에서는 입사파와 반사파가 매우 빠르게 움직이고 있다. 위의 식에서 측정전압의 절대값이 가장 커지는 경우를 $V_{\max}$, 가장 작아지는 경우를 $V_{\min}$이라 하면, 전압이 최대가 되려면 입사파와 반사파가 동일위상으로 합쳐져야 하고, 최소가 되려면 입사파와 반사파가 반대위상이 되어 서로 빼져야 한다. 이를 이용해 VSWR을 다음과 같이 측정전압의 최대최소 비율로 정의할 수 있다.

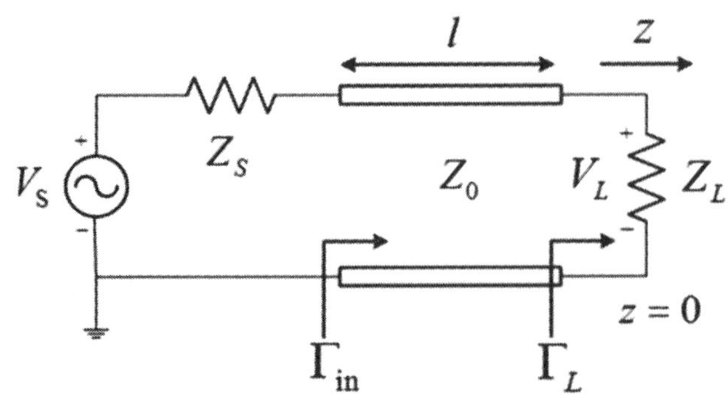

그림 5-51 전원과 부하가 있는 전송선 회로 예

$$\mathrm{VSWR} = \frac{V_{max}}{\mathrm{V}_{min}} = \frac{|V_0^+|(1+|\Gamma_L|)}{|V_0^+|(1-|\Gamma_L|)} = \frac{1+|\Gamma_L|}{1-|\Gamma_L|} \tag{5-65}$$

VSWR은 높은 주파수에서 선로의 균일성을 알 수 있는 척도로 사용된다. 선로가 균일하지 않으면 전기신호는 전압과 전류의 파형으로 되어 전달될 때 그의 일부가 반사되어 보내진 파와 중복되어 정재파라는 파형을 만든다. VSWR값이 작을 때 선로는 균일하다는 것을 의미한다. 식 (5-65)에서 $|\Gamma_L| = 0$ 또는 VSWR=1의 의미는 모든 파워가 안테나로 전달되고 안테나로부터 아무런 반사가 일어나지 않는 완벽한 전송선이라 할 수 있다. 일반적으로 VSWR ≤ 2 정도가 되면 대부분의 응용목적에 사용할 수 있는 수준이다.

② 입력 임피던스(input impedance) : 전송선(transmission line) 이론에서 반사계수를 이용하면 임의의 위치에서의 입력 임피던스를 정의할 수 있다. 그림 5-51에서 임의의 위치에서 반사계수 Γ_{in}은 다음과 같다.

$$\Gamma_L = \frac{V_0^-}{V_0^+} = \frac{Z_L - Z_0}{Z_L + Z_0} \tag{5-66}$$

$$\Gamma_{in} = \frac{V_0^- e^{j\beta z}}{V_0^+ e^{-j\beta z}} = \Gamma_L e^{-2j\beta l} \ (at\, z = -l) \tag{5-67}$$

반사계수와 입력임피던스 Z_{in}과의 관계는 다음과 같다.

$$\Gamma_{in} = \frac{Z_{in} - Z_0}{Z_{in} + Z_0} \tag{5-68}$$

위의 3개의 식으로부터 부하(load)와 특성임피던스로 표현한 입력임피던스는 다음과 같다.

$$Z_{in} = Z_0 \frac{1+\Gamma_{in}}{1-\Gamma_{in}} = Z_0 \frac{Z_L + jZ_0 \tan(\beta l)}{Z_0 + jZ_L \tan(\beta l)} \tag{5-69}$$

식 (5-69)를 바탕으로 표 5-10과 같이 부하조건에 대한 입력임피던스를 계산할 수 있다. 이 계산 결과에서 반사가 없는 경우, 즉 부하가 특성임피던스에 정합(matching: $Z_L = Z_0$)되면 항상 $Z_{in} = Z_0$이다. 부하가 단락(short)이나 개방(open)된 경우는 길이에 따라 Z_{in}이 변한다. 전송선의 길이가 짧은 경우($l \fallingdotseq 0$), 단락부하(short load)는 인덕턴스 L을 가진다. 반대로 개방부하(open load)는 정전용량 C를 나타낸다. 1/4 파장인 경우는 부하가 극적으로 변화한다. 여기서 λ_g는 관내파장(guided wavelength: 전송선 내부에 존재하는 등가적인 파장)이다. $l = \lambda_g/4$를 식 (5-69)에 대입하면 입력임피던스는 다음과 같다.

$$Z_{in} = \frac{Z_0^2}{Z_L} \tag{5-70}$$

즉, 1/4 파장을 움직이면 입력임피던스는 부하임피던스의 역수 혹은 부하어드미턴스(load admittance)에 비례한다.

표 5-10 부하 조건에 대한 입력임피던스

Load (ZL)	$z=-l$	$l \fallingdotseq 0$	$l=\lambda_g/4$
Z_0	Z_0	Z_0	Z_0
0 (short)	$jZ_0\tan(\beta l)$	$jZ_0\beta l=j\omega L$	∞ (open)
∞ (open)	$-jZ_0\cot(\beta l)$	$-jZ_0 l(\beta l)=-j/\omega C$	0 (short)

③ 밴드폭(bandwidth) : 안테나가 성능을 발휘할 수 있는 주파수 범위로 정의할 수 있다. 일반적으로 밴드폭은 상위 주파수와 하위 주파수의 비율 또는 중심 주파수의 백분율로 정의한다. 안테나의 특성은 주파수가 변함에 따라 여러 요인에 의해 영향을 받기 때문에 밴드폭에 대한 특별한 정의는 없다. 가장 많이 사용하는 정의는 패턴 밴드폭과 임피던스 밴드폭이다.

안테나로 입력되는 파워는 주파수에 따른 안테나의 입력임피던스에 의해 결정된다. 그러므로 임피던스 밴드폭은 입력임피던스가 정해진 표준을 수행할 수 있는 주파수의 범위이다. 보통 표준이란 VSWR ≤ 2이거나 또는 $|\Gamma| \leq 1/3$인 경우이며, 이렇게 되면 반사는 입력 파워 대비 약 11% 이내이다. 그림 5-52가 대표적인 밴드폭에 대한 정의이다. 기타 여러 파라미터들(이득, 효율, 패턴 등)도 주파수의 함수이기 때문에 실제 안테나의 동작 밴드폭은 임피던스 밴드폭보다 더 작을 수 있다.

④ 파워 방사 패턴(power radiation pattern) : 안테나에 의해 방사 또는 수신되는 파워는 안테나로부터 각위치(angular position)와 방사거리(radial distance)의 함수로 결정된다. 전기적으로 먼 거리에서는 거리에 따라 파워 밀도는 $1/r^2$만큼 줄어든다. 각위치에 대한 파워 밀도의 변화량은 방사 패턴으로 표시할 수 있다. 전기적으로 먼 거리는 파동을 평면파로 가정할 수 있는

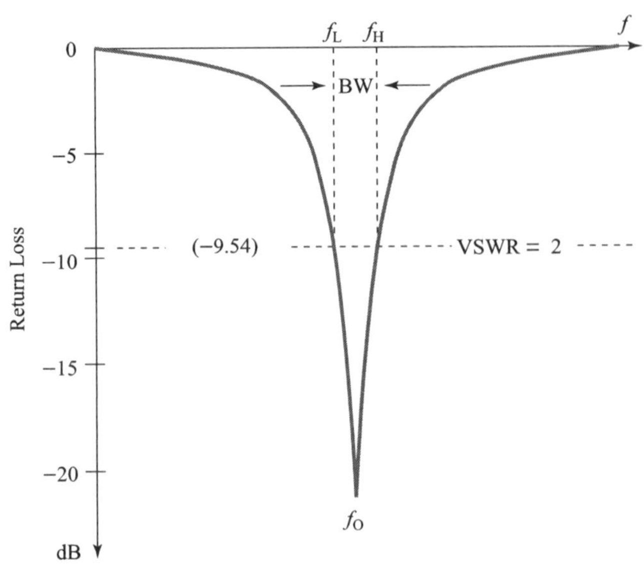

그림 5-52 VSWR=2인 밴드폭의 정의

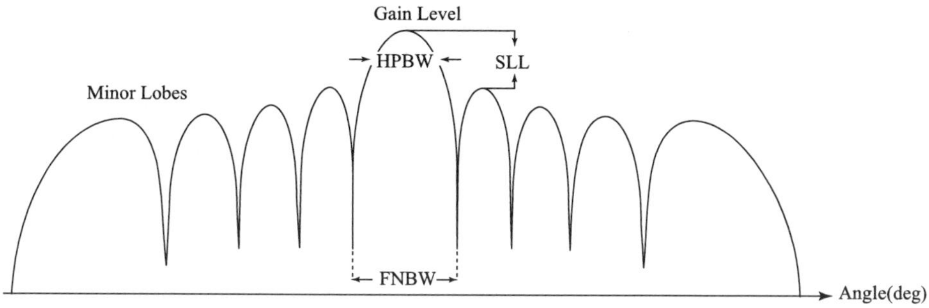

그림 5-53 안테나 패턴 특성

영역으로 방사 패턴은 거리와는 무관하다. 전기장과 자기장 면에 대한 일반적인 안테나 패턴은 그림 5-53과 같다. 이 패턴으로 반치파워 빔폭(Half-Power Beamwidth, HPBW), 사이드로브 레벨(Sidelobe Level, SLL), 이득 등의 정보를 알 수 있다.

⑤ 반치파워 밴드폭(HPBW)과 사이드로브 레벨(SLL) : HPBW는 방사가 최댓값의 50%(또는 3 dB 이하)로 떨어지는 지점의 각도 범위를 의미한다. SLL은 중앙 로브 이외에 나타나는 파워 방사 피크를 의미하며, SLL은 일반적으로 중앙 로브 피크보다 낮은 데시벨의 수로 표현한다.

⑥ 지향성(directivity), 이득(gain), 효율(efficiency) : 지향성 $D_{\max}$은 최대 이득이 되는 방향에서의 지향성 이득(directive gain)의 값 $D(\theta, \phi)$로 다음과 같이 정의한다.

$$D(\theta, \phi) = \frac{S(\theta, \phi)}{P_t / 4\pi R^2} \tag{5-71}$$

$$D_{\max} = \frac{S(\theta, \phi)\text{의 최대}}{P_t / 4\pi R^2} \tag{5-72}$$

$$\vec{S}(\theta, \phi) = \frac{1}{2} Re\left[\vec{E} \times \overrightarrow{H^*}\right] \tag{5-73}$$

등방성 안테나의 방향성은 1로 정의하며, 다른 안테나는 1보다 큰 값을 가진다. 그러므로 지향성은 등방성 안테나에 비해 상대적인 방향성 특성을 나타내는 성능지수가 된다. 안테나의 이득은 방향성에 안테나의 조도 또는 개구효율을 곱한 값으로 다음과 같이 정의한다.

$$Gain = G = \eta D_{\max} \tag{5-74}$$

$$\eta = efficiency = \frac{P_{rad}}{P_{in}} = \frac{P_{rad}}{P_{rad} + P_{loss}} \tag{5-75}$$

여기서 P_{rad}는 방사된 실제 파워이며, P_{in}은 안테나로 전달된 파워이고, P_{loss}는 안테나에서 손실된 파워이다. 그림 5-54와 같이 일반적으로 빔폭이 좁으면 좁을수록 이득은 높아진다. 이 그림은 3종류의 안테나에 대한 이득을 비교한 것인데, 지향성이 높은 순서대로 이득이 좋다.

⑦ 편광(polarization) : 안테나의 편광은 방사된 전파의 전기장 편광 상태를 의미한다. 안테나는

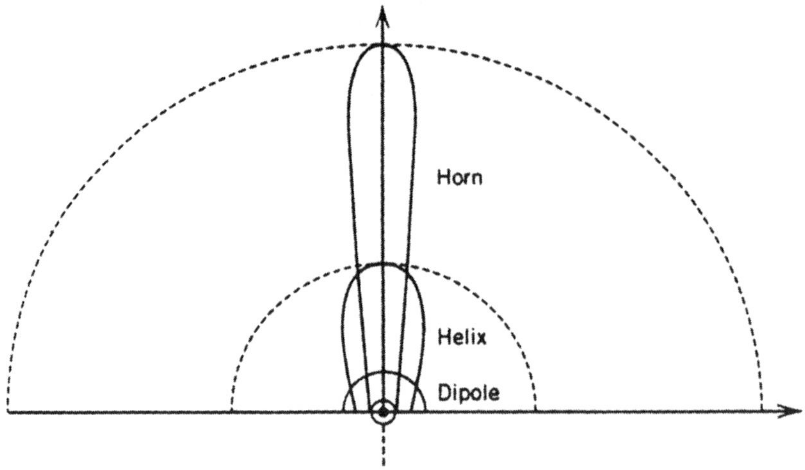

그림 5-54 안테나의 종류에 따른 이득 비교

선 편광(Linearly Polarized, LP) 또는 원 편광(Circularly Polarized, CP)으로 구분한다. 파동의 편광은 시간에 따른 전기장의 벡터로 표시한다. 만약 궤적이 직선이면 전파는 선 편광된 것이고, 만약 궤적이 원이라고 하면 전파는 원 편광된 것이다. 이상적으로 선 편광은 전기장이 오직 하나의 방향만 있다는 것인데, 이것은 현실에서 매우 드물다. 선 편광의 경우, 교차 편광 레벨(Cross-Polarization Level, CPL)은 편광의 불순 정도를 나타낸다. 예를 들어, 수직으로 편광된 안테나의 경우, CPL은 수평 방향으로의 전기장이 있기 때문에 나타난다.

⑧ 유효면적(effective area) : 유효면적은 안테나의 이득과 관련된 값으로 다음과 같다. 이것은 입사하는 전파를 효과적으로 흡수하는 안테나의 면적을 나타낸다. 일반적으로 유효면적은 안테나의 물리적인 면적에 직접 비례한다.

$$G = \frac{4\pi}{\lambda_0^2} A_e \tag{5-76}$$

⑨ 빔 효율(beam efficiency) : 빔 효율은 안테나의 성능을 측정하는 파라미터로 종종 사용되는데, 빔 효율은 안테나 전체 면적에서 송신 또는 수신되는 파워에 비해 임의의 원추각 내에서 수신 또는 송신하는 파워의 비로 다음과 같이 정의한다.

$$BE = \frac{power\ transmitted(received)within\ cone\ \angle\theta_1}{power\ transmitted(received)by\ the\ antenna} = \frac{\int_0^{2\pi}\int_0^{\theta_1} U(\theta,\phi)\sin\theta\, d\theta\, d\phi}{\int_0^{2\pi}\int_0^{\pi} U(\theta,\phi)\sin\theta\, d\theta\, d\phi} \tag{5-77}$$

⑩ 배면방사(back radiation) : 배면방사는 안테나의 뒤쪽으로 방사되는 현상이며, 일반적으로 전방과 후방의 방사율의 비로 표시한다.

5.5 음파(Sound wave)

5.5.1 음파의 정의

파동에너지는 크게 음파와 전자파로 나눌 수 있다. 음파는 음향적 진동 에너지로 초저주파, 가청주파, 초음파가 이에 속하며, 전자파는 전자기적 진동 에너지로 전파, 적외선, 가시광선, 자외선, X선, 감마선 등이 이에 속한다. 음파는 공기 중에서 340 m/s의 전파속도를 가지고 있으며, 수중에서는 1,480 m/s, 철과 같은 고체 속에서는 5,180 m/s, 진공 속에서는 전파되지 않는 특성이 있다. 반면, 전자기파는 공기 중에서 빛의 속도로 움직이며, 수중에서는 공기 중에서 보다는 조금 느린 속도로 전파된다. 고체 내에는 전파되지 않으며, 진공 중에서는 빛의 속도로 전파되는 특성이 있다.

사람의 귀로 들을 수 있는 주파수 영역은 대략 20~20,000 Hz인데, 이 영역을 음파 또는 가청주파수 영역이라 한다. 20 Hz보다 낮은 주파수 영역을 불가청음 또는 초저주파(infrasound) 영역이라 하며, 20,000 Hz보다 높은 주파수 영역을 초음파(ultrasound) 영역이라 한다. 개와 같은 동물들은 보다 더 넓은 영역을 감지할 수 있다.

5.5.2 초음파 에너지

초음파 에너지는 파의 진행 방향에 대해 수직인 단위 면적을 단위 시간에 통과하는 에너지량으로 정의한다. 초음파 에너지에 의하여 정지된 매질이 진동을 시작하면 매질에는 운동에너지와 분자력에 의한 위치에너지가 존재하게 된다. 이때 같은 매질일 경우 그 파워가 클수록 멀리 전파할 수 있다.

일반적으로 초음파 에너지는 진동수(주파수)와 진폭이 클수록 큰 에너지를 줄 수 있으며, 파의 진행 방향으로 수직인 단위 면적을 단위 시간에 진행하는 초음파 에너지량 I는 다음과 같다.

$$I = 2\pi^2 A^2 f^2 \rho c \tag{5-78}$$

여기서 A는 파동의 진폭이며, f는 진동수, ρ는 매질의 밀도, c는 음파의 전파 속도이다. 결국 초음파 에너지는 $(Af)^2$에 비례하는 관계이므로, 진폭 A가 클수록, 그리고 주파수 f가 클수록 큰 에너지를 줄 수 있다.

5.5.3 음향 임피던스

어떤 물체를 압축한다고 할 때 물체의 부피가 V에서 $V-\Delta V$로 변하였다고 하면, 압력의 변화 Δp라고 할 때 압력의 변화 대 부피의 변화 비를 물체의 체적탄성계수(bulk modulus of elasticity)라고 하며 다음과 같다.

$$B = -\frac{\Delta p}{\Delta V / V} = \rho_0 v^2 \tag{5-79}$$

여기서 ρ_0를 압력이 가해진 바깥의 밀도이고, v는 물체 내에서 음속이다. 따라서 위 식에서 음속은 다음과 같이 정의할 수 있다.

$$v = \sqrt{\frac{B}{\rho_0}} \tag{5-80}$$

그러므로 음속은 탄성계수와 매질의 밀도에 의해 결정되며, 이 두 변수는 온도의 함수이므로 따라서 음속도 온도의 함수이다. 영계수와 포아송 비율 ν를 이용하여 매질 내에서 속도는 다음과 같이 정의한다.

$$v = \sqrt{\frac{E(1-\nu)}{\rho_0(1+\nu)(1-2\nu)}} \tag{5-81}$$

몇 가지 대표적인 물체 내에서 음속은 표 5-11과 같다. 매질 내에서 임의의 점에서 압력은 일정하지 않고 지속적으로 변화하며, 측정 순간과 평균의 차이를 음압(P)이라 한다. 음파가 진행하는 동안, 진동하는 입자들은 순간속도 ξ로 정지해 있는 위치 근처에서 진동을 한다. 이때 음압과 순간속도의 비를 음향 임피던스(acoustic impedance)라고 하며 다음과 같이 정의하며, 이 값은 진폭과 위상을 포함한 복소수 형태이다.

$$Z = \frac{P}{\xi} \tag{5-82}$$

손실이 전혀없는 이상적인 매질에서의 음향 임피던스는 실수이며, 이 값은 음속과 다음과 같은 관계에 있다.

$$Z = \rho_0 \cdot v \tag{5-83}$$

고유 음향 임피던스가 높다고 하는 것은 그만큼 파동 에너지를 전파하기 쉽다고 하는 것이고, 이것은 동일한 파워 밀도의 음파를 전파하는 데 기체보다는 액체, 액체보다는 고체가 유리하다는 것을 의미한다. 즉, 밀도가 큰 물질이 적은 힘으로 음파를 전파할 수 있다. 여러 가지 매질에 대한 음향 임피던스는 표 5-12와 같다.

표 5-11 다양한 매질 내에서의 음속

매질	음속 (m/s)
공기(20℃, 건조)	331
스팀(134℃)	494
수소(20℃)	1,330
물(증류수)	1,486
바다물	1,519
납	1,190
구리	3,810
알루미늄	6,320
파이렉스 유리	5,170
강철	5,200

표 5-12 각종 매질의 음향 임피던스와 음파 속도

전파 매질	음향 임피던스 [Pa·s/m] = [N·s/m^3] = [kg/m^{3}s]	밀도 ρ [kg/m^3]	속도 v [m/s]
강	39×10^6	7,700	5,000
알루미늄	14×10^6	2,700	5,200
용융 석영	14×10^6	2,700	4,400
연질 고무	0.067×10^6	950	70
물	1.44×10^6	1,000	1,440
공기	410	1.2	340

위의 표에서 알 수 있듯이 일반적으로 기체보다 액체, 액체보다 고체가 고유 음향 임피던스가 높은 경향이 있다. 이 표에서 공기의 고유 음향 임피던스가 가장 작으므로 음파의 차폐대책으로는 물체 간의 공기층을 설치하면 음파를 쉽게 차단할 수 있다는 의미이다. 또한, 음향 임피던스가 다른 두 개의 매질 사이에서는 음파의 반사와 투과 및 감쇠가 생긴다. 이 경우 두 매질의 음향 임피던스가 비슷하면 음파는 잘 투과하고 반사파는 매우 작다. 반대로 음향 임피던스의 차이가 크면 투과하는 파는 적고, 반사하는 파는 많아진다. 즉, 고체와 고체의 조합 혹은 고체와 액체의 조합은 잘 투과하지만, 고체와 기체, 액체와 기체의 조합은 거의 투과하지 않게 된다. 다시 말하면, 고체 중에서 강력한 음파라고 하더라도 공기 중에 방출되는 에너지는 매우 작다는 것이다.

5.5.4 음원 세기의 표기

단위 면적당 전달되는 파워를 음파의 강도 I로 정의한다면, 임피던스는 다음과 같다.

$$I = P \cdot \xi = \frac{P^2}{Z} \tag{5-84}$$

음파에서는 강도 대신에 표준 세기인 $I_0 = 10^{-12}\,\mathrm{W/m^2}$에 대한 상대적인 값 β를 많이 사용한다.

$$\beta = 10\log_{10}\left(\frac{I}{I_0}\right) \tag{5-85}$$

표 5-13 다양한 음원의 상대적인 세기

음원	dB	음원	dB
로켓엔진(50 m에서)	200	지하철(5 m에서)	100
초음속 폭탄	160	공기압축 드릴(3 m에서)	90
수압 프레스(1 m에서)	130	나이아가라 폭포	85
고통의 한계	120	교통 체증	80
10 W Hi-Fi 스피커(3 m에서)	110	식기 세척기	70
덮개가 벗겨진 모토사이클	110	회계 사무실	50
록앤롤 밴드	100	휘파람	20

표준 세기인 I_0는 인간의 귀로 들을 수 있는 가장 낮은 세기로 정의한 값이다. 여기서 β의 단위는 dB로 정의된 값이다. 일상생활에서 느끼는 음의 세기를 표 5-13에 정리하였다.

음파란 공기, 수중 및 고체 속을 전파하는 기계적 진동인데, 음 중에서 주파수가 20 Hz~20 kHz 범위인 음파는 사람의 귀로 들을 수 있기 때문에 가청 주파수라 한다. 초음파라고 하는 것은 가청 주파수보다 주파수가 높은 영역인 20 kHz 이상의 음향적 진동을 의미하며, 이 영역은 사람의 귀로 직접 들을 수 없는 주파수이다.

초음파가 최초로 응용이 사용된 것은 제1차 세계대전 중 독일 잠수함을 찾기 위한 노력으로 수중 탐지용으로 개발되기 시작하였는데, 그 당시 기술적인 미비로 전쟁에는 사용되지 못하고 전쟁 후에 초음파 측심기 등의 SONAR로 실용화되면서 많은 센서가 개발되었다.

Part III

오감센서의 원리 및 응용

6. 시각센서
7. 청각센서
8. 후각센서
9. 촉각센서

센서는 종류도 많고 사용되는 응용분야도 매우 다양하기 때문에 분류 기준이 매우 어렵다. 기존의 센서 관련된 책들은 대부분 동작원리, 센서재료, 또는 검출하는 대상을 기준으로 분류를 많이 하였다. 그러나 최근 IT 기술과 융합기술의 발전으로 이러한 센서의 분류 기준은 모호한 느낌이 든다. 따라서 이 책에서는 최근의 기술동향을 반영해서 새롭게 센서의 분류 기준을 정립해 보았다. 인체에 있는 오감이 훌륭한 센서라고 보았으며, 이를 기준으로 시각, 청각, 후각, 촉각, 미각 센서로 분류하였다. 그리고 오감 중에서 시각, 청각, 후각의 3가지는 비접촉식으로 입력신호를 인식할 수 있는 센서이며, 촉각과 미각은 대상물과의 접촉을 통해 입력신호를 인식할 수 있는 센서이다.

오감의 기준에서 시각센서(image sensor)는 사람의 눈과 같이 대상물을 시각적으로 보여 줄 수 있는 센서이다. 시각센서는 X선, 가시광선, 적외선, 마이크로웨이브 등 전자기파의 특성을 이용해서 시각적으로 볼 수 있도록 이차원의 영상을 제공하는 센서로 정의하였다. 이러한 분류 기준에 의하면 X선을 이용한 방사선 검출기, 가시광을 이용한 CCD와 CMOS, 적외선을 이용한 열화상 카메라, 마이크로웨이브를 이용한 SAR 영상센서, 자기적인 RF의 특성을 이용한 MRI 등을 시각센서로 분류하였다.

청각센서(auditory sensor)는 이차원적인 영상 대신에 다양한 영역의 전자기파를 이용해서 입력신호를 알 수 있는 센서로 정의하였다. 청각이라 하여 음파영역만 고려한 것이 아니라 원리적으로 전자기파를 이용해서 대상물의 상태를 검출하는 센서로 정의하였다. 시각센서와 일부 중복이 있을 수 있으나, 2차원적인 이미지를 제공하지 않고 신호의 크기만을 출력하는 센서로서, 음파를 이용한 마이크로폰과 스피커, 초음파를 이용한 소나센서, 마이크로웨이브를 이용한 레이더 센서와 RFID, 가시광을 이용한 조도센서, 자외선을 이용한 화염감지기, 적외선을 이용한 LED와 포토다이오드 센서 등이 여기에 속한다.

후각센서(olfactory sensor)는 근거리에서 비접촉식으로 입력신호를 판단하는 센서이다. 같은 비접촉식 센서인 청각센서와는 달리 감지하고자 하는 대상물체와의 거리가 비교적 가까운 경우의 센서를 후각센서 범주로 분류하였다. 따라서 이런 정의에 의해 각종 가스를 감지하는 가스감지기, 화재를 감지하는 화재감지기, 적외선을 이용한 비접촉식 온도센서, 가속도를 감지하는 선형 가속도센서 및 자이로스코프센서 등을 후각센서로 분류하였다.

촉각센서(tactile sensor)는 접촉식 센서로 대상물과 센서가 직접 접촉을 통해 상태를 파악하는 센서로 분류하였다. 여기에는 온도, 습도, 힘, 압력, 유량 등을 측정하는 역학적인 대부분의 센서를 촉각센서로 분류하였다.

기타 혀를 통해 미각을 감지하는 화학적 센서는 본 교재의 범위에서 다루지 않기로 한다. 미각센서는 대부분 생화학적 반응을 통해 검출하는 방식을 사용하고 있으며, 아직은 연구단계에 있다. 이러한 오감의 기준으로 분류된 센서 체계는 표 6-1과 같다.

표 6-1 오감(五感)에 해당하는 센서의 분류

형태	감각	오감	물리적인 검출 대상	해당 센서
비접촉	시각	눈	가시광	CCD, CMOS
			적외선	열화상 카메라, 광증폭기
			마이크로웨이브	MRI, SAR
			X선	방사선 검출기
	청각	귀	가청 음파	마이크로폰, 스피커
			초음파	SONAR
			마이크로웨이브	레이더 센서, RFID
			광센서	적외선센서, 조도센서, 자외선센서, 가스화염센서
	후각	코	대기질, 일반가스	대기질센서, 가스센서
			화재	광전식/차동식/정온식
			온도	비접촉식 온도계
			가속도/각속도	가속도센서/자이로센서
접촉	촉각	피부	온도	열전대, 바이메탈, 광섬유센서
			습도	모발센서, 정전용량, 전기저항
			터치센서	압저항, 정전용량, 초음파, 광학
			힘/압력	스트레인게이지, 탄성식, 전기식
			유량	유량센서
	미각	혀	수질, 맛	수질센서, 맛센서

6 시각센서

6.1 시각센서의 정의

이 책에서 오감센서로 분류한 표 6-1의 시각센서에 해당하는 정확한 시장규모는 알 수 없다. 오감센서의 기준으로 분류한 책이 별로 없기 때문이다. 이들의 분야별 시장규모를 합쳐보면 대강 유추할 수 있다. 가시광센서인 CCD/CMOS 센서의 이미지센서의 시장규모는 그림 6-1과 같다. 시장조사 기관인 Frost & Sullivan의 2011년 리포터에 따르면 2010년도에 약 4.1조원을 형성하고 있으며, 매년 9.9% 정도의 성장률이 예상되어 2015년에는 약 7조원 정도가 예상된다. 여기에 있는 시장규모는 CCD와 CMOS 만의 시장규모이며 현재는 약 90%를 CMOS가 차지하고 있다. 그리고 이를 활용한 응용기기의 파급효과를 고려하면 이보다는 큰 시장을 형성하고 있다고 보아야 한다.

비냉각형 적외선 센서를 이용한 열화상 카메라의 시장규모는 Yole 사에 의하면 약 2조원 정도의 시장규모를 형성하고 있다. 또한, Yole 사의 시장보고서에 의하면 군사용에 사용되는 비냉각형 열화상 센서는 전체 군사용 시장의 약 15%만 차지하고 나머지 75%는 냉각형 적외선 센서가 사용되고 있다고 한다. 비냉각형의 약 50%가 군사용에 사용되고 있으니 군사용까지 포함한 전체 시장 규모는 약 7조원 정도되며 연평균 5% 정도 성장하고 있다고 예상하고 있다[59].

MRI에 대한 세계시장규모는 Market and Market 2011년 시장분석 보고서에 의하면 2011년에 약 4.4조원($M4,000)에서 매년 3.55% 정도 성장하여 2016년에는 약 5.2조원($M4,760)이 될 것으로 예상하고 있다[60].

CT 스캐너에 대한 세계시장규모는 Global Information 사의 보고서에 따르면 2011년에 약 3.7조원($M3,400)에서 매년 6.7% 성장을 하여 2017년에는 약 5.6조원($M5,100)이 될 것으로 예상하고 있다. 그리고 X-선의 세계시장규모는 Transparency Market research 사의 "세계의 X-ray 시장 분석 및 예측(2011~2017)"에 따르면 2011년에 8조원에서 매년 3.6% 정도 성장하여 2017년에는 약 10조원에

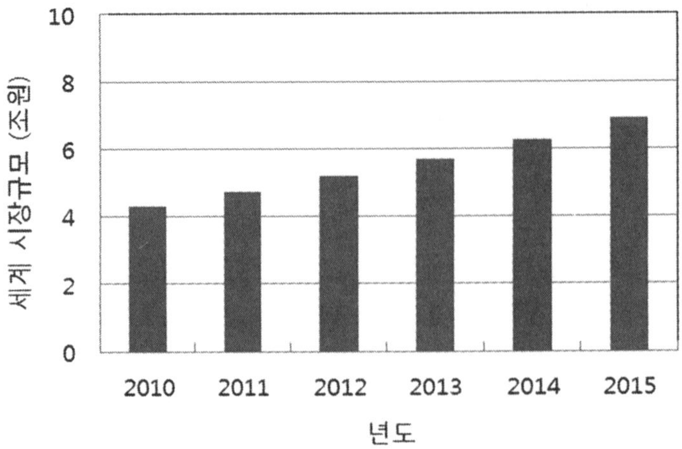

그림 6-1 이미지센서의 연도별 세계시장 추이(출처 : Frost & Sullivan 2011년, 환율 : 1,100원으로 추정)

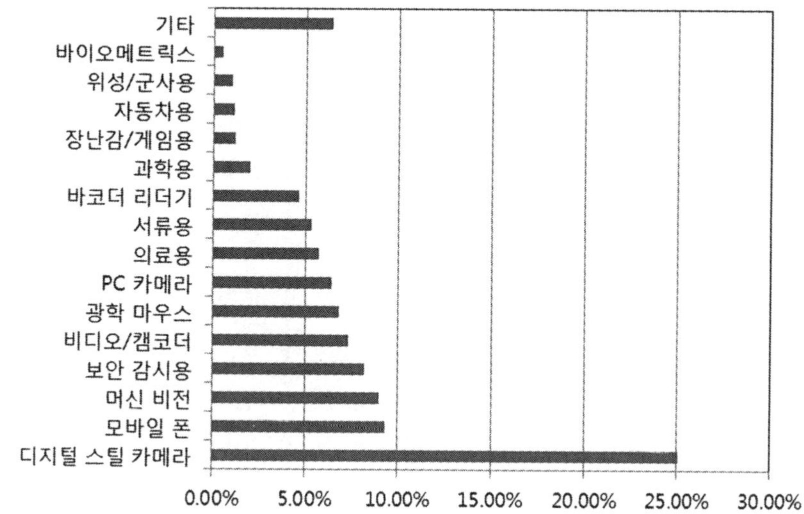

그림 6-2 이미지센서의 주요 응용분야(출처 : Frost & Sullivan 2011)

달할 것으로 예측하고 있다.

6.2 가시광센서

6.2.1 CCD의 원리

1970년에 Bell 연구소의 W. Boyle과 G. Smith가 하나의 커패시터에서 인접한 커패시터로 전자를 전달하는 구조를 고안했다. Charged Coupled Device(CCD)라고 부르는 이 구조는 초기에 아날로그 딜레이 라인, 아날로그 필터, 아날로그 메모리 등에 주로 사용되었지만, 이미지센서에 응용되면서 매우 중요한 소자가 되었다. CCD형 이미지센서는 그림 6-3과 같이 각 화소마다 구성된 photodiode (포토다이오드)와 신호 전자를 출력부로 전달하는 CCD channel, 그리고 전달된 전자의 개수에 비례하는 전압으로 변환해서 외부로 출력하는 출력부로 구성되어 있다. 각 화소에서 축적한 신호전자를 받아서 수직방향으로 전달하는 CCD를 수직전송로(shift register)라 하고, 이를 받아서 수평방향으로 전달하는 기능을 하는 CCD를 수평전송로라 한다. CCD 이미지센서는 이와 같이 각 화소에서 1-field 동안 빛에 의해 발생한 전자를 CCD의 수직/수평전송로를 통해 출력부로 이동시켜서 전압으로 변환, 출력하는 것이다.

각 픽셀에 해당하는 포토다이오드에 빛이 들어오면 빛의 세기에 비례해서 발생한 전자가 각 포토다이오드의 potential well에 축적된다. 1-field(VGA 방식의 경우 1/60초)의 시간이 지나면, 포토다이오드와 수직전송로 사이의 gate에 높은 전압을 인가해서 각 화소의 신호전자를 포토다이오드로부터 수직전송로 쪽으로 이동시킨다. 수직전송로의 전압분포는 각 화소로부터 전달된 전자 그룹이 서로 섞이지 않도록 형성되어 있다. 수직전송로의 gate에 구동펄스가 인가되면, 모든 전자 그룹은 수평전송로 방향으로 한 칸 이동하는데, 이때도 각 전자 그룹이 서로 섞이지 않으면서 이동한다.

가장 수평전송로에 가까이 있는 전자 그룹은 수평전송로로 이동하고, 이때 수직전송로는 잠시 대

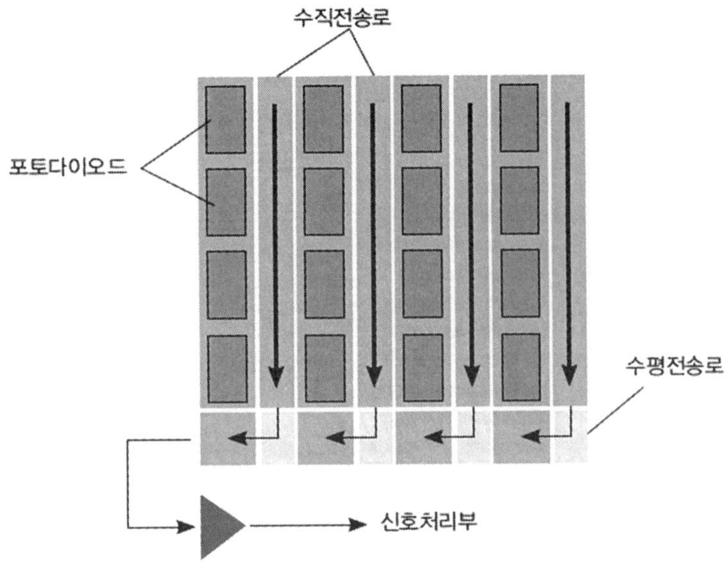

그림 6-3 CCD의 신호전송 원리

기한다. 수평전송로의 gate에 빠른 속도로 구동전압을 인가하면 각 전자 그룹은 차례로 출력부로 이동한다. 출력부에서는 각 전자 그룹이 올 때마다 전자 수에 비례하는 전압으로 변환해서 출력패드를 통해 외부로 출력한다. 모든 전자 그룹이 출력부로 전달되어서 수평전송로가 비워지게 되면, 다시 수직전송로가 구동되어서 다음 행의 전자 그룹을 수평전송로로 이동시킨다.

빛은 계속 들어오기 때문에 이런 이동/출력 동작이 진행되는 동안에도 각 화소의 포토다이오드에서는 다음 field를 위한 신호전자를 축적하고 있다. 따라서 1-field 동안 모든 전자 그룹의 이동/출력을 마쳐야, 다음 field의 전자를 다시 옮기게 된다. 이러한 동작원리가 CCD 이미지센서의 frame rate를 제한하는 원인이 된다.

CCD 이미지센서의 감도는 각 화소에 입사한 빛이 몇 mV의 전압으로 출력되는가를 나타내며 다음의 식으로 주어진다.

$$감도 = \frac{출력전압}{입사조도}\ [\mathrm{mV/lx}] \tag{6-1}$$

감도가 높으면 어두운 피사체에 대해서도 더 선명한 영상을 얻을 수 있다. 또한, 감도가 높으면 잡음 대비 신호가 높아지기 때문에 최저 피사체의 조도가 낮아진다. 하지만 출력신호의 최대치에는 제한이 있기 때문에, 감도가 높으면 신호가 빨리 포화되어서 동작범위가 줄어든다. 따라서 저조도에서는 감도가 높고, 조도가 올라갈수록 감도가 낮아지는 출력을 내주는 것이 이상적이다.

감도가 높아지기 위해서는 우선 수광부의 포토다이오드가 넓어서 많은 빛을 받아야 한다. 그리고 받아들인 빛이 가능하면 많은 신호전자를 만들어야 한다. 신호전자가 많을수록 출력이 높아지기 때문이다. 이러한 요소는 수광부의 설계영역에 해당한다. 출력부에서는 전달받은 신호전자가 가능하면 높은 전압으로 변환되어야 감도가 높아진다. 신호전자는 수평전송로를 통과한 후, 배출구(field drain)에 담긴다. 배출구는 p-well상에 형성된 n+층의 커패시터이므로, (-)의 전하량을 가진 신호 전자 그룹이 들어오면 전하량에 비례해서 전압이 낮아진다. 이 낮아지는 전압을 ΔV라고 하면, ΔV는 다음과 같이 표현된다.

$$\Delta V = \frac{qN}{C_{FP}} \,[\mathrm{mV}] \tag{6-2}$$

여기서 C_{FP}는 배출구의 커패시턴스, q는 전하량, N은 신호 전자수이다. 따라서 감도를 높이기 위해서는 신호 전자수 N에 의한 전압변동 ΔV가 커야 하고, 따라서 C_{FP}가 작아야 한다.

6.2.2 CMOS의 원리

전자를 직접 전송하는 CCD 이미지센서와는 달리, CMOS형 이미지센서는 화소에서 신호전자가 바로 전압으로 변환된다. 따라서 화소마다 몇 개씩의 트랜지스터가 필요하게 되고, 이 트랜지스터의 개수로 종류가 나뉜다. 화소에 들어있는 트랜지스터의 불균일도는 곧바로 영상으로 나타나 눈에 보이기 때문에 CMOS형 이미지센서 기술은 한동안 빛을 보지 못하다가 반도체 공정이 발달한 1990년도 중반 이후 상용화가 시작되었다.

CMOS는 반도체 방식을 표현하는 단어이기도 하다. 반도체 중에는 MOS(Metal Oxide Semiconductor)라는 방식이 있다. 이는 반도체 중에 움직이는 자유전자가 튀어 나온 후 정공의 전하를 운반하는 방식의 반도체이다. 이 전하 운반에 자유전자와 정공 쌍방을 이용해 동작 속도를 고속화시킨 것을 CMOS(Complementary Metal Oxide Semiconductor)라고 한다. 즉, CMOS는 반도체의 방식 중 하나로서 촬상소자 이외에도 다양하게 사용된다. 따라서 본래 디지털카메라에 사용된 촬상소자는 CMOS 이미지센서라고 부르고 CMOS 메모리 또는 CMOS 오토포커스 센서 등을 구별할 필요가 있지만, 디지털카메라에서 사용되는 CMOS는 특별한 경우를 제외하고는 CMOS 이미지센서라고 표현한다.

CMOS와 CCD의 큰 차이점 중에 하나는 신호를 읽어내는 방법이 다른 것이다. 앞서 CCD는 각 화소에 빛이 조사돼 발생한 전하를 그대로 CCD의 전송기능을 이용해 증폭기에 불러 그곳에서 처음 신호로 취급하여 증폭한다. 그러나 CMOS 방식은 그림 6-4와 같이 각 화소에 전하를 축척한 후 화소 자체에 신호로서 취급하여 증폭한다. 이때 CCD처럼 저장고방식으로 신호를 전송하는 것이 아니고 화소 자체에 회로를 연결해 개별적으로 신호를 만드는 점이 다르다.

이것이 가능한 것은 CMOS의 구조와 동작이 CCD와 다른 구조를 갖고 있기 때문이다. CCD는 반도체의 종류 중 하나이지만 그 제조 프로세스는 반도체 제조방법과는 약간 다르다. 그러나 CMOS 방식은 통상의 LSI와 같은 제조 프로세스로 만들어진다. 따라서 CCD는 회로를 투입하는 데 곤란한 반면 CMOS는 몇 개의 층 구조에 따라 회로와 이미지센서를 같은 칩(Chip)에 제작이 가능하다. CCD는 전하 발생이 포화량을 초과한 경우 수직전송용 CCD에 따라 다른 화소에 축척된 전하에 영향을 받지만 CMOS는 각 화소의 신호가 변화되므로 다른 화소의 전하에 영향을 받지 않는다. 또한, CCD와 비교해 작은 소비 전력으로 기동할 수 있는 큰 장점이 있다.

CCD형 이미지센서는 빛에 의해 발생한 전자를 그대로 gate 펄스를 이용해서 출력부까지 이동시킨다. 따라서 도중에 잡음이 들어오면 전압은 달라지더라도 전자의 수 자체는 변함이 없으므로 잡음

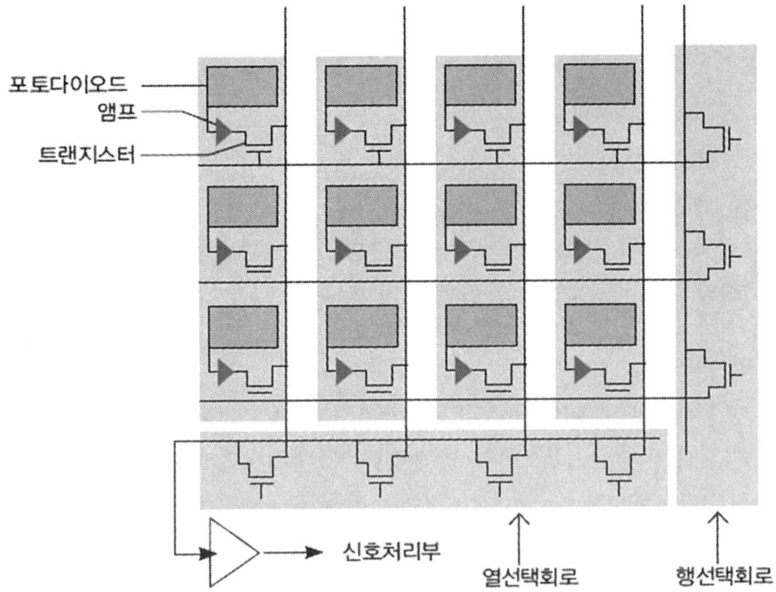

그림 6-4 CMOS의 신호 전송 원리

이 출력신호에 영향을 주지 않는다. CMOS형 이미지센서는 빛에 의해 발생한 전자를 각 화소 내에서 전압으로 변환한 후에 여러 CMOS 스위치를 통해 출력한다. 잡음은 원래의 형태로 들어오는 것이므로 잡음이 더해진 만큼 그대로 출력신호에 나타나게 된다. 또한, CCD형 이미지센서는 하나의 출력회로를 모든 화소가 거쳐감으로써 각 화소간에 차이가 없는데, CMOS형 이미지센서는 각각의 화소가 전자-전압 변환회로를 따로따로 가지므로, 각 화소의 소자 불균일성이 그대로 출력신호에 반영되게 된다. 이러한 이미지소자 자체의 기본적인 차이점은 표 6-2와 같다.

표 6-2 CCD와 CMOS 이미지센서의 기본적인 구조상 차이 비교

항목	CCD	CMOS
픽셀 신호특성	전자의 흐름	전압신호
픽셀 수광 면적	상대적으로 큼	상대적으로 작음
시스템 크기	상대적으로 큼	작음
집적도	낮음	높음
동작 복잡성	다양한 전압 및 클럭이 필요	동작이 간편
전력 소모	전력소모가 높음	전력소모가 낮음
신호대 잡음비	노이즈 적응력이 높음	노이즈 적응력이 낮음
스미어, 블루밍	드물게 발견	기본적으로 없음
반응속도	상대적으로 느림	상대적으로 빠름
저조도 특성	균일성이 높음	상대적으로 떨어짐
시스템 내구성	좋음	매우 우수

CMOS를 이용하면 시스템의 구조는 매우 간단해질 수 있고 전력소비량도 줄어들기 때문에 쉽게 작은 제품을 만들어낼 수 있지만, 어두운 곳에서 일반적으로 균일도가 떨어지기 때문에 고성능의 제품을 만들어내기 위해서는 별도의 이미지 프로세서를 사용하여 극복해야 한다. CMOS와 CCD의 중요한 특성 차이 중 하나가 스미어(smear)와 블루밍(blooming)이다. 스미어는 부분적으로 강한 빛이 들어오는 영역의 상하로 수직의 밝은 선이 나타나는 현상이다. 스미어 신호는 밝은 영역에 들어오는 빛의 세기에 비례하며, 또한 밝은 영역의 수직방향 화소 수에도 비례한다. 스미어는 원래 화상에 없는 패턴을 형성하므로 잡음에 해당하며, CCD에서 특히 잘 나타난다. 블루밍은 말 그대로 넘친다는 표현인데, 스미어와 원인은 다르지만 CCD가 과도한 빛을 받으면 전기신호가 넘쳐나서 사진에 빛이 번져 보이는 현상이기 때문에 스미어와 구별이 힘든 경우도 있다. 스미어는 밝기 차가 많은 피사체를 촬영했을 때 세로로 빛이 갈라져 보이는 현상인데, 이러한 문제도 카메라의 기술적인 발전으로 어느 정도 해결되고 있다.

신호전자는 CCD의 경우에는 출력부의 capacitor, CMOS의 경우에는 각 화소의 capacitor에서 전압으로 변환된다. 이때 신호전압=(신호전자 수 × 전자 전하량)/capacitor의 식으로 변환되기 때문에 capacitance의 값에 따라 신호전압은 달라진다. 감도는 입사광의 세기 대비 출력전압으로 나타나기 때문에 감도를 높이기 위해서는 capacitance의 값을 줄여야 한다. 신호전압은 아날로그 회로에서 gain 조절, 잡음제거 등의 과정을 거친 후 ADC에서 디지털 신호로 바뀐다. 이 디지털 신호가 영상을 형성한다. 이 과정에 입사된 빛의 정보가 디지털 출력으로 나가는 동안 많은 정보손실이 있을 수 있다. 이미지센서의 화소의 출력신호는 그림 6-5와 같이 조도에 따라 잡음에 신호가 묻히는 영역, 조도에 비례하는 영역, 신호가 조도에 더 이상 증가하지 않는 영역으로 나뉘며, 특히 신호가 조도에 비례하는 영역을 active 영역이라고 한다.

이미지센서의 성능은 얼마나 어두운 빛에서부터 얼마나 밝은 빛까지 유효한 정보를 출력해 주는가에 달려 있으므로, active 영역을 늘리는 방향으로 연구가 진행되고 있다. 조도가 낮아지면 잡음 신호에 가려서 신호의 의미가 없어지므로 잡음과 구별되어서 빛에 의한 정보를 출력할 수 있는 최소한의 조도를 최저 피사체 조도라고 부른다. 카메라에서는 렌즈의 특성과도 관련이 있으므로, 이미지

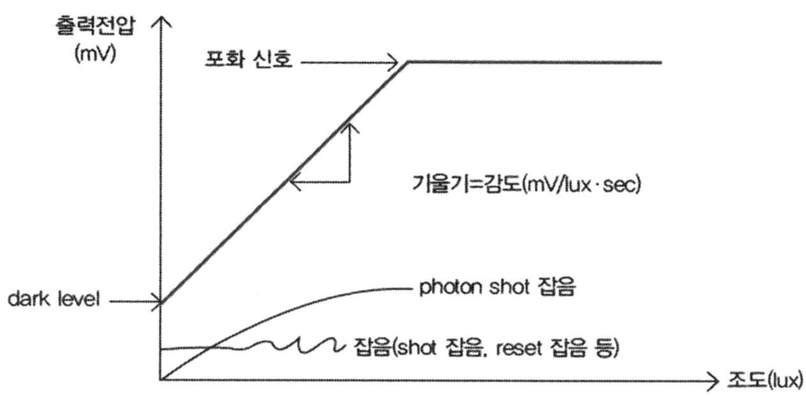

그림 6-5 이미지센서의 빛의 세기와 출력전압의 관계

센서에 직접 입사하는 조도를 이미지센서의 최저 피사체 조도라고 한다. 최저 피사체 조도는 빛에 의해 나타나는 신호가 잡음 신호의 표준편차와 같게 될 때로 정의한다. 최저 피사제 초도는 감도가 높고 잡음이 적어야 최저 피사체 조도도 낮아진다. 따라서 이미지센서의 동작범위는 포화조도와 최저 피사체 조도의 비로 나타내서 다음과 식과 같이 된다.

$$\text{dynamic range} = 20\log\frac{\text{포화조도}}{\text{최저피사체조도}} \tag{6-3}$$

6.2.3 CCD와 CMOS 카메라 모듈 개념

이미지센서인 CCD와 CMOS를 이용해서 영상을 출력하는 개념은 그림 6-6과 같다. 카메라 모듈은 광학렌즈, 이미지센서, 전기회로부 등 총 3개의 파트로 구성되어 있다. 전기회로부는 개념적으로 입사한 광에 대해 전기적 신호로 바꾸는 부분이다. CCD 센서용 전기회로부는 그림 6-6과 같이 AFE (Analog Front End)와 ISP(Image Signal Process)로 구성되어 있다. 이 그림에서 CFA는 color filter array의 약자로 컬러를 구성하기 위한 필터 set를 의미한다. AFE는 AGC(Auto Gain Control, 자동이득조절)와 아날로그를 디지털로 변환하여 ISP로 신호를 전달하는 역할을 한다. ISP에서는 입력된 디지털신호를 이용해서 최적의 영상이 출력되도록 조절하는 역할을 한다.

ISP는 카메라의 심장부로 모든 기능 구현 역할을 담당하고 있으며, 각 카메라 제조사의 모든 know-how가 결집되어 있는 곳이며, ISP의 대표적인 신호처리 기능 블럭도는 그림 6-7과 같다. 특히, 그림 6-8과 같이 카메라의 설정 메뉴(OSD 기능), 자연광에서의 화질 개선(WDR 기능), backlight

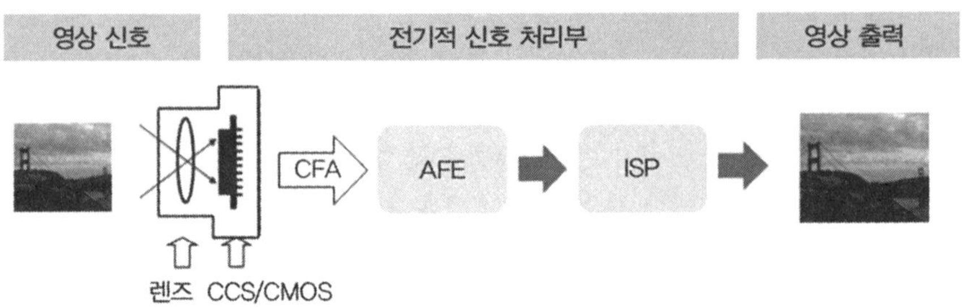

그림 6-6 이미지센서의 영상 신호 처리 개념도

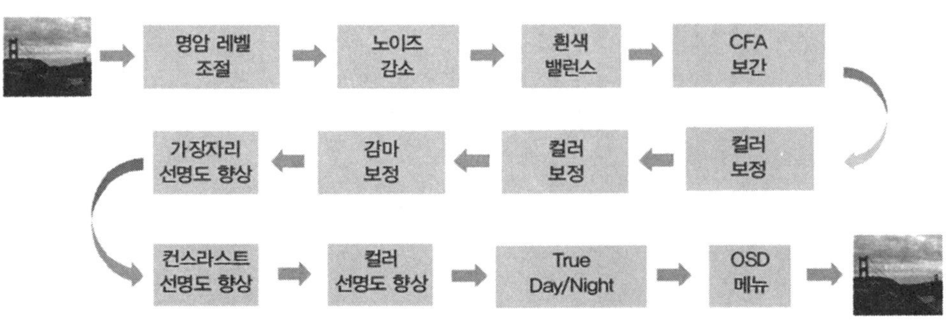

그림 6-7 ISP의 신호처리 기능

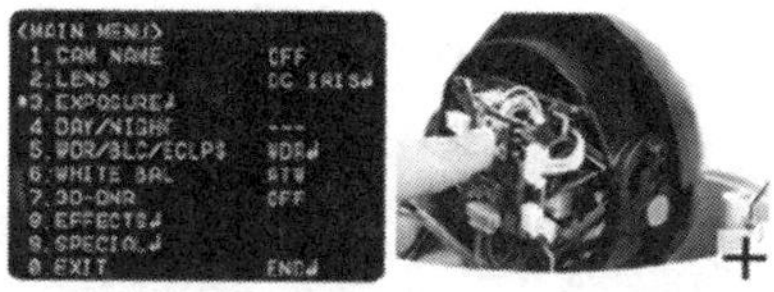

(a) OSD(On Screen Display) 기능

(b) WDR(Wide Dynamic Range) 기능

(c) BLC(Backlight Compensation) 기능

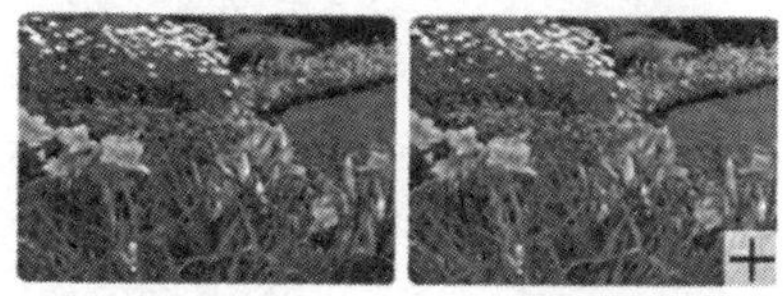

(d) True Day/Night 기능

(e) Smart IR 기능

(f) Privacy Masking 기능

그림 6-8 ISP에서 수행하는 다양한 기능들

보상(BLC 기능), 저조도시 IR LED에 의해 가까운 물체의 반사에 의한 영상보정(Smart IR 기능), IR cut filter를 주위 조도에 따른 자동 On/Off(True Day/Night 기능) 등의 기능을 수행한다[61].

그외 색이 조명의 색온도에 영향 받지 않고 자신의 색을 표현하도록 하는 기능(white balance 기능), 센서에 부착된 컬러필터의 왜곡 및 오차를 보정(CFA interpolation과 color correction 기능), 표시되는 CRT 또는 LCD의 특성에 알맞은 조건으로 출력신호를 보정 변경(gamma correction 기능) 등을 수행한다. ISP의 역할에 의해 카메라의 영상출력 성능이 결정되며, 특히 WDR, DNR, 해상도, 색재현성 등 4가지 항목은 카메라의 핵심 기본 성능이다.

WDR은 wide dynamic range를 의미하는 것으로 그림 6-9와 같이 한 화면에 밝고 어두운 부분이 겹치는 경우 어두운 부분을 잘 보이도록 하는 기능이며, 사람 눈은 약 120 dB 수준이다. 이런 현상이 발생하는 이유는 CCD 또는 CMOS 센서의 빛 수광능력이 부족하여 기준대비 많은 빛이 입사해서 생기는 현상이다. 소니 사는 영상 한 장을 기준으로 어두운 장면과 밝은 장면의 두 장면을 짧은 시간에 구해서 합치는 방식을 사용하고 있으며, 파나소닉 사는 영상 한 장이 아닌 각 픽셀별로 신호레벨을 조절하는 방식으로 구현하고 있다.

DNR은 Digital Noise Reduction의 약자이며, 그림 6-10과 같이 저조도에서의 잡음영상을 제거하는 기술이다. 1 lux 이하의 조도로 낮아지면 AGC 기능이 동작하게 되며, 신호와 잡음이 같이 증폭되지만 잡음은 고정적 노이즈 특성을 가지므로 적응성 필터에 의해 제거가 가능하다. 한 장의 장면으로 잡음을 없애는 것을 2D-DNR이라 하며, 이전 장면과 현재 장면의 비교차이를 감안하여 동작하는 것을 3D-DNR이라 한다.

3번째 카메라 성능의 중요한 요소는 해상도이다. 사람의 눈은 주간에는 약 7백만 화소, 야간에는 1억 화소로 동작한다고 한다. 최근 디지털카메라는 1천만 화소급이 나오고 있으며, 일반 CCTV의

(a) WDR 기능 없음 (b) WDR 기능 있음

그림 6-9 WDR 기능에 의한 영상화질 개선

D1급(720×480)이 0.4 M 픽셀 정도, HDTV(1280×720)는 1 M 픽셀 정도, Full HD(1920×1080)은 2 M 픽셀 정도이다. 해상도는 픽셀로도 정해지지만 그림 6-11에서와 같은 표준화면을 이용해서 해상도를 비교한다.

마지막으로 색 재현성은 3원색(빨강, 파랑, 노랑)을 조명에 따라 얼마나 잘 표현해 주느냐 하는

(a) DNR 기능 없음 (b) DNR 기능 있음

그림 6-10 DNR 기능에 의한 저조도 영상 개선

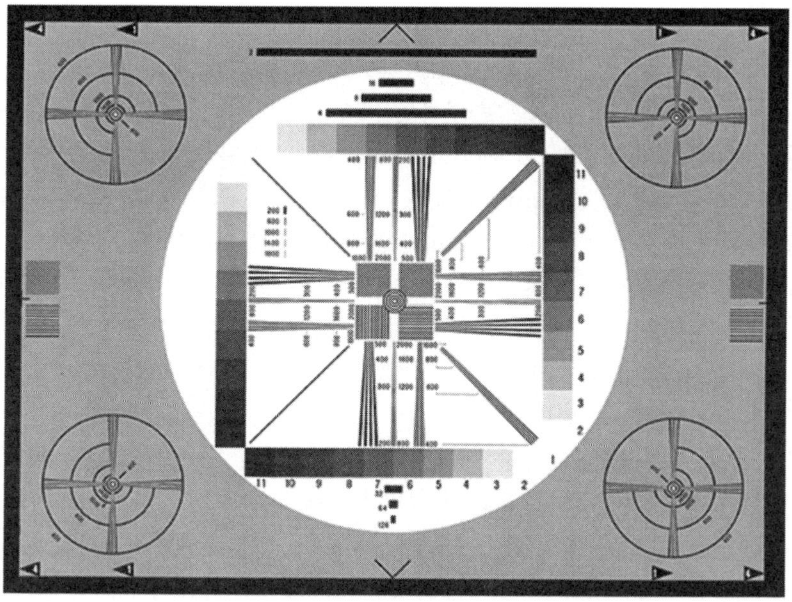

그림 6-11 카메라 해상도 평가를 위한 ISO 해상도 챠트

정도이다. 이것은 디스플레이 장치와도 관련된 것으로 그림 6-12와 같은 7가지 무지개 색을 가진 벡터모니터를 이용해서 색 재현성을 측정하기도 하고, 일반적으로 암실에서 다양한 조명하에서 원색이 얼마나 잘 재현되는지 그리고 눈에 편한 색감으로 구현하고 있다.

ISP는 카메라의 두뇌와 같은 역할을 하는 것으로 CCD/CMOS에서 나온 전기적 신호를 이용해서 사람 눈에 편하게 보일 수 있도록 다양한 기법을 사용하는 곳이다. ISP의 성능에 따라 각 카메라 제조회사의 성능이 결정된다고 볼 수 있기 때문에 카메라 제조사들은 고유의 알고리즘을 구현해서

그림 6-12 카메라의 색 구현정도를 평가하기 위한 벡터모니터

화질을 개선하도록 노력하고 있다.

영상의 화면 출력방식은 비월주사(interlace scan) 방식과 full frame scan(또는 progressive scan) 방식으로 구분된다. 아날로그 신호를 출력하는 CCD는 주로 NTSC 또는 PAL 방식인 interlace scan 방식을 사용하며, 최근 고화질용 CCD에 full frame 방식도 적용되고 있다. 반면 디지털 신호를 출력하는 CMOS는 대부분 full frame scan 방식을 사용한다. interlace scan 방식은 하나의 frame을 두 개의 필드로 나누어 순차적으로 번갈아가며 화면에 이미지를 표시하는 방법이다. 480라인의 NTSC 방식의 경우(정확히는 525라인에 유효라인 487라인) 하나의 frame은 240라인으로 나누어진 두 개의 필드로 쪼개어져 표시되는데, 매 1/60초마다 번갈아 가면서 화면에 표시되는 것이다. 반면에 full frame scan 방식은 480라인의 이미지를 1/60초마다 frame 전체를 보여준다. 그림 6-13에 이 두 가지 전송방식의 차이를 볼 수 있다[62].

촬상소자는 화소 전부를 다 사용해 데이터를 만드는 것이 아니다. 그것은 디지털카메라에 들어있는 촬상소자 전체에 빛이 조사(照射)되게 디지털카메라를 설계하는 것이 어렵기 때문이다. 최종적으로 화상데이터로 출력될 때 유효하게 반영되는 화소수를 유효화소수라고 한다. 반대로 촬상소자의 화소 총수를 총화소수라고 한다. 유효화소수는 촬상소자 자체의 유효화소수와 디지털카메라에 설치되어 있는 유효화소수가 있다.

촬상소자는 노이즈 원인인 암전류(暗電流) 제거를 위해 빛을 조사하지 않는 영역을 설계한다. 이것을 옵티컬 블랙(Optical Black)이라고 한다. 차광된 전하가 발생하면 그것이 암전류가 된다. 신호레벨치로부터 옵티컬 블랙의 전하레벨을 당기면 노이즈만큼 제거되기 때문이다. 그래서 촬상소자 자체의 유효화소수는 총화소수로부터 이 옵티컬 블랙을 뺀 수치가 된다.

디지털카메라는 실제 정지화상 데이터로서 사용할 수 있는 화소는 더 작은 범위가 된다. 이것을 이미지 면적(image area)이라 한다. 그러나 이미지 면적 주변에 있는 화상 처리에 필요한 정보를

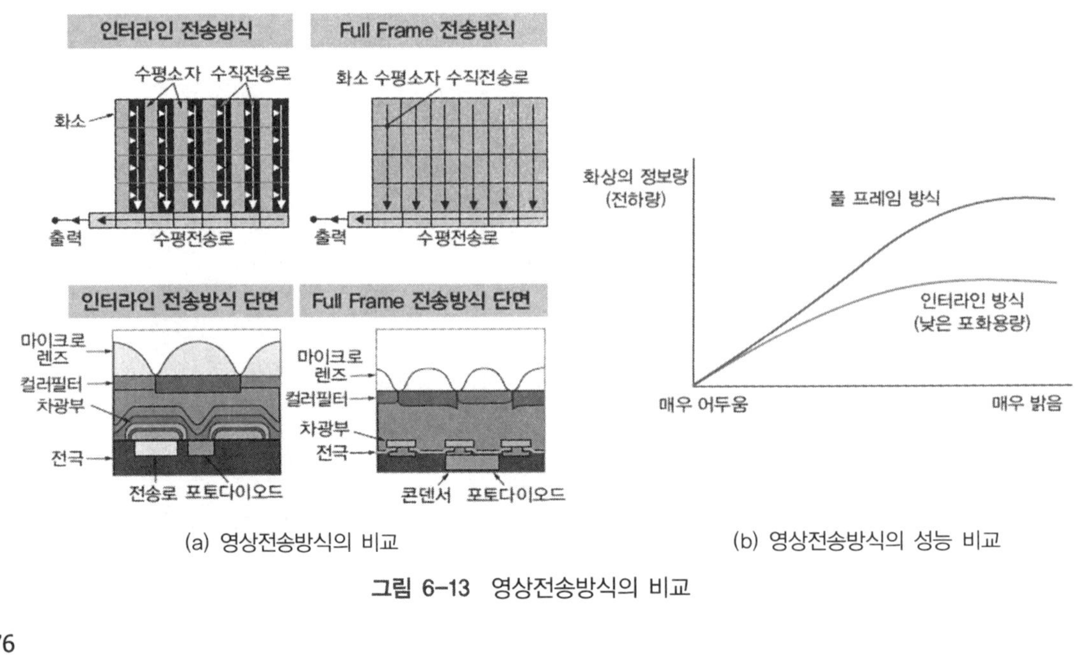

(a) 영상전송방식의 비교

(b) 영상전송방식의 성능 비교

그림 6-13 영상전송방식의 비교

얻기 위한 화소를 포함해 유효화소수로써 카운트하기도 한다. 이 이미지 면적 주변의 면적을 링픽셀(Ring Pixels)이라고 한다. 대부분의 디지털카메라의 카달로그 표시는 촬영성능을 표시하는 경우 유효화소수를 첫 번째로 표시하고, 총화소수를 표시할 경우는 법적으로 유효화소수를 따로 표시해야 한다. 현재 발매되고 있는 디지털카메라는 실제의 화상데이터를 만들 때 사용되는 화소수가 유효화소수로써 스펙상에 표시되도록 되어 있다.

최근 고화질의 영상에 대한 요구로 인해 IP 카메라의 급격한 보급에 따라 표준화에 대한 필요성이 제기되었다. IP 카메라는 영상을 직접 H.264 또는 MJPEG 등과 같은 압축코덱을 이용하여 인코딩한 후 IP 네트워크를 통해 직접 클라이언트 뷰어나 중앙 관제 시스템에 전달하는 역할을 한다. 그런데 IP 카메라는 기존 아날로그 카메라와는 달리 데이터 전송에 사용되는 프로토콜 표준이 없어 업체마다 독자적인 프로토콜을 사용함으로 인해 응용프로그램 간 상호 호환이 안되는 단점이 있었다.

이러한 업체별 IP 카메라의 프로토콜 비호환 문제를 극복하기 위해 시장을 주도하는 몇몇 업체가 모여 2008년 9월 ONVIF(Open Network Video Interface Forum) 포럼을 발족했다. ONVIF 스펙에서는 네트워크로 비디오/오디오 스트림을 전송하는 서버 역할의 장치를 NVT(Network Video Transmitter), 스트림을 받아 처리하는 장치를 NVC(Network Video Client)로 정의하였다. 그런데 현재 출시되고 있는 대부분의 ONVIF 제품은 NVT 관련된 제품이며, NVC 제품은 아직까지는 드물다.

ONVIF에서 개발되는 글로벌 오픈 인터페이스 표준은 보안 시장에서의 네트워크 비디오 제품의 채택을 더욱 가속화시킬 것으로 예상되며, 또한 이 표준은 네트워크 비디오 제품 간의 정보 교환을 위한 공용 프로토콜을 정의하여 개발되는 제조사에 상관없이 호환성이 보장될 것이다. 이러한 호환성은 최종 소비자, SI 사업자, 컨설턴트 및 제조사에 비용절감, 시장 활성화, 안정성 및 유연한 솔루션 구축 등 많은 이점을 가져다 줄 것이다.

6.2.4 컬러필터의 구현

CCD와 CMOS는 빛을 받으면 전하를 축적하는 소자로 빛의 양을 전하적 양으로 변환하는 역할을 한다. 즉, CCD 또는 CMOS 자체적으로는 빛의 명암만을 파악할 수 있고 컬러정보는 파악할 수 없다는 뜻이다. 최초의 사진기는 흑백 이미지만 저장할 수가 있었다. 그래서 초기의 사진작가들은 직접 흑백사진에 색을 입히는 방법으로 색을 재생해야만 했다. 그러나 1860년 James Clerk Maxwell이 컬러사진이 red, green, blue 세 가지 필터를 사용해 만들어질 수 있다는 사실을 발견했다. 그는 피사체를 각각 red, green, blue 필터를 사용해 세 번을 촬영해서 세 가지 사진을 각각 서로 다른 프로젝터를 이용해 한 스크린에 겹쳐서 컬러 영상을 구현했다. 이러한 원리가 지금도 그대로 적용되고 있다.

카메라에도 이와 유사한 원리를 사용한다. 즉, red, green, blue의 세 가지 필터를 이용하는 방법이다. 대표적인 모델이 그림 6-14와 같은 Bayer Mosaic Pattern이다. 전체 픽셀 중 green이 전체의 반을 차지하게 되는데, 그 이유는 사람의 눈이 green에 대해 더 민감하게 반응하므로 green의 정확도가 더 중요하기 때문이다. 이렇게 색정보를 저장 후에 다시 각각의 픽셀의 색정보를 계산하는 과정을 demosaic이라 하고, interpolate라는 수학적 기술을 이용한다.

컬러를 구현하기 위해 각 회사마다 독창적인 아이디어로 제작하고 있다. 그 대표적인 것이 그림

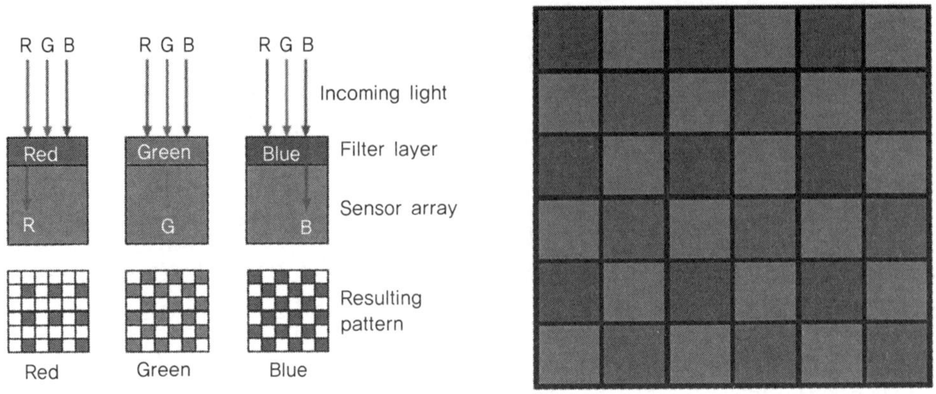

(a) Mosaic Pattern 원리 (b) Bayer Pattern

그림 6-14 컬러필터를 구현하기 위한 Mosaic Pattern과 Bayer Pattern

6-15와 같은 예이다. 일본 후지필름 사에서 개발한 허니컴 구조는 포토다이오드의 모양을 팔각형으로 함으로써 화소면적에 대한 면적비를 크게 할 수 있어 고감도와 높은 S/N비를 실현한 것이 특징이다. 반면 미국 포비온(Foveon) 사에서 개발한 포비온은 포토다이오드의 소재가 되는 실리콘 결정에서 푸른 빛은 비교적 표면에서, 붉은 빛은 약간 깊은 부분에서 흡수되는 등 파장에 따라 빛이 흡수되는 깊이가 다른 것에 주목해서 개발된 것이다. 포토다이오드의 깊이에 따라 RGB 각각의 신호전자를 끌어낼 수 있는 이미지센서를 개발해 하나의 화소로 RGB 모든 신호를 끌어낼 수 있도록 한 것으로 매우 해상도 높은 컬러이미지를 얻을 수 있다.

컬러필터를 형성하는 목적은 각 화소가 목적하는 색에 해당하는 파장의 빛만 통과시켜서 이를 포토다이오드에 입사시켜 그 출력신호를 조합해서 컬러영상을 만드는 것이다. 이를 위해 실리콘 공정이 끝난 후, 통상 포토다이오드와 비슷한 유기물질로 구성된 컬러필터를 포토다이오드 위에 적층

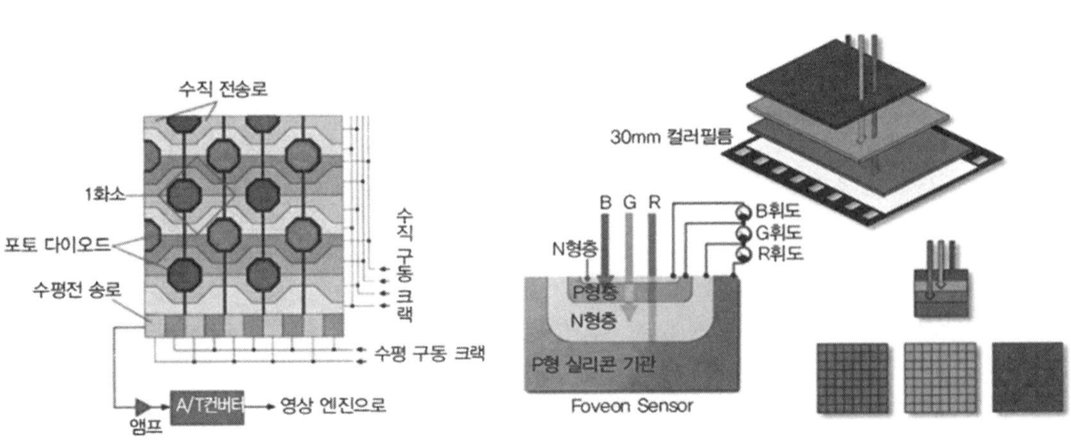

(a) 허니컴 구조 (b) 포비온(Foveon) 구조

그림 6-15 허니컴 구조 및 포비온 구조

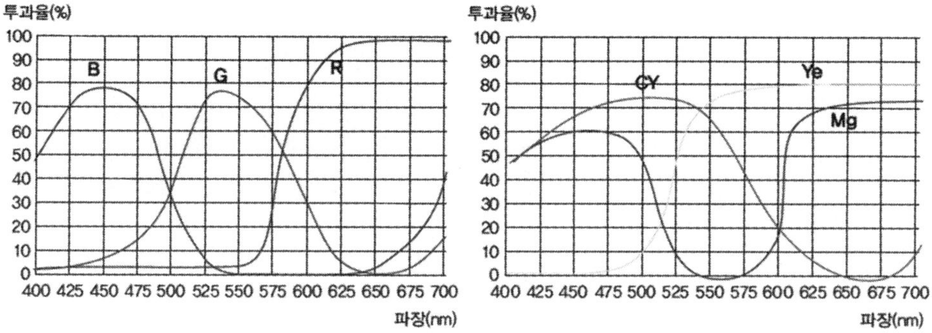

G	B	G	B	G	B
R	G	R	G	R	G
G	B	G	B	G	B
R	G	R	G	R	G

(a) RGB 필터의 투과도 특성 및 컬러필터 배치

Ye	Cy	Ye	Cy	Ye	Cy
Mg	Gr	Mg	Gr	Mg	Gr
Ye	Cy	Ye	Cy	Ye	Cy
Mg	Gr	Mg	Gr	Mg	Gr

(b) Cy, Mg, Ye 필터의 투과도 특성 및 컬러필터 배치

그림 6-16 컬러필터의 투과도 특성 및 필터 배치도

한다. 컬러필터는 해당되는 파장 대역의 빛은 통과시키고, 나머지 파장 대역의 빛은 필터물질이 흡수하게 된다. 따라서 컬러필터 물질은 해당하는 화소의 목표색과 동일한 색으로 보인다.

컬러필터를 형성하는 방법에는 필터물질에 이미 해당 색의 안료를 포함시켜서 적층하면 곧바로 필터기능을 하는 안료 분산법이 있고, 무색의 필터물질을 적층한 후에 별도로 염색을 하는 염색법이 있다. 컬러구성 방식에는 red(R), green(G), blue(B)의 색을 쓰는 원색법과 yellow(Y), cyan(Cy), magenta(Mg)의 색을 쓰는 보색법이 있다. 원색법은 빛의 삼원색을 받아들이기 때문에 색이 선명하고 컬러신호처리가 쉬운 장점이 있지만, R, G, B의 3대역 중 한 대역만 포토다이오드로 통과시키고 나머지 대역은 필터에서 흡수되기 때문에 광효율이 낮다. 반면 보색법은 두 가지 색을 투과시키기 때문에 광효율이 높다는 장점이 있다. 그러나 RGB 신호를 얻기 위해서는 컬러연산을 해야 하고, 색의 선명도가 떨어지며 신호 연산 중에 잡음이 발생할 수 있기 때문에 주로 동영상 용도의 이미지 센서에 사용된다. 그림 6-16은 색필터들의 파장에 따른 투과도 특성과 대표적인 필터의 배치 예이다[63].

이처럼 컬러는 휘도를 받을 수 있는 센서부위에 컬러필터를 씌워 일체화된 형태로 만든다. 즉, 처음에는 모든 빛이 들어 올 수 있는데, 블루필터가 있는 셀은 블루만 투과하게 된다. CFA에는 RGB CFA 또는 CMY CFA 두 가지를 사용한다. 이러한 컬러필터의 역할 및 시스템 개념은 그림 6-17과 같다[64].

6.3 열화상 카메라

6.3.1 열화상 카메라용 센서의 역사

열화상 카메라용 센서는 인간의 눈에 보이지 않는 적외선 영역의 전자기파를 이용해서 영상으로 표현해 주는 센서이다. 전자기 스펙트럼의 적외선 영역은 1800년쯤 William Herschel에 의해 발견되

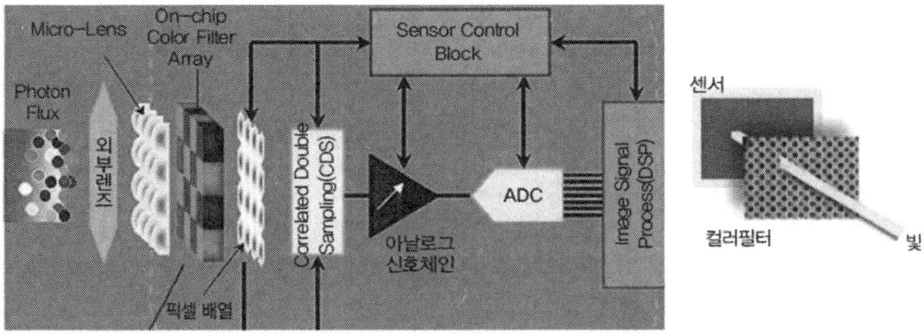

(a) 컬러필터의 색상구현 개념

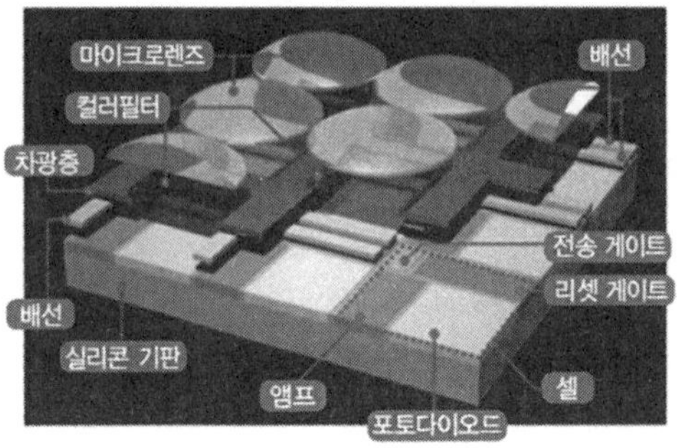

(b) CMOS 이미지센서의 구조

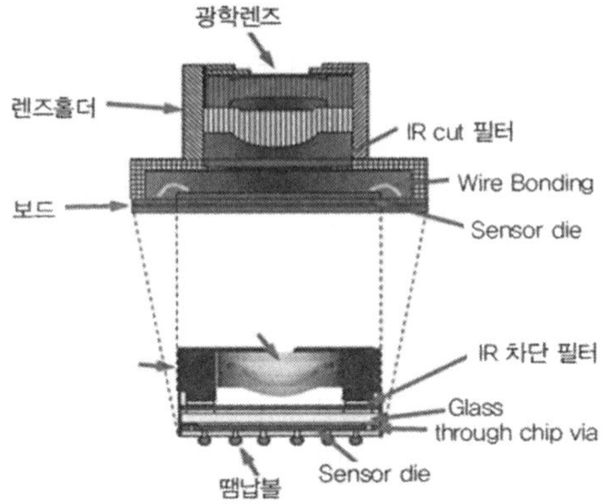

(b) CMOS 이미지센서의 단면 개략도

그림 6-17 CMOS 센서의 컬러필터 개념도

었다. 그 이후 1923년쯤 마이크로웨이브와 적외선 영역에 대한 스펙트럼을 알게 되었다. 적외선 센서의 최초의 형태는 약 1830년쯤에 열적 효과인 열전대와 열전쌍의 형태가 알려지게 되었고, 1880년쯤에 볼로미터를 이용한 전기적인 형태의 센서가 개발되었다. 20세기에 접어들면서 양자역학이 학문으로 자리를 잡게 됨에 따라 반도체 재료인 양자형 센서가 개발되기 시작하였다.

2차례의 세계대전 당시, 군사적인 목적으로 근적외선 영역대인 1.5~3 μm 영역에 반응하는 PbS와 PbSe 광전도형 센서가 개발되었다. 1952년 Welker에 의해 중적외선(MWIR) 영역대인 3~5 μm 영역을 감지하는 III-V족 반도체인 InSb 반도체 센서가 개발되었다. 그리고 1958년 영국 Malvern에 위치한 Royal Radar Establishment에서 장적외선(LWIR) 영역대인 8~12 μm를 감지할 수 있는 II-VI족 화합물 반도체인 HgCdTe 센서가 개발되었다. 이를 계기로 全 적외선 영역을 감지할 수 있는 센서가 개발되었으며, 이 이후로는 새로운 재료를 찾기보다는 기존 재료의 성능을 개선하는 방향과 픽셀 숫자를 늘려가는 방향으로 연구개발 되었다.

Planck 복사법칙 및 비접촉식으로 적외선을 감지할 수 있는 다양한 센서들이 개발되면서 야간에도 영상을 볼 수 있는 기술적인 기반이 마련되었다. 그러나 시스템의 높은 가격 문제 때문에 초창기에는 민수용보다는 군수용의 목적으로 연구되기 시작하였다. 열화상 적외선 센서 재료에 대한 개발 역사를 요약하면 표 6-3과 같다.

표 6-3 적외선 센서 개발 역사

년도	적외선 센서	비고
1940년이전	열형 센서	
1940년대	PbS, PbSe	
1950년대	Ge:X, InSb	
1960년대	HgCdTe, PbSnTe, Si:X	1세대, 이미지센서 (스캐닝 시스템)
1970년대	Si:X/CCD, PtSi/CCD	
	HgCdTe/CCD	2세대 이미지센서 (이차배열 시스템)
1980년대	HgCdTe SPRITE, InGaAs, QWIP	
1990년대	Bolometer FPAs, Pyroelectric FPAs	
	Two-color FPAs, QDIP	3세대 이미지센서 (2컬러 이차배열)
2000년대	MEMS FPAs, Four-color FPAs	
	Two-color Type II FPAs	

이미지를 보기 위한 카메라의 형태는 두 가지로 분류되는데, 하나는 반사거울을 이용한 스캐닝 시스템이며, 다른 하나는 스캐닝 시스템이 필요없는 초점면배열(Focal Plane Array, FPA) 시스템이다. 스캐닝 시스템은 멀티플렉싱 기능(multiplexing function)을 가지고 있지 않은 1세대 이미지센서 시스템이다. 이에 비해 소자의 개수가 이차원 배열로 10^6개 이상으로 실시간 영상을 볼 수 있는 시스템이 2세대 이미지센서 시스템이다. 이와 같은 이차원 센서들은 ROIC와 In 범프를 이용해서 전기적으로 서로 연결된 하이브리드 구조로 되어 있었다. 3세대 이미지센서 시스템은 2세대 시스템과 구분이 모호하지만, 우선 픽셀 수가 1,000×1,000 이상으로 매우 많거나, LWIR과 MWIR 영역대를 동시에 볼 수 있도록 설계된 2컬러 센서 시스템을 의미한다. 2컬러 센서 시스템은 구조가 매우 복잡하지만 MWIR과 LWIR 신호를 동시에 읽어 오경보를 줄이고, 물체의 온도를 정확하게 측정하고자 하는 필요성 때문에 연구되었다.

민수용에는 열화상 카메라와 같이 성능이 우수한 제품을 사용하기에는 아직도 가격 부담 때문에 특수한 목적을 위한 용도로만 사용되고 있다. CCD(Charge Coupled Device) 및 CMOS(Complementary metal-oxide semiconductor) 기술의 발전으로 근적외선 LED를 이용한 저가의 수동형 카메라가 민수용의 야간 감시용으로 사용되고 있다. 근적외선 LED를 이용한 수동형 방식은 짧은 거리는 인식할 수 있으나 100 m 이상의 먼 거리는 인식이 어려운 문제가 있으며, 적외선 LED에 의한 발열문제와 전기소모 및 카메라의 위치가 노출되는 등의 문제점이 있다.

열화상 카메라의 핵심기술은 그림 6-18과 같이 크게 세 가지 부분으로 나눌 수 있다. 제일 핵심기술은 적외선을 받아서 전기적인 신호로 변환해 주는 센서 부분이다. 성능 측면에서만 본다면 HgCdTe 반도체 재료를 이용해서 만든 센서가 가장 성능이 좋으며, 그 다음이 VOx 재료를 이용해서 만든 마이크로볼로미터이다. 예전에는 제조공정의 편리성 때문에 열전쌍(thermopile)에 대한 연구도 많이 이루어졌지만, 느린 반응시간 문제 때문에 카메라용보다는 비접촉식 온도 측정기 용도로 주로

카메라　　카메라 코어 (IR 렌즈 및 신호처리부)　　센서모듈 (냉각기 포함된 패키지)　　센서 (ROIC 결합된 구조)

그림 6-18 열화상 카메라의 핵심 기술

사용되고 있다.

이러한 센서 모듈에는 기본적으로 센서에서 변환된 전기적인 신호를 순차적으로 내어줄 수 있도록 ROIC(Readout Integrated Circuit)와 일체형으로 제작한다. 두 번째 기술이 냉각기를 포함한 패키징 기술이다. 열전쌍을 제외한 다른 센서들은 특성상 진공을 유지해야만 성능이 보장되므로 카메라 가격이 비싼 주된 요인이 되고 있다. 최근 마이크로볼로미터 센서를 제작할 때 진공 패키징을 고려한 '웨이퍼상 패키징'(WLP, Wafer Level Package) 기술이 개발되고 있다. 앞으로 이 기술이 안정화가 된다면 가격을 획기적으로 낮출 수 있을 것으로 예상하고 있다. 마지막으로 광학부인 렌즈와 신호 처리부이다. 적외선 렌즈는 재료 자체의 가격도 높고, 적외선 반사를 줄이기 위해 무반사(AR, Anti Reflection) 코팅을 해야 하기 때문에 카메라 가격 상승의 주요 요인이기도 하다.

최근 마이크로볼로미터 기술의 발전으로 열화상 카메라의 가격이 낮아지고 있어 조만간 저렴한 민수용 열화상 카메라가 보급될 날이 올 것이다. 열화상 카메라를 이용한 대표적인 응용분야는 그림 6-19와 같다. 열화상 카메라는 눈에 보이지 않는 적외선(열선)을 이용하기 때문에 주·야간 관계없

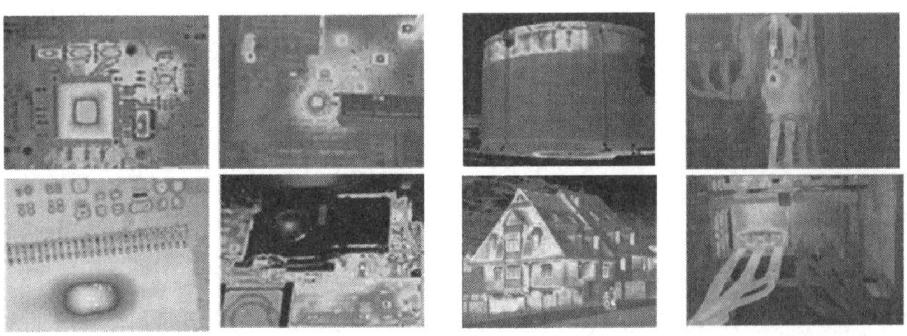

(a) 전기회로 부품 점검　　(b) 건축물 에너지 관리　　(c) 전기시설물 관리

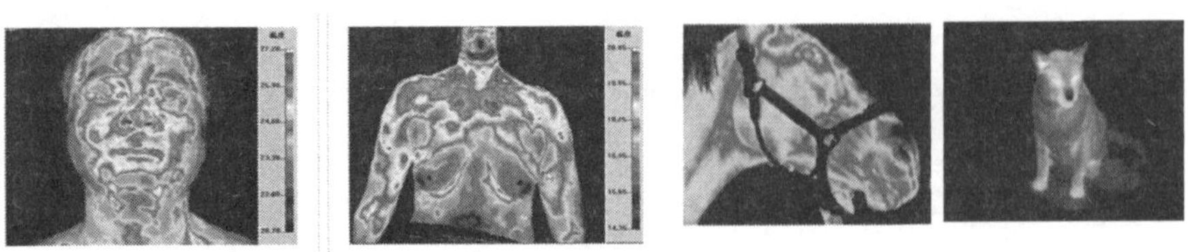

(d) 한의한 혈액순환계 진단용　　(e) 가축들의 질병 사전 진단

그림 6-19 열화상 카메라의 다양한 분야 적용 사례

이 좋은 영상을 얻을 수 있으며, 또한 정확한 얼굴윤곽이 나오지 않기 때문에 개인 프라이버시 보호에 매우 적합하다.

열화상 카메라는 1970년대부터 본격적으로 군수용 목적으로 개발되어 사용됐다. 미사일의 추적기 부분에 장착되어 주·야간에 관계없이 전천후로 물체를 인식해서 표적을 추적하는 목적 및 국경의 외곽 감시용으로 사용됐다. 군수용의 열화상 카메라는 높은 성능의 온도 분해능(10 mK 이하)을 가지고 있는 장점에도 액체질소와 같이 낮은 온도에서 동작이 가능하며 높은 제조원가의 단점 때문에 민수용에 사용하기에는 적절하지 못했다.

그러나 2000년대 이후 반도체 제조공정 기술의 발전으로 상온에서도 사용할 수 있는 마이크로볼로미터를 이용한 센서 제작기술이 개발됨에 따라 민수용으로 보급되기 시작하였다. 이 분야의 세계적인 회사는 미국의 FLIR 사이며, 열화상 카메라로만 2011년 세계 물리보안시장에서 매출액 기준 4위를 기록하였다.

열화상 카메라를 제작하는 업체들은 크게 세 가지 분야로 분류해서 카메라를 제작하고 있다. 첫 번째는 비접촉식 온도계 시장이다. 초기에는 단일 센서를 이용해서 공장, 음식물, 체온 등을 비접촉식으로 측정할 수 있는 센서 개발에 주력했으나, 최근 비냉각형 센서모듈의 가격이 급격히 내려가면서 저화소의 영상으로 온도를 분석하는 쪽으로 제품이 나오고 있다. 두 번째는 상업용 열화상 모니터링용이다. 이것은 320×240픽셀 이상의 고화소용 센서모듈을 이용해서 외곽감시, 자동차의 야간주행, 공항 등의 고열자 감시, 병원의 체열분석 등에 응용되고 있다. 마지막으로 군수용 시장으로 초창기에는 미사일 추적기 또는 야간 감시용의 목적으로 냉각형 열화상 센서모듈이 주로 사용되었으나, 최근 비냉각형 센서모듈 가격이 내려감에 따라 병사들의 개인 휴대용으로 야간의 전투력 향상 목적으로 사용되고 있다.

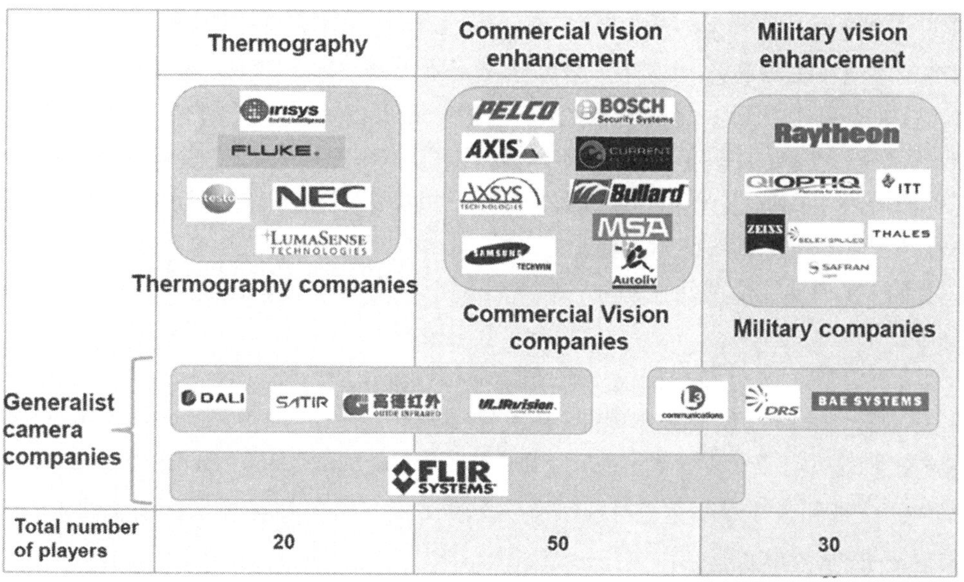

그림 6-20 응용분야별 대표적인 제조업체 현황(출처 : Yole 사 2011년 자료)

이러한 세 가지 응용분야별 주요 제조사를 보면 그림 6-20과 같다. 시장조사 기관인 Yole 사의 자료를 보면 군수용 시장의 성장은 정체되지만, 민수용 시장은 폭발적으로 늘어 열화상 카메라 시장을 주도할 것으로 예측하고 있다. 특히, 자동차의 야간 감시용 및 외곽 감시용 보안 분야에서 가장 큰 수요가 있을 것으로 예상하고 있다. 또한, 정확한 온도 측정을 위해 중화소용(8×8, 16×16, 32×32)에 해당하는 틈새시장도 활발히 연구개발 진행 중이다.

6.3.2 비냉각형 열화상 카메라용 센서

상업용으로 사용되는 열화상 카메라용 센서는 볼로미터(bolometer), 열전쌍(thermopile), 초전체(pyroelectrics) 등이 있다. 상업용으로 많이 적용된 것이 MEMS(Micro Electro Mechanical Systems, 미세전자제어기술) 공정으로 비정질 실리콘(amorphous silicon) 또는 산화바나듐(vanadium oxide, VOx) 재료를 마이크로볼로미터 형태로 만든 것이다. 그 다음으로 성능은 약간 떨어지지만, 열전대(thermocouple)의 원리를 응용해서 만든 열전쌍이 사용되고 있다. 마이크로볼로미터는 열전쌍보다 성능은 좋지만, 진공을 유지해야 하므로 가격이 상대적으로 높은 것이 단점이다.

비냉각형 열화상 카메라용 센서는 군사용 목적으로 1970년대부터 연구되기 시작했다. 그 당시 미 국방부에서 야간에 보병의 전투력을 향상시킬 목적으로 휴대용 열화상 카메라를 보급하고자 하였으며, 이를 위해 냉각형에 비해 가볍고 가격이 저렴해야 하는 목적으로 비냉각형 열화상 카메라용 센서에 대해 연구를 시작하였다. 1978년에 Texas Instrument 사에서 Barium Strontium Titanate(BST) 재료를 이용한 강유전체 적외선 센서에 대해 특허를 출원했으며, 1979년에 처음으로 제품을 선보였다. 거의 동일 시기에 Honeywell 사에서는 미세가공기술을 이용한 볼로미터 기술을 연구하고 있었다. 시간이 지남에 따라 BST 보다는 VOx를 이용한 볼로미터의 성능이 더 우수하다는 것이 증명되었으며, 그 이후로 미 국방부에서 BST에 더 이상 기술 개발비를 지원하지 않게 되었다. 강유전체는 원리상 기계적인 초퍼를 사용해야 한다. 그러나 초퍼 때문에 입사하는 광량을 50% 가까이 손실을 보게 되어 결과적으로 민감도가 낮으며, 충격이나 진동 때문에 기계적인 초퍼가 손상을 보는 단점이 있어서 강유전체를 이용한 비냉각형 열화상 센서에 대해서는 더 이상 연구가 진전되지 않았다.

1990년대 중반에 VOx를 대체할 수 있는 비정질 Si이 개발되었다. 비정질 Si의 가장 큰 장점은 Si 제조공정을 그대로 사용할 수 있다는 것이다. 그러나 최근에는 VOx도 Si 공정에서 사용이 가능해짐에 따라 현재는 VOx를 이용한 열화상 카메라가 비냉각형 전체 시장의 70%를 차지하고 있다. 그 다음이 비정질 Si이 약 17%를 차지하고 있으며, 나머지 13%는 BST를 이용한 것이다. 그러나 BST를 이용한 열화상 카메라의 생산은 2009년부터 단종이 되었기 때문에 BST는 더 이상 볼 수 없을 것으로 예상한다.

비냉각형 열화상 카메라용 센서는 민감도(Sensitivity)와 반응시간(Response Time) 사이에 중요한 트레이드오프(Trade-Off) 관계가 있다. 열형 센서에서 열전도(熱傳導, Thermal Conductance)는 매우 중요한 파라미터이다. 동등잡음온도차이(NETD, Noise Equivalent Temperature Difference)는 열전도인 $G_{th}^{1/2}$에 비례하지만, 검출기의 반응시간인 τ_{th}는 G_{th}에 반비례인 관계에 있다. 이러한 관계는 그림 6-21과 같다[65].

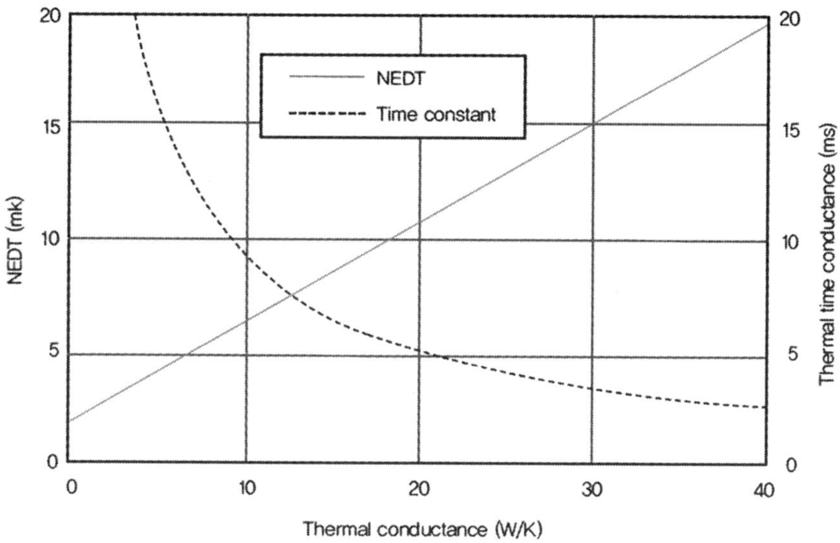

그림 6-21 민감도와 반응시간과의 트레이드오프 관계

① 마이크로볼로미터 센서

볼로미터는 입사된 적외선을 흡수하여 열적으로 고립된 멤브레인(membrane) 저항체의 온도가 올라가고, 이 온도변화는 흡수된 적외선 에너지에 비례해서 볼로미터 저항체의 전기저항변화 원리로 감지된다. 이러한 온도변화를 잘 감지하기 위한 구조적인 연구들이 많이 시도되었다. 기본적인 설계 방향은 볼로미터의 주위환경과의 낮은 열전도, 적외선이 최대한 많이 입사할 수 있도록 수광 면적을 최대한 크게 할 수 있는 구조, 높은 저항온도계수(Temperature Coefficient of Resistance, TCR)를 갖는 저항체 물질, 낮은 $1/f$ 잡음 특성 등을 구현하는 쪽으로 연구되었다. 그리고 카메라로 만들기 위해서는 가시광의 CCD 및 CMOS처럼 높은 해상도를 가지기 위해서는 많은 픽셀로 구현해야 한다.

볼로미터를 매우 작은 크기의 픽셀로 만들어 사용하므로 마이크로볼로미터라고 부른다. 최근 MEMS 관련한 제조공정 기술의 발달로 약 17 μm 픽셀 크기를 가지는 VGA급 제품들이 나오고 있다. 대표적인 마이크로볼로미터의 단면도는 그림 6-22와 같다[66].

볼로미터와 주위와의 열전도를 최소화하기 위한 용도인 다리(leg)는 길면서도 작은 단면적 및 낮은 열전도를 가지는 물질이며, 통상 열전도는 10^{-8} W/K 정도이다. 그리고 볼로미터와 주위 대기로 열손실을 막아주기 위해 약 0.01 mbar 정도의 진공을 유지한다. 이러한 진공을 장기간 유지하기 위해 게터(getter)라는 재료를 사용하여 진공을 유지하고 있다. 수광 면적을 나타내는 필 팩터(fill factor)는 입사하는 적외선을 흡수하는 데 사용하는 픽셀 면적으로 정의하는데, 주변 회로부품 때문에 일반적으로는 약 60~70% 정도의 필 팩터를 가지고 있다. 그러나 다양한 구조 설계를 통해 필 팩터를 약 90%까지 구현한 제품도 있다.

마이크로볼로미터에서 나오는 전기적인 변화를 픽셀별로 순차적으로 읽어 내기 위해서는 신호처리회로(ROIC)가 필요하다. 이러한 ROIC는 CMOS 공정에서 사용된 회로를 응용해서 사용하며, CMOS

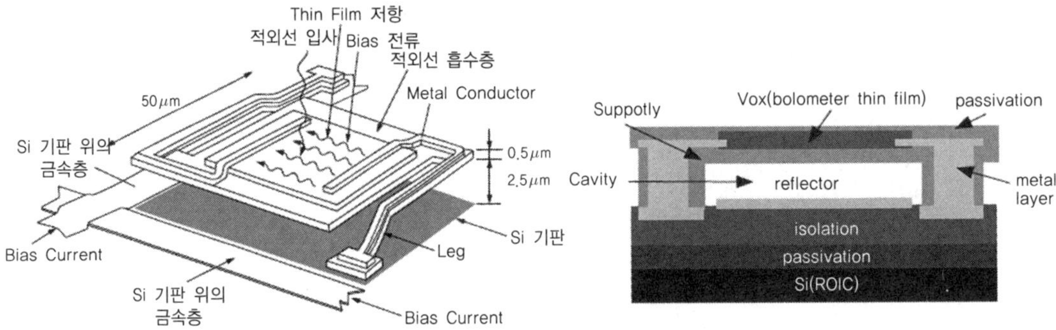

(a) 마이크로볼로미터 소자 구조 (b) 마이크로볼로미터 단면도

그림 6-22 마이크로볼로미터의 소자 구조 및 단면도

와 유사한 기법으로 ROIC 기판 위에 마이크로볼로미터 공정을 직접 실시한다. 그림 6-23은 이런 공정을 통해 제작된 320×240 어레이의 전자현미경(SEM)의 대표적인 사진이다[67].

마이크로볼로미터용 재료는 높은 저항온도계수(TCR)와 작은 $1/f$ 잡음을 가지는 물질이어야 하며, ROIC 회로 제작을 위한 CMOS 공정과 호환성을 유지해야 하는 조건이 필요하다. 온도를 감지하는 재료의 선택은 볼로미터의 감도를 결정하는 데 큰 영향을 미친다. 감도를 나타내는 잡음동등 온도차인 NETD는 잡음과 신호의 세기가 동일한 순간의 온도차이라는 뜻으로 이 값이 작을수록 감도가 뛰어나다는 뜻이다. $1/f$ 잡음은 재료마다 정확한 데이터는 없는 상황이지만, 대체로 단결정 재료가 다결정 재료보다 우수한 $1/f$ 잡음 특성을 나타낸다고 알려졌다. 현재 상용으로 사용되고 있는 재료로는 바나듐 산화물(VOx), 비정질 실리콘(a-Si), 그리고 실리콘 다이오드 등이 사용되고 있다.

바나듐 산화물은 상온에서 2~3%/K의 TCR 특성이 있으며, 바나듐 산화물은 VO_2, V_2O_5, V_2O_3 등 많은 상이 존재한다. VO_2의 경우 그림 6-24와 같이 특정온도에서 절연체나 반도체로부터 금속상으로 변하는 특성이 있다. 단결정의 VO_2와 V_2O_5는 4%/K 이상의 TCR 특성이 있으나 제조하기가 어렵다. 고압의 산소 분위기에서 바나듐 타깃을 이용한 이온빔 증착을 하게 되면 V_2O_5가 형성되나 저항이 매우 높다. 반면 V_2O_3는 저온에서 반도체로부터 금속상으로 상변태를 겪으며 상온저항이 매우

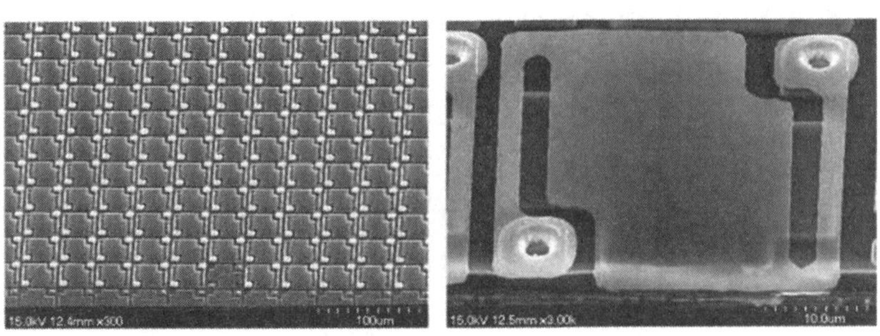

(a) 340×240 array image (b) Pixel image

그림 6-23 320×240 어레이의 전자현미경 사진

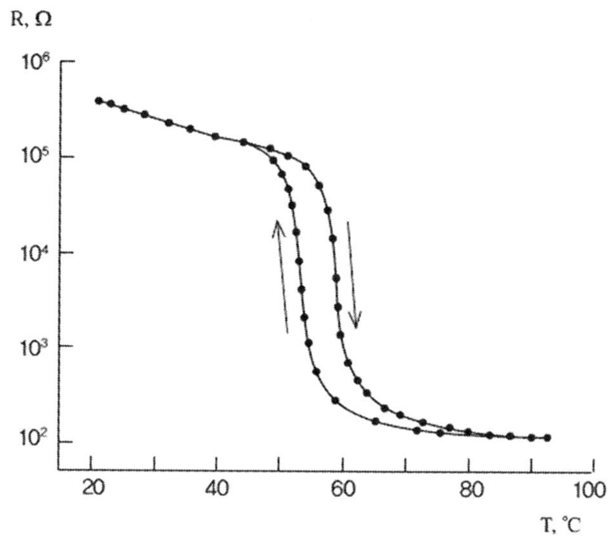

그림 6-24 VO_2 박막의 온도-저항 특성

낮다. 소자의 저항이 높을수록 노이즈가 증가하기 때문에 낮은 저항을 가지는 V_2O_3의 생성이 중요하다. 이외에도 바나듐-텅스텐 산화물 및 Ti-W 도핑을 통해 5%/K 이상의 TCR 재료가 연구되고 있다.

비정질 실리콘(a-Si)은 액정디스플레이의 TFT 또는 태양전지의 활성층으로 주로 사용되었으며, 2000년에 마이크로볼로미터에 처음 적용되었다. 비정질 실리콘은 2~3%/K 정도의 TCR을 가지고 있으며, 기존 반도체 생산설비에서 그대로 제조될 수 있다는 장점으로 관심을 받았다. 비정질 실리콘으로 된 볼로미터 멤브레인은 매우 얇아 열용량이 낮으므로 열전도를 낮게 유지하는 설계가 필요하며, $1/f$ 잡음이 비교적 큰 것이 단점이다.

실리콘 다이오드는 pn 접합 또는 쇼트키(Schottky) 장벽접합의 정방향 전압의 온도 의존성을 통해 적외선 감지가 가능한 원리를 이용한 것이다. 일반적으로 pn 접합의 경우 0.7 V, 쇼트키 다이오드의 경우 0.6 V의 정방향 전압을 가지며, 1~2 mV/K의 온도-전압특성을 통해 약 0.2%/K의 TCR 특성이 있다. 이것은 앞의 VOx 계열과 비정질 실리콘에 비해 낮은 값이다. 그러나 다이오드가 저항체보다 훨씬 작은 면적으로 구현할 수 있기 때문에 매우 작은 픽셀 크기를 구현할 수 있다는 장점이 있다. 현재 상용으로 사용되고 있는 볼로미터의 특성은 표 6-4와 같다[68].

마이크로볼로미터 검출기의 성능은 무게와 소비전류, 가격의 장점을 가지고 있으면서 거의 이론적인 한계에 근접한 성능을 보이고 있다. 픽셀 피치가 50 μm인 320×240 어레이는 Si 제조공정의 장비를 그대로 활용하면서 양산을 하고 있다. 또한, 광학적인 이점을 살리기 위해 픽셀 크기를 줄이기 위해 노력하고 있다. 광학렌즈로 사용하고 있는 표준 Ge 재료의 제조비용은 렌즈 직경의 제곱에 비례해서 비싸진다. 따라서 Ge의 제조비용을 낮추기 위해 픽셀 크기를 줄이고자 노력하고 있다. 또한, 픽셀 크기를 줄이게 되면 광학계의 크기도 줄어들게 되어 결과적으로 전체적인 크기 및 무게를 줄일 수 있는 장점이 있다. 또한, 픽셀 크기를 줄이게 되면 그만큼 같은 웨이퍼에서 더 많은 센서를 제조할 수 있게 된다. 그러나 NETD는 픽셀 면적에 반비례 관계에 있으며, 만약 다른 요소들은 고정

표 6-4 미국 볼로미터 생산 업체 현황

회사명	볼로미터 형태	어레이 포맷	픽셀피치 [μm]	NETD [mK] (f/1, 20~60Hz)
FLIR(USA)	VOx bolometer	160×120~640×480	25	35
L-3(USA)	VOx bolometer	320×240	37.5	50
	α-Si/α-SiGe	320×240~1024×768	R&D:17	30~50
BAE(USA)	VOx bolometer	320×240~640×480	28	30~50
		160×120~640×480	17	50
		1024×768	R&D:17	-
DRS(USA)	VOx bolometer	320×240	25	35
		320×240	17	50
		640×480	R&D:17	-
Raytheon(USA)	VOx bolometer	320×240~640×480	25	30~40
		320×240~640×480	17	50
		640×480, 1024×768	R&D:17	-

하고 픽셀 크기만 50×50 μm^2에서 17×17 μm^2으로 줄이게 되면, NETD는 약 9배 정도 증가하게 된다. ROIC의 개선을 통해 NETD의 손실을 줄이고자 노력하고 있다. 조만간 이러한 노력으로 17 μm 피치에도 NETD를 20 mK 이하가 될 수 있을 것으로 예상한다. 최근 픽셀 크기에 따른 NETD의 개선 효과가 그림 6-25와 같다[69].

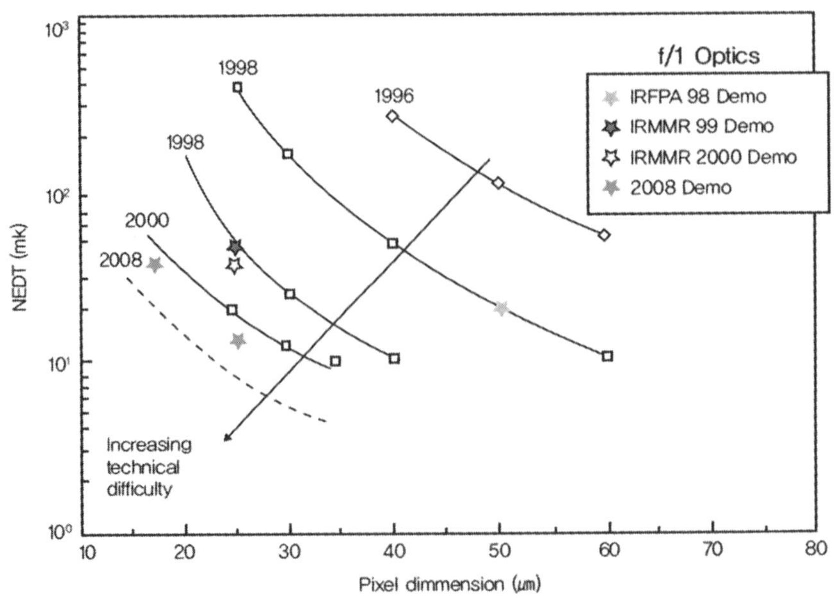

그림 6-25 VOx 어레이의 성능개선 방향

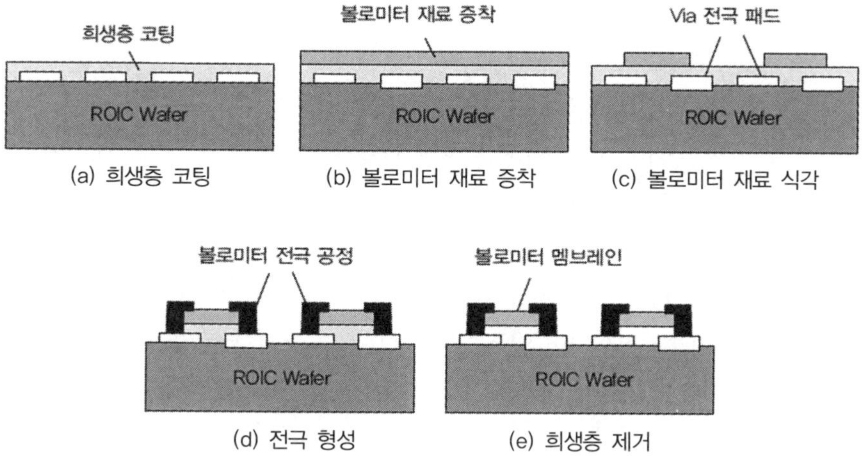

그림 6-26 마이크로볼로미터의 제조 공정

마이크로볼로미터를 제조하는 공정은 그림 6-26과 같다. 신호 처리부인 ROIC를 먼저 제조한 후, 모노리식(Monolithic) 접합을 위해 그 위에 그림 6-26(a)와 같이 폴리이미드를 이용한 희생층을 코팅한다. 그리고 볼로미터 재료인 VOx 또는 비정질 Si 재료를 증착한 후, 전기 신호 전달을 위한 Via 공정을 거친 후 희생층을 제거하게 되면 최종적으로 3차원 구조인 볼로미터 멤브레인 소자가 완성된다. 이러한 일련의 공정 중에 ROIC의 회로가 손상되지 않도록 약 450℃ 이하의 온도에서 공정을 진행하는 것이 좋다[70].

MEMS 공정을 이용하는 마이크로볼로미터 어레이의 가장 큰 장점은 그림 6-27과 같은 WLP 공정을 이용해서 가격을 획기적으로 낮출 수 있다는 것이다. 일반적인 MEMS 공정에서 WLP 기술은 보편적으로 적용된 기술이지만, 마이크로볼로미터 경우의 기술적인 애로사항은 진공을 오랜 기간 동안 유지해야 하는 것이 문제이다. 이를 위해 다양한 방법들이 시도되고 있지만, 일부 FLIR 사를 비롯한 몇몇 기업에서만 이 기술을 확보한 것으로 알려져 있다. 이 기술은 진공을 유지하기 위해 게터

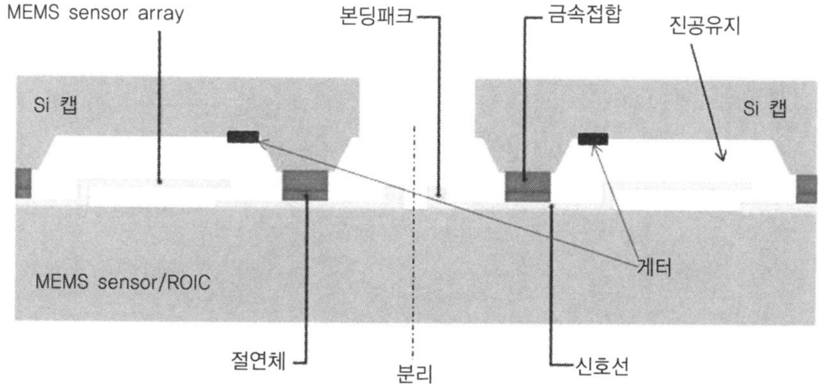

그림 6-27 WLP 공정에 의한 센서의 진공 유지 개념

(getter)도 사용해야 하고, Si 및 세라믹 재료 등에서 불순물이 나오지 않도록 코팅을 해야만 가능하다고 알려졌다.

그림과 같이 사용되는 Si 뚜껑 재질도 매우 중요하다. 일반적으로 Si은 8 μm보다 긴 파장에 대해서는 투과도가 좋지 않은데, 이를 개선하기 위해서는 산소 함유량이 매우 적은 Si 단결정을 사용해야만 8~14 μm 영역대의 좋은 영상을 얻을 수가 있다.

② 열전쌍 센서

열전대는 종류가 다른 두 금속의 접촉 부위에 온도를 가하면 열기전력이 발생하는 원리이며, 열전쌍은 이러한 열전대가 다발로 되어 있는 형태이다. 열전쌍은 온접점(hot junction)과 냉접점(cold junction)이 존재하는데, 온접점 쪽으로 적외선이 입사하고 냉접점 쪽은 히트싱크(Heat Sink)로 연결되어 있다. 열전쌍의 기본적인 동작원리는 그림 6-28과 같다. 재료 A와 재료 B로 만들어진 열전대의 더미들이 열원(heat source)과 히트싱크 사이에 있으며, 두 재료의 온접점 쪽인 접합부위에 적외선을 흡수할 수 있는 재료로 얇게 만들어 놓으면 제베크 효과에 의해 냉접점 쪽인 히트싱크 쪽으로 전압이 발생하게 된다. 이로부터 입사한 적외선(열)과 전압과의 관계로부터 온도를 환산할 수 있다.

최근 반도체 기술의 발달로 매우 작은 영역에 열전쌍을 이용한 센서를 양산하고 있다. 열전쌍 센서는 실리콘 미세가공기술로 제작하는데, 제작된 열전쌍의 형태는 그림 6-29와 같다. 실리콘 기판을 wet 에칭으로 두께가 약 1 μm 정도인 멤브레인을 제작하고, 멤브레인은 보통 열전도율이 낮은 SiO_2/Si_3N_4 재료로 증착으로 제작을 한다. 멤브레인 위에 두 가지 다른 종류의 열기전력 재료를 증착한다. 멤브레인의 중심부에 접합부인 온접점이 오도록 하고, 히트싱크 쪽인 Si 기판 쪽은 냉접점이 연결되도록 한다. 이것은 멤브레인 위에 실리콘과 알루미늄으로 구성된 열전대로 구성하고 있으며, 실리콘 기판은 히트싱크 역할을 하도록 되어 있다. 열전대 재료는 플래티늄(platinum)과 Zn과 Sb의 50:50으로 혼합한 비정질 반도체 재료를 가장 많이 사용하고 있다. 이 외에도 Bi_2Te_3와 Sb_2Te_3 재료를 사용한 것도 있으며, 열전쌍 효과를 낼 수 있는 재료는 많은 연구가 진행되고 있다.

열전쌍은 마이크로볼로미터와 같이 진공을 유지할 필요가 없어 제작공정 측면에서는 매우 간단하여 가격이 비교적 저렴한 편이다. 그러나 센서의 반응속도가 마이크로볼로미터와 비교해서는 수

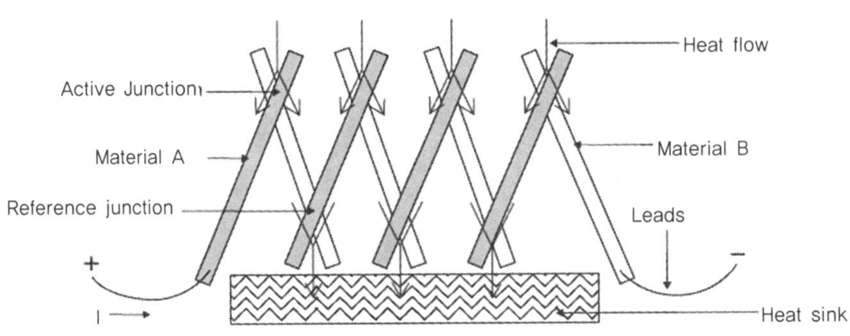

그림 6-28 열전쌍의 동작원리

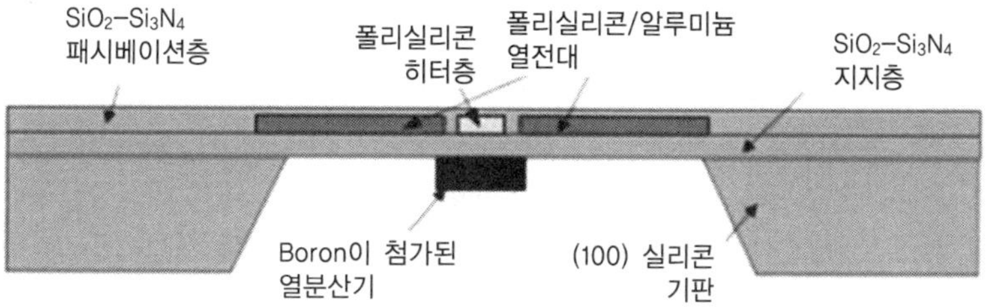

(a) 열전쌍 센서의 단면도

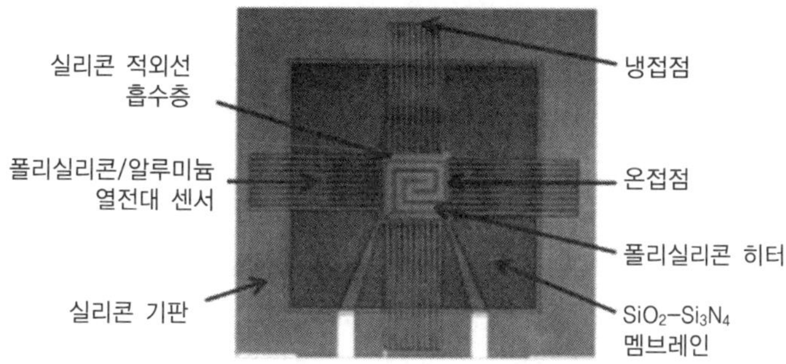

(b) 제조된 열전쌍 센서의 윗면 모습

그림 6-29 미세 가공된 열전쌍 센서의 단면도 및 윗면 모습

ms로 약 10배 정도 느린 단점이 있어 고화소용으로 가게 되면 실시간 영상을 볼 수 없는 단점이 있다. 이러한 센서의 한계 때문에 저화소용에 많이 응용되고 있다. 주로 귀속 체온계나 비접촉식 온도 측정기쪽으로 제품이 출시되고 있다. 열전쌍 센서를 생산하는 회사는 주로 독일과 일본 업체를 중심으로 연구·개발되고 있다. 독일의 Haimann 사와 Excelitas 사, 일본의 Nicera 사, Murata 사, Chino 사, Hamamamtsu 사, Panasonic 사 등이다. 32×31 열전쌍 센서를 이용해서 획득한 열영상 이미지는 그림 6-30과 같다[71]. Excelitas 사는 센서 제조업체로 유명했던 Perkin Elmer 사의 광학부분만 2010년 11월에 Perkin Elmer 사로부터 분리 독립한 회사이다.

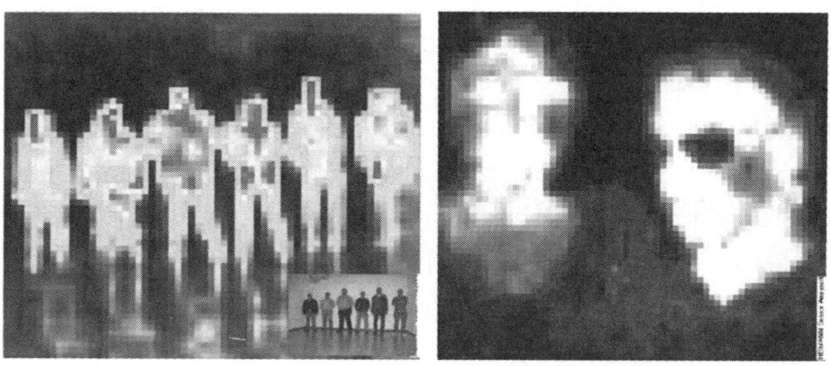

그림 6-30 Haimann 사의 32×31 열전쌍 센서로 획득한 열영상

6.3.3 냉각형 열화상 카메라용 센서

냉각형 열화상 카메라용 센서는 센서의 성능을 최대로 높이기 위해 센서의 동작온도를 낮추어서 사용하는 센서이다. 동작온도가 내려가면 열에 의한 잡음(Johnson Noise)이 줄어들어 S/N 비가 좋아지기 때문에 원리적으로 센서의 성능이 비냉각형에 비해 매우 우수하다. 성능은 우수하지만 온도를 내려서 사용해야 하므로 제조공정이 복잡하고 가격이 매우 높아 주로 군수용 또는 특수 목적용으로만 사용된다.

냉각형에 사용되는 센서재료는 내인성(intrinsic) 특성을 이용한 HgCdTe, InSb 등의 화합물 반도체와 외인성(extrinsic) 특성을 이용한 Si, Ge, GaAs 반도체 등이 있다. 내인성 특성을 이용한다는 것은 가전도대(valence Band)의 전자를 전도대(conduction Band)로 천이(transition)시켜 가전도대의 자유전자의 농도 변화를 이용하는 원리이다. 외인성 특성을 이용한다는 것은 에너지갭 내의 불순물 레벨을 조절하여 불순물 레벨에 있는 전자가 가전도대로 천이하면서 가전도대의 자유전자의 농도 변화를 이용하는 원리이다.

구조적으로는 광전도형(photoconductive), 광전압형(photovoltaic), 쇼트키(schottky), 양자우물(quantum well) 등의 구조로 구현하며, 이 모두는 가전도대의 전자농도 변화를 이용한다. 광전도형은 적외선(열선)이 입사하면 전도대의 자유전자가 증가하여 저항이 변하는 특성을 이용한 것이며, 원리에 따라 외인성 광전도형과 내인성 광전도형으로 구분한다. 광기전력형은 pn 다이오드를 만들어서 적외선(또는 열선)이 입사하면 pn 다이오드의 내부확산전위(built-in potential) 장벽이 낮아져 전류가 변하는 특성을 이용한 것이다. 광기전력형은 광전도형과는 달리 외부에 전원을 사용하지 않아도 되는 장점이 있다. 쇼트키 구조는 광기전력과 유사한 원리를 이용한 것이며, 양자우물 구조는 적외선이 입사하면 우물에 갇혀 있는 전자들이 우물 밖으로 넘쳐나면서 자유전자의 농도 변화가 생기는 원리이다.

냉각형 반도체 센서는 전자의 에너지 레벨을 이용한 것이기 때문에 적외선 파장에 따라 반응하는 특성에 차이가 있다. 즉, 에너지 레벨보다 작은 열선이 입사하게 되면(긴 파장의 적외선이 입사) 아무런 변화가 없으나 에너지 레벨과 유사한 수준의 에너지를 가진 열선이 입사하게 되면 그때부터 적외선을 감지하게 되는데, 이때의 파장을 차단파장(cut-off wavelength)이라고 한다. 이러한 차단파장 때문에 냉각형 반도체 센서는 적외선을 감지할 수 있는 영역이 정해져 있다. 이에 반해 비냉각형 센서들은 적외선 파장에 무관하게 매우 넓은 영역을 감지할 수 있다.

1959년에 Lawson 등이 금속특성이 있는 HgTe와 에너지갭이 약 1.6 eV인 CdTe의 조성에 따라 에너지갭을 조절할 수 있는 $Hg_{1-x}Cd_xTe$(MCT)가 적외선 센서로 사용할 수 있다고 발표하면서 급속한 연구가 진행되었다[72]. MCT의 가장 큰 장점은 다음과 같다. ① 에너지갭을 조절하면 적외선의 1~30 μm 영역을 선택적으로 조절할 수 있다. ② 높은 양자효율(Quantum Efficiency)을 가지고 있다. 즉, 100이라는 빛이 입사하면 약 80% 이상이 전기적인 신호에 기여한다는 뜻이다. MCT의 에너지갭 변화는 온도와 조성에 따라 다음과 같다[73].

$$E_g(x, T) = -0.302 + 1.93x - 0.81x^2 + 0.832x^3 + 5.35 \times 10^{-4}(1-2x)T$$

여기서 E_g는 eV 단위이고, T는 K 온도이며, 이에 대한 결과는 그림 6-31과 같다. 그림에서 보듯

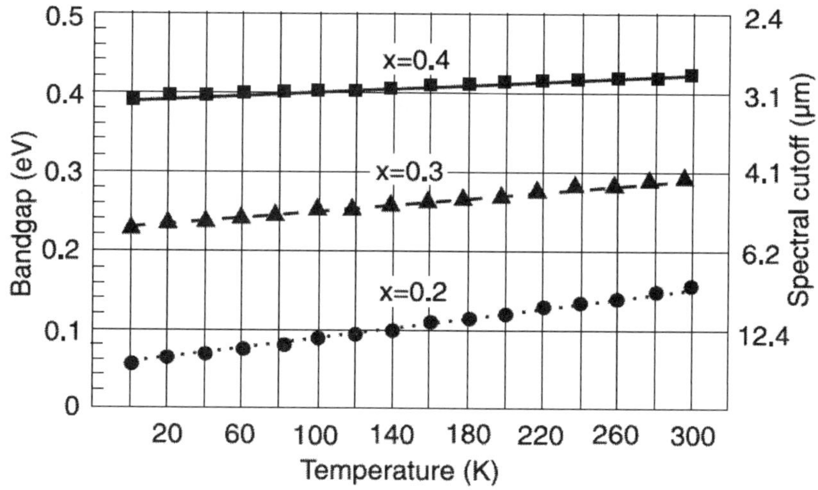

그림 6-31 조성과 온도에 따른 HgCdTe 재료의 에너지갭 변화

이 조성 $x=0.2$이면 해당하는 파장 대역이 8~14 μm인 LWIR 영역, 조성 $x=0.3$이면 3~5 μm인 MWIR 영역, 조성 $x=0.4$이면 2~3 μm인 SWIR 영역에 해당한다.

MCT 반도체 재료는 과거 40년 동안 여러 가지 방법으로 연구개발 되었다. 주로 3가지 방법, 즉 단결정(Bulk) 성장법, 액상 성장법(Liquid Phase Epitaxy, LPE)법, 기체상 성장법(Vapour Phase Epitaxy, VPE)으로 연구되었다. 여기서 VPE법에는 세분해서 보면 Metalorganic Chemical Vapor Deposition(MOCVD)법과 Molecular Beam Epitaxy(MBE)법이 있다. 이와 같은 재료 성장법에 대한 시대적인 변천은 그림 6-32와 같다.

초창기에는 단결정(bulk) 성장법이 연구되었으나, 단결정 성장 후 소자로 만들기 위해서는 두께가 약 500 μm 정도가 되도록 다이아몬드 톱(diamond saw)을 이용해서 잘라내고, 그 다음 10 μm

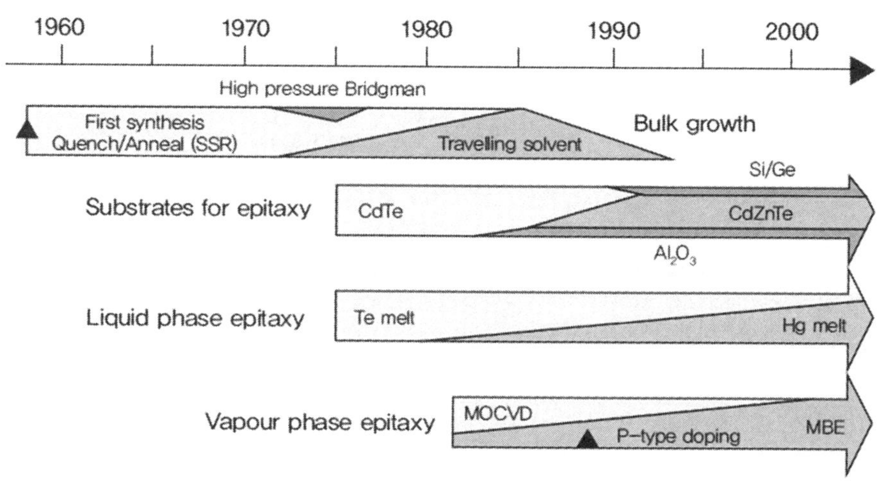

그림 6-32 HgCdTe 반도체 결정의 년도별 기술변화

정도의 두께가 되도록 얇게 연마를 하는 웨이퍼 제조공정이 필요하다. 단결정을 성장시킨 후 얇은 웨이퍼로 만들기 위한 비효율적인 후속작업 때문에 박막성장법으로 그 주도권을 내주게 되었다. 박막성장을 위해서는 기판(Substrate) 재료가 필요한데, 1980년대 말까지는 주로 CdTe 기판을 많이 사용하였다. CdTe는 약 30 μm 파장 대역까지 좋은 적외선 투과 특성이 있으며, HgCdTe와 비슷한 물리적, 기계적 특성으로 Si이나 Ge 등 다른 재료에 비해 박막성장에 유리하다고 판단하였다. 그러나 HgCdTe와 수% 정도의 격자 불일치 때문에 박막성장 시 박막 내부의 결함을 줄일 수가 없었다. 이에 대한 대체 수단으로 CdTe보다 격자 불일치가 적은 CdZnTe 박막 재료가 연구되었으며, 현재는 이 기판 재료가 박막성장법에 주로 사용되고 있다. 1970년 후반부터 단결정 성장법 대신에 박막성장법이 연구되었는데, 대표적인 것이 LPE법이다. 이 방법은 현재까지도 사용되고 있는 방법이지만, 3세대 이미지센서와 같이 2color 구현에는 성장이 어려워 MBE법이 3세대 이후에 박막성장법을 대신하게 되었다.

HgCdTe 반도체는 원리적으로 적외선 영역을 감지하기에 가장 우수한 물리광학적 특성을 가지고 있었으나, 웨이퍼 및 소자 제조과정이 매우 어려워 한동안 InSb 재료를 이용한 센서가 주류를 이루기도 했었다. 그러나 1990년 말부터 박막성장 기술인 MBE(Molecular Beam Epitaxy) 기술의 발전으로 HgCdTe와 격자 불일치(Lattice Mismatch)가 가장 작은 CdZnTe 기판 위에 성능이 우수한 HgCdTe 박막을 성장시키는 기술이 개발되면서 HgCdTe가 주류를 이루게 되었다. 최근 LWIR용과 MWIR용의 2 컬러 센서(two color) 및 1280×720의 센서 어레이를 Raytheon Vision System(RVS) 사에서 개발하였다. 더욱 더 큰 센서 어레이를 만들기 위해 Si 기판 위에 HgCdTe 박막을 성장하는 기술을 연구 중에 있다. 왜냐하면, 성능이 좋은 CdZnTe 기판의 크기가 약 50 cm^2(7×7 cm^2) 정도로 제한되어 있으며, 가격 또한 매우 고가이기 때문이다. 6인치 Si 웨이퍼의 가격은 약 \$100 정도인 반면, 7×7 cm^2 크기의 CdZnTe 기판은 약 \$10,000 정도로 약 100배 정도의 가격 차이가 있다. 현재 Si(211)B 기판 위에 CdTe/ZnTe 완충층을 이용해서 HgCdTe 박막을 성장하는 기술을 개발하고 있어 조만간 기존 가격보다 훨씬 저렴한 센서가 개발될 것으로 예측하고 있다.

이러한 HgCdTe 반도체 재료 표면에 적외선과 반응하는 소자를 구현하는데, 초창기에는 광전도형 방식이 사용되었으나, 그 이후 기술이 안정화됨에 따라 광전압형 방식으로 발전되었다. 광전도형

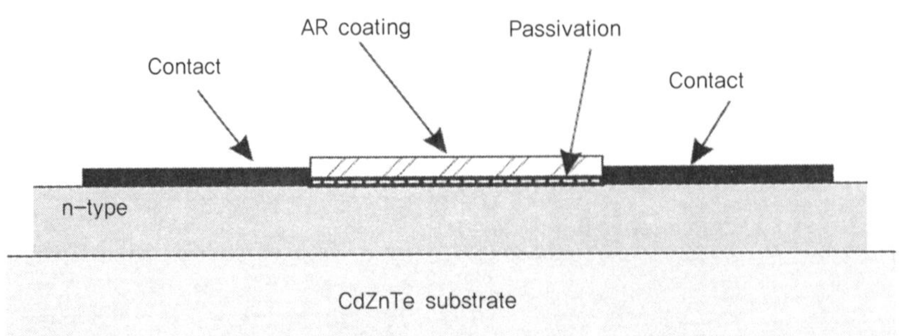

그림 6-33 기본적인 HgCdTe 광전도형 단면도

방식의 개념적인 단면은 그림 6-33과 같다. CdZnTe 기판 위에 두께가 약 10 μm 정도인 n형 HgCdTe 재료를 박막으로 성장시킨 후 표면에 산화막으로 보호막을 얇게 생성시킨 후 최종적으로 ZnS 재료로 AR 코팅막을 입혀서 만든다. 광전도형 방식은 간단한 소자 구조를 구현하는 장점 때문에 수십 개의 픽셀을 가지는 초창기의 스캐너 타입에 많이 사용되었다.

영국의 GE Marconi 사에서 광전도형의 응용으로 그림 6-34와 같이 소자 내부에서 자동으로 신호를 증폭할 수 있는 SPRITE(Signal Processing Readout In The Element) 형태의 소자를 제안하였다. 이것은 소수운반자의 이동 속도와 스캔하는 거울의 속도를 일치시켜 신호를 증폭할 수 있게 해 주는 개념이었다. 1990년대에는 소자제작이 비교적 간단하고 회로 구성이 용이하여 SPRITE 센서가 많이 사용되었다. 그러나 이차원의 영상을 구현하기 위해 외부에서 전원을 가해 주어야 하는 문제점과 기계식 스캐너 방식을 사용해야 한다는 단점 때문에 광기전력형 초점면 배열 방식에 밀리게 되었다.

2세대 HgCdTe 소자들은 이차원 배열의 광다이오드(Photodiode) 구조로 구현되어 있다. 그림 6-35와 같이 신호판독회로인 ROIC와는 In 범프를 이용해서 픽셀 단위로 신호를 읽어내는 구조로 만들었다. n형 HgCdTe 박막에 이온주입 또는 열처리(annealing) 과정을 통해 p형을 만들어 p-n 다

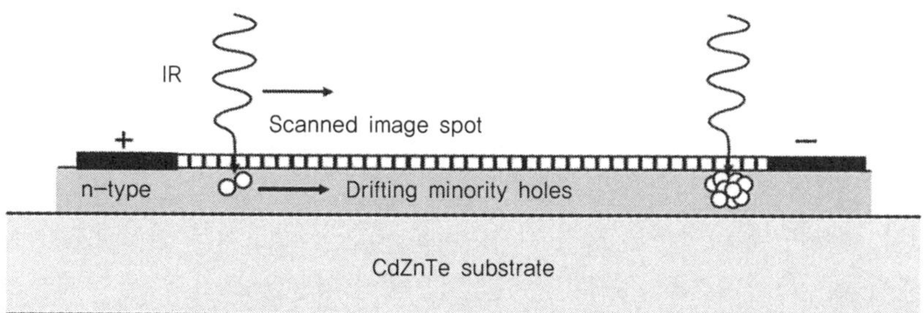

(a) SPRITE 광전도형 소자의 단면도

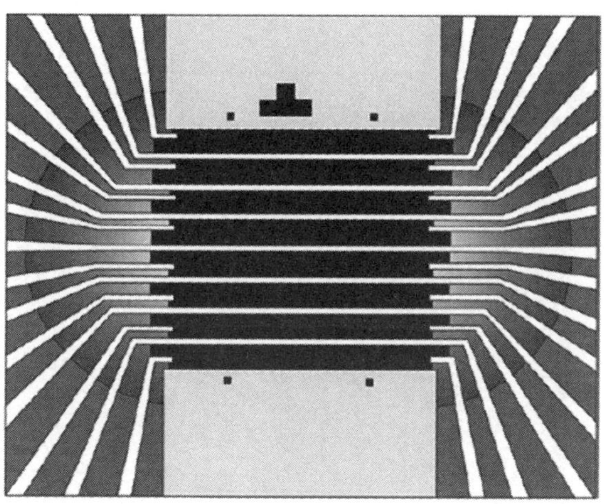

(b) 8개의 element의 SPRITE 광전도형 소자 구조

그림 6-34 GEC Marconi 사에서 개발한 SPRITE 광전도형 센서 구조

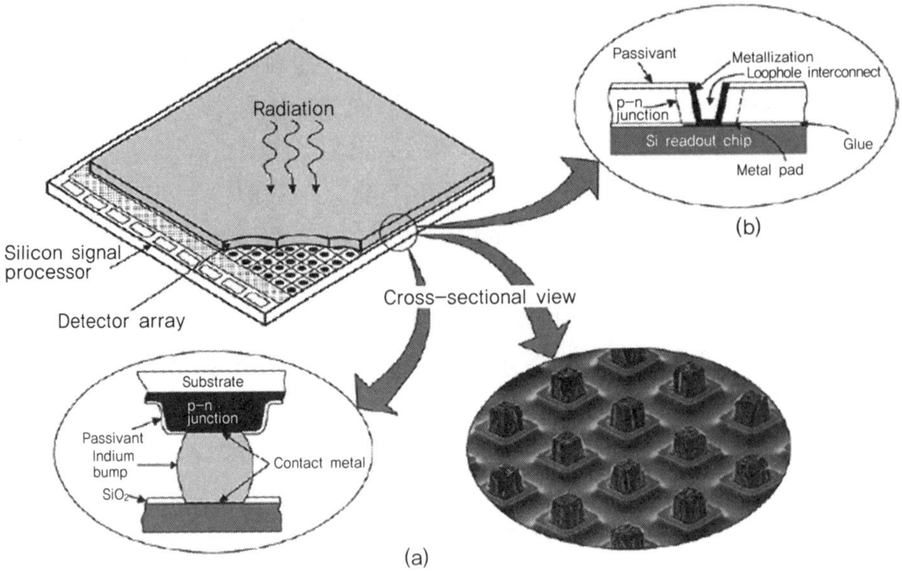

그림 6-35 Hybrid IR FPA의 단면 구조

이오드 구조를 만들고 그 위에 In 범프를 통해 ROIC쪽으로 광전류 신호가 흐르도록 하는 구조이다.

1990년대 후반부터 HgCdTe를 이용한 픽셀의 집적도가 급격히 증가하기 시작하였다. 그림 6-36에서 보듯이 DRAM의 집적도 증가와 같은 속도로 열화상 센서용 픽셀의 집적도도 비슷한 비율로 증가하고 있다. 2000년대 들어서는 거의 메가(Mega) 픽셀급의 열화상 센서기술이 발전되었다. 초창기 열화상 센서들은 픽셀 수가 적었으며, 이를 이용해서 영상을 보기 위해 기계적인 스캐너 시스템을 이용해서 영상을 구현하였다. 그러나 그림 6-37과 같이 3세대 시스템부터는 픽셀의 수가 늘어남에 따라 스캐너 없이도 영상을 볼 수 있는 초점면배열(FPA) 구조를 만들 수 있었다.

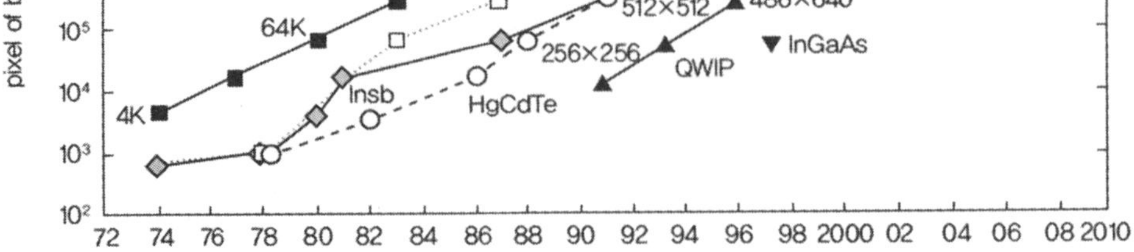

그림 6-36 1972년부터 DRAM의 집적도와 초점면배열의 집적도 비교

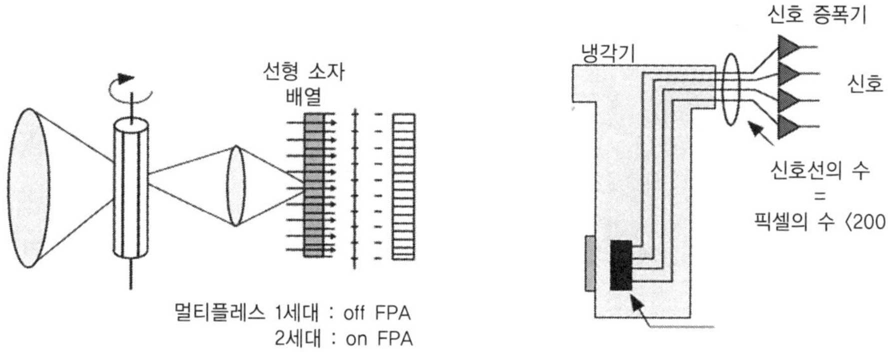

(a) 스캐닝 시스템의 초점면 배열(FPA)

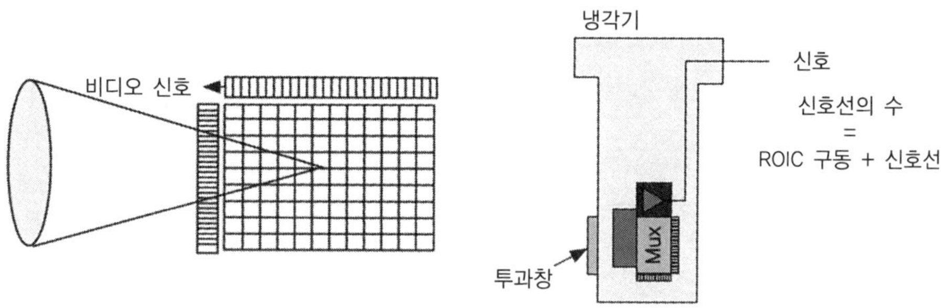

(b) Staring 초점면 배열(FPA)

그림 6-37 1세대, 2세대, 3세대 초점면배열(FPA) 개념 비교

다중 컬러를 구현하기 위한 시도가 HRL, Raytheon, Lockheed Martin, DRS, AIM, Leti, Rockwell 등 여러 연구그룹에서 진행되었다. 대표적인 2 컬러 소자구조는 그림 6-38과 같다. 적외선은 뒷면 입사(backside illumination) 방식 구조이며, 에너지갭에 의한 흡수를 고려해서 LWIR 대역의 빛이 더 낮은 에너지이므로 MWIR을 쉽게 투과할 수 있으므로 그 구조는 그림 6-38(a)와 같은 구조로 MBE 등의 박막성장법으로 구현하고 있으며, 그림 6-38(c)와 같은 파장 반응도 특성을 구현하였다[74].

픽셀과 칩의 크기는 다중 컬러 이미지를 구성하는 데 중요한 요소이다. 작은 픽셀의 크기는 신호 판독회로의 크기를 줄일 수 있으며, 같은 크기의 웨이퍼에서 보다 많은 수의 소자 제작이 가능하고, 광학계의 크기도 작아져서 경제적으로 저렴하게 만들 수 있다. 그러나 픽셀의 크기는 회절의 특성에 의해 그 크기는 제한되어 있다. 에어리 원반(Airy disk)과 같이 회절에 의한 크기는 $d = 2.44\lambda f$에 의해 결정된다. 여기서 d는 빛 스폿의 직경이며, λ는 파장, f는 집광렌즈의 f-number이다. 예를 들어, 5 μm 파장에서 $f/2.0$인 광학계를 사용한다고 하면, 스폿의 크기는 약 25 μm가 된다. 중첩 효과를 고려하더라도 MWIR 영역의 응용에서는 픽셀의 크기가 12 μm 정도로 제한된다. LWIR용 목적으로는 약 20 μm 정도로 제한된다. 그러나 2 컬러를 구현하기 위해서는 MWIR 영역의 크기를 기준으로 픽셀의 크기를 결정하면 된다. 따라서 픽셀의 크기는 최소 약 18×18 μm^2 수준까지 줄일 수 있다. 그러나 HgCdTe인 경우 In 범프를 고려해서 30 μm 픽셀 피치가 적합한 것으로 알려져 있다.

이 외에도 Si과 GaAs 공정을 이용하여 적외선 센서 소자를 HgCdTe 보다 쉽게 제작하기 위해 PtSi

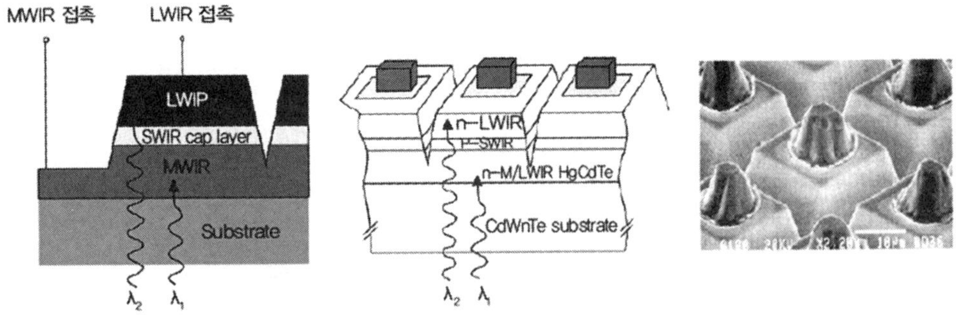

(a) 단면구조

(b) SEM 영상

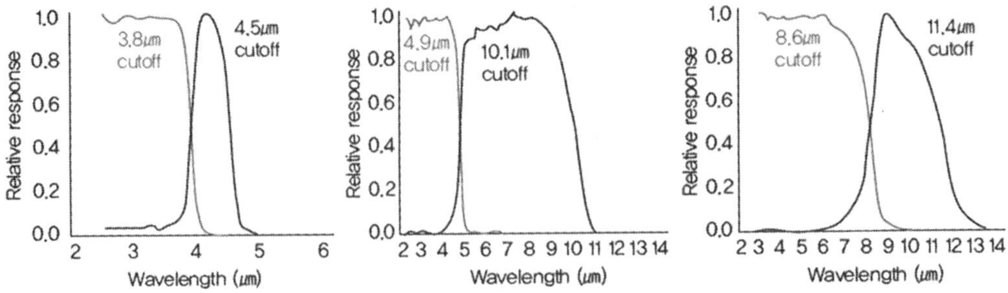

(c) MWIR과 LWIR 대역의 2컬러 HgCdTe 소자의 파장 반응도 특성

그림 6-38 2컬러 구현을 위한 단면 구조 및 파장 반응도 특성

센서와 GaAs/AlGaAs의 양자우물(QWIP, Quantum Well Infrared Photodetector) 구조의 센서에 대해서도 많은 연구가 되고 있다. pn 접합 방법과 유사한 방법인 MIS(Metal Insulator Semiconductor)형 PtSi 센서는 p형 실리콘 기판 위에 금속막을 증착시킨 것으로, 금속막에 의한 Schottky 전위를 형성하는 금속에 따라 반응 파장이 다른데, Pt인 경우는 ~5.6 μm, Ni인 경우는 ~1.8 μm, Pd인 경우는 ~2.6 μm, Ir인 경우는 ~9.5 μm이다. 금속 쪽으로 적외선을 입사하게 되면 Si쪽은 흡수없이 투과하게 되고, PtSi 층에서 흡수되어 전기전자쌍이 생성된다. 이 정공은 Si쪽으로 이동하고, 전자들은 실리사이드(Silicide)쪽으로 이동하여 전기신호가 전달된다. 이 센서의 장점은 Si 공정을 그대로 활용해서 제작할 수 있다는 장점 때문에 많이 연구되어 상품화되었다.

양자우물(Quantum Well) 구조를 이용한 GaAs/AlGaAs 구조의 QWIP형 센서는 MBE 박막성장법이 보편화하면서 많이 연구된 분야이다. 양자우물 구조를 여러 층으로 만들어서 양단에 전압을 걸면 에너지밴드가 경사지게 된다. 이때 적외선이 입사하게 되면 기저상태에 있던 전자가 연속적인 전도대 영역으로 천이하게 되어 신호에 기여하게 된다. 현재까지 개발된 QWIP 및 초격자 구조(Superlattice, SL)에 대한 특성 비교는 표 6-5와 같다.

QWIP의 성능은 HgCdTe에 비해 떨어지지만 GaAs 기반의 소자 제조공정을 이용하기 때문에 수율이 높고 가격이 HgCdTe에 비해 매우 저렴하다는 장점과 2 컬러 이상을 구현하기 쉽고 매우 큰 센서 어레이가 가능하므로 많은 연구를 하고 있다. 이러한 QWIP 구조에 관한 기술을 활용해서 QD (Quantum Dot) 분야에 대해서도 연구를 하기도 한다. QDIP는 이론적으로 광이 수직입사가 가능하

표 6-5 동작온도 77K에서의 센서별 특성 비교

변수	HgCdTe	QWIP	InAs/GaInSb SL
적외선 흡수	수직입사	임의의 각도	수직입사
양자 효율	70% 이상	10% 이하	30~40%
파장 대역	광대역	협대역	광대역
광학 이득률	1	0.2~0.4	1
열적생성 수명시간	약 1 μs	약 1 ps	약 0.1 μs
탐지도	2×10^{12}	2×10^{10}	5×10^{11}

며, 동작온도도 액체질소 온도보다는 상대적으로 높으며, 탐지도도 높다고 알려져 있다. QDIP가 상품화되기 위해서는 더욱 많은 연구가 이루어져야만 가능할 것으로 예상하고 있다.

이상의 여러 가지 형태의 열화상 카메라용 센서의 감지거리 및 사용파장 대역은 그림 6-39와 같다. MCT는 HgCdTe의 약자이고, MBE는 Molecular Beam Epitaxy의 약자이며, HgCdTe/MCT(MBE)의 의미는 MBE 성장법으로 MCT 기판 위에 HgCdTe 반도체를 박막성장을 시킨 센서라는 의미이며, 파장이 MWIR이므로 보다 정확한 표현은 $Hg_{0.7}Cd_{0.3}Te$/MCT이다. 그리고 LPE는 Liquid Phase Epitaxy의 약자이며, HgCdTe/MCT(LPE)는 LWIR 영역이므로 LPE 방법으로 MCT 기판 위에 $Hg_{0.8}Cd_{0.2}Te$ 반도체를 박막으로 성장시킨 재료라는 의미이다. 그리고 QWIP는 Quantum Well Infrared Photodetector의 약자이며 양자우물 구조로 만든 센서를 의미한다. 이러한 냉각형 센서들은 특성이 좋아서 감지거리가 5 km~50 km까지 상당히 멀리까지 관측이 가능하다. 반면 비냉각형인 마이크로볼로미터는 1 km 이내의 근거리용 감시에 적합하다.

6.3.4 열화상 카메라용 센서의 냉각 기술

열화상 카메라용 센서들은 S/N비를 개선하기 위해서 또는 센서를 일정 온도로 유지할 목적으로

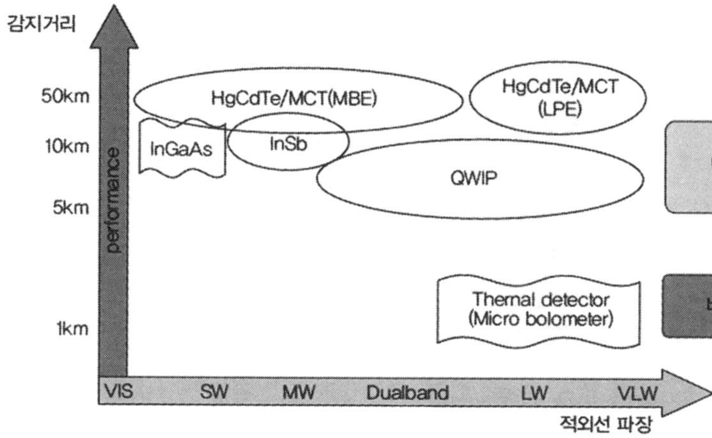

그림 6-39 열화상 카메라용 센서 종류별 감시 성능 특성

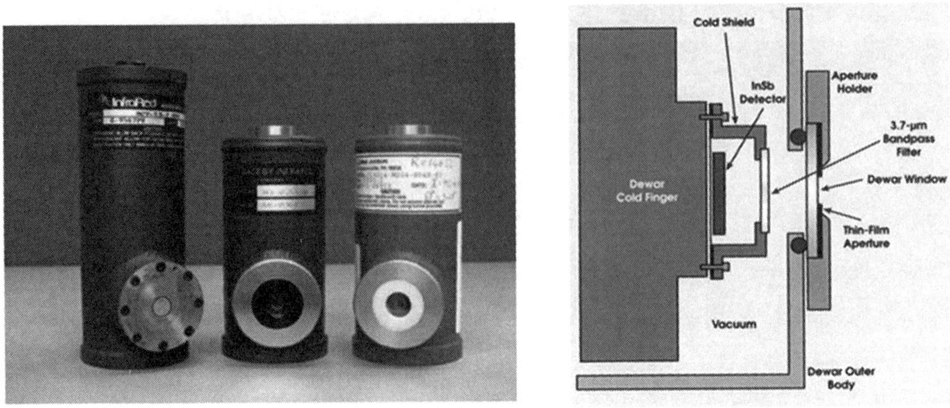

(a) 액체질소를 사용한 냉각 시스템 외관 (b) 냉각 시스템 내부 구조

그림 6-40 액체질소를 사용하는 냉각 시스템

냉각해서 사용한다. 이렇게 하기 위해서 액체질소(-196℃)를 사용하는 냉각 시스템, 열전효과(Thermoelectric Effect)를 이용한 열전형(TC) 냉각기, Joule-Thomson(JT) 냉각기, 가스 순환 냉각기 등 다양한 방법들이 사용된다.

액체질소를 사용하는 냉각 시스템은 센서가 반나절 정도 동작하는 환경에 적합하며, 실험실에서 측정목적에 적합하다. 진공보온병과 같은 원리를 이용한 것으로 센서가 외부로부터 적외선을 받을 수 있도록 윈도우가 부착된 형태로 그림 6-40과 같다.

열전형 냉각기는 그림 6-41과 같은 펠티에 효과를 이용한 것이다[75]. 펠티에 효과는 반도체에

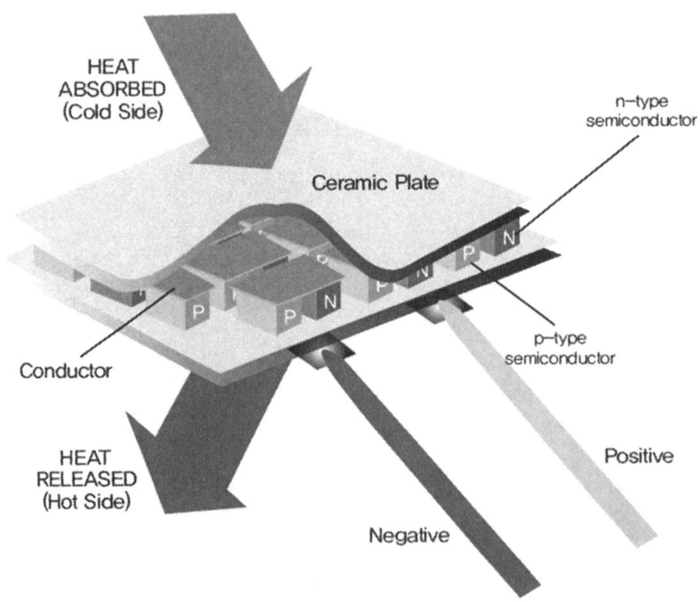

그림 6-41 열전형 냉각기의 동작원리

전류를 흘리게 되면, 반도체의 한쪽 끝은 냉각이 되고, 다른 한쪽은 열이 발생하는 현상으로, 표면 A에서 표면 B로 열을 이동시키는 데 사용된다. 이것을 열전형 냉각기 또는 펠티에 냉각기라고도 한다. 보통 -10℃ 정도까지 낮추고자 할 때에는 일단(one-stage) 냉각기를 사용하고, -30℃까지는 이단(two-stage) 냉각기, -60℃까지는 삼단(three-stage) 냉각기를 사용한다. 최근 MEMS 기술의 발전으로 초소형 냉각기도 개발되고 있다.

군사용의 미사일 추적기에 사용되는 냉각기는 Joule-Thomson 냉각기를 사용하는데, 이것은 평소에는 동작하지 않다가 필요시에만 고압의 질소가스를 Joule-Thomson 냉각기에 불어넣어 센서가 부착된 콜드핑거(cold finger) 부분에서 단열팽창을 통해 순식간에 온도를 낮추는 목적으로 사용된다. 그리고 열화상 이미지용으로는 스털링엔진(stirling engine) 냉각기를 사용한다. 이 냉각기는 He 가스를 이용해서 팽창-압축 과정을 통해 온도를 낮추는 원리이다. 이 개념은 1816년에 Robert Stirling이 반복적인 압축 팽창 과정을 통해 열을 일로 변환시키는 뜨거운 공기 엔진에 대해 특허를 취득하면서 시작되었으며, 냉각기 개념은 1834년 John Hershel이 최초로 얼음을 만드는 데 사용하면서 기술이 발전되었다. 이 두 가지 종류의 냉각기는 그림 6-42와 같다.

6.3.5 열화상 카메라의 성능평가

열화상 카메라의 성능은 반응도(responsivity), 탐지도(detectivity)와 최소검지온도차(NETD, Noise Equivalent Temperature Difference)로 대표되는 특성으로 평가한다. 반응도는 카메라에 입사한 적외선 복사량에 대해 전기적 신호로 변환시켜주는 정도를 나타내는 것이고, 탐지도는 반응도에 시스템의 잡음 수준을 고려한 성능이며, NETD는 열화상 카메라가 온도를 구분할 수 있는 성능을 나타내는 것이다. 반응도와 탐지도는 클수록 성능이 좋다는 의미이고, NETD는 작을수록 성능이 우수하다는 의미이다. 일반적으로 열화상 카메라의 총체적인 평가는 탐지도로 결정할 수 있으나, 탐지도

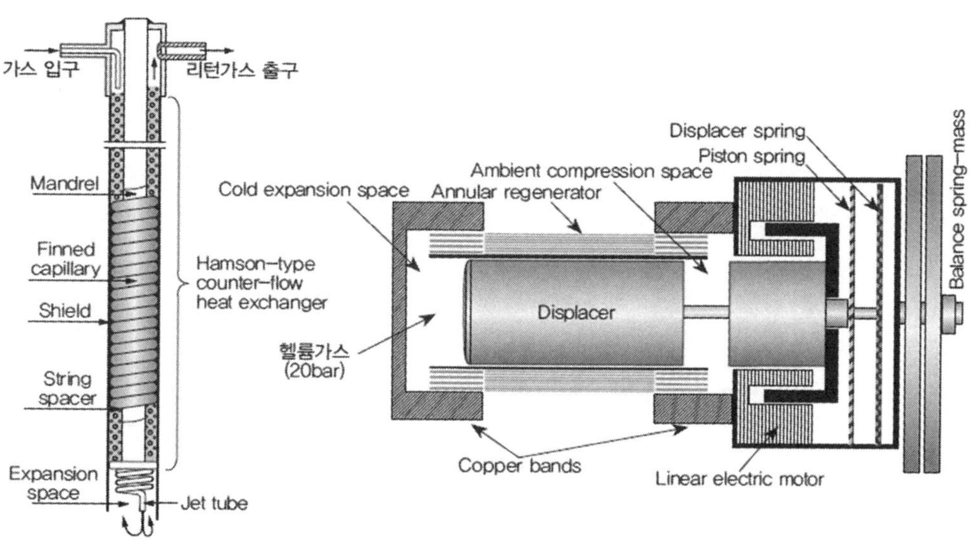

그림 6-42 Joule Thomson 냉각기와 Stirling Engine 냉각기 내부 개념도

값은 직관적으로 이해하기 어려운 값이기 때문에 이를 대신하여 쉽게 직관적으로 이해할 수 있는 파라미터로 NETD를 많이 사용한다. 일반적으로 냉각형 열화상 카메라는 NETD가 10 mK 이하이며, 비냉각형 열화상 카메라는 NETD가 약 100 mK 이하이다. 카메라의 성능을 단적으로 나타내는 탐지도의 정의는 다음과 같다.

$$D^{*} = \frac{\sqrt{A_d \cdot \Delta f}}{\mathrm{NEP}} = \frac{\sqrt{A_d \cdot \Delta f}}{V_{n,rms}} \times R \quad \left[\frac{\mathrm{cm} \cdot \sqrt{\mathrm{Hz}}}{\mathrm{watt}}\right] \tag{6-4}$$

여기서 NEP(Noise Equivalent Power)는 잡음 동등 파워이며, $V_{n,rms}$는 시스템의 rms 잡음전압, A_d는 시험 검출기의 수광 면적이다. NEP는 신호에 의한 신호전압과 잡음에 의한 잡음전압이 동일할 때의 입사광 파워를 의미한다. 잡음에는 크게 외부 잡음과 내부 잡음으로 구분할 수 있는데, 외부 잡음이란 60 Hz에 의한 전원 노이즈 등을 의미하며, 내부 잡음은 시험 검출기 내부의 열, 증폭회로 잡음 등을 의미하며 NEP의 잡음은 이 내부 잡음을 의미한다. 잡음은 일반적인 전기적 전압과 전류처럼 특정 시간의 순간에 잡음을 표현할 수 있는 성격이 아니며, 일정 시간의 rms 평균값으로 표현할 수밖에 없다. 따라서 잡음은 시간 항목을 고려해서 표현해야 한다. 따라서 잡음은 그림 6-43과 같이 불규칙(Random)한 특성이 있다.

이 그림은 시간에 따른 어떤 순간의 전압을 나타낸 것으로, 잡음의 불규칙한 특성 때문에 평균 전압인 V_{av}를 기준으로 변하고 있다. 이때의 변동전압은 T시간 동안 V_{av}를 기준으로 변동한 rms로 계산하며, 잡음전압은 $V_{N,\ rms}$와 NEP는 아래의 식으로 계산한다. $V_{N,rms}$는 적외선 소스를 차단하고 파형 분석기(Wave Analyzer)에서 1 kHz에서의 잡음전압을 측정하여 NEP를 계산할 수 있다.

$$V_{N,rms} = \left(\overline{V^2}\right)^{1/2} = \left[\overline{(V - V_{av})^2}\right]^{1/2} = \left[\frac{1}{T}\int_0^T (V - V_{av})^2\, dt\right]^{1/2} \tag{6-5}$$

$$\mathrm{NEP} = \frac{\mathrm{V}_{N,rms}}{\mathrm{R}_v} = \frac{\mathrm{P\,A}_d}{(\mathrm{V}_s / \mathrm{V}_{N,rms})}\ ,\ \left[\frac{\mathrm{V}}{\sqrt{\mathrm{Hz}}}\right] \tag{6-6}$$

탐지도와 카메라의 성능은 탐지거리에서 알 수 있다. 카메라의 특성은 얼마나 작은 물체를 멀리까지 볼 수 있는가이다. 만약 카메라가 작은 물체를 멀리까지 볼 수 있으면 좋은 카메라이며, 이런 카메라들은 높은 반응도와 높은 탐지도를 가지고 있다. 이렇게 하기 위해서는 센서도 중요하지만 광학계 및 신호처리부도 매우 중요하다. 탐지거리와 카메라의 성능과는 다음과 같은 관계가 있다.

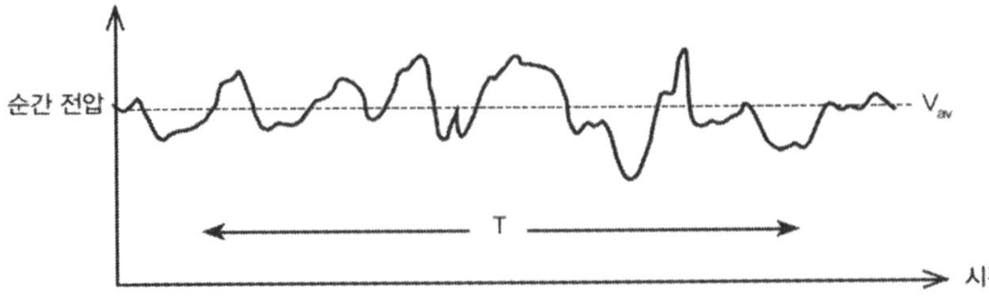

그림 6-43 시간에 따른 Random Noise 변화

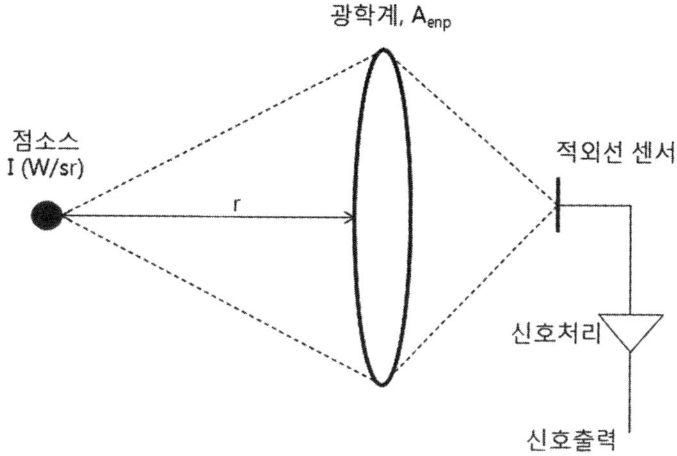

그림 6-44 거리 r에서 위치한 점소스의 광 경로

그림 6-44와 같이 거리 r만큼 떨어진 곳의 점소스에서 나온 광량이 광학계를 통과해서 적외선 센서에 도달한 광량은 다음과 같다.

$$\phi_d = \frac{I \times A_{enp}}{r^2} \tag{6-7}$$

여기서 A_{enp}는 광학계를 통과하는 구경 면적이며, enp는 입사동(entrance pupil)의 약자이다. 적외선 센서에서 나오는 신호전압 v_{sig}는 다음과 같다.

$$v_{sig} = R_v \times \frac{I \times A_{enp}}{r^2} \tag{6-8}$$

여기서 R_v는 [V/W]로 표시되는 센서의 반응도이다. 이 식에서 I는 광학계 렌즈의 투과특성에 달려있기 때문에 엄밀하게 표현한다면 다음과 같다.

$$R_v \times I = \int_{\lambda_1}^{\lambda_2} R_v(\lambda)\, I(\lambda)\, d\lambda \tag{6-9}$$

따라서 신호처리부의 rms 잡음신호를 고려한 신호대 잡음비인 SNR은 다음과 같다.

$$SNR = \frac{v_{sig}}{v_n} = \frac{R_v}{v_n} \times \frac{I \times A_{enp}}{r^2} = \frac{D^*}{\sqrt{A_d \Delta f}} \times \frac{I \times A_{enp}}{r^2} \tag{6-10}$$

여기서 A_d는 센서의 수광면적이다. 위의 식에서 거리 r에 대해 다시 풀어쓰면 다음과 같다.

$$r = \sqrt{\frac{D^*}{\sqrt{A_d \Delta f}} \times \frac{I \times A_{enp}}{SNR}} \tag{6-11}$$

여기서 A_{enp}를 초점거리, 렌즈직경, $F/\#$ 등으로 변환하면 다음과 같이 보다 쉽게 이해할 수 있는 형식으로 표현이 가능하다.

$$A_{enp} = \frac{\pi D_{lens}^2}{4}, \ \Omega_d = \frac{A_d}{F^2}, \ \sqrt{A_d} = \sqrt{\Omega_d} \times F$$

$$r = \left[\frac{ID^*}{SNR\sqrt{\Delta f}} \times \frac{\pi}{4} \frac{D_{lens}^2}{\sqrt{A_d}} \right]^{1/2}$$

$$r = \left[\frac{ID^*}{SNR\sqrt{\Delta f}} \times \frac{\pi}{4} \frac{D_{lens}^2}{\sqrt{\Omega_d}\, F} \right]^{1/2}$$

$$r = \left[\frac{ID^*}{SNR\sqrt{\Delta f}} \times \frac{\pi}{4} \frac{D_{lens}}{\sqrt{\Omega_d}\, F/\#} \right]^{1/2} \qquad (6\text{-}12)$$

이 식을 광학계, 점소스, 센서, 신호처리기로 풀어쓰면 다음과 같다.

$$r = \underbrace{\left[\frac{\pi}{4} \frac{D_{lens}}{F/\# \sqrt{\Omega_d}} \right]^{1/2}}_{\text{광학계}} \ \underbrace{[I]^{1/2}}_{\text{점소스}} \ \underbrace{[D^*]^{1/2}}_{\text{센서}} \ \underbrace{\left[\frac{1}{SNR\sqrt{\Delta f}} \right]^{1/2}}_{\text{신호처리부}} \qquad (6\text{-}13)$$

즉, 점소스를 멀리까지 보기 위해서는 좋은 광학계, 좋은 탐지도, 잡음이 적은 신호처리부 등이 우수해야 한다.

반응도(R)는 측정하는 방법에 따라 다음과 같이 3가지로 표시한다. R(500K, 800)은 500K의 흑체 소스를 사용해서 800 Hz의 변조(modulation)에 대한 반응도이며, R(5.3 μm, 20k)는 적외선 필터 또는 단색화 장치(Monochromater)를 통해 나온 단색광 5.3 μm 파장에서 20 kHz의 변조에 대한 반응도이며, R(5.3 μm, 800)은 5.3 μm 파장에서 800 Hz의 변조에 대한 반응도를 의미한다. 반응도는 입사한 적외선 광량(P_λ)이 출력전압(V_s/G)에 기여하는 정도를 나타내는 값으로 흑체를 이용한 경우에 대한 이론적 식으로 다음과 같다.

$$R(T_{BB}, f) = \frac{V_s}{P_\lambda \cdot G}, \ P_\lambda = \frac{\sigma}{\pi} \times \frac{A_{ap} A_D}{D^2} \times \left(T_{BB}^4 - T_{CH}^4 \right) \times F_M \qquad (6\text{-}14)$$

여기서 σ는 Stefan Boltzmann 상수로 $5.6696 \times 10^{-12} W/cm^2/K^4$, P_λ는 흑체에서 나오는 광량, A_{ap}는 흑체의 구경(aperture) 면적, A_D는 시험 검출기(test detector)의 수광면적(active area), D는 흑체의 구경에서부터 검출기 사이의 거리, T_{BB}는 흑체의 온도, T_{CH}는 초퍼의 온도, F_M은 변조율(modulation factor)로 0.3~0.45 사이의 값이다. 만약 필터($\lambda_1 \sim \lambda_2$)를 사용한 경우라면 P_λ는 다음과 같다. 여기서 T는 필터의 적외선 투과도, FF는 peak-to-peak를 rms로 변환한 변형률(form factor)이다.

$$P_\lambda = \left[\frac{hc}{\lambda} \right] \left[\int_{\lambda_1}^{\lambda_2} \frac{2\pi c}{\lambda^4 [\exp(hc/\lambda k T) - 1]} d\lambda \right] \left[\frac{A_s A_D}{\pi D^2} T F_F \right] \qquad (6\text{-}15)$$

파장에 따른 반응도 측정 시스템 개략도는 그림 6-45와 같다. IR Source에서 나온 적외선은 전

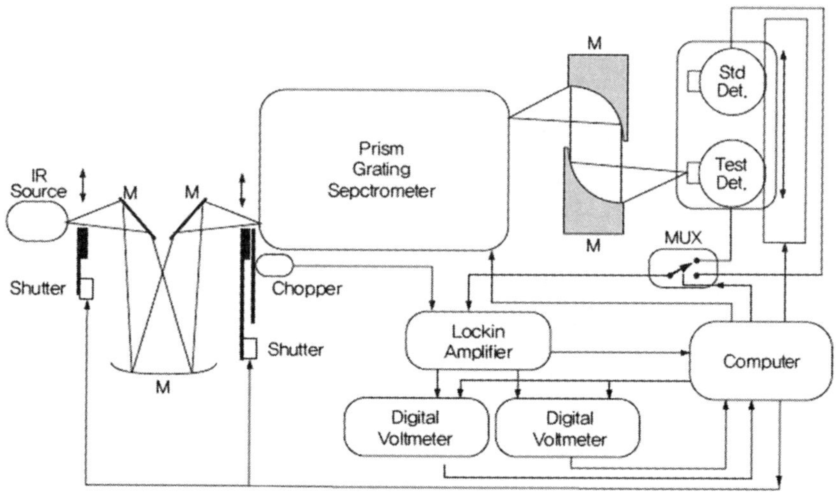

그림 6-45 파장에 따른 반응도 측정 시스템 개략도

파장영역의 빛이 나오므로 이를 파장별로 나누어 주기 위해 격자 분광계(grating spectrometer) 또는 단색화 장치를 사용해서 빛을 파장별로 나누어서 측정하고자 하는 시험 검출기로 입사시키는 구조이다. 측정하고자 하는 시험 검출기의 광출력값을 표준 검출기(standard detector)의 광출력값과 비교해서 아래의 수식으로부터 반응도를 계산한다.

$$R_v = \frac{V_v}{V_s} \cdot \frac{G_s}{G_v} \cdot R_s \quad \left[\frac{\mathrm{V}}{\mathrm{W}}\right] \tag{6-16}$$

여기서 R_v, V_v, G_v는 각각 시험 검출기의 반응도, 신호출력값, 이득이며, V_s, G_s, R_s는 각각 표준 검출기의 신호출력 전압, 이득, 반응도이다. 반응도를 측정하는 방법은 위의 방법 이외에도 FTIR을 이용하는 방법, 흑체와 적외선 필터 셋을 이용해서 측정하는 방법 등 여러 가지 방법이 있다.

파장에 따른 반응도를 측정한 후 rms 잡음을 고려하면 바로 탐지도를 구할 수 있다. 주요 적외선 센서 재료들의 파장에 따른 탐지도 특성은 그림 6-46과 같다. 탐지도 결과의 그림에서 알 수 있듯이 열형 센서들의 탐지도는 파장에 무관한 특성을 보이지만 탐지도 값이 상대적으로 낮고, 양자형(반도체) 센서들은 파장에 따라 탐지도 값이 변하고 열형에 비해 높다는 것을 알 수 있다. 또한, 파장이 짧을수록(MWIR 영역) 파장이 긴 영역에 비해(LWIR 영역) 탐지도가 높다. 이러한 특성 때문에 MWIR 특성이 있는 센서로 비록 300K에 해당하는 상온의 적외선량이 적지만 이미지를 획득하는 데 사용하기도 한다. 그리고 점선으로 나와 있는 것이 이론적으로 계산한 최대의 탐지도 값을 나타내는데, 광전압형이 광전도형에 비해 약 $\sqrt{2}$ 배 좋다. 따라서 군수용에 사용되는 적외선 센서는 ROIC와의 호환성 문제뿐만 아니라 우수한 광성능을 갖는 광기전력형으로 제작하여 사용한다.

반도체 센서에 차단파장보다 긴 파장이 입사하면 센서에 아무런 반응 없이 투과하게 되고, 차단 파장보다 짧은 파장이 입사하게 되면 이 에너지를 흡수하여 가전도대의 전자가 전도대로 천이하게 되어 전자 수의 변화가 생기게 되어 적외선을 감지하게 된다. 따라서 냉각형 반도체 센서는 파장에

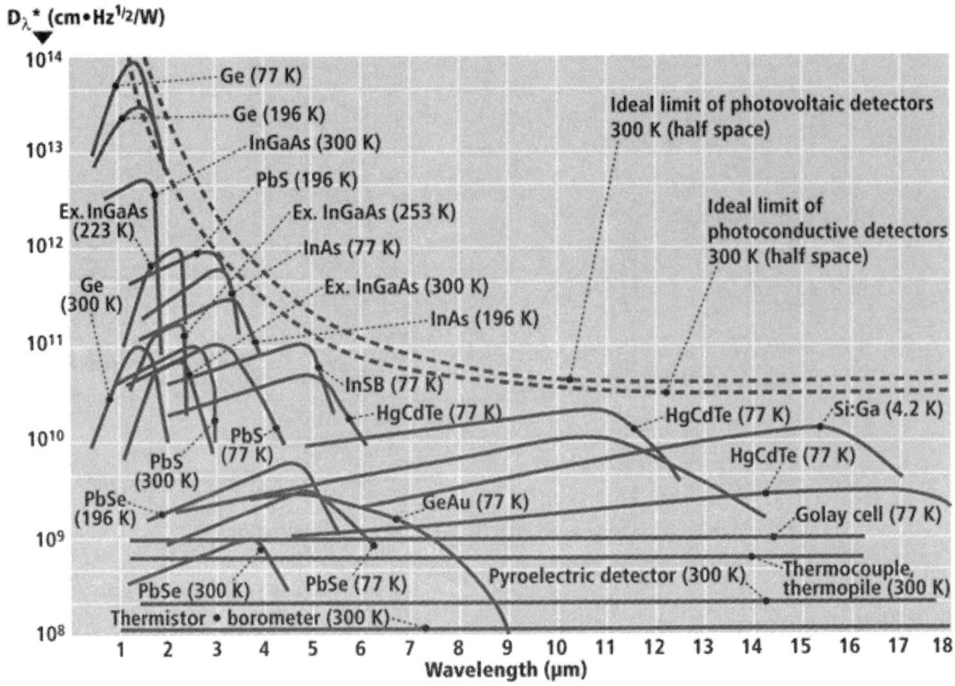

그림 6-46 주요 적외선 센서들의 파장에 따른 탐지도 특성

따라 감도가 달라지는 특성이 있다. 반면 비냉각형인 마이크로볼로미터는 저항의 TCR 특성을 이용하기 때문에 파장에 따른 특성변화가 없는 점이 두 센서의 큰 차이점으로 이러한 특성은 그림 6-46에서 알 수 있다. 탐지도는 센서의 성능을 단적으로 보여주는 특성이다.

탐지도로 센서를 최종 평가는 하지만, 탐지도는 직관적이지 못하다. 이러한 문제점을 대체한 성능이 NETD이다. NETD는 시스템이 가지고 있는 잡음을 고려해서 온도를 구분할 수 있는 최소의 온도차이를 의미한다. 즉, 이 값이 작으면 좋은 카메라이고, 이 값이 크면 상대적으로 특성이 좋지 않은 카메라이다. NETD의 물리적인 의미는 그림 6-44에서 점소스 대신에 어떤 광원의 복사량 L이 센서에 도달한 광속량은 다음과 같다.

$$\phi_d = L\times A_{enp}\times \Omega_d = L\times \frac{\pi D_{enp}^2}{4}\times \frac{A_d}{F^2} \tag{6-17}$$

센서의 반응도를 고려한 신호전압은 다음과 같다.

$$v_s = R_v\times \frac{\pi L}{4}\frac{A_d}{(F/\#)^2} \tag{6-18}$$

이 식에서 온도에 대한 미분을 취하면 다음과 같다.

$$\frac{\Delta v_s}{\Delta T} = R_v\times \frac{\partial L}{\partial T}\times \frac{\pi}{4}\frac{A_d}{(F/\#)^2} = \frac{v_n D^*}{\sqrt{A_d}\sqrt{\Delta f}}\times \frac{\partial L}{\partial T}\times \frac{\pi}{4}\frac{A_d}{(F/\#)^2} \tag{6-19}$$

이 식을 SNR의 항으로 다시 풀어쓰면 다음과 같다.

$$SNR = \frac{\Delta v_s}{v_n} = \Delta T \times \frac{D^*}{\sqrt{A_d}\sqrt{\Delta f}} \times \frac{\partial L}{\partial T} \times \frac{\pi}{4}\frac{A_d}{(F/\#)^2}$$

$$SNR = \Delta T \times \frac{D^*}{\sqrt{\Delta f}} \times \frac{\partial L}{\partial T} \times \frac{\pi}{4}\frac{\sqrt{A_d}}{(F/\#)^2} \tag{6-20}$$

NETD는 SNR이 1이 되는 온도차이로 정의되므로, 위의 식에서 $SNR=1$로 하고 ΔT를 NETD로 교체하여 다시 쓰면 다음과 같다.

$$\text{NETD} = \frac{4}{\pi}\left[\frac{(F/\#)^2\sqrt{\Delta f}}{D^* \partial L/\partial T\sqrt{A_d}}\right] \tag{6-21}$$

위 식에서 알 수 있듯이 좋은 탐지도를 가지면 당연히 NETD도 작은 값을 가짐을 알 수 있다. 따라서 탐지도 대신에 NETD라는 표현을 사용하면 직관적으로 좋은 카메라임을 알 수 있다. NETD를 측정하는 방법은 반응도 특성 측정방법에 비해 매우 간단하다. 원리상 NETD의 측정은 다음과 같이 정의된다. 아래 식에서 만약 SNR이 50이고 온도차이가 2라고 하면 NETD는 40 mK가 된다.

$$\text{NETD} = \frac{\Delta T}{(v_s/v_n)} = \frac{\Delta T}{SNR} \tag{6-22}$$

이 파라미터를 측정하기 위해서는 그림 6-47과 같이 흑체의 온도를 T_A 및 T_B로 설정한 후 그때의 신호파형을 오실로스코프로 관측하고 다음 식에 의해 NETD 값을 계산한다. 보통 T_A의 온도는

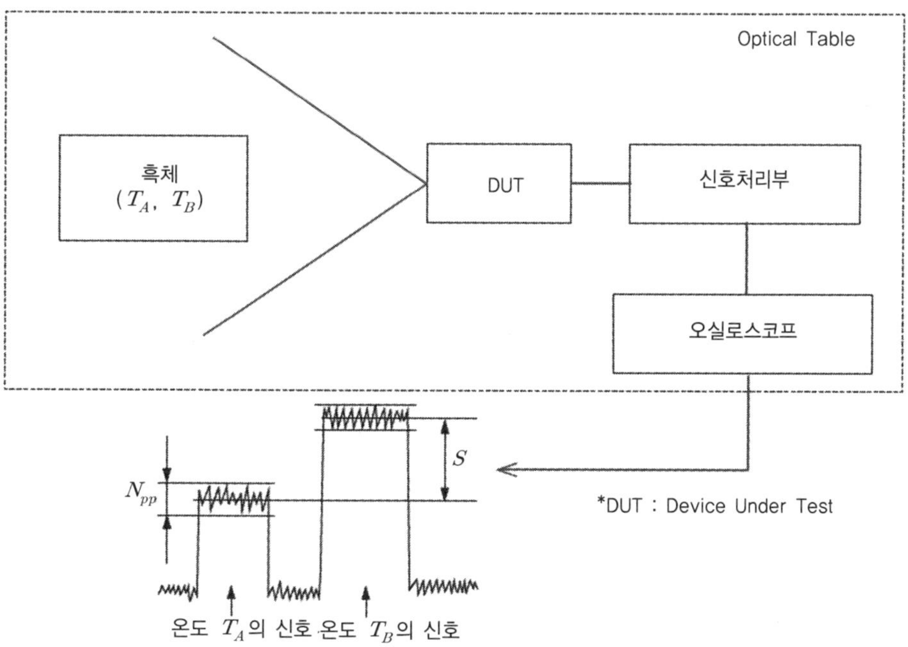

그림 6-47 NETD 측정 시스템 개념도

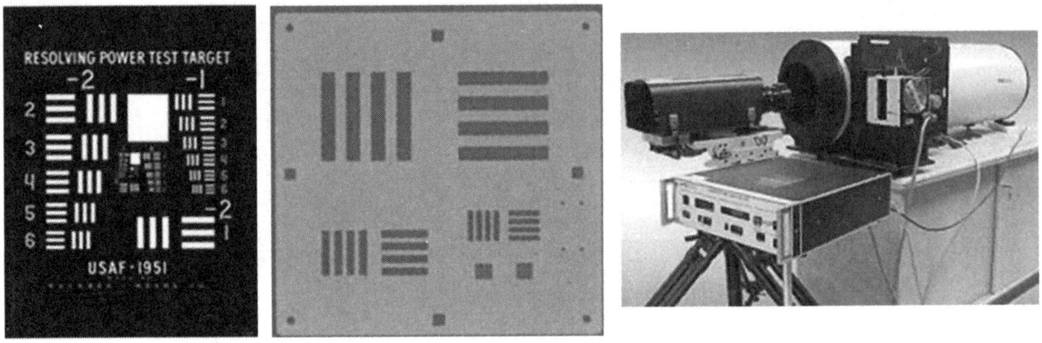

(a) USAF의 테스트 차트 (b) 일반적으로 사용하는 테스트 패턴 (c) MRTD 측정 시스템

그림 6-48 MRTD 측정용 테스트바 및 측정 시스템

30±1℃, T_B의 온도는 35±1℃로 설정하고, 표준로의 개구부(aperture)는 적외선 센서의 수평 촬영 범위의 10% 정도로 설정한다. 여기서 S는 두 온도에 따른 신호의 전압차(V)이며, N_{pp}는 잡음전압의 p-p값(V)이다.

$$\mathrm{NETD} = \frac{\mathrm{T_B} - \mathrm{T_A}}{\left(\frac{\mathrm{S}}{\mathrm{N}}\right)}, \quad \mathrm{N} = \frac{\mathrm{N_{pp}}}{2\sqrt{2}} \tag{6-23}$$

NETD는 잡음신호를 포함한 특성인데, 잡음신호뿐만 아니라 분해능의 특성까지 포함한 파라미터가 MRTD(Minimum Resolvable Temperature Difference)이다. 개념적으로 가시광용 카메라의 분해능 테스트 차트 시험과 유사한 방법으로 수행한다. 대표적인 테스트 차트는 그림 6-48과 같이 1951년 미국 공군(US Air Force)에서 제정한 것과 유사한 형태를 사용한다.

테스트바는 공간분해능을 체크하기 위해 다양한 크기로 구성되어 있다. 테스트바를 흑체소스 앞에 두고 테스트바의 흰색 부분은 구멍이 뚫린 부분으로 흑체의 온도를 내 보내며, 검은색 부분은 실온을 보여 주므로, 이 두 패턴의 온도차이로 테스트바를 구분할 수 있다. 우수한 MRTD 시스템은 매우 작은 패턴까지도 뚜렷이 볼 수 있다. MRTD 측정을 통해 NETD와 분해능까지 동시에 측정할 수 있다.

그림 6-49는 두 시스템에 대한 MRTD 측정결과를 나타내고 있다. x축은 주파수 개념으로 테스트바를 의미하며, 주파수가 낮은 것은 작은 패턴을 의미하며, 높은 주파수는 큰 패턴을 의미한다. 1번 시스템이 2번 시스템보다 분해능이 우수하다는 것을 뜻하며, 주파수 1.5 cycles/mrad에서 1번 시스템은 약 0.125K의 온도차이를 구분할 수 있는 반면, 2번 시스템은 0.36K의 온도차이를 구분할 수 있다는 것을 나타낸다. 따라서 1번 시스템이 2번 시스템보다 훨씬 뛰어난 성능을 가지고 있다는 것을 알 수 있다.

6.3.6 열화상 카메라의 응용분야

적외선을 이용한 열화상 카메라는 열 또는 온도를 감지하는 특성을 이용해서 다양한 분야에 활용되고 있다. 최초에는 군사용의 목적으로 주로 사용되었고, 차츰 그 기술이 보편화됨에 따라 민수용

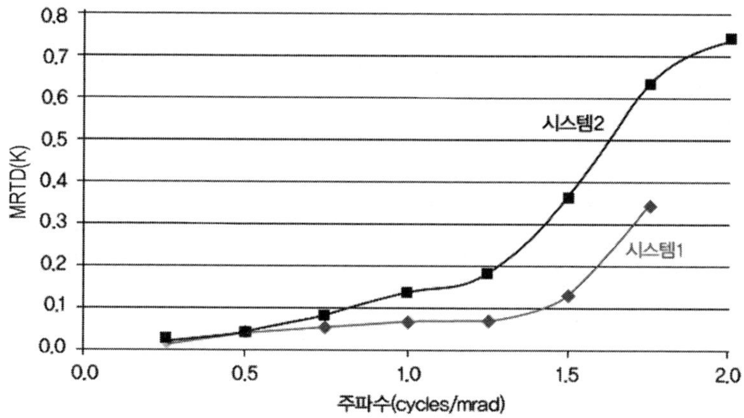

그림 6-49 MRTD 측정결과 비교

으로 확대되었다. 군사용으로는 야간에도 주간처럼 아주 뚜렷한 영상을 확보할 수 있는 장점 때문에 외곽 감시용으로 주로 사용되었다.

2010년 서해안 천안함 폭발 당시 많은 방송 매체를 통해 TOD(Thermal Observation Device)라고 하는 용어가 많이 사용되어 이 분야 전문가가 아니더라도 귀에 익은 용어가 되었다. 그림 6-50은 대표적인 TOD 시스템의 외관과 영상이다. 그 당시 언론에 공개된 사양은 표 6-6과 같다. 최근 도입된 시스템은 초점면 배열 방식의 2세대 급 시스템이 보급되어 있어 성능이 훨씬 뛰어나다.

외곽 경계용으로 TOD가 사용되었다면, 전투기의 조종사는 주야간 영상 추적을 위해 열화상 카메라를 사용한다. 이런 목적으로 사용하는 카메라를 전방주시형 적외선 레이더(Forward Looking Infrared Radar)라고 하며, 줄여서 FLIR이라고 부르기도 한다. 비행기에 장착하기 위해서는 카메라를 보호하고 있는 적외선 돔(Dome)이 중요한 역할을 한다. 그림 6-51에서 볼 수 있듯이 카메라가 외부에 노출되어 있기 때문에 돔의 표면이 기계적으로 매우 강해야 한다. 돔의 표면 특성을 강하게 하고, 적외선도 잘 투과시킬 수 있는 카본 코팅(Diamond Like Carbon, DLC) 기술이 적용되어 있다.

그림 6-50 TOD 시스템 및 열영상

표 6-6 TOD(모델 TAS-970K)의 사양

항목	사양
탐지 파장 대역	원적외선 영역(8~12 μm)
스캐닝 방식	1세대 serial-parallel 스캐닝 방식
배율	3~10배 배율 적외선 광학계
화면 정밀도	0.24 메가 픽셀(800×600의 SD급)
장착 모니터	9인치
삼각대 높이	47cm~104cm
장착 방식	핸드 헬드/차량 탑재
시야각 (Field of View)	wide mode : 3×(6.3°×10.1°) narrow mode : 10×(2.0°×3.1°)
회전 각도 (spinning angle)	수동조작 : 수평 360°, 수직 ±22.5° 원격조작 : 수평 350°, 수직 ±80.0°
회전 속도 (rotational speed)	수평 : 1.5°/sec~12.0°/sec 수직 : 0.3°/sec~1.5°/sec

FLIR 시스템은 전투기뿐만 아니라 미사일의 추적기로도 사용된다. 추적기는 미사일의 앞부분에 장착하며, 비가 오는 날에 적외선 투과가 잘되지 않는 문제점이 있기 때문에 미사일에서는 통상 마이크로웨이브 센서와 적외선 센서를 동시에 탑재한 추적기를 사용한다. 공대지(Air to Surface)와 지대지(Surface to Surface) 미사일 추적기에는 주로 LWIR용 적외선 센서를 사용하며, 공대공(Air to Air)과 지대공(Surface to Air) 미사일에는 MWIR용 적외선 센서를 사용한다. 이 이유는 목표물의 온도에 따라 센서를 다르게 사용하기 때문이다. 지상에 있는 물체들은 대부분 300K 근처의 물체를 추적하고자 하는 용도이며, 하늘을 향해 발사하는 것은 주로 전투기를 추적하기 위함인데, 전투기에서 나오는 온도가 대부분 약 500K 정도이기 때문이다. 전투기에서 열이 나는 부분은 그림 6-52와 같이 여러 부위가 있지만, 대부분 미사일의 적외선 추적기는 배기 화염에서 나오는 열이 가장 많이 나오므로 이 부분을 조준해서 추적하게 된다. 이러한 추적기 기술이 발전함에 따라 전투기쪽에서도

(a) 전투기 하단부에 설치된 열화상 카메라

(b) FLIR 시스템으로 획득한 영상

그림 6-51 FLIR 시스템이 장착된 모습과 획득한 영상

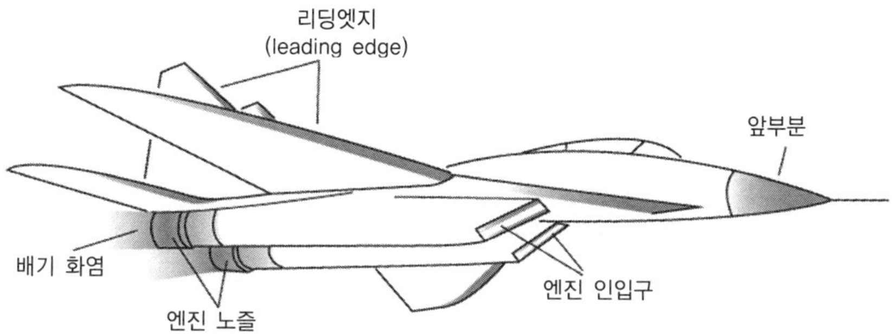

그림 6-52 전투기 표면의 열추적이 가능한 부위

적외선 추적기를 피할 수 있는 각종 재밍(Jamming) 기술들이 나오고 있다.

2003년 이라크 전쟁은 CNN 방송을 통해 전 세계에 실시간으로 중계되었다. 당시 미군은 주로 야간에 주요 표적물에 대해 미사일 공격을 많이 했는데, 이때 사용된 기술이 적외선 추적 기술 및 야간 열화상 카메라 기술들이었다. 이라크 전쟁 이후 적외선의 효용성이 증명되면서 적외선 관련된 기술이 더 많이 발전하게 되었다. 전차와 탱크에도 야간 전투력을 향상시키기 위해 열화상 카메라가 도입되었다. 더 나아가서 2000년대 접어들면서 비냉각형 적외선 센서 제조기술이 발전함에 따라 개인 병사의 야간 전투력 향상을 위해 개인화기와 결합된 적외선 카메라가 개발되었다. 기존 냉각형 방식은 무게가 무겁고 냉각을 위한 냉각기를 구동해 줄 전원공급 문제 때문에 휴대가 어려웠다. 그러나 비냉각형 열화상 카메라는 무게가 상대적으로 가볍고 휴대용 배터리로 약 2~3시간 정도 사용이 가능한 장점 때문에 병사용으로 개발되었다. 특히, 이런 용도의 카메라를 Thermal Weapon Sight (TWS)라고 한다. 그림 6-53은 TWS를 개인화기에 장착한 외관과 실제 병사가 야전에서 사용하고 있는 예를 보여주고 있다. 그리고 표 6-7은 대표적인 TWS의 사양이다.

2000년대 후반부터 군수용의 목적으로 개발된 기술들이 점점 민수용으로 전파되기 시작하였다. 물론 1~4개 픽셀을 갖는 적외선 센서를 이용한 응용은 많은 곳에서 이루어졌다. 주로 시큐리티용의

(a) 배터리 케이스와 TWS의 외관 (b) TWS의 운용 사례

그림 6-53 TWS의 외관 및 운용 사례

표 6-7 TWS의 사양

항목	사양
인식 거리	약 500 m
FOV	수평 : 15°, 수직 : 11.3°
크기 (길이×폭×높이)	32.4 cm × 8.3 cm × 11.2 cm
무게	1.4 kg(배터리 포함)
작동 온도	−37℃ ~ 50℃
배터리 수명	5시간(상용 AA 리튬 배터리)
센서 정보	320×240, 8~12 μm, 비냉각형

침입자 감지, 아파트의 실내등 자동점멸, 비접촉식 귀속 온도계, 가스 및 화재 감지용, 계측기의 센서용 등의 목적으로 사용되었다. 그러나 열영상을 이용한 민수용은 SARS라고 하는 전염병이 생기면서부터 급격히 늘어나게 되었으며, 그때까지 군수용의 기술을 보유하고 있었던 미국의 FLIR 사는 경쟁사를 물리치고 선두주자로 나서게 되었다. 향후 민수용 분야에서 가장 큰 시장을 형성할 것으로 기대하는 분야가 바로 자동차용 열화상 카메라분야이다.

안개가 낀 야간에 자동차를 운전하다 보면 마주 오는 차량의 불빛 때문에 전방을 자세히 보기가

(a) 자동차용 열화상 카메라 설치 사례

(b) 야간 일반 영상

(c) 야간 열화상 영상

그림 6-54 자동차용 열화상 카메라 적용 사례

어려운 경우가 종종 있어 교통사고의 위험이 매우 커진다. 이런 경우 열화상 카메라를 이용하면 그림 6-54와 같이 전방을 아주 깨끗하게 확인할 수 있으며, 인체와 유사한 온도를 가진 물체가 전방에 발견되면 경보도 보내어 사고를 획기적으로 줄일 수 있다. 현재는 고급용 승용차에만 적용되고 있지만, 조만간 열화상 카메라의 가격이 낮아지면 일반 승용차에도 보급될 것으로 예상한다. 또한, 32×32 정도의 픽셀을 가진 열화상 센서를 이용하여 승용차 내부의 온도를 정확히 분석해서 에어컨 또는 히터의 효율적인 통풍으로 더욱 쾌적한 환경을 유지할 수 있다. 특히, 시장 예측 기관인 Yole 사에서는 2013년 이후부터 자동차용 열화상 카메라 시장이 급격히 확대될 것으로 예측하고 있다.

또한, 화재 때문에 연기가 발생하여 앞을 볼 수가 없을 때 열화상 카메라를 이용하면 화재로 인한 뜨거운 곳과 차가운 곳을 알 수 있어 화상을 입지 않고 피할 수 있으며, 연기 너머에 있는 물체를 볼 수 있어 화재시 인명 조난용으로 사용이 가능하다. 현재는 가격이 너무 높아 소방대원만 소지하고 있으나, 향후 가격이 획기적으로 낮아진다면 공공건물 또는 지하철 역사 등에 방독면과 같이 비치하여 화재시 쉽게 출구를 찾아 빠져나올 수 있도록 하는 용도로도 사용이 가능하다.

지구 온난화로 점점 에너지 문제는 심각해지고 있다. 특히, 전기를 많이 사용하는 겨울과 여름에 단열 문제 때문에 열이 밖으로 새어 나간다면 그만큼 에너지를 낭비하는 것이다. 그림 6-55는 건물의 단열 상태를 열화상 카메라로 측정한 사진과 단열 조치 전후에 따른 비교 영상으로 확연히 단열에 대한 상태를 한눈에 알 수가 있다. 앞으로는 일정 기간이 지난 건축물의 외관을 열화상 카메라로 점검하여 에너지가 낭비되지 않도록 하는 제도도 필요하지 않을까 생각한다.

또한, 건물이 노후화되면 장마철에 비 때문에 누수가 생기는데, 조그만 누수가 발생했을 때 그림 6-56과 같이 열화상 카메라를 통해서 누수 위치파악이 가능하다. 이처럼 열화상 카메라를 이용하면 단열뿐만 아니라 누수로 인한 피해도 초기에 진단하여 더 큰 피해를 막는 데 사용할 수 있다. 미국에는 단독주택이 많아서 열화상 카메라로 단열 및 누수를 찾아주는 서비스를 하는 업체도 많이 있다.

겨울철 전기로 인한 화재가 자주 발생하고 있는데, 대부분 무절제한 전열기구의 남용에 따른 과부하와 누전이나 합선으로 화재가 발생한다. 이상이 있는 부분을 열화상 카메라로 보면 그림 6-57과 같이 과열된 것을 알 수 있다. 고가의 열화상 카메라로 일일이 이렇게 확인한다는 것은 어렵지만, 과부하가 예상되는 곳에 중화소용 열화상 카메라를 설치하여 사전에 일정 온도 이상이 올라가면 경

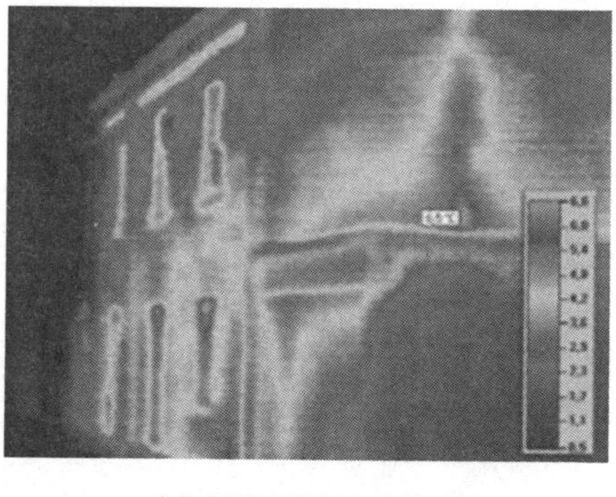

(a) 건물 외벽의 단열상태

(b) 단열 조치를 취한 전과 후의 비교 영상

그림 6-55 에너지 관리를 위한 열화상 카메라 적용 사례

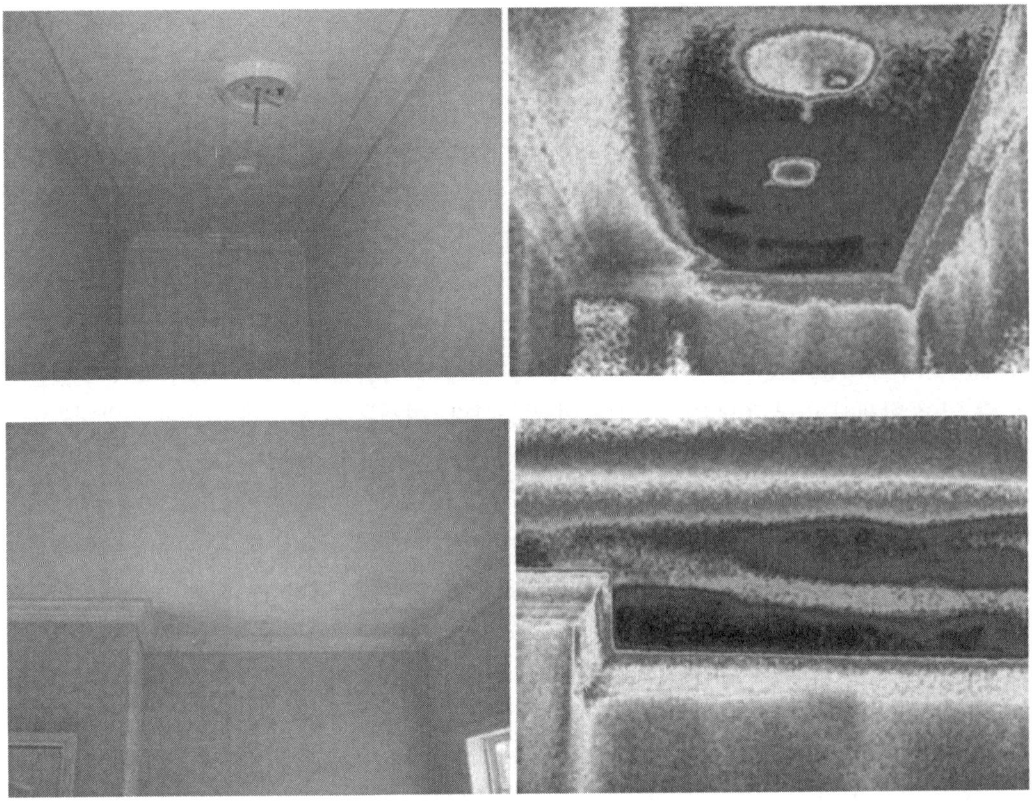

그림 6-56 천정의 누수 현상의 비교 영상

보를 발생하도록 하면 화재를 사전에 예방할 수 있다.

적외선은 온도와 관련되어 있어 물체의 온도를 측정하고자 하는 목적으로도 사용된다. 매우 높은 온도를 사용하는 제철 및 철강 관련 산업, 유리 산업, 의약품 생산, 플라스틱 산업, 정유 산업 등 비교적 높은 온도 영역에서 정교한 온도제어가 필요한 산업현장에는 열화상 카메라를 이용한 온도 측정이 매우 일반적으로 사용되고 있다. 현재까지는 320×240픽셀 이상의 고화소용 열화상 카메라가 사용되고 있으나, 중저화소용 카메라를 이용해서 제조공정 중 필요한 부분에 설치하여 이상 시 경보를 발생시키는 용도로 사용될 수 있다. 이 외에도 고급식당의 조리실에서 음식을 만드는 과정

그림 6-57 전기 과부하로 인한 비교 열영상

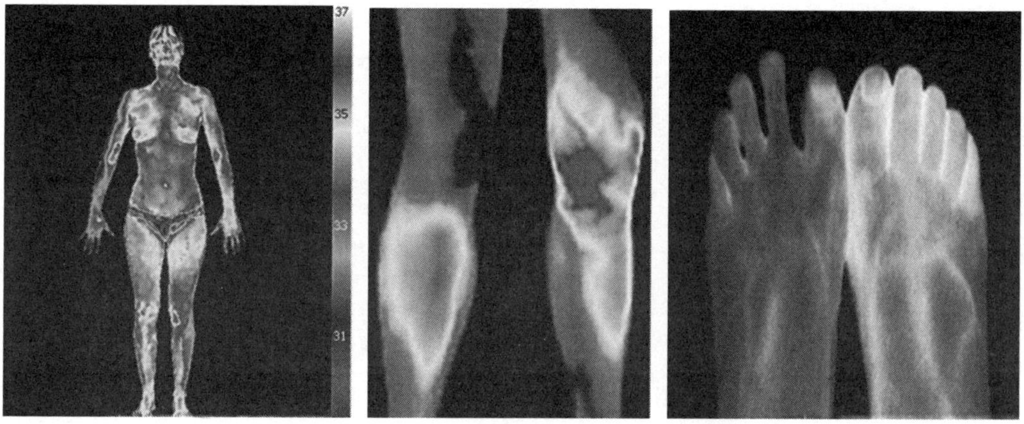

그림 6-58 열화상 카메라로 촬영한 인체 열영상

중에 온도측정이 필요한 곳에도 응용할 수 있다.

의료용으로도 열화상 카메라가 그림 6-58과 같은 용도로 많이 사용되고 있다. 한방 분야에서는 오래전부터 인체의 열영상 정보로부터 온도가 평균보다 낮거나 높게 측정되는 부위를 통해 혈액의 비정상 흐름을 판단하는 용도로 사용해 왔다. 최근 한의학에서는 적외선 체열 영상에 대한 학문적인 연구가 많이 진전되고 있으며, 인체의 주요 부위에 대한 온도 표준화 작업도 진행 중이다. 또한, 사람뿐만 아니라 가축에도 열화상 카메라 기술을 적용하는 연구가 진행 중이다. 구제역 또는 조류인플루엔자에 감염된 가축은 초기에 고열(약 40℃)이 발생하는데, 열화상 카메라로 가축들의 체온을 실시간 모니터링하여 이상이 발생하면 즉시 알 수 있게 하는 것이다.

인공위성에도 고배율의 광학계를 이용한 열화상 카메라가 장착되어 있으며, 열화상 카메라를 통해 해수면이나 특정한 장소에 대해 시간에 따른 온도 변화를 관측하기도 한다. 열화상 카메라를 이용한 적용분야는 이외에도 매우 많으며, 가스 분석용의 검출소자로도 사용된다.

6.4 광증폭기

광증폭기는 미세한 신호를 내부적으로 증폭시켜서 영상을 볼 수 있도록 해 주는 장비이다. 적외선 영역의 미세한 빛을 증폭하는 장비를 야간 투시경(night vision)이라 한다. 야간 투시경은 매우 어두운 빛이 있는 상황에서도 물체를 볼 수 있게 해 주는 장비이다. 열화상 카메라는 빛이 없어도 물체에서 나오는 적외선을 검출해서 영상을 보여주는 장비지만, 야간 투시경은 고글(goggle) 형태로 무게가 매우 가벼워 휴대하기에 매우 쉬우며, 밤에 달빛이나 기타 광원에서 물체를 반사해서 나오는 미세한 빛을 광증폭관을 거쳐 신호를 증폭하여 사물을 볼 수 있게 해주는 장비이다.

위키피디아 사전에는 야간 투시경(night Vision)을 보다 넓은 의미로 영상 증폭(image intensification), 능동 조명(active illumination), 그리고 열화상(thermal imaging)과 같이 3가지 영역을 모두 야간 투시경 영역으로 정의하고 있다. 영상증폭은 야간에 별빛이나 달빛 등의 빛이 물체에서 반사되어 온 빛을 광증폭관을 통해 빛을 증폭해서 보는 고글 기술을 의미하며, 능동 조명은 NIR 대역

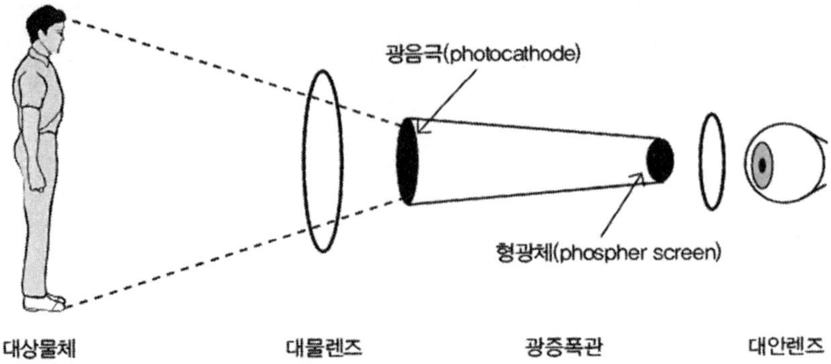

그림 6-59 야간 투시경의 광검출 개략도

의 LED를 외부조명으로 이용하여 CCD 카메라가 영상을 인식하는 기술인데, LED의 출력한계로 원거리용에는 부적합하다. 그리고 열화상 기술은 앞절에서 설명한 열화상 카메라로 영상을 인식하는 기술로 렌즈의 성능에 따라 원거리의 물체인식도 가능한 기술이다.

능동조명 방식은 근거리용에 적합하므로 주요 시설물의 실내 및 외곽감시용의 목적으로 사용되고 있다. 열화상 카메라는 미사일 추적용 및 전차의 야간 수행능력 개선을 위한 군수용으로 주로 사용되었으나, 최근 가격이 점차 낮아지고 있어 민수용의 응용이 확대되는 추세이다. 이 책에서는 야간 투시경을 광증폭기를 이용한 고글과 관련된 기술로 한정해서 설명하기로 한다. 야간 투시경의 원리는 그림 6-59와 같다.

야간 투시경의 핵심기술은 미세한 빛을 증폭시키는 광증폭관 기술이다. 실제로는 광이 증폭되는 것이 아니고 광증폭관을 거친 전자의 수가 증폭되는 것이다. 광증폭관은 다른 말로 광전자증배관(photomultiplier tube)이라고 하며, 그 원리는 그림 6-60과 같다. 광음극(photocathode)은 초고진공(약 10^{-10} Torr) 수준으로 유지된 유리 튜브의 입사면의 끝에 있으며, 표면은 광에 민감하게 반응하는 알칼리 금속으로 코팅되어 있다. 입사한 빛에 의해 광음극판에서 낮은 에너지를 가진 전자가 방출하게 된다. 광전자의 수는 입사한 빛의 광자수와 거의 동일하기 때문에 광전자 수는 너무 작아 직접 전기적 신호로 감지할 수 없다. 그래서 광전자증배관을 통해 잡음 없이 신호를 증폭할 필요가 있다. 전자 증배 부분(electron multiplier section)은 소위 다이노드(dynode)의 배열로 이루어져 있는데, 이런 다이노드들은 광음극과 양극(anode) 사이에 있다. 첫 번째 다이노드에 충돌한 전자는 외부 전기장에 의해 가속이 되어 높은 운동에너지를 갖게 되고, 이러한 운동에너지를 가진 전자들의 충돌로 더 많은 전자가 나오게 되어 증폭되는 원리이다. 이렇게 증폭된 전자들이 양극으로 증폭되어 신호로 기여하게 된다. 그림의 광증폭관은 광전자증배관의 양극 대신에 형광체를 이용해서 영상을 볼 수 있도록 하는 원리이다[76].

만약 광증폭관 방식의 야간 투시경으로 암흑 속에 들어가 있거나, 구름이 잔뜩 낀 날 숲이 우거진 속에 있거나 하면, 야간 투시경으로는 아무런 영상을 볼 수가 없다. 이때는 외부조명이 반드시 필요한데, 백색광보다는 근적외선의 LED를 주로 사용한다. 이와 같은 야간 투시경은 1930년 미국 RCA사의 Vladmir K. Zworykin이 발명하였는데, 이 당시에는 덩치가 매우 크고 가격이 매우 높아 실용

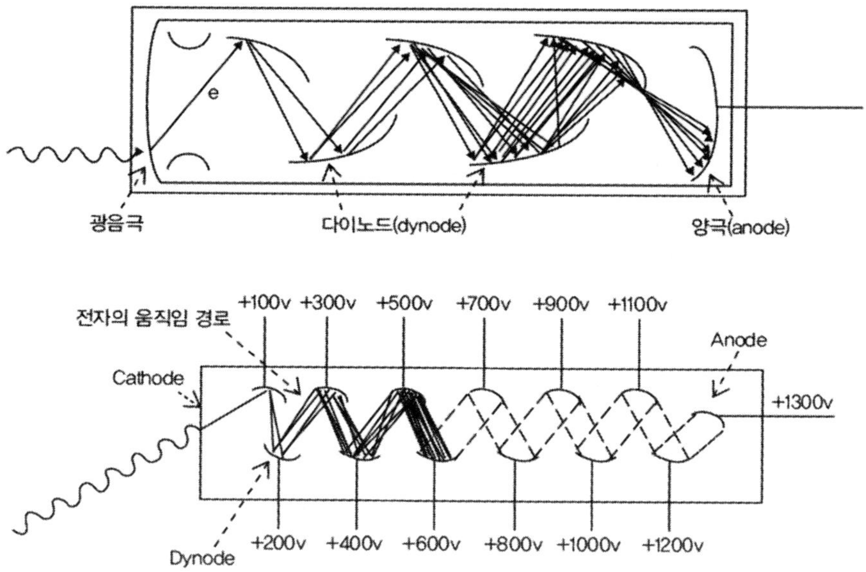

그림 6-60 광전자증배관의 원리적인 개념(1세대 야간 투시경)

적이지 못하였다. 그러나 제2차 세계대전 당시 독일이 군용으로 사용할 수 있도록 개량한 야간 투시경을 1939년 AEG 사를 통해 개발하였다. 이 당시는 적외선 LED를 이용하는 능동형 야간 투시경을 사용하였다. 이러한 능동형 야간 투시경의 단점은 상대편에서 LED 조명을 관측해서 위치가 탄로 나는 것이 문제이었다. 이것을 0세대 야간 투시경이라 분류한다.

1942년 미국에서 William E. Spicer가 적은 양의 빛을 약 1,000배 정도로 증폭할 수 있는 기법을 개발하여 적외선 LED 조명이 필요 없는 최초의 수동형 야간 투시경을 개발하였다. 이 장치는 베트남 전쟁에서 그 능력을 인정받았다. 이러한 수동형 야간 투시경은 관측자의 위치가 노출되지 않는 장점은 있지만, 만약 외부에서 임의의 강한 빛이 입사하게 되면 광증폭관 부분이 손상되는 단점이 있었다. 이런 단점을 해소하기 위해 최근의 야간 투시경에는 조도센서가 같이 장착되어 있어 일정 광량 이상이 되면 광증폭관으로 입사하는 빛을 자동 차단하는 기능이 있다.

1960년대에 등장한 1세대 광증폭 야간 투시경은 그림 6-60과 같은 광전자증배관을 이용한 원리로 만들었으나, 1970년대에 개발된 장비는 미세전자 증배기(Micro Channel Plate, MCP)의 개발로 1단만으로도 영상을 충분히 증폭시킬 수 있는 2세대 장비로 발전하였다. 이에 대한 개념은 그림 6-61과 그림 6-62와 같다. MCP는 수백만 개의 lead-silica 유리 미세관 다발로 이루어져 있으며, 전자가 유리미세관의 전자 방출층을 통과하면서 10^3~10^4배로 증폭이 된다. 1세대는 증폭이 되는 경로가 하나였다면, 2세대는 그림 6-62와 같이 여러 다발로 된 증배기를 거쳐 동시에 증폭이 되므로 거리가 짧고 가볍게 구현할 수 있다.

현재는 혁신적인 광음극관 구조와 표면 활성화 기술의 개발로 넓은 스펙트럼 영역의 빛을 집광시켜 이전 장비보다 30% 정도 높은 효율을 갖는 3세대 장비가 주로 사용되고 있다. 3세대 영상증폭관의 광전음극은 유리에 입힌 박막재질을 1세대 및 2세대의 III-V족 화합물(Na-K-Cs-Sb) 대신에

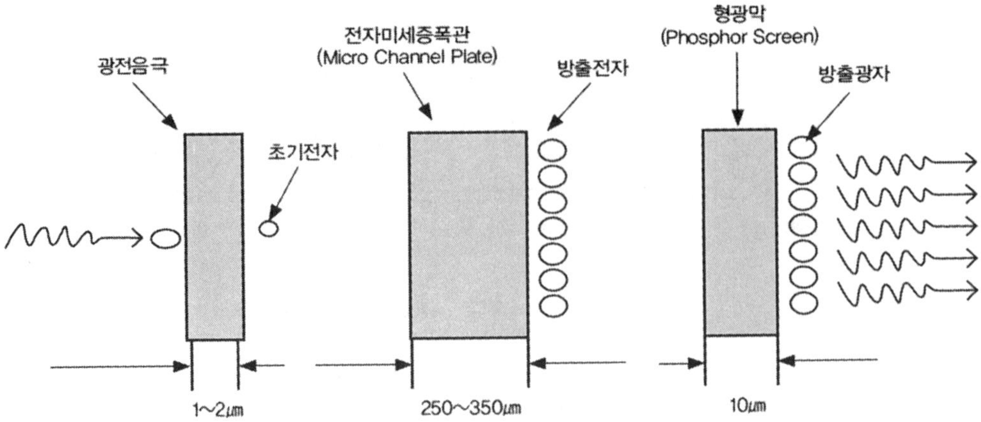

그림 6-61 MCP 영상증폭관의 기본 동작원리(2세대 야간 투시경)

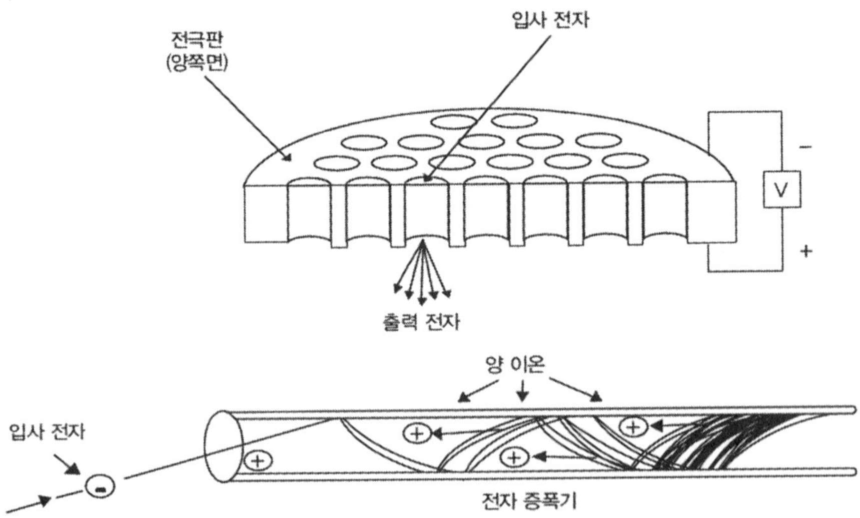

그림 6-62 MCP의 동작원리

GaAs 박막을 사용하였다. 이렇게 함으로써 감응영역을 기존의 가시광선 영역에서 근적외선 영역까지 더욱 확장시켰고, 2세대와 비교하여 크기나 무게 등의 외형은 동일하나 감응도가 향상되었다. 또한, MCP 전면에 이온 방지막(ion barrier)을 설치하여 광음극판을 보호하게 하여 수명을 크게 향상했다. 특히, 여명이나 야간에 수풀과 군복의 대조비가 큰 근적외선 영역에서의 감응도가 월등히 개선되었기 때문에 무월광, 별빛 하에서 관측성능이 2세대에 비해 매우 우수하다. 표 6-8에 세대별 야간 투시경의 성능 차이를 비교하였다. 그림 6-63은 일반적인 야간 투시경으로 관측한 영상 및 야간 투시경의 대표적인 형태사진이다. 야간 투시경의 형광영상은 눈에 감도가 우수한 초록색 영상이 나타나는 것이 특징이다.

야간 투시경은 일반 망원경처럼 볼 수만 있고, 디지털카메라처럼 촬영하여 저장할 수 있는 기능

표 6-8 야간 투시경의 발전 추세별 주요 특성

		1세대	2세대	3세대
개발시기		1960년대	1970년대	1980년대
증폭방식 특징		3단 영상증폭	MCP를 이용한 1단 영상증폭	MCP에 이온차단막 설치, 분해능 향상, 수명 연장
광음극	코팅	Sb-Na-K-Cs	Sb-Na-K-Cs	GaAs
	대역	400~800 nm	400~900 nm	560~900 nm
	감도	150 μA/lumen	300 μA/lumen	1,200 μA/lumen
수명		최소 2,000시간	최소 2,500시간	최소 7,500시간
증폭률		약 1,000배	약 20,000배	약 30,000~50,000배
운영조도		0.1 lux 이상	0.001 lux 이상	0.00001 lux 이상
주요특성		3단 증폭으로 크기/무게 과다, 영상왜곡이 심함	MCP 1단 증폭, 영상왜곡 감소, 섬광/잔상 효과 감소	감응대역 확장, 분해능 증대, 신뢰도 증대, 운영조도 개선

(a) 야간 투시경으로 관측된 영상

(b) 휴대용 야간 투시경(양안형 및 단안형)

그림 6-63 야간 투시경의 획득 영상 및 휴대용 야간 투시경 외형

이 없어 불편한 점은 있다. 그러나 야간 투시경은 한 손에 쥘 수 있을 정도로 가벼워 휴대성이 뛰어나고, 가격이 수십만 원대로 비교적 저렴하여 군인이나 경찰 등 야간에 활동을 많이 하는 사람들에게 많이 사용되고 있다.

6.5 MRI (Magnetic Resonance Imaging)

핵자기공명영상이라고 알려진 MRI(Magnetic Resonance Imaging)는 1946년 미국 하버드 대학교의 Purcell 연구진과 스탠포드 대학교의 Bloch 연구진에 의해 핵자기공명(Nuclear Magnetic Resonance, NMR) 기술이 밑바탕이 된 기술이다. 1952년 이들은 이런 공로로 노벨물리학상을 공동수상하였다. NMR은 분자구조, 이완효과, 화학반응 등의 연구에 사용되어 왔으며, 화학, 물리학 등에서 많이 응용되어 왔다. 1973년 뉴욕 주립 대학교의 Paul Lauterbur에 의해 경사자기장이 개발되어 그동안 물질의 분광학으로 쓰이던 NMR을 처음으로 영상화하는 데 성공하였는데, 이때 처음으로 NMR과 imaging이란 용어가 합성되어 NMRI라고 불렀다. 그의 이런 공로로 영국의 물리학자인 Peter Mansfield와 함께 2003년 노벨 생리의학상을 공동수상하였다. 그 후 NMRI의 앞글자 핵을 의미하는 nuclear를 생략하고 MRI로 통상 사용하게 되었다[77].

6.5.1 핵스핀 (Nuclear Spin)

원자핵은 양의 전하를 띠고 있으며, 스핀 운동을 하면서 자기모멘트를 가지고 있어 자기장을 형성하고 있다. 스핀 운동을 하고 있는 원자핵은 그림 6-64처럼 팽이의 회전운동과 유사하게 스핀축 방향을 따라 회전하는 조그만 막대자석과 같이 운동을 하고 있다. 이와 같이 작은 자석을 핵스핀이라 부르기도 한다. 정상적인 상태(자기장이 없는 상태)에서 이들 미세자석들은 제멋대로 배열되어 있으며, 자연스럽게 형성된 자기장은 특정한 방향성 없이 임의로 존재한다. 그러나 외부에서 자기장을 가하면 그림 6-65와 같이 자기장의 방향(up 방향) 또는 180°의 방향(down 방향)으로 정립을 한다. 각 원자핵들은 선호하는 방향으로 정립을 하게 되는데, 원자핵의 대부분은 낮은 에너지 상태에 있을 것이고, 일부는 높은 에너지 상태에 있게 된다. ^{1}H, ^{13}C, ^{15}N, ^{31}P 등을 포함한 생물과 관련된 대부분 원자들은 양자수가 $I=1/2$인데, 이들 원자들은 둘 중 하나의 상태에만 존재하게 된다. 그리고 ^{12}C, ^{14}N, ^{16}O 등의 동위원소들은 핵스핀을 갖고 있지 않다.

원자핵을 이루는 두 요소인 양성자와 중성자가 몇 개씩 결합하느냐에 따라 생성되는 원소가 달라진다. NMR의 측정에는 자기모멘트(magnetic moment)라는 개념이 사용되는데, 양성자는 양전하를 가지며, 중성자는 음전하를 가진다. 표 6-9와 같이 양성자와 중성자가 같으면 중성 자기모멘트를 가지며, 개수가 다르면 양성자나 중성자 중 하나가 더 많아져서 전체적으로는 양 또는 음의 자기모멘트를 가지게 된다. 원자핵이 핵스핀 양자수를 I이라 하면, 자기모멘트는 다음 식과 같다. 여기서

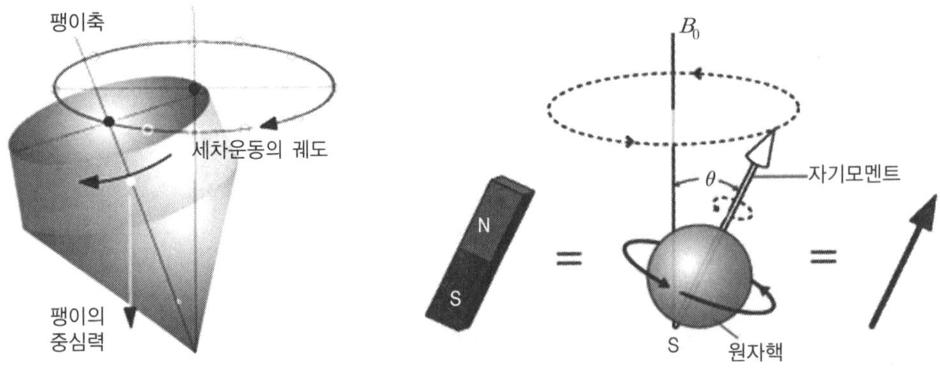

(a) 팽이의 세차운동 (b) 핵자기모멘트의 세차운동

그림 6-64 핵자기모멘트의 세차운동

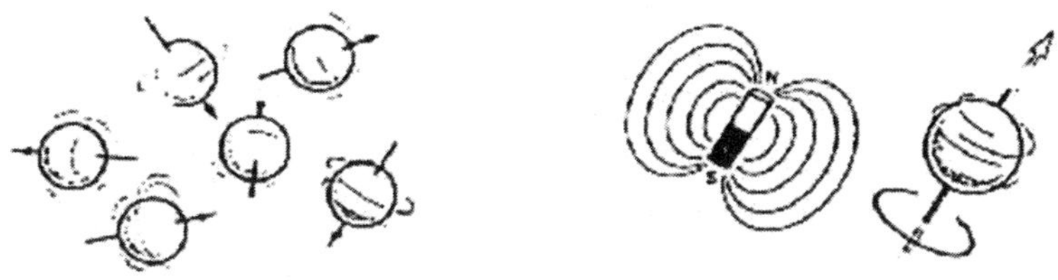

(a) 외부 자장이 인가되지 않았을 때, 핵자기 모멘트의 방향

(b) 외부 자장이 인가되었을 때, 핵자기 모멘트의 방향

그림 6-65 외부 자기장에 의한 핵자기 모멘트의 방향

γ_N은 핵이 가지는 고유 특성인 자기회전비(gyromagnetic ratio)이며, h는 Planck 상수이다. 자기회전비는 10^6 rad/s/Tesla 또는 MHz/Tesla 단위로 표시되는 값으로 대표적인 원자핵에 대한 값은 표 6-10과 같다.

$$\mu_N = \gamma_N l \left(\frac{h}{2\pi} \right) \tag{6-24}$$

표 6-9 양성자와 중성자 수에 따른 자기모멘트 유무

양성자 수	중성자 수	총합	자기모멘트
짝(2n개)	짝(2n개)	짝(2n개)	0(없음)
짝(2n개)	홀(2n+1개)	홀(2n+1개)	있음
홀(2n+1개)	짝(2n개)	홀(2n+1개)	있음
홀(2n+1개)	홀(2n+1개)	짝(2n개)	0(없음)

표 6-10 대표적인 원자핵에 대한 자기회전비 값

원자핵	γ_N(10^6rad/s/Tesla)	γ_N(MHz/Tesla)
^{1}H	267.513	42.576
^{2}H	41.065	6.536
^{3}He	−203.789	−32.434
^{7}Li	103.962	16.546
^{13}C	67.262	10.705
^{14}N	19.331	3.077
^{15}N	−27.116	−4.316
^{17}O	−36.264	−5.772
^{19}F	251.662	40.053
^{23}Na	70.761	11.262
^{31}P	108.291	17.235
^{129}Xe	−73.997	−11.777

6.5.2 공명 현상(Resonance Phenomenon)

자연계에는 약 250종의 안정한 원자핵이 존재하며, 그중 100여 종의 원자핵은 자기모멘트를 가지고 있으므로 이를 포함하는 물질은 핵자기공명(NMR) 방법의 적용 대상이 된다. 각각의 원자핵은 일정한 크기의 에너지 준위값을 가지는데, 외부에서 자기장을 걸어주면 그 원자핵의 에너지 준위값이 달라진다. 기존 값보다 큰 값이 나올 수도 있고, 기존 값보다 작은 값도 나올 수 있다. 인가한 외부 자기장 값이 클수록 생겨나는 에너지 준위 값과의 차이가 더욱 커져서 크기 차이가 확실하게 보이게 된다. 이런 현상을 핵의 제만(Zeeman) 효과라 한다.

예를 들어 외부 자기장이 없는 정상상태에서 핵에너지의 준위값이 80이라 하고, 외부 자기장을 인가하여 생겨나는 새 에너지 준위값을 70과 90이라 가정을 하면, 10이라는 에너지 크기가 곧 이 핵의 제만 효과인 셈이다. 이 상태에서 외부 전자기파를 10만큼 원자핵에 인가하면, 핵이 전자파를 흡수해서 90의 에너지 준위값을 가지게 되는데, 이것이 NMR의 원리인 핵자기 공명흡수 현상이다. 반드시 10만큼의 외부 에너지를 인가하여만 흡수가 일어나며, 그 이외의 에너지에서는 아무런 변화가 일어나지 않는다. 이와 같이 제만 효과 크기가 핵마다 다르기 때문에 외부에서 인가하는 자기장의 세기를 조절함으로써 A, B, C라는 물질을 구분할 수 있다.

요약하면 외부의 자기장 속에서 자화상태에 있는 원자핵이 어떤 일정한 주파수의 고주파를 발사하면, 일부 낮은 상태의 원자핵이 고주파 에너지를 흡수하여 높은 에너지상태로 되는데 이것을 공명현상이라 하며, 이때에 원자핵의 세차운동의 회전주파수에 일치하는 고주파의 주파수를 공명주파수라고 한다. 원자핵은 각각의 공명주파수를 가지며, 이는 외부 자기장의 강도에 따라 변하게 된다. 수소원자핵의 공명주파수는 0.15 Tesla 하에서 약 6.4 MHz이며, 20 Tesla 하에서는 약 85.2 MHz이다. 공명에 필요한 정확한 주파수는 외부 자기장의 세기와 핵의 종류에 따라 달라진다. 그리고 그림 6-66과 같이 강한 자기장에서는 큰 에너지 차가 발생하며 더 높은 진동수가 필요하며, 반대로 약한 자기장에서는 작은 에너지 차가 발생하며 비교적 낮은 진동수가 요구된다.

외부 자기장에 의해 정렬된 자기모멘트의 중심축은 자기장의 방향과 일치하지 않아 팽이의 세차

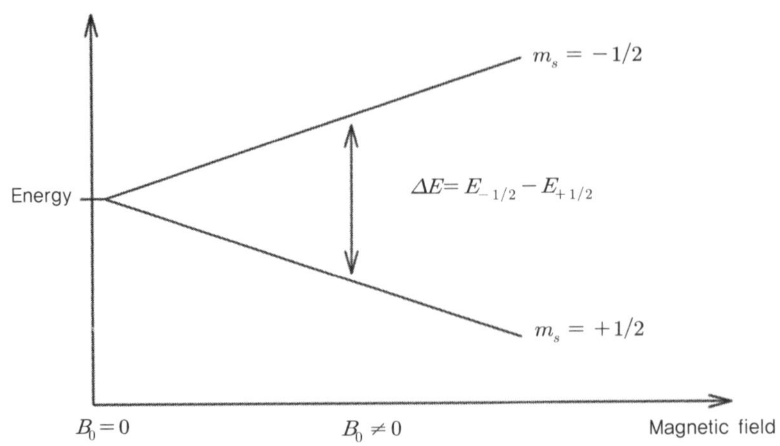

그림 6-66 제만 효과에 의한 자기장의 세기에 따른 에너지 차이

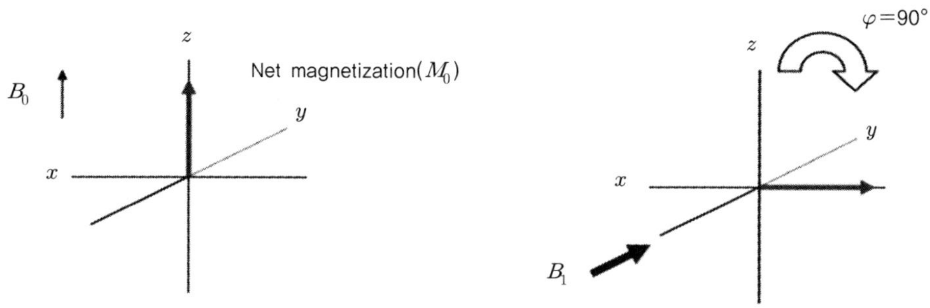

그림 6-67 공명을 위한 펄스 자기장 방향

운동과 같이 자기장 방향 축에 대해 세차운동을 하게 된다. 이때의 세차주기를 ν_0라 하고 외부 자기장을 B_0라 하면 그림 6-66의 에너지 차는 다음과 같다.

$$\triangle E = h\nu_0 = \frac{\gamma_N h B_0}{2\pi} \tag{6-25}$$

이 식에서 공명조건인 세차주기는 다음과 같다.

$$\omega_0 = \gamma_N B_0 \ (\omega_0 = 2\pi\nu_0) \tag{6-26}$$

위의 식에 맞는 주파수를 가진 두 번째 자기장(B_1)을 그림 6-67과 같이 DC 자기장(B_0)의 수직방향으로 펄스 형태로 인가하게 되면 공명현상이 발생하게 된다. 인가하는 펄스의 길이와 진폭은 순자화(net magnetization) 크기가 z축 방향으로 얼마만큼 크기인지에 따라 달라진다.

6.5.3 민감도와 Boltzmann 식

앞에서 핵스핀을 가지고 있는 작은 바 자석은 up, down 두 가지 중 하나의 축을 중심으로 회전운동을 한다고 했다. 측정하고자 하는 샘플 내에는 Avogadro 수만큼 매우 많은 수의 핵이 자기장 속에 놓이게 된다. 이 경우 RF 에너지에 의한 에너지 상태분포는 다음과 같은 Boltzmann 식으로 표현이 가능하다.

$$\frac{N_{upper}}{N_{lower}} = e^{-\triangle E/kT} = e^{-h\nu/kT} \tag{6-27}$$

여기서 N_{upper}와 N_{lower}는 에너지가 높은 상태와 낮은 상태에 있는 핵의 수를 의미하며, k는 Boltzmann 상수이고, T는 절대온도이다. 이 식을 이용해서 2백만 개의 수소 핵에 자기장의 세기에 따른 스핀 상태 수에 대한 계산결과는 그림 6-68과 같다.

이 그림에서 상온에서 열적 평형상태에 있는 수소원자에 18.8 T의 자기장(ν_0 = 800 MHz)을 인가하게 되면, 점유율은 0.999872가 된다. 이것은 높은 에너지 상태에 일백만 개의 핵이 있으면, 낮은 에너지 상태에는 1,000,128개의 핵이 존재하게 된다는 의미이다. 낮은 에너지 상태에 있는 매우 작은 양의 초과된 양이 있기 때문에 이를 통해 NMR 신호를 얻을 수 있게 된다.

이와 같이 작은 차이 정도(128/2,000,128)만이 NMR에서 관측이 되고, 다른 신호들은 서로 상쇄되

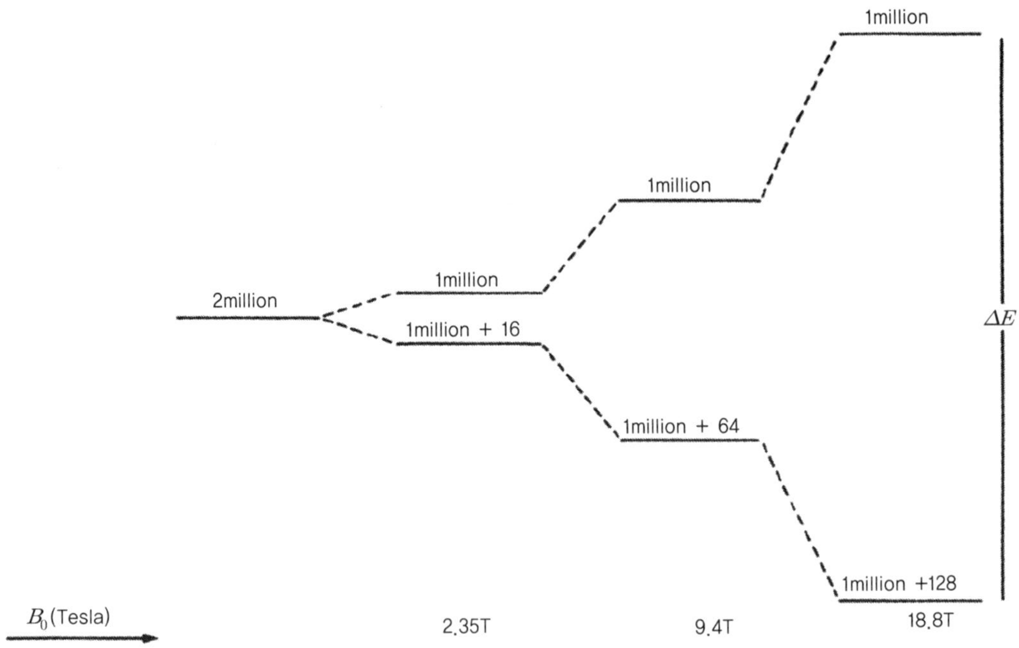

그림 6-68 자기장 B_0에 따른 수소 원자핵의 에너지 상태 수 변화

므로, 이 차이값은 NMR의 민감도를 결정하는 요소가 된다. 이와 같이 낮은 NMR의 민감도는 생물학 시스템의 응용에 사용되지 못하는 가장 큰 제약사항이다. 그리고 식 (6-26)과 식 (6-27)에서 알 수 있듯이 보다 큰 자기장을 사용하게 되면 상태 차이를 크게 할 수 있으므로 민감도를 올릴 수가 있다. 핵의 종류가 다르면 민감도도 달라지는데, 대표적인 핵에 대한 상대적인 민감도 비교는 표 6-11과 같다.

이 외에 탐지 민감도에 영향을 주는 다른 요인들도 있다. 예를 들면, 고분자와 상호작용을 하는 고분자 또는 작은 분자들에 대해 자기장의 세기를 증가시키면 이완시간이 늘어나서 결과적으로 민감도는 반대로 좋지 않게 된다. 그리고 식 (6-27)에서 알 수 있듯이 높은 에너지 상태 대비 낮은 에너지 상태에 있는 원자핵의 수를 증가시킬수록 NMR 실험에서 신호대 잡음비(S/N)는 증대된다.

표 6-11 생물학에 가장 많이 사용하는 원자핵의 특성

원자핵 종류	스핀 양자수 (I)	자연 존재량 (%)	자기회전비 (10^{-7}rad/T sec)	민감도 (% 대 ^1H)
^1H	1/2	99.9844	26.7520	100.0
^2H	1	0.0156	4.1067	0.965
^{13}C	1/2	1.108	6.7265	1.59
^{15}N	1/2	0.365	−2.7108	0.104
^{19}F	1/2	100	25.167	83.3
^{31}P	1/2	100	10.829	6.63

6.5.4 NMR 측정

식 (6-26)의 공명조건을 만족하게 하는 방법에는 자기장의 세기를 변화시키거나 주파수를 변화시키면 NMR 신호를 얻을 수 있다. 이때 관측되는 NMR 신호는 화학적인 주위 상황에 따라 달라질 수 있다. 대부분의 실험에서는 주파수를 변화시키면서 신호를 관측한다[78].

NMR의 신호대 잡음비는 신호를 평균함으로써 아주 크게 개선시킬 수 있는데, 보통 S/N비는 $\sqrt{n}$ 배 만큼 개선된다. 여기서 n은 평균에 사용된 신호의 수이다. NMR 신호를 얻는 가장 빠른 방법은 공명주파수를 가진 강력한 RF 펄스를 이용해서 이때 나오는 신호를 측정하는 방법이다. 이때 관측되는 신호를 자유유도감쇄(Free Induction Decay, FID)라고 한다. 이러한 FID 신호는 펄스 신호 이후에 바로 따라 나오는 신호이며, 두 번째와 그 다음 FID 신호는 컴퓨터에 의해 획득되며, S/N비를 개선하기 위해 첫 번째 FID와 평균하는 데 사용된다. 펄스 주기는 신호를 획득할 수 있는 선폭 $W_{1/2}$($W_{1/2} \geq$ 펄스 반복률, pulse repetition rate)와 핵의 스핀격자이완시간인 T_1에 의해 결정된다. 펄스의 반복률은 정량적으로 피크를 비교하기 위해 $1/(4T_1)$보다는 짧아야 한다. 그러나 실제적으로 펄스 반복률은 드물게 매우 길게 설정하여 사용하기도 한다.

FID 신호는 어떻게 관측하는지 그림 6-69에 설명되어 있다. 외부 자기장 B_0를 z축으로 인가하고 (그림 6-69(a)), RF 펄스 자기장인 B_1을 x'축으로 인가하게 되면, 이 자기장에 의한 자화는 y'축으로 생기게 되며, 이 축으로 신호를 관측하게 된다. 그림 6-69(a)는 자기장 B_0에서 열적평형상태에 있는 스핀 시스템으로 평균 자화율은 M_0이다. B는 90° 펄스를 인가한 경우이며, 그림 6-69(c)는 180° 펄스를 인가한 경우이다.

주파수 ν_0로 B_1 펄스를 x'축으로 인가하게 되면, 이 축과 수직방향인 $y'z$면으로 자화는 회전하게 된다. 회전하는 각도 θ는 원자핵의 자기회전비 γ, RF 펄스의 B_1 진폭, RF 펄스가 인가되는 시간길이 t_w에 따라 달라진다.

$$\theta = \gamma B_1 \tag{6-28}$$

그림 6-69(b)는 자화 M_0가 90°($\pi/2$)만큼 회전하도록 충분한 시간동안 RF 펄스를 인가한 경우이

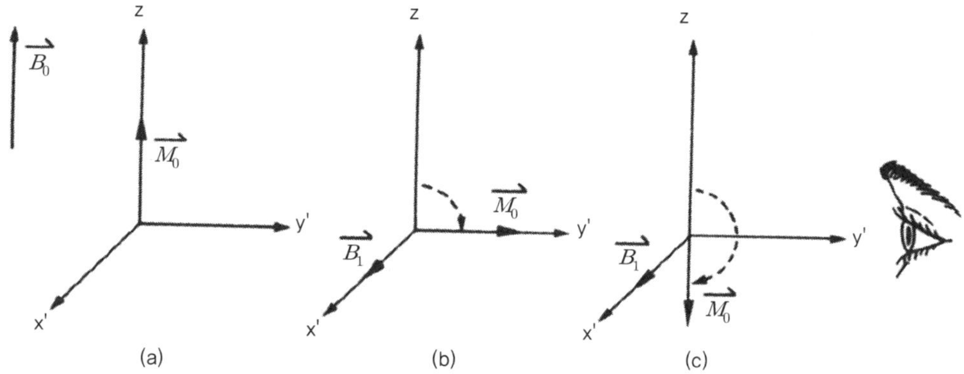

그림 6-69 FID 신호 관측의 원리

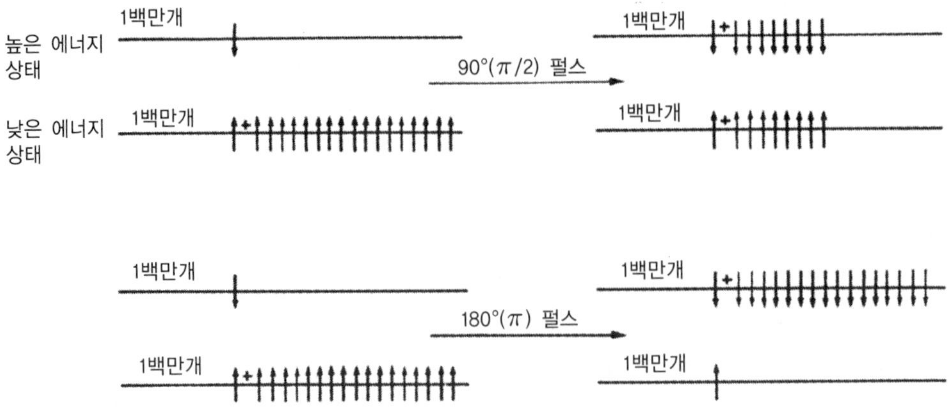

그림 6-70 90°와 180° RF 펄스의 효과 비교

다. 이 경우를 90° 또는 $\pi/2$ 펄스라고 부른다. C는 두 배만큼 B_1을 인가하여 자화 M_0가 180°(π)만큼 회전하도록 한 경우이다. 이러한 두 경우에 대한 개념적인 설명은 그림 6-70과 같다. 이 그림은 14.1 Tesla의 자기장에서 2백만 개의 양성자의 상태변화를 나타낸 것이다. 90° 펄스는 두 에너지 상태에 있는 점유율이 동일한 경우이며, 180° 펄스는 점유율에 역전이 생겨서 높은 에너지 상태에 더 많은 핵스핀이 있는 경우이다.

6.5.5 이완(relaxation)

원자핵에 90°의 고주파를 발사하면 일부 낮은 상태의 원자핵이 높은 에너지 상태로 바뀌면서 평균자화가 자기장 방향의 90°인 X-Y 평면상의 수평방향으로 놓이게 된다. 이때 고주파 펄스를 끊게 되면 높은 에너지의 원자핵들은 흡수했던 고주파 에너지를 다시 방출하면서 원래의 상태로 돌아가는데 이것을 이완(relaxation)이라 한다. 이때 관측되는 신호를 자유유도감쇄(Free Induction Decay, FID)라고 하며 그림 6-71과 같다. 그림 6-71(a)는 시간에 따른 신호의 크기 변화이고, 그림 6-71(b)

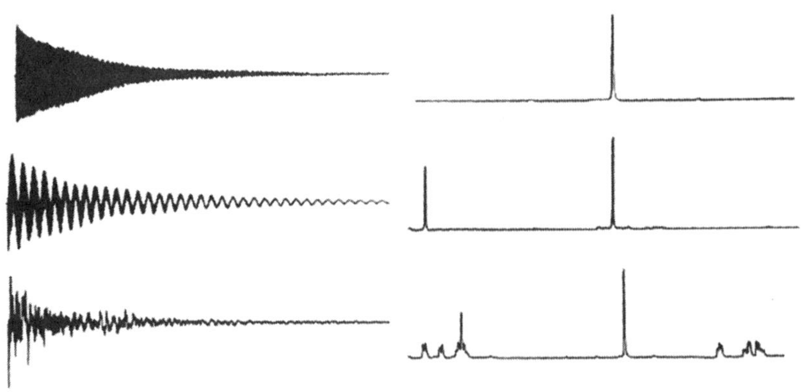

(a) 시간에 따른 이완 신호 (b) 주파수 성분으로 변환한 신호

그림 6-71 이완시 관측되는 FID 신호

는 이를 푸리에변환(Fourier Transform)을 하여 주파수 성분으로 변환한 신호이다.

이완과정은 핵스핀 시스템이 재배열하는 과정이다. 즉, 이것은 평형상태에 있지 않은 스핀 분포 $(N_{lower} - N_{upper})$가 지수함수적으로 평형상태 분포$(N_{lower} - N_{upper})_{equil}$로 다음과 같이 재배열 되는 과정이다

$$(N_{lower} - N_{upper}) = (N_{lower} - N_{upper})_{equil}(1 - e^{-\tau/T_1}) \quad (6\text{-}29)$$

여기서 지수시간상수인 T_1은 스핀격자이완시간(spin-lattice relaxation time)이라고 하며 시정수 τ에 따른 T_1 분포는 그림 6-72와 같다. T_1은 자기장에 의해 동요된 시스템이 열적 평형상태의 63%로 되돌아가는 시간길이로 정의한다. 격자는 핵주위를 둘러싸고 있으며, 격자 내에는 관심있는 원자핵을 포함한 분자뿐만 아니라 다른 분자도 포함되어 있다. 그러므로 동일한 분자 내에 있는 다른 ^{13}C 원자핵들은 서로 다른 이완시간인 T_1으로 나타날 수 있다.

어떤 특정 스핀 시스템 내에 있는 많은 원자핵 중에서 흡수된 에너지를 단열적으로 재분배하는 또 다른 이완과정이 존재한다. 높은 에너지 상태에 있는 특정한 원자핵의 수명은 감소하지만, 이 상태에 있는 총 원자핵의 수는 변하지 않는다. 이 시간은 지수함수적으로 감소하며, 이 시정수를 스핀-스핀이완시간(spin-spin relaxation time)인 T_2라고 한다. 반치높이 $W_{1/2}$에서 NMR 신호의 선폭은 아래와 같은 T_2의 관계식에서 계산할 수 있다. 고분자를 포함한 샘플에서는 NMR 신호가 넓어지는데, 이것은 T_2보다는 다른 요인에 의해 기인한다.

$$W_{1/2} = \frac{1}{\pi T_2} \quad (6\text{-}30)$$

T_1과 T_2의 개념적인 설명은 그림 6-73을 보면 알 수 있다. 그림과 같이 열에너지를 갖고 있는

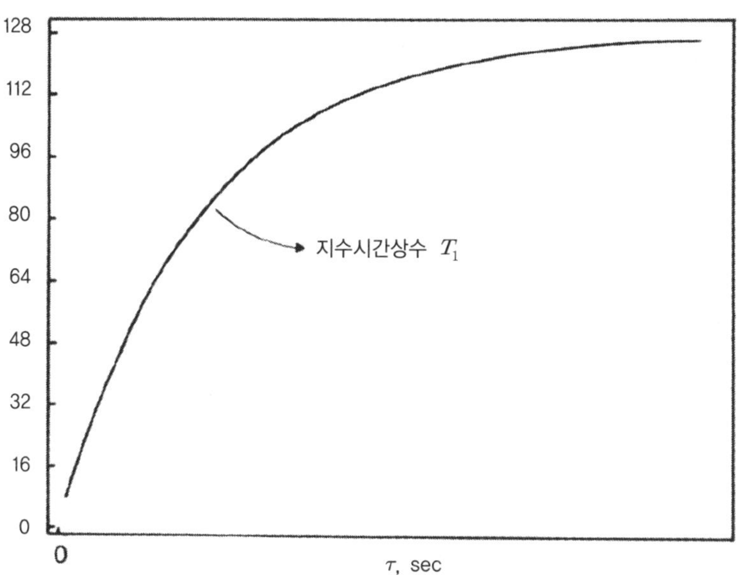

그림 6-72 18.8 T 자기장에서 2,000,128 수소핵 그룹의 스핀격자이완시간

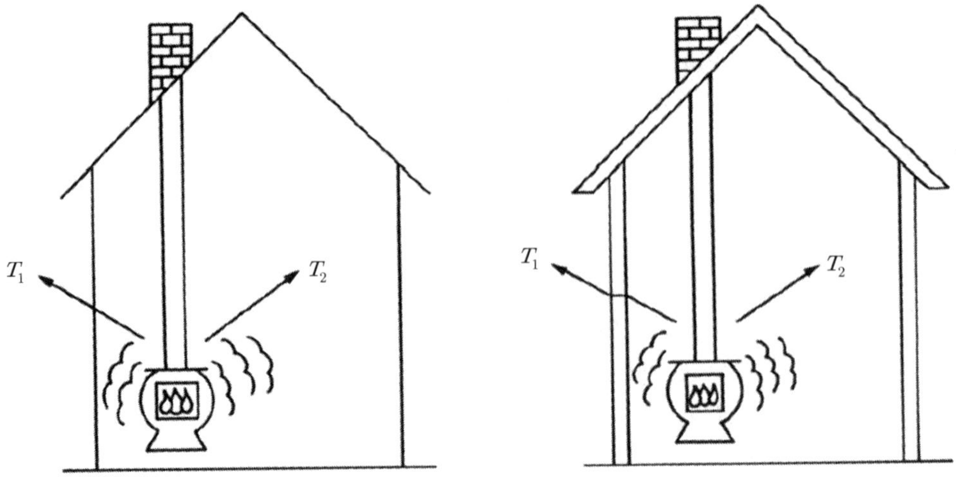

(a) $T_1^{-1} = T_2^{-1}$ (b) $T_1^{-1} < T_2^{-1}$

그림 6-73 T_1과 T_2 이완시간의 개념적인 설명

스토브를 집 내부에 두었다고 가정을 해 보면, 이완과정이라고 하는 것은 집 내부가 추운 바깥과의 열교환에 의해 열적 평형상태로 도달하는 과정과 같은 것이다. 단열과정인 T_2는 집 내부 전체를 열로 재분배하는 과정이고, T_1 과정은 열이 집 바깥으로 소멸되는 과정과 같은 것으로 볼 수 있다. 단열이 되어 있지 않은 그림 6-73(a)의 경우는 작은 분자에 해당하고(즉, $1/T_1 = 1/T_2$), 그림 6-73(b)와 같이 단열이 잘 되어 있는 경우는 $1/T_2 > 1/T_1$인 고분자의 경우에 해당한다. 다른 용어로 T_1은 자화가 z축 방향으로 얼마나 빨리 되돌아가는가 하는 정도를 나타내므로 종측이완시간(longitudinal relaxation time)이라 부르며, T_2는 xy 평면에서 얼마나 빨리 스핀들이 에너지를 교환하는가 하는 정도를 나타내므로 횡측이완시간(transverse relaxation time)이라고도 부른다.

앞에서 설명한 바와 같이 이완현상이 생길 때 핵들은 자기장축과 같은 방향으로 여기되었다가 이완될 뿐만 아니라 자기장축과 수직방향으로도 여기되었다가 이완되는데, 이것을 각각 종측이완시간 및 횡측이완시간이라고 한다. 종측이완시간 T_1과 횡측이완시간 T_2는 여기 및 이완은 동시에 그리고 독립적으로 일어나며 물질마다 그 양상이 다르다. T_1은 전자스핀의 Boltzmann 분포에 영향을 많이 받으며, 이완시 발생하는 에너지 손실은 대부분 열로서 주위 격자에 전달하기 때문에 스핀 격자이완시간이라 한다. 그리고 T_2는 이완시 자기장의 방향인 z축 방향으로 무질서하게 재배열되는 시간이므로 스핀-스핀이완시간이라 한다.

핵스핀이 $I = 1/2$인 원자핵의 경우, 자기장에 의해 핵스핀의 상호작용으로 이완과정이 생기는데, 이것은 무질서 분자운동인 회전운동과 병진운동의 본성과 비율은 T_1과 T_2 이완시간에 영향을 주게 된다. 이때 종측이완시간과 횡측이완시간은 각각 다음과 같은 수식으로 표현이 가능하며, 여기서 τ_c는 상관시간(correlation time)으로 $\tau_c = 1/(2\pi\nu)$이다. 다음 두 식을 상관시간에 대해 경향을 분석해 보면 그림 6-74와 같다.

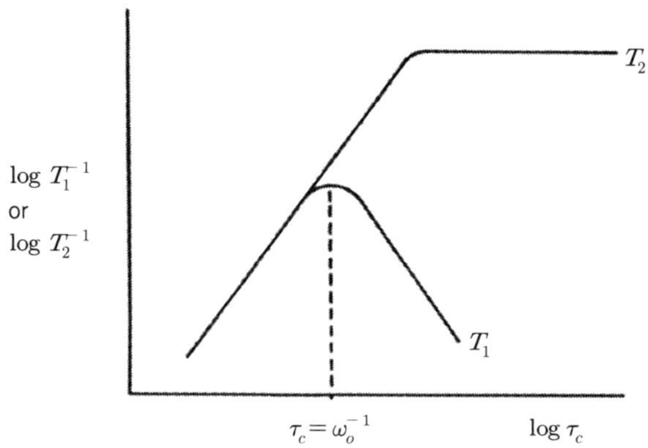

그림 6-74 상관시간에 따른 $1/T_1$과 $1/T_2$ 이완시간의 관계

$$\frac{1}{T_1} = \gamma_N^2 B_0^2 \frac{\tau_c}{1 + (2\pi\nu_0\tau_c)^2} \tag{6-31}$$

$$\frac{1}{T_2} = \gamma_N^2 B_0^2 \left(\tau_c + \frac{\tau_c}{1 + (2\pi\nu_0\tau_c^2)^2}\right) \tag{6-32}$$

이 그림에서 상관시간이 길어질수록, 즉 분자운동이 느려질수록 T_2는 T_1보다 짧아진다. 일반적으로 작은 분자인 경우(예, 물) 분자운동의 상관시간은 10^{-12}~10^{-11}초 정도이며, 고분자인 경우는 10^{-9}~10^{-6}초 정도이다. 멤브레인의 경우는 10^{-6}~10^{-3}초 정도이다. 그리고 식 (6-27)과 식 (6-28)에서 자기장의 세기 B_0를 세게 하면, $2\pi\nu_0\tau_c$는 1보다 크게 되어, T_1은 길어지게 된다. 고분자 또는 복합계의 경우, τ_c는 $\tau_c\left[1+(2\pi\nu_0\tau_c)^2\right]$에 비교해서 큰 값이므로 T_2는 자기장(B_0)과 공명주파수(ν_0)에 거의 영향을 받지 않는다. 일반적으로 대부분의 경우 T_1이 T_2보다 길다. 인체조직에 대한 T_1 시간과 T_2 시간을 비교해보면 표 6-12와 같다.

표 6-12 B_0 =1.5 Tesla일 때의 이완시간 비교

조직 종류	T_1(ms)	T_2(ms)
지방조직	240~250	60~80
산소가 제거된 혈액	1,350	50
산소가 포함된 혈액	1,350	200
뇌척수액(순수물과 유사)	4,200~4,500	2,100~2,300
대뇌의 회백질	920	100
대뇌의 백질	780	90
간	490	40
신장	650	60~75
근육	960~900	50

식 (6-30)에서처럼 NMR의 신호선폭은 T_2에 의해 결정된다. 그러므로 고분자의 NMR 신호는 작은 분자에서 나오는 신호선폭에 비해 선폭이 넓을 것으로 예상된다. 이것은 고분자에 대한 NMR의 단점 중 하나이다. 고분자인 경우, 스펙트럼에 중첩이 되는 서로 다른 원자핵에서 나온 서로 비슷한 신호들이 증가하게 된다. 만약 선폭이 넓어지게 되면, 스펙트럼에서 서로 신호를 분리해 내기가 매우 어려워진다. 또한, 신호의 선폭이 넓어지면 신호의 크기도 낮아지는 경향이 있으며, 이것은 신호 대 잡음비인 S/N 값이 작아지게 된다.

6.5.6 측정(Measurement)

T_1 시간측정의 가장 일반적인 방법은 역회복반응(180°$-\tau-$90°)법이다. 먼저 180° 펄스로 스핀분포를 도치시키면, 스핀 시스템은 열적 평형에 도달하기 위해 이완을 시작하게 된다. 시간 τ 후에 90° 펄스를 인가하면, 펄스 다음에 곧 바로 FID 신호를 얻게 된다. τ 시간이 길면 길수록 자화상태가 평형상태에 더 많이 분포하게 된다. 이때 xy 평면에서 측정이 될 수 있도록 90° 펄스를 인가하게 되면, FID의 크기 M을 측정함으로써 다음 식에서 T_1 시간을 결정할 수 있다. 여기서 M_∞는 τ가 무한대일 때, 즉 열적 평형상태에서의 FID 크기이다.

$$M = M_\infty \left(1 - 2e^{-\tau/T_1}\right) \tag{6-33}$$

T_2 시간측정은 90°$-\tau-$180°인 Carr-Purcell 펄스 시퀀스를 가장 많이 사용한다. 처음 90° 펄스로 y'축 방향으로 자화를 회전시킨다. B_0 자기장은 완벽하게 일정하지 않기 때문에 개별적인 자기 스핀들은 약간씩 다른 세차 주파수를 가지게 된다. 결과적으로 개별적인 스핀들은 위상일치를 잃으면서 xy'축으로 움직이게 된다. τ 시간 후에 180° 펄스를 인가하게 되면, 개별적인 스핀들의 세차주기는 변하지 않기 때문에 y'의 반대방향을 따라 2τ 시간 내에 위상일치를 하게 된다. 이것이 스핀에코라고 하는 신호로 나오게 되며, 스핀에코 다음에 위상일치는 다시 없어지게 된다. 그러나 또 다른 180° 펄스가 가해지면 다시 위상일치가 생기게 된다. Carr-Purcell 시퀀스는 90° 펄스 이후 일련의 180° 펄스를 가함으로써 신호를 획득하는 방법이다. 이때 생성되는 스핀에코의 크기는 다음과 같다.

$$M = M_\infty e^{-t/T_2} \tag{6-34}$$

여기서 시간 t는 90° 펄스부터 에코 중심까지의 시간길이를 의미한다. 그러므로 T_2는 에코진폭의 반감으로부터 얻을 수 있다. NMR 스펙트럼에서 개별신호들의 T_1과 T_2는 펄스 간의 간격시간인 τ의 함수로부터 얻을 수 있다. 이와 같은 스펙트럼을 얻는 시험장치의 개념도는 그림 6-75와 같다. 측정하고자 하는 샘플을 자기장 가운데에 위치시키고, RF 펄스자기장을 인가하게 되면 샘플에서 자화가 이완되면서 RF 출력신호가 시간에 따른 주파수로 측정이 된다.

6.5.7 인체의 NMR 영상

MRI의 기본 원리는 몸의 75%를 구성하고 있는 물을 이용한 것이다. 물분자(H_2O)는 두 개의 수소 원자(H)와 한 개의 산소 원자(O)로 구성되어 있으며, 각 수소 원자의 핵은 양성자와 중성자로 구성되어 있다. 양성자는 팽이처럼 축을 갖고 회전하는 작은 막대자석에 비유될 수 있는데, 이것은 보통 때에 양성자의 회전축은 임의의 방향을 향하면서 지구처럼 자전하고 있다. 따라서 몸속에 있는 물분

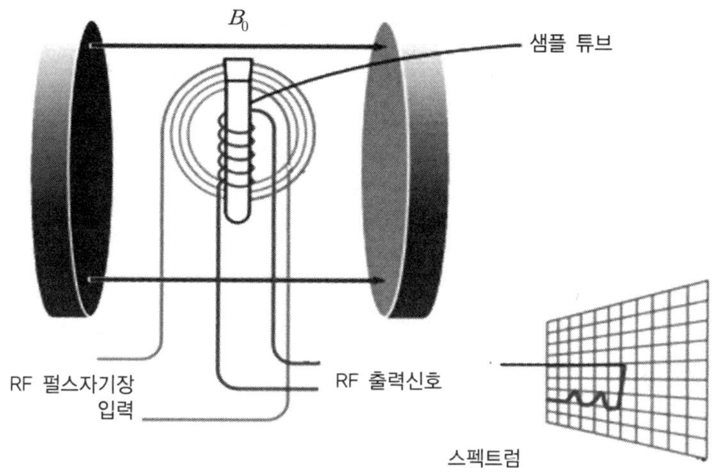

그림 6-75 NMR 스펙트럼 신호획득 장치 개념도

자는 작은 막대자석이 여러 개 모여 있는 것과 같다.

지방조직은 종축이완시간 및 횡축이완시간이 빠르고, 물은 종측이완시간 및 횡측이완시간이 늦다. 이때 종측이완시간이 빠를수록 T_1 강조영상에서는 높은 신호강도로 관찰되고, 횡측이완시간이 느릴수록 T_2 강조영상에서 높은 신호강도를 나타낸다. 한편, 종측이완시간과 횡측이완시간이 동시에 나타난다는 것은 이들을 개별적으로 영상화하는 것이 기술적으로 어렵다는 것을 의미한다. 즉, 종측이완의 차이를 나타내고자 하는 영상(T_1 강조영상)에서도 어느 정도 횡측이완에 따른 T_2 효과가 반영된다. 따라서 진정한 의미의 종측이완에 의한 영상(순수한 T_1 영상)은 얻기 힘들고 단지 종측이완이 좀 더 강조된 영상을 얻을 수 있을 뿐이다. 이때 종측이완을 강조하느냐 횡측이완을 강조하느냐 하는 것은 라디오 주파수 파동의 반복시간(repetition time: TR) 및 반향시간(echo time : TE)에 따라 달라진다. 따라서 우리가 MRI 영상을 T_1이나 T_2 영상이라고 하지 않고 T_1 강조영상 및 T_2 강조영상이라고 부르는 것이다.

90° 고주파 펄스를 일정한 시간간격(repetition time, TR)으로 반복하여 발사하고, 펄스를 발사한 직후(대개 20~30 ms 후)에 자유유도감쇄(FID) 신호를 포착하는 방법이 포화회복(saturation recovery) 방법이라 한다. 이 방법에서 TR이 짧을수록(약 300~500 ms), T_1의 효과가 강조된 영상을 얻게 되고, TR이 길수록(약 1,500~2,000 ms) T_2의 효과가 강조된 영상을 얻을 수 있다.

반면, 90° 펄스를 인가하기 전에 180° 펄스를 주면 평균자화는 180° 반대방향으로 반전되고, 이때부터 이완이 시작된다. 시간이 경과함에 따라 짧은 T_1의 신호들은 재자화가 되나 긴 T_1을 가진 신호들은 같은 시간에 소량의 원자핵만이 재자화된다. 일정한 시간 후에 평균 재자화의 차이가 최대치가 될 때 90° 펄스를 가하게 되면, T_1의 효과는 짧은 TR의 포화회복보다 더 크게 나타나는데, 이런 방법을 반전회복(inversion recovery) 방법이라 한다. 이 방법은 포화회복 방법에 비해 이완시간의 범위를 두 배로 늘림으로써 T_1의 효과를 극대화시킨 영상을 얻을 수 있다. 그러나 단점은 시간이 많이 소요되는 문제점이 있다.

앞의 두 가지 방법의 장점을 혼합한 것이 스핀에코(spin echo) 방법이다. 이것은 90° 펄스를 준 후에 다시 180° 펄스를 주면 에코신호가 나타나는데, 이 에코신호를 포착하는 방법이다. 90° 펄스를 주면 T_2의 위상어긋남(dephasing)에 의해 신호강도가 급격히 감소하는 FID 신호가 나타나게 된다. 포화회복 방식에서는 이 FID 신호를 직접 포착하는 방법인데, 이것은 기술적으로 좋은 신호를 포착하기 어려우므로, 90° 펄스 후에 180° 펄스를 준 후 나타나는 에코신호를 잡는 스핀에코 방식이 가장 많이 사용된다. 90° 펄스를 준 직후, 평균자화는 $X-Y$ 평면에 눕게 된다. 시간이 경과함에 따라 스핀이 위상어긋남이 일어나는데, 일정시간 후에는 빠르게 도는 F 원자핵과 천천히 도는 S 원자핵으로 분산된다. 이때 Y축에 180° 펄스를 가하면 순간적으로 F는 F' 위치에, S는 S' 위치에 서게 되며, 이때부터 각각의 자기가 도는 속도를 유지하며 다시 돌게 된다. 일정시간 후에는 이들 원자핵들이 출발점에 나란히 서게 된다. 즉, 결맞음(coherence)을 다시 갖게 되는데, 이것을 재초점(refocusing)이라 하고, 이때 강한 에코신호가 나타나게 된다. 이러한 스핀에코 방식은 TR과 TE(90° 펄스에서 180° 펄스를 준 후 에코신호가 나올 때까지의 시간)를 다양하게 변화시킴으로써 T_1 강조된 영상 또는 T_2 강조된 영상, T_1과 T_2 혼합영상 등 다양하게 얻을 수 있다. 이렇게 획득된 영상은 그림 6-76과 같다.

T_1 강조영상이란 생체조직이나 물질들 간의 T_1차이에 의해 결정된 신호강도의 차이로 얻은 영상으로 짧은(short) TR과 짧은 TE를 사용한다. TR이 500 msec 이하면 짧다고 하고, 이의 약 3배 정도인 1,500 msec 이상이면 긴(long) TR이라고 한다. 긴 TR과 짧은 TE를 사용하면 조직 간의 T_1과 T_2 차이에 의한 신호강도 차이는 얼마 되지 않으며, 이 경우는 양성자 밀도와 스핀 밀도차에 의해 주로 영향을 받는 proton 강조영상이 된다. T_1 강조영상에서 물(뇌척수액 혹은 소변)은 검게 보이고(low signal intensity), 지방은 아주 하얗게 보이며(high signal intensity), T_2 강조영상에서 물은 아주 하얗게 보이고 지방은 물보다 어둡게 보인다. 공기나 석회화한 부분은 양성자(수소원자)의 밀도가 희박하므로 T_1 강조영상이나 T_2 강조영상에서 모두 아주 검게 보인다. 대부분의 병적인 조직은 물을 많이 함유하므로 T_2 강조영상에서 정상조직보다 높은 신호강도를 나타낸다. 다시 말해서 T_2 강조영상에서는 병변을 쉽게 찾을 수 있다는 장점이 있다. 반면에 T_1 강조영상은 T_2 강조영상보다 횡측이완이 적게 일어난 영상이므로 보다 높은 신호강도를 가지고 있어 해부학적인 구조물을 좀 더 명확하게 구별할 수 있다[79].

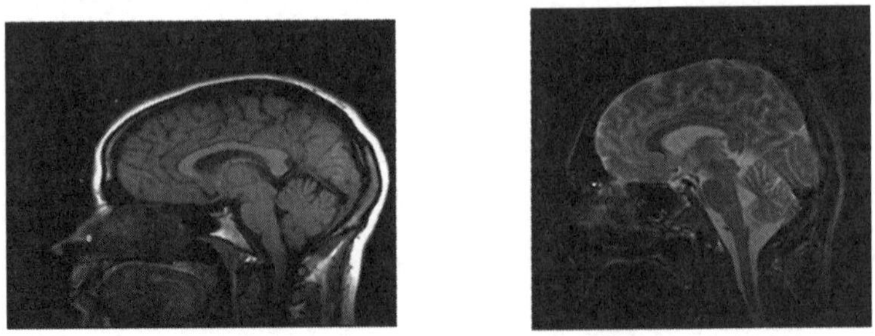

(a) T_1 강조영상　　(b) T_2 강조영상

그림 6-76 T_1과 T_2 강조영상의 비교

6.6 X선 검출기의 원리

1895년에 독일의 물리학자인 Wilhelm Roentgen이 음극선을 연구하는 도중, 불투명물체를 투과하는 미지의 방사선을 발견하였는데, 이것을 X선이라 이름 붙였다. 이 발견에 의해 최초의 노벨 물리학상을 수상하였으며, 라듐의 발견과 함께 19세기 말의 2대 발견이라 불리게 되었다. 이것은 수십 pm~수nm 정도의 파장을 갖는 전자기파로 그 성질이 물질에 대하여 투과력이 우수하고 음극선과 달리 전기장이나 자기장을 주어도 진로를 굽히지 않으며, 거울이나 렌즈에서도 쉽게 반사나 굴절을 일으키지 않는 등 그 정체를 알 수 없다하여 X선이라고 하였다.

6.6.1 X선의 발생원리

X선은 그림 6-77과 같이 진공관 내에서 음극의 필라멘트를 가열시켜 방출된 열전자가 음극과 양극 사이에 인가된 높은 전압에 의해 가속되어 양극에 충돌하여 전자의 운동에너지가 X선과 열에너지로 변환되는 과정에서 생성된다. 이때 표적에 충돌하는 전자의 에너지 중 대부분은 열로 소비되며, 약 0.1%만이 X선으로 변환된다. X선의 발생은 두 가지 과정에 의해 일어나는데, 제동복사에 의한 연속 X선과 충돌손실에 의한 특성 X선이 있다.

음극관 내의 표적으로는 보통 X선을 잘 발생시키는 Cr, Fe, Co, Ni, W 등의 고저항 재료들이 주로 사용된다. 표적에 충돌하는 전자는 원자핵의 전기장에 의해서 진행을 방해받는다. 이때 전자의 운동에너지 중 아주 작은 양이 X선 형태로 방사된다. 이 X선은 보통 연속적인 파장을 가지고 있기 때문에 연속 X선 또는 제동 X선이라 한다. 한편, 운동에너지의 다른 일부는 표적물질 원자 내에서 궤도에 잡혀있는 전자를 쫓아내거나 높은 준위로 들뜨게 함으로써 에너지를 잃게 되고, 들뜬 전달이 높은 궤도에서 낮은 궤도로 전자가 떨어지면서 X선이 방사되는데, 이 X선은 궤도 간의 에너지 차에 의해서 특정한 파장을 갖게 된다. 그래서 이 X선을 특성 X선이라 부른다. 두 가지 현상의 원리적인 개념도는 그림 6-78과 같다.

보통 연속 X선과 특성 X선은 그림 6-79에서 보는 바와 같이 함께 나타난다. 특성 X선은 전자궤도 간의 에너지 차에 의해서 파장을 가지는데, 그 파장은 표적으로 사용된 원소에 따라서만 다르

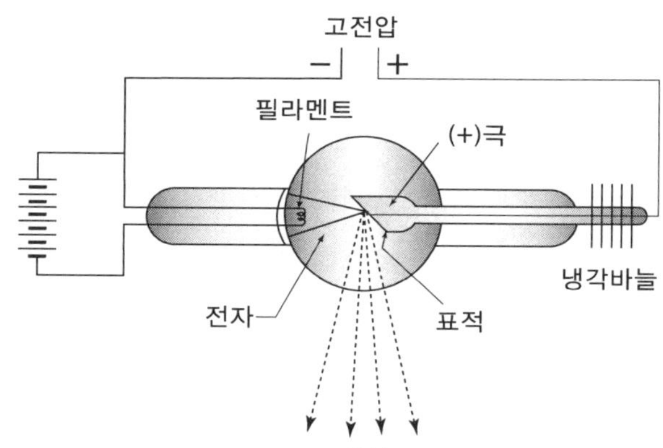

그림 6-77 X선 발생장치 원리적인 개념도

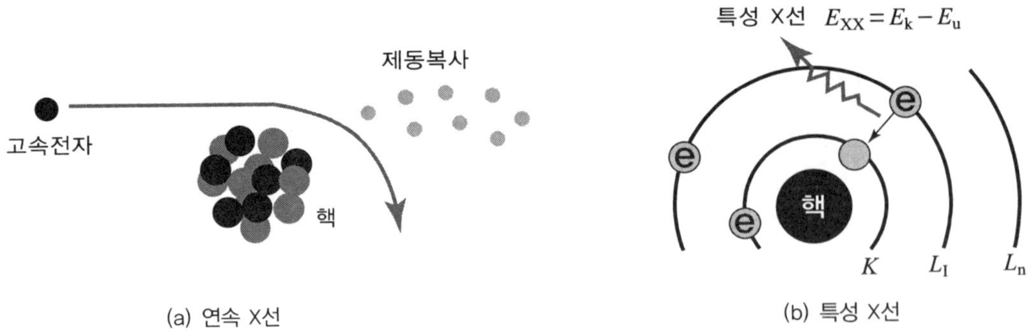

그림 6-78 연속 X선과 특성 X선의 구분

며 X선 튜브에 걸어준 전압과는 관계가 없다. X선이 고체, 특히 금속에 부딪히면 투과 X선 이외에 물질에서 새로운 X선이 발생한다. 이것을 2차 X선이라 하며, 이 속에는 물질원자에 의하여 산란된 X선 외에, 그 원소에 특유한 특성 X선이 포함되어 있다. 이러한 종류의 2차적으로 방출되는 특성 X선을 일반적으로 형광 X선이라 한다.

X선은 고속의 전자가 타깃인 금속물체에 충돌하여 X선을 방출한다. 타깃 재료로 일반적으로는 텅스텐 또는 텅스텐에 rhenium이 5% 정도 합금된 재료를 많이 사용한다. 그 이외에 몰리브덴, 구리, 코발트 등의 금속물체를 용도에 따라 달리 사용하기도 한다. 이러한 금속종류에 따른 특성 X선의 파장은 표 6-13과 같다.

6.6.2 X선과 물질과의 상호작용

X선이 Roentgen에 의해 발견된 초기에는 그 특성이 완전히 알려져 있지 않았다. 그 이후 많은 과학자들에 의해 다양한 실험을 통해 X선의 물리적인 특성이 조금씩 드러나기 시작했다. 그 대표적

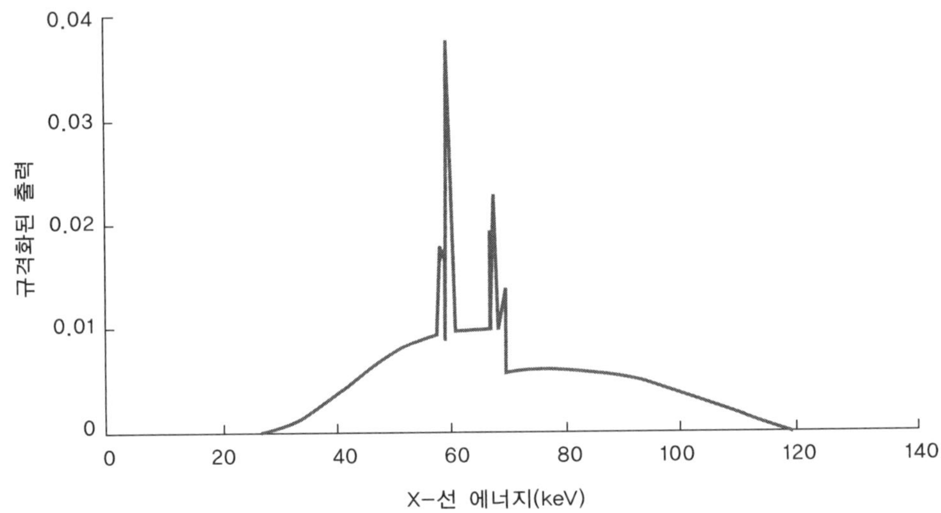

그림 6-79 연속 X-선과 특성 X-선의 출력 형태

표 6-13 일반적으로 사용되는 타깃 금속물체에 따른 특성 X선 파장

타깃 종류	$K\beta_1$	$K\beta_2$	$K\alpha_1$	$K\alpha_2$
Fe	0.17566	0.17442	0.19360	0.19399
Co	0.16208	0.16089	0.17889	0.17929
Ni	0.15001	0.14886	0.16579	0.16618
Cu	0.13922	0.13811	0.15406	0.15444
Zr	0.70173	0.68993	0.78593	0.79015
Mo	0.63229	0.62099	0.70930	0.71359

인 특성 중 하나가 광전 효과(photoelecric effect)이다. 이 효과는 Einstein에 의해 알려진 효과인데, Einstein이 빛의 이중성을 설명하는 과정에서 빛의 입자성을 설명하는 대표적인 물리현상이었다. X선도 이와 같은 빛의 입자적인 특성을 가진 것으로 알려져 있다. 그림 6-80에서 보듯이 X선이 물질에 입사해서 원자에 충돌했을 때, 그 원자에 있는 전자를 외부로 내쫓고 X선은 물질에서 소멸하는 광전 효과에 의한 흡수가 일어나는 현상이다. 이 경우 전자가 원자에서 해방되었을 때 가지는 전자의 에너지 E는 X선의 에너지 E_0에서 원자와의 결합에너지인 E_b를 뺀 값으로 $E = E_0 - E_b$로 표시된다. 이러한 광전 효과는 다음과 같은 주된 3가지 과정을 통해서 진행된다. ① 입사하는 X선의 광자는 전자 내부궤도에 있는 결합에너지보다 충분히 커서 궤도에 있는 전자를 방출할 수 있어야 한다. ② 일단 입사한 X선 광자의 상호작용 확률이 최대가 되어 광자에너지 E의 세제곱으로 에너지를 잃게 된다. ③ 상호작용 확률은 전자가 매우 단단한 결합을 하고 있을 때 일어나며, 원자번호가 클수록, 광전 효과가 일어날 확률은 높아진다. 이 확률은 원자번호 Z의 세제곱에 비례한다. 따라서 광전 효과의 확률은 Z^3/E^3에 비례한다.

두 번째 효과가 Compton 효과이다. 그림 6-81과 같이 이것은 X선이 물질에 부딪히면 그 광자가 전자와 충돌해서 전자를 튀어 보내고, 자신은 에너지를 잃고 방향을 바꾸는 현상으로 광전 효과보다 파장이 짧은 범위에서 주로 나타난다. 그림에서 보듯이 X선은 외곽궤도의 전자와 충돌하는데, 원자번호가 높은 원자의 외곽전자 결합에너지는 상대적으로 매우 작기 때문에 원자에 거의 구속되어 있

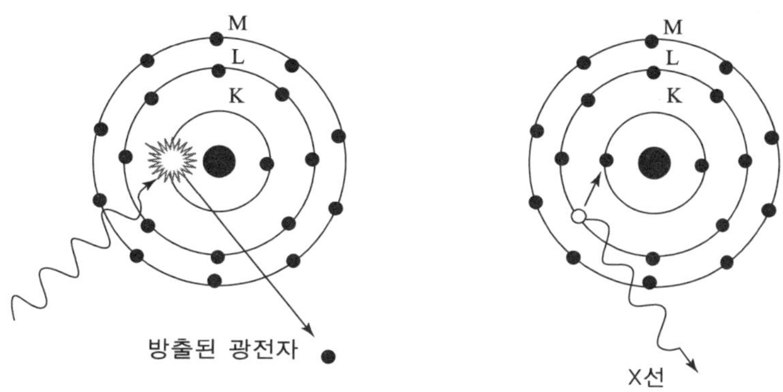

그림 6-80 X선의 광전 효과

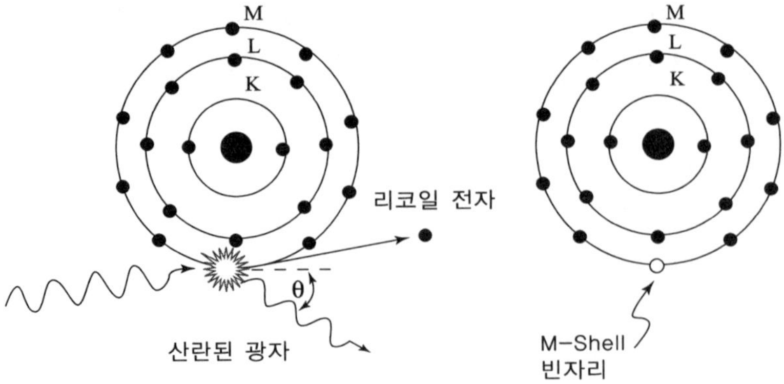

그림 6-81 X선의 Compton 산란효과

지 않은 것으로 간주할 수 있다. 그리고 원자번호가 낮은 원자의 경우에는 모든 전자궤도의 결합에너지가 1 keV보다 작기 때문에 모든 전자들은 원자에 구속되어 있지 않다고 간주할 수 있다.

Compton 산란효과에서 빠져나간 전자를 리코일 전자라고 하는데, 이것은 당구공이 서로 충돌하는 상황과 매우 흡사하다. 산란된 X선 광자의 에너지는 다음과 같다.

$$E' = \frac{E}{1 + E(1 - \cos\theta)/mc^2} \tag{6-35}$$

여기서 에너지 E는 입사하는 광자의 에너지이며, m은 전자의 정지질량이며, c는 빛의 속도이다. 이 식을 Klein-Nishina 공식이라 한다. 이 식에서 알 수 있듯이 산란된 X선 광자의 에너지는 그림 6-82에서 보듯이 산란각 θ가 증가할수록 감소하며, 감소의 정도는 광자에너지가 높을수록 증가한다. Compton 효과가 일어날 확률은 흡수되는 물질 내에 있는 전자 수와 비례한다. 그리고 전자 수는 흡수체의 밀도와 단위질량당 전자 수에 비례한다. 대부분의 모든 물질들은 단위질량당 전자 수는 거의 동일하므로 Compton 효과는 흡수체의 원자수(Z)와는 거의 무관하다. 광전 효과 대비 파장이 짧은 범위에서 크게 나타나는 현상이다.

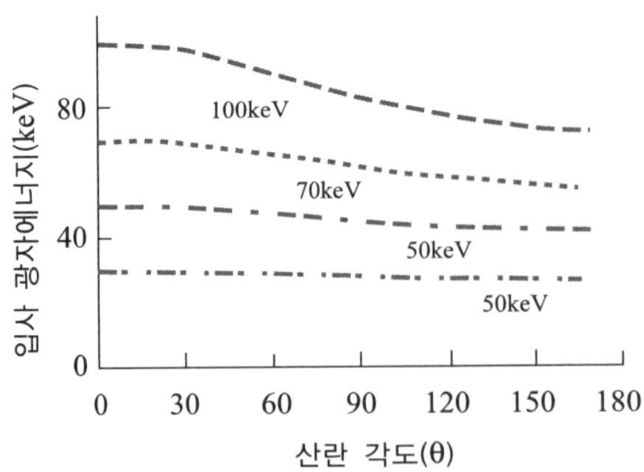

그림 6-82 Klein-Nishina에 의한 Compton 산란효과

세 번째 현상이 Thomson의 산란효과이다. 이것은 X선이 물질에 부딪힐 때, 그 전장성분에 의해 물질 내 전자는 그 전자파와 같은 진동수의 진동을 일으키고, 그 전자를 진동원으로 하여 입사 X선과 같은 진동수의 산란 X선이 여러 방향으로 방출되는 현상이다.

6.6.3 X선의 감쇠

파장이 일정한 X선(단색 X선)을 그림 6-83과 같이 납판에 작은 구멍을 뚫은 슬릿 A를 통하여 가는 X선이 두께 T인 흡수판을 통과시키고 동일 슬릿 B를 통하여 X선의 강도를 측정하게 되면, 흡수판 내부에서 발생한 산란 X선은 대부분 슬릿 B에 의해 차단되므로 직접 투과된 X선의 강도만이 측정된다.

이 실험에서 두께 T의 흡수판을 통과한 X선의 강도를 I로 하고, 같은 물질로 두께 ΔT의 얇은 판을 추가하여 $(T+\Delta T)$로 한 흡수판을 통과한 X선의 강도를 $(I-\Delta I)$라고 하면, 이때 생기는 X선의 감쇠율$(-\Delta I/I)$은 ΔT에 비례한다. 즉, $-\Delta I/I \propto \Delta T$의 관계가 성립한다. 이 비례상수를 μ, ΔI와 ΔT를 각각 미세변위 dI, dT로 바꾸어 쓰면 다음과 같이 쓸 수 있다.

$$\frac{dI}{I} = -\mu dT \tag{6-36}$$

여기서 비례상수인 μ를 선흡수계수라고 한다. 위 식을 적분하여 I의 형태로 고쳐 쓰면 다음과 같다.

$$I = I_0 e^{-\mu T} \tag{6-37}$$

선흡수계수 μ는 흡수물질의 종류와 X선의 에너지와 관련된 상수이며, 선흡수계수 μ를 흡수체의 밀도 ρ(g/cm^3)로 나눈 μ/ρ를 질량흡수계수라 한다. 동일 금속에서도 주조, 단조, 소결 등 제조방법이 다르면 밀도가 변화하기 때문에 μ값은 변화하지만, μ/ρ는 금속 고유값으로 변화하지 않으므로 투과 시험체의 밀도 ρ를 측정하여 μ/ρ에 곱하면 그 물체의 μ를 구할 수 있다.

6.6.4 X선용 센서

X선 검출에 사용되는 센서는 표 6-14와 같다. 디지털 방식의 센서가 나오기 전에는 아날로그 방

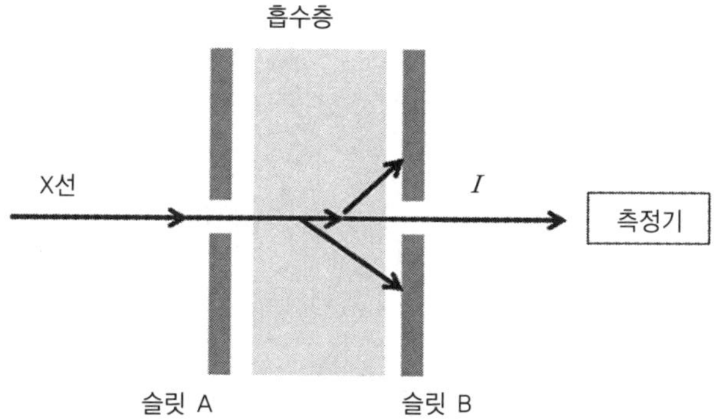

그림 6-83 흡수층을 지나는 X선의 감쇠 측정

표 6-14 X선 검출기의 분류

검출 원리	센서 종류
기체의 이온화	Ion Chamber, 비례계수기, Geiger-Muller 카운터
섬광	섬광검출기(scintillation counter), 형광판
사진건판	필름
반도체 방식	CCD, CMOS, A-Si, CdTe 등

식인 필름이나 가스 검출기 방식을 주로 사용하였다. 디지털 X선 검출에는 X선과 직접 반응하여 생성된 전자-정공 쌍을 읽어내는 직접 검출방식과 X선을 발광체를 통해 빛으로 변환한 뒤 빛을 검출하여 읽어내는 간접 검출방식으로 구분한다[80].

기체의 이온화를 이용한 방식은 구조가 매우 간단한 것이 특징이다. 챔버 내에 있는 가스가 X선에 의해 이온화가 일어나게 되고, 내부에 설치된 전극에 의해 포획된 전하량의 변화로부터 X선의 양을 검출하는 방식이다. 검출기의 전극에 인가하는 전압에 따라 사용하는 영역이 그림 6-84와 같이 서로 구분이 된다. 그림에서 재결합 영역은 생성된 이온쌍의 일부가 재결합이 일어나는 영역으로 검출사용이 불가능한 영역이다. 전리함 영역은 일차적으로 생성된 모든 전자와 이온이 전극에 포집되는 영역으로 전리함(ion chamber)을 사용하는 영역이다. 양극에 포집되는 전자수는 10~100개 정도이다. 비례계수관 영역은 기체증폭이 발생하는 영역으로 비례계수기로 X선을 측정한다. 10^6~10^7 정도의 전자가 양극에 포집된다. 마지막으로 GM 영역은 양극 주변 모든 영역에서 기체증폭이 발생하는 영역으로 Geiger-Muller 카운터를 사용하는 영역이다. 증폭이 가장 많이 일어나는 영역으로 양극에 포집되는 전자수는 약 10^9 정도로 매우 많다.

전리함(ion chamber) 방식은 일차적으로 생성된 모든 전자와 이온이 전극에 포집되고, 이때 흐르는 전류를 통해 방사선량을 측정하는 원리이다. 대개의 경우 대기압 상태의 공기를 이용하며, 특수한 경우에 특수가스 또는 고압으로 사용하는 경우도 있다. 이 방식은 모든 종류의 방사선 측정이 가능하며 넓은 파장범위를 갖는 X선 검출에 용이하다[81].

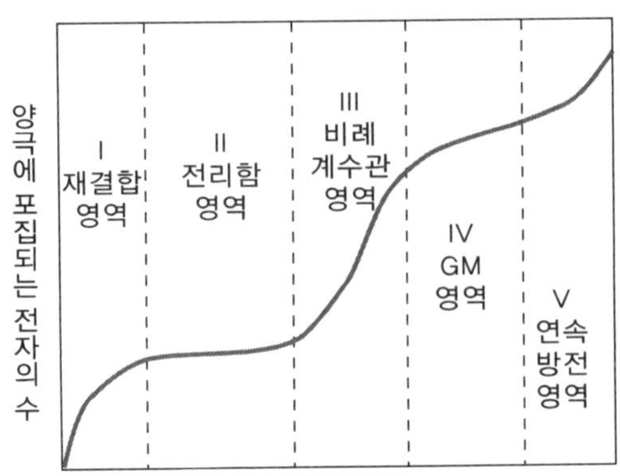

그림 6-84 인가전압에 따른 계수율의 변화

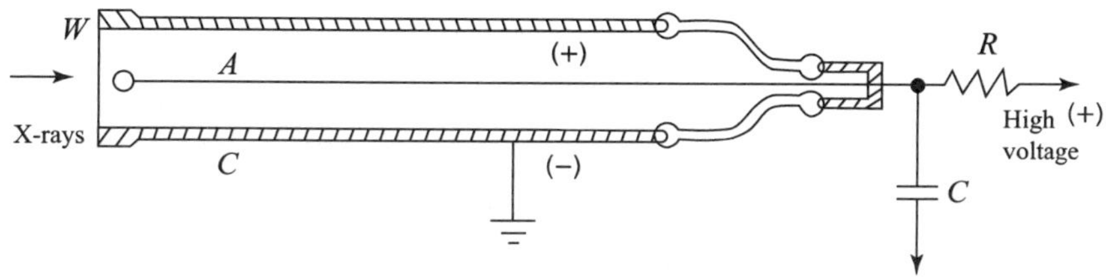

그림 6-85 비례계수관의 내부 구조 개략도

비례계수관(proportional counter)은 보통 내경 25 mm 정도의 원관을 음극으로 하고, 그 중심에 직경 50 μm 정도의 텅스텐 심선을 양극으로 되어 있으며, 두 전극 간에 1,000~2,000 volt의 직류 고전압을 가한다. 관 내에는 충전기체로 P-10이라는 가스를 사용하는데, 이것은 Ar(90%)와 CH_4 (10%)가 혼합된 기체를 1기압 정도로 넣어서 사용한다. 대표적인 계수기의 단면은 그림 6-85와 같다. 비교적 강한 X선(0.2~3 Å)을 검출하는 경우는 가스를 봉입한 계수관을 사용하는데, 이를 봉입형 비례계수관(sealed proportional counter)이라 한다. 약한 X선(2~50 Å)을 검출하는 경우는 창을 아주 얇게 하여 가스를 천천히 흐르게 하여 사용한다. 이것을 가스흐름 비례계수관(gas flow proportional counter)이라 한다. 전자는 X선 회절분석용으로 사용하며, 후자는 형광 X선 분석용의 원소측정용으로 사용한다.

비례계수관 방식은 X선이 계수관 안으로 입사하여 계수관 내의 가스를 이온화시킨다. 1차 이온의 수는 X선 광량자의 에너지에 비례한다. 여기서 이온은 양극으로 향하는 도중에 다른 중성원자에 충돌하여 이온의 수가 증가한다. 이렇게 X선 광량자 1개가 계수관에 들어가 1개의 펄스 전류가 계수관의 두 극 사이에 흐르게 된다. 이 펄스의 평균전압을 펄스 높이의 평균값이 입사된 X선 광량자의 에너지에 비례하므로 비례계수관이라고 한다. 이 크기는 기체의 종류 및 압력, 인가전압, 계수관의 구조 등에 따라 다르며, 출력신호의 크기는 입사하는 X선의 에너지에 비례하기 때문에 에너지에 대한 선별력은 우수한 편이다. 충전기체로 사용되는 P-10 가스 중에서 CH_4는 소멸기체의 역할을 하는데, 이차 전리현상이 생길 때 여기된 원자가 방출하는 자외선에 의한 새로운 증폭을 방지하기 위한 역할을 한다.

GM 계수관은 비례계수관과 구조가 동일한 것으로 에너지 분별성이 없어 방사능 측정용으로만 사용한다. 충진기체를 P-10 기체에 불활성 기체를 일부 혼합해서 사용한다. GM 계수관은 민감도가 높아 여러 종류의 방사선을 측정하는 것이 가능하고, 큰 출력신호로 휴대가 용이하며, 동작이 간편하다는 장점이 있다. 반면 에너지 분해능이 없어 선량측정이 원칙적으로 불가능하며, 계수직선성영역이 좁고, 수명이 짧고, 불감시간이 100~400 μs 정도로 다른 방식에 비해 길다는 단점이 있어 현재는 잘 사용하지 않는다.

섬광계수기(scintillation counter)는 기본적으로 입사하는 X선 광자에 대해 펄스상의 광을 발생하는 섬광장치와 광전자 증배관으로 구성되어 있다. 이것의 원리는 X선이 입사하여 섬광장치에서 발광하여 반사판으로 광증배관에 집광을 해 주고, 광전면에서 광의 강도에 비례하는 광전자를 방출하게 되며, 광증배관에서 이차전자가 발생하여 전류펄스를 발생하는 원리이다. 이것은 분해시간이 짧아서 고계수율로 측정이 가능하며, 검출효율이 높고 대면적이 가능하다는 특징이 있다. 이의 내부

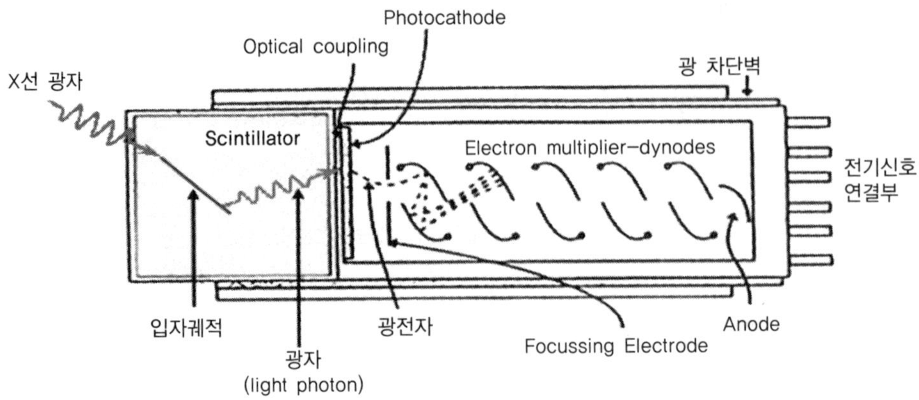

그림 6-86 섬광계수기의 내부 구조

구조는 그림 6-86과 같다.

섬광기는 흡수된 X선 에너지를 가시광으로 변환하여 광을 방출하는 역할을 하는데, 그 과정은 그림 6-87과 같다. 섬광기는 이런 특성을 낼 수 있는 물질을 이용하는 것인데, 이런 특성을 가진 물질은 크게 유기질과 무기질로 나눌 수 있다. 무기질로는 NaI, CsI, LiI, ZnS 등이 있으며, 유기질로는 C, H, O가 주성분인 안트라센(anthracene), 스틸벤(stilbene) 등이 있다. 무기 섬광물질은 발광효율이 높고, 선형성이 좋은 반면, 천이속도가 느린 점이 단점이다. 이에 반해 유기 섬광물질은 천이속도는 빠르나, 발광효율이 낮고, 선형성이 좋지 않은 단점이 있다.

형광판을 이용한 X선 검파기는 ZnS, CdS 등의 형광도료(광전흡수에 의한 발광이 일어나는 물질)를 판 위에 칠해 놓은 것으로 X선의 존재를 확인하는 용도로만 사용된다.

아날로그 방식인 필름 방식은 초기에는 많이 사용되었으나, 현재는 우수한 디지털 검출기가 많이 개발되어 거의 사용되지 않고 있다. 필름방식은 그림 6-88에 나와 있듯이 폴리에스텔의 베이스 양면에 감광층인 할로겐화은(AgBr 등)의 미세한 결정을 젤라틴 중에 분사시킨 감광유제를 도포하고, 그 위에 보호층을 도포한 구조로 되어 있다. 감광층인 할로겐화은은 X선이 입사하게 되면 광전 효과 및 Compton 효과를 일으키고, 이때에 발생하는 2차 전자에 의해 가시광선의 경우와 동일한 잠상을 만들고, 이 잠상이 사진 처리에 의해 눈에 볼 수 있게 해 준다. 필름은 공업용, 의료용 등으로 구분되

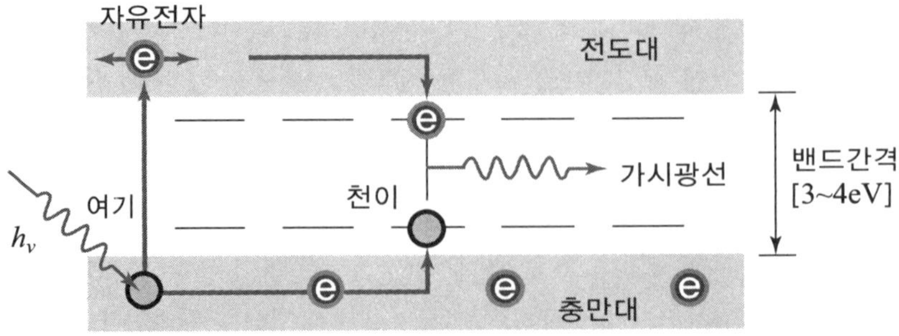

그림 6-87 X선에 의해 가시광으로 변환되는 섬광 현상

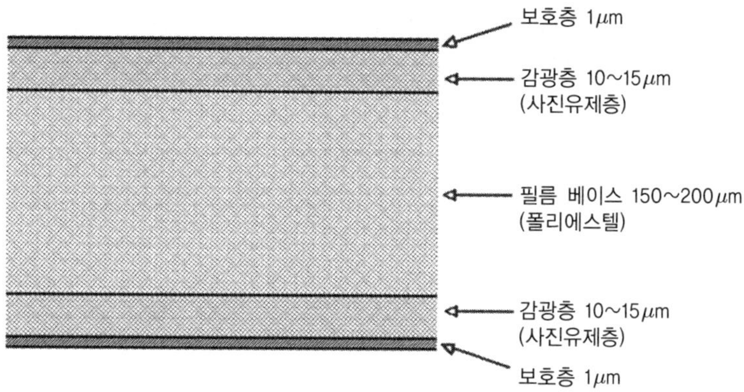

그림 6-88 X선 필름의 단면 구조

어 사용된다.

기존의 X선 아날로그 검출은 필름이나 마그네틱테이프를 이용하였는데, 필름은 해상도는 뛰어나지만 현상시간이나 검색에 상당한 시간이 소요되며 비용이나 환경 오염적인 문제로 인해 대체할 수단이 필요하였는데, 이를 해결하기 위해 등장한 것이 바로 디지털 X선 센서인 반도체 검출방식이다.

반도체 검출기는 반도체의 이온화 원리를 이용한 것으로 에너지 분해능이 매우 우수하다. Si이나 Ge 반도체에 X선을 입사시키면 이온대(전자와 정공)가 생성된다. 이온대의 수는 입사하는 X선 광량자의 에너지에 비례한다. 이러한 전자, 정공은 전압이 걸려있는 두 전극으로 분리되어 펄스 전류가 된다. 전자, 정공은 두 전극으로 이동하는 도중에 전자를 쉽게 이온화시키지 못하므로 펄스 전류는 아주 미약하다. 따라서 온도에 의한 열잡음과 구별하기 위하여 반도체는 액체질소의 온도로 냉각해야 한다. 최근 상온에서 사용이 가능한 CdTe, CdZnTe, GaAs 등의 반도체 재료가 개발되고 있으나, Si과 Ge에 비해 에너지 분해능이 떨어지고 결정의 크기가 제한적이라는 단점이 있다.

Si과 Ge에서 전자, 정공쌍을 만드는 데 필요한 에너지는 Ge이 2.9 eV, Si이 3.6 eV 정도로 기체의 이온화 생성에 필요한 30 eV에 비하면 훨씬 작다. 이것은 같은 입사에너지에 대해 검출기에서 얻을 수 있는 출력신호의 크기가 기체보다 약 10배 정도 크다고 볼 수 있다. 결과적으로 단순히 출력펄스의 파고(peak height)가 클 뿐만 아니라 펄스파고의 변동이 작아서 검출기의 분해능이 훨씬 좋아진다. 더욱이 검출기가 고체이므로 기체보다 밀도가 1,000배 정도 커서 방사선을 포착하는 효율도 그만큼 크다. 또한, 반도체에서는 생성된 전자와 정공의 이동도가 빠르기 때문에 전하의 수집시간이 수 ps 정도로 기체에 비하여 매우 빠르다.

반도체 검출기는 다이오드 형태로 만들어서 사용한다. pn 접합형에서 p형과 n형 반도체의 접합부는 전하 운반자가 적고 저항이 큰 부분이 된다. 여기에 역전압을 인가하면 보다 두터운 공핍층(depletion layer)이 형성된다. 실제로는 p형 Si에 3가의 인(P)을 확산시켜 n형 Si 층을 만들고, 이 pn 접합부에 수 100 μm의 공핍층을 형성시켜 사용한다. n형 Si 쪽을 통하여 입사한 X선이 공핍층에서 검출되기 때문에 n형 쪽에서의 에너지 손실이 문제점으로 남아 있다. 이것은 구조가 간단하다는 특징이 있지만 분해능은 다소 떨어지는 단점이 있다.

그 다음이 표면장벽형(surface barrier type, Schottky barrier)이 사용된다. 이것은 반도체 표면은 표면준위나 산화피막 등 때문에 pn 접합과 같은 공핍층이 형성되어 있어서 표면부근이 전하이동의 장애물로 되어 있다. 실용적으로는 n형 Si의 표면에 금을 100 $\mu g/cm^2$ 정도로 증착시켜 이것을 한쪽 전극으로 하고, 이 면에 X선을 입사시킨다. 이 경우 공핍층의 두께는 약 50~500 μm의 여러 가지가 가능하고 표면에서 에너지 손실이 작기 때문에 주로 α선 등 무거운 하전입자의 검출에 널리 사용되며 에너지 분해능이 좋다.

앞의 두 가지 방법으로는 공핍층의 두께를 늘리는 것이 한계가 있어 p형과 n형 사이에 진성반도체 부분을 형성시켜 주면, 이 부분은 전기저항이 매우 높고 두터운 공핍층을 만들 수 있다. 이런 구조를 p-i-n형 구조라 한다. 이것을 만들기 위해서는 p형 Si 또는 p형 Ge에 Li을 확산시켜 p-n 접합을 형성시킨 후, 가열한 상태에서 역전압을 걸어 Li 이온을 유동시켜 주므로써 p형과 n형이 중화된 i층을 중간에 생성토록 한다. 현재 공핍영역이 수 cm, 유효체적이 50 cm^3 이상의 것도 있다. Ge의 경우 유동시킨 Li+ 이온은 상온에서는 확산하기 쉽기 때문에 항상 액체질소온도(77K)로 냉각시켜 보존 및 사용해야 한다. 이들을 각각 Ge(Li) 또는 Si(Li) 반도체 검출기라 부른다. Ge은 Si보다 원자번호가 크며 γ선의 검출효율이 훨씬 좋고 부피가 큰 검출기도 제조 가능하기 때문에 γ선의 측정, 특히 에너지 측정에 널리 사용되고 있다. Si(Li)는 3~100 mm 두께로 제조하여 저에너지(< 30 keV)의 X선, γ선이나 고에너지의 β선 측정에 적합하다.

Ge에 불순물 농도와 결함이 매우 작은 고순도 Ge 반도체(High Purity Germanium, HPGe)가 최근 개발되었다. 이것은 저온에서 전기저항이 매우 높고 높은 바이어스 전압도 인가할 수 있다. Ge(Li)과 다른 점은 상온에서 보존할 수 있고 측정할 때에만 액체질소로 냉각시켜 사용하면 되기 때문에 유지하기에 편하고 에너지 분해능도 Ge(Li)에 비하여 동등수준이다. 다만 가격이 좀 비싸다는 것이 결점이다. Ge과 Si 이외의 반도체로서 GaAs와 같은 III-V족 화합물이나, CdTe, CdZnTe, HgI_2 반도체도 최근 개발되었다. 이것은 상온에서 사용이 가능하다는 장점이 있어서 많은 연구가 진행되고 있다. 그러나 아직은 대면적의 웨이퍼를 만들기가 어렵고 에너지 분해능이 충분하지 않은 것이 단점이다.

6.6.5 이차원 디지털 X선용 검출기

최근 방사선 검출 및 X선 등의 영상 구현을 위하여 다양한 반도체 물질과 이를 이용한 반도체 디바이스 및 회로 시스템에 대한 연구가 이루어져 왔고, 의료기기 등에서 X선 디지털 영상 시스템이 본격적으로 적용되기 시작했다. 반도체 검출기는 기존의 필름이나 가스 검출기를 이용한 디지털 영상장치와 비교하여 높은 해상도, 넓은 동적 영역(dynamic range), 높은 전기적 신호의 생성, 손쉬운 데이터 처리 및 저장 등의 장점을 가지고 있다. 또한, 실시간 영상처리 및 재생이 가능할 뿐만 아니라 고해상도의 영상을 획득하는데 더 적은 양의 방사선을 필요로 한다는 것은 매우 큰 장점이다. 이러한 장점으로 인하여 반도체 방사선 영상 시스템은 의료 장비, 재료과학 분야, 우주물리학, 물류 감시 및 관리 시스템 등 다양한 분야로 응용이 확대되고 있다.

일반적으로 X선 방사선 사진 장치에는 높은 방사선 조사량과 함께 우수한 공간 분해능이 요구되며, 의료용 영상장치와 우주과학용으로는 낮은 방사선 조사량에 대한 우수한 감도 및 실시간 영상처

표 6-15 응용분야별 X선 영상 시스템의 요구사양

	의료용	재료과학용	천문학용	검사/관리용
에너지 범위	20~120 keV	5~30 keV	20~120 keV	20~120 keV
크기	~40×40 cm^2	~40×40 cm^2	〉2,500 cm^2	〉40×40 cm^2
픽셀피치	50~500 μm	25 μm~mm	mm	〈100 μm
픽셀 수	〉10^6	〉10^6	〉10^4	〉10^6
동적범위	12 bits	16 bits	8 bits	12 bits
출력시간	10^{-2}~10 s	μs 이하	100 μs 이하	10^{-3}~10 s

리 기술이 요구된다. 표 6-15에 각 응용분야별 방사선 검출 시스템에 대한 요구사양이 요약되어 있다[82]. X선 영상 시스템에 사용되는 X선의 에너지는 용도에 따라 5~600 keV의 범위를 가지지만, 중성자나 γ선 등의 고에너지 입자의 영상장치에도 유사한 반도체 물질과 디바이스가 사용된다. 방사선 검출기의 크기는 수 cm^2에서 2,500 cm^2까지 요구되며, 50 μm 이하 피치의 픽셀크기로 106 이상의 픽셀 수가 필요하다. 동적영역은 최소 12 bits를 넘어야 하고, 초당 수십 프레임의 속도가 요구된다.

방사선 검출용 반도체 센서의 제작에 몇 가지 어려움이 있다. 첫째는 대부분 반도체 센서는 단결정의 재료이어야 하는데, 이것은 센서의 크기를 제한하는 요인이 된다. 두 번째로 Si과 Ge을 제외한 대부분의 반도체 재료를 재현성 있게 제작할 수 있는 기술이 부족하며, 반도체 센서의 제작공정이 복잡하고 비용이 많이 든다. 마지막으로 과도한 방사선이 조사되는 환경에서는 센서의 특성이 열화된다는 점이다.

표 6-16에 방사선 검출기로 사용되는 반도체 재료의 주요 특성을 비교하였다[83]. 에너지갭(Eg)을 고려하면 Ge을 제외한 대부분의 재료가 상온에서 동작이 가능하고, 높은 원자량을 가진 물질이 큰 장점을 가짐을 알 수 있다. 즉, 원자량이 작은 실리콘의 경우 50 keV의 X선이 흡수되는데 2.3 cm의 두께가 필요하지만, Ge이나 GaAs의 경우 1.3 mm, CdTe 등의 무거운 물질의 경우 100 μm 이하의 두께만으로도 90% 이상의 X선을 흡수할 수 있다. 또한, 전리함 방식이나 섬광 방식에 비하여 전자-정공 쌍 형성 에너지(W)가 낮다는 것은 반도체 재료의 큰 장점 중 하나이다. 대부분의 경우 W는 Eg의 3배 정도의 값을 갖는데, 비정질이나 다결정 물질의 경우 이보다 큰 값을 가진다. 방사선에 의해 생성된 전하들의 이송특성(transport property)의 경우 비정질이나 다결정 물질보다 단결정 물질이 유리한데, 이는 다결정의 경우 결정입계(grain boundary) 등의 결함이 전하들의 재결합 장소(recombination center)로 작용하기 때문이다.

디지털 방사선 영상법은 크게 Computed Radiography(CR)과 Direct Radiography(DR) 방식으로 구분된다. CR 방식은 저장성 인광체를 포함하는 영상판과 검출과정을 거쳐서 영상을 획득하는 반면, DR 방식은 직접적 검출과정을 통해서 X선을 전기적 신호로 변환하는 방법이다. DR 방식은 검출에 사용되는 X선 변환물질에 따라서 직접방식(direct conversion)과 간접방식(indirect conversion)으로 나누어지며, 간접방식에는 CCD를 이용한 방법과 평판 검출기를 이용한 방식으로 구분한다[84].

표 6-16 입자 및 방사선 검출용으로 사용되는 반도체 재료의 특성

재료	원자수	상대밀도	Eg(eV)	전자-정공쌍 형성에너지, W(eV)	50keV의 90% 흡수두께
Si	14	2.33	1.12	3.62	2.3 cm
a-Si:H	14	2.3	~1.7	4	2.3 cm
Ge	32	5.32	0.7	2.97	1.3 mm
GaAs	31~33	5.32	1.42	1.43	1.3 mm
a-Se	34	4.3	2.3	40	1.4 mm
CdTe	48~52	6.2	1.44	4.42	66 μm
TlBr	35~81	7.6	2.68	6.5	52 μm
HgI_2	53~80	6.4	2.13	4.15	65 μm
PbO	16~82	9.53	1.9	14.8	71 μm
PbI_2	53~82	6.2	2.32	4.9	64 μm
BiI_3	53~83	5.8	1.7		73 μm

CR 방식은 그림 6-89와 같이 bromide, chlorine, iodine 등의 광자극성 인광체(photostimulable phosphor crystals)로 이루어진 검출층을 갖는 영상판을 이용한 것이다. 영상판에 X선이 조사되면 인광체는 전자가 여기상태가 되어 에너지를 흡수하고 조사된 X선 양에 대한 정보가 일시적으로 저장된다. 저장된 영상을 읽어내기 위해서는 추가적인 검출과정이 필요하다. 저장된 에너지는 시간에 따라 감소하기 때문에 바로 검출과정을 수행해야 한다. 검출과정은 검출층에 특정 파장대의 레이저를 조사하여 픽셀을 차례대로 스캔하는 과정이다. 이때 저장된 에너지가 가시광선으로 방출되고 포토다이오드가 광량에 따른 전기신호로 변환하여 디지털 영상을 형성한다. CR 시스템은 일반적으로 필름 영상법에 비해 공간 해상도가 낮다.

DR 방식의 직접방식은 X선 광자를 직접적으로 전하로 변환하는 물질, 즉 광전도체를 이용한 시스템이다. 일반적으로 광전도체로 사용되는 물질은 표 6-14에 있는 재료들이며, 현재까지 가장 많이 사용되는 물질은 비정질 셀레늄(a-Se)이다. 직접방식에 사용되는 물질들은 본질적으로 높은 공간해상도를 갖고 있는 것이 특징이다. 셀레늄 평판 검출기는 그림 6-90과 같이 셀레늄 층과 전기적 신호로 변환하는 TFT 어레이 층으로 구성되어 있다. 셀레늄 층에서 입사되는 X선에 비례하는 전하패턴이 생성되고 TFT 층에서 전자에너지를 축적하고 저장하는 원리이다.

CCD를 이용한 간접변환 방식은 그림 6-91과 같다. X선은 섬광층(scintillator)에서 가시광선으로 변환된 뒤 CCD 센서에 의해 기록되고 전기적 신호로 변환되는 원리이다. 일반적으로 대면적 디지털 방사선 영상법에서 CCD는 광학적 렌즈와 결합된 시스템 또는 슬롯스캔 시스템으로 사용한다. 넓은 영역의 방사선 영상을 획득하기 위하여 CCD 어레이에 획득영상을 축소해서 프로젝션하기 위해서 광학적 렌즈를 사용한다. 이때 CCD에 도달하는 광자수는 줄어들고 결과적으로 SNR 및 효율이 낮아진다. 반면 슬롯스캔 CCD 시스템에서는 X선의 입사빔의 크기대로 CCD 어레이에서 검출되기 때문에 기술적 측면에서는 렌즈결합 방식보다 우수하다.

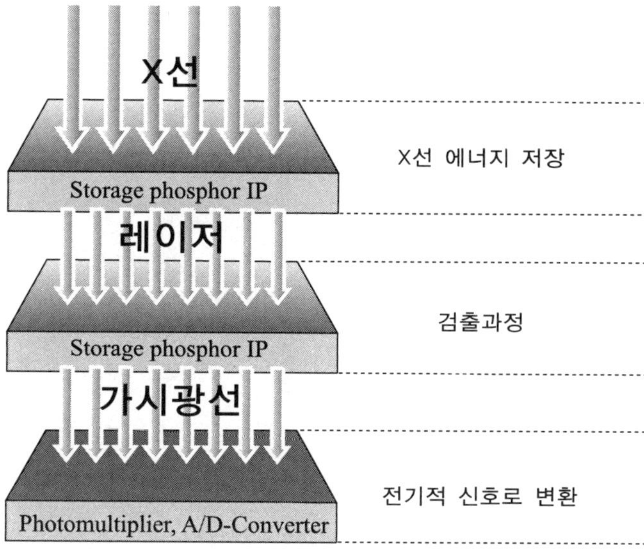

그림 6-89 CR 방식에 의한 X선 이미지 획득 과정

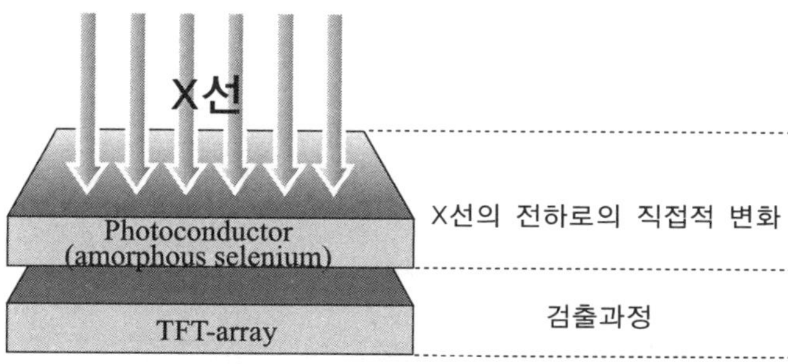

그림 6-90 DR 방식에 의한 X선 이미지 획득 과정

마지막으로 간접방식 평판 검출기는 그림 6-92와 같이 섬광층, 비정질 실리콘 포토다이오드 그리고 TFT 어레이가 센드위치처럼 결합되어 구성되어 있다. X선 광자가 섬광층에 입사하면 이에 비례하는 가시광선이 방출되고 포토다이오드 어레이에 의해 기록되고 전하로 변환된다. 전하는 직접변환방식과 유사하게 TFT 어레이에 의해 검출된다. 섬광층에 이용되는 물질은 보통 CsI 또는 Gd_2O_2S를 사용한다. CsI에 기반한 섬광층의 장점은 이들의 결정이 수 μm 너비의 바늘형태로 형성되어 검출기 표면에 수직인 방향으로 정렬될 수 있다는 것이다. 이러한 조직화된 바늘형태의 어레이 섬광층은 빛의 분산을 줄여서 방출되는 광량을 증가시키는 장점이 있다.

6.6.6 X선의 응용분야

X선은 표 5-5와 같이 파장영역이 0.01 nm~10 nm, 이에 해당하는 주파수는 30 petaHz~30 exaHz (3×10^{16}~ 3×10^{19} Hz), 그리고 에너지는 100 eV~100 keV 영역에 있는 전자기파의 일종이다. 광자에너지에 따른 응용분야는 그림 6-93과 같다. 이 중에서 광자에너지가 5~10 keV보다 큰 에너지 영역

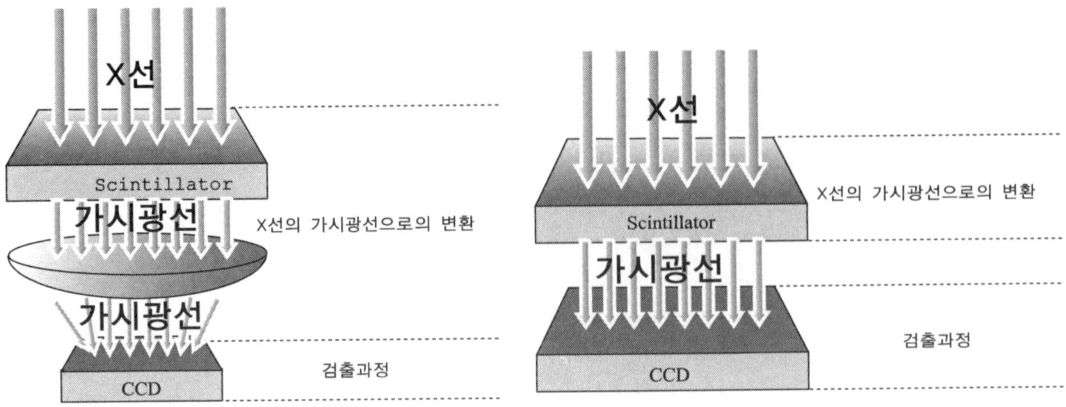

(a) 렌즈결합 CCD 방식 (b) 슬롯스캔 CCD 방식

그림 6-91 렌즈결합 방식 및 슬롯스캔 방식의 동작원리

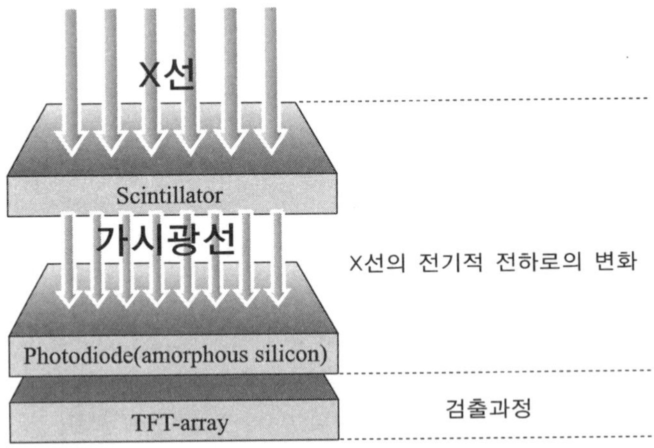

그림 6-92 간접방식 평판 검출기에 의한 X선 영상획득 과정

의 X선을 hard X선이라 하며, 이보다 낮은 에너지 영역을 low X선이라 한다. hard X선은 투과력이 우수하여 시큐리티와 의료용으로 많이 사용되며, low X선은 고체물질의 격자 분석용으로 많이 사용된다[85].

X선 회절분석법(X-ray Diffraction, XRD)은 결정성 물질의 구조에 관한 정보를 얻을 수 있는 방법이다. X선이 결정에 부딪히게 되면 그중 일부는 회절을 일으키고 그 회절각과 강도는 물질 구조상 고유한 것으로서 이 회절 X선을 이용하여 시료에 함유된 결정성 물질의 종류와 양에 관계되는 정보를 알 수 있다. X선 회절의 원리는 그림 6-94와 같다. 그림과 같이 임의의 결정에서 원자가 간격 d를 가지고 평행한 격자면 A, B, C, …으로 배열되어 있을 때 이 결정에 파장 λ인 X선을 입사각 θ로 조사하면, X선은 원자에 의해 모든 방향으로 산란된다. 산란된 X선의 경로차 $P'RP''$이 입사 X선 파장의 정수배로 된 X선은 간섭효과에 의해 강해진다. 이 현상을 회절현상이라 하고, 이렇게 하여 발생된 X선을 회절 X선이라 부른다. 회절현상이 발생하는 경우 입사 X선의 파장 λ와 입사각

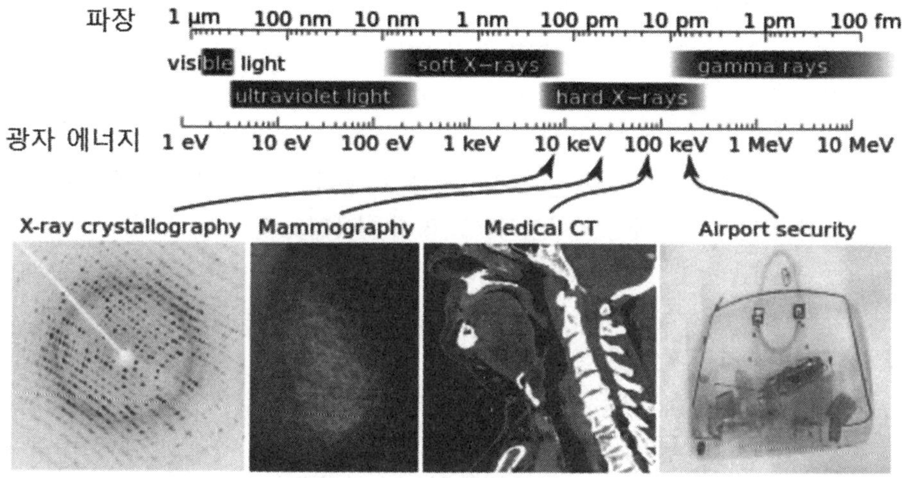

그림 6-93 X선의 광자에너지에 따른 응용분야

θ, 격자면 간격 d 사이에는 다음과 같은 관계가 성립된다.

$$2d \cdot \sin\theta = n\lambda \tag{6-38}$$

이러한 관계식을 Bragg식이라 부르며, 회절 X선이 나타내는 입사각 θ가 정해지면 격자면 간격 d가 구해지게 된다. 보통 X선 회절법에 관해서는 입사 X선과 격자면이 이루는 각도 θ보다도 측정계의 기하학적인 배치를 잘 반영하는 각도 2θ가 많이 사용된다.

X선의 파장에 대한 $2\theta \cdot d$ 대조표가 구해져 있기 때문에 이 표로부터 격자면 간격 d를 알 수 있다. 분쇄한 시료를 사용한 분말 X선 회절법에는 각 입자의 배열이 λ로 존재하여 여러 가지 격자면 간격의 원자면이 나타난다. 입사 X선의 각도를 연속적으로 변화시키면서 회절 X선의 강도를 기록하면 강도가 다른 복수의 회절 피크로부터 패턴을 얻을 수 있다. 결정성 물질 원자와 나란한 방향, 즉 결정구조는 물질에 따라 상이하여 회절 패턴은 물질의 고유한 값이 된다. 각종 물질의 X선 회절

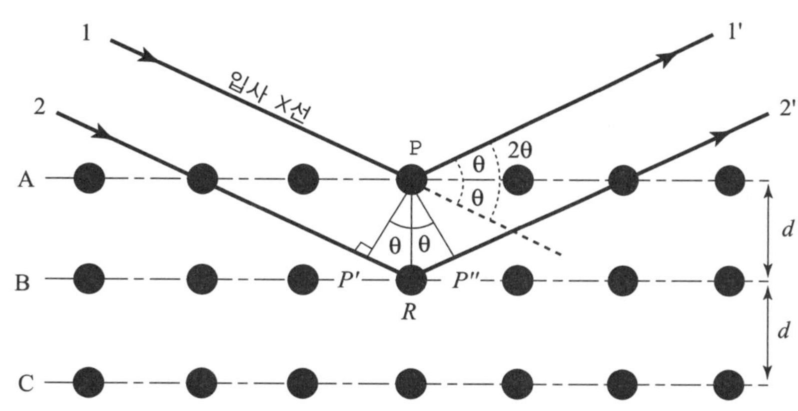

그림 6-94 결정에 대한 X선의 회절

데이터가 축적, 정리되어 있는데, ASTM의 JCPDS에 의해 국제적으로 수행된 카드형식 또는 서적으로 제공되고 있다. 최근에는 이를 DB화하여 컴퓨터에서 검색이 가능하도록 제공되고 있다.

형광 X선 분석법(X-ray fluorescence spectrometer, XRF)은 산업의 발달과 더불어 대형화되고 다양화된 제철, 비철제련, 금속가공, 유리공업 등에서 널리 사용되고 있으며, 또한 공정관리 및 품질보증을 위한 분석방법으로도 사용이 증대되고 있다. 아울러 신제품 및 신공정 개발에 관한 연구를 뒷받침하기 위한 정밀하고 정확한 화학분석에도 많이 이용되고 있으며, 유럽이나 일본 등에서는 고대 유물의 분석에 적용하여 많은 성과를 거두고 있다. XRF 방법은 여러 가지 재료분석 방법 중에서 시료를 용액으로 처리하지 않고도 분석할 수 있고, 원자번호 7번인 불소(F)에서 92번인 우라늄(U)까지 전 원소를 미량까지 정확하게 분석할 수 있다.

XRF 측정 시스템은 그림 6-95와 같다. X선 튜브에 걸어준 전압에 따른 최소파장에서부터 연속 X선이 방출되어 시료(sample)에 있는 원소들을 들뜨게 하여 특성 X선을 내게 한다. 이 특성 X선을 분석용 결정판(crystal)에서 Bragg의 회절식에 의하여 파장별로 분광되어 검출기에서 검출되는데, 그 파장은 시료 중 존재원소를 정성적으로 알아내고, 특성 X선의 세기를 측정하여 표준물의 그것과 비교하여 정량분석한다. 또한, 다중채널 방식의 도입으로 동시에 존재하는 원소 전부를 분석할 수 있다.

XRF 방법에는 크게 WD(파장분산, Wavelength Dispersive)와 ED(에너지분산, Energy Dispersive)로 나눌 수 있다. WD는 원소 B부터 분석이 가능하고, ED는 Na부터 분석이 가능하다. WD는 ED에 비해 분해능이 좋은 반면, 장비가 고가이고, X선의 강도가 ED에 비해 강해 시료에 손상을 자져올 수 있다는 단점이 있다.

X선이 물질에 의해 산란되는 상호작용은 매우 약하다. 예를 들어 일반적으로 실험실에서 사용되는 X선 광원으로 얻을 수 있는 X선은 초당 약 백만 개의 X선 광자가 포함되어 있는 것인데, 이것을 일 제곱밀리미터의 영역에 조사했을 때 전자 한 개에 의해 산란되는 한 개의 X선 광자를 관측하기 위해서는 1경초가 걸린다. 따라서 실험적으로 X선 산란을 관측하기 위해서는 실험에 사용되는 시료에 많은 수의 전자가 포함되어 있어야 한다. 예를 들어 3차원 거시적 시료인 실리콘 단결정을 사용한다면, 여기에 포함된 전자의 수는 아보가드로 수만큼 많아 조사된 X선의 대부분이 산란되어 나오

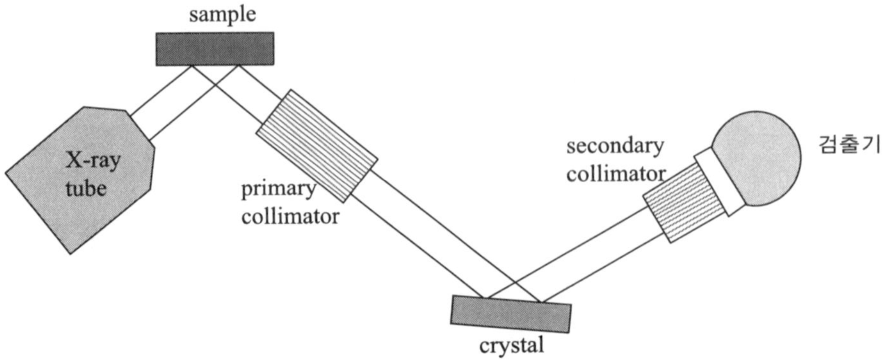

그림 6-95 XRF 측정 시스템 개념도

게 된다. 하지만 전자의 개수가 작은 물질계의 원자구조를 X선을 사용하여 규명하는 것은 매우 어렵다. 예를 들어 표면이나 원자층의 수가 수십층 이하의 얇은 박막의 경우, 나노미터 스케일 크기의 나노구조물, 시간에 따라 빠르게 변화하는 물질두께 등의 구조를 규명하는데 있어 X선의 한계가 있었다. 이러한 한계를 극복한 것이 방사광 X선 광원이다. 방사광 X선 광원은 광속으로 움직이는 전자의 가속을 이용하여 X선을 발생하는 광원인데, 고도의 집속도를 가지면서도 기존의 재래식 광원에 비해 수천 혹은 수만 배나 되는 훨씬 많은 양의 X선 광자를 발생한다. 국내에서도 2004년부터 가동에 들어간 포항방사광가속기를 이용해서 다양한 연구가 진행 중에 있다[86, 87].

6.6.7 방사선의 단위

방사선은 이온 생성여부에 따라 이온화 방사선과 비이온화 방사선으로 구분된다. 이온화 방사선은 물질을 통과할 때 직접적 또는 간접적으로 물질을 구성하는 원자들을 이온화시킬 수 있을 만큼 강한 에너지를 가진 방사선으로 보통 알파입자, 베타입자, 중성자, 감마선, X선 등을 의미하며, 전리 방사선이라 부르기도 한다. 반면, 물질을 통과할 때 에너지가 낮아 물질을 이온화시키지 않는 방사선으로 가시광선, 자외선, 적외선 등을 의미하며, 비전리 방사선이라 부르기도 한다.

전리 방사선을 형태에 따라 두 가지로 분류하는데, 하나는 입자 방사선이고 다른 하나는 전자파 방사선이다. 입자 방사선에는 알파입자, 베타입자, 중성자를 말하며, 전자파 방사선에는 감마선, X선, 자외선, 가시광선, 적외선, 전파 등을 의미한다. 이것을 요약하면 표 6-17과 같다.

알파선은 알파입자가 움직이는 입자 방사선을 말한다. 알파입자는 양성자 2개와 중성자 2개로 구성되어 있는데, 이는 헬륨(He)의 원자핵에 해당한다. 원자량이 큰 원소가 붕괴할 때 가장 흔히 나오는 입자로서 알파선이 나오는 붕괴는 알파붕괴에 해당하고, 알파붕괴가 일어나면 양성자 2개만큼 원소의 전하량이 낮아진다. 알파선에는 양성자 2개가 있어서 +2의 전하를 띠고 있으며 이 때문에 전기장이나 자기장에서 전자기력에 의해 휘어진다. 또한, 전리작용이 매우 강해서 다른 물질을 쉽게 이온화시킨다. 하지만 질량과 전하량이 크기 때문에 운동에너지가 매우 쉽게 감소하며, 종이 정도의 두께를 가진 물질에도 쉽게 흡수되어 차단되며 공기 중에서도 순식간에 멈추어 몇 cm 정도밖에 움직이지 못한다. 주로 우라늄과 같이 무거운 방사성 핵이 붕괴하면서 방출되는 입자이다.

베타선은 베타입자가 움직이는 입자 방사선이다. 베타입자는 베타붕괴를 통해 원자 바깥으로 나온 전자를 의미한다. 전자의 반물질인 양전자(positron)가 움직이는 경우도 베타선이라 하지만, 이런 경우는 자연에서 드물다. 핵 내부에서 양성자가 중성자로 또는 중성자가 양성자로 전환되는 순간, 매우 빠른 속도로 원자핵으로부터 전자가 튀어나오는 현상을 베타붕괴라 하며, 이때 베타선과 중성미자가 나오게 된다. 방출되는 전자로 네가트론(negatron)과 파지트론(positron)이 있으며, 질량의 큰 변화없이 원자번호는 1만큼 증가하거나 감소한다. 네가트론이 방출될 때에는 핵 내의 중성

표 6-17 방사선의 분류

	입자 방사선	전자파 방사선
이온화 방사선(전리 방사선)	알파입자, 베타입자, 중성자	감마선, X선
비이온화 방사선(비전리 방사선)		자외선, 가시광선, 적외선, 전파

자 수가 하나 감소하고 양성자 수는 하나 증가하여 중성자/양성자의 비를 감소시킨다. 반면, 파지트론이 방출하게 되면 핵 내의 양성자 수는 하나 감소시키고 중성자 수는 하나 증가시켜 중성자/양성자의 비를 증가시키게 된다. 알파입자에 비해 크기가 상대적으로 작기 때문에 알파입자에 비해 약 500배 정도 투과력이 크며, 일반적으로 얇은 알루미늄 포일이나 플라스틱 판 정도로도 베타선을 막을 수 있다. 전하를 띠고 있어서 전기장, 자기장에서 휘지만 질량이 알파선에 비해 매우 가볍기 때문에 이온화 능력은 그렇게 크지 않다. 원자핵 옆을 지나가면 핵 주위에 있는 전기장에 의해 방향이 바뀌며 속도가 떨어져서 에너지 일부가 X선의 형태로 방출되는데, 이러한 현상을 베타선 제동복사 또는 방사선손실이라고 한다.

감마선은 파장이 매우 짧은 전자기파로서 빛과 같다. 파장이 10 pm(10^{-9} m)보다 작은 전자기파는 대부분 감마선이라고 한다. X선과 파장영역이 겹치며 성질도 비슷하여 X선과 감마선은 보통 파장으로 구분하지 않고 어떤 원인에 의해 발생한 것인지를 놓고 구별한다. 감마선은 한 원소의 원자핵이 붕괴하여 다른 원소로 바뀔 때 생성되는 에너지가 방출되는 전자기파를 가리키며, 원자핵이 아닌 원자 내의 전자가 방출하면서 나오는 전자기파는 X선이라 한다. 달리 말하면 알파붕괴 또는 베타붕괴한 후 원자핵이 여기상태에서 파장이 짧은 전자파인 감마선이 방출되어 기저상태로 떨어질 때 감마선이 방출된다. 이때 알파붕괴와 베타붕괴와는 달리 원자핵 종류는 변화하지 않기 때문에 감마붕괴라는 말을 사용하지 않고 감마선 방출이라고 한다. 감마선은 불안정한 원자핵에서 나오는 전자파의 일종으로 파장이 매우 짧고 높은 에너지를 갖고 있으며, 질량도 없고 전하도 띠지 않는 특성이 있다. 그리고 감마선은 높은 에너지를 가지고 있어 투과력이 높기 때문에 납과 같은 밀도가 높은 물질로도 10 cm 정도의 두께를 사용해야만 차폐가 가능하다.

중성자선은 핵분열시 또는 핵분열 생성물 중 중성자/양성자의 비가 아주 클 때 여기된 핵에서 방출되는 방사선이다. 말 그대로 전하를 갖지 않지만 전자와 똑같이 입자적 성질을 가짐과 동시에 파동적 성질을 가지고 있다. 방사선 중에서 투과력이 가장 크다. 이러한 방사선의 종류별 투과력의 비교는 그림 6-96과 같다. X선은 감마선과 중성자선 중간단계이다. 이러한 방사선의 물리적인 특성 비교는 표 6-18과 같다.

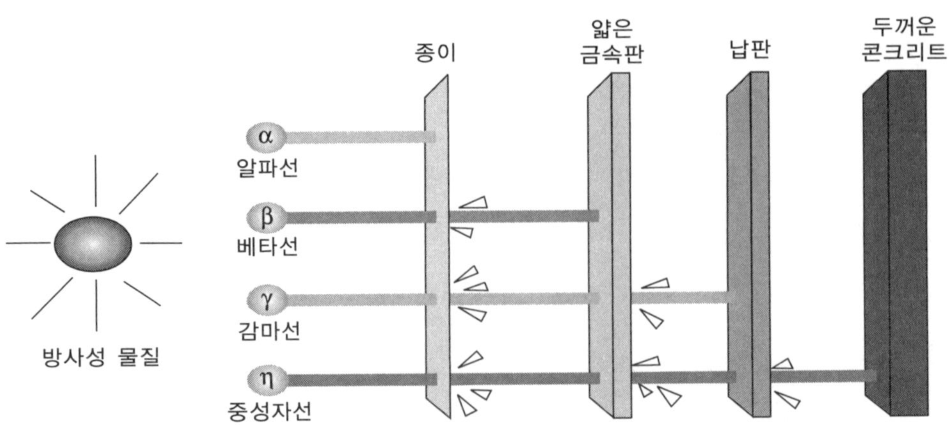

그림 6-96 방사선의 투과력 비교

표 6-18 방사선의 물리적 특성 비교

구분	알파선	베타선	감마, X선	중성자선
물리적 상태	헬륨원자핵의 흐름	전자의 흐름	전자기파	중성자의 흐름
차폐물질	종이	고무, 알루미늄 등의 경금속	납, 콘크리트 등의 중금속	물, 파라핀, 콘크리트
무게비	무거운 입자 (4 amu)	가벼운 입자 (1/1840 amu)	무게 없음	알파와 베타 중간 (1 amu)
피폭 유발부위	체내피폭	피부, 눈의 수정체	눈의 수정체, 피부, 전신	

현재 사용하고 있는 방사선의 단위는 국제방사선 단위위원회(ICRU)에 의해 제정된 렌트겐(Roentgen, R), 라드(rad), 렘(rem) 등이 있다. 일반적으로 렌트겐은 방사선이 어느 정도 나오고 있는지의 척도로 사용되며, 라드는 방사선이 어느 정도 흡수되었는지의 용도로 사용되고, 렘은 방사선이 동식물이나 인체에 미치는 영향이 어느 정도인지를 나타내는 척도로 사용한다. 최근에는 모든 방사선 단위를 전 세계적으로 통일하기 위해 국제단위를 사용하도록 권장하고 있다. 국제단위계와 종래에 사용되었던 단위 사이의 비교를 표 6-19에 요약하였다.

방사선은 물질을 통과할 때 가지고 있던 에너지의 일부 또는 전부를 전달하여 물질을 여기시키거나 이온화시키는데, 이는 생물체를 통과할 때도 마찬가지이다. 방사선이 생체를 쪼일 때 일어나는 변화는 크게 네 단계로 나눌 수 있다. 첫 번째는 물리적 변화 단계인데, 10^{-16}~10^{-10}초 사이에서 일어나는 변화이다. 물리적 변화는 생체를 이루고 있는 각종의 원자나 분자들이 방사선으로부터 에너지를 흡수하여 일어난다. 생체에 생기는 변화는 생체가 방사선으로부터 흡수한 에너지의 양에 비례한다고 볼 수 있다. 두 번째는 물리화학적 변화로, 10^{-10}~10^{-6}초 사이에서 일어나는 변화이다. 생체의 원자나 분자 또는 물분자에 변화가 생겨 화학변화가 일어나기 직전의 상태이다. 세 번째는 화학적 변화로, 10^{-6}초~수분 사이에서 일어나는 변화이다. 생체가 방사선의 에너지를 흡수해서 가장 손쉽게 일어나는 화학적 변화는 유리기(free radical) 형성이다. 유리기란 원자나 분자 속에 쌍을 형성시키지 못하고 혼자 있는 전자를 가진 것을 말한다. 쌍을 이루지 못하고 있는 전자가 있기 때문에 쌍을 형성시키기 위해서 지극히 활성적이며, 거의 대부분의 방사성 생물학적 효과는 유리기의 형성으로부터 초래된다. 인체의 대부분이 물로 구성되어 있기 때문에 물속에 방사선의 에너지가 흡수되면

표 6-19 방사선 단위의 비교

구분		국제단위(SI단위)	종래 단위
방사능 단위		베크렐(Bq)	퀴리(Ci) 1Ci = 3.7×10^{10} Bq
방사선량 단위	조사단위	쿨롱/킬로그램(C/kg)	렌트겐(R) 1R = 2.58×10^{-4} C/kg
	흡수선량	그레이(Gy)	라드(rad) 1rad = 0.01 Gy
	선량당량	시버트(Sv)	렘(rem) 1rem = 0.01 Sv

$H_2O \rightarrow H_2O^+ + e^-$	(최초의 이온화 반응)(1)
$H_2O^+ \rightarrow H^+ + HO^\cdot$	(유리기 생성)(2)
$H_2O + e^- \rightarrow H_2O^- \rightarrow HO^- + H^\cdot$	(유리기 생성)(3)
$H^\cdot + HO^\cdot \rightarrow H_2O^+ \rightarrow H_2O$ + 열	(4)
$H^\cdot + H^\cdot \rightarrow H_2^+ \rightarrow H_2$ + 열	(5)
$H^\cdot + O_2 \rightarrow HO_2^\cdot$	(유리기 생성)(6)
$HO^\cdot + HO^\cdot \rightarrow H_2O_2$	(과산화수소 생성)(7)

그림 6-97 방사선에 의한 물의 유리기 과정

그림 6-97과 같은 과정을 거쳐 유리기가 형성된다. 이렇게 생성된 유리기는 세포 내의 단백질이나 여러 가지 물질의 분자와 결합하여 화학적 변화를 일으킨다. 마지막 단계가 생물학적 변화 단계로, 수초~수십년 사이에 일어나는 변화과정이다. 이 단계에서는 단백질, DNA, RNA 또는 셀룰로즈 같은 물질이 변화하여 일어나는 신진대사의 불균형이 생성되는 단계이다.

사람이 방사선에 노출되는 경우는 크게 두 가지로 분류할 수 있다. 하나는 많은 양의 방사선을 비교적 짧은 시간 내에 받는 것이고, 다른 하나는 소량의 방사선을 반복해서 장기간에 걸쳐 받는 경우이다. 전자를 단기피폭 급성효과라 하며, 후자를 장기피폭 만성효과라 한다. 방사선이 전신에 조사되었을 경우에 나타나는 증세는 사람마다 조금씩 차이는 있으나, 대체로 방사선 피폭량에 따라 나타나는 현상은 거의 비슷하다. 방사선의 급성효과는 방사선 피폭량이 일정량 이상이 되어야 나타나는 현상으로 피폭량이 적어도 25 rem 이상이 되어야 표 6-20과 같은 신체적 증상이 나타난다.

방사선을 일시에 받은 단기피폭에도 만성효과는 나타날 수 있지만, 대체로 만성효과의 과정은 다음과 같다. "장기피폭 → 유전자 변화 → 방사선의 만성효과 → 암 발생, 유전적 장해, 태아의 장해" 이와 같이 방사선의 만성효과는 암 발생, 유전적 장해, 태아에 미치는 영향 등 크게 세 가지로 분류할 수 있는데, 방사선의 만성효과를 방사선의 피폭량과 비교해 볼 때 방사선 피폭을 많이 받든, 적게 받든 피폭을 받게 되면 암이나 유전적 장해가 일어날 수 있는 확률은 높아진다는 것이다. 참고로 자연적으로 발생한 유전결함 발생확률을 두 배로 높여줄 수 있는 방사선 피폭량을 "배가선량"이라고 하는데, 배가선량은 50~250 rad 정도인 것으로 알려져 있다. 다시 말해서 배가선량이란 모든 국민들에게 50~250 rad의 방사선을 골고루 조사시키면 유전 결함 발생빈도가 두 배로 커지는 것을 말한다.

표 6-20 방사선 피폭량에 따른 신체적 증상

방사선 피폭량(rem)	신체적 증상
0 ~ 25	변화 없음
25 ~ 100	혈액변화
100 ~ 200	피로, 권태감, 식욕부진, 홍반, 탈모
200 ~ 400	탈모, 식욕부진, 구토, 설사
600 ~ 1,000	심한 내출혈, 사망
1,000 ~	신경마비, 혼수, 사망

6.7 SAR 영상 기술의 활용

6.7.1 레이더 영상 기술의 비교

레이더 영상은 영상의 합성방법에 따라 RAR(Real Aperture Radar)와 SAR(Synthetic Aperture Radar)로 나눌 수 있다. RAR 시스템은 비행방향의 오른편에 거리방향으로 좁은 각의 빔을 송신하고 지표에서 반사된 반사신호를 레이더 영상으로 변환하는 시스템이다. 대부분의 항공기 탑재 측면에 관측용 레이더가 이에 속하며, 안테나 위치의 변화에 따른 위상보상 없이 합성함으로써 거리에 따라 횡거리 분해능이 다르다. 이에 반해 SAR 시스템은 움직이는 레이더에서 수집된 신호들의 펄스 간 비교 방법을 이용하여 실제 안테나 빔폭이 제공하는 것보다 높은 방위방향의 해상도를 얻을 수 있다. 두 기술의 개념적인 차이는 그림 6-98과 같다. 이 그림에서 δ_α는 방위 해상도이다. 앞장에서 설명되었지만, 레이더 영상의 거리 해상도는 송신 펄스 또는 압축 펄스의 폭에 의해 결정되며, 방위 해상도는 안테나 빔폭에 의해서 결정된다[88].

이러한 레이더 영상기술은 기존 광학식 방법에 비해 다음과 같은 장점을 가지고 있다.

① 마이크로웨이브는 구름, 눈, 연기, 안개 등을 투과하는 성질이 있어 기상조건의 영향을 받지 않고 영상획득이 가능하다.

② 반송파(carrier wave)를 발생하여 대상물체로부터 반사 및 산란되어 오는 파를 수신하는 능동 센서이므로 낮과 밤 모두 관측이 가능하다.

③ 마이크로웨이브는 물을 완전히 투과하지 못하지만, 바다와 호수 등의 물표면 작용들을 분석할 수 있어 해양 연구에 이용이 가능하다.

④ 위상 데이터(phase data), 진폭 데이터(amplitude data)로 구성되어 있어 이를 이용하여 대상 물체의 물리적인 특성을 추출할 수 있다.

⑤ 광학센서와 달리 지형의 구조, 표면 거칠기, 토지에 함유된 수분량 등의 정보 취득이 가능하다.

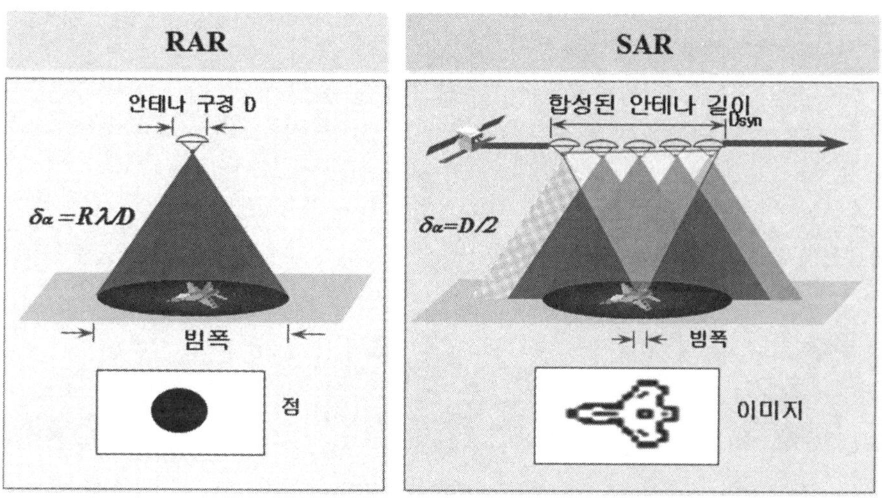

그림 6-98 레이더 영상 기술의 비교

영상레이더(imaging radar)는 안테나를 통하여 마이크로파를 입사시켜 물체로부터 후방 산란된 신호를 포착하여 2차원적인 영상을 얻는 원격탐사 시스템이다. 또한, 마이크로파는 대기 중의 수증기나 구름, 먼지 등에 거의 영향을 받지 않기 때문에 날씨와 태양의 고도에 관계없이 영상을 얻을 수 있어서 원격탐사에서 널리 사용되고 있다. 이 중에서 비교적 최근에 기술개발이 이루어진 마이크로파를 이용한 능동센서인 '합성구경레이더'(SAR, Synthetic Aperture Radar)는 안테나와 지표 물체의 상호 움직임에 따른 도플러 효과를 이용하여 지상에서의 자료 처리를 통해 높은 해상도를 얻는 원격 탐사센서로 사용되고 있다.

6.7.2 레이더 영상의 기하학적 특성

레이더 영상에 영향을 주는 기하학적인 요인은 지표면의 3차원적인 형상과 비행방향, 그리고 입사각도에 따라 영상에 미치는 영향으로 그림 6-99와 같이 중복, 음영, 압축 등 3가지 기하학적인 특성이 있다.

중복은 경사면 앞부분의 반사파가 뒷부분의 반사파와 겹쳐지는 현상이다. 그림에서 경사면의 앞부분과 뒷부분의 길이가 AB = BC로 똑같은 상황임에도 획득된 영상에서 B′ 부분이 A′과 C′ 사이에 있어야 함에도 불구하고 마치 B′이 제일 먼저 관측되는 현상이다. 이는 원래의 형상을 왜곡할 수 있다. 두 번째는 음영이다. 이것은 급한 경사를 가진 지형의 후면은 반사가 일어나지 않아 영상에 어떠한 정보도 나타나지 않고 검게 나타나는 현상으로 주로 지형의 기복과 지형에 따른 비행방향에 의해 발생하는 현상이다. 그리고 압축은 경사면 앞부분의 정보가 압축되어 나타나는 현상으로 그림에서 보듯이 AB = BC인 지형이 마치 A′B′ 〈 B′C′인 것처럼 앞부분이 압축되어 관측되는 현상이다. 입사 각도를 줄이면 압축현상은 많이 줄일 수 있다.

그리고 대부분 레이더는 수직(V) 또는 수평(H)으로 편광된 마이크로파를 송신한다. 그리고 지표면에서 반사된 후방산란 신호를 수신할 때, 편광 모드에 따라 다음과 같이 구분한다.

① HH : 수평으로 편광된 신호를 송신, 수평 신호를 수신
② VV : 수직으로 편광된 신호를 송신, 수직 신호를 수신
③ VH : 수직으로 편광된 신호를 송신, 수평 신호를 수신
④ HV : 수평으로 편광된 신호를 송신, 수직 신호를 수신

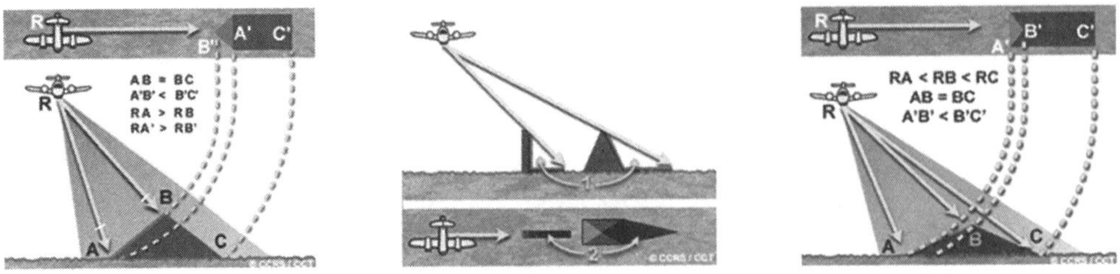

(a) 중복　　(b) 음영　　(c) 압축

그림 6-99 레이더 영상에 미치는 기하학적인 요인

여기서 HH와 VV는 송신과 수신 편광이 같기 때문에 유사편광이라 하며, HV와 VH는 송신과 수신 편광이 서로 반대이기 때문에 교차편광이라 한다.

6.7.3 레이더 영상의 역사

레이더 영상은 1950년에 Carl Wiley가 Doppler beam sharpening 이론을 발표하면서 시작되었으며, 1957년 최초로 군사적 목적의 SAR("사"라고 발음함) 시스템이 미사일과 비행기에 탑재되어 실험되었으며, 1960년대 초부터는 전파망원경을 이용한 행성 표면의 관찰을 위해 사용되었다. 1967년 최초로 미국 빈 병단의 Panama 지역의 지질 조사 때 최초로 민간용 목적으로 사용되었으며, 1970년대에는 편파 및 주파수가 다양한 고성능의 항공기 탑재용 SAR가 개발되어 원격탐사용 영상 레이더 발전에 크게 기여하였다.

최초의 위성용 레이더는 1978년 원격탐사용 인공위성 SEASAT에 실렸던 SAR인데, 이 SAR는 L-밴드(파장 23cm), HH 편파와 20° 고정된 입사각으로 운용되었다. 그 뒤 비슷한 특성을 가진 SAR가 1981년에 발사된 우주왕복선 Columbia호에 실린 Shuttle Imaging Radar-A(SIR-A)로서 47° 고정된 입사각으로 운용되어 많은 영상 데이터를 제공하였다. 또한, 1984년 SIR-B가 우주왕복선 Challenger호에 실려 L-밴드, HH 편파와 여러 입사각에서 영상을 획득하였다. 1995년에는 최초의 상용위성인 RADARSAT-1(캐나다) 및 ERS-2(유럽)가 발사되었다. RADARSAT-1에 탑재된 SAR 센서는 5.3 GHz의 주파수 및 HH 편파모드로 작동하였다.

2000년에는 이후 유럽연합, 일본, 캐나다 등에서 각각 위성을 발사하면서 SAR를 탑재하여 빙하, 기름유출, 표면지형, 홍후, 해수파 등의 관측에 활용하였다. 대한민국은 2012년에 X밴드 안테나를 장착한 다목적 실용위성(Korean Multi-Purpose Satellite, KOMPSAT) 5호를 발사하였다. 일반인들에게는 아리랑 5호로 알려진 위성으로 아리랑 시리즈는 그림 6-100과 같다. 이 위성은 Pan 모드에서는 1 m 해상도, 표준 모드에서는 3 m 해상도, 일반 모드에서는 20 m 해상도로 구분되며, 수명은 5년, 고도는 550 km, 탑재체 질량은 880 kg의 저궤도 위성으로 반복주기는 28일이다. 이와 같이 세

그림 6-100 아리랑 과학위성의 시리즈

표 6-21 위성에 탑재된 SAR 시스템의 사양

기종	주파수(GHz)	편광	해상도(m)	관측폭(km)	비고
SEASAT(1978)	1.275	HH	25	100	Suttle용
SIR-A(1981)	1.278	HH	40	50	Suttle용
SIR-B(1984)	1.28	HH	25	40~50	
SIR-C/D(1991, 1992)	1.275 5.3, 9.6	HH, VV, HV, VH	10~60	15~80	Suttle용
SIR-E(1997)	1.25 5.3 9.6	HH, VV, HV, VH	10~20	50~300	위성용
GLORI(1997)	5.3	-	100	700~800	지형지도 제작
ERS-1(1991)	5.3	VV	30	100	해양학연구
ERS-2(1995)	-	-	-	-	ERS-1 문제점 보완
JERS-1(1992)	1.3	HH	18	75	지리학 연구
RADARSAT(1995)	5.3	HH	9~100	45~510	극지방 빙하탐지용
ENVISAT-1(1999)	5.33	HH, VV	30	56~100	

계적으로 인공위성에 탑재되어 운영되고 있는 SAR 시스템의 사양은 표 6-21과 같다. 사용하는 주파수는 1.2 GHz~5.3 GHz가 대부분이며, 일부 9.6 GHz 대역을 사용한 경우도 있다[89].

6.7.4 SAR의 특징 및 원리

SAR 영상은 전자기파의 밝기만을 얻는 보통의 광학센서와는 달리 전자기파의 위상 데이터가 서로 간섭할 수 있는 형태(가간섭성, coherent)로 기록되고 보존되기 때문에, 위성의 고도에 상관없이 뛰어난 해상도를 구현할 수 있다. 또한, 시간과 위치를 달리하면서 취득된 영상들의 위상차를 이용한 SAR 간섭기법은 연간 수 cm에 걸쳐 일어난 지표의 미세한 움직임을 측정해낼 수 있기 때문에 지진, 화산, 빙하의 움직임, 지반 침하 등으로 인한 지표의 변위를 정밀하게 측정하는 용도로 사용되고 있다[90].

일반적인 레이더는 짧고 강한 펄스형태의 전파 빔을 목표지역에 발사하여 그 반사파가 레이더 안테나로 되돌아오는 시간 또는 파형을 측정하여 분석하는 시스템이다. 그러나 이러한 레이더를 이용해서 2차원 영상을 획득하기 위해서는 전파 빔이 가늘고 예리해서 목표지역의 좁은 부분에서 나오는 반사판만 골라서 수신할 수 있어야 하는데, 이것은 방위해상도와 관련되어 있다. 또한, 내보내는 전파 펄스 자체가 시간적으로 짧아서 반사파도 짧은 펄스로 돌아와야 하는데, 이것은 거리해상도와 관련되어 있다. 전자파의 분산이나 굴절을 최소화하기 위해서는 되도록 높은 주파수, 즉 짧은 파장의 전파를 사용해야 한다.

방위해상도를 높이기 위해 예리한 방향성을 가진 오목거울처럼 생긴 포물면 안테나(parabolic antenna)를 쓰는데, 이 안테나의 직경이 전파의 파장에 비해 크면 클수록 전파의 회절이 적어져서 예리하게 빔을 한 지점으로 집속하여 보낼 수 있고 받을 수 있다. 이는 천체 망원경으로 토성이나 목성같은 천체를 자세히 찍으려면 직경이 큰 렌즈나 반사경을 가진 천체 망원경을 사용해야 하는 것과 같은 이치이다. 단지 배율만 높이면 빛의 회절 때문에 상이 뭉개져서 알아볼 수 없게 된다. 안테나의 직경을 전파의 파장으로 나눈 값을 안테나 구경비(Aperture Ratio, AR)라고 하는데, 이 구경비가 클수록 빔이 예리해지고 안테나 이득도 높아진다. 그러나 항공기에 탑재해야 하는 안테나는 크기나 무게에 제한이 있고 또 큰 안테나를 빠르게 회전시켜야 하는 어려움이 있다. 전파의 파장을 짧게 하는 것도 기술적 한계나 감쇠가 심해지는 등 실용적 문제가 있기 때문에 종래의 레이더 방식으로는 해상도에 제한이 있을 수밖에 없다.

그래서 안테나의 직경을 크게 하지 않으면서도 높은 방위해상도를 얻을 수 있도록 개발한 것이 합성구경레이더인 SAR이다. SAR에서 사용하는 전파 빔은 비교적 펄스폭도 넓고 안테나 직경도 작아서 빔의 각도 범위도 넓은 편이다. 그 대신 레이더를 비행기나 인공위성에 싣고서 빠르게 이동을 하면서 레이더 반사파를 연속적으로 수신하는데, 이렇게 하면 전파가 반사되어 돌아오는 동안 이동한 거리만큼 마치 레이더 안테나의 직경이 길어지는 효과가 나타나므로 보다 예리하게 반사파를 수신할 수 있게 된다. 따라서 공중에서 지상의 넓은 범위를 고해상도의 영상을 획득하는데 아주 효과적이다.

고속으로 이동하며 위상이 일치하는 전파 빔을 방사하면 전파 빔을 방사한 안테나의 위치와 반사되어 돌아온 반사파를 수신하는 안테나의 위치가 상당한 차이가 나고, 이러한 위치 차이가 수신된 전파의 도플러 편이(doppler shift)로 나타난다. 이 도플러 편이의 상대적인 편이 특성을 이용해서 대상물과 레이더 안테나 사이의 거리 차에 대한 위상보정 방식을 사용하거나 수신지점은 다르지만 위상이 같은 신호를 더하여 합성된 안테나 신호를 획득한다. 즉, 레이더가 이동한다는 것을 이용하여 구경(aperture)이 작은 안테나로 수신된 연속적인 여러 개의 레이더 신호들을 합성하여 구경이 큰 안테나의 구경을 수학적 방법으로 합성한다. 그래서 합성구경레이더라는 이름이 붙여진 것이다. 실제로는 빠르게 이동하면서 수신한 여러 신호들을 정지한 레이더의 영상처럼 선명하게 보이게 하려면 복잡한 신호처리가 필요하다.

반사된 가시광선의 강도만을 기록하는 광학센서와는 달리 SAR는 각 화소의 정보가 복소수이다. 복소수는 절대값과 편각을 가지는데, SAR 영상에서의 절대값은 해당 지형 또는 물체의 레이더 반사도와 직접적인 연관이 있고, 편각은 전자기파의 위상으로 레이더와 목표물 사이의 거리 정보를 일부 가지고 있다. 대부분의 SAR의 해상도는 사용하는 전자기파의 파장에 비하여 매우 길기 때문에 하나의 SAR 영상에서 볼 수 있는 위상정보는 큰 의미가 없다.

SAR 위성영상이란 후방산란계수를 이미지로 표현한 것으로, 입사파 방향으로 반사되는 후방산란은 파가 조사된 표면 상태에 따라 후방산란 강도가 영향을 받게 된다. 즉, 그림 6-101과 같이 지표면이 매끄러운 경우에는 반사되는 파가 많으므로 상대적으로 후방산란되는 파가 적기 때문에 후방산란계수는 낮고, 지표면이 거칠 경우에는 반대로 후방산란계수는 높게 나타난다. 따라서 이미지에서 매끄러운 면은 후방산란계수가 낮기 때문에 검은 영상으로, 거친 면은 후방산란계수가 높기 때문에 밝은 영상으로 표현된다[91].

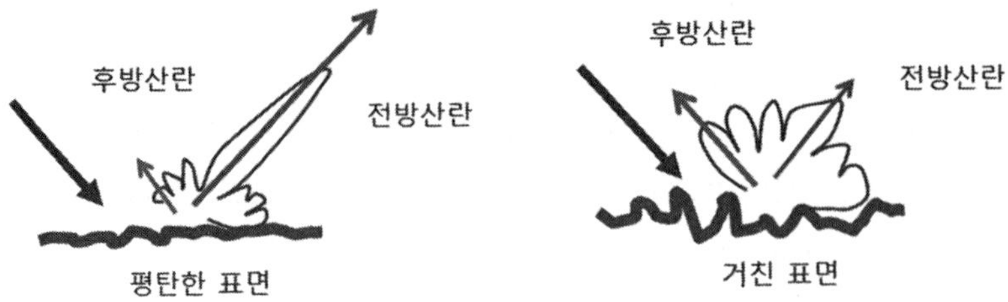

(a) 표면 거칠기에 따른 산란 특성

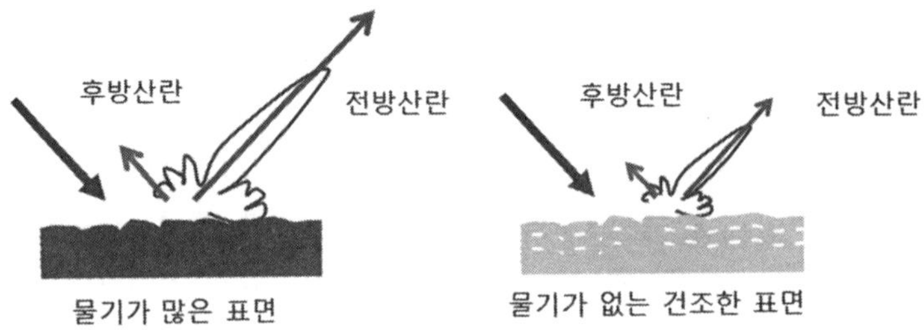

(b) 표면 수분에 따른 산란 특성

그림 6-101 표면 상태에 따른 마이크로파의 후방산란 특성

6.7.5 SAR의 공간 해상도

일반적으로 레이더의 거리 해상도는 송신 펄스 또는 압축 펄스의 폭에 의해서 결정되고, 방위 해상도는 안테나의 빔폭에 의해서 결정된다. 그러나 SAR에서는 위성이나 항공기 등의 비행체를 이용하여 일정 비행 이동거리 동안 빔을 합성하여 안테나의 방위방향 길이를 매우 길게 만들어 주는 효

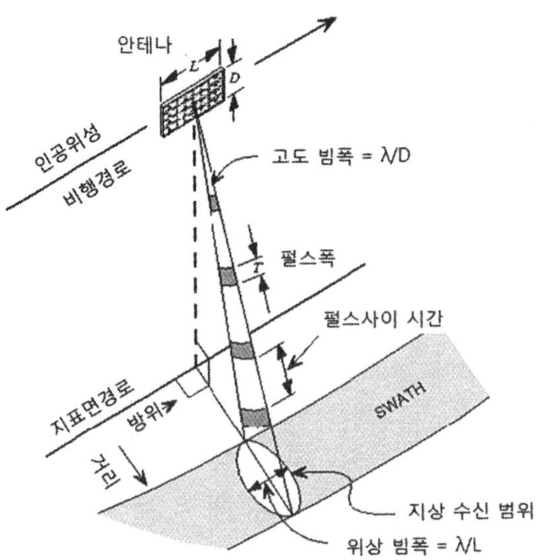

그림 6-102 SAR의 해상도 개념

과를 이용함으로써 방위각 해상도를 증가시킨다. 합성 안테나의 길이는 표적과의 거리에 비례하여 길어지므로 거리에 관계없이 일정한 방위각 해상도를 유지할 수 있다. 그림 6-102와 같이 SAR는 방위각 방향을 따라 이동하면서 거리 방향의 정보를 취득한다.

SAR 영상 처리과정은 그림 6-103과 같다. 생성된 원시 데이터를 바탕으로 거리압축(range compression)을 수행한다. SAR 안테나에서 지상으로 보내지는 펄스는 거리방향으로 시간 t에 따라 변하는데, 거리압축은 다음과 같다[92].

$$g(t) = \exp(j2\pi f_c t)\exp\left(\frac{-j4\pi R}{\lambda}\right)\frac{\sin\left[\pi K\tau_p(t-t_n)\right]}{\pi K(t-t_n)} \tag{6-39}$$

여기서 λ는 SAR의 파장, $t_n = 2R/c$로서 안테나와 목표물 사이를 마이크로파가 왕복하는데 걸리는 시간이며, $B_R = K\tau_p$로 밴드폭이다. 거리방향 분해능은 펄스의 지속시간(펄스폭)이 짧을수록 높다. 그러나 펄스폭을 좁게 하면 송신전력이 떨어져 반사 펄스의 신호대 잡음비가 낮아진다. 먼저 수신된 낮은 주파수의 마이크로파를 matched 필터로 많이 지연시키고, 나중에 수신된 보다 높은 주파수의 마이크로파는 덜 지연시킴으로써 수신 신호를 펄스폭이 작은 압축된 신호로 추출하는 방법을 거리압축이라 하며, 이러한 방법으로 거리분해능을 향상시킨다.

각 펄스별로 matching filtering을 주파수 영역에서 시행하기 위하여 FFT(Fast Fourier Transform) 알고리즘을 이용한다. 안테나에서 보내진 chirp 신호를 원시 자료의 헤더부분에서 관련변수를 얻어 시간 영역에서 구현하고, 이를 FFT를 이용하여 주파수 영역으로 전환한다. 그리고 SAR 원

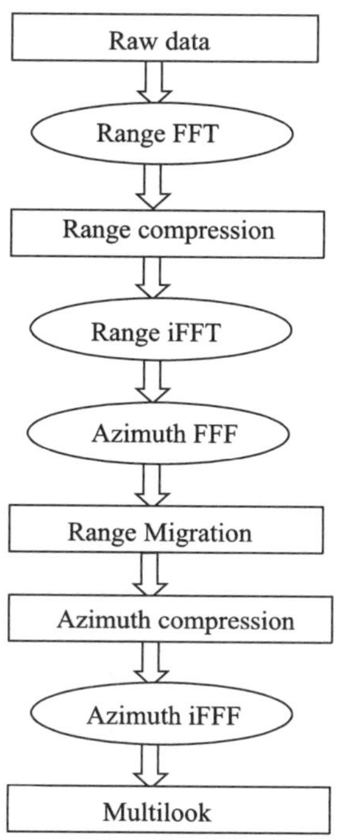

그림 6-103 SAR 영상 처리과정

시자료의 각 펄스를 거리방향으로 FFT된 chirp 신호와 각각 곱하고, 그 결과를 다시 역 FFT를 이용하여 시간 영역으로 환원시키면 거리압축이 완성된다.

다음은 거리이송(range migration) 과정을 거치는데, 한 목표물에서 얻어지는 신호를 일렬로 맞추는 과정이다. 거리압축이 끝난 자료를 방위 방향으로 FFT를 하게 되면 진동수와 방위 시간이 다음과 같이 서로 선형적인 관계가 된다.

$$s - s_c = \frac{(f - f_{DC})}{f_R} \qquad (6\text{-}40)$$

즉, 주파수는 펄스가 얻어지는 시간 순서대로 나열되어 나타나게 된다. 따라서 빔의 중심에 해당하는 도플러 중심(Doppler centroid) f_{DC}는 높은 진폭을 가지는 것이 영상으로 확인 가능하며, 이를 통해 도플러 중심을 설정하게 된다. 정수 m에 대하여 실제 도플러 중심은 다음과 같다.

$$f_{DC} = m f_p + \hat{f}_{DC} \qquad (6\text{-}41)$$

$$\hat{f}_{DC} = -\frac{2}{\lambda} f_R \frac{\Delta R}{\Delta f} - \frac{\Delta f}{2} \qquad (6\text{-}42)$$

지상 목표물에 빔을 쏘고 있는 동안 계속해서 반사 펄스가 수신된다. 위성의 진행에 따라 위성과 목표물의 위치관계가 변하기 때문에 반사 펄스에는 도플러 효과에 의한 주파수 변이가 생긴다. 주파수 변이는 시간에 대해 선형이므로 주파수 편이의 반대특성에 대응한 matched 필터를 통해 방위

(a) 논경지 지역의 SAR 영상

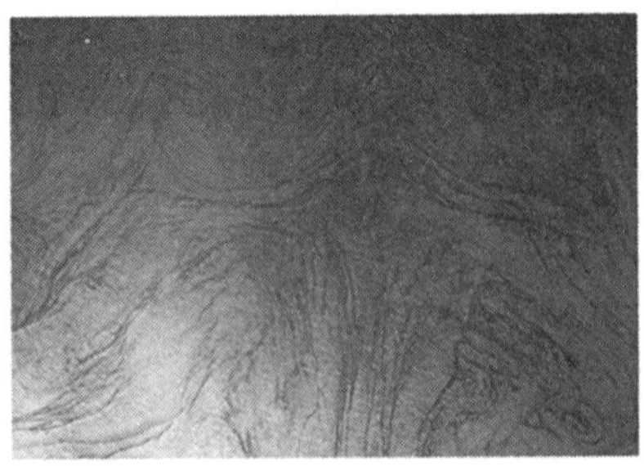

(b) 해수면 파랑의 SAR 영상

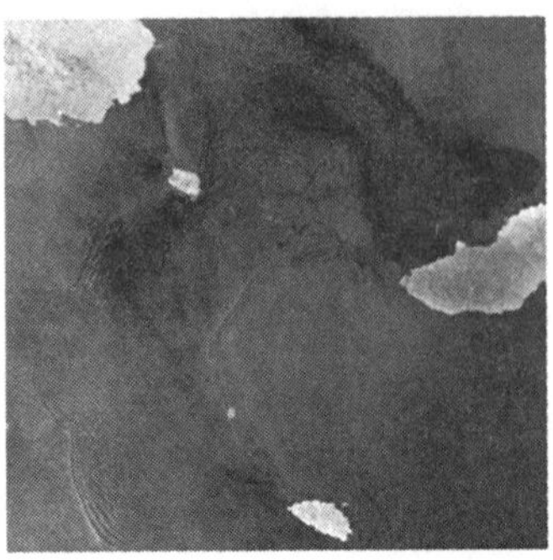

(c) 바다에 누출된 기름 영상

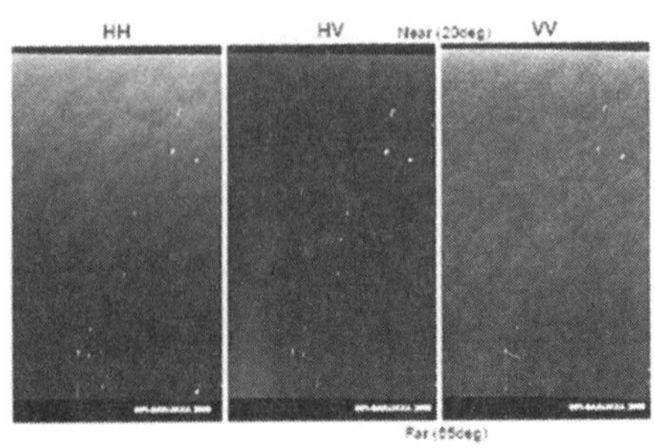

(d) 선박의 탐지

그림 6-104 SAR 영상의 다양한 응용 영상

방향의 분해능을 개선할 수 있는데 이 처리방법이 방위압축(azimuth compression)이다.

$$C(s) = \exp[j2\pi f_{DC}(s-s_c)]\exp\left(\frac{-j4\pi R_c}{\lambda}\right)\frac{\sin[\pi f_R s(s-s_c)]}{\pi f_R(s-s_c)} \qquad (6\text{-}43)$$

위의 식에서 첫 번째 항인 f_{DC}에 의한 파형은 자료 처리 시 진동수 영역에서의 자료이동, 혹은 시간영역에서 phase ramp를 곱하여 없애줄 수 있으며, 이렇게 생성된 SAR 영상을 zero Doppler 영상이라고 한다. 두 번째 파형은 레이더 빔이 목표물 중앙에 왔을 때 안테나와 목표물 간의 거리에 대한 함수로서, 이 신호가 잘 보존되도록 해야 SAR 간섭 기법에 이용될 수 있다. 즉, 안테나의 크기가 작을수록 더 높은 해상도를 얻을 수 있다.

SAR의 기술은 영상화 기법 및 단순해석 기법 이외에도 스테레오 기법, 간섭기법 및 차분간섭 기법, 고정산란체 기법, 다편파 분석법, 토모그래피, ATI 등 매우 다양하며, 이러한 기술적인 진보가 새로운 인공위성 SAR 시스템의 등장을 촉진시키고, 또한 다양한 활용분야를 만들어 내고 있다. 이의 대표적인 SAR 영상은 그림 6-104와 같다. 육상 분야에서는 농업, 고고학, 지형고도, 산림, 지질, 지구조, 수문, 지진, 토양, 화산, 도시 및 인공구조 등의 관측에 사용된다. 해양 분야는 해풍, 표면파, 내부파, 해류, 해저지형, 유류/생물막, 선박탐지, 조석 간만 차이로 조차가 발생하는 조간대 등 관측에 응용될 수 있다. 그리고 극지활용 분야에는 빙하의 이동, 해빙 등의 연구에 활용되며, 대기분야는 폭풍, 비, 바람, 기상전선 등의 연구에 활용된다[93].

7 청각센서

7.1 청각센서의 정의

이 책에서 시각센서는 2차원적인 이미지 형태의 영상을 획득할 수 있는 센서로 구분하였으며, 청각센서는 비접촉식으로 전자기파를 이용하여 상당히 먼거리에 있는 대상물의 입력신호를 분석할 수 있는 센서로 정의하였다. 뒤에 설명될 비접촉식인 후각센서 부분과 정확한 구분이 어렵지만, 후각센서보다는 측정거리가 긴 것을 청각센서로 분류하였다. 청각센서에는 표 6-1에서처럼 마이크로폰/스피커, 초음파를 이용한 SONAR 센서, 마이크로웨이브를 이용한 레이더 센서 및 RFID, 빛을 이용한 광다이오드 센서 등이 여기에 속한다. 본 장에서는 각각의 센서에 대해 간단한 원리 및 응용분야에 대해 정리하였다.

7.2 마이크로폰의 원리

7.2.1 마이크로폰의 종류와 원리

마이크로폰(microphone)은 물리적인 소리를 공기 압력의 변화에 의해서 전기적인 신호로 변환해주는 장치로 줄여서 마이크라고 한다. 이렇게 에너지의 형태를 변환하는 장치를 트랜스듀서(transducer)라 한다. 소리를 진동판으로 감지하여 전기신호로 변환하는 기기는 1827년 Charles Wheatstone이 처음 착안하였다. 마이크로폰이란 명칭은 '작다'라는 의미의 마이크로(micro)와 '목소리'를 뜻하는 폰(phone)의 조합어이다. 이와 원리가 유사한 것이 스피커이다. 스피커는 마이크와는 달리 전기에너지를 소리에너지로 변환하여 출력해 주는 액추에이터 장치를 말한다. 마이크는 전화기, 보청기, 방송용, 노래방 시스템 등 매우 다양한 분야에 응용되고 있다. 마이크로폰은 동작원리에 따라 저항성(resistive) 마이크로폰, 콘덴서(condenser) 마이크로폰, 광섬유(fiber optic) 마이크로폰, 압전형(piezoelectric) 마이크로폰, 일렉트릿(electret) 마이크로폰, 다이내믹(dynamic) 마이크로폰, MEMS형 마이크로폰 등으로 구분된다.

저항성 마이크로폰은 압저항 효과(piezoresistive effect)를 이용한 원리로 만든 것이다. 압저항 효과는 금속 혹은 반도체 결정에 외력을 가하면 반도체 결정의 저항비가 변화하는 현상이다. 예를 들면, 길이 L, 저항 R, 비저항 ρ인 물체에 장력이 가해진다고 하면, 변형이 작은 범위에서는 저항변화의 비율은 다음과 같다.

$$\frac{\triangle R}{R} = \frac{\triangle L}{L}\left[(1+2\nu) + \left\{\left(\frac{\triangle\rho}{\rho}\right)/\left(\frac{\triangle L}{L}\right)\right\}\right] \tag{7-1}$$

여기서 ν는 포아송 비율이다. $\triangle\rho/\rho$는 물체의 저항비 변화인데, 일반적으로 금속에서는 매우 작고 포아송 비율이 0.3~0.5이기 때문에 단위 변형당 저항변화율(게이지율 또는 감도)은 1.6~2.0 정도이다. 이에 반해 반도체 결정에서는 $(\triangle\rho/\rho)/(\triangle L/L)$ 값이 100 이상으로 단위 변형 효과가 매우 크게 나타난다. 이런 현상은 결정구조에 따라 다르게 나타나는데, p형 Si과 Ge은 〈111〉 방향이 최대가 되고, n형 Si은 〈100〉 방향이 최대가 된다.

과거에는 흑연(graphite)을 원재료로 하는 카본(carbon) 반도체 분말로 저항형 마이크로폰을 만들어서 사용하였는데, 이러한 마이크는 동적 범위가 제한되어 있고, 주파수 반응도가 낮으며, 높은 잡음특성이 있어 현재는 카본 마이크로폰은 거의 사용하지 않는다. 이 방식은 Thomas Edison과 Emile Berliner에 의해 경쟁적으로 발명되었고, 1877년 Edison이 특허를 신청했으나 특허소송으로 15년 후에 인정되었다. 초창기 벨이 발명한 전화기의 소리를 감지하는 송화기에 쓰였고, 축음기의 소리를 녹음하는 장치로도 사용되었다. 구조가 간단하고 가격이 저렴한 장점이 있으나 주파수 대역이 200~3,000 Hz로 좁아 고급용으로는 사용하지 않고 전화기나 장난감 등에 주로 쓰인다.

카본 마이크의 외관 및 동작원리는 그림 7-1과 같다. 동작원리는 음파가 다이어프램에 도달하게 되면 다이어프램이 음압에 따라 움직이게 되고, 이러한 움직임이 카본 알갱이에 전달되어 음압에 따라 압저항 효과에 의해 저항이 변하게 된다. 일정한 전압이 가해지고 있으므로 전류의 형태로 변하게 된다.

콘덴서 마이크로폰은 정전용량형이다. 각종 원리의 마이크로폰 중에서 기계적으로 가장 단순하면서도 음질이 가장 좋은 마이크로폰이다. 1916년 벨연구소의 Edward C. Wente에 의해 콘덴서 마이크와 진공관 증폭에 대한 연구가 시작되었고, 1926년 웨스턴 일렉트릭에서 양산을 하기 시작하였다.

그림 7-2의 동작원리에서 보듯이 후면에 고정된 전극판이 있고, 음압에 따라 반응하는 다이어프램이 있는 전면의 진동판으로 구성되어 있다. 진동판이 음압에 따라 움직이게 되면 양극 사이의 거리변화에 의한 정전용량 변화로 전압이 발생하는 원리이다. 따라서 여기서 핵심부품은 다이어프램

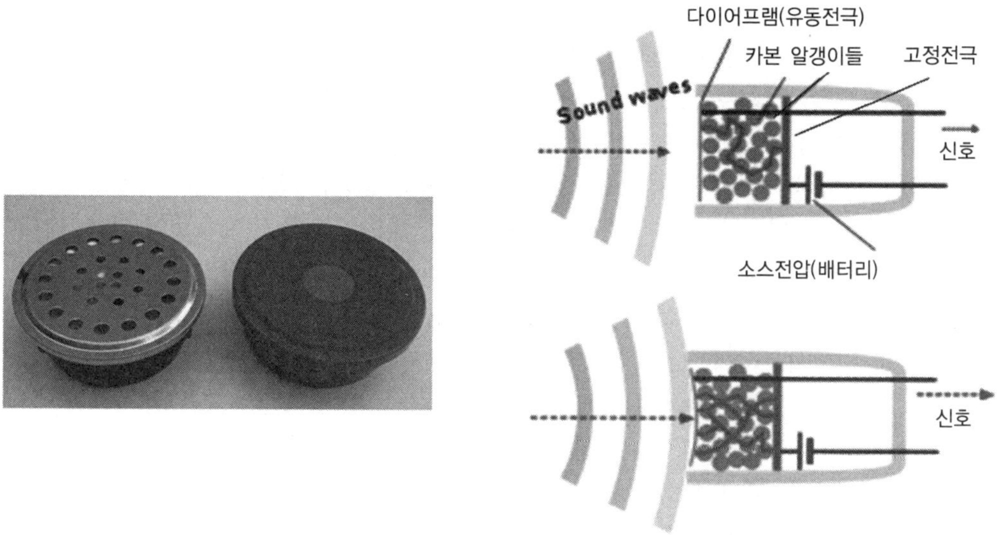

(a) 카본 마이크의 외관 (b) 카본 마이크의 동작원리 개념

그림 7-1 카본 마이크의 외관 및 동작원리 개념도

이다. 다이어프램은 음압을 변위로 변화시켜서 움직이는 판의 역할을 한다. 다이어프램의 무게가 가벼워 고음특성이 좋고 음색도 섬세하다. 반면, 전극 사이가 가까워 온도와 습도 등에 취약하고 충격에도 약하며 가격이 비싸고 두 전극 사이에 형성된 전하로부터 출력을 얻기 위해 직류 외부전원이 반드시 필요하다.

최근 콘덴서 마이크로폰은 실리콘 다이어프램을 이용해서 제조한다. 고정판과 앞면전극 사이의 공기층이 매우 작게 되면, 공기층의 음에 대한 저항이 작게 되어 고주파 영역에서의 민감도가 나빠질 수 있다. 보통 공기층이 2 μm이면, 위쪽 컷오프 주파수(cutoff frequency)는 대략 2 kHz 정도가 된다. 콘덴서 마이크로폰의 성능을 좋게 하기 위해 다양한 구조에 대해 연구되고 있으며, 최근까지

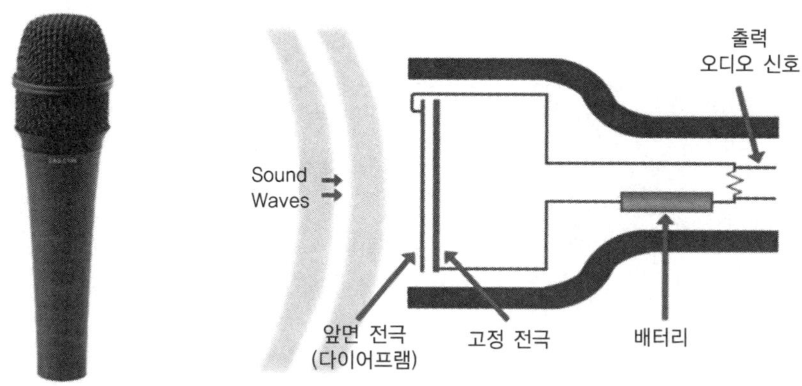

(a) 콘덴서 마이크의 외관 (b) 콘덴서 마이크의 동작원리

그림 7-2 콘덴서 마이크의 외관 및 동작원리

도 많은 연구가 진행되어 Chee Wee Tan과 Jianmin Miao 등이 매우 넓은 주파수 대역에 대해 일정한 민감도를 얻기 위해 열적잡음을 최소화 할 수 있는 고정전극의 디자인에 대해 발표하였다[94].

광섬유 마이크로폰은 터보제트와 로켓엔진 등 매우 큰 진동 또는 높은 온도와 같은 극한 환경에서 가장 적합한 센서이다. 그림 7-3과 같이 입력과 출력 광섬유는 스테인리스 튜브 내부는 물로 냉각되도록 되어 있다. 레이저 다이오드를 통해 빛을 한쪽 광섬유 쪽으로 입사시키고, 이 빛의 일부는 알루미늄으로 코팅된 거울면에서 반사되는데 이 빛은 마이크로폰의 표준빔이 된다. 나머지 빛은 구리 다이어프램쪽으로 나가서 반사되어 오는데, 이 빛이 음압에 의해 감지된 신호에 해당한다. 이렇게 해서 온도에 따른 오차가 없도록 설계되어 있다. 통상 1.3 μm 파장의 적외선을 가진 레이저 다이오드를 소스로 사용하며, 다이어프램의 위치에 따라 적외선 빔의 경로차가 발생한다. 이러한 광섬유 마이크로폰은 보통 70~80 dB 정도까지 측정이 가능하며, 측정이 가능한 최소의 다이어프램의 변위는 약 1Å이다. 다이어프램은 직경이 1.25 mm 정도의 크기에 0.05 mm 정도의 막으로 만드는데, 우수한 열전도성과 상대적으로 낮은 탄성계수의 특성을 가진 구리를 주로 사용한다. 낮은 탄성계수는 보다 두꺼운 다이어프램을 사용할 수 있다는 것이며, 이로 인해 열을 쉽게 제거할 수 있는 장점이 있어 보다 자연스러운 진동수를 측정할 수 있게 된다. 다이어프램의 중심에 1.4 kPa의 압력이 가해지면 약 390Å 정도의 변위가 발생하는데, 이것은 입력파장의 $\lambda/4$에 해당한다. 따라서 측정이 가능한 최대 주파수 범위는 약 100 kHz 정도까지이다.

압전형 마이크로폰은 압전 특성을 가진 압전체를 이용해서 만든 것이다. 압전체란 압력이 가해지면 전기분극이 변하는 특성을 가진 재료를 의미한다. 센서로 가장 많이 사용하는 재료는 압전 세라믹인데, 이것은 매우 높은 주파수까지 탐지가 가능하여 초음파 탐지용으로도 사용된다. 이것은 그림 7-4와 같이 구조가 매우 간단하며, 동작원리는 두 가지 형태로 사용되고 있다. 하나는 직접 압전체를 사용하는 방법이며, 다른 하나는 다이어프램과 결합한 형태이다. 직접 압전체 사용 형태는 구조가 매우 간단하며, 압전체 양면에 전극을 붙여서 소리에 의한 진동을 직접 측정하는 방식이다. 반면, 다이어프램과 결합한 형태는 소리에 보다 민감하게 반응하는 다이어프램의 물리적인 변위를 압전체에 가함으로써 이로 인해 전기적인 변화를 읽어내는 방법이다. 압전형 마이크로폰은 혈압 측정용도

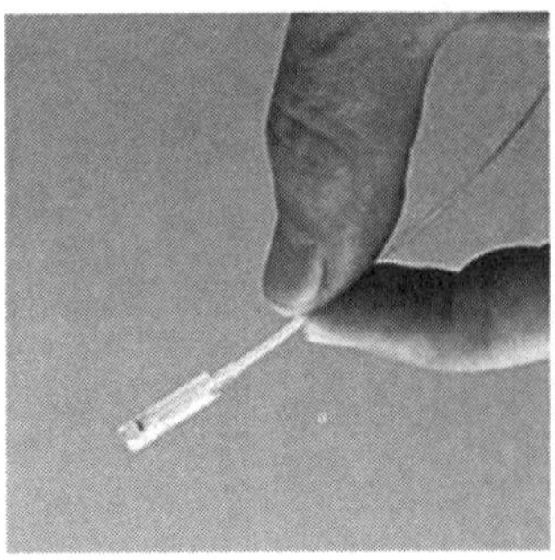

(a) 광섬유 마이크로폰의 외관

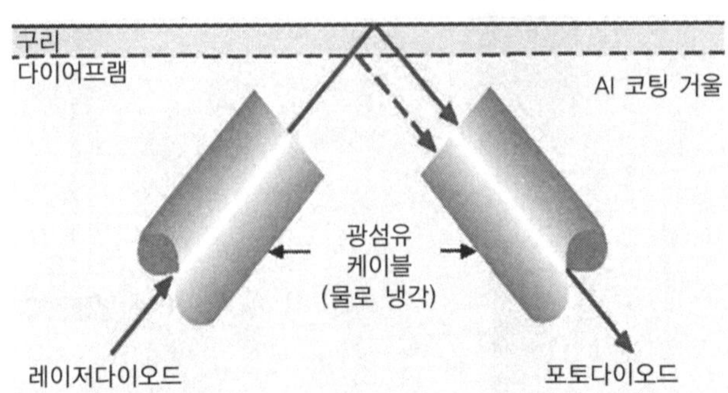

(b) 광섬유 마이크로폰의 동작원리

그림 7-3 광섬유 마이크로폰의 외관 및 동작원리

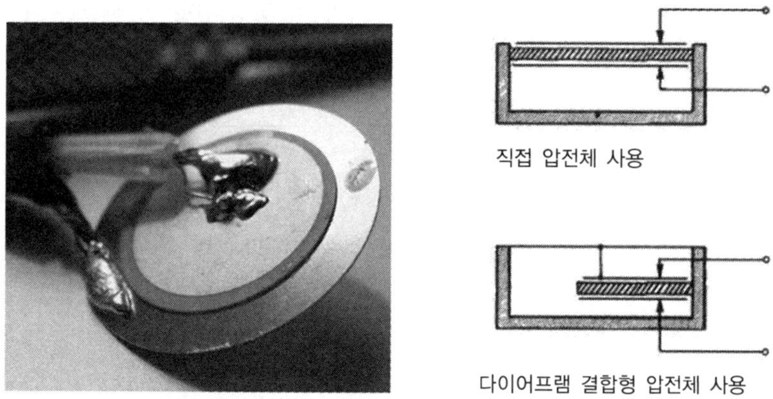

(a) 압전형 마이크로폰의 형태 (b) 압전형 마이크로폰의 동작원리

그림 7-4 압전형 마이크로폰의 외형 및 동작원리

와 물리보안용도의 유리창 깨짐 감지 및 금고의 충격감지기 용도로도 사용된다.

일렉트릿 마이크로폰은 원리가 콘덴서 마이크로폰과 유사하며, 1964년 벨연구소의 James West와 Gerhard Sessler 등에 의해 일렉트릿 마이크에 대한 특허를 인정받았으며, 1968년 소니가 양산하면서 널리 사용하게 되었다. 일렉트릿 마이크로폰의 동작원리는 그림 7-5와 같으며, 강한 전기장을 인가하여 잔류 영구전하를 갖는 멤브레인(일렉트릿)이 부착된 다이어프램이 소리에 의해 진동할 때 공정된 back-plate와의 간격변화에 따른 정전용량의 변화량을 측정함으로써 소리를 감지한다. 이것은 유전율의 변화를 이용한다는 측면에서 콘덴서형 마이크로폰과 매우 유사하지만, 일렉트릿 마이크로폰은 외부전원이 필요하지 않는 것이 차이점이다.

멤브레인은 전기적으로 분극이 된 유전체 재료이며, 표면 전하밀도는 σ_1, 이로 인한 전기장이 E_1이라 할 때 소리에 의해 다이어프램이 움직이게 되면 공기층의 간격이 변화하게 된다. 이때 저항 R에 걸리는 출력 전압 V는 다음과 같이 된다.

$$V = \frac{s \cdot \Delta s}{\varepsilon_0 (s + \varepsilon \cdot s_1)} \tag{7-2}$$

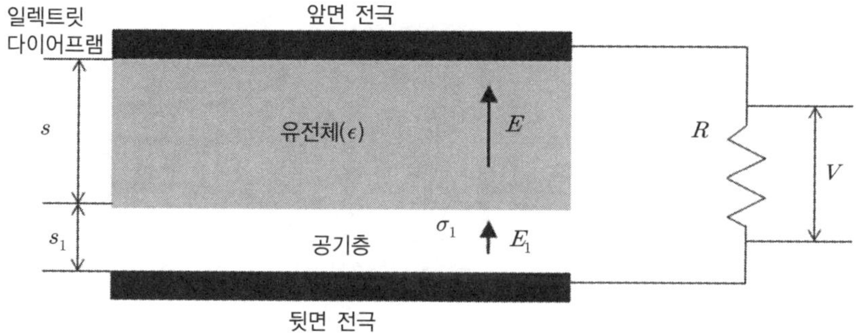

그림 7-5 일렉트릿 마이크로폰의 동작원리

그러므로 변형된 다이어프램에 의해 전극 사이에 전압이 생성되며, 이 전압은 다이어프램의 변형과 동일한 위상으로 변한다. 만약 센서의 전기용량이 C라고 하면 교류 형태의 전압은 다음과 같다.

$$V = \frac{s \cdot \Delta s}{\varepsilon_0 (s + \varepsilon \cdot s_1)} \frac{2\pi f RC}{\sqrt{1 + (2\pi f RC)^2}} \tag{7-3}$$

여기서 f는 음파의 주파수이다. 이 분야에 대해 많은 연구가 되었는데, 멤브레인의 질량을 M, 대기압을 p_0, 다이어프램의 유효 두께를 s_0라 하면 공진주파수는 다음과 같다[95, 96].

$$f_r = \frac{1}{2\pi} \sqrt{\frac{p_0}{s_0 M}} \tag{7-4}$$

일렉트릿 마이크로폰을 설계할 때 사용하고자 하는 주파수 대역이 공진주파수보다 아래에 있도록 해야 한다. 사용하는 멤브레인의 종류에 따라 특성이 많이 달라진다. 테플론 FEP를 멤브레인으로 사용하는 경우, -10℃~50℃ 사이의 동작 온도에서 민감도 변화량은 약 0.03 dB/℃ 정도로 매우 우수하다. 포일을 사용하면 사용할 수 있는 주파수가 10^{-3}Hz~수백 MHz로 매우 넓으며, 이 주파수 사이에서의 특성 차이는 ±1 dB 정도로 매우 일정한 편이다. 초저주파에서 사용하려면 back plate에 압력을 일정하게 해주는 아주 작은 구멍을 뚫어서 사용하며, 초음파의 주파수 영역에서 사용하기 위해서는 콘덴서 마이크로폰과 유사하게 외부 전원을 인가하여 자발분극을 추가하는 방법을 사용한다.

다이내믹 마이크로폰은 영국의 과학자 Michael Faraday의 자기유도 원리를 근거로 만들어졌으며, 최초의 다이내믹 마이크로폰은 Ernst Siemens에 의해 고안되고 특허가 인정되었으나, 실제로 최초로 제작된 것은 1928년 Edward Wente와 Albert L. Thuras에 구현되었다. 이것은 그림 7-6과 같이 영구자석의 자기장 영향 안에 있는 진동판에 붙은 코일이 소리에 반응하여 움직이면 전압이 유도되어 소리를 인식하는 원리이다. 소리에 의해 진동하는 다이어프램에 부착된 도체 코일이 자석에 의해 형성된 자기장 안에서 이동할 때 전자유도에 의해 도체 코일에 발생하는 기전력을 측정함으

(a) 다이내믹 마이크로폰의 외관

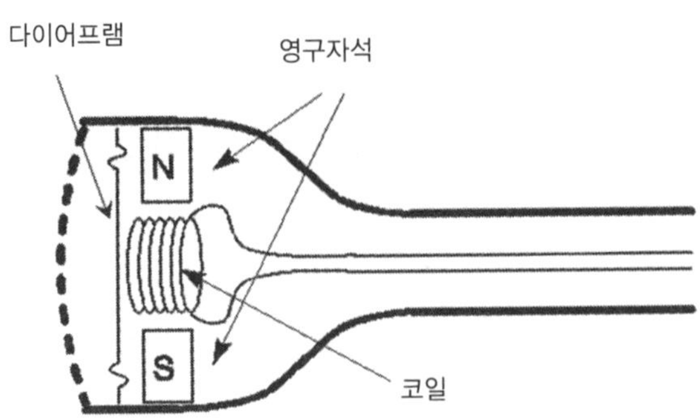

(b) 다이내믹 마이크로폰의 동작원리

그림 7-6 다이내믹 마이크로폰의 외관 및 동작원리

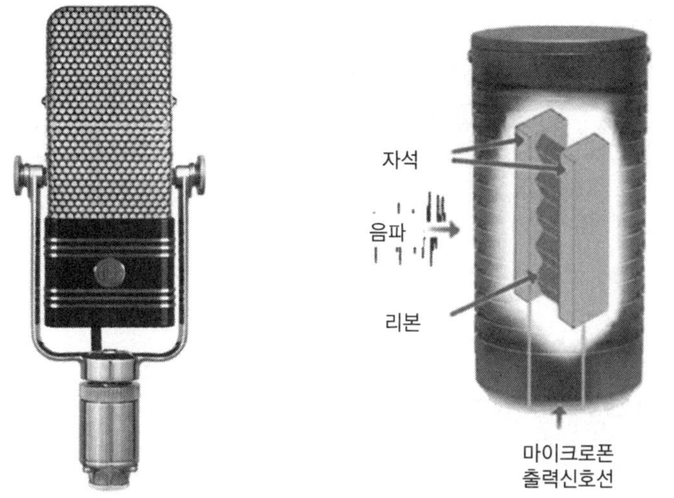

(a) 리본마이크의 외관 (b) 리본마이크의 동작원리

그림 7-7 대표적인 리본 마이크의 외관 및 동작원리 개념

로써 소리를 감지한다. 그림 7-6과 같이 코일이 음압에 따라 움직이는 형태를 무빙코일방식이라 한다.

무빙코일 대신에 주름진 얇은 금속 리본을 자석 사이에 매달고, 음파가 리본에 도달하여 리본이 진동하면서 기전력이 발생하는 형태를 리본방식이라 한다. 대표적인 리본마이크의 외관과 동작원리는 그림 7-7과 같다. 이 방식은 금속으로 된 리본이 길게 늘어져 있기 때문에 마이크의 외관도 한쪽 방향으로 길게 되어 있다. 리본 마이크는 자기유도에 의해 소리를 감지하는 무빙코일방식과 동일한 원리로 동작한다.

최근 휴대폰의 기술 발전으로 마이크도 소형화가 필요하게 되었다. 이러한 요구로 인해 반도체 기술을 응용한 MEMS형의 마이크로폰이 개발되었다. MEMS형은 가장 많이 사용하는 일렉트릿 마이크로폰에 비해 다음과 같은 몇 가지 장점이 있다. 먼저 마이크로폰의 핵심부품인 다이어프램의 크기가 약 10배 정도 작아서 소형화가 가능하며, 내열성에 약한 폴리머 재질의 다이어프램을 사용하는 일렉트릿 마이크로폰과 달리 MEMS형은 리플로 솔더링(reflow soldering) 온도(약 260℃)에 견딜 수 있는 세라믹과 금속으로 구성된 강건한 다이어프램을 사용하기 때문에 표면실장기술(SMT) 기반의 패키징 적용이 가능하며 대량생산에 유리하다. 또한, 온도, 습도 및 진동에 따른 감도 열화가 거의 나타나지 않기 때문에 제조시 오디오 튜닝 비용을 절감할 수 있다.

MEMS 마이크로폰의 연구개발은 1992년부터 Knowles 사가 시작한 후, 2000년대부터는 Sonion MEMS, Infineon, Akustica, MEMS Tech 등의 여러 회사에서 개발에 성공하였다. 일반적으로 MEMS 마이크로폰 모듈은 그림 7-8과 같이 센서인 MEMS 마이크로폰 칩과 신호처리회로인 ASIC 칩 2개로 구성되어 있다. MEMS 마이크로폰 칩은 소리에 의해 진동하는 active 멤브레인과 이로부터 일정한 공간을 두고 형성된 back-plate로 구성되어 있다. 소리, 즉 공기 압력의 변화는 둘 사이의 공간 두께 변화를 가져오게 되고, 이로부터 줄 사이의 정전용량 변화로 관측이 된다. ASCI 칩에는 마이크로폰

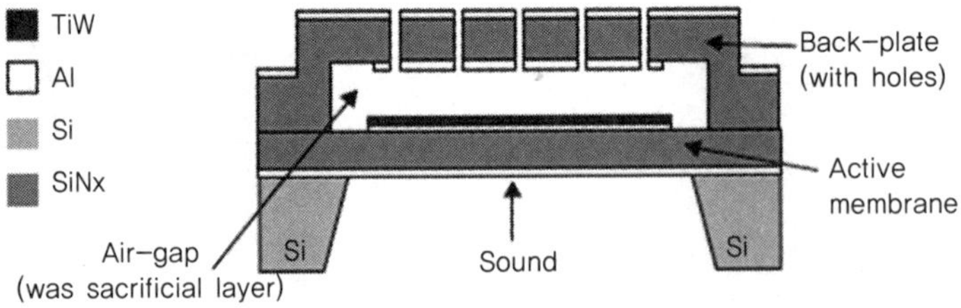

(a) MEMS 마이크로폰 칩의 내부 구조

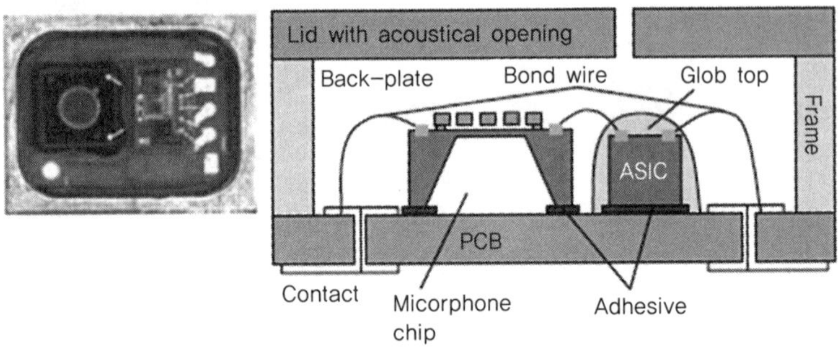

(b) 모듈 구성된 MEMS 마이크로폰 내부 구조

그림 7-8 MEMS 마이크로폰 및 칩의 내부 구조

칩에 바이어스를 인가하기 위한 charge pump와 마이크로폰 칩의 출력신호, 즉 정전용량 변화를 검출하기 위한 검출회로, 그리고 검출된 신호를 증폭하는 증폭기 등 세 종류의 회로로 구성되어 있다 [97].

ASIC 칩에는 여러 회로를 추가하여 다양한 응용 기능을 추가로 제공할 수 있다. 예를 들면, 외부 공급전압에 리플(ripple)이 있을 경우 이를 오디오 출력에서 효율적으로 억제할 수 있다. MEMS 마이크로폰은 초소형화, 디지털 출력 및 지능형 신호처리를 위하여 MEMS 센서와 CMOS 기반의 ASIC이 동일 칩 상에서 일체화된 iMEMS형으로 발전하고 있다.

7.2.2 스피커의 종류와 원리

스피커는 기본적으로 마이크로폰의 역현상을 응용한 것으로, 마이크로폰과 마찬가지로 구동원리에 따라 크게 다이내믹형, 콘덴스형, 압전형, MEMS형으로 구분된다. 다이내믹 스피커는 저가격, 넓은 음역, 높은 음압의 장점이 있지만, 큰 크기, 높은 소모전력, 넓은 제조오차 등의 단점이 있다. 콘덴서 및 압전형 스피커는 소형의 크기, 저전력, 좁은 제조 허용오차 등의 장점이 있는 반면, 제한된 저음역 특성, 높은 구동전압, 높은 가격 등의 단점이 있다.

다이내믹 스피커의 기본적인 동작원리는 다이어프램이 부착된 코일에 전류를 인가하여 자석에 의해 형성된 자기장 안에서 힘을 받아서 움직임으로써 소리를 생성하는 원리이다. 대표적인 다이내믹 스피커의 내부 구조는 그림 7-9와 같다. 원형의 영구자석의 자기장은 탑 플레이트, 폴피스, 바텀 플레이트, 영구자석 아랫면으로 이동하는 자기장을 형성한다. 스피커에는 전선을 코일 모양으로 감

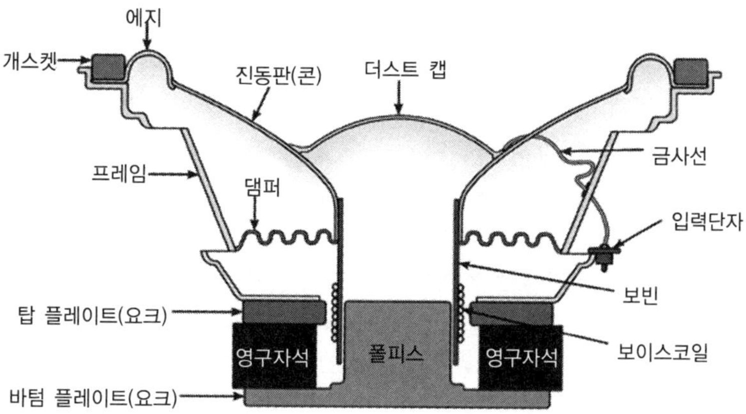

그림 7-9 다이내믹 스피커의 내부 구조

은 보이스 코일이 있는데, 이 보이스 코일을 폴피스와 플레이트 사이에 놓고 코일에 소리 정보를 가지고 있는 전기를 보내면 플레밍의 왼손 법칙에 따라 움직이게 된다. 보이스 코일에 교류를 보내주었을 때, 보이스 코일에 흐르는 전류의 방향이 정반대로 바뀔 때마다 힘의 방향이 정반대로 바뀌게 되어 상하로 움직이게 된다. 그 결과 보이스 코일에 붙어있는 스피커의 진동판이 왕복운동을 하게 되고, 소리가 스피커로부터 재생이 된다. 이때, 진동판이 빠르게 진동하면 높은 음이, 진동판이 느리게 진동하면 낮은 음이 재생된다. 또한, 진동판의 진폭이 크면 강한 소리가, 진폭이 작으면 약한 소리가 재생된다. 진동판을 콘 페이퍼(cone paper) 또는 콘지라고 하는데, 공기의 압축 변동을 음파로 만드는 부분으로 음색을 결정하는 가장 중요한 부품으로, 종이 또는 합성제로 만든다. 콘지는 스피커 유닛 제작단가의 약 30~40%를 차지할 정도로 원가비중이 높은 소재이다.

압전 스피커는 다이내믹 스피커의 두께 한계를 극복할 수 있는 초박형 초경량 구현이 가능하기 때문에 모바일 기기의 확산에 따라 많은 연구개발이 진전된 스피커이다. 압전 스피커는 크게 압전체, 음향 진동판, 프레임 세 가지 부품으로 구성되어 있다. 그림 7-10과 같이 압전체에 교류 신호가

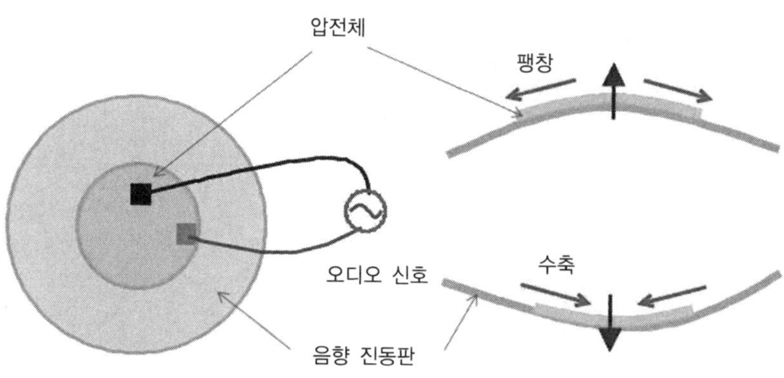

그림 7-10 압전 스피커의 동작원리

인가되면 압전체는 수축 및 팽창을 반복하고 이에 따라 음향 진동판에 진동을 전달하게 된다. 압전체와 부착된 음향 진동판은 압전체로부터 발생한 진동으로 주파수에 따른 변위 특성을 보이며, 이 진동-변위 특성으로 공기 중에 소밀파를 형성하여 음을 재생하는 원리이다.

MEMS 스피커는 향후 압전 스피커를 대체할 수 있는 기술로 기대되나, 아직은 연구개발 단계에 있다. MEMS 스피커는 소형화, 경량화, 일괄공정에 의한 저가격화, 어레이화의 용이성, 다기능의 신호처리용 CMOS 회로와의 일체화(iMEMS화) 등 여러 가지 장점이 있으나, 출력음압이 낮은 것이 가장 큰 단점이다. MEMS 스피커는 동작원리에 따라 정전용량과 압전형으로 구분되는데, 대부분 iMEMS화에 유리한 정전용량으로 개발되고 있다. MEMS 스피커의 단점인 낮은 출력음압을 해결하기 위해 작은 단일 MEMS 스피커를 다수의 어레이로 제작한 MEMS 어레이 스피커가 개발되고 있다 [98].

스피커는 구조에 따라 콘형, 평면형, 리본형, 돔형, 혼형 등으로 구분하기도 한다. 콘형은 재래식 형으로 일반적으로 사용하는 스피커 형태로 원추형 모양이며, 출력 음압레벨이 평탄하고 임피던스 특성도 일정하여 안정적인 소리를 낸다. 평면형은 평면으로 디자인된 유닛으로 진동판에 직접 보이스 코일을 붙여서 사용한다. 이렇게 하는 이유는 보이스 코일의 위치를 우퍼(저음용), 미드 레인지(중음), 트위터(고음)와 같게 하기 쉽기 때문이다. 리본형은 음을 재생시킬 때 정교한 음질 특성을 갖고 있는 형태로, 주로 고음역인 트위터에 많이 사용되고 전면 구동이 되는 특징이 있다. 돔형은 재생되는 음질이 고르게 확산되는 특징이 있어 중음이나 고음용 유닛에 많이 사용된다. 기본적으로 콘형과 같은 상태로 만드는데, 재질로는 알루미늄, 베릴륨, 타타늄과 같은 특수한 금속을 사용한다. 혼형은 중음, 고음용으로 사용되는 것으로, 진동을 만들어내는 드라이버 유닛과 그것을 확산시키는 혼으로 구성되어 있다. 콘지에 해당하는 진동부분은 금속 또는 합성수지 계열의 단단한 것을 사용하며, 다른 형태의 스피커는 후방으로도 소리가 나는데, 혼형은 후방이 완전히 밀폐되어 있어 후방으로는 절대로 소리가 나지 않는 것이 특징이다.

7.2.3 SAW (Surface Acoustic Wave) 필터

표면 탄성파(surface acoustic wave, SAW)는 전자파가 아니고 외부의 열적, 기계적, 전기적 힘에 의한 입자들의 운동으로부터 발생하는 기계적인 파동을 의미한다. 즉, 진동에너지가 탄성체(고체)의 표면에 집중되는 파로 지진이 지면을 통해 전파하는 것과 같이 탄성파가 고체의 표면을 통해 전달된다. 기본적으로 매질을 통해 전파하는 파는 3개의 성분으로 나누어진다. ① 파의 진행방향이 입자 변위와 평행한 방향으로 진행하는 종파(longitudinal wave), ② 파의 진행방향과 수직한 입자 변위 운동을 하는 횡파(transverse wave), ③ 종파와 횡파의 벡터의 합으로 나타나는 표면파이다. 에너지의 대부분이 표면 내 한 파장 이내에 집중되어 있다. 연못에 작은 돌을 던지면 물결이 일어나 주위에 에너지가 전달된다. 또한, 책상의 표면을 치거나 해도 그 진동이 주위에 전해져간다. 지진이 일어났을 때 최초로 지중을 통해 전해져 오는 것이 P파, S파에 이어 지표를 따라서 진동이 물결처럼 전해져 오는데, 이것이 표면 탄성파이다. 표면 탄성파 디바이스는 압전성(piezoelectricity) 결정체의 표면에 전해지는 표면 탄성파를 이용한 소자이다.

1855년 영국의 Rayleigh에 의해 표면 위를 전파하는 기계적인 변위에 대해 정성적으로 기술되었으며, 주로 지진파와 같은 지구물리학적인 관점에서 연구가 진행되었다. 1967년 Viktorov에 의해 결정체의 표면을 따라 전파하는 SAW의 특성연구를 통해 전기전자공학 분야의 응용 가능성을 보였고, 수 10 MHz 대역에서 SAW에 대한 몇 가지 실험을 통해 응용성을 입증하였다. 1969년에 미국 Stanford 대학 연구팀에서 새로운 형태의 변환기(transducer)를 압전체 기판 위에 설치함으로써 전기신호를 기계신호로 변환 가능하게 하는 방법을 발표하였고, 이러한 변환기를 IDT(Inter Digital Transducer)라고 하였다. 1970년대에는 SAW 소자가 처음으로 군사용 레이더 장비의 광역 스펙트럼용으로 개발된 후 RF 신호처리 응용분야의 새로운 기술로 부각되기 시작하였다. IDT의 발명으로부터 12년 후, 1977년에 Williamson이 45종의 SAW 디바이스를 응용한 개발품을 발표하였다. SAW 디바이스는 그후에도 용도를 확대하여 통신 용도의 무선폰이나 무선호출기로 사용되었으며, 현재 휴대폰 등 통신용으로 가장 많이 사용되고 있다. 또한, 영상 시스템에도 위성방송 튜너로도 사용되는 등 다양한 응용분야에 사용되고 있다.

SAW 디바이스란 압전기판 위에 빗살형의 전극 IDT를 설계 및 제작한 것이다. IDT란 표면 탄성파를 가장 효율적, 보편적으로 발생 또는 검출하는 구조로서 전기적 에너지에서 기계적 에너지로, 또는 기계적 에너지를 전기적 에너지로 변화시켜주는 소자이다. IDT의 형태 및 전극 크기의 조절에 따라 출력 특성이 결정된다. 대표적인 SAW 디바이스가 SAW 필터이다. SAW 필터는 표면 탄성파를 이용해서 신호 주파수 성분과 위상성분을 제어하여 인접 채널신호를 제거하고 수신채널신호를 정형하는 대역통과필터(band pass filter)이다. 진폭특성과 위상특성이 독립적으로 디지털 필터 설계이론을 이용하여 설계가능하고, 설계상의 장점 및 반도체 공정을 이용한 비교적 간단한 공정을 이용하므로 대량생산이 가능하고 제품의 소형화, 경량화가 가능한 등의 제조 및 응용상의 장점이 있다. 반면, 유전체 필터, 세라믹 필터 및 LC 필터에 비해 삽입 손실이 크고 주파수가 증가함에 따라 전극 선폭이 감소하여 제작이 어렵고 고전력 응용의 제한 등 단점도 가지고 있다.

SAW 필터는 압전기판과 그 기판 위에 사진식각 기술을 이용하여 형성된 입력과 출력전극(입, 출력 IDT)으로 구성되어 있으며, 입력 IDT에 가해진 전압에 의해 발생, 전파하는 표면 탄성파를 이용한 주파수 필터이다. 가장 간단한 구조의 SAW 필터는 그림 7-11과 같다. 수정이나 $LiNbO_3$, $LiTaO_3$ 등의 잘 연마된 압전체 기판 위에 얇은 금속전극의 빗살무늬 전극으로 이루어진 두 개의 송수신용

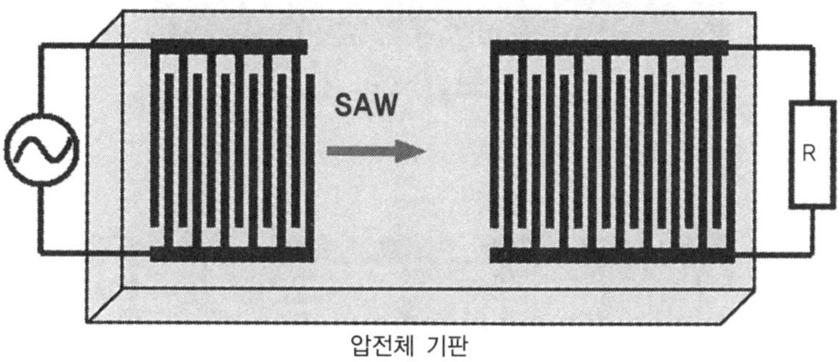

그림 7-11 SAW 필터의 기본 구조

변환기, 즉 IDT로 구성되어 있다. 이 어레이는 극성이 서로 다르게 연속적으로 배열되어 있어 그 사이에 걸리는 적절한 주파수의 RF 신호전압이 결정표면을 팽창, 압축시키면서 기계적인 파동을 발생시킨다. 이 표면 탄성파는 압전체 기판 위에서 전달되어 수신용 전극에서 다시 역압전효과에 의해 전자파로 바뀌게 되며 이 과정에서 특정 주파수 성분만 선택되어 필터로서 사용된다. 이때 SAW 필터의 주파수 특성은 입, 출력 전극의 패턴 모양에 의해 결정된다.

IDT에서의 주파수 특성은 impulse model에 의해 계산할 수 있다. 전형적인 IDT는 일정한 피치(pitch)와 overlap(uniform IDT)을 갖고 있다. IDT에 전압이 가해지면 그림 7-12와 같이 이 전압은 $\lambda/2$의 간격으로 +, −의 극성을 갖게 된다. 이렇게 발생된 전압은 압전효과에 의해 압전 기판을 팽창, 수축시키게 된다. 여기서 +, − 극성을 갖는 impulse pair는 IDT의 전극 한쌍과 일치한다. 따라서 각 impulse에서 발생된 표면 탄성파의 파장이 전극피치 λ와 일치하는 경우 최대의 SAW 에너지를 갖게 된다. 여기서 IDT에서의 주파수 특성은 다음과 같다. 여기서 N은 전자쌍의 수, f_0는 중심 주파수, λ는 파장, V는 SAW 속도이다.

$$A(f) = \frac{\sin(N\pi X)}{N\pi X},\ X = \frac{f - f_0}{f},\ f_0 = \frac{V}{\lambda} \tag{7-12}$$

그림 7-13은 정상형태의 IDT에서의 주파수 특성이다. 보통의 SAW 필터는 정상형태의 IDT(전극간의 overlap 크기가 일정)와 weighted IDT(전극간의 피치와 overlap 크기가 변화)의 복합형태로 되어 있다. 결국 SAW 필터는 사용될 시스템 혹은 주파수 영역에 따라서, 기판의 종류, IDT의 설계 및 크기, 패키지 등에 따라 특성이 변한다.

현대의 기술발전으로 공기 중의 음파를 감지하던 음파센서의 사용범위가 점점 확대되고 있다. 특히, 변위, 분말의 농도 분석, 스트레스, 힘, 온도 등을 측정하는 응용범위까지 확대되고 있다.

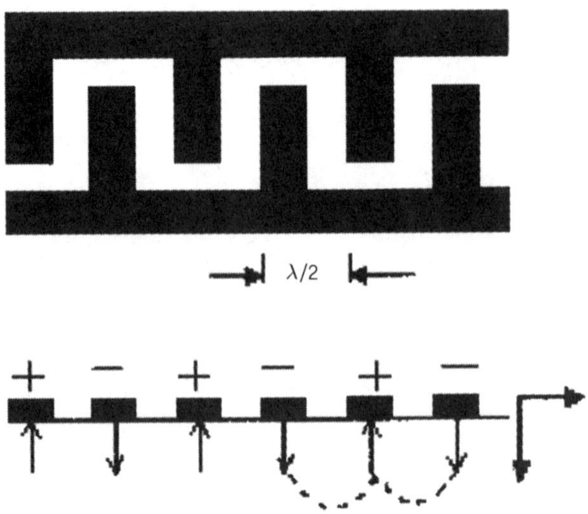

그림 7-12 uniform IDT와 impulse 관계

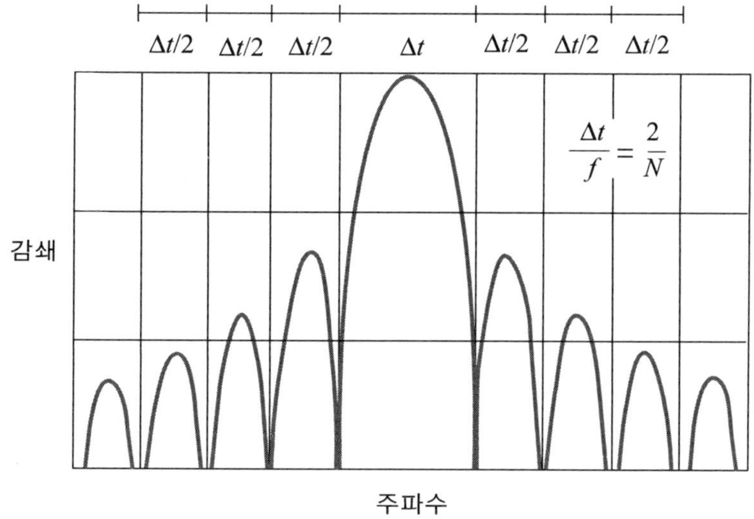

그림 7-13 Normal IDT에서의 주파수 특성

7.3 소나(SONAR) 센서의 원리

7.3.1 초음파의 개요

1827년 스위스의 물리학자 Daniel Cooadon과 프랑스의 수학자 Charles Sturm에 의해 전등 불빛과 수중의 종소리와의 시간 차이를 이용해서 수중음파의 속도를 측정한 것이 초음파 연구에 대한 시초였다. 1880년 Jacques와 Pierre Curie가 수정에 기계적인 힘을 가하면 수정의 전극에 전하가 발생된다는 압전효과와 James Joule이 어떤 물질에 자장을 걸면 부피의 변형을 일으킨다는 자기변형 효과가 알려지면서 압전 세라믹을 이용한 음향센서의 응용이 시작되었다(자세한 물리적 개념은 3.6과 3.12 내용 참고).

음파는 주파수에 따라 초저주파(infrasound), 가청주파수, 그리고 초음파(ultrasound 또는 ultra-sonic wave)로 나눈다. 지진 등과 같이 진동수가 낮아 사람이 들을 수 없는 음파, 곧 최저 가청주파수 보다 낮은 음파를 초저주파라 하고, 사람이 들을 수 있는 최고 주파수보다 높은 음파를 초음파라고 한다. 가청주파수는 일반적으로 20 Hz~20 kHz 범위이므로, 초음파는 20 kHz 이상의 음향적 진동을 초음파라 한다. 초음파는 빛이나 전파와 같은 파동 에너지이지만 전파 속도가 늦고, 반사하기 쉬운 특성이 있다. 초음파의 여러 가지 특성에 따른 응용분야는 표 7-1과 같다.

표에서 알 수 있듯이 실생활에 음파를 이용해서 가장 많이 사용되는 분야가 소나, 초음파 진단기, 거리측정 분야 등이다. 이 중에서도 소나는 잠수함 및 군함 등의 발달로 군사용뿐만 아니라 민수용에 필수적인 센서 시스템으로 자리잡고 있다. 수중에서 사용되는 소나는 장님이 막대기로 땅을 더듬어 가는 것과 같은 역할을 한다고 할 수 있다. 막대기를 통해서 들어오는 정보로부터 장님은 길의 높낮이 및 형상을 개략적으로 파악하는 것과 같이 소나에 입력되는 음파의 정보로부터 수중의 물체, 모양, 속도 등을 파악할 수 있다. 소나에서 물체의 정확성을 높이기 위해서는 분해능을 향상시켜야 하는데, 이를 위해서는 주파수를 높여야 하나 고주파는 원거리 전파(propagation)에 문제가 있고,

표 7-1 초음파의 특성과 이에 맞는 응용분야

초음파의 특성	응용분야
반사 특성	거리측정, 어군 탐지, 측심기, 방범용 센서, 적설량 측정, 투명한 물체의 위치센서
느린 전파 속도	두께 측정, 거리 측정, 초음파 진단장치, 초음파 현미경
비가청 영역	소나, 각종 통신장치, 리모컨 장치
강한 지향성	방범장치, 위치센서, 초지향성 스피커, 거리측정
수중에서의 낮은 감쇠	측심기, 소나, 어군 탐지, 세정, 가공
치료/살균작용	살균장치, 치료기, 담석의 파괴제거, 초음파 메스
발열작용	건조기, 용접기, 본딩 기기, 플라스틱 융착, 이종금속의 용접
세정 작용	칫솔, 세정기, 미용기, 세탁기, 쌀세척기
동력 작용	커터, 초음파 연마기, 초음파 믹서, 보석 가공기, 모터
진단 작용	비파괴 검사장치, 태아 진단, 심장 진단, 골절 진단
해충 격퇴 작용	모기/쥐/바퀴벌레 격퇴 장치

저주파는 원거리까지 전파하는 데에는 문제가 없으나 분해능이 저하되는 문제점이 있다.

소나는 Sound Navigation And Ranging의 약어로 영어로는 SONAR로 표현한다. 그 뜻에서 알 수 있듯이 소나는 음파에 의해 수중목표의 방위 및 거리를 알아낼 수 있는 센서이다. 공기 중에서는 음파보다는 전자기파가 보다 빠르고 멀리까지 전달되기 때문에 공중 및 지상의 목표물 관측용에는 앞 절에서 설명된 레이더가 많이 사용된다. 하지만 수중에서 전파는 육상에서와는 달리 물 표면에서 감쇠가 매우 커 조그만 바다 속으로 들어가면 지나치게 빠르게 감쇠해 수신 가능한 신호의 최저 레벨보다 낮아 정보 전달 및 수집에 근거리를 제외하고는 거의 사용할 수가 없다. 그러나 음파는 약 1,500 m/s의 속도로 잘 전달되는 특성이 있다. 이러한 특성 때문에 수중에 존재하는 여러 가지 목표물을 능동 및 수동 방식으로 탐지하는 유일한 수단으로 활용되고 있다.

7.3.2 수중에서의 음파 특성

수중에서 음파가 진행될 때 고려해야 하는 주요한 물리적인 특성들이 있는데, 여기에는 손실과 감쇠, 굴절, 산란과 잡음 등이 있다. 이러한 수중에서 음파의 특성은 다음과 같다.

① 공간적인 분산 : 음파는 수중에서 구면파(spherical wave)의 형태로 확장해 간다. 음파의 세기 I는 아래와 같이 구면파 표면까지의 거리 제곱만큼 감쇠한다.

$$I \sim \frac{1}{R^2} \tag{7-13}$$

음파가 반사물체까지 갔다가 물체에서 다시 반사되어 오는 경우에는 또 다시 거리의 제곱만큼 감쇠되므로 음파의 세기는 다음과 같이 거리의 4제곱만큼 감쇠한다.

$$I \sim \frac{1}{R^2}\frac{1}{R^2} = \frac{1}{R^4} \tag{7-14}$$

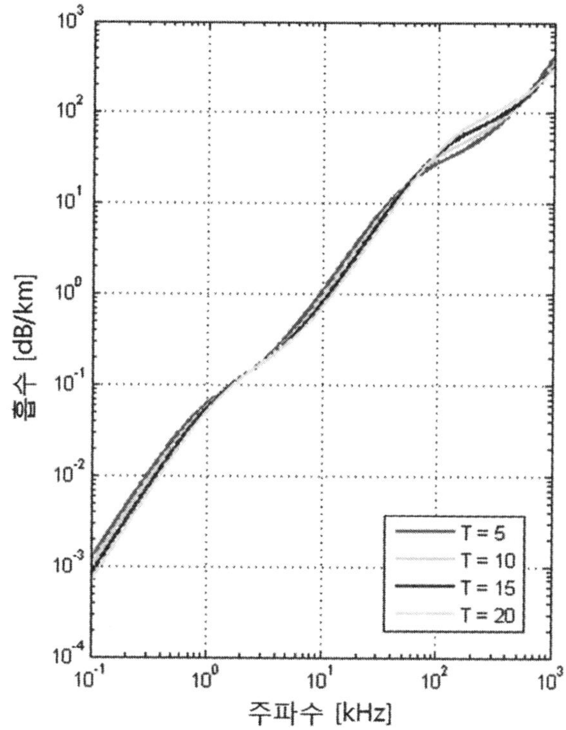

그림 7-14 주파수에 따른 흡수계수 특성

② 흡수 : 바닷물은 점성이 있어 에너지가 손실되는 매체역할을 한다. 바닷물에서 음파의 흡수는 주파수 의존적인 특성이 있으며, 낮은 주파수는 보다 먼 거리를 전파할 수 있고, 고주파는 상대적으로 짧은 거리만 전파가 가능하다. 그림 7-14는 100 Hz부터 1 MHz까지 4가지 온도에 대해 km당 흡수계수를 dB로 비교해 놓은 것이다. 흡수계수는 염도, 깊이(압력), pH의 함수로 주어진다.

③ 굴절 : 그림 7-15와 같이 음파의 속도가 c_1과 c_2로 서로 다른 두 개의 다른 매질을 생각해 보자. 입사하는 음파는 경계면에서 일부는 반사하는데, 그 반사하는 각도는 Snell의 법칙에 의

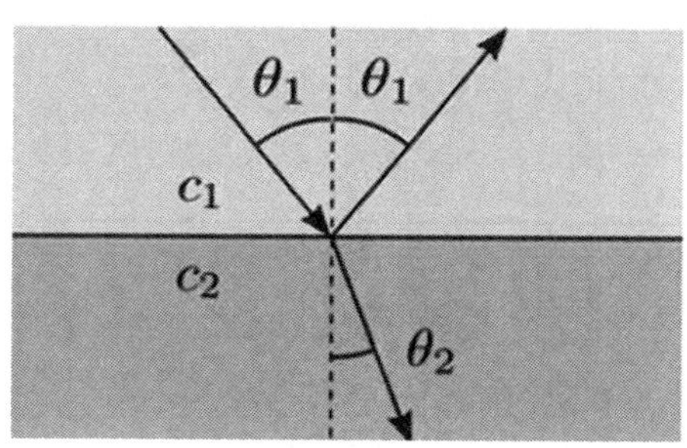

그림 7-15 Snell의 법칙

해 입사하는 각도와 동일하다. 이때의 Snell의 법칙은 다음과 같다.

$$\frac{\sin\theta_1}{c_1} = \frac{\sin\theta_2}{c_2} \tag{7-15}$$

그리고 현재까지 알려진 수중에서 음파의 속도는 다음과 같다.

$$v = 1,449.2 + 4.6T - 0.055T^2 + 0.00029T^3 + (1.34 - 0.010T)(s-35) + 0.016D \tag{7-13}$$

위의 식에서 T는 섭씨온도, s는 ppt(parts per thousand) 단위의 염분, D는 미터 단위의 수심이고, 속도 v는 m/s의 단위이다. 통상 수온, 염분, 수압이 증가할수록 속도는 빨라진다. 예를 들어, $T=12.5$℃, $s=35$ ppt, $D=100$ m일 때 음속은 1,500 m/s가 된다. 수심에 따른 음속은 그림 7-16과 같다.

바닷속에서의 음속은 그림과 같이 표면층, 계절적 수온약층(seasonal thermocline), 영구적 수온약층(permanent thermocline), 심해층(deep isothermal layer) 등 4개 영역으로 나눌 수 있다. 거의 일정한 수온구조를 갖고 있는 극지방을 제외하고, 해양에서의 수심에 따른 대부분의 음속 곡선은 음속최소 구조를 갖고 있다. 표층 근처에서의 음속의 변화는 주로 수온 기울기에 의해 결정되어 수온이 수심에 따라 감소함에 따라 음속도 감소하는 반면, 수온과 염분이 서서히 변하는 심해에서는 수압효과가 지배적이어서 음속이 수심에 따라 증가한다. 따라서 그 중

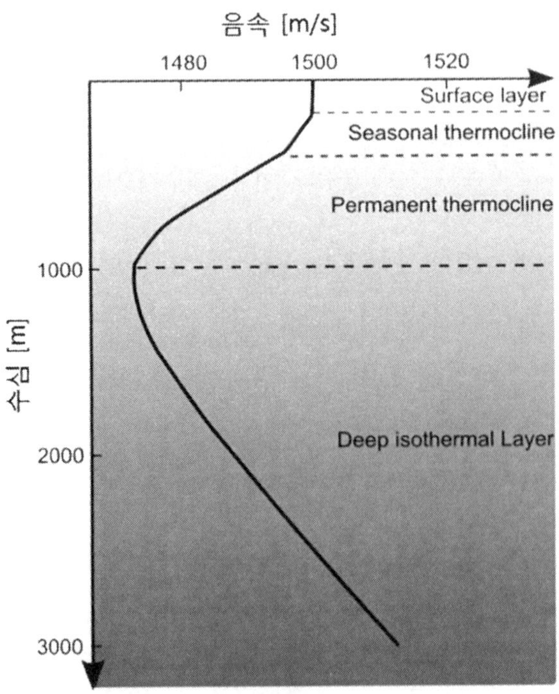

그림 7-16 수심에 따른 음속의 변화

간에 음속 최소층이 존재하게 되는데, 이 최소층을 심해음파채널(deep sound channel)이라 부른다. 음파는 항상 밀도가 적은 쪽으로 굴절하기 때문에 이러한 음속 최소층은 음파를 이용한 통신을 가능하게 한다. 심해음파채널을 이용하면 장거리 음파 통신이 가능하여 약 200 dB의 음원을 사용하여 지구 반 바퀴를 돌아 신호를 송수신할 수 있다.

④ 반사 : 그림 7-15에 있는 것과 같이 서로 다른 두 매질 사이를 진행하는 음파는 경계면에서 일부는 반사하고 일부는 굴절해서 투과한다. 이때 반사 및 굴절되는 파의 진폭은 다음과 같은 임피던스 특성에 의해 주어진 매질 특성과 입사각에 의해 결정된다.

$$Z_0 = \rho v \tag{7-14}$$

여기서 ρ는 밀도(kg/m^3), v는 (m/s)의 음속이다. 수직 입사하는 경우 반사계수 V와 투과계수 W는 각각 다음과 같다.

$$V = \frac{Z - Z_0}{Z + Z_0} \tag{7-15}$$

$$W = \frac{2Z_0}{Z + Z_0} = 1 - V \tag{7-16}$$

위의 식을 이용해서 임피던스 값(Z_0)을 알고 있는 환경에서 미지의 매질에서 반사되는 반사계수를 측정하면 특정 임피던스 Z를 계산할 수 있고 이를 통해 미지의 매질 특성을 분석할 수 있다. 표 7-2는 대표적인 일부 매질에 대한 특정 임피던스 값이다.

표 7-2 대표적인 매질에 대한 특정 임피던스

매질	임피던스
공기	415
바닷물	1.54×10^6
점토	5.3×10^6
모래	5.5×10^6
사암	7.7×10^6
화강암	16×10^6
강철	47×10^6

임피던스의 특성을 알아보기 위해 두 가지 경우를 가정해서 반사계수를 계산해 보자. 공기층에서 바닷물로 음속이 입사하게 되면 반사계수는 다음과 같다.

$$V = \frac{Z - Z_0}{Z + Z_0} = \frac{414 - 1.54 \times 10^6}{414 + 1.54 \times 10^6} \approx -1 \tag{7-17}$$

즉, 이 경우 바닷물 수면은 완벽한 반사체 역할을 한다는 의미이다. 이번에는 수중에서 모래로 구성된 바다 바닥면으로 수직 입사하는 경우의 반사계수는 다음과 같다.

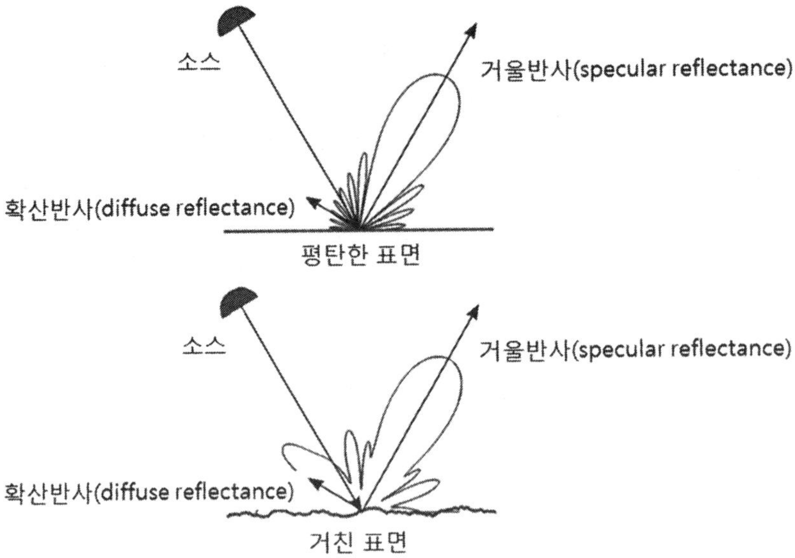

그림 7-17 음파의 표면상태에 따른 산란 형태

$$V = \frac{Z - Z_0}{Z + Z_0} = \frac{5.5 \times 10^6 - 1.54 \times 10^6}{5.5 \times 10^6 + 1.54 \times 10^6} \approx 0.56 \qquad (7-18)$$

만약 바다의 바닥면이 화강암으로 되어 있다면 반사계수 $V \approx 0.82$가 된다.

⑤ 산란 : 바다에서 음파의 산란은 그림 7-17과 같이 두 가지 경우로 생각해 볼 수 있다. 하나는 바다 표면 또는 바닥면의 형상에 의한 표면산란이며, 다른 하나는 바닷물의 움직임 또는 잠수함 등의 물체에 의한 체적산란이다. 음파의 파장에 비해 비교적 완만한 표면에서 반사되는 표면산란은 대부분 거울반사(specular reflectance) 형태로 일어난다. 반면, 반사되는 표면이 고르지 않다면, 표면에서 무작위 방향으로 산란이 일어나는 확산반사(diffuse reflectance) 형태로 일어난다. 표면의 거칠기가 심할수록 난반사는 더욱 많이 발생할 것이다. 만약 수직 입사하는 형태가 아니고 일정한 입사각을 가지고 입사하는 경우, 거울반사는 관측자에게 도달하지 않을 것이며, 확산반사에 의해 산란된 일부만을 관측하게 된다. 따라서 산란되는 정도는 표면의 거칠기 정도와 특정 임피던스에 의해 결정된다.

⑥ 바닷물 움직임 : 해변가 또는 바다의 상층부에서의 음파 진행은 난류의 흐름, 파도, 바다표면의 상태 등에 의해 영향을 받는다. 이러한 영향을 이용해서 모니터링하고 변화를 예측하는 용도로도 사용하는데, 이러한 연구는 해양학(oceanography)에서 많이 응용되고 있다.

7.3.3 소나 센서의 원리

소나는 기본적으로 도플러 효과를 이용한 센서이다. 음파를 전기적 신호로 바꾸는 부분(마이크로폰 역할)과 전기를 음파로 바꾸는 부분(스피커 역할)인 트랜스듀스의 개발로 소나는 발전을 하게 되었다. 소나는 수중의 음파를 전기적 신호로 바꾸어 음파의 전달 방향과 물체의 크기를 분석할 수

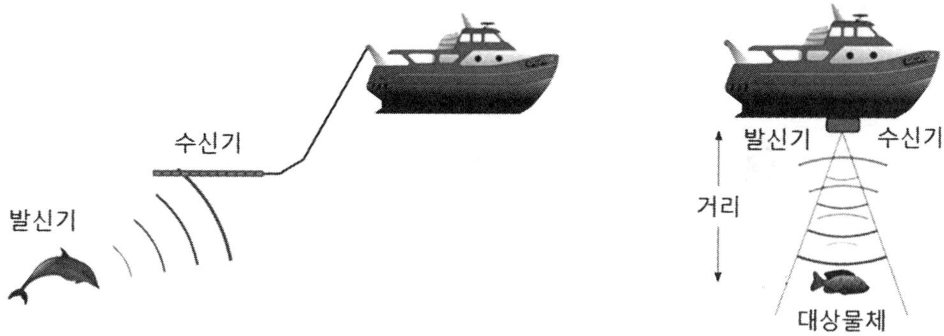

(a) 수동 소나(passive sonar) (b) 능동 소나(active sonar)

그림 7-18 소나 센서의 종류

있게 해 주는 센서이다. 소나 센서에는 그림 7-18과 같이 수동적으로 물체에서 나오는 음파만을 분석하는 수동 소나와 전기를 음파로 변환시켜 수중으로 전달시키고 음파가 수중에서 물체에 부딪혀 되돌아오는 것을 분석하여 방향 및 거리를 분석하는 능동 소나로 구분할 수 있다. 능동 소나는 음파를 송신하게 되면 자신의 위치도 노출되기 때문에 군사용에서는 일부 한정된 목적에서만 사용하고 대부분 수동 소나를 이용하여 물체를 탐지한다.

① 거리 측정 : 그림 7-19(a)와 같이 소나센서와 음파의 반사체 사이를 거리라고 정의하는데, 이 거리는 다음과 같은 방법으로 측정할 수 있다. 펄스길이(duration) T_p인 짧은 펄스를 반사체 방향으로 송신하고, 수신부에서 반사체로부터 반사된 에코 신호를 측정하고, 송신부와 수신부 사이의 시간 차이 τ로부터 다음과 같이 거리를 계산할 수 있다.

$$R = \frac{v\tau}{2} \tag{7-19}$$

그리고 측정된 거리의 정밀도는 전통적인 통신(또는 gated CW 펄스)에 사용되는 펄스길이 T_p에 의해 다음과 같이 주어진다.

$$\delta R = \frac{vT_p}{2} \tag{7-20}$$

거리 정밀도인 식 (7-20)은 그림 7-19(b)에 있는 바와 같이 반사된 두 개의 파동을 구분할 수 있는 최소의 거리와 동일한 개념이다. 펄스 길이가 짧을수록 거리 정밀도는 좋아진다. 그러나 짧은 펄스는 펄스 내부에 에너지가 작기 때문에 전파되는 거리가 짧아진다. 이것의 보완책이 펄스를 코드화해서 변조해 주는 방법이다. 이와 같이 코드로 변조된 펄스인 경우 거리 정밀도는 다음과 같다.

$$\delta R = \frac{v}{2B} \tag{7-21}$$

여기서 B는 음파의 밴드폭(주파수 퍼짐)이다. 일반적인 gated CW 펄스는 $B = 1/T_p$이기 때

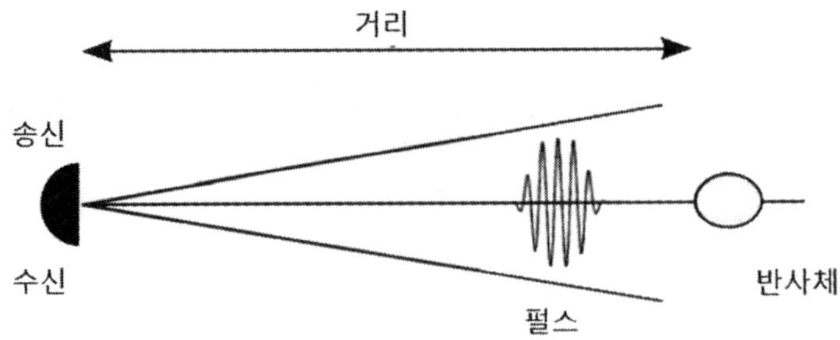

(a) 거리 측정 개념

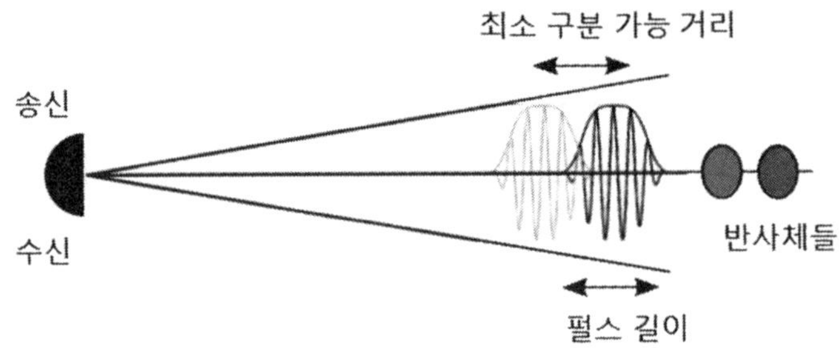

(b) 거리 정밀도 개념

그림 7-19 거리 측정 및 정밀도 개념

문에 식 (7-21)은 식 (7-20)의 개념을 포함하고 있다.

② 방향 측정 : 소나에서 방향을 유추하기 위해서는 두 가지 개념이 필요하다. 하나는 전기음향변환기(electro-acoustic transducer)와 이것의 크기이며, 다른 하나는 이러한 작은 변환기들을 배열하는 방법이다.

안테나의 크기가 음파의 파장에 비해 매우 크다면 변환기(안테나 또는 스피커)는 지향성의 특성이 있다. 일반적으로 지향성 패턴에는 식 (7-22)와 같은 임의의 빔폭(또는 시야각)을 갖는 1차 로브가 포함되어 있다.

$$\beta \approx \frac{\lambda}{D} \tag{7-22}$$

여기서 D는 그림 7-20에서 정의된 안테나의 직경이다. 빔폭은 주파수에 따라 달라지는데, 동일한 안테나 크기에 대해 높은 주파수는 상대적으로 좁은 빔폭이 가능하다. 이는 달리 말해 동일한 시야각에 대해 높은 주파수를 사용하면 안테나의 크기를 작게 해도 된다는 의미이다. 소나를 이용한 영상획득을 위해서는 높은 주파수를 사용해야 하는 이유이다.

반사된 신호 또는 외부 신호로부터 안테나로 입사하는 각도는 그림 7-21과 같이 수신기 간의 간격 L과 도착하는 시간차이 δt로부터 다음과 같은 식에서 계산할 수 있다.

$$\theta = \sin^{-1}\left(\frac{v\delta t}{L}\right) \tag{7-23}$$

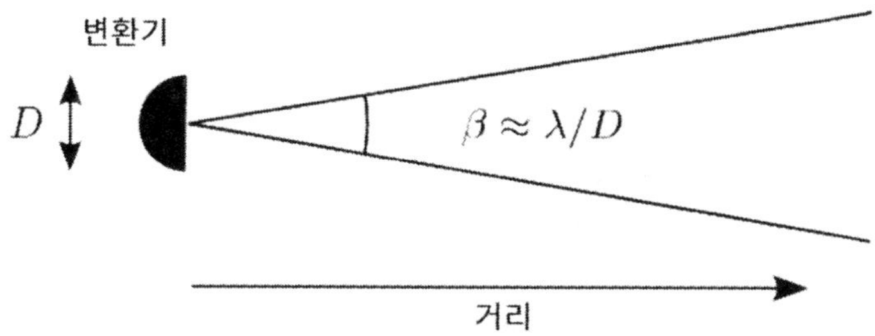

그림 7-20 변환기의 방향성 정의

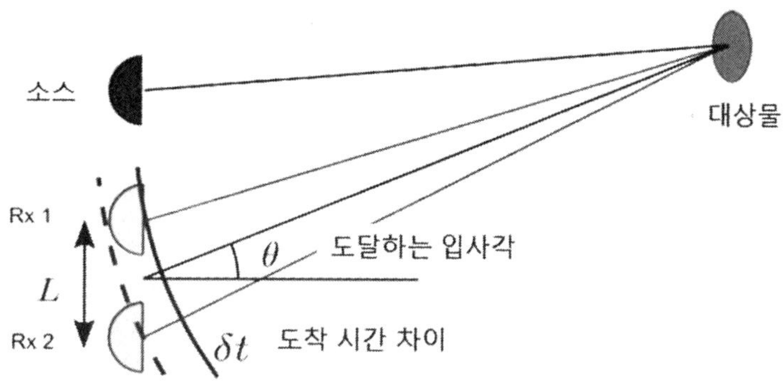

그림 7-21 물체에서 반사되어 오는 입사각의 개념

③ 신호 모델링 : 능동 소나에서 수신된 신호에는 다음과 같은 세 가지 주요 요소가 포함되어 있다. 하나는 발신부에서 나온 신호가 대상물까지 중간매질을 통과하여 대상물 표면에서 되반사된 후 다시 수신부로 돌아온 신호가 있을 수 있다. 이 신호에는 관심 대상인 물체에 관한 정보가 담겨 있는데, 대상물의 물리적인 구조와 크기, 그리고 입사각 및 음파 주파수 등의 정보가 담겨 있다. 두 번째 신호는 발신부에서 수신부 사이의 경로에 원하지 않는 에코신호인 잔향(reverberation) 신호이다. 이 신호는 주로 해수의 바닥면과 물표면에서의 산란에 의해 발생되는 신호이다. 마지막 신호는 부가적인 잡음신호인데, 이것은 소나 자체보다는 다른 음원에 의한 음파신호가 잡음으로 기여한다.

이러한 신호를 고려해서 소나 시스템 성능의 에너지 보존 방정식인 소나 방정식은 다음과 같은 직관적인 형태로 볼 수 있다.

$$\text{신호(signal)}-\text{잡음(noise)}+\text{이득(gain)} > \text{한계점(threshold)} \tag{7-24}$$

여기서 한계점은 증폭한 신호가 잡음 레벨보다 높은 값이다. 이것을 보다 자세히 풀어쓰면 다음과 같다.

$$SL-2TL+TS-NL+DI+PG>RT \tag{7-25}$$

여기서 SL은 소스레벨, TL은 투과 손실, TS는 표적강도, NL은 잡음레벨, DI는 지향성 이득, PG는 프로세스 이득, RT는 수용한계를 각각 의미한다. 그리고 소나 방정식은 dB 단위의

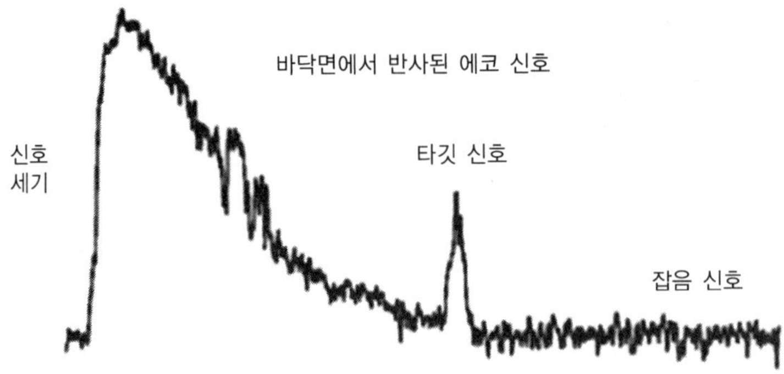

그림 7-22 수신기에서 수신된 시간에 따른 파형 형태

대수형태의 세기를 사용한다. 그림 7-22는 대상물에 대해 관측된 대표적인 시간별 신호파형 형태이다.

④ 신호처리 : 능동 소나의 대표적인 신호처리 과정은 다음과 같다. 먼저 펄스 압축과정이다. 이것은 시간에 따라 코드화되어 있는 펄스 신호를 델타함수로 전환하는 과정으로, 잡음모델과 신호모델을 이용해서 잡음과 신호를 구분해서 신호대 잡음비인 SNR을 최대화하는 과정이다. 다음은 빔포밍(beamforming) 과정으로 여러 어레이 수신부에 입수된 신호를 방향성의 빔으로 변환하는 과정이다. 다음은 검출과정으로 잠재적인 목표물(물고기 또는 잠수함 등)을 구분하는 단계이다. 다음은 변수 추출 단계로 검출된 목표물의 속도와 위치를 추정하는 단계이다. 마지막 분류단계로 목표물을 인식하여 형상화하는 과정이다. 이를 통해 어레이 수신부에서 수신된 신호로부터 목표물까지의 거리 및 목표물의 정체를 분석한다.

7.3.4 소나 센서의 응용

소나는 능동 소나 센서를 이용해서 물고기 탐색, 바다의 바닥면을 지도화하는 용도로 사용되며, 주로 군사용으로 사용되는 수동 소나 센서는 잠수함 탐지와 수중 내비게이션의 목적으로 응용되어 사용되고 있다. 현재 대부분의 물고기 잡이 선박에는 소나 센서가 설치되어 운용되고 있다. 각 응용 분야별 상세한 기술적인 내용은 이 분야 전문서적에서 찾아 볼 수 있다[99].

능동 소나 센서를 이용해서 상업용으로 가장 많이 사용되는 분야가 물고기 무리를 감지하고 찾아내는 목적으로 사용되고 있다. 일반적으로 사용되는 주파수는 20 kHz~200 kHz의 영역을 사용하는데, 일반적으로 주파수가 높을수록 탐지 가능한 거리는 짧아진다. 보통 수심 1 km에서 200 m 정도까지 탐지가 가능한 것으로 알려져 있다[100].

7.3.5 초음파 거리측정기의 원리 및 응용

초음파를 이용한 응용분야는 표 7-1에서 보듯이 수많은 분야에 응용되고 있다. 이 중에서도 일상생활에서 흔히 볼 수 있는 초음파 센서가 거리측정용이다. 이런 원리를 이용한 것이 자동차 또는 로봇 등에 장착하여 장애물 검지용 거리측정용으로 사용되고 있으며, 건물 내의 조명 제어용으로도 사용되고 있다. 거리측정을 위해서는 송신부와 수신부가 필요한데, 그림 7-23과 같이 송신부와 수

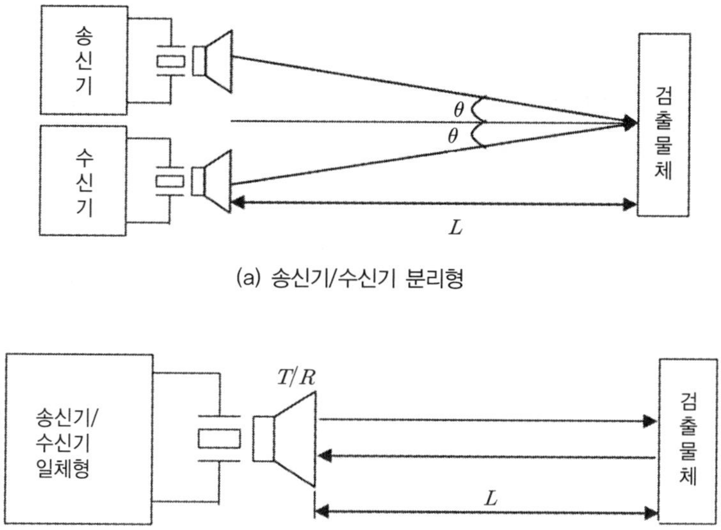

(a) 송신기/수신기 분리형

(b) 송신기/수신기 일체형

그림 7-23 초음파 거리 측정 시스템의 개요

신부의 분리형과 일체형으로 나눌 수 있다.

송수신기 분리형은 서로 간섭이 작은 장점은 있으나, 각각의 특성을 맞추어야 하며 가까운 거리와 먼 쪽에서의 측정 오차가 클 수 있다. 이런 형태는 저주파 초음파 센서에 적합한 구조이다. 반면, 송수신 일체형은 하나의 초음파 센서를 사용하기 때문에 송신부와 수신부 간의 간섭이 상대적으로 크며 회로가 복잡한 것이 단점이나, 거리측정 정밀도는 상대적으로 우수한 것이 장점이다.

이러한 초음파를 이용한 거리검출용은 차량의 후방경보시스템(Back Warning buzzer System, BWS)에 적용되어 있다. 차량이 후진할 때 후방의 시야 사각지대를 초음파 센서를 이용하여 감시하고 해당 지역에 장애물이 있으면 운전자에게 경보음을 주어 각종 사고를 사전에 방지하고자 하는 목적으로 사용되고 있다. 일부 차종에서는 후방뿐만 아니라 전방 코너부의 장애물도 감시하는 용도로도 사용되고 있다. 대부분의 BWS용 초음파 센서는 40 kHz의 초음파를 사용하며, 음파가 물체에 부딪혀 되돌아 올 때까지의 시간을 측정함으로써 물체까지의 거리를 계산하는 방식이다. 이에 대한 측정 개념은 그림 7-24와 같다. 이 그림에서 거리 L은 다음과 같은 식으로 계산할 수 있다. 단, 여기서 음속인 V는 알고 있어야 하며, 약 15℃의 공기 중에서는 약 340 m/s이다.

$$L = \frac{1}{2} \times \Delta t \times V \qquad (7\text{-}26)$$

위의 식에서 Δt를 정의하는 방법에 따라 거리 정확도가 결정된다. 거리측정에 사용하는 방법이 비행시간(Time Of Flight, TOF) 검출 방식, 포락선 검출방식, 주기인식 검출방식 등이 있다.

비행시간 검출방식은 수신된 파형의 진폭을 기준으로 임계값 이상을 신호, 이하를 잡음이라 가정하여 거리를 계산한다. 수신 신호에 잡음이 혼합되어 있으면 큰 오차가 생길 수도 있으며 잡음 신호 때문에 검출할 수 있는 거리에 제약이 많이 있다.

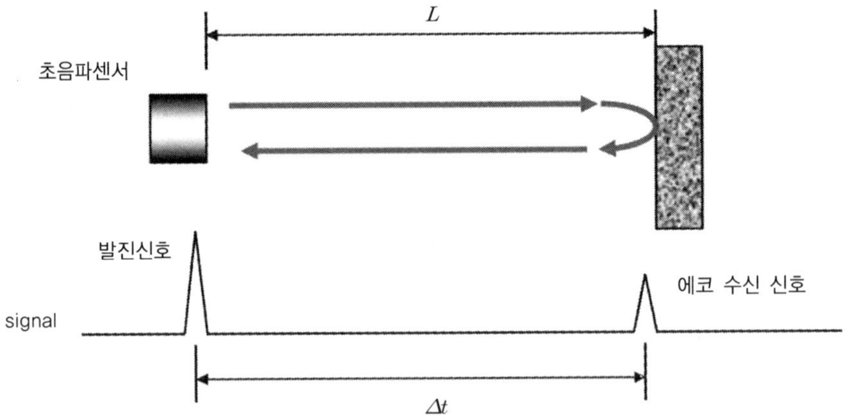

그림 7-24 BWS용 거리 측정 개념도

포락선 검출방식은 수신된 신호에서 신호의 크기에 관계없이 일정한 형태의 포락선을 가지고 있으며, 포락선의 최대 진폭점을 이용하여 수신파형의 시작점을 역으로 추적하는 방법이다. 이 방법은 비행시간 방법에 비해 정확한 결과를 얻을 수 있다.

주기인식 검출방식은 수신파형에서 발신된 신호와 같은 주파수 성분을 검출하는 방법으로 진폭의 크기와 무관하기 때문에 원리적으로는 가장 정확한 검출이 가능한 방법이다. 그러나 실제 수신된 신호에는 여러 주파수 대역의 잡음 신호가 혼재되어 있으므로 대역통과필터를 이용하여 잡음성분을 제거해야 한다.

초음파로 거리를 측정할 경우 공기 중에서 신호감쇠로 인한 검출 범위에 제약이 있으며, 측정영역을 넓히기 위해 넓은 빔폭을 사용하면 방향에 대한 불확실성이 높아진다. 반사표면과 상대각도에 의해 거리에 대한 불확실성이 생길 수 있으며, 공기의 온도와 습도 등의 주변환경에 따른 오차가 발생할 수 있다.

7.4 레이더 센서의 원리

7.4.1 레이더의 기본 원리

RF와 마이크로웨이브의 가장 큰 응용분야는 통신과 레이더/센서이다. 레이더는 영어로 RAdio Detection And Ranging의 머리글자를 따서 radar로 쓰는데, 의미는 말 그대로 무선탐지와 거리측정이라는 뜻이다. 이것은 전자파를 방사해서 목표물에서 반사되어 되돌아 온 파를 검출하는 원리이다. 레이더는 사람의 눈으로 보는 것처럼 물체의 색깔이나 형체를 구분하지는 못하지만 어둠 속이나 안개 또는 비가 오는 상황에서도 물체를 탐지할 수 있는 장점이 있다. 레이더는 기본적으로 수신기(receiver), 송신기(transmitter), 안테나로 구성되어 있다. 그림 7-25와 같이 반사된 일부 에너지가 레이더로 되돌아오는 신호를 분석한다. 목표물까지의 거리는 송신된 신호가 다시 되돌아오는 시간으로부터 계산하고, 또한 물체의 상대적인 속도는 되돌아온 신호 주파수의 도플러 변이로부터 계산할 수 있다.

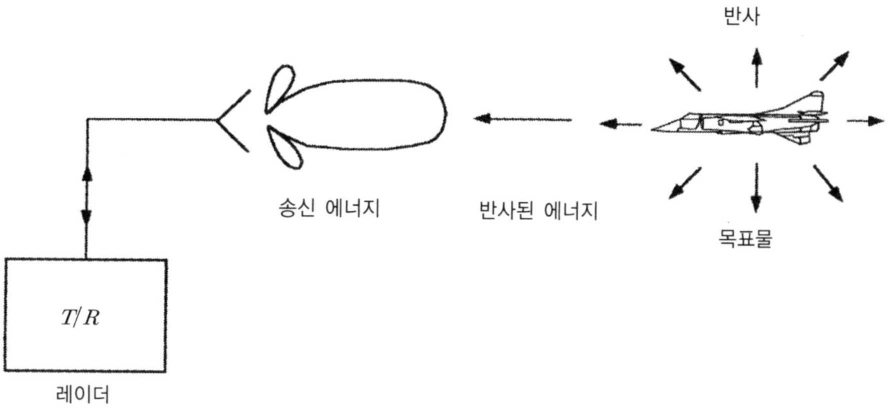

그림 7-25 레이더 시스템 개념도

레이더는 제2차 세계대전 동안에 개발되었으며, 실제적인 레이더 시스템은 MHz부터 광학적 영역까지 적용되고 있다. 오늘날 레이더는 감시용과 무기 제어용의 목적으로 군사 분야에서 가장 많이 사용되고 있다. 그렇지만 비행기, 배, 자동차 등의 내비게이션, 교통 통제, 보안분야, 기상 관측 등 민수용의 응용분야도 증가하고 있다. 레이더는 일반적으로 안테나가 높은 이득을 가지기 위해 협대역이면서 좁은 빔폭, 높은 출력 파워로 동작한다. 그러나 침입자 감지용으로 사용되는 센서용으로는 출력 파워가 매우 낮다. 레이더는 단상태(monostatic) 또는 쌍상태(bistatic) 레이더로 구분하는데, 단상태 레이더는 하나의 안테나로 송수신을 같이 하는 방식이며, 송수전환기(duplex)를 통해 송신 및 수신 신호를 구분한다. 반면 쌍상태 레이더는 송신용 안테나와 수신용 안테나를 각각 분리하여 사용하는 방식이다.

레이더 방정식은 송신기, 수신기, 안테나, 목표물, 주위환경 등의 조건에 따른 탐지거리를 결정하는 식이다. 이것은 레이더의 작동원리를 이해하는데 기본적인 방정식이다. 이 식을 유도하기 위해 그림 7-26과 같은 간단한 레이더 시스템을 고려해 보면, 레이더 시스템은 송신기, 수신기, 안테나, 송수전환기로 구성되어 있다. 송수전환기에는 스위치가 사용되는데, 송신과 수신 시간을 달리해서 사용하기 위함이다. 목표물은 비행기, 미사일, 위성, 배, 탱크, 자동차, 사람, 산, 구름, 바람, 빗방울 등이 될 수 있다. 목표물이 다르면 레이더 반사면적(radar cross section) σ가 달라진다. 그리고 이 식에서 P_t는 송신된 파워이고, P_r은 수신된 파워이다. 펄스 레이더인 경우 P_t는 펄스 파워이며, CW 레이더인 경우는 평균 파워로 보면 된다. 송수신을 위해 동일한 안테나를 사용하기 때문에 이득과 유효면적은 다음과 같다.

$$G = G_t = G_r = \frac{4\pi}{\lambda_0^2} A_{et} = \text{안테나 이득} \quad (7\text{-}27)$$

$$A_e = A_{et} = A_{er} = \eta_a A_t = \text{안테나의 유효면적} \quad (7\text{-}28)$$

이 식에서 λ_0는 자유공간에서 파장이며, η_a는 안테나의 효율, A_t는 안테나 개구 크기이다. 계산을 간단히 하기 위해 안테나의 방향과 물체 간의 방향이 정확히 일치하여 안테나 빔의 최댓값이 목

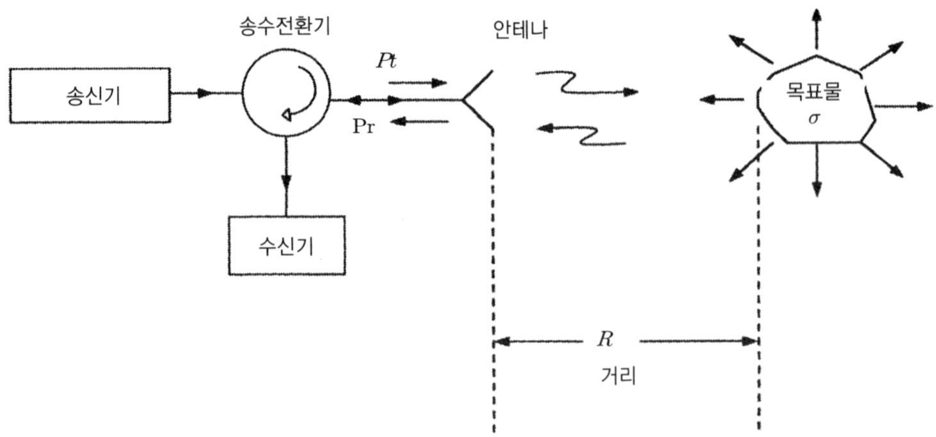

그림 7-26 기본적인 레이더 시스템

표물로 향하고 있다고 하고, 편광 불일치도 없으며, 대기에서 어떤 흡수도 일어나지 않고, 안테나부에 어떤 임피던스 불일치도 없다고 하며, 또한 목표물도 안테나의 원거리 영역(평면파로 가정할 수 있는 거리)에 있다고 가정을 하면, 등방성 안테나로부터 목표물 위치에서의 파워 밀도는 다음과 같다[101].

$$Power\,density = \frac{P_t}{4\pi R^2} \tag{7-29}$$

이득이 G_t 인 지향성 안테나를 사용하는 레이더인 경우 목표물 지점에서의 파워 밀도는 식 (7-29)에 G_t를 곱한 것과 같다. 목표물에 반사되어 되돌아오는 파워는 레이더 반사면적인 σ 만큼 영향을 받게 되는데, 레이더 반사면적은 다음과 같이 정의된 값으로 거리의 제곱 단위를 가진다.

$$\sigma = \frac{\text{레이더까지 되반사되어 온 파워}}{\text{목표물에서 파워 밀도}} \tag{7-30}$$

그러므로 목표물 지점에 반사된 파워는 다음과 같다.

$$\text{레이더 방향으로 되반사된 파워(W)} = \frac{P_t G_t}{4\pi R^2}\sigma \tag{7-31}$$

되반사된 파워는 목표물로부터 $1/4\pi R^2$ 만큼 줄어들므로 레이더 안테나로 되돌아온 파워는 다음과 같다.

$$\text{목표물에서 반사되어 레이더까지 되돌아온 파워 밀도} = \frac{P_t G_t}{4\pi R^2}\frac{\sigma}{4\pi R^2} \tag{7-32}$$

또한, 레이더까지 되돌아온 파워 중에서 안테나로 들어오는 양 P_r은 다음과 같다.

$$P_r = \text{레이더에 잡힌 되돌아온 신호 파워(W)} = \frac{P_t G_t}{4\pi R^2}\frac{\sigma}{4\pi R^2}A_{er} \tag{7-33}$$

이 식에서 A_{er} 대신에 $G_r\lambda_0^2/4\pi$로 대치하면 다음과 같다.

$$P_r = \frac{P_t G_t}{4\pi R^2}\frac{\sigma}{4\pi R^2}\frac{G_r\lambda_0^2}{4\pi} \tag{7-34}$$

단상태 레이더인 경우, $G_r = G_t$이므로 식 (7-34)는 다음과 같다.

$$P_r = \frac{P_t G^2\sigma\lambda_0^2}{(4\pi)^3 R^4} \tag{7-34}$$

식 (7-34)를 레이더 방정식이라 한다. 만약 최소 허용이 가능한 신호 파워를 $S_{i,\min}$이라 하면, 최대 측정이 가능한 거리는 식 (7-34)에서 $P_r = S_{i,\min}$로 하여 거리에 대해 다시 풀면 다음과 같다.

$$R = R_{\max} = \left(\frac{P_t G^2\sigma\lambda_0^2}{(4\pi)^3 S_{i,\min}}\right)^{1/4} \tag{7-35}$$

레이더 방정식의 또 다른 형태는 다음과 같다. $S_{i,\min}$은 레이더 수신기의 최소 입력신호 레벨인데, 수신기의 노이즈 효과를 고려한 형태로 바꿀 수 있다. 수신기의 노이즈는 다음과 같다.

$$F = \frac{S_i/N_i}{S_0/N_0} \tag{7-36}$$

여기서 그림 7-27에서와 같이 S_i와 N_i는 각각 입력신호와 잡음 레벨이며, S_0와 N_0는 각각 출력신호와 잡음 레벨이다. 그리고 $N_i = kTB$이므로 S_i에 대해서 다시 정리하면 다음과 같다. 여기서 k는 Boltzmann 상수, T는 절대온도, B는 밴드폭으로 정의된 값이다.

$$S_i = kTBF\frac{S_0}{N_0} \tag{7-37}$$

여기서 $S_i = S_{i,\min}$일 때, $S_0/N_0 = (S_0/N_0)_{\min}$이 되므로 최소 받을 수 있는 신호는 다음과 같다.

$$S_{i,\min} = kTBF\left(\frac{S_0}{N_0}\right)_{\min} \tag{7-38}$$

이 식을 식 (7-34)에 대입하면 또 다른 레이더 방정식을 얻을 수 있다.

$$R_{\max} = \left[\frac{P_t G^2\sigma\lambda_0^2}{(4\pi)^3 kTBF\left(\frac{S_0}{N_0}\right)_{\min}}\right] \tag{7-39}$$

그림 7-27 수신기의 SNR 정의

이 식에서 $(S_0/N_0)_{\min}$은 시스템 성능요구에 의해 결정된다. 좋은 검출과 낮은 오보율을 가지기 위해서는 $(S_0/N_0)_{\min}$ 값이 커야만 한다. S_0/N_0 값이 10 dB 정도이면, 검출률은 약 76%, 오보율은 약 0.1% 정도된다. 만약 S_0/N_0 값이 16 dB 정도이면, 검출률은 약 99.99%, 오보율은 10^{-4}% 정도이다.

식 (7-39)는 단일 펄스에 대해 성립되는 레이더 방정식이다. 그러나 실제 레이더 시스템은 여러 개의 펄스를 사용하기 때문에 이러한 펄스를 합하게 되면 검출률과 검출거리는 늘어나게 된다. 레이더 안테나가 빔폭으로 스캔하게 되면 목표물에 도달하는 펄스 수(n)는 다음과 같다.

$$n = \frac{\theta_B}{\theta_s} \times PRF = \frac{\theta_B}{\theta_s}\frac{1}{T_p} \tag{7-40}$$

여기서 θ_B는 레이더 안테나가 3 dB 빔폭인 각도, θ_s는 초당 스캔하는 각도 비율, PRF는 초당 펄스 반복 주파수, T_p는 주기이다. 이 식의 이해를 돕기 위해 그림 7-28과 같이 $PRF = 300$ Hz인 펄스 레이더 시스템인 경우, 3 dB 빔폭의 각도는 1.5°, 안테나의 스캔율은 5 rpm이라고 하면, 몇 개의 펄스가 목표물을 때린 후 안테나로 되돌아오는지 계산할 수 있다. $\theta_B = 1.5°$, $\theta_s = 5$ rpm $= 5 \times 360°/60$ sec $= 30°$/sec이므로 식 (7-40)에 의해 n은 다음과 같다.

$$n = \frac{1.5°}{30°/\mathrm{sec}} \times 300\mathrm{sec} = 15 \text{ pulses}$$

이러한 n개의 펄스 레이더에 목표물과 안테나의 틀어짐 정도, 편광 불일치, 안테나 빔 형태 손실, 대기흡수에 의한 손실 등의 에너지 손실 L_{sys}을 고려한 레이더 방정식은 다음과 같다.

$$R_{\max} = \left[\frac{P_t G^2 \sigma \lambda_0^2 n}{(4\pi)^3 k\,TBF(S_0/N_0)_{\min} L_{sys}}\right]^{1/4} \tag{7-41}$$

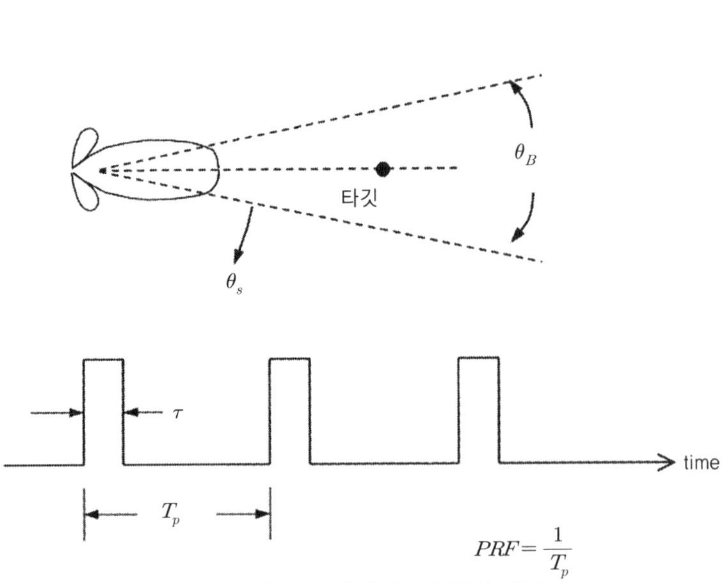

그림 7-28 n개 펄스 레이더 시스템의 개념

표 7-3 마이크로웨이브 주파수 영역에서 물체 종류에 따른 RCS

물체 종류	RCS(m^2)
일반적인 미사일	0.5
단발엔진 소형 비행기	1
4인용 소형 비행기	2
중간급 폭격기	20
점보제트기	100
소형 오픈 보트	0.02
소형 레저용 보트	2
유람용 대형 모터보트	10
픽업 트럭	200
자동차	100
자전거	2
사람	1
새	0.01
벌레	10^{-5}

식 (7-41)에 있는 레이더 반사면적 σ(Radar Cross Section, RCS)는 입력 파워 밀도 대비 되반사된 파워의 비로 정의된 것인데, RCS가 클수록 레이더로 되돌아온 파워 양도 많아진다. RCS는 목표물의 실제크기, 목표물의 형태, 목표물의 재질, 입력 파동의 편광과 주파수, 목표물에 대한 입력 및 반사 각도 등에 의해 결정된다. 직관적으로 물리적인 크기가 클수록 RCS는 커진다. 또한 목표물의 형상도 중요한 요인인데, 난반사시키는 형태로 되어 있으면 RCS는 작아진다. 보통 스텔스기는 입력 파동을 난반사시키는 구조로 되어 있다. 재질도 중요한데, 나무나 플라스틱의 경우는 반사가 작아 RCS가 작으며, 금속 물체는 RCS가 크다. 주파수가 높을수록 RCS도 커진다. 대표적인 물체의 RCS값은 표 7-3과 같다.

7.4.2 펄스 레이더

펄스 레이더는 그림 7-29와 같이 직사각형 펄스를 연속으로 송신하고, 각 펄스는 마이크로웨이브 신호의 짧은 버스트로 이루어져 있다. 각 펄스의 폭은 τ이고, 반복 주기는 $T_p = 1/f_p$이며, f_p는 펄스 반복 주파수이다. 반복률(duty cycle)은 다음과 같다.

$$\text{Duty Cycle} = \frac{\tau}{T_p} \times 100\% \tag{7-42}$$

평균 파워 P_{av}는 피크 펄스 파워 P_t와 다음과 같다.

$$P_{av} = \frac{P_t \tau}{T_p} \tag{7-43}$$

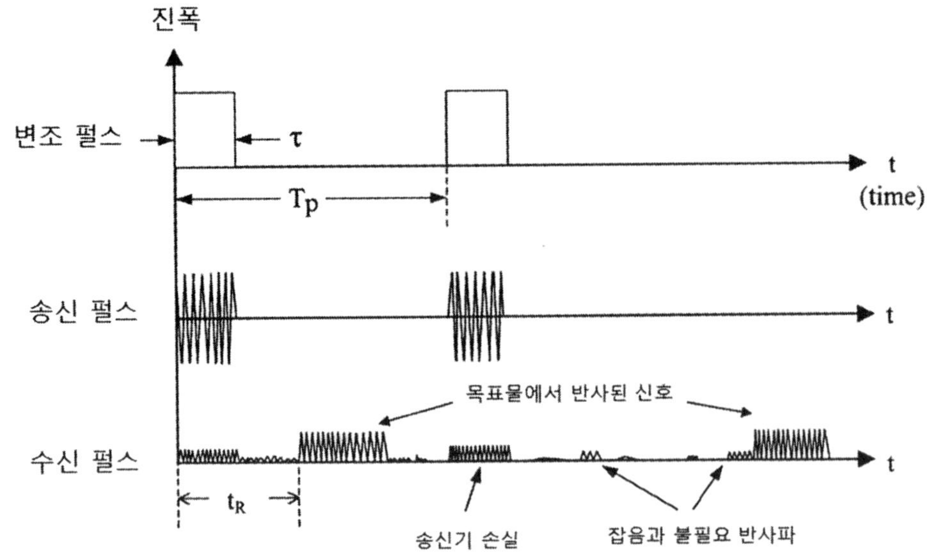

그림 7-29 펄스 레이더의 변조, 송신, 반사되어 수신된 펄스

송신된 펄스는 목표물을 맞은 후 거리에 따라 다르지만 일정 시간 t_R 후에 레이더로 되돌아온다. 여기서 t_R은 펄스 마이크로웨이브 신호의 왕복 이동시간이다. 따라서 목표물 거리는 빛의 속도 c를 이용해서 계산할 수 있다.

$$R = \frac{1}{2} c t_R \tag{7-44}$$

혼란을 피하기 위해 T_p 시간은 최대 t_R은 시간을 고려해서 이보다는 길게 설정해야 하며, 혼란을 피할 수 있는 최대 거리는 다음과 같다.

$$R'_{max} = \frac{c T_p}{2} = \frac{c}{2 f_p} \tag{7-45}$$

여기서 주기 T_p를 증가시키거나 f_p를 줄이면 최대 측정거리 R'_{max}는 늘어나게 된다. 보통 f_p는 100 Hz~100 kHz 정도로 설정해서 사용한다. 그리고 출력 피크 신호대 평균 잡음 파워 비가 최대가 되도록 필터를 설계한다. 수신기의 필터 정합을 위해 일반적으로 밴드폭 B는 $B\tau \doteqdot 1$이 되도록 설계해서 사용한다.

7.4.3 연속파 레이더 또는 도플러 레이더

연속파(Continuous Wave, CW) 레이더 또는 도플러(Doppler) 레이더는 레이더의 간단한 종류이다. 이것은 움직이는 물체를 탐지할 수 있으며 물체의 속도도 알 수 있다. 도플러 효과는 음파 및 광학에서 잘 알려져 있는 원리이며, CW 레이더의 기본 개념이다. 그리고 CW 레이더는 펄스 변조가 필요없기 때문에 펄스 레이더에 비교해서 상대적으로 간단하다.

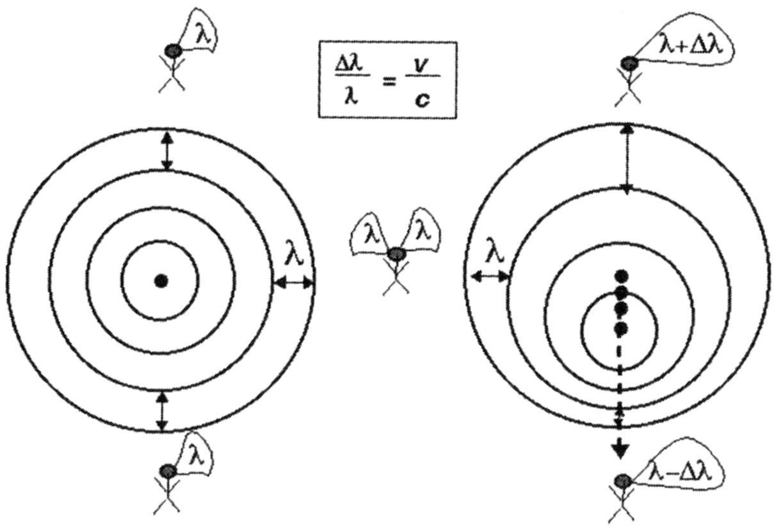

(a) 소스가 정지해 있을 때　　　　(b) 소스가 한쪽 방향으로 움직일 때

그림 7-30 도플러 효과

도플러 효과(Doppler effect)는 1842년 오스트리아 물리학자인 Christian Doppler가 이중성의 빛에 관하여 별의 운동방향과 색의 변화를 연구하던 중에 처음 발견했다. 그림 7-30(a)와 같이 음원의 소스가 정지해 있을 때 모든 방향에서의 파장 λ는 일정하다. 그러나 그림 7-30(b)와 같이 소스가 한쪽 방향으로 움직이게 되면 다가가는 쪽에서의 파장은 짧아지고, 멀어지는 쪽의 파장은 커지는 현상을 도플러 효과라 한다. 기차가 기적을 울리면서 접근해 올 때 기적 소리는 높게 들리지만 기차가 눈앞을 지나가면 낮아진다. 이와 같이 파원의 진동수가 파원이나 관측자의 운동 상태에 따라 파원이 내고 있는 진동수와 다르게 관측된다. 도플러 효과는 음파에만 아니라 다른 모든 파동에 대해서도 일어나는 현상이다.

정지해 있는 관측자 쪽으로 속도 v[m/s], 진동수 f_0[Hz]의 음을 내는 소스가 속도 v_s[m/s]로 접근하는 경우를 생각해 보면, 어느 순간에 음원에서 나온 음파의 마루는 1초 사이에 v만큼 진행한다. 이 사이에 음원도 v_s만큼 진행하고 음파의 마루가 f_0개만큼 생긴다. 음원이 진행하는 방향에서는 $v-v_s$ 사이에 마루가 f_0개 있으므로, 이 순간의 파장은 $\lambda_1=(v-v_s)/f_0$가 되어 음원이 정지하고 있을 때보다 짧아진다. 그러나 파의 진행속도는 변하지 않으므로 관측자 입장에서 그 음의 진동수는 다음과 같다.

$$f_1=\frac{v}{\lambda_1}=\frac{v}{v-v_s}f_0 \tag{7-46}$$

즉, 진동수가 증가되어 실제의 음보다 높은 소리로 들리게 된다. 반대로 음원이 멀어질 경우에는 다음과 같다.

$$f_2=\frac{v}{v+v_s}f_0 \tag{7-47}$$

다음에는 음원과 관측자가 모두 운동할 때 음원에서 관측자 쪽으로 가는 방향을 양으로 하여 속도를 각각 v_s, v_0라고 하면 관측자에서 측정되는 진동수는 다음과 같다.

$$f_3 = \frac{v - v_0}{v - v_s} f_0 \quad (7\text{-}35)$$

이상은 광원의 움직임에 따라 광원에서 나오는 진동수의 변화를 살펴 보았다. 이를 관측하기 위해 관측자가 마이크로웨이브를 송신해서 움직이는 목표물에 반사되어 온 주파수의 변화량을 관측함으로써 목표물의 속도를 예측할 수 있다. 이 경우 도플러 효과에 의한 주파수 변이는 다음과 같다.

$$f_d = \frac{2}{\lambda_0} v_r = \frac{2v_r}{c} f_0 \quad (7\text{-}48)$$

여기서 f_0는 송신되는 신호의 주파수, c는 빛의 속도, v_r은 목표물의 상대적인 속도이다. 일반적으로 v_r은 빛의 속도 c보다 매우 작으므로 f_0가 높은 주파수가 아니면 f_d는 매우 작아지기 때문에 마이크로웨이브 영역의 주파수를 사용한다. 그러므로 수신된 신호 주파수는 $f_0 \pm f_d$가 되며, (+) 부호는 목표물이 다가온다는 것이고, (–) 부호는 멀어져 간다는 뜻이다. 간단한 하나의 예제로 경찰이 10.5 GHz의 스피드건으로 100 km/h로 움직이는 자동차의 속도를 측정한다고 하면, 도플러 주파수 변이는 얼마일까? 이것은 식 (7–48)에 의해 간단히 계산할 수 있다.

$$f_d = \frac{2v_r}{c} f_0 = \frac{2 \times (100\,\mathrm{km/h})}{3 \times 10^8\,(\mathrm{m/s})} \times 10.5 \times 10^9\,\mathrm{Hz} = 1{,}944\,\mathrm{Hz}$$

CW 레이더의 출력 파워는 송신기와 수신기 사이에 간섭이 일어나지 않도록 하는 수준으로 제한된다. 펄스 레이더와 달리, CW 레이더 송신기는 수신기가 신호를 받는 도중에도 동작을 한다. 이때 송신기의 잡음이 수신기쪽으로 전이되어 수신기의 민감도를 떨어뜨릴 수 있다. 이런 이유 때문에 CW 레이더는 짧은 거리용으로 사용된다. 두 개의 안테나 시스템을 사용하면 송신기와 수신기 사이의 분리를 확실히 하여 거리를 늘릴 수는 있으나 시스템이 매우 복잡하게 된다. 그림 7–31에 한 개 안테나를 사용한 CW 레이더와 두 개 안테나를 사용한 CW 레이더 시스템의 블록 개념도를 비교하였다. CW 레이더는 물체의 속도 측정용에 사용될 수 있지만, 송신되는 파동부에 어떠한 시간 정도도 없기 때문에 거리 정보를 알 수가 없다. 이러한 문제점을 보완한 것이 주파수 변조형 CW 레이더이다.

7.4.4 주파수 변조형 연속파 레이더

앞서 설명되었듯이 CW 레이더의 단점을 보완하기 위해 고안된 방법이 주파수 변조형(frequency modulated) CW 레이더이다. 거리 측정을 위해서는 되돌아 온 파의 시간을 알 수 있는 시간 정보 부분이 필요하다. CW 레이더는 단일 주파수 신호를 송신하고 매우 좁은 주파수 스펙트럼을 갖고 있다. 시간 정보를 넣으려면 어느 정도 스펙트럼이 넓어야만 진폭, 주파수, 위상변조 등의 응용이 가능하다.

펄스 레이더는 시간정보를 위해 진폭이 변조된 파형을 사용하였다. 주파수 변조는 거리 측정을

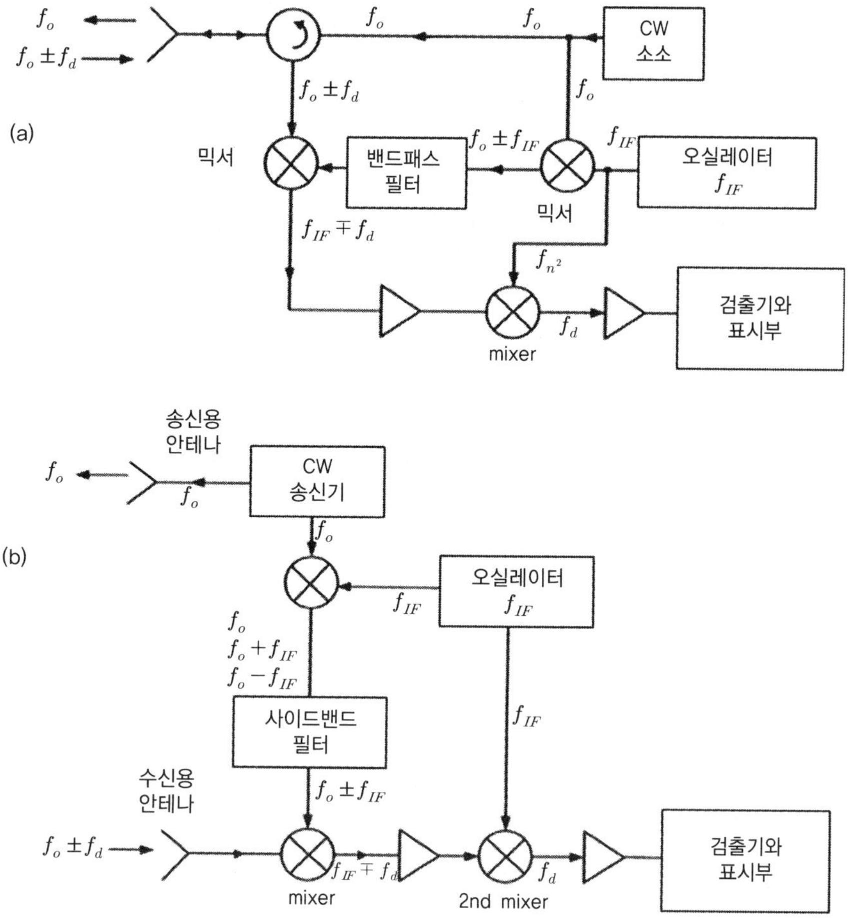

그림 7-31 민감도를 향상시키기 위해 고감도수신장치를 사용한 CW 레이더

위해 CW 레이더에 적용된 기술이다. 시간정보를 위해서는 주파수 변화가 필요한데, 송신시간은 송신신호와 수신신호 사이 주파수 차이로부터 계산할 수 있다. 그림 7-32는 FMCW 레이더의 블록도인데, 전압제어형 오실레이터(Voltage-Controlled Oscillator, VCO)로 FM 신호를 만들고, 송신기와 수신기의 간섭을 최소화하기 위해 두 개의 안테나 시스템을 예로 들었다.

되돌아온 신호는 $f_1 \pm f_d$ 인데, (+) 부호는 목표물이 레이더 쪽으로 오고 있는 것이며, (-) 부호는 멀어져 가는 것을 의미한다. 물체가 정지해 있는 경우와 움직이고 있는 경우에 대해 생각해 보자.

① 물체가 정지해 있는 경우 : 이 경우 도플러 효과에 의한 주파수 편이는 없는 경우이다. 즉, $f_d = 0$이다. 만약 송신기 주파수가 그림 7-33의 실선과 같이 시간에 따라 선형적으로 변한다고 하면, 수신기에서 받은 신호는 t_R 또는 $t_2 - t_1$ 시간 후인 점선과 같게 된다. 여기서 시간차 $t_R = 2R/c$가 된다. 시간 t_1일 때 송신기는 주파수 f_1의 신호를 방사하게 되고, 이 신호는 시간 t_2일 때 수신되는데, 이때의 주파수는 f_2로 변하게 된다. 그리고 주파수가 근접한 두 주파

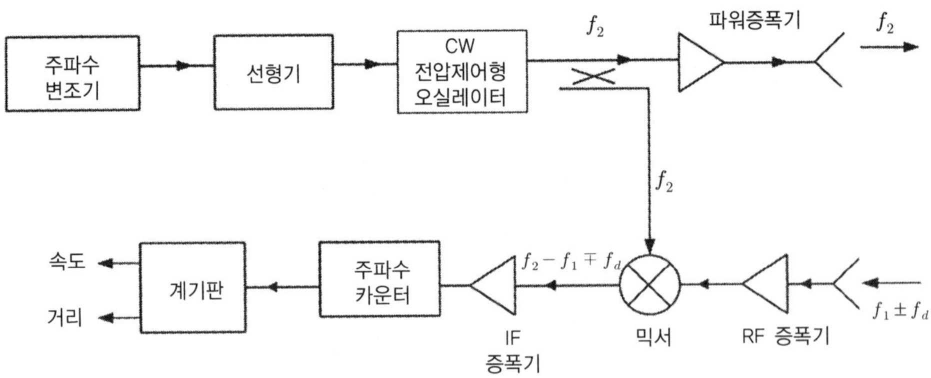

그림 7-32 FMCW 레이더의 블록도

수의 진동을 겹칠 때 양 주파수의 차로 진동하는 파가 생기는데, 이것을 비트 주파수라 하는데, f_2와 f_1을 믹서기에 의해 생성된 비트 주파수는 $f_2 - f_1$ 주파수가 된다. 물체는 정지해 있으므로 비트 주파수(f_b)는 오직 거리에 의한 요소만 가지고 있게 된다. 그러므로 $f_R = f_b = f_2 - f_1$이 된다. 그림 7-34의 작은 삼각형에서 주파수 변화율은 이 삼각형의 기울기와 같다.

$$f = \frac{\Delta f}{\Delta t} = \frac{f_2 - f_1}{t_2 - t_1} = \frac{f_b}{t_R} \tag{7-49}$$

주파수 변화율은 변조율로부터 계산할 수 있다. 그림 7-33에서 주기 T_m 동안에 주파수는 $2\Delta f$ 만큼 변한다. 그리고 변조율인 f_m을 이용하면, $T_m = 1/f_m$이므로 주파수 변화율은 다음과 같이 쓸 수 있다.

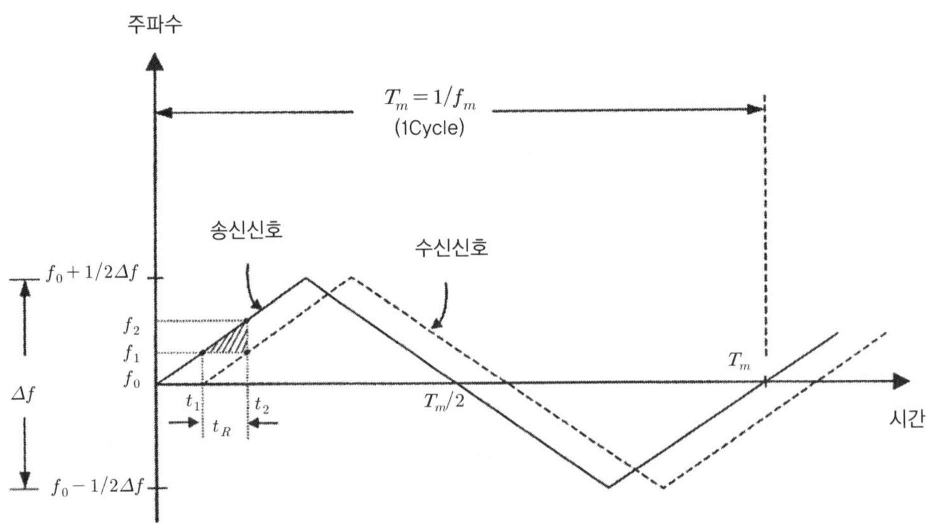

그림 7-33 정지해 있는 물체에 대한 삼각형 주파수 변조형 FMCW 레이더

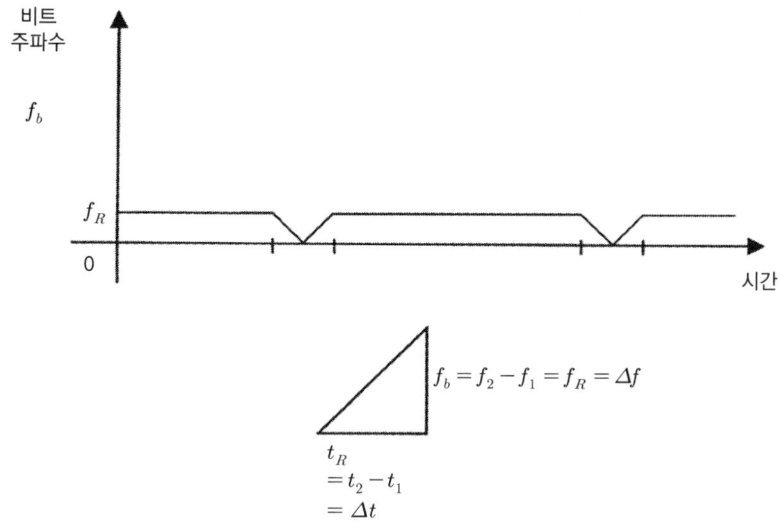

그림 7-34 그림 7-33의 시간에 따른 비트 주파수 변화

$$f = \frac{2\Delta f}{T_m} = 2f_m \Delta f \tag{7-50}$$

식 (7-49)와 식 (7-50)으로부터 비트 주파수는 다음과 같다.

$$f_b = f_R = t_R f = 2f_m t_R \Delta f \tag{7-51}$$

여기서 $t_R = 2R/c$로 대체하면 다음과 같다.

$$R = \frac{cf_R}{4f_m \Delta f} \tag{7-52}$$

레이더 시스템을 디자인 할 때 시간의 함수인 주파수 변화는 알고 있으므로, 식 (7-52)에서 변조율이 f_m과 변조범위인 Δf는 알고 있는 값이다. 그러므로 수신시간인 t_2에서 비트 주파수인 f_R만 측정하면 물체까지의 거리를 알 수 있게 된다.

② 물체가 움직이는 경우 : 물체가 움직이는 경우는 도플러 주파수 변이가 비트 주파수에 포함되는 경우이다. 이 경우 거리 정보와 도플러 효과를 분리해야 한다. 이 경우 $f_d \neq 0$ 이므로 믹서기에 나온 출력 주파수는 그림 7-32에서와 같이 $f_2 - f_1 \mp f_d$가 된다. 여기서 (−) 부호는 물체가 레이더 방향으로 움직이고 있다는 뜻이며, (+) 부호는 레이더로부터 멀어지는 방향으로 움직이고 있다는 뜻이다.

그림 7-35(b)는 레이더쪽으로 물체가 움직이는 경우의 파형이다 비교를 위해 그림 7-35(a)는 물체가 정지해 있는 경우의 파형인데, 두 그래프에서 차이가 있음을 직감적으로 알 수 있다. 주파수가 증가하는 주기 동안, 비트 주파수는 다음과 같다.

$$f_b(up) = f_R - f_d \tag{7-53}$$

그리고 주파수가 감소하는 주기 동안의 비트 주파수는 다음과 같다.

$$f_b(down) = f_R + f_d \tag{7-54}$$

거리 정보는 f_R에 있는데, 식 (7-41)과 식 (7-42)로부터 알 수 있다.

$$f_R = \frac{1}{2}\left[f_b(up) + f_b(down)\right] \tag{7-55}$$

따라서 거리 정보는 다음 식에서 계산할 수 있다.

$$R = \frac{cf_R}{4f_m \Delta f} \tag{7-56}$$

물체의 속도 정보는 도플러 주파수로부터 계산할 수 있다.

$$f_d = \frac{1}{2}\left[f_b(down) - f_b(up)\right] \tag{7-57}$$

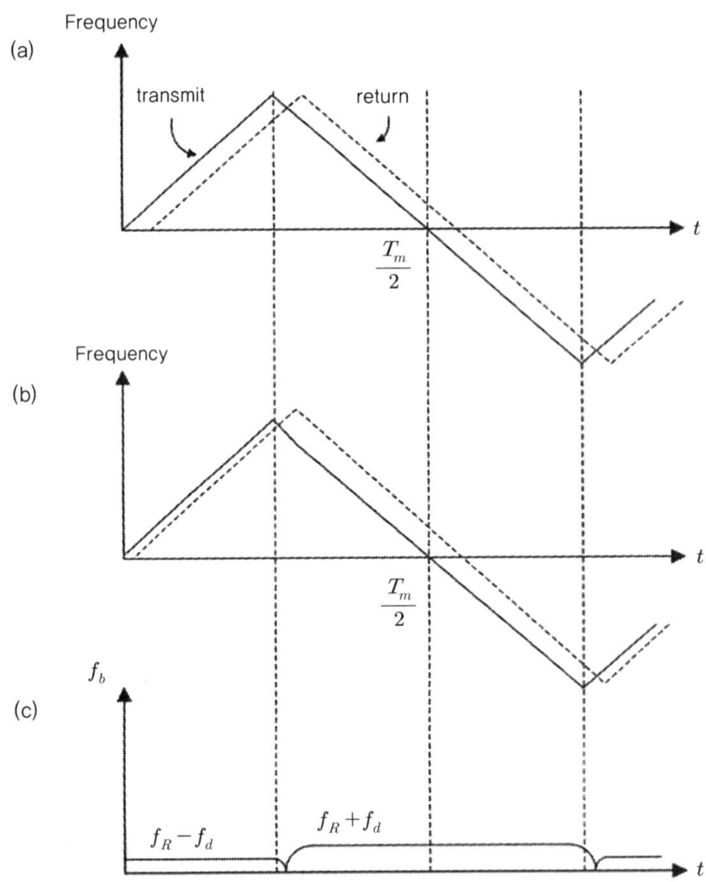

그림 7-35 움직이는 물체에 대한 파형: (a) 정지해 있는 경우, (b) 레이더쪽으로 움직이는 경우의 파형, (c) 레이더쪽으로 움직이는 경우의 비트 신호

이 값으로부터 속도는 다음 식에서 계산할 수 있다.

$$v_r = \frac{cf_d}{2f_0} \tag{7-58}$$

간단한 방법으로 물체가 레이더쪽에서 멀어지는 방향으로 움직이는 경우에 대해서도 같은 방법으로 계산할 수 있다.

$$f_b(up) = f_R + f_d \tag{7-59}$$

$$f_b(down) = f_R - f_d \tag{7-60}$$

FMCW 레이더 방식을 이용한 고도계에 대한 개념은 그림 7-36과 같다. 그림에서와 같이 송신 주파수는 4.2 GHz~4.4 GHz까지 선형적으로 변조된다. 변조 주파수가 10 kHz일 때 되돌아온 비트 신호의 주파수가 20 MHz로 검출되었다고 하면, 이 비행기의 고도는 얼마일까?

계산을 쉽게 하기 위해서 레이더는 지상으로 직하방향($\theta = 90°$)으로 보고 있다고 하면,

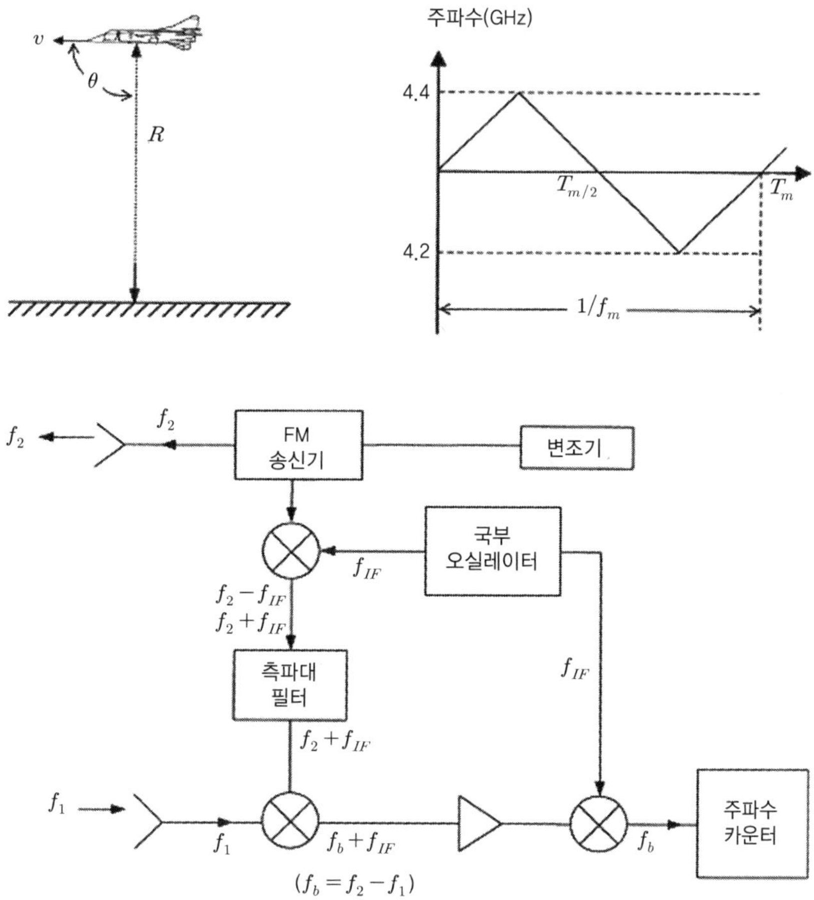

그림 7-36 FMCW 레이더의 고도계 응용 및 파형

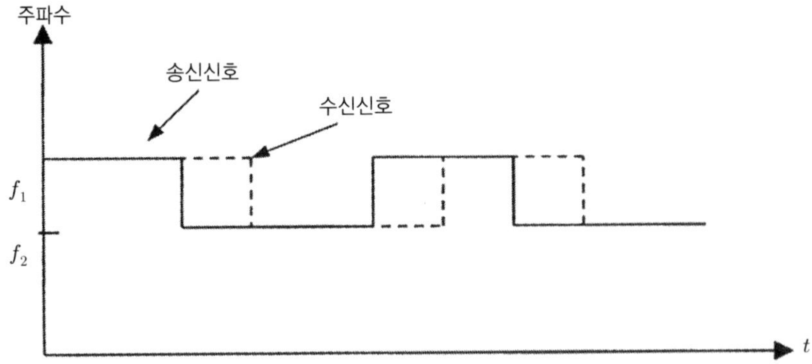

그림 7-37 계단형 주파수 변조 파형

$v_r = v\cos\theta = 0$가 된다. 파형정보로부터 $f_m = 10\,\text{kHz}$, 그리고 $\Delta f = 200\,\text{MHz}$, 비트 주파수 $f_b = 20\,\text{MHz} = f_R$이므로, 식 (7-44)로부터 거리를 계산할 수 있다.

$$R = \frac{cf_R}{4f_m \Delta f} = \frac{3\times10^8\,(\text{m/sec})\times 20\times10^6\,(\text{Hz})}{4\times10\times10^3\,(\text{Hz})\times200\times10^6\,(\text{Hz})} = 750\ \text{m}$$

여기서 만약 레이더 안테나가 수직으로 향하지 않으면, 즉 $\theta \neq 90°$인 경우는 도플러 효과가 생기므로 거리와 속도를 계산할 수 있다.

이상에서 언급한 FMCW 레이더의 파형은 계산과 이해를 높이기 위해 이상적으로 완벽한 선형적인 곡선을 가진 것으로 가정한 것이다. 실제적으로는 선형에서 약간 벗어난 오차를 가지고 있으며, 이러한 오차정도가 거리계산을 할 때 정확도와 정밀도를 결정짓게 된다. 선형성을 좋게 하는 선형기(linearizer)는 전압제어형 오실레이터와 선형 주파수를 튜닝해주기 위해 공급하는 버랙터(varactor) 전원공급부 사이에 위치해서 사용한다. 이러한 선형적인 주파수 파형 이외에도 다른 형태의 주파수 파형도 사용한다. 그림 7-37은 시간에 따른 계단형 주파수 변조의 경우이다. 비트 신호는 송신 신호와 되돌아온 수신 신호의 주파수 차이에서 생성된다.

7.5 RFID의 원리

7.5.1 RFID의 정의

무선인식기술(RFID) 시스템이란 마이크로 칩을 내장한 태그(tag)에 저장된 데이터를 무선주파수를 이용하여 리더(reader)에서 자동인식 처리하는 기술이다. 비접촉식으로 여러 개의 태그를 동시에 인식할 수 있고, 인식 시간이 짧고, 태그에 대용량의 데이터를 저장할 수 있으며, 반영구적 사용이 가능한 장점을 가지고 있다. 이러한 장점으로 기존의 바코드나 자석띠 시스템의 단점 보완이 가능하므로 전자화폐, 물류관리, 국방, 의료, 유통, 건설, 제조, 행정, 보안시스템 및 서비스 등 매우 다양한 분야로 급격히 확산하고 있다. 이러한 RFID 태그는 궁극적으로 모든 사물에 ID를 부여하게 되어 사물의 자동인식이 가능해지며 이들 간의 상호 통신 네트워크 형성이 가능하므로 USN(Ubiquitous Sensor Network) 형태로 발전해 가고 있다.

7.5.2 RFID의 동작원리

기본적인 동작원리는 RFID 태그의 안테나와 리더의 안테나가 전파를 이용, 데이터를 주고받는 통신을 수행하는 것이다. RFID 태그 안에 내장된 IC칩이 기동하여 칩 안의 정보를 신호화하여 태그의 안테나로 신호를 발신한다. 리더는 태그로부터 발신된 정보 신호를 안테나를 통하여 수신하여 유무선 통신방식에 의해 서버로 전달되며, 서버의 응용프로그램에 따라 서비스를 이용하는 원리이다[102].

RFID는 ISO18000의 규정에 따라 태그의 전원 공급방식에 따라 수동형과 능동형 두 가지로 나눌 수 있다. 수동형 태그는 리더의 안테나로부터 전자기 유도 에너지로부터 전원을 공급받아 정보를 교환하는 원리이며, 능동형 태그는 태그 내부의 전원을 이용해서 전자기(electromagnetic) 방식으로 정보를 교환하는 원리이다. 따라서 수동형은 통신거리가 짧고 능동형은 통신거리가 길다. 그리고 사용하는 주파수도 정해져 있는데, 125 KHz/135 KHz, 13.56 MHz, 433.92 MHz, 860~960 MHz, 2.45 GHz 등 총 5개 주파수 대역을 사용하도록 전파법에 따라 정해져 있다. 태그 주파수별 특성을 표 7-4에 정리하였다.

2003년 하반기 EU에서는 125/134 KHz용 RFID 태그를 사육 양과 염소에 부착하는 것을 의무화하는 법안을 발표했으며, 그외 가축에 대해서도 태그사용을 권장하고 있다. 그리고 출입보안용으로 이 파장 대역의 태그를 주로 사용하였으나, 최근 13.56 MHz가 스마트카드의 공통부분이 많아 점점 이쪽으로 대체되고 있다. 미국 국방부에서 UHF와 마이크로웨이브 태그를 국방조달 물품에 대해 의무화하면서 사용이 확대되고 있다.

표 7-4 RFID 태그 주파수별 특성 비교

구분	LF	HF	UHF	UHF	Microwave
	125/134 KHz	13.56 MHz	433.92 MHz	860~960 MHz	2.45 GHz
표준화	ISO18000-2	ISO18000-3	ISO18000-7	ISO18000-6	ISO18000-4
전원공급	수동형	수동형	능동형	능동/수동형	수동/능동형
Data rate	1 kbit/s	25 kbit/s	30 kbit/s	30 kbit/s	100 kbit/s
인식 거리	~0.5 m	~1.0 m	~100 m	~10 m	~1 m
적용 분야	출입통제 동물 ID	교통카드 출입통제	컨테이너 관리	자동통행료 징수	여권, 신분증
특성	물은 투과하나, 금속은 투과하지 못함		물과 금속 투과 못함	많은 정보저장	높은 데이터 전송률
인식속도	저속			고속	
환경영향	강인			민감	
태그크기	대형			소형	

RFID 시스템의 핵심기술은 태그를 구성하고 있는 IC칩, 안테나, 패키징으로 구성되는데, 칩에는 사물의 식별코드나 정보를 저장하며, 리더의 요청에 의해 또는 상황에 따라 스스로 외부에 자신의 정보를 전송 및 수신하기 위한 안테나가 있으며, 패키징은 적용 분야에 따라 다양한 형태 및 재질로 만들어진다.

경제성을 가지려면 저가격, 초소형, 고기능의 RFID 태그 구현을 위해서는 칩, 안테나 및 패키징 등의 가격이 전반적으로 내려가야 하는데, 현재 칩의 가격이 태그 가격의 약 40%를 차지하고 있다. 저가실현을 위해서는 칩을 소형화하고 패키징 가격을 줄이는 새로운 기술개발이 필요하며, 이 분야에 대해 지속해서 연구가 진행되고 있다.

태그는 RFID 시스템 단말기인 리더와의 에너지 결합방식에 따라 동작원리가 구분된다. 그림 7-38(a)의 상호유도(inductively coupled) 방식은 현재 대부분의 저주파 RFID에서 적용되는 원리로서 전원에너지 및 데이터 전송이 코일 루프 안테나 전류에 의해 형성되는 자계에너지에 의해 전송된다. 즉, 구동전류에 의해 리더의 안테나에서 발생한 전력에너지는 자기장을 형성하며 자기장 영역에 있는 태그는 자기장의 변화에 의한 전류가 유기되어 이로 인한 전압이 발생한다. 이 경우에 태그는 요구되는 최소 전력을 리더에서 수신받게 된다. 수신된 전력에 의해 동작하는 태그는 자체 데이터 송출을 동일한 원리에 의해 리더에 전달하게 되는데, 태그에 흐르는 전류는 미약 전류이므로 리더에 전송하는 거리는 매우 근거리이다.

반면 그림 7-38(b)의 전자기파(electromagnetic wave) 방식은 RF 전파방식으로서 전파통신, 레이더와 같이 전파전송 원리를 응용한 것이다. 즉, 리더에서 전송되는 마이크로파 전기장 신호를 태그가 반사하며, 반사된 신호를 리더가 수신하는 레이더의 원리와 유사하다. 이 경우에 태그에서 반사하는 신호는 리더의 반송파 주파수 신호를 태그의 ID 데이터 정보에 의해 변조하여 백스캐터(back-scatter)하게 되며 리더는 변조되어 수신된 신호를 복조하여 태그의 ID 정보를 해독한다. UHF 이상의 RF 전파신호로서 데이터 전송속도가 높고 인식거리도 저주파 RFID와 달리 크게 증가한다. 이 경우에 태그의 동작 전원은 원거리에서 수신된 RF 전파를 정류하여 사용하므로 인식거리를 증대하려면 리더의 출력이 크거나 태그의 전력소모가 적어야 한다.

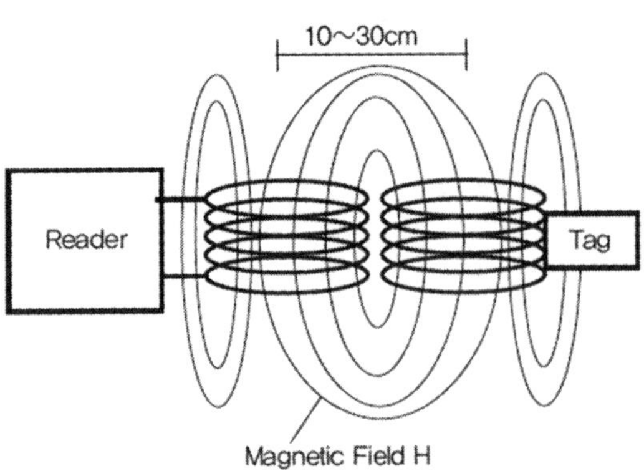

(a) 상호유도(inductively-coupled) 방식

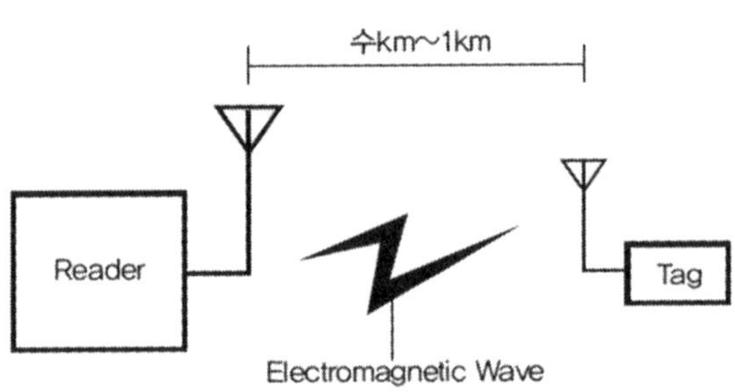

(b) 전자기파(electromagnetic-wave) 방식

그림 7-38 RFID 시스템 결합 방식

7.5.3 RFID 표준화 현황

RFID 관련은 ISO/IEC에서 분야별로 기술 표준화를 진행하였으며, 관련 기업들은 이 표준화에 맞추어서 제품 및 기술을 활용하고 있다. RFID 관련한 전반적인 기술 표준 요약은 그림 7-39와 같다. 태그의 식별코드 관련, 태그와 리더 간의 무선 인터페이스(air interface) 관련, 리더와 호스트 인터페이스 관련, 분야별 응용관련 등의 영역으로 표준화가 정립 및 진행 중에 있다. 국제표준화기구(ISO, International Organization for Standadization)는 1947년에 설립된 기구이며, 국제전기기술위원회(IEC, International Electrotechnical Commission)는 1906년에 설립된 기구이다. EPCglobal은 2003년 전기제품 코드의 표준화를 위해 설립된 조직이며, 현재는 RFID의 국제표준과 EPCglobal 네트워크를 통한 인터넷 통신 사용표준에 집중하고 있다. RFID 관련해서 1996년 3월 ISO와 IEC에서 워크그룹을 만들어 표준화를 공동으로 진행하였다.

IC 카드가 보급되면서 H/W뿐만 아니라 S/W 측면에서도 표준화가 요구되었다. IC 카드의 표준화는 ISO 및 IEC에 의해 표준화 작업이 진행되고 있다. ISO/IEC JTC1 SC17에서는 IC 카드형에 국한된 RFID 표준화 작업을 하였으나 자동인식 용도를 위한 표준화 규격은 아니다. 이를 위해 ISO/IEC JTC1에서는 자동인식 용도의 바코드, 2차원 심벌의 표준화를 수행하는 SC31이 있으며, 1998년에 ISO/IEC JTC1 SC31/WG4에서 무선태그의 표준화를 수행하여 통신방식에 따른 RFID 규격에 관한 내용을 정리하면 표 7-5와 같다[103, 104].

ISO/IEC15961은 애플리케이션과 리더/라이터기 간의 애플리케이션 커맨드와 데이터 포맷을 규정하고 있으며, ISO/IEC15962는 리더/라이터의 논리 메모리와 태그 드라이버를 규정하고 있다. ISO/IEC15963은 RFID에 사용되는 고유 ID에 대해 규정한 것이며, 고유 ID는 RFID에서 사용되고 있는

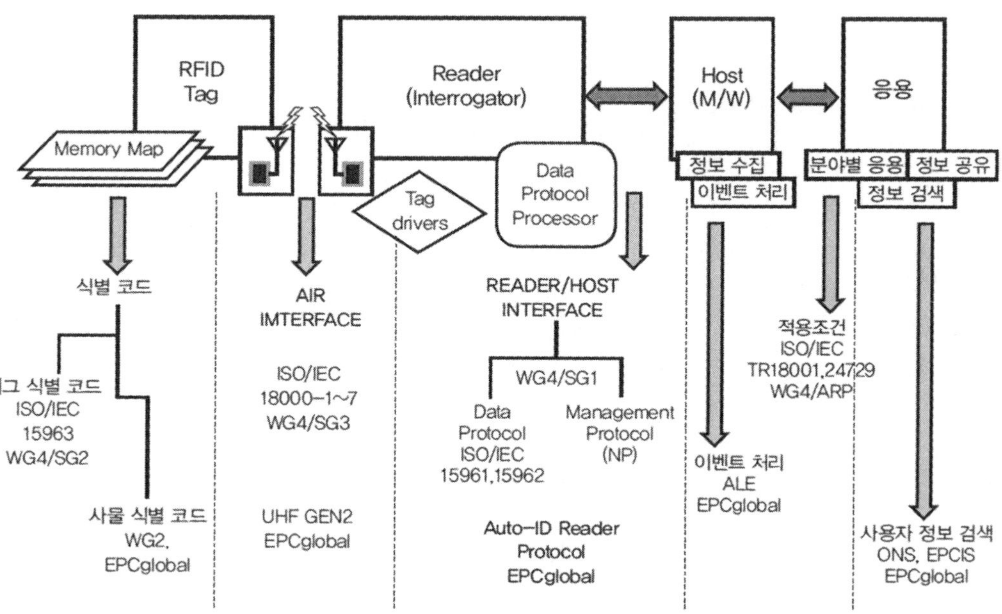

그림 7-39 RFID 기술 구성요소 및 표준화 현황

표 7-5 RFID 규격(2004년 10월 심의기준)

규격명	규격 개요		심의 상황
ISO/IEC15961	애플리케이션 기능		IS : 국제규격
ISO/IEC15962	데이터 코드화 규칙 및 논리 메모리 기능		IS : 국제규격
ISO/IEC15963	고유 ID		IS : 국제규격
ISO/IEC18000	Air Interface		
	18000-1	규격화 파라미터	IS : 국제규격
	18000-2	135 KHz	IS : 국제규격
	18000-3	13.56 MHz	IS : 국제규격
	18000-4	2.45 GHz	IS : 국제규격
	18000-5	5.8 GHz	불성립
	18000-6	860 ~ 930 MHz(UHF)	IS : 국제규격
	18000-7	433.92 MHz	IS : 국제규격
ISO/IEC18001	애플리케이션 요구 조건		TR : 테크니컬리포트
ISO/IEC24729	애플리케이션 요구 조건		TR : 테크니컬리포트
ISO/IEC24710	Elementary Tag		IS : 국제규격

IC칩의 품질관리 이력 및 RFID의 복수 동시 읽기에 대한 충돌방지(anti-collision)에 이용된다. 그리고 ISO/IEC 18000은 태그와 리더기 사이의 무선접속(air interface)에 대한 규격이다. 비접촉 IC 카드에 관해서는 표 7-6에서처럼 물리적인 형상을 규정하고 있지만, RFID 태그는 형상이 자유로우므

표 7-6 IC카드의 국제 표준화

형식	접점형	비접촉형		
		밀착 결합	근접 결합	인접 결합
표준서 번호	ISO/IEC 7816	ISO/IEC 10536	ISO/IEC 14443	ISO/IEC 15693
통신거리	접촉 통신	~1 mm	~20 cm	~1 m
통신 주파수	3.57 MHz	4.92 MHz	13.56 MHz	13.56 MHz
통신 방식		전자결합 정전결합	전자유도	전자유도
초기 통신 속도	9.6 kbps~	9.6 kbps~	106 kbps~	26 kbps~
파트 1	물리적 특성			
파트 2	단자의 형상과 위치	결합영역의 치수 및 위치	전파출력과 신호 인터페이스	전파 인터페이스
파트 3	전기신호와 전송 프로토콜	전기신호 및 리셋절차	초기화 및 충돌방지	충돌방지와 전송프로토콜
파트 4	공통 코멘트	–	전송 프로토콜	공통 코멘트
크기	$54 \times 85.6 \times 0.76\ mm^3$			

표 7-7 ISO/IEC15962 태그 가상 메모리 구조

영역	항목		크기 (byte)
시스템 영역	Tag ID		256 bytes 이하
	물리적 블록 크기		1 byte
	블록 개수		1 bytes 이상
	Application Family ID	Application Family	4 bit
		Application Sub Family	4 bit
	Storage Format	Access Method	2 bit
		reserved for future use	1 bit
		data Format	5 bit
사용자 영역	사용자(Application) 메모리		

로 물리적인 규격은 정해져 있지 않고, 태그와 리더기 간의 통신방식이 중심이다.

태그의 가상 메모리 구조는 ISO/IEC15962 표준에 의해 표 7-7과 같이 시스템 영역과 사용자 영역으로 나누어 정의되어 있다. 시스템 영역은 시스템 정보가 저장되는 공간으로 리더기와 태그 간 통신이 설정되는 시점에 해당 정보가 리더기로 전달되며, 사용자 영역은 사용자의 필요 때문에 사용되는 영역이다. 영역별 세부 내용은 ISO/IEC15962 표준을 참고하기 바란다.

ISO/IEC18000-3(13.56 MHz) 표준의 논리적 메모리 구조는 표 7-8과 같다. ISO/IEC18000-3에서는 Mode1, Mode2의 2가지 태그 구조가 기술되어 있으며, 그 중 Mode2는 DSFID를 지원하지 않는 형식으로 정의되어 OID(object identifier, 객체 식별기) 적용이 불가능하며, DSFID를 지원하는 형식인 Mode1은 OID 적용이 가능하다. 무선접속에 관한 규격은 표 7-9~표 7-13의 내용으로 요약할 수 있다.

DSFID 설명

DSFID는 데이터가 메모리에 저장되는 방식인 Access Method 2비트와 미정의 영역 1비트, OID 데이터 형태 6비트, 총 8비트로 구성되어 있다. Access Method란, RFID 태그 메모리에 데이터가 기록되는 방식을 의미하며, Directory 방식과 Non-Directory 방식 두 가지가 있다. Directory 방식이란, 메모리에 표시가 있어 그 표시를 따라가면서 데이터를 찾아가는 방식을 의미한다. 이와는 반대로 Non-Directory 방식은 데이터가 메모리에 순차적으로 기록되어 데이터를 찾을 때도 순차적으로 읽는 방식을 의미한다. 현재 RFID 태그 메모리 내 데이터는 대부분이 Directory 방식을 사용하며, 향후 대용량의 메모리가 등장해 다양한 데이터를 기록할 때는 Non-Directory 방식이 사용될 것으로 예상한다.

표 7-8 ISO/IEC18000-3 Mode1의 메모리 구조

태그 구성		위치(Byte)	설명
영역	구성 요소		
시스템 영역	UID	0~7	태그 생산시 작성되는 영역으로 태그의 유일성 제공
	AFI	8	태그 응용분야를 식별하기 위한 ID값
	DSFID	9	사용자 메모리 구조 및 저장 방식 기록
사용자 영역		10 이상	사용자가 사용하는 공간

표 7-9 ISO/IEC18000-2(135 kHz 이하)

		Type A(FDX)	Type B(HDX)
리더에서 발신	반송 주파수	125 kHz	134.2 kHz
	변조방식	FDX(Full duplex)	HDX(Half duplex)
	통신 속도	5.2 kbps	1~2.3 kbps(선택)
	부호화 방법	PWM	
태그에서 발신	통신방식	부하변조방식	용량 재방전방식
	부반송파	없음	134.2 kHz/124.2 kHz
	통신 속도	4 kbps/2 kbps	8.2 kbps/7.7 kbps
	변조방식	OOK	FSK
	부호화 방식	맨체스터/듀얼패턴	NRZ

표 7-10 ISO/IEC18000-3(13.56 MHz)

		Mode1	Mode2
리더에서 발신	반송 주파수	13.56 MHz ± 7 kHz	
	변조방식	진폭변조(ASK 100%, 10%)	위상지터변조(PJM)
	통신 속도	24.68 kbps/1.65 kbps	423.75 kbps
	부호화 방법	Pulse Position Modulation(PPM)	Modified Frequency Modulation(MFM)
태그에서 발신	통신방식	부하변조방식	
	부반송파	하나의 부반송파 사용 : 423.75 kHz 두 개의 부반송파 사용 : 423.75 kHz, 484.28 kHz	8개의 부반송파 채널 : 969 kHz, 1,233 kHz, 1,507 kHz, 1,808 kHz, 2,086 kHz, 2,465 kHz, 2,712 kHz, 3,013 kHz
	통신 속도	하나의 부반송파 : 6.62 kbps/26.48 kbps 두 개의 부반송파 : 6.67 kbps, 26.69 kbps	105.9375 kbps
	변조방식	OOK & FSK	BPSK
	부호화 방식	맨체스터	MFM

표 7-11 ISO/IEC18000-4(2.45 GHz)

		Mode1(수동형)	Mode2(능동형)
전원		전지 없음	전지 부착
리더에서 발신	반송 주파수	2,400 MHz~2,483.5 MHz	
	방식	FHSS	
	변조방식	ASK	GMSK
	통신 속도	30~40 kbps	384 kbps
	부호화 방법	맨체스터	shortened Fire codes
태그에서 발신	부반송파	없음	153.6 kHz
	통신 속도	30~40 kbps	384 kbps
	변조방식	Backscatter	DBPSK
	부호화 방식	FM0	맨체스터

표 7-12 ISO/IEC18000-6(860~930 MHz, UHF)

		파라미터 값	
리더에서 발신	반송 주파수	860 MHz~930 MHz	
	변조방식	AM	
	통신 속도	33 kbps	10~40 kbps
	부호화 방법	Pulse Interval Encoding	맨체스터
태그에서 발신	부반송파	없음	
	통신 속도	40 kbps	
	변조방식	Backscatter	
	부호화 방식	FM0	

표 7-13 ISO/IEC18000-7(433.92 MHz, UHF)

		파라미터 값
리더에서 발신	반송 주파수	433.92 MHz
	변조방식	FSK
	통신 속도	27.7 kbps
	부호화 방법	맨체스터
태그에서 발신	부반송파	없음
	통신 속도	27.7 kbps
	변조방식	FSK
	부호화 방식	맨체스터

7.5.4 NFC 기술

최근 스마트폰의 보급에 따라 NFC(Near Field Communication) 근거리 통신기술이 다양한 분야에 응용되고 있다. NFC는 13.56 MHz 대역의 비접촉식 근거리 무선통신기술을 의미하는 용어로 모바일 기기, 특히 스마트폰과의 융합을 통해 단말 간 데이터 통신을 제공할 수 있을 뿐만 아니라 기존의 비접촉식 스마트카드 기술 및 무선인식기술(RFID)과의 상호호환성을 제공한다.

2003년 NFC 통신규격에 대한 국제표준제정과 2004년 NFC 포럼의 설립으로 비로소 NFC라는 용어가 공식적으로 사용되기 시작했다. 개인 휴대전화기에 비접촉식 무선통신기술을 탑재하려는 노력은 계속되어 왔고, 일부 휴대폰 제조사에서 NFC를 탑재한 모델을 출시하기 시작했다. 비자카드 및 마스터카드 등 주요 신용카드 회사에서 매우 적극적으로 NFC 기술 채택을 지원하고 있으며, Apple 사의 iOS 및 안드로이드 OS 등 스마트폰 OS의 NFC 지원도 점점 증가하는 추세이다.

NFC는 2004년에 처음으로 ISO/IEC18092 표준으로 제정되었으며, 이 표준의 내용에는 일본 Sony 사에서 개발한 펠리카(Felica)의 기술이 일부 반영되어 있다. 펠리카는 Sony 사가 ISO/IEC14443 Type C 표준화 추가에 실패하자 NFC라는 새로운 기술표준의 내용에 포함하게 되었다. 2005년에 ISO/IEC21481 표준을 통해 ISO/IEC14443, ISO/IEC15693 또는 ISO/IEC18025 등 세 가지의 대표적 13.56 MHz 대역 비접촉식 기술요소를 NFC 범주에 모두 포함하게 되었는데, 기존 스마트카드 표준

표 7-14 13.56 MHz 대역 비접촉식 표준 무선통신기술 비교

	NFC 표준	비접촉식 스마트카드 표준	
	ISO/IEC18092	ISO/IEC14443	ISO/IEC15693
동작모드	기기 간 통신	리더/카드	리더/카드
전력공급	능동 및 수동	수동	수동
통신범위	10 cm	10 cm	1 m
데이터 속도	106, 212, 424 kbps	106 kbps	26 kbps 이하
응용분야	모바일 기기	교통카드, 신용카드	상품 인식 등

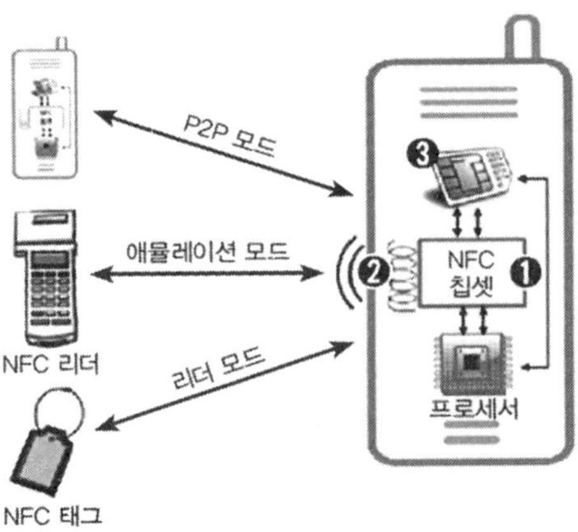

그림 7-40 NFC 기기의 하드웨어 구조

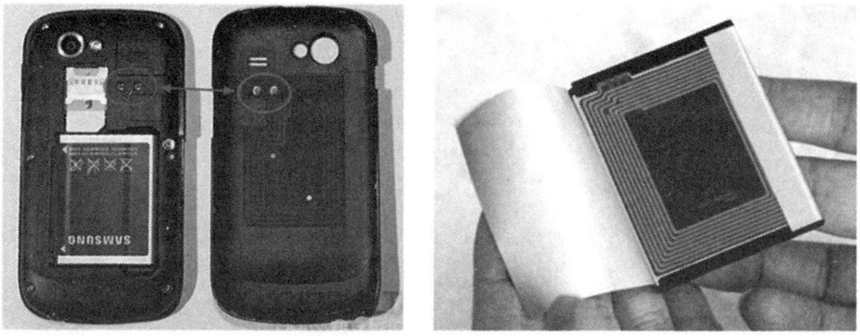

(a) 휴대폰 케이스에 NFC 안테나를 구현 (b) 배터리 내부에 NFC 안테나를 구현

그림 7-41 휴대폰용 NFC 안테나 구현 방법

과 NFC 기술표준의 차이는 표 7-14와 같다. NFC는 대표적인 비접촉식 근거리 무선기술을 모두 포괄함으로써 출입통제, 가전, 체크인 시스템, 헬스케어, 정보수집, 쿠폰, 결제, 교통 등 다양한 분야에 활용될 것으로 전망하고 있다.

모바일 기기에서 NFC의 핵심기술은 그림 7-40과 같다. 휴대폰 내의 NFC칩(①)은 NFC 기술의 핵심으로 NFC와 관련된 데이터 송수신, 다른 애플리케이션과 하드웨어의 컨트롤을 담당한다. NFC 안테나(②)는 13.56 MHz의 RF를 송수신하는 역할을 하며, SE(③)는 보안을 담당하는 모듈로 결재, 고객정보관리를 위한 내용을 담당한다.

NFC 통신을 위해서는 그림 7-40②의 안테나 설계도 매우 중요하다. NFC용 안테나는 그림 7-41과 같이 두 가지 방법으로 구현되고 있는데, 하나는 휴대폰 덮개 케이스의 내부에 안테나를 구현하는 방법이고, 다른 하나는 배터리 내부에 NFC용 안테나를 구현하는 방법이다.

NFC와 타 무선통신기술을 비교해 보면 그림 7-42와 같다. NFC의 통신거리는 약 10 cm 이내로

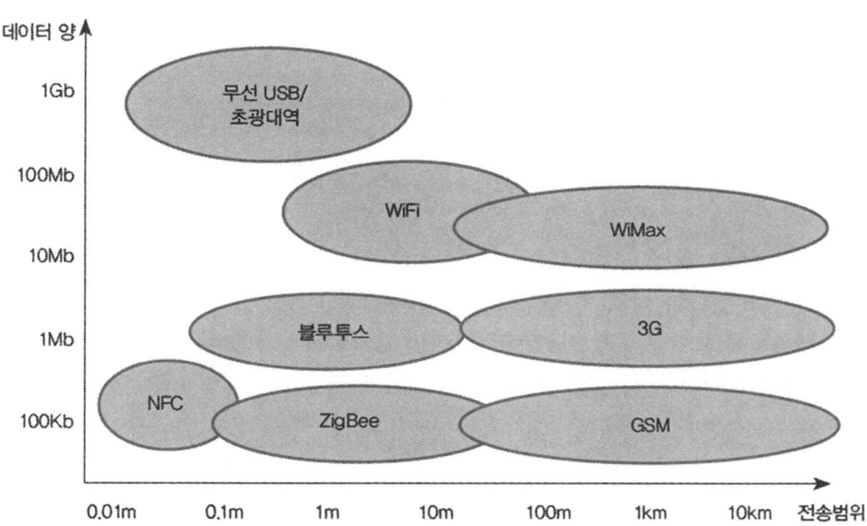

그림 7-42 NFC와 기타 무선통신기술의 비교

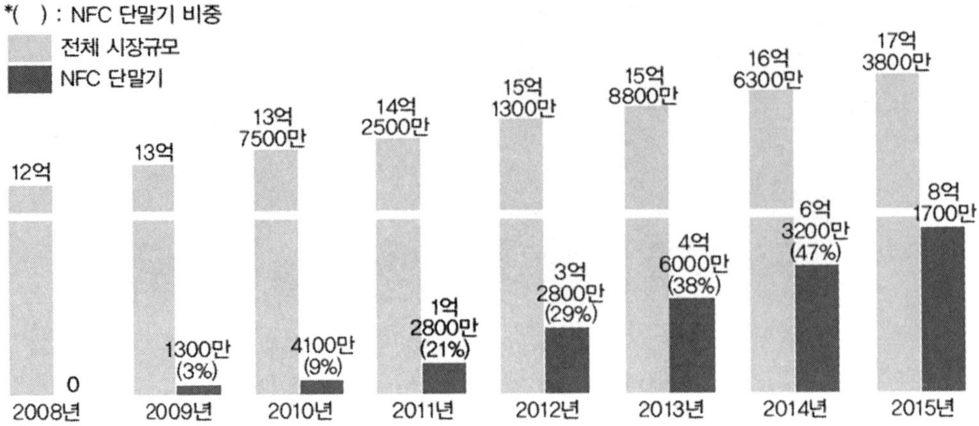

그림 7-43 NFC 단말기 시장전망 추이(단위: 대, 출처 : Visiongain)

다른 무선통신기술보다 통신거리가 가장 짧으며, 데이터 전송률 면에서도 수백 kbs 정도로 낮은 편에 속한다. 이런 단점에도 NFC는 많은 분야에 활용될 것으로 예상하고 있다.

NFC가 많은 분야에 응용될 것이라고 기대하는 이유는 그림 7-43과 같이 2015년쯤에는 보급될 예정인 휴대폰의 거의 50%에 NFC 기능이 탑재될 예정이며, 추후 더 늘어날 것으로 예상하고 있다. 휴대폰은 개인이 소지하고 다닌다는 특성이 있기 때문에 NFC 기능이 매우 많은 분야로 확대될 예정이다.

NFC의 대표적인 응용분야는 교통카드, 신용카드, 멤버십 카드, 신분증, 출입보안용 카드 등으로 NFC 휴대폰으로 도어 록을 여닫을 수 있다. 또한, NFC 기기 간 읽고 쓰기가 가능하므로 대형 지하 주차장에 태그를 이용해서 주차 위치를 휴대폰에 저장하는 서비스도 가능하다. 또한, NFC 기능을 가진 휴대폰끼리 터치만으로도 사진, 동영상, MP3 파일, 전화번호, 명함 등을 교환할 수 있는 정보 전송 서비스도 가능하다. 향후 신용카드나 출입카드 등을 별도로 소지해야 한다는 불편함을 없애고, 기존의 13.56 MHz에서 사용하던 리더기를 그대로 사용할 수 있다는 장점 때문에 향후 출입관리용으로 NFC를 이용한 출입 형태가 널리 사용될 것으로 예상한다[105].

7.6 광센서(Light Detector)의 원리

7.6.1 광센서의 개념

적외선 영역부터 자외선 영역까지 전자기파를 검출하는 센서를 총칭해서 광센서(light detector)라 한다. 감지하는 재료의 양자적 또는 열적인 현상에 의해 광자가 흡수된다. 그러므로 모든 광센서는 크게 두 부류로 나눌 수 있는데 양자형(quantum)과 열형(thermal)이다. 양자형 센서는 자외선부터 중적외선 영역까지의 스펙트럼을 감지하는 반면, 열형 센서는 대부분 적외선 영역의 스펙트럼을 감지하는데, 상온에서의 효율은 양자형 센서보다 우수하다. 양자형의 기본적인 동작원리는 3.10절에 설명되어 있으며, 열형의 기본적인 동작원리는 3.7절, 3.9절, 4.2절에 설명되어 있다.

양자형 센서의 기본 원리는 반도체 재료의 결정격자와 광자의 상호작용에 의한 것으로 Albert

Einstein에 의해 발견된 광전 효과에 기초를 두고 있다. 광전 효과는 1905년에 노벨상을 받은 내용이다. Einstein은 그 당시 빛의 에너지는 국부적인 덩어리 형태로 존재한다고 가정하였으며, 추후 이것을 광자(photon)라고 명명하였으며, 단일 광자의 에너지는 다음과 같다.

$$E = h\nu \tag{7-61}$$

여기서 ν는 빛의 진동수, $h = 6.626075\times10^{-34}$ Js(또는 4.13567×10^{-15} eVs)로 주어지는 Planck 상수이다. 광전 효과는 이러한 광자를 도체의 표면에 노출시키게 되면 자유전자가 생성되는 효과이다. 광자에너지 E의 일부(ϕ)는 표면에서 전자를 떼어내는데 사용되고, 나머지 에너지는 전자에 운동에너지를 주는 것으로 기여한다. 따라서 광전 효과는 다음과 같은 수식으로 간략히 표현할 수 있다.

$$h\nu = \phi + K_m \tag{7-62}$$

여기서 ϕ는 전자를 방출하는 표면의 일함수(work function)라고 하며, K_m은 방출된 전자의 최대 운동에너지이다. 반도체의 pn 접합에 광자를 보내면 이와 유사한 과정이 생성된다. 즉, 광자의 에너지는 전자에 에너지를 전달하게 되고, 만약 전자의 에너지가 움직일 수 있을 정도로 충분히 높아지면 이 전자는 전류에 기여를 하게 된다. 그러나 광자의 에너지가 전자를 움직일 수 있을 만큼 충분하지 않으면 광자의 에너지는 열로 변환되는 것으로 소모된다.

주기적인 격자구조를 가지고 있는 결정체에는 전자가 고체 내부에 존재하면서 전류에 기여할 수 있는 허용된 에너지 대역이 존재하는데, 이것을 전자의 에너지 금지대역 또는 에너지갭이라 한다. 만약 에너지가 충분히 높은 광자가 반도체 결정으로 입사하게 되면, 결정 내에 있는 운반자의 농도(전자와 정공)는 증가하게 되며 이로 인한 전도도는 다음과 같다.

$$\sigma = e\left(\mu_e n + \mu_h p\right) \tag{7-63}$$

여기서 e는 전자의 전하, μ_e는 전자의 이동도, μ_h는 정공의 이동도, n과 p는 전자와 정공의 농도이다. 그림 7-44는 반도체에서의 광전 효과를 개념적으로 설명한 내용이다. 그림에서 낮은 쪽 에너지 대역을 가전도대(valence band)라고 하며, 높은 쪽 에너지 대역을 전도대(conduction band)라

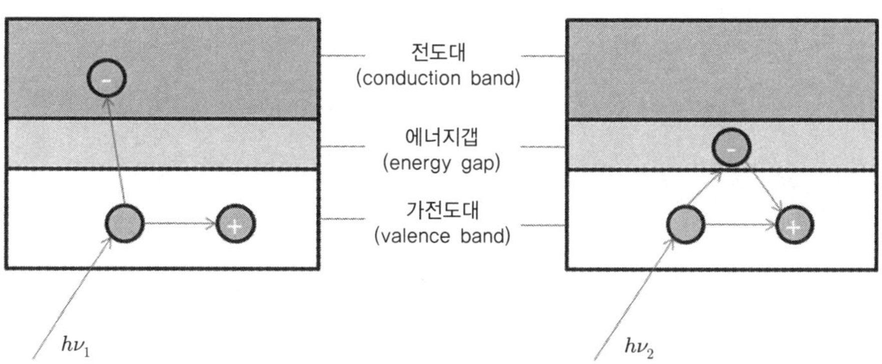

(a) 충분히 높은 광자에너지 입사 (b) 낮은 광자에너지 입사

그림 7-44 반도체에서의 광전 효과

하며, 그 사이를 에너지갭이라 하고 이 에너지 크기는 보통 eV 단위를 사용하여 표시한다. 그림 7-44(a)와 같이 에너지갭보다 큰 광자에너지가 입사하게 되면 가전도대에 있는 전자가 전도대로 천이하게 되고 가전도대에는 정공으로 남게 된다. 전도대에 있는 전자들은 결정 내부를 자유롭게 움직이면서 전류에 기여한다. 그러나 그림 7-44(b)와 같이 에너지갭보다 작은 광자에너지가 입사하게 되면 광자에 의해 생성된 전자가 일시적으로 금지대역으로 갔다가 곧바로 가전도대의 정공과 다시 재결합하며 이때 열이 발생하게 된다.

전도대와 가전도대는 밴드갭만큼 떨어져 있는데, 이 갭의 크기로 반도체와 부도체를 구분하는 용도로도 사용된다. 결정 내에 있는 전자들은 가전도대 내에 있는 가능한 자리를 우선적으로 채우게 된다. 만약 열적인 여기가 없다고 하면, 즉 절대영도라고 하면 가전도대에만 전자들이 가득 채워져 있고 전도대는 비워 있는 상태로 될 것이며, 따라서 부도체와 반도체는 동일한 개념을 가지게 된다. 그러나 절대영도가 아닌 상태가 되면 열적인 에너지에 의해 일부 전자들이 전도대에 남게 되고 가전도대에는 그만큼 정공이 생기게 된다. 이에 대한 자세한 내용은 4.4절에 나와 있다.

금속인 경우는 밴드갭이 없기 때문에 전자들이 자유롭게 움직일 수 있다. 따라서 금속은 매우 높은 전기전도도 특성을 가지고 있다. 그러나 부도체와 반도체는 전자들이 밴드갭을 극복하고 전도대로 가야만 전기전도도에 기여하기 때문에 금속에 비해 상대적으로 전기전도도가 작다. 밴드갭이 약 5 eV 이상인 재료를 부도체라 정의하고, 이보다 작은 밴드갭을 가진 재료는 반도체라고 한다. 대표적인 반도체 재료에 대한 에너지갭과 이에 해당하는 광자에너지인 파장을 표 7-15와 같다. 이 표에서 보듯이 가장 긴 파장이 길수록 광전 효과를 나타내게 하는 에너지가 더 작아진다.

에너지갭은 재료가 빛에 민감한지 아닌지를 판단하는 하나의 임계값으로 볼 수 있다. 에너지갭의 임계값은 급격한 형태는 아니다. 전자-정공의 운동량과 밀도는 가전도대와 전도대의 중심에서 높으며, 각 대역의 가장자리로 갈수록 0으로 떨어진다. 그러므로 전도대의 운동량과 유사한 여기된 가전

표 7-15 대표적인 반도체 재료의 밴드갭과 가장 긴 파장 비교

재료	밴드갭(eV)	가장 긴 파장(μm)
ZnS	3.6	0.345
CdS	2.41	0.52
CdSe	1.8	0.69
CdTe	1.5	0.83
Si	1.12	1.10
Ge	0.67	1.85
PbS	0.37	3.35
InAs	0.35	3.54
Te	0.33	3.75
PbTe	0.3	4.13
PbSe	0.27	4.58
InSb	0.18	6.90

도대의 전자를 발견할 확률은 대역의 중심에서 가장 높고 가장자리에서 가장 낮다. 그러므로 광자에너지에 대한 재료의 반응도는 에너지갭까지 점차적으로 증가하며, 에너지갭에서 최댓값을 보인 후 그 다음부터는 0으로 급격히 떨어진다. 이러한 대표적인 반도체 재료의 파장에 대한 반응도는 그림 7-45와 같다. 표에 있는 재료들에 임의의 불순물을 첨가함으로써 빛에 대한 반응도 특성을 변화시킬 수가 있다.

이와 같이 빛에 대해 반응하는 광전소자는 다음과 같은 물리적인 특성으로부터 센서의 성능이 우수한지 판단하는데 사용한다. 먼저 NEP라고 하는 잡음동등파워(noise equivalent power)이다. 이것은 센서재료 자체가 갖고 있는 잡음레벨과 동등한 수준의 광입사량을 의미하며, 이것을 달리 말하면 신호대 잡음비가 1이 되도록 하는 입사광량을 의미한다. 잡음은 밴드폭의 제곱근에 비례하며, W/ $\sqrt{\text{Hz}}$ 의 단위로 표시하고, 수식적인 표현은 다음과 같다. 그리고 NEP가 작을수록 좋은 성능을 나타낸다.

$$NEP = \frac{\text{잡음전류}\,(\text{A}/\sqrt{\text{Hz}})}{\text{피크 파장 } \lambda_p \text{에서 방사강도}\,(\text{A/W})} \tag{7-64}$$

다음은 D*(D-star라고 읽음)로 정의되는 탐지도인데, 이것은 cm $\sqrt{\text{Hz}}$ /W의 단위로 표시하며, 이 값이 클수록 성능이 우수한 센서이다. 이것은 1 cm^2의 센서면적당 잡음밴드폭 1 Hz에서 센서의 탐지도로 정의되며 수식적으로는 다음과 같다.

$$D^* = \frac{\sqrt{\text{면적}\,(\text{cm}^2)}}{NEP} \tag{7-65}$$

다음은 λ_c인 차단파장(cutoff wavelength)으로 파장대역에서 에너지갭에 의해 반응을 할 수 있는

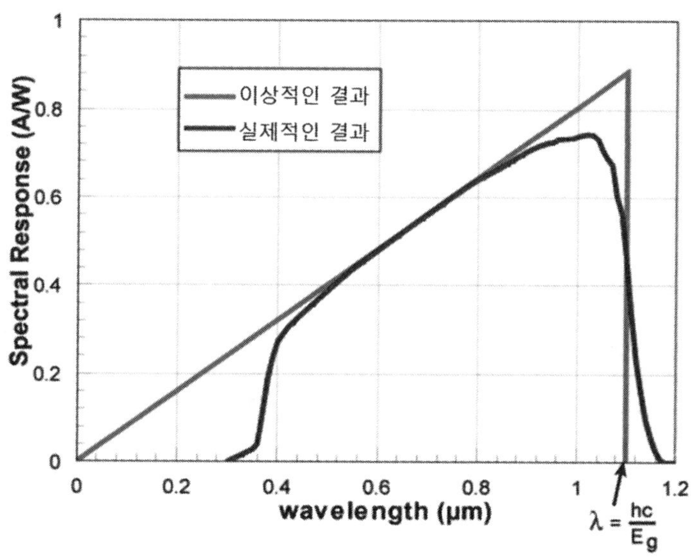

그림 7-45 대표적인 반도체 재료의 파장에 따른 반응도 특성

최대 파장을 나타낸다. 이 파장은 일반적으로 파장에 따른 탐지도 곡선에서 최고값 대비 10% 떨어지는 탐지도에 해당하는 파장을 차단파장으로 정의한다.

다음은 광전도형 반도체 재료가 가지는 최대 전류로 실제 사용에서 이 값을 넘겨서 사용할 수 없다. 그 다음은 광전도형과 광전압형 소자에서 나타나는 최대 역전압 값이다. 이 전압을 넘어서게 되면 센서가 고장나게 되어 오작동을 일으킬 수 있다.

다음은 복사 반응도(radiant responsivity)이다. 이것은 주어진 파장에서 입사하는 광파워에 따른 센서의 출력 전류 또는 전압으로 정의되는 값이다. 이것은 A/W 또는 V/W의 단위를 사용한다. 다음은 외부의 빛을 완전히 차단한 상태에서 역전압을 인가하였을 때 다이오드 내부에서 흐르는 암전류(dark current) I_D이다. 이 값은 일반적으로 동작온도에 의해 결정되며, pA에서 μA 정도의 전류가 발생한다. 온도가 10℃ 상승할 때마다 암전류는 두 배씩 증가한다.

다음은 시야각(field of view)으로 이에 대한 개념은 그림 5-32에 자세히 설명되어 있다. 마지막으로 접합 전기용량(junction capacitance) C_j이다. 이 값은 평행판 축전기의 전기용량과 유사한 개념인데, 이 값에 의해 얼마나 빨리 외부 신호에 반응하는가 하는 정도가 결정된다. 역전압이 인가되면 이 값은 작아지고, 다이오드의 면적이 커지면 이 값도 커진다.

7.6.2 포토다이오드(Photodiode)

포토다이오드는 반도체로 만든 광센서이다. pn 접합에 정전압(forward bias)을 가한 채로 적절한 빛을 노출시키면, pn 접합의 전류증가는 암전류에 비해 상대적으로 매우 미미하다. 달리 말하면, 빛에 의해 생성된 전류보다 인가한 전압에 의한 효과가 훨씬 크다는 의미이다. 이런 방식의 pn 접합 센서는 빛을 감지하는 소자로는 부적합하다는 의미이다.

만약 접합에 역전압을 가한 상태에서 광파워를 증가시키면 전류가 상대적으로 급격하게 증가한다. 그림 7-46(b)에서 보듯이 역전압이 가한 상태에서 광파워를 증가하면 전류는 급격히 증가한다. 광자가 다이오드에 입사하게 되면 접합 양쪽에서 전자-정공쌍을 생성시키게 되고, 생성된 전자들은 전도대역으로 천이하게 되어 이 전자들은 배터리의 양극 방향으로 흐르게 되어 전류에 직접적인 기여를 하게 된다. 마찬가지로 정공은 배터리의 음극 방향으로 흐르게 되어 광전류 i_p가 생성된다.

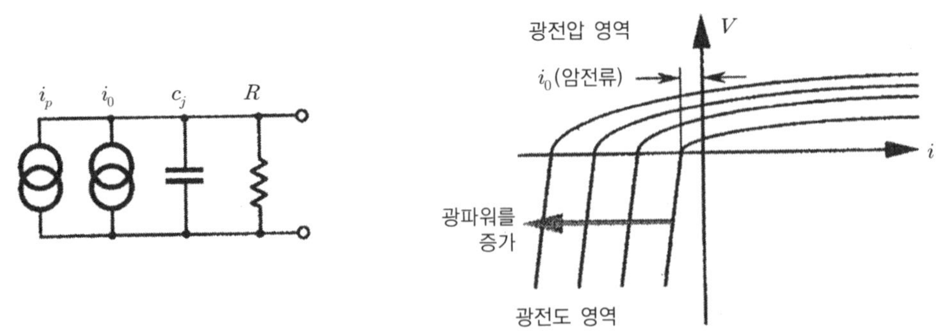

(a) 포토다이오드의 등가회로　　(b) 포토다이오드의 전류-전압 특성

그림 7-46 포토다이오드의 등가회로 및 전류-전압 특성

암전류 i_0는 인가하는 전압에는 무관하고 주로 동작온도인 열적 생성에 의해 생성된 전류이다. 그러므로 역전압 포토다이오드의 전기적인 등가회로에는 그림 7-46(a)와 같이 두 가지 종류의 전류와 RC 성분이 존재하게 된다.

그림 7-46(b)는 포토다이오드의 대표적인 전류-전압 특성을 나타낸 것으로 일반적으로 다음과 같이 수식적으로 표시할 수 있다[106].

$$i = i_0\left(e^{eV/k_BT} - 1\right) - i_s \tag{7-66}$$

여기서 i_0는 암전류로 전자-정공 쌍의 열적 생성에 의해 발생한 전류이며, i_s는 검출된 광신호에 의한 전류이며, V는 다이오드에 인가한 전압이고, k_B는 Boltzmann 상수이며, T는 절대온도이다. 광신호에 의한 전류를 다른 표현으로 바꾸어서 다시 정리하면 다음과 같다.

$$i = i_0\left(e^{eV/k_BT} - 1\right) - \frac{\eta e P}{h\nu} \tag{7-67}$$

여기서 $h\nu$는 입사하는 광자에너지이며, η는 광자에 의해 전자를 생성하게 만든 확률로 0과 1사이의 값으로 다른 표현으로 양자효율(quantum efficiency)이라고도 한다. 그리고 P는 입사하는 빔의 광파워이다.

포토다이오드는 에너지갭의 특성을 이용해서 원적외선 영역부터 자외선까지의 빛을 탐지하여 전류로 변환시켜 주는 광변환기 역할을 한다. 반도체 기술의 발달로 어레이로 제조하게 되면 가시광 영역에서는 CCD와 CMOS, 적외선 영역에서는 열화상 카메라용 센서 어레이를 제작하여 영상을 보는데 사용한다. 이러한 내용은 6.2절과 6.3절에 자세히 설명되어 있다.

7.6.3 LED의 동작원리

LED(Light Emitting Diode)는 포토다이오드와는 반대로 전기적 신호를 광신호로 변환시켜주는 반도체이며, LED는 레이저 다이오드보다 가격이 저렴하고 수명이 긴 장점이 있다. LED는 크게 가시광 영역용과 비가시광 영역용으로 분류한다. 가시광 LED는 디스플레이와 조명을 위한 용도로 사용되며 광센서와 무관하게 독립적으로 사용된다. 반면에 비가시광 LED는 주로 포토다이오드와 같은 광센서와 함께 사용한다. 특히, 적외선 LED와 포토다이오드는 각각 투광부(Tx, transmitter)와 수광부(Rx, receiver)의 세트로 사용된다. 집의 거실에 흔히 볼 수 있는 TV 또는 음향기기의 리모컨에 사용되고 있는 적외선 통신(IrDA, Infrared Data Association), 버스와 엘리베이터 등 문의 자동 열림 감지, 보안용의 창문 침입 감지, 화재를 조기에 감지하는 광전식 화재감지기, 자동차의 앞유리 와이퍼의 물방울 자동 감지, 광 스위치, 거리 측정기, 광섬유통신 등에 널리 사용되고 있다.

LED는 전기신호가 인가되면 빛을 발산하는 화합물 반도체의 일종으로 발광다이오드라고도 한다. LED는 발열문제 등의 단점은 있으나, 저소비전력, 반영구적 수명, 빠른 응답속도, 안정성, 환경 친화성 등의 장점이 있다. LED는 방출하는 빛의 종류에 따라 가시광선 LED, 적외선 LED, 자외선 LED로 구분될 수 있다. 가시광선 LED는 전체 LED 시장의 90~95% 이상 차지하고 있으며, 적외선 LED는 전체 LED 시장의 5% 정도 수준이다.

LED는 1907년 영국에서 무선통신을 연구하던 Henry Joseph Round에 의해서 발견되었으며, 1962

표 7-16 발광 파장에 따른 반도체 재료

컬러	파장 (nm)	반도체 재료
적외선	λ 〉 760	GaAS, AlGaAs
빨간색	610 〈 λ 〈 760	AlGaAs, GaAsP, AlGaInP, GaP
오렌지색	590 〈 λ 〈 610	GaAsP, AlGaInP, GaP
노란색	570 〈 λ 〈 590	GaAsP, AlGaInP, GaP
초록색	500 〈 λ 〈 570	InGaN, GaN, GaP, AlGaInP, AlGaP
파란색	450 〈 λ 〈 500	ZnSe, InGaN
자외선	400 〈 λ 〈 450	InGaN

년 GE의 Nick Holonyak에 의해 빨간색의 빛이 나오는 LED가 개발되면서 실생활에 사용하게 되었다. 현재 LED 제작에 사용되고 있는 반도체 재료들은 파장에 따라 표 7-16과 같다. 표에서 알 수 있듯이 주기율표상의 III족과 V족 원소를 이용하여 만들어진 III-V족 화합물 반도체로 만든다. 이는 III-V족 화합물 반도체의 에너지갭(1.7~3.2 eV)이 해당 파장과 비슷한 에너지를 가지기 때문이며, 파장과 에너지의 관계는 다음과 같다.

$$E(\mathrm{eV}) = \frac{1.24}{\lambda(\mu\mathrm{m})}$$

여기서 E는 eV, λ는 μm 단위이다.

LED의 기본적인 발광원리는 광전압 효과의 역현상을 이용한 것이다. 그림 7-47과 같이 pn 다이오드에 순방향으로 전압을 걸면 p형 반도체의 정공은 n형 반도체 쪽으로 움직이고, n형 반도체의 전자는 p형 반도체 쪽으로 움직인다. 이렇게 되면 내부전위장벽(built-in potential)이 낮아져 공핍

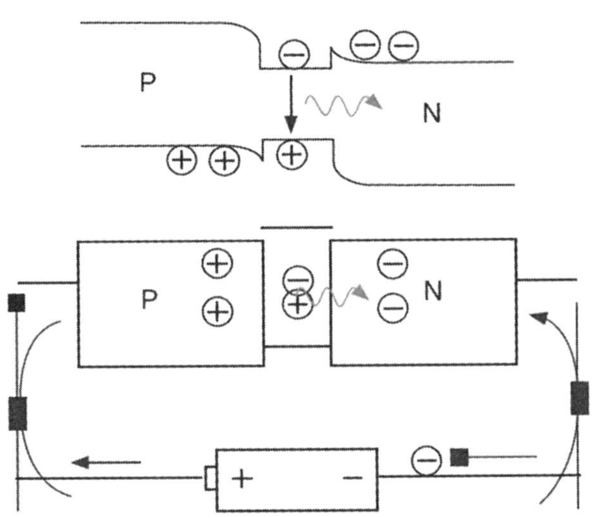

그림 7-47 LED의 발광원리

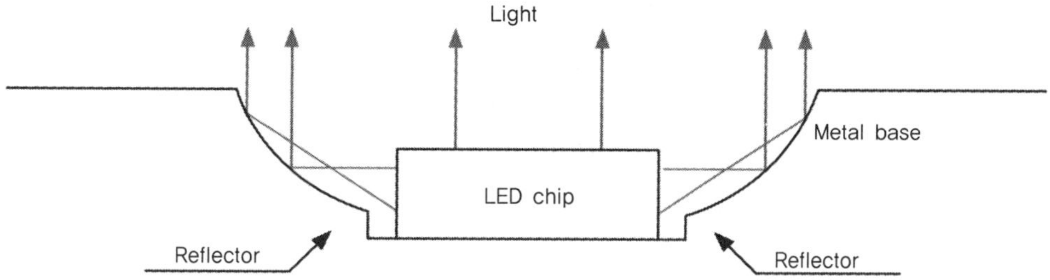

그림 7-48 LED의 반사경 구조

영역(depletion layer)에서 전자와 정공이 재결합하게 되는데, 이때 에너지갭에 해당하는 빛이 나오게 된다. 이 빛은 전자가 가지고 있던 에너지가 빛으로 변환되는 것이므로 LED의 빛은 전도대와 가전도대 사이의 에너지 차이에 해당하는 좁은 파장 영역의 빛만 나오게 된다.

전자와 정공의 재결합(recombination)에 의해 나오는 빛은 여러 방향으로 퍼져 나간다. 이런 빛을 한 방향으로 집광시키기 위해 그림 7-48과 같이 오목한 반사경을 설치해서 한쪽 방향으로 집광시킬 수 있는 구조로 제작한다[107].

LED의 출력 세기 특성은 그림 7-49와 같이 측정한다. 전면으로 나오는 빛뿐만 아니라 측면에서 나오는 빛에 대해서도 반사거울을 이용해서 포토다이오드 쪽으로 집광을 시켜 측정한다. LED에서 나오는 빛은 단일 파장이 아니므로 LED의 피크 파장에 대해 넓은 범위의 스펙트럼 응답(spectral response)을 가지고 있는 포토다이오드를 이용해서 LED에서 나오는 모든 파장의 빛을 측정한다. 이 방법은 실제 LED를 사용하는 방법에 매우 밀접하므로 총 복사속(radiant flux) 측정은 이와 같은 방법으로 측정한다.

LED의 광출력을 표시하는 데에는 두 가지 변수가 있다. 하나는 복사량(radiance)으로 입체각(solid angle, steradian) 및 단위 면적당 방출되는 에너지이며, 단위는 $W/(m^2 \cdot sr)$이다. 광도측정

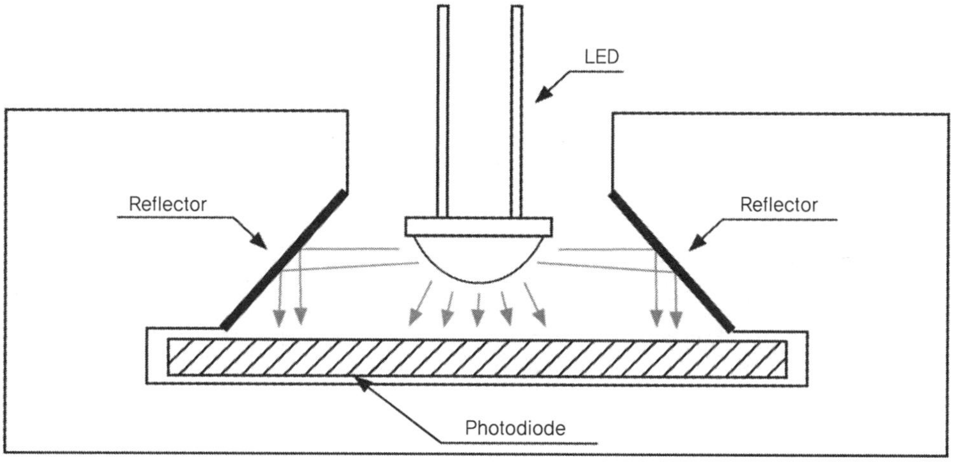

그림 7-49 LED의 총 복사속(Radiant Flux) 측정 개념

(photometry)에서는 cd/m^{2}의 단위를 가지고 있는 휘도(luminance)와 같은 개념이다. 두 번째는 광도(irradiance)로 단위 면적당 모든 방향의 공간으로 방출되는 광에너지이며, 단위는 W/m^{2}이다. 광도 측정에서 lx(Lux)로 표시되는 조도(illuminance)와 동일 개념이다.

LED의 특성 평가 중 중요한 4가지 특성에 대해 그림 7-50에 요약하였다. 그림 7-50(a)의 레이더 차트와 유사한 형태의 방향성(directivity) 특성 그래프로부터 전방에 대한 집광능력을 평가한다. 방향성은 LED에서 나오는 빛이 어느 정도 퍼져서 나오는지 시각적으로 알기 쉽게 표현해 주는 데이터이다. 그림 7-50(b)의 순방향 전류(forward current) 및 순방향 전압(forward voltage)에 따른 복사속(radiant flux) 관계를 측정하면 대부분 LED는 선형적인 관계를 보인다. 그러나 전류를 계속해서 증가하게 되면 어느 순간 빛을 방출하는 부분에서 전자와 정공이 재결합하여 완벽히 빛으로 발산하지 않고 LED 내부의 온도를 올리는 데 기여하게 되어 복사속은 전류에 대해 더 이상 증가하지 않고

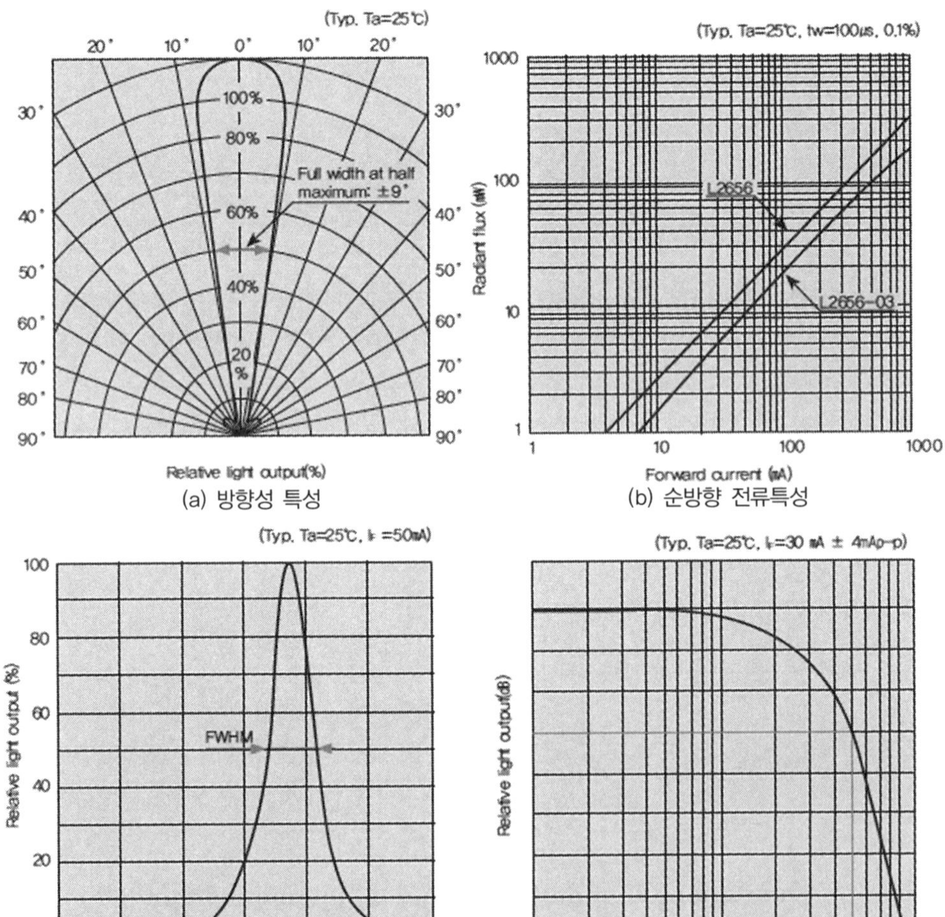

(a) 방향성 특성 (b) 순방향 전류특성

(c) 빛 방출 특성 (d) 차단 주파수 특성

그림 7-50 LED의 주요 특성(Hamamatsu 사 기술자료 참고)

포화하는 순간이 오게 된다. 따라서 이런 특성 그래프로부터 사용하고자 하는 적절한 회로 조건을 정할 수 있다. 그림 7-50(c)의 LED의 피크 파장에 대한 반치폭(Full Width at Half Maximum, FWHM)으로부터 특정 파장을 기준으로 어느 정도의 파장 범위를 가진 빛이 나오는지 평가할 수 있다. 그리고 그림 7-50(d)의 반응속도(response speed)와 차단주파수(cut-off frequency)도 중요한 특성 평가사항이다. LED는 입력 전류 파형에 대해 빛을 내보내는 데 약간의 시간지연이 생기는데, 이것이 반응속도이다. LED의 반응속도는 사각파형에서 피크 파장의 10%에서 90%까지 올라가는 상승시간과 90%에서 10%로 떨어지는 하강시간으로 정의한다. LED에 입력 전류를 DC에서 사인파로 주파수를 올리게 되면 LED는 반응속도 때문에 점점 빛의 출력이 떨어지게 된다. 초기 주파수 대비 50% 정도로 줄어든(-3 dB) 출력이 측정되는 지점의 주파수를 차단주파수라 정의한다. 만약 상승시간과 하강시간이 tr로 동일하다고 하면 차단주파수 f_c는 0.35/tr로 표시할 수 있다.

7.6.4 적외선 센서의 종류

적외선 센서에는 앞서 설명된 양자형 원리를 이용한 반도체형 센서, 3.7절에 설명된 열전 효과를 이용한 센서, 3.9절에 설명된 초전 효과를 이용한 초전센서 등이 대표적이다. 이외에도 온도에 따른 부피팽창을 이용한 온도측정에 Golay Cell 등이 있다. 양자형 센서들은 파장에 따라 반응도가 최댓값이 존재하는 반면, 열형 센서들은 파장에 거의 무관하게 일정한 특성을 가진 것이 차이점이다. 열형과 양자형 센서에 대한 장단점은 표 7-17과 같다.

7.6.5 조도센서의 원리

가시광의 조도를 측정하는 센서로 가장 많이 사용되는 재료가 황화카드뮴(CdS)이다. 이 재료의 에너지갭 특성은 표 7-15에서 보듯이 에너지갭은 2.41 eV, 이에 해당하는 차단파장은 0.52 μm이다. CdS 센서와 이와 유사한 재료에 대한 파장에 따른 민감도 특성은 그림 7-51(a)와 같다. 이 그림에서 보듯이 CdS 재료가 가시광의 전 영역(380~780 nm)에 대해 가장 민감도가 높은 재료이다. 그리고 그림 7-51(b)에서 보듯이 조도에 따라 저항이 거의 일직선으로 변하는 특성이 있으며, 수 kΩ에서 수백 kΩ까지 조도에 따라 저항이 변한다.

CdS 조도센서의 동작원리는 앞서 설명된 광전도 현상을 이용한 센서이다. 이에 대한 개념은 그림

표 7-17 적외선 센서용의 양자형과 열형의 성능 비교

	양자형	열형
파장에 따른 반응도	일정 파장대만 감지	파장에 무관하게 감지
동작 온도	대부분 액체 질소 온도	상온
탐지도 성능	상대적으로 매우 높음	상대적으로 낮음
반응 속도	수 μs 정도로 빠름	수 ms 정도로 느림
진공 필요 여부	진공이 필요함	진공이 필요 없음
주요 응용분야	군수용의 열화상카메라	민수용으로 사용
제조 단가	매우 고가	상대적으로 저렴

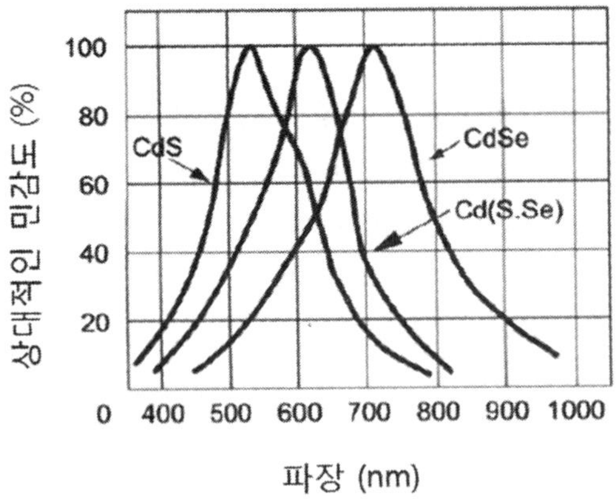

(a) 파장에 따른 상대적인 민감도

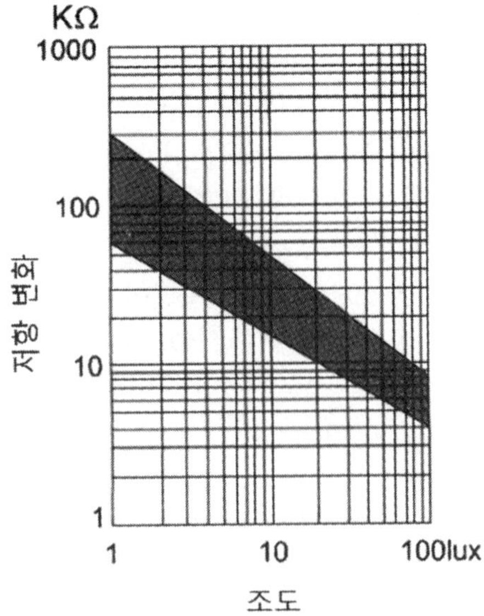

(b) 조도에 다른 저항 변화

그림 7-51 조도센서의 파장에 따른 민감도 및 조도에 따른 저항 변화 특성

7-52와 같다. 빛이 재료에 입사하게 되면 전자-정공쌍이 생성되고, 생성된 전자는 운반자 농도의 증가를 가져와서 내부의 저항이 줄어들게 된다. 따라서 이러한 원리로 인해 빛이 많이 들어오면 저항이 점점 작아지게 된다. 또한, 조도에 따른 저항 변화를 극대화하기 위해 그림 7-52(b)와 같이 CdS 재료의 선로 저항을 올리기 위해 선폭은 좁게 만들고, 전체 길이는 지그재그 형태로 만들어서 저항을 크게 만든다. 빛이 없는 상태에서 저항이 커야만 측정할 수 있는 조도 범위가 넓어지게 된다.

4.1절에서 이미 언급이 되었지만, 최근 RoHS 규약 때문에 Cd의 사용이 금지될 예정이다. 이로 인해 Si, InGaAs 광다이오드 제품이 이를 대체하고 있다. 광에 따른 광소스와 광센서의 관계는 그림 7-53과 같다[108].

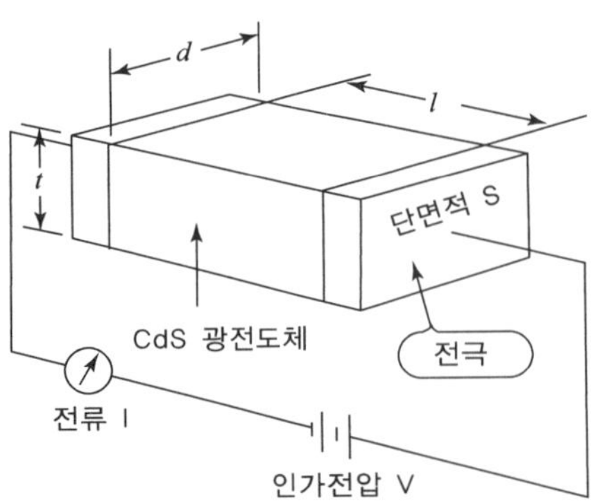

(a) 광전도형의 동작원리

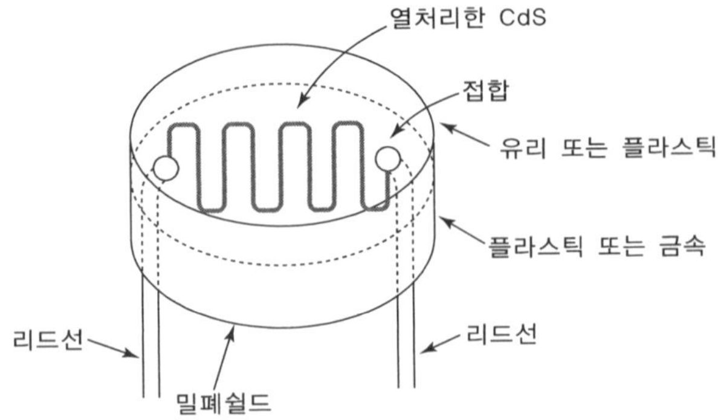

(b) Cds 모듈의 내부 구조

그림 7-52 광전도형의 동작원리 및 조도센서 모듈의 내부 구조

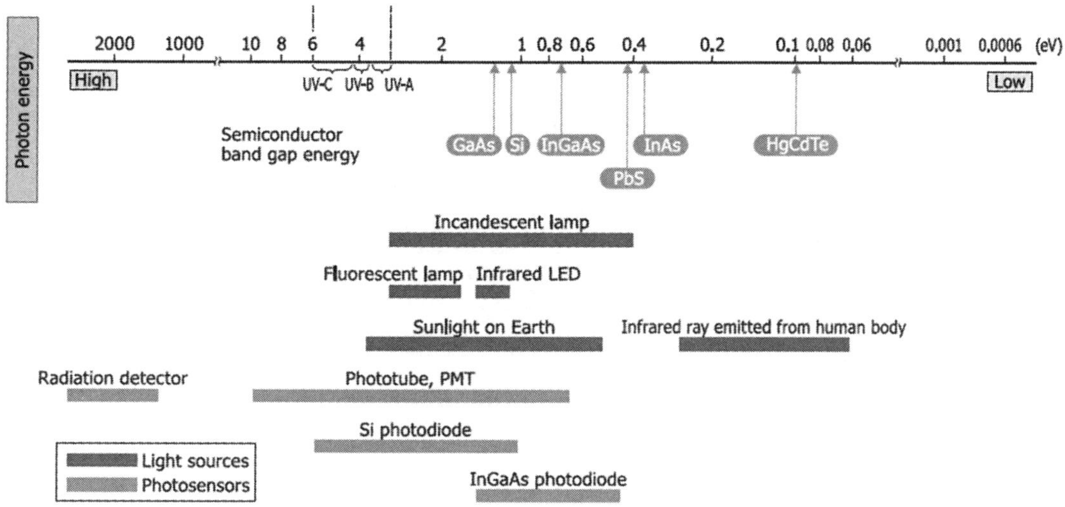

그림 7-53 광에너지에 따른 광센서의 종류

7.6.6 가스화염 감지센서의 원리

가스화염(gas flame)의 검출은 시큐리티 시스템에서 아주 중요한 센서이다. 이 센서는 기존의 연기감지센서에 비해 민감도가 훨씬 높으며, 심지어 실외에서 사용시 기존 연기감지센서는 연기의 농도가 낮아 검출하지 못하는 반면, 가스화염센서는 이런 경우도 검출이 가능하다. 화재가 발생하면 화염의 특수한 성질에 의해 자외선 영역의 빛이 화염에서 발산한다. 그림 7-54는 다양한 소스원에 대한 파장별 스펙트럼 특성을 표시한다. 여기서 태양은 공기를 통과하면서 250 nm 이하의 짧은 자외선 부분은 대부분 손실이 생기는 반면, 가스화염은 180 nm 파장대역까지 자외선을 방출한다. 이런 대기 투과도 특성을 이용해서 자외선 영역의 좁은 밴드만을 선택하면 태양에 의한 오보를 없애면

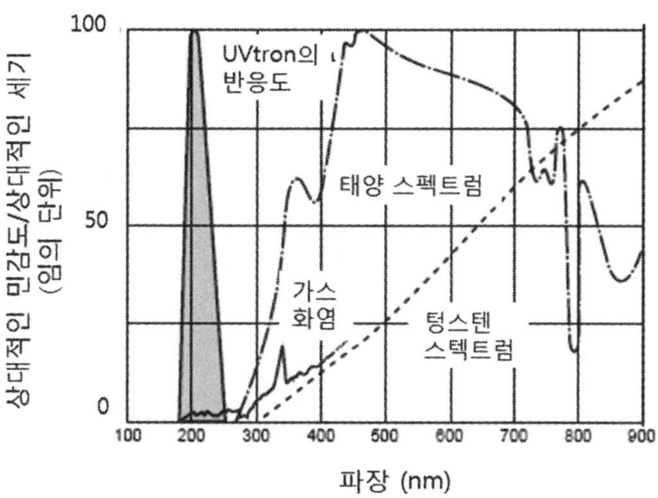

그림 7-54 다양한 소스원에 대한 스펙트럼

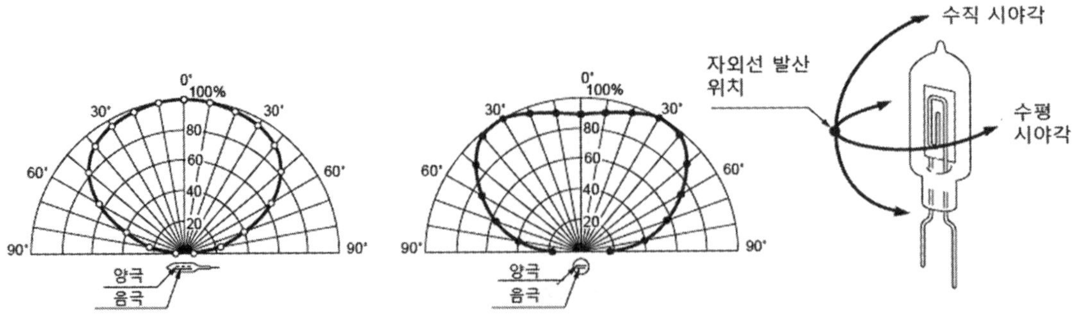

(a) 수평 시야각 (b) 수직 시야각 (c) UV Tron 내부 구조

그림 7-55 UV Tron의 시야각 특성 및 내부 구조

서 가스화염만 검출이 가능하다.

자외선 영역의 화염가스를 감지하는 센서는 일명 UV Tron이라는 센서를 사용한다. 이 센서는 앞서 설명된 6.4.4절의 X선 검출기에 사용된 비례계수기 방식과 유사한 방법으로 가스 내 금속에 의한 전자 증배효과를 이용한 자외선 감지센서이다. 이 센서의 파장에 따른 민감도는 그림 7-54와 같이 180 nm~260 nm의 좁은 파장의 자외선을 감지하며, 반도체 방식과는 달리 가시광선을 차단하는 특수한 필터가 필요하지 않는 장점이 있다. 그러나 음극과 양극 양단에 고전압을 걸어주어야 하며, 평상시에는 전기적으로 절연된 상태로 유지되어 있어야 한다. 어느 순간 자외선 영역대의 화염가스가 검출되면 고에너지의 자외선 광자의 광전 효과에 의해 음극관에 있는 전자가 생성된다. 충전된 가스에 의해 자외선 형광현상을 일으키게 되어 전자들은 더욱 많아지게 된다. 결과적으로 음극에서 생성된 전자가 양극으로 전기가 흐르게 되어 자외선을 검출하게 된다. 따라서 UV Tron은 가스화염을 감지하게 되면 전기적인 스위치 역할을 하게 되어 전류가 흐르게 된다. 일본 Hamamatsu 사에서 제작한 화염감지센서인 UV tron의 시야각과 내부 구조는 그림 7-55와 같다.

8 후각센서

후각센서는 인간의 코와 같은 기능을 하는 센서인데, 코는 주로 냄새를 맡는 용도로 사용되듯이 후각센서도 각종 가스를 감지하는 용도로 분류하였다. 공업화와 도시화가 가속화되면서 전 세계적으로 온실가스 문제가 관심의 대상이 되었다. 우리가 살고 있는 건물 및 대기에 대한 청정도를 법적으로 관리하도록 시행령 수준에서 관리되고 있다. 후각센서에는 이러한 대기질과 관련된 각종 센서들과 일반적인 가스센서, 그리고 화재를 감지하는 화재센서, 비접촉식 온도센서, 가속도센서를 후각센서로 분류하였다. 가속도센서를 후각센서 범주에 넣은 것은 냄새를 맡지는 않지만 가속도센서의 원리가 공기의 움직임을 이용하기 때문이다.

8.1 공기질 관리용 센서

8.1.1 실내공기질 관리법 및 대기환경보전법 개요

도시 생활 속에 각종 환경 오염원에 의해 인간의 삶에 심각한 영향을 미치고 있다. 대기와 수질에 대한 관심은 점점 증가하고 있으나, 이것은 개인의 노력으로만 이루어지는 것이 아니라 국가적인 관심과 국제적인 협력에 의해서만 해결이 가능하다. 기후변화에 의한 태풍과 폭우에 대한 피해도 결국 인간이 환경을 무시했기 때문에 발생했다고 보고 있다. 화석연료 사용증가로 대기 중 온실가스 농도가 증가해 지구의 평균 기온(지난 100년간 0.74℃)과 해수면(지난 40년간 매년 1.8 mm)이 상승하였다. 이런 영향으로 2003년 유럽폭염으로 약 3만 5천 명의 인명피해가 발생했으며, 2005년 허리케인 카트리나로 미국에서는 약 11조 원의 막대한 피해가 발생하였다. 또한, 한반도의 기후변화도 진행되고 있는데, 6대 도시 평균 기온이 지난 100년간 약 1.5℃ 상승하고, 제주지역의 해수면이 40년간 22 cm 상승하였다. 그리고 한반도의 CO_2 농도는 2006년에 388.9 ppm으로 1999년 대비 18.7 ppm 증가하였다.

이러한 기후변화 및 국내에서는 최근 천식 및 아토피 등 환경성 질환의 급속한 증가에 따라 국민 건강에 영향이 큰 실내공기질 관리가 중요한 문제로 대두되었다. 통계에 따르면 신축공동주택 입주민의 새집증후군 경험비율이 2006년에 35.9%, 2007년에는 29.8%로 나왔으며, 어린이 천식 유병률도 1995년 13.0%에서 2000년에 15.8%, 2005년에 18.6%로 증가하고 있으며, 또한 어린이 아토피 유병률도 1995년 19.7%에서 2000년에 27.5%, 2005년에 29.2%로 증가하고 있다.

이러한 사회적인 필요성 때문에 국내에서는 늦었지만 2003년에 「다중이용시설 등의 실내공기관리법」을 제정하여 실내공기질 관리를 위한 제도적 기틀을 마련하였다. 이듬해인 2004년에 「실내공기질 관리 기본계획」 수립 및 「실내환경개선협의회」 구성으로 범정부 차원의 실내공기질 관리체계를 구축하였다. 또한, 정부에서도 2008년에 향후 60년 국가비전으로 '저탄소 녹색성장(Low Carbon, Low Growth)'을 제시하였으며, 실내공기질 관리대책도 기후변화 대응을 우선적으로 고려하여 추진하고 관련 녹색 기술개발을 통한 경제성장을 도모하고자 하고 있다. 다중이용시설의 실내공기질 관리를 적용받는 대상은 지하역사, 지하도 상가 외에도 보육시설, 의료기관, 찜질방, 대규모 점포 등 17개 시설군을 다중이용시설로 규정하였다. 대표적인 다중이용시설 적용대상은 표 8-1과 같다.

실내공기 오염물질 중 미세먼지(PM_{10}), 이산화탄소(CO_2), 포름알데히드(HCHO), 총부유세균, 일산화탄소(CO) 등 5개 물질에 대해서는 유지기준을 설정하고 위반시 과태료부과 등 제재조치를 취하도록 되어 있다. 기타 외부에 오염원이 있거나 오염도가 비교적 낮은 이산화질소(NO_2), 라돈(Rn), 총휘발성유기화합물(TVOC), 석면, 오존(O_3) 등 5개 오염물질에 대해서는 권고기준을 설정하여 자율적으로 준수하도록 유도하고 있다. 실내공기질 유지기준은 각각 표 8-2와 표 8-3과 같다[109].

신축공동주택의 실내공기질에 대한 권고기준은 다음과 같다. 포름알데히드 210 $\mu g/m^3$ 이하, 벤젠 30 $\mu g/m^3$ 이하, 톨루엔 1,000 $\mu g/m^3$ 이하, 에틸벤젠 360 $\mu g/m^3$ 이하, 자일렌 700 $\mu g/m^3$ 이하, 스티렌 300 $\mu g/m^3$ 이하이다. 그리고 신축건물을 지을 때 건축자재에서 방출되는 오염물질에 대한 기준은 표 8-4와 같다.

표 8-1 적용대상 다중이용시설

시설명	규모
① 지하역사	모든 지하역사
② 항만시설 중 터미널	연면적 5천 m^2 이상
③ 도서관, 박물관, 미술관, 대규모 점포	연면적 3천 m^2 이상
④ 지하도 상가	
⑤ 여객자동차터미널, 철도역사의 대합실	연면적 2천 m^2 이상
⑥ 실내주차장(기계식 주차장 제외)	
⑦ 의료기관(입원진료병상이 100개 이상)	
⑧ 공항시설 중 터미널	연면적 1천5백 m^2 이상
⑨ 지하에 위치한 장례식장	연면적 1천 m^2 이상
⑩ 국공립 노인요양시설, 노인전문병원	
⑪ 목욕탕(찜질방)	연면적 1천 m^2 이상
⑫ 산후 조리원	연면적 5백 m^2 이상
⑬ 보육시설(국공립)	연면적 860(430) m^2 이상

표 8-2 의무관리 오염물질항목 기준

다중이용시설 \ 오염물질 항목	PM10 ($\mu g/m^3$)	CO_2 (ppm)	HCHO ($\mu g/m^3$)	총부유세균 (CFU/m^3)	CO (ppm)
①②③④⑤⑧⑨⑪	150 이하			–	10 이하
⑦⑩⑫⑬	100 이하	1,000 이하	120 이하	800 이하	
⑥	200 이하			–	25 이하

표 8-3 권고기준 오염물질 항목의 기준

다중이용시설 \ 오염물질 항목	NO_2 (ppm)	Rn (pCi/L)	VOC ($\mu g/m^3$)	석면 (개/cc)	오존 (ppm)
①②③④⑤⑧⑨⑪	0.05 이하		500 이하		0.06 이하
⑦⑩⑫⑬		4.0 이하	400 이하	0.01 이하	
⑥	0.30 이하		1,000 이하		0.08 이하

표 8-4 건축자재에서 방출되는 오염물질 기준(단위 : $mg/m^2 \cdot h$)

오염물질 \ 구분	접착제	일반자재
포름알데히드	4 이상	1.25 이상
휘발성유기화합물	10 이상	4 이상

앞서의 실내공기질 관리법과 동일한 개념으로 대기오염으로 인한 국민건강 및 환경상의 위해를 예방하고 대기환경을 적정하고 지속가능하게 관리 및 보전함으로써 모든 국민이 건강하고 쾌적한 환경에서 생활할 수 있게 함을 목적으로 '대기환경보전법 시행령'이 2010년 3월에 발표되었다. 환경부장관은 전국에 대하여 시도지사는 관할구역에 대하여 대기오염도를 상시측정하고, 대기오염물질의 배출원 및 배출량을 조사해야 한다. 대기에 대한 기준은 표 8-5와 같다.

8.1.2 미세먼지 측정 기술

미국은 이미 1971년에 총부유분진(TSP, Total Suspended Particulate)에 대해 많은 연구와 기술축적을 바탕으로 대기환경기준을 설정하고, 대기 중 입자상물질을 지속적으로 많은 관심을 가지고 관리하고 있다. TSP로 대기환경기준을 관리하여 오다가 다방면의 많은 연구결과를 토대로 인체의 유해성 등을 고려하여 1987년에 PM_{10}(지름이 10 μm 이하인 미세먼지) 대기환경기준(일평균 150 $\mu g/m^3$ 이하)을 설정하였다. 그 이후 2006년도에 $PM_{2.5}$(지름이 2.5 μm 이하인 미세먼지)에 대해 하루 기준을 35 $\mu g/m^3$ 이하로 크게 강화하였다. 우리나라는 1995년부터 PM_{10}의 입자에 대해 연간 평균치 50 $\mu g/m^3$ 이하, 24시간 평균치 100 $\mu g/m^3$ 이하로 규제하고 있으며, 2015년에 $PM_{2.5}$ 입자에 대해 미국과 유사한 기준을 도입할 계획이다.

최근에는 미세먼지에 대한 관심이 $PM_{2.5}$에서 $PM_{1.0}$으로 보다 작은 입경 중심으로 옮겨가고 있다. 10 μm 이상의 큰 먼지는 대부분 코의 점막과 섬모에 걸려 인체 내로 유입되지 않고, 5~10 μm 미만의 먼지는 기도의 점막과 섬모에 걸려 객담(가래)으로 배출되며, 0.1~1 μm 크기의 먼지가 기관지를 통과할 수 있어 폐포 내 침착률이 가장 높아 진폐증이나 규폐증을 유발할 수 있다는 연구결과가 있다.

이러한 미세한 먼지의 농도를 측정하는 방법에는 고용량공기포집법, 로우볼륨에어샘플법, 광산란법, 광투과법, 베타선(β선) 흡수법 등이 있다. 현재 환경정책기본법에서는 환경 대기 중의 미세먼

표 8-5 국내 대기환경기준 및 측정방법

항목	기준	측정 방법
아황산가스(SO_2)	• 연간평균치 0.02 ppm 이하 • 24시간평균치 0.05 ppm 이하 • 1시간평균치 0.15 ppm 이하	자외선형광법 (Pulse UV Fluorescence Method)
일산화탄소(CO)	• 8시간평균치 9 ppm 이하 • 1시간평균치 25 ppm 이하	비분산적외선분석법 (Non-Dispersive Infrared Method)
이산화질소(NO_2)	• 연간평균치 0.03 ppm 이하 • 24시간평균치 0.06 ppm 이하 • 1시간평균치 0.10 ppm 이하	화학발광법 (Chemiluminescent Method)
미세먼지(PM-10)	• 연간평균치 50 $\mu g/m^3$ 이하 • 24시간평균치 100 $\mu g/m^3$ 이하	베타선흡수법 (β-Ray Absorption Method)
오존(O_3)	• 8시간평균치 0.06 ppm 이하 • 1시간평균치 0.1 ppm 이하	자외선광도법 (UV Photometric Method)
벤젠(Benzene)	• 연간평균치 5 $\mu g/m^3$ 이하	GC/FID, GC/PID, GC/MS
납(Pb)	• 연간평균치 0.5 $\mu g/m^3$ 이하	원자흡광도법 (Atomic Absorption Spectrophotometry)

지(PM_{10}) 농도를 베타선법에 의해 측정하는 것을 표준으로 정하고 있다. 베타선 흡수법의 원리는 그림 8-1과 같다. 대기 중에 부유하고 있는 10 μm 이하(단, 분립장치에 따라 포집입자의 크기를 조절할 수 있음)의 입자상 물질을 일정시간 여과지 위에 포집하여 베타선을 투과시켜 입자상 물질의 중량농도를 측정하는 방법이다[110].

이 측정방법은 베타선을 방출하는 광원으로부터 조사된 베타선이 여과지 위에 포집된 먼지를 통과할 때 흡수소멸되는 베타선의 차로서 측정된다. 베타선의 광원으로는 Kryton-85 원자 또는 Carbon-14 원자를 이용해서 베타선을 만들어내고, 여과지를 통과한 베타선량은 방사선 센서인 GM tube 등을 이용해서 흡수량을 측정한다. 입자의 질량 증가분은 Lenard의 질량흡수법칙으로 알려진 다음과 같은 식으로부터 계산한다.

$$m = F_{cal} \cdot \ln\left(\frac{I_0}{I}\right) \tag{8-1}$$

여기서 m은 μg 단위의 질량 증가분이며, F_{cal}은 조정인자이고, I_0는 빈여과지에 대한 베타선의 투과량이며, I는 미세먼지가 묻은 여과지에 대한 베타선의 투과량이다. 그리고 미세먼지의 농도는 공기흐름의 속도와 측정시간에 의해 다음과 같이 계산할 수 있다.

$$c = \frac{m}{V \cdot t} \tag{8-2}$$

여기서 c는 $\mu g/m^3$ 단위의 미세먼지 농도이며, V는 m^3/h 단위의 측정된 공기 흐름이며, t는 h 단위의 시간이다.

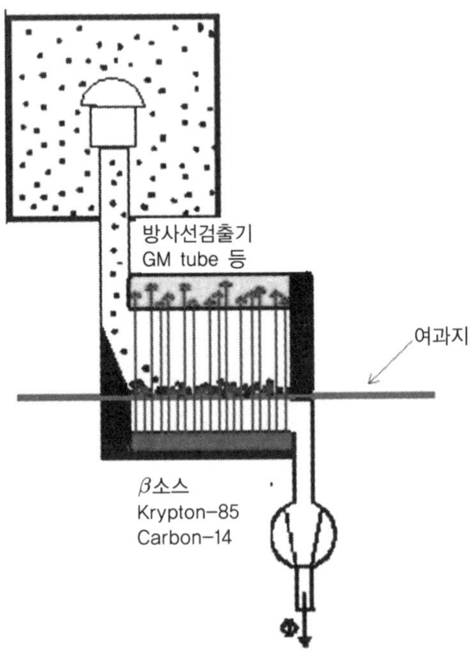

그림 8-1 베타선 흡수법에 의한 미세먼지 측정법

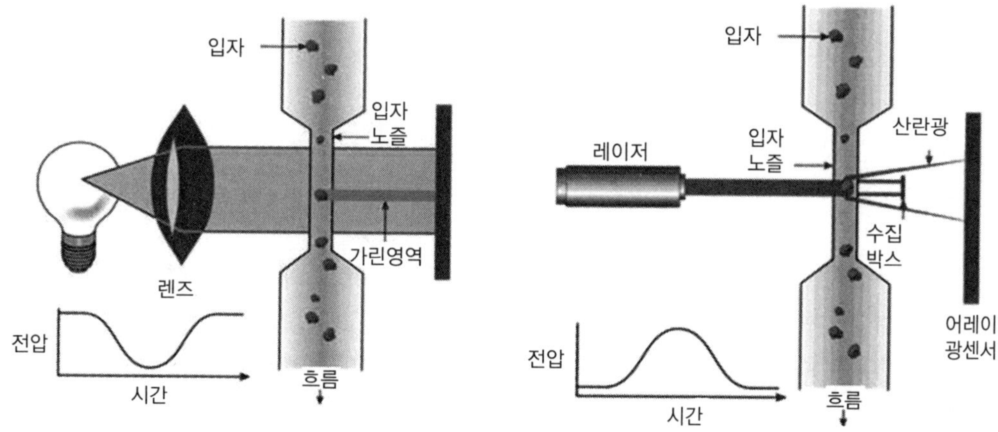

(a) 빛 가림 입자 카운터　　　　(b) 빛 산란 입자 카운터

그림 8-2 입자 카운터기의 원리

베타선 흡수법 이외에도 이와 유사한 목적으로 미세먼지 또는 입자 카운터 측정용 방법이 있다. 이 기술은 주로 무진실 등의 먼지 환경을 측정하는 용도로 현재는 많이 사용되고 있다. 그림 8-2에서 보듯이 두 가지 방법이 가능하다. 그림 8-2(a)의 방법은 1960년대에 개발된 방법으로 광원에서 나온 빛이 렌즈를 거쳐 평행광을 만든 후, 이 빛이 입자가 지나가는 미세한 관을 투과하도록 하여 광전 효과에 의한 반도체식 어레이 센서가 빛의 양을 검출하는 방식이다. 이때 빛이 지나가는 경로에 입자가 지나가게 되면 빛의 경로를 가림으로 인해 센서에 도달하는 빛의 양은 줄어들게 된다. 따라서 이 방법은 입자가 발견되면 시간에 따라 출력전압이 감소하는 특성이 있다. 센서에 도달하는 빛의 양은 입자의 크기에 거의 비례하는 특성이 있어 입자 크기를 유추할 수 있다.

이 이후에 개발된 것이 그림 8-2(b)와 같은 산란방식을 이용한 장치이다. 백색광원 대신에 레이저를 사용하며, 높게 집속된 빛은 입자에 의해 간섭현상이 발생하여 산란현상이 일어나게 된다. 이렇게 되면 광센서의 측정면적이 증가하여 입자의 크기를 유추하는 방식이다.

8.1.3 자외선을 이용한 가스분석법

자외선은 특성상 파장에 따라 UV-A, UV-B, UV-C 등 세 가지 영역으로 구분한다. 보라색 가까이 있는 것은 근자외선, 멀리 있는 것은 원자외선, 그 중간을 중자외선이라고 하며, 세 가지 영역의 구분은 표 8-6과 같다. 이 중에서 광자에너지가 강한 UV-C는 인간에게 매우 해로운 광자이다. 다행스럽게도 UV-C는 대략 약 35 km의 고도에서 오존에 의해 완전히 차단되어 지구 표면에는 거의 도달하지 않는다. UV-B는 인체의 피부에 유해하고 햇볕에 타는 주된 원인을 제공하는 영역대로, 이 영역의 복사에너지에 과도하게 노출되면 유전학상의 손상을 유발하여 그 결과 피부암과 같은 문제가 생길 수 있다. UV-B도 대기의 오존층에 의해 상당량 차단이 되지만 극히 일부는 지구표면에 도달한다. 대부분의 UV-A는 손실없이 지표까지 도달하는데 다행히 인체에 그리 유해하지 않다.

자연광인 태양광선에는 자외선, 가시광선, 적외선 등이 동시에 나오고 있다. 이 중에서 자외선은 태양광선 중에 약 9% 정도가 있으며, 인공적으로는 방전 램프에 의해서 만들 수 있는데, 그 원리는

표 8-6 자외선의 종류 및 특성

종류	파장 (nm)	광자에너지	침투력
UV-A (근자외선)	315 ~ 420	약함	강함
UV-B (중자외선)	280 ~ 315	중간	중간
UV-C (원자외선)	100 ~ 280	강함	약함

방전시 수은원자의 최외각 전자가 여기되었다가 기저상태로 복귀하면서 방사하는 전자기파가 각각의 에너지 준위에 따라 184.9 nm, 253.7 nm, 296.7 nm, 365.0 nm 등의 자외선으로 나타난다. 이때 방사되는 각 파장의 에너지와 에너지 준위에 따른 역할이 다르다. 특히 184.9 nm의 자외선은 오존을 발생시키는 파장이며, 253.7 nm는 주로 살균 및 소독의 목적으로 사용된다.

자외선을 만드는 UV 램프는 방전하는 재료에 따라 파장대역이 달라진다. 대부분의 램프들은 적외선의 빛을 가장 많이 내며, 대략 20~30% 정도의 자외선을 내 놓는다. 수은램프인 경우는 앞에서 언급한 184.9 nm, 253.7 nm, 296.7 nm, 365.0 nm 등의 4가지 파장이 나오며, 메탈램프(metal halide)는 260~420 nm, 갈륨램프(gallium)는 260~460 nm, 제논램프(xenon)는 350~470 nm 파장을 주로 내 놓는다.

대기질가스 중에서 오존(O_3)과 아황산가스(SO_2)를 자외선 영역의 흡수 및 형광법을 이용해서 정성 및 정량 분석에 사용하고 있다. 1840년대 오존(O_3)이 발견된 이후로 살균, 유기화학에서의 이용, 대기 중의 오존분포 측정, 오존의 독성으로 인한 동식물에 미치는 영향조사 등 오존에 관한 다양한 연구조사가 이루어지면서 오존분석법도 많은 발전을 해 오고 있다. 현재는 수 ppb의 농도부터 수%의 농도 범위에 이르기까지 폭넓게 측정법이 확립되어 있다. 국제적으로 공인된 오존 측정법은 여러 가지가 알려져 있으나, 이 중에서도 자외선 흡수법이 가장 일반적으로 많이 사용된다[111].

오존의 자외선 흡수법은 응답속도가 빠르고 오존에 대하여 선택적으로 흡광되는 특성 때문에 다른 가스로 인한 오작동의 우려가 없으며 주기적인 교정이 상대적으로 적다는 장점을 가지고 있다. 자외선 영역 중 수은램프를 이용해서 253.7 nm에서의 흡수도를 측정해서 오존을 정량분석하는 방법으로 가장 많이 사용되는 방법이다. 이 방법에 대한 개념적인 개략도는 그림 8-3과 같다.

그림 8-3에서 흡수된 자외선은 오존 농도에 비례하는 관계를 이용해서 Beer-Lambert 공식을 이용해서 오존의 농도를 계산한다.

$$I = I_0 \exp(-x \cdot L \cdot c) \tag{8-3}$$

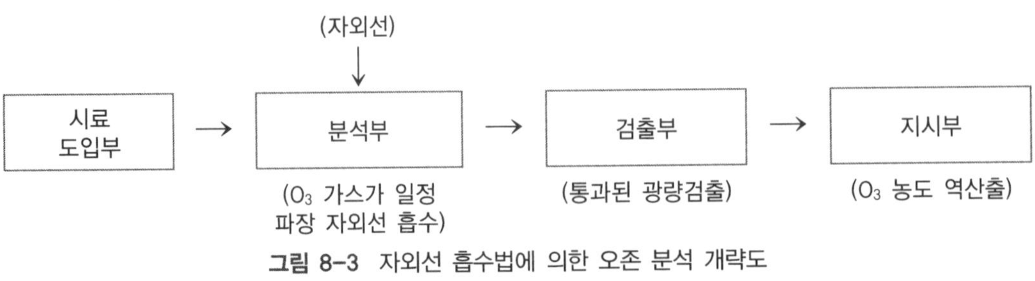

그림 8-3 자외선 흡수법에 의한 오존 분석 개략도

여기서 I는 자외선이 흡수된 이후의 강도, I_0는 자외선이 흡수되기 이전의 자외선 강도, x는 오존흡수계수로 상수이며, L은 흡수되는 셀의 공간 길이이며, c는 오존의 농도이다.

아황산가스(SO_2)는 황산화물(SOx) 중에서 가장 많은 양을 차지하고 있다. 무색의 자극성이 강한 불연성 가스이며, 비폭발성 기체로 대기 중에서는 비교적 안정하지만, 다른 물질과 광화학적 또는 촉매작용에 의하여 SO_3, 황산, 황산염 등을 생성한다. 아황산가스의 자연발생적인 원인은 화산활동, 광천 등이며, 인위적인 발생원인은 화력발전소, 제련소, 황산제조공장 및 방카씨유를 연료로 사용하는 각종 공장 및 자동차 매연 등에서 방출되는 대기오염물이다. 아황산가스의 대기 중에서 반감기는 약 4시간 정도이며, 전체가 소멸되는 데는 약 25일이 걸리며, 전 지구적 대기 중 배경농도는 약 1 ppb 정도이다.

이 가스에 의한 피해로는 산성비를 들 수 있다. 아황산가스는 물에 잘 녹기 때문에 공기 중에 아황산가스가 비를 만나면, pH 5.6 미만인 강한 산성비로 변한다. 산성비에 노출되면 나무는 말라죽게 되거나 각종 건축물 등에 부식현상이 발생할 수 있다. 두 번째 피해로는 안개의 수증기가 아황산가스와 결합하여 일으키는 스모그 현상이다. 그리고 식물에 노출되면 일반적으로 적갈색의 반점이 잎맥사이에 무수히 나타나는 것이 특징이나 조직의 수축, 낙엽현상, 수세의 약화현상과 성장의 감퇴현상이 나타난다. 급성피해로는 농작물이 고농도의 아황산가스를 단시간에 흡수했을 때 나타나며, 세포 내에 함유된 엽록소의 급격한 파괴 및 세포괴사 등이 일어난다. 만성피해로는 저농도의 아황산가스에 장기간 노출되어 엽록소가 서서히 붕괴됨으로써 황화현상을 나타내는데, 이 상태에서 세포는 파괴되지 않고 생명력을 유지하고 있으며 수일 후에 탈색이나 표백이 나타나게 된다.

환경 대기 중 아황산가스 농도 측정방법에는 파라로자닐린법, 용약전도율법, 불꽃광도법, 적외선흡수법, 자외선형광법 등이 있다. 이 중에서 농도에 따른 선형적인 응답성을 갖는 적외선형광법이 주 시험법으로 적용되고 있다. 자외선형광법은 자외선 영역의 빛을 흡수하며, 여기상태로 되었다 다시 안정상태로 회귀하면서 빛을 발하는 현상으로서 분자로부터 방출되는 형광자외선의 강도가 분자농도에 비례하게 된다. 아황산가스 분자는 자외선의 190~230 nm, 250~320 nm, 340~390 nm 파장영역에서 빛을 흡수하는데, 이 파장대역들은 아황산가스를 여기시키기 위한 여기 에너지원으로 사용한다.

자외선형광법의 시스템 개략도는 그림 8-4와 같다. 자외선 램프는 아황산가스 분자가 흡수할 수 있는 파장대역인 214 nm 영역의 자외선 빛을 내 놓을 수 있는 아연램프(zinc, Zn)를 사용한다. 램프에서 나온 자외선은 필터와 렌즈를 거쳐서 반응관으로 모아지게 된다. 반응관 내부에 있는 아황산가스 분자는 램프에서 나온 자외선에 의해 여기가 일어난다. 여기된 아황산가스 분자가 안정상태로 환원될 때 자외선 형광을 발하게 되는데, 그 파장영역은 250~390 nm 영역대이다. 이 빛을 PMT에서 전기적인 신호로 변환시킨다. 또한 자외선 램프 세기 감쇠를 보상하기 위해 자외선센서로 자외선 강도를 감지하여 CPU에서 측정농도에 대한 보상을 한다. 아황산가스를 여기시키기 위해 Zn(214 nm) 이외에 Sb(218 nm)과 Cd(228 nm) 등의 광원을 사용하기도 한다[112].

8.1.4 비분산측정법(NDIR)에 의한 가스분석

전자기파 및 적외선 영역에서의 대기 투과 특성은 그림 8-5와 같다. 적외선은 온도와 밀접히 연

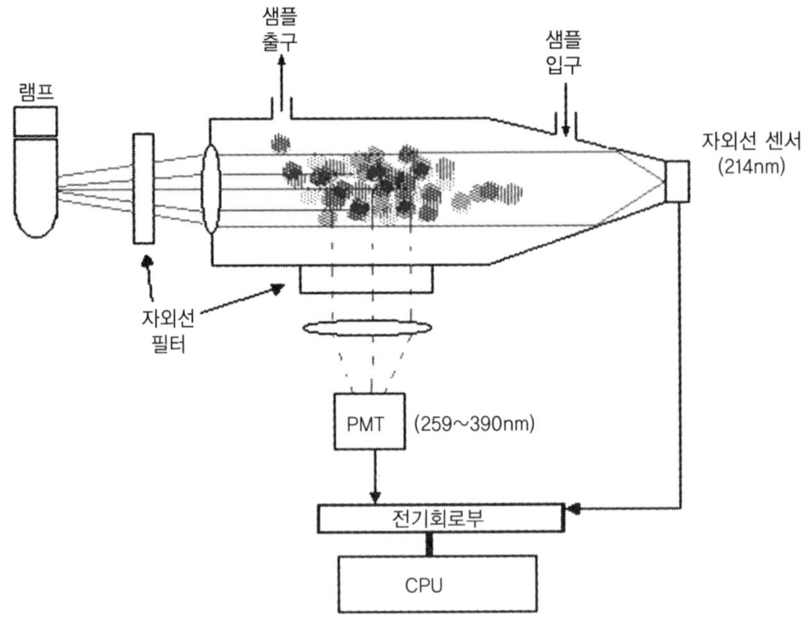

그림 8-4 자외선형광법의 시스템 개요

관이 있는 전자기파 대역이다. 절대온도 0K 이상의 온도에서는 온도 또는 열에 의한 에너지로 분자가 진동하게 되는데, 이때 분자 진동으로 발생하는 에너지가 바로 적외선이다. 이러한 분자 진동에 의한 공명 현상으로 적외선이 흡수되어 대기를 투과하지 못하는 영역이 발생한다. 그러나 산소와 질소와 같은 동종원소로 이루어진 가스에 대해서는 흡수가 발생하지 않으며, 이종의 원자로 구성된

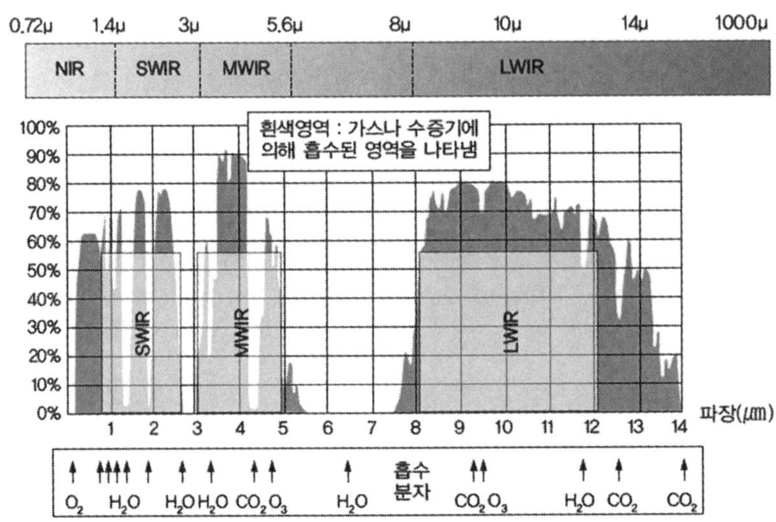

그림 8-5 적외선 영역에서의 대기 투과도 특성

물질은 모두 적외선을 흡수한다. 또한, 물질마다 분자 진동의 형태가 다르므로 적외선 영역에서의 흡수 형태에 고유한 패턴을 가지고 있는데 이러한 특성을 이용해서 분자의 특성을 파악하는 데 사용할 수 있다. 즉 CO 가스는 4.8 μm, CH_4는 3.3 μm와 7.7 μm, N_2O는 4.6 μm와 7.8 μm, O_3는 9.4~9.6 μm, CO_2는 2.7 μm와 4.2 μm, H_2O는 5~8 μm와 짧은 파장영역에서 흡수되는 특성이 있다. 이러한 이종가스의 흡수 파장영역을 이용한 방법이 적외선 비분산측정법이다.

적외선 비분산법(Non-Dispersive Infrared, NDIR)의 기본적인 개념은 그림 8-6과 같다. 적외선 광원은 일반적으로 세라믹 히터를 사용하여 적외선의 넓은 영역 대의 빛을 내보낼 수 있도록 하며, 초퍼를 이용해서 원하는 크기의 구경을 조절하여 적외선의 광량을 임의로 조절할 수 있도록 한다. 가스가 지나가는 경로는 될 수 있으면 길게 해야 정확한 측정이 가능하다. 경로를 길게 하기 위한 다양한 아이디어도 많이 나오고 있다. 표준가스 경로와 측정가스 경로 끝에는 적외선 필터를 사용해서 측정하고자 하는 가스가 가장 흡수를 잘 일으키는 대역만 통과시키는 협대역 필터를 사용한다. 그리고 감지기에서 측정가스와 표준가스에서 측정된 신호의 비로부터 측정가스의 농도를 측정하는 원리이다. 보통 CO는 4.64 μm, CO_2는 4.26 μm 영역대에서 흡수가 잘 일어나므로 적외선 필터는 이 대역만 통과시키는 협대역 필터를 이용해서 CO와 CO_2의 농도를 측정 및 분석할 수 있다.

NDIR은 필터의 특성에 따라 한 종류의 가스만 감지할 수 있는데, 경로차를 이용해서 두 가지 가스를 동시에 감지할 수 있는 아이디어도 제안되고 있다. 화재 발생의 조기 감지를 위해 CO 및 CO_2 가스를 동시에 감지하기 위한 아이디어도 나오고 있다. 두 종의 가스를 동시에 감지하기 위해 2개의 광 경로를 갖는 광도파관을 제작하여 그림 8-7과 같이 짧은 광경로는 CO_2 감지용으로 사용하고, 긴 광경로는 CO의 감지용으로 제작한 방식이다[113].

NDIR에 사용되는 적외선 필터는 5.2.3절과 5.2.4절에 설명된 방법으로 제작이 가능하지만, 빛의 간섭현상을 이용한 Febry-Perot 방법도 가능하다. Febry-Perot 필터(FPF)는 반사를 잘하는 두 개의 판을 가까이 마주 보게 설치해서 반사 효과로 인해 필터 역할을 하게 하는 간섭계를 의미한다. 파장의 함수로 투과도를 보게 되면 두 반사판 사이에서의 공명 현상 때문에 특정 파장에서 피크가 나타나게 되는데, 이를 발견한 두 발견자인 Charles Fabry와 Alfred Perot의 이름을 따서 Febry-Perot 간섭계라고 부른다.

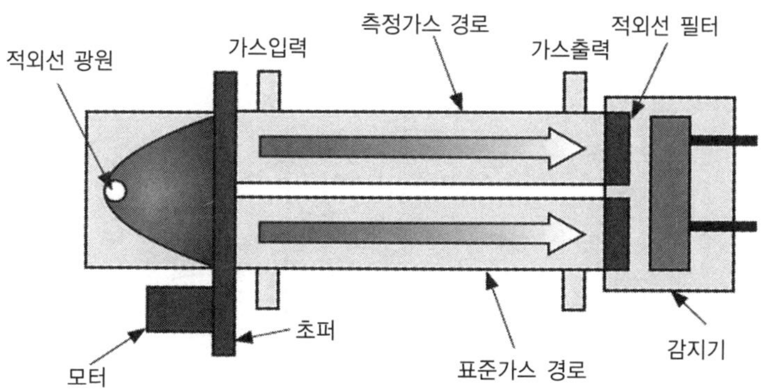

그림 8-6 NDIR 가스센서의 원리

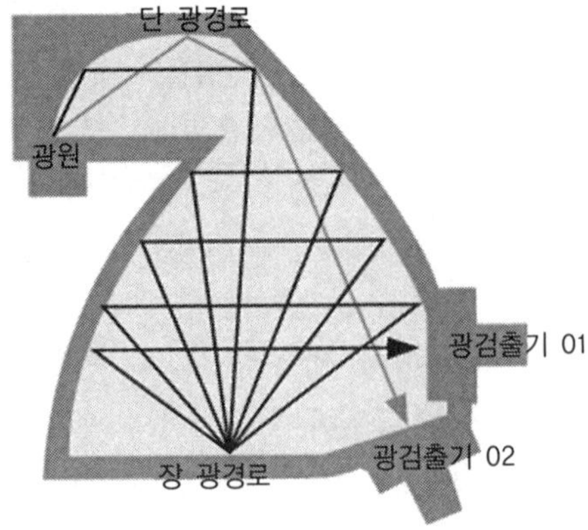

그림 8-7 듀얼가스 감지센서 내부 구조

그림 8-8과 같이 두 개의 판을 거리 l 만큼 떨어진 사이로 빛이 θ 각으로 입사하게 되면 반사판 사이로 무수히 많은 반사로 인해 투과해서 나온 빛은 보강 및 간섭 현상을 일으키게 된다. 각 반사된 빛의 경로차 δ는 다음과 같다.

$$\delta = \left(\frac{2\pi}{\lambda}\right) 2nl\cos\theta \tag{8-4}$$

만약 두 반사면의 반사율을 R이라고 하면 전체 투과율은 다음과 같다.

$$T = \frac{(1-R)^2}{1+R^2-2R\cos\delta} = \frac{1}{1+F\sin^2(\delta/2)}, \quad F = \frac{4R}{(1-R)^2} \tag{8-5}$$

위의 식에서 최대의 투과($T=1$)가 일어나려면, 경로차인 δ가 파장의 정수배일 때이다. 만약 흡수가 없다고 가정하면, $T+R=1$이므로 최대 반사도는 다음과 같다.

$$R_{\max} = 1 - \frac{1}{1+F} = \frac{4R}{(1+R)^2} \tag{8-6}$$

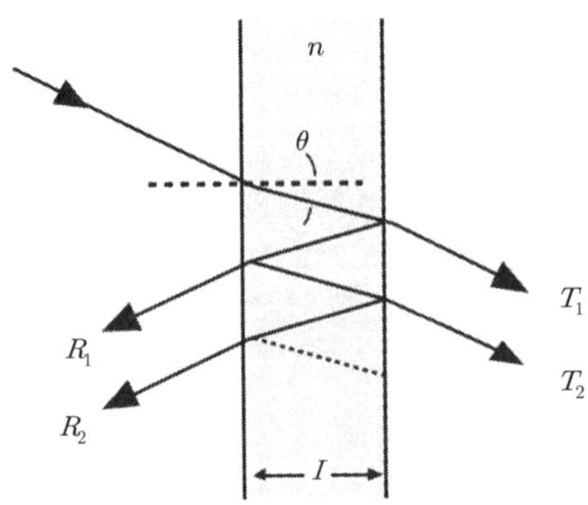

그림 8-8 Febry-Perot 간섭계의 내부 반사

인접한 투과도 피크의 파장 차이를 자유 파장범위(free spectral range, FSR), $\Delta\lambda$라고 하면

$$\Delta\lambda = \frac{\lambda_0^2}{2nl\cos\theta + \lambda_0} \approx \frac{\lambda_0^2}{2nl\cos\theta} \tag{8-7}$$

여기서 λ_0는 가장 가까운 투과 피크의 중심 파장이다. FSR과 반치폭 $\delta\lambda$와 순도(finesse, F)의 관계는 다음과 같다.

$$F = \frac{\Delta\lambda}{\delta\lambda} = \frac{\pi}{2\arcsin(1/\sqrt{F})} \tag{8-8}$$

여기서 만약 $R > 0.5$인 조건에서는 다음과 같다.

$$F \approx \frac{\pi\sqrt{F}}{2} = \frac{\pi R^{1/2}}{1-R} \tag{8-9}$$

이러한 FPF의 반사와 투과의 형태는 그림 8-9와 같다.

이런 간섭계의 원리를 응용해서 만든 것이 그림 8-10과 같은 Febry-Perot interferometer(FPI) 필터이다. 반사거울의 한쪽은 스프링으로 연결해 놓고, 두 판 사이의 간격 d는 외부에서 전압조절을 통해 정확하게 제어할 수 있다. 이 경우의 공명 조건은 다음과 같다.

$$\lambda_m = \frac{2nd\cos\beta}{m} \tag{8-10}$$

여기서 n은 간극사이의 굴절률, β는 입사각, d는 간극 사이의 거리, m은 정수이다. 굴절률이 1이고, 수직 입사한다고 한다면, 투과도는 그림 8-11과 같다.

이 그림에서 첫 번째 간섭결과인 $m=1$인 경우를 선택하고, 나머지 파장 대역은 부가적인 광학

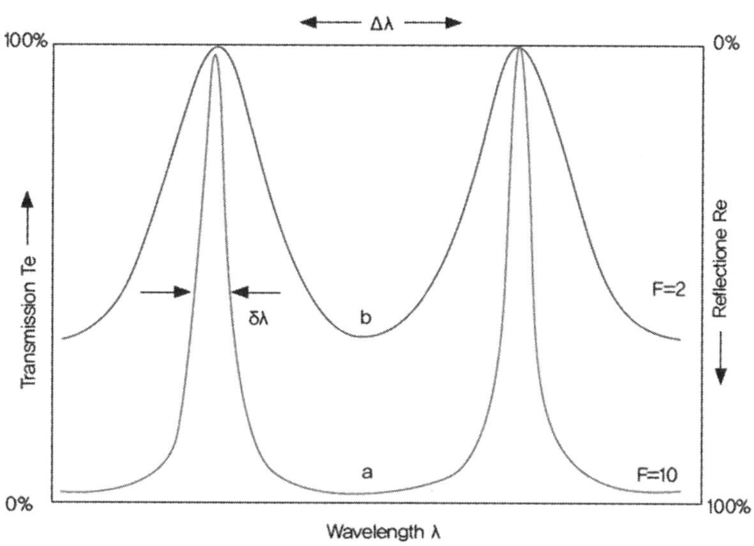

그림 8-9 파장에 따른 간섭계의 투과 형태(높은 순도의 투과는 아래그래프, 낮은 순도에 의한 투과는 위그래프)

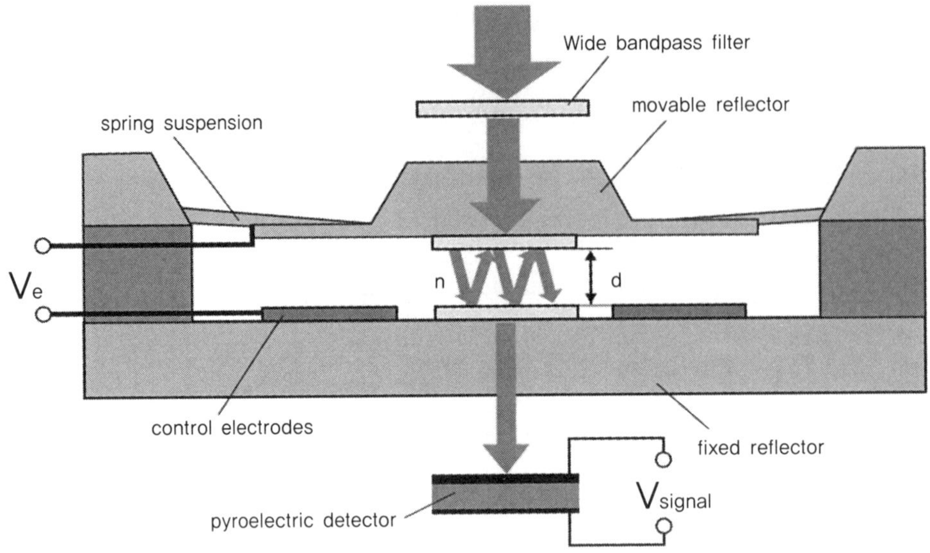

그림 8-10 FPI 필터의 동작원리

필터를 이용해서 제거해 버리면 하나의 협대역 필터 특성을 얻게 되며, 외부 전압의 크기에 따른 두 반사판 간극 d를 변화시킴에 따라 그림 8-12와 같은 적외선 영역에서의 협대역 필터를 얻게 된다. 원하는 가스 흡수 피크를 이용해서 가스를 검출할 수 있다[114].

8.1.5 화학발광법에 의한 가스분석

이산화질소(NO_2)는 질소와 산소로 이루어진 화합물로서 산화질소라고도 한다. 이산화질소는 일산화질소와 함께 질소 산화물의 대표적인 기체로, 자극적인 냄새가 나고 질식성이 강하므로 인체와

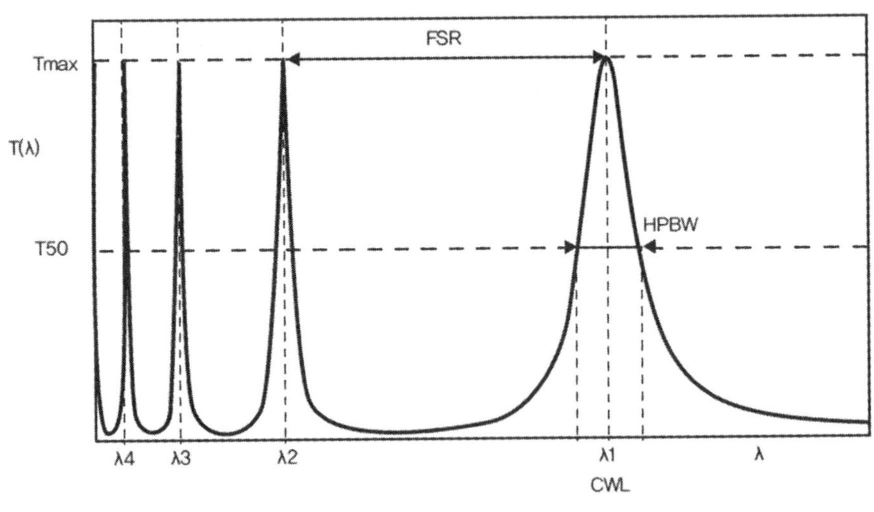

그림 8-11 FPI의 투과도 스펙트럼

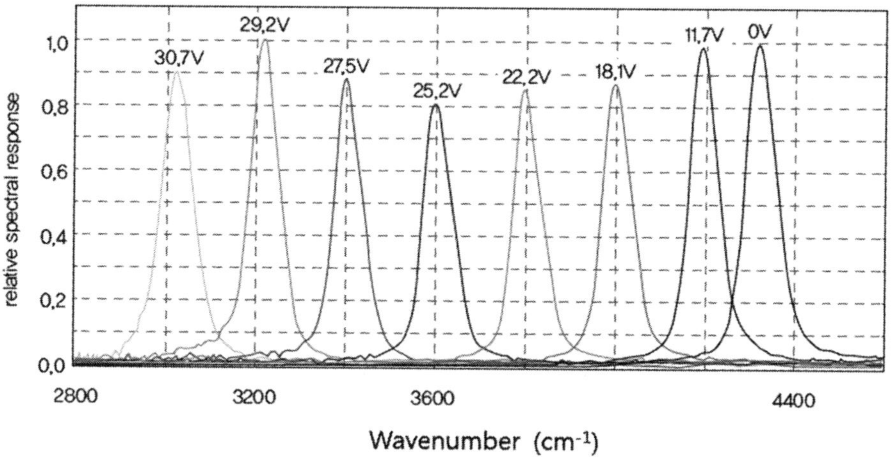

그림 8-12 전압에 따른 다양한 협대역 필터링 결과

식물에 해로운 유독성의 적갈색 기체이다. 실온에서는 대부분 기체 상태로 존재하며, 고체 또는 액체 상태에서는 거의 대부분의 분자가 사산화이질소(N_2O_4)의 형태로 존재한다. 이산화질소는 질산이나 질산납이 분해될 때 생성된다. 공기보다 무겁고 물에 잘 녹으며 찬물에 녹으면 질산과 아질산으로 된다.

이산화질소의 냄새를 맡을 수 있는 농도는 1~3 ppm이고, 150~200 ppm의 농도에서는 3~5주 내에 사망하며, 500 ppm에서는 1일 이내에 사망한다. 대기 중 이산화질소의 농도가 증가하게 되면, 자외선이 강할 때 이산화질소로부터 산소원자가 생성되고, 이 산소원자가 산소분자와 결합하여 오존을 생성한다. 이산화질소는 아황산가스와 더불어 산성비의 원인이 되며, 대기질 관리에 중요한 물질이다.

이러한 질소산화물의 발생원인은 자연적 발생원으로 토양과 수중 미생물 작용과 번개 등이 있으며, 인위적 발생원으로 자동차, 발전소, 보일러, 소각로 등이다. 도시에서 질소산화물은 대부분이 물질의 연소과정에서 발생되는데, 이중 90% 이상이 NO의 형태로 대기 중에 배출되며, 이렇게 배출된 NO가 대기 중에서 산화되어 이산화질소가 생성된다. 이산화질소는 가시광선을 잘 흡수하며, 보라색 또는 청색과 같은 짧은 파장의 가시광선을 더 흡수하기 때문에 주홍색으로 나타난다.

환경 대기 중의 질소산화물 농도를 측정하는 방법은 살츠만법, 흡광차부분광법, 야곱스호흐하이저법, 화학발광법(chemiluminescent) 등이 사용된다. 현재 환경정책 기본법에는 화학발광법을 표준으로 채택하고 있다. 위의 방법 중 간이로 가장 쉽게 측정하는 방법이 살츠만법이다. 살츠만법은 엄지손가락만한 플라스틱 캡슐에 크로마토그래피 용지를 끼우고 트리에탄올아민 용액을 떨구어 이산화질소 포집관을 만든 후, 24시간 공기 중에 노출했다가 회수한 다음 회수한 캡슐에 살츠만 시약을 약 5 ml 주입한다. 만약 이산화질소가 여과지 속에 있으면 여과지가 적자색으로 변화한다. 이때 여과지가 적자색으로 변한 정도를 비색계로 계측하여 ppm 농도로 환산하는 방법이다. 이 방법은 일본의 아마야 가즈오 교수가 처음 개발하여 대기오염 측정운동의 과정 속에서 그 과학성이 검증이 되었으며, 일본에서는 1970년대부터 시민들 사이에 이산화질소 간이측정법을 이용한 측정운동이 활

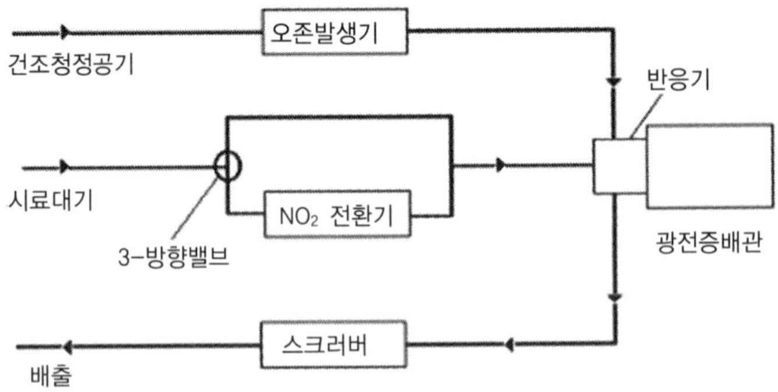

그림 8-13 화학발광법에 의한 질소산화물 측정장치의 구성도

발히 전개되기도 하였다.

화학발광(chemiluminescence)은 가시광선의 방출에 의해 일어나는 화학반응을 의미한다. 시료 중의 일산화질소(NO)와 오존과의 반응에 의해 이산화질소(NO_2)가 생성될 때, 활성화된 분자들이 바닥상태로 천이되면서 화학발광에 의한 빛(590~2,500 nm)을 방출하게 된다. 이때 이러한 화학발광도가 일산화질소 농도와의 비례관계가 있는 것을 이용해서 시료 중에 포함되어 있는 일산화질소 농도를 측정할 수 있다. 또한, 질소산화물($NO + NO_2$)을 측정할 경우, 시료 중의 이산화질소를 변환기를 통하여 일산화질소로 변환시킨 후 일산화질소의 측정과 같은 방법으로 측정하여 질소산화물에서 일산화질소를 뺀 값이 이산화질소의 농도가 된다. 그림 8-13은 질소산화물을 화학발광법으로 측정하는 시스템의 개념도이다.

8.1.6 적외선분광법에 의한 다중가스 분석

지금까지는 하나의 분석 방법은 한 가지 가스 분석에 대해서만 가능하였다. 적외선 영역에서 흡수 스펙트럼의 데이터베이스를 이용해서 가스를 분석하는 방법이 적외선분광법이다. 적외선분광법에 사용되는 기기에는 분산방식 분광기와 FTIR(Fourier Transform Infrared) 분광기 두 종류가 있다. 예전에는 분산방식을 사용했으나, 최근에는 PC 기술의 발달로 FTIR을 주로 사용하고 있다. 이러한 장비들은 파장(μm) 대신에 파수(wavenumber, cm^{-1})의 단위를 주로 사용한다. 파수의 단위인 cm^{-1}은 카이저(Kaiser)라고 읽으며, 파장과의 관계는 wavenumber$=10,000/\lambda$이다. 즉, 10 μm의 파장은 1,000 cm^{-1}가 된다.

적외선분광법은 세 가지 영역으로 구분해서 분석에 응용된다. 가장 많이 사용하는 영역이 적외선 중간 대역인 400~4,000 cm^{-1}(2.5~25 μm) 영역으로 흡수, 반사 및 방출 스펙트럼을 이용해서 정성 및 정량분석에 이용한다. 그 다음이 근적외선 영역 대역인 4,000~14,000 cm^{-1}(0.75~2.5 μm) 영역을 이용해서 물, 탄소(carbon), 이산화물(dioxide), 황(sulfur), 저분자량 탄화수소, 아민 질소 등의 화학 종류에 대한 정량분석에 이용하고 있다.

분자에너지(molecular energy)는 전자에너지(electronic energy), 진동에너지(vibrational energy)와 회전에너지(rotational energy)의 합으로 주어진다. 전자에너지는 에너지갭과 관련된 것으로 II-VI족 화합물 반도체를 제외하고는 대부분 가시광선과 자외선 영역의 에너지에 해당한다. 진동에너지는 대부분 적외선 영역의 에너지 대역에 해당하며, 회전에너지는 근적외선 영역의 에너지 대역에 해당한다. 이종의 원자로 된 분자의 진동 주파수의 수학적인 표현식은 다음과 같으며, 이 주파수(ν)에서 흡수가 일어난다.

$$\nu = \frac{1}{2\pi c}\sqrt{\frac{f(m+m')}{m \cdot m'}} \qquad 3(8\text{-}11)$$

여기서 m과 m'은 원자의 질량수(Mass Number)이며, c는 빛의 속도이고, f는 강도상수(strength constant)이다. 이 식에 근거하여 분자 진동에는 신축(stretching)과 굽힘(bending) 두 종류가 있다. 그림 8-14와 같이 물(H_2O)의 경우는 기본적인 3가지 진동이 존재하며, 이산화탄소는 4개의 자유도가 있다.

이산화탄소의 비대칭 신축진동은 2,350 cm^{-1}에서 나타나며, 굽힘진동의 두 가지는 동일 밴드인 666 cm^{-1}에서 나타난다. 그리고 대칭 신축진동은 분극(dipole)의 변화가 없으므로 이에 의한 흡수는 나타나지 않는다.

CH_2 그룹에 대한 신축 및 굽힘진동은 그림 8-15와 같이 약 5개의 진동모드가 존재한다. 비대칭 신축진동(asymmetrical stretching)은 2,925 cm^{-1}, 대칭 신축진동(symmetrical stretching)은 2850 cm^{-1}, 가위진동 또는 축 방향의 굽힘진동(scissoring, or bending in plane)은 1,465 cm^{-1}, 꼬임진동 또는 축 반대방향의 굽힘진동(twisting, or bending out of plane)과 앞뒤흔듦진동 또는 축 반대방향의 굽힘진동(wagging, or bending out of plane)은 1,350~1,150 cm^{-1}, 좌우흔듦진동 또는 축방향의 굽힘진동(rocking, or bending in plane)은 720 cm^{-1}의 흡수밴드를 가지고 있다.

분자에서 원자의 상대적 위치는 정확히 고정되어 있지 않고 여러 가지 종류의 진동크기에 따라

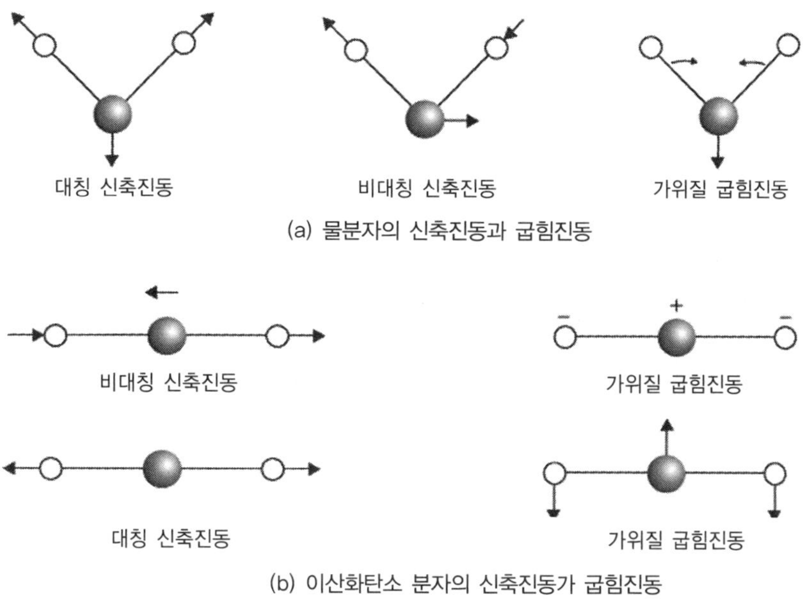

그림 8-14 물분자와 이산화탄소 분자의 진동 종류

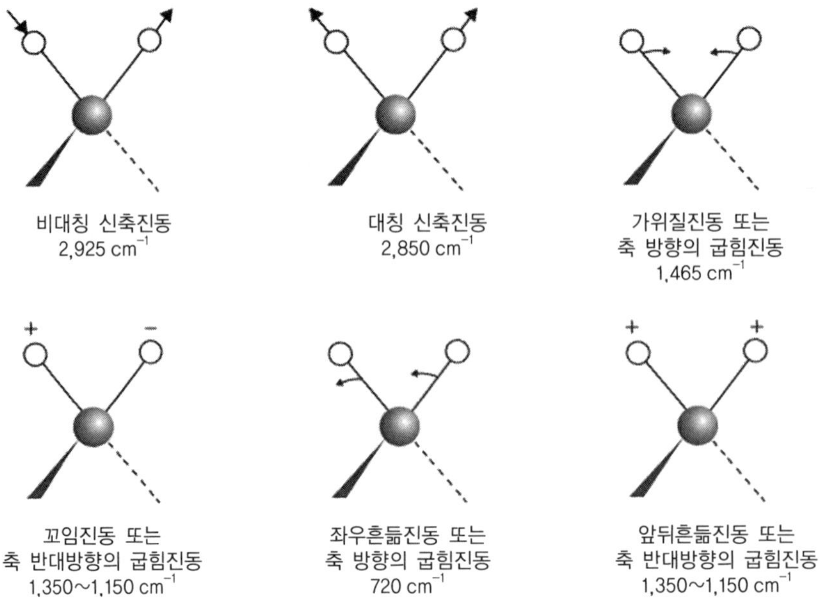

그림 8-15 CH_2 그룹의 신축 및 굽힘진동 모드

연속적으로 요동하며, 진동은 신축(stretching)과 굽힘(bending)의 기본 범주로 구분된다. 신축진동은 두 원자 사이의 결합 축을 따라 원자간 거리가 연속적으로 변화함을 말하며, 굽힘진동은 두 결합 사이의 각도 변화를 말하며, 네 가지 종류가 있다. 즉, 가위질진동(scissoring), 좌우흔듦진동(rocking), 앞뒤흔듦진동(wagging) 및 꼬임진동(twisting)이다. 액체와 고체에서는 분자의 회전이 크게 제한되어 불연속적인 진동선 및 회전선들은 안 보이고, 분자 간의 충돌과 상호작용 때문에 넓게 퍼진 봉우리들이 나타나다. 이러한 적외선 고유 흡수는 분석하고자 하는 유기물의 고유한 지문영역(finger print)으로 작용하여 특정 제품의 일치성 분석에 활용할 수 있다.

가장 많이 사용하는 4,000~400 cm^{-1} 중적외선 영역은 특성상 그림 8-16과 같이 4가지 분야로 나눌 수 있다. 먼저 4,000~2,500 cm^{-1} 영역은 N-H, C-H, O-H 싱글결합의 신축진동에 의한 흡수가 일어나는 영역이다. 특히, N-H와 O-H는 3,300~3,600 cm^{-1} 영역에서 흡수가 일어나며, C-H 결합은 3,000 cm^{-1} 근처에서 신축진동에 의한 흡수가 일어난다. 두 번째는 2,500~2,000 cm^{-1} 영역으로 삼중결합진동(triple-bond streching)이 일어나는 영역으로 알킨(alkynes)과 니트릴(nitriles, RC≡N)의 흡수가 일어나는 곳이다. 세 번째는 2,000~1,500 cm^{-1} 영역으로 모든 종류의 이중결합(C=O, C=N, C=C)에 의한 흡수가 일어나는 곳이다. 카보닐(carbonyl) 그룹은 1,670~1,780 cm^{-1}에서 흡수가 일어나며, 알켄(alkene) 그룹은 1,670~1,780 cm^{-1} 영역에서 흡수가 일어난다. 마지막으로 1,500 cm^{-1} 이하의 영역으로 적외선흡수 스펙트럼의 지문영역으로, C-C, C-O, C-N, C-X 등 단일 결합진동에 의한 흡수가 일어나는 영역이다.

신축과 굽힘진동에 대한 예를 아민(amine)을 통해서 간략히 보면 다음과 같다. 아민(amine)의 N-H 신축들은 3,300~3,000 cm^{-1} 영역에서 나타난다. 이러한 밴드들의 흡수 형태는 동일한 영역에

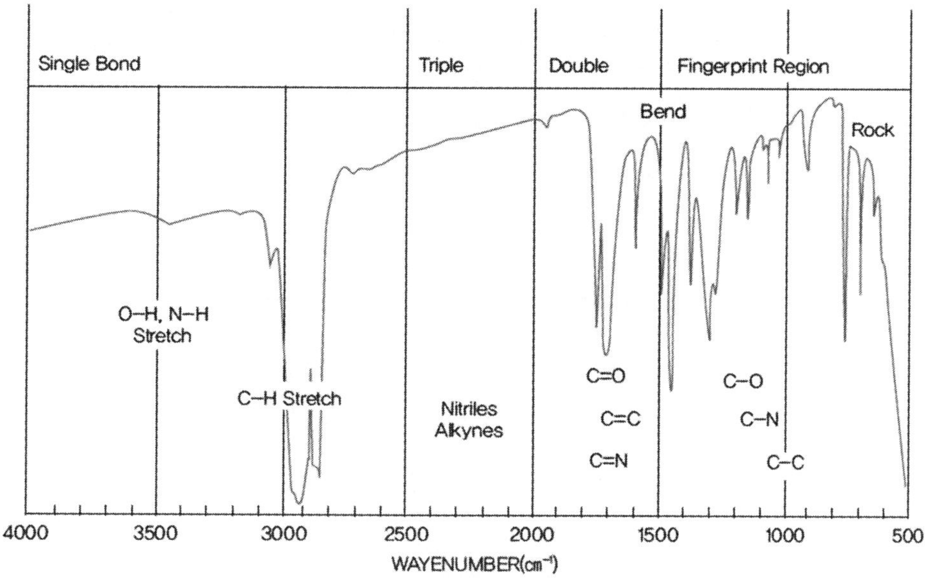

그림 8-16 적외선 흡수 스펙트럼의 네 가지 영역

서 나타나는 알코올의 O-H 신축보다 약하고 뾰쪽하다. 일차아민(primary amine, RNH_2)에는 이 영역에서 두 종류의 밴드가 존재하는데, 하나는 비대칭 N-H 신축이며, 나머지는 대칭 N-H 신축이다.

이차아민(secondary amine, R_2NH)에서는 3,300~3,000 cm^{-1} 영역에서 오직 하나의 약한 밴드만이 나타난다. 왜냐하면 이차아민은 오직 하나의 N-H 결합만을 가지고 있기 때문이다. 반면에 삼차아민(tertiary amine, R_3N)은 N-H 결합이 없으므로 이 영역에서 어떠한 흡수 밴드도 존재하지 않는다.

그리고 일차아민의 N-H 굽힘(Bending) 진동은 1,650~1,580 cm^{-1} 영역에서 관측되며, 이차아민은 이 영역에서 어떠한 흡수밴드도 나타나지 않으며, 삼차아민은 이 영역에서 전혀 관측되지 않는다. 아민과 관련된 다른 흡수밴드는 910~665 cm^{-1}에서 관측이 되는데, N-H의 앞뒤흔듦진동(wag)에 의해 일차아민과 이차아민에서 강하고 넓은 흡수밴드를 나타낸다. 지방족 아민의 C-N 신축진동은 1,250~1,020 cm^{-1}에서 약하게 관측된다. 방향족 아민(Aromatic Amine)에서는 C-H 신축진동이 1,335~1,250 cm^{-1} 영역에서 나타난다.

중적외선 분광학(Mid-IR Spectroscopy)에서는 4,000~400 cm^{-1}의 파장을 갖는 적외선을 시료에 조사하여 흡수 스펙트럼을 측정하는데, 이 대역은 주로 분자들의 기본 밴드가 나타나는 영역으로 각 분자의 특정한 흡수밴드가 비교적 깨끗하게 분리되어 있어 특정 화합물의 존재 여부를 확인하는 데 사용된다. 그러나 일반적으로 시료에는 한 가지 화합물만이 존재하는 것이 아니고 여러 가지 화합물이 섞여 있는 경우가 많다. 특히, 관심 있는 분자의 스펙트럼이 혼합물을 구성하는 다른 성분의 스펙트럼과 겹치게 되면 화합물의 유무를 확인하기가 매우 어렵게 된다. 이처럼 여러 가지 화합물이 섞여 있을 때에 나타나는 복잡한 적외선 스펙트럼을 분석하기 위해서 예측력이 우수하고 잡음 등에 강한 성능을 가진 검량 모델을 개발하는 것이 화학계량학(chemometrics)의 핵심이며, 신속하고 정확한 화학적·물리적 성분의 예측을 가능하게 해주는 중요한 역할을 수행한다. 이 중에서 많이 사용

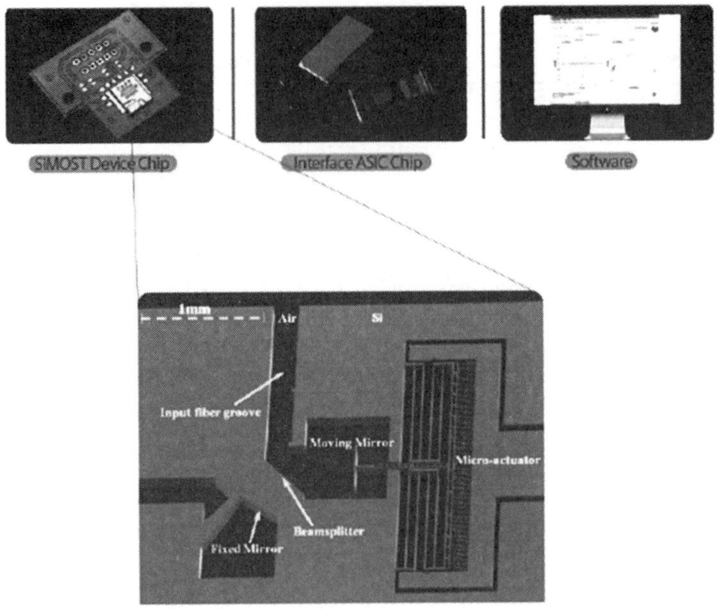

그림 8-17 Si Ware 사의 MEMS FTIR 시스템

하는 방법이 다중선형회귀법(multiple linear regression), 부분최소자승법(partial least squares) 등이 있다.

최근 MEMS 기술이 발전함에 따라 FTIR의 광학 간섭계인 인터페로미터(interferometer) 부분을 MEMS로 제작하려는 연구가 진행 중이다. 이 분야에 대해 연구하고 있는 회사가 Si Ware 사와 CTR 사가 있다. 특히, Si-ware 사는 MEMS FTIR에 대한 특허를 출원하여 그림 8-17과 같은 시제품을 제작하였으며, 조만간 제품으로 나올 예정이다. 아직은 근적외선 영역인 1~2 μm 영역대만 가능하며 MWIR과 LWIR 대역은 개념적인 수준으로 나와 있다[115]. LWIR 영역까지 구현할 수 있다면 가스의 흡수 피크를 DB로 이용해서 거의 대부분의 가스를 실시간 분석이 가능할 것으로 예상한다.

반면 CTR 사는 간섭계만 MEMS 공정으로 제작하여 그림 8-18과 같은 시제품을 제작하였다. 이것은 파장 대역이 2.2~9.5 μm로 Si-Ware 사의 시제품보다는 파장 대역이 넓다. FTIR 크기도 180×120×100 mm^{3}이며, 중량은 약 1.7 kg 정도로 매우 소형이다. 그러나 파장 분해능이 30 cm^{-1}로 아직은 개선이 많이 필요한 시제품이다[116].

8.1.7 반도체 방식 가스센서의 원리

반도체식은 공기성분과 반도체 표면의 화학적인 상호작용에 의해 그 표면 전도전자의 밀도변화를 이용한 것으로 보통 4단계 과정으로 일어난다. ① 반도체 표면에 산소의 사전 흡착, ② 특정가스의 흡착, ③ 흡착가스와 산소의 반응, ④ 반응가스의 탈착 순으로 반응한다. 특히, 세 번째 단계에서 전자를 주고받는 과정이 포함되며 이것이 센서의 감지 효과로 나타난다. 센서가 가스에 대한 감지 효과를 나타낼 때 그 전기전도도에 변화를 일으키게 되고, 전기전도도는 흡착되는 공기입자가 acceptor로 작용할 때 감소하고 donor로 작용할 때 증가한다.

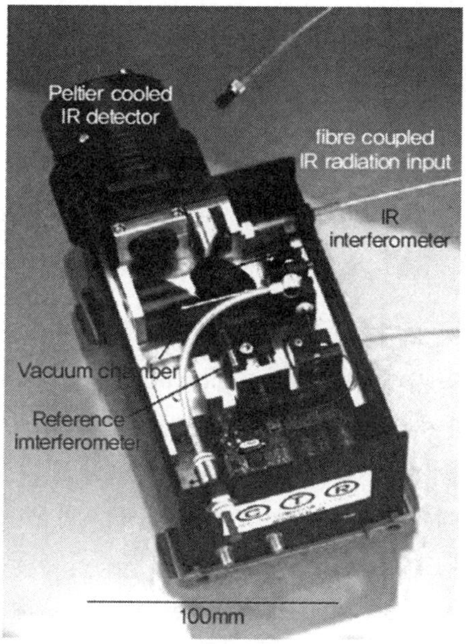

그림 8-18 MEMS FTIR 시제품

그림 8-19와 같이 세라믹 반도체 표면에 가스가 접촉했을 때 일어나는 전기전도도의 변화를 이용하는 것으로 대부분 대기 중에서 가열하여 사용되는 일이 많아 고온에서 안정한 금속산화물(주로 세라믹)이 사용된다. 이중 금속원자가 과잉(산소결핍)일 때 n형 반도체, 금속원자가 결핍일 때 p형 반도체가 된다.

이러한 세라믹 반도체 중 전기전도도가 크고 융점이 높아서 사용온도 영역에서 열적으로 안정한 성질을 가진 반도체가 센서에 이용된다. 반도체 가스센서는 ① 대부분 유독가스, 가연성 가스에 응답을 나타내어 감지할 수 있는 가스의 종류가 많고, ② 센서제작이 용이하고 검출회로의 구성이 간단하다는 특징이 있다. 그러나 감지하려는 가스만을 감지할 수 있는 선택성이 우수한 가스센서는 아직도 연구 중이다. 가스센서용의 금속산화물로는 SnO_2, ZnO, Fe_2O_3 등이 있으며, 이 중에서 SnO_2

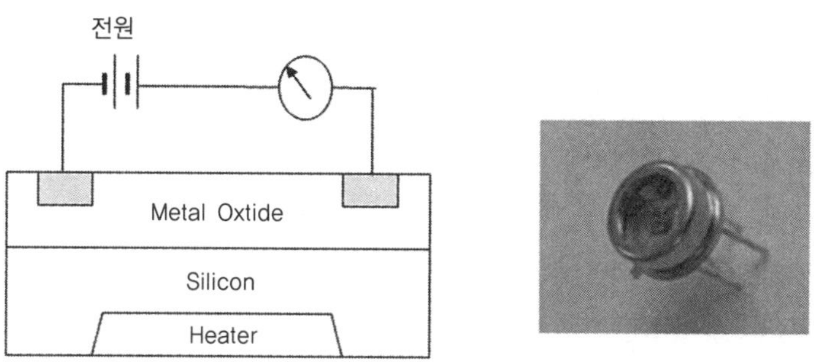

(a) 반도체식 감지기 내부 구조 (b) 반도체식 감지기 외관

그림 8-19 반도체식 가스 감지기의 내외관 구조

가 상업용으로 가장 많이 사용된다.

SnO_2 세라믹이 반도체 특성을 나타내는 것은 결정의 불완전성에 기인하는데, 일반적인 결함(defect)의 종류에는 다음 세 가지가 있다.

① 여분의 원자가 격자 사이에 끼어 있는 것(interstitial)
② 주기적 배율을 이루는 원자가 일부 위치에서 존재하지 않는 것(vacancy)
③ 구성 원자와 다른 원자가를 갖는 원자가 일부에 치환되는 것(substitutial)

SnO_2 세라믹은 ②의 경우에 해당하며 산소원자가 부족한 산소 빈자리(oxygen vacancy, Vo) 형태이다. 외부로부터 열에너지가 가해지면 전자주개(donor)로 작용하는 산소 빈자리의 전자가 전도대로 이동하여 캐리어로 작용하여 n-type 반도체 특성을 나타낸다. 세라믹 반도체의 동작온도는 donor level에서 전도대로 이동하는 캐리어의 개수와 이동도를 변화시켜 전기전도도를 변화시키고 또한 가스흡착을 변화시키기 때문에 센서특성을 변화시키는 매우 민감한 요인으로 작용한다.

세라믹 반도체 가스센서는 고체의 표면과 기체와의 반응을 이용하는 것으로 기체가 흡착하는 속도와 흡착되는 기체의 선택성은 센서의 동작온도뿐만 아니라 촉매성분과 양, 센서 주위의 분위기에 크게 영향을 받는다. SnO_2 입자 내에는 열에너지가 주어지면 자유로이 움직일 수 있는 전자가 많이 있다. 여기에 산소기체가 흡착하면 이들 자유전자는 입자표면의 산소기체에 포획된다. 따라서 SnO_2 입자 계면에 전위장벽이 형성되어 입자 간의 전기전도도는 낮아진다.

환원성 기체 또는 가연성 기체는 산소기체와 만나 산화되기 때문에 이들 기체가 존재하게 되면 SnO_2 표면에 흡착된 산소기체를 제거하게 되고, 산소기체에 포획되었던 자유전자는 SnO_2 입자 내로 들어가게 되어 전위장벽은 낮아져 입자 간의 전기전도도는 커지게 된다. 결국 산소기체의 흡착량과 탈착량은 센서의 감도를 좌우하게 된다. 기본적으로 산소흡착량을 많게 하기 위해서는 SnO_2 분말의 비표면적이 커야 하며, 산소기체의 흡착이 최대가 되는 온도로 높여 주어야 한다. 그림 8-20은 각 기체의 흡착온도의 전형적인 예이다. CO는 100℃ 이하에서 온도가 올라감에 따라 수소, 알코올, 이소부탄, 산소, 메탄의 순서로 최대 흡착온도가 나타난다.

촉매의 작용은 이들 기체의 흡착속도를 빠르게 하고, 흡착온도와 양을 변화시키기 때문에 같은

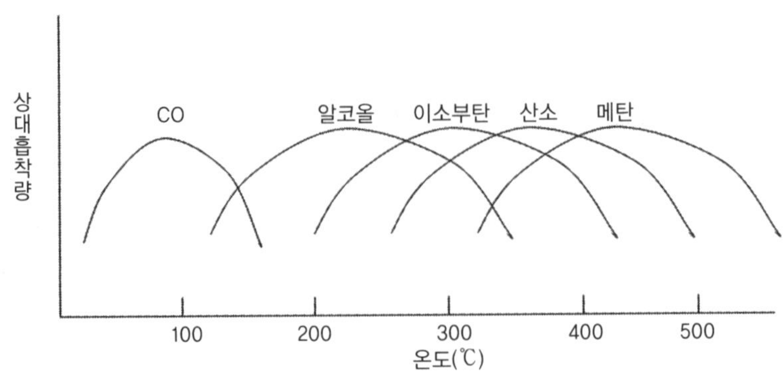

그림 8-20 온도에 따른 기체별 흡착량 변화

동작온도에서 센서의 응답속도와 감도를 높게 하며 가스 선택성을 부여한다. 가장 많이 사용되는 촉매는 Pd 또는 PdO이고, 촉매 양이 적으면 알코올 감도가 높고, 양이 많으면 메탄가스 감도가 높다. 또한 센서의 온도가 낮으면 수소, 알코올 등에 대한 감도가 높고 메탄 감도가 낮다. 온도가 높으면 메탄 감도가 높아진다. 대상 가스에 따라 센서의 히터저항을 조정하거나 히터에 인가하는 전압을 조절하면 적절한 가스 감도를 얻을 수 있다. 센서의 수명과 신뢰성을 개선하기 위해 Pd 촉매 외에 다른 첨가제를 혼용하여 사용하기도 한다.

반도체식 가스센서는 형상에 따라 소결형과 박막형으로, 가열방식에 따라 직접가열형과 간접가열형으로 구분한다. 반도체식 가스센서는 각종 세라믹 분말에 귀금속 촉매를 혼합한 여러 가지 형상의 소자가 있지만, 대부분이 소결형이다. 소결형 센서는 산화물 분말에 소량의 물 등을 가해 혼합해서 만들어지는 감가스 페이스트를 전극 처리한 알루미나 기판에 도포나 스크린 인쇄 등으로 붙인 후 건조하여 고온에서 소결하여 만든다.

전극과 가열형 히터로는 지름 0.1 mm의 백금선이 사용되며 성형 시에 전극 및 히터가 내장된다. 소결형 가스센서에 사용되는 감가스 페이스트는 주원료인 SnO_2 분말에 Pt, Pd 등의 귀금속 촉매를 0.5~5 wt% 혼합하고 알루미나 실리카와 물과 약간의 바인더로 가해서 만든다. 이들은 촉매의 분산성, 소자의 기계적 강도, 경시특성 등의 개선에 중요한 역할을 한다.

감가스 페이스트를 전극 형성된 기판에 도포한 후의 소결온도도 센서특성에 큰 영향을 미친다. 소결온도는 대략 400~800℃ 범위에 있으며, 일반적으로 소결온도가 낮으면 소자의 기계적 강도가 낮아지고 너무 높으면 산화물의 소결이 너무 진행되고 촉매가 열화되어 가스의 검출감도가 낮아지거나 가스 선택성이 바뀌는 일이 있다.

박막형 가스센서는 스퍼터링(sputtering)법이나 진공증착법으로 제작한다. 기판으로는 마찬가지로 알루미나가 사용되며 전극은 보통 0.5 mm에서 수mm 정도의 간격으로 Au를 증착한다. 감가스재료, 예를 들어 SnO_2의 경우는 금속 Sn을 증착한 후 산화시켜 SnO_2로 하는 방법과 유기주석을 사용해서 제작하는 경우가 있다[117].

일반적으로 물리, 화학적인 흡착, 탈착이나 화학반응을 이용하는 가스센서는 고온에서 동작하는 것이 많으며 이에 따라 시간의 경과에 따른 특성의 열화가 심하다. SnO_2 세라믹스는 다른 물질에 비해 소결이 잘 안 되기 때문에 사용 중 장시간의 고온상태에서도 더 이상의 입계성장이 거의 일어나지 않는다. 이것이 바로 SnO_2 가스센서가 다른 물질을 원료로 하는 가스센서보다 수명이 길고 신뢰성이 높은 이유이다. 그러나 센서에 첨가되는 촉매는 대기 중 수분 및 다른 유해가스의 영향으로 장기간 사용 시 열화되기 때문에 이에 따른 센서저항 및 감도의 변화가 생긴다. 일반적으로 SnO_2 가스센서의 경시변화는 초기보다 저항이 작아지고 감도가 예민해지는 경향이 있다.

8.1.8 접촉연소식 가스센서의 원리

접촉연소식은 가연성 가스가 산소와 반응하면 반응열이 생기는데, 이 반응열을 전기신호로 변환해서 감지하는 방식이다. 가스의 완전산화는 저온에서는 일어나기 어렵고, 일어나더라도 그 반응속도는 대단히 늦다. 반응속도를 높이기 위해 완전산화를 촉진하는 촉매를 사용하는데, 완전산화반응을 하게 하기 위해서는 산소가 충분히 존재해야 한다.

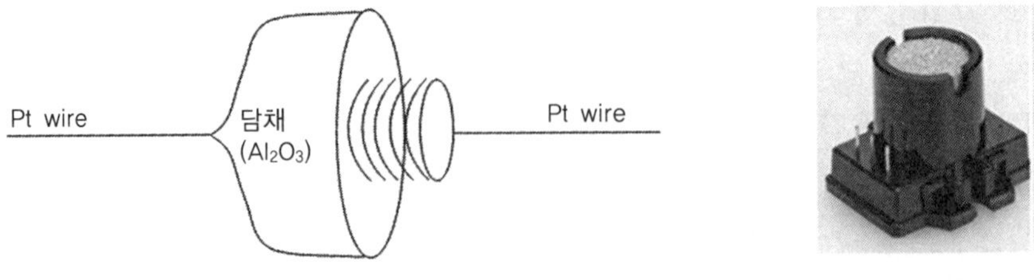

(a) 접촉식 감지기 내부 구조　　　　(b) 접촉식 가스 감지기 외관

그림 8-21 접촉식 가스 감지기의 내외관 구조

따라서 촉매표면의 산소가 과잉으로 되는 촉매가 바람직하며, 반응속도를 높이는 데는 촉매를 사용하는 것과 함께 반응계의 온도를 높이는 것도 효과적이다. 결국, 접촉연소식 센서는 촉매를 균일하게, 될수록 많이 탐지할 수 있는 다공질 세라믹을 담체로 하고, 이 담체 속에 금속열선을 내장하고 있다. 그림 8-21과 같이 금속열선에 전원을 인가하여 담체를 가열한 상태에서 가스가 가열된 담체에 접촉하면 연소반응이 일어난다. 연소반응에 의하여 담체의 온도가 상승하고 담체 내의 금속열선의 온도도 상승하며, 이에 따라 열선의 저항값이 변화하는데 그 변화값(ΔR)은 온도변화(ΔT)에 비례하고, 온도변화는 가연성가스의 농도와 반응열에 비례한다.

접촉연소식 센서의 특징은 가스농도에 비례하여 출력전압이 직선적으로 증가하며 불연성가스인 잡가스의 영향을 받지 않는 장점이 있지만, 습도의 영향을 받고 또 너무 고농도인 가스는 검출할 수 없다는 단점이 있다. 접촉연소식 센서는 기본적으로 연한 백금선의 저항변화를 이용하기 때문에 충격에 약하다. 또한, 촉매의 연소를 이용하므로 장기간 사용 시 촉매의 열화 때문에 연소반응이 약해져 감도가 점차 저하된다. 부탄가스의 고농도 접촉은 촉매를 열화시키기 때문에 주의해야 한다. 음식물 조리 시 발생하는 김도 센서를 쉽게 열화시킨다. 따라서 촉매의 열화 요인이 많은 장소는 피해야 하며, 촉매담체의 기계적 강도가 약하기 때문에 진동에 약하다. 감지 부분과 보상 부분의 온도차이 변화에 따른 저항변화를 이용하기 때문에 두 부분 중 한 부분만 바람, 수분 등에 의해 온도가 변화하면 오동작 및 부동작이 일어날 수 있다.

8.2 화재감지기의 원리

실내에서 화재가 발생하면 불꽃에 의해 주위의 물건들이 타면서 연기가 발생하고, 연기는 공기보다 가벼워서 천정으로 올라간다. 시간이 지나면 실내에 있는 공기들이 불꽃에 의해 데워져서 공기 온도가 상승한다. 이러한 물리적 현상(연기와 온도)을 감지하기 위해 그림 8-22와 같이 온도를 측정하는 차동식 및 정온식 감지기, 연기를 감지하는 광전식 연기감지기 등 대표적으로 3가지 감지기가 사용되고 있다.

차동식 감지기는 주위온도의 변화가 일정 상승률 이상이 되면 작동한다. 개략적인 감지원리는 감지소자에 따라 공기식, 열전대식, 열반도체식이 있다. 공기식은 화재가 발생하여 온도가 상승하면 감열실 내부의 공기가 팽창하여 다이어프램이 위로 밀려 올라가 접점이 닫히고 화재신호를 발신한다. 일상적으로 발생하는 완만한 온도 상승으로 팽창한 공기는 리크구멍을 통해 외기로 배출되어

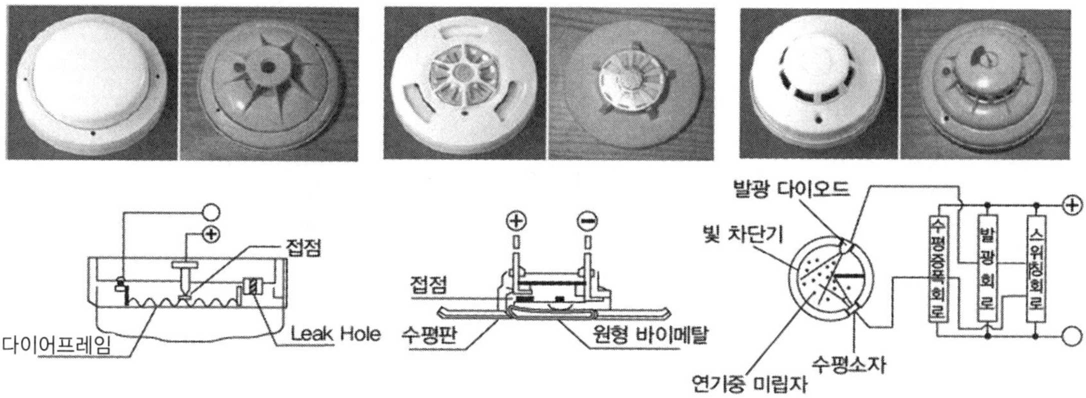

(a) 차동식 감지기　　(b) 정온식 감지기　　(c) 광전식 감지기

그림 8-22 화재감지기의 종류 및 감지원리

접점의 변화가 생기지 않는다.

정온식 감지기의 동작원리는 한정된 장소의 주위온도가 일정한 온도 이상으로 되었을 때 작동하는 것으로서, 바이메탈이 열을 받아 활모양으로 휘면서 접점을 닿게 하는 것이다. 양쪽 접점에 직류 24 V의 전압을 공급한 후 감지기 주위의 온도가 상승하면 감열부의 온도가 상승함에 따라 캡 내부 온도가 상승하여 공칭작동 온도인 75℃의 125% 높은 온도인 94℃가 된다. 그러면 바이메탈이 현재의 ∪ 상태에서 ∩ 상태로 반전하면서 절연봉이 위로 이동하면서 가동접점이 올라가 정접점에 연결되고, 폐회로가 구성되어 동작한다.

광전식 감지기의 동작원리는 산란광식을 이용한 것으로, 실내에 화재가 발생하면 초기에 화재로 인한 가스가 천정으로 올라가게 된다. 감지부는 0.01~0.1 μm 범위의 미립자와 초기화재의 연기에 민감하게 반응하여 화재신호를 수신기로 보낸다. 감지기에 전원이 공급되어 검출부가 기동되면 연기입자 검출용 적외선 LED가 발광한다. 적외선 LED는 발진회로에 의해 약 수초 간격으로 펄스형태를 주기적으로 발생하여 이 주기 동안 연기를 감시한다. 검연부에 공기가 깨끗할 때에는 그 산란이 없으므로 포토다이오드는 빛을 전혀 받지 않고 아무런 변화도 생기지 않는다. 그러나 검연부에 연기가 들어가 산란광이 발생하면 그 산란광이 포토다이오드에 감지되어 포토다이오드의 출력이 증가하게 되며 검출되는 빛이 증가함에 따라 포토다이오드에 흐르는 전류도 증가하게 된다.

광전식 화재감지기는 앞에 있는 일체형도 있지만 분리형도 있다. 적외선빔 감지기와 비슷한 구조로 투광부와 수광부가 분리된 구조이며, 일체형 감지기로 조기감지가 불가능한 대형로비, 아트리움 및 격납고 등과 같이 천장고가 높은 매우 넓은 공간에 광전식 분리형감지기를 주로 사용한다. 감지원리는 일체형과 반대로 투광부와 수광부를 마주 보게 설치하여 연기에 의해 빛이 차단되어 수광량의 감소에 따른 전기적인 변화를 검출하여 화재를 감지하는 방식이다.

상기 세 가지 감지기 방식 이외에도 비교적 고가인 앞절에서 설명된 가스화염감지기(일명 불꽃감지기)라는 것도 있다. 화재는 물질이 공기 또는 산소 중에서 빛이나 열 또는 불꽃을 내면서 타는 연소 현상으로, 일반적으로는 열, 연기, 불꽃을 내며 타는 현상이다. 특히, 불꽃은 화재 초기 발생부

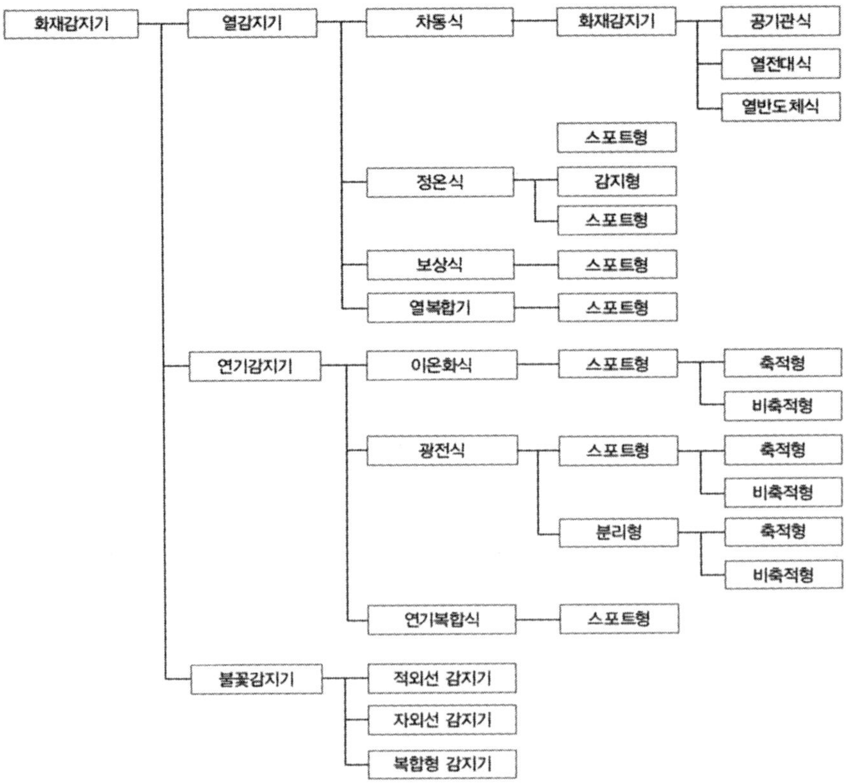

그림 8-23 소방법에 따른 화재감지기의 분류

터 특유의 연소특성을 나타내는데, 이 특성 중 육안으로 구분하지 못하는 자외선과 적외선이 나오게 된다. 자외선은 185~260 nm의 파장특성을 보이며, 적외선은 4.3 μm의 파장특성이 나온다. 이러한 두 파장을 동시에 감지하는 감지기가 불꽃감지기이다.

소방방재청 고시 제2011-1호(2011년 1월 4일 소방방재청)의 "감지기의 형식승인 및 검정기술기준"의 제3조 감지기의 구분에 보면 총 17가지로 분류되어 있다. 모두 앞서 설명된 차동식, 정온식, 광전식, 불꽃감지식의 변형을 형태별로 분류한 것이다. 제14조와 제15조에 차동식 감지기의 감도 시험방법, 제16조~제18조에 정온식 감지기, 제19조에는 광전식 감지기, 제19조의2에는 불꽃감지기에 대해 상세히 규정되어 있으며, 그림 8-23은 소방법에 따른 화재감지기의 분류도이다[118].

8.3 비접촉식 온도계의 원리

비접촉식 온도계는 적외선 센서를 이용하여 온도를 측정하는 시스템이다. 비접촉식으로 온도를 측정할 수 있는 적외선 센서에는 표 8-7에서와 같이 열형과 반도체형 센서 재료를 이용하며, 이론적으로는 Planck 복사법칙과 물체의 방사율을 이용해서 온도를 측정 및 계산한다. 방사율은 물체 표면의 현상을 반영하는 것이므로 비접촉식 온도계인 적외선 온도계는 물체 표면의 온도만 측정하는 것이다. 이러한 적외선 온도계의 측정 시스템 개념도는 그림 8-24와 같다.

표 8-7 대표적인 온도 측정용 센서 분류

	열형		반도체형	
	전기적 특성	기구적 특성	내인성	외인성
접촉식	- 열전대 - 바이메탈	- 온도계		
비접촉식	- 볼로미터 - 초전체 - 열전쌍	- Golay Cell	- PbS, PbSe - InSb - HgCdTe	- Si:X - GaAs:X

비접촉식 온도측정은 접촉식 방법보다 다음과 같은 장점이 있다. ① 측정 시간이 ms 범위로 매우 빠르므로, 시간을 절약할 수 있고 같은 시간 내에 많은 횟수의 측정이 가능하다. ② 컨베이어 프로세스처럼 움직이는 물체의 온도측정에 적합하다. ③ 인체에 해로운 환경(고전압 부품 등) 또는 매우 멀리 떨어진 거리에 있는 물체의 온도측정이 가능하다. ④ 접촉식 방법으로는 어려운 매우 높은 온도(약 1,300℃ 이상)의 측정이 가능하다. ⑤ 플라스틱이나 나무와 같이 열용량이 좋지 않은 물체인 경우에도 에너지 손실 없이 측정이 가능하다. ⑥ 측정 대상물 표면에 어떤 오염이나 기구적인 영향을 주지 않고도 측정할 수 있으므로, 음식물의 온도 측정에 매우 유리하다.

이상과 같은 많은 장점이 있음에도 비접촉식으로 온도를 측정할 때에는 다음과 같은 주의사항이 필요하다. ① 온도를 측정하고자 하는 대상물과 온도계 사이에 먼지나 연기 등의 장애물이 없어야 한다. ② 비접촉식 온도계의 광학계 부분이 먼지나 액체 등에 오염되지 않도록 해야 한다. ③ 측정 대상물의 크기는 광학계에서 바라보는 면적보다 커야 한다.

비접촉식 방법 중 기구적인 방법으로 측정하는 골레이 셀(Golay cell) 방법은 아날로그식 측정에 사용되었다. 이 방법은 셀 내부에 적외선을 흡수하는 재료 주위로 가스가 차 있으며, 적외선 투과창을 통해 입사한 적외선(또는 열)에 의해 가스가 팽창하여 다이어프램 또는 멤브레인(membrane)을 밀어 올리게 된다. 이때 다이어프램 또는 멤브레인쪽으로 비추고 있는 빛의 반사 형태가 바뀜으로 인해 온도를 측정하는 원리이다. 이 온도계는 정밀도가 매우 높으며 반응 속도도 10 ms 이내로 매우 빨리 측정할 수 있는 장점이 있다. 그러나 진동으로 멤브레인의 위치가 변하게 되면 오차가 생길 수 있는 단점이 있다. 이 시스템은 1947년 M. J. E. Golay에 의해 제안된 아이디어로 사람의 이름을

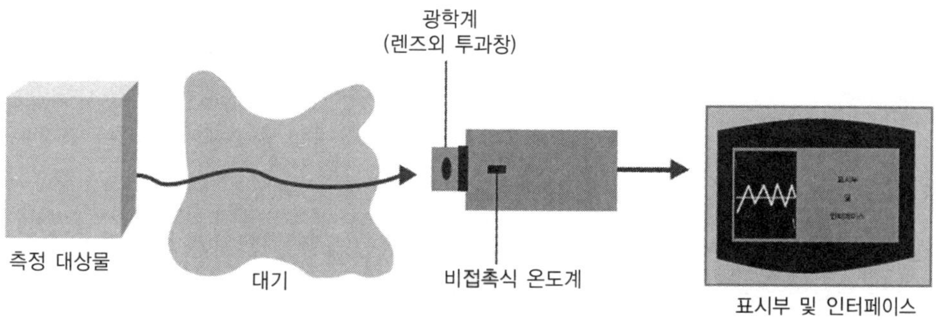

그림 8-24 비접촉식 온도측정 시스템 개략도

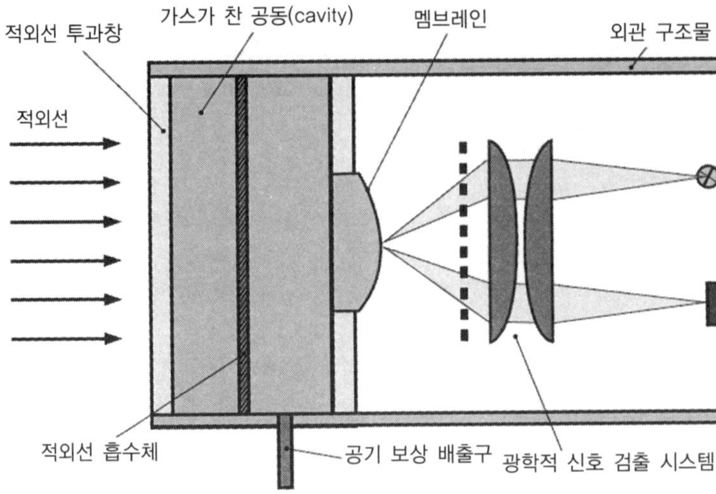

그림 8-25 Golay Cell 개념도(위키디피아 사전 참고)

시스템의 이름으로 사용하였다. 이 시스템의 개략도는 그림 8-25와 같다.

오늘날 사용하고 있는 비접촉식 온도계는 표 8-7에 있는 열형 비접촉식 센서 재료를 사용하고 있다. 이런 센서들을 사용할 때에는 정확한 온도를 측정하기 위해 물체의 방사율 값을 알아야 한다. 이미 많은 재료에 대한 방사율 값은 알려졌으므로 굳이 새로 측정하지 않아도 되지만, 새로운 재료에 대해 온도를 측정하고자 하면 다음과 같은 간단한 방법으로 방사율을 측정하여 적외선 온도계의 방사율 값을 입력해서 사용하면 된다.

① 측정 대상물의 온도를 정밀한 온도조절기를 이용해서 일정 온도까지 올린다. 그 다음 적외선 온도계로 방사율 값을 조절하여 정확한 온도가 나오도록 보정을 한다. 만약 온도조절기가 없으면, 접촉식 온도계의 온도와 적외선 온도계의 온도를 비교하면서 방사율을 조절한다.

② 비교적 낮은 온도인 경우(약 260℃ 이하), 방사율을 알고 있는 특수한 플라스틱 스티커를 대상물에 붙여서 온도를 올린다. 방사율을 알고 있는 값을 이용해서 스티커의 온도를 측정한다. 그 다음 스티커를 제거한 후 대상물의 온도가 스티커의 온도와 같이 되도록 방사율을 조절한다.

③ 측정하고자 하는 재료를 이용해서 간이 흑체를 만든다. 홀의 깊이는 최소한 구멍 직경의 5배 이상이 되도록 한다. 또한, 구멍의 직경은 적외선 온도계의 광학적 측정 직경보다 커야 한다. 만약 내부벽의 방사율이 0.5 이상이면, 이와 같이 만든 재료의 홀에서 나오는 방사율은 거의 1에 가깝다. 적외선 온도계로 구멍 내부의 온도를 측정하고, 그 다음 물체의 표면을 측정하여 비교하여 물체의 방사율을 결정하면 된다. 그러나 이 방법은 고체이면서 어느 정도 부피가 있어야만 측정할 수 있다는 단점이 있다.

측정하고자 하는 재료의 특성에 따라 선택하는 적외선 주파수를 달리하는 것이 오차를 줄일 수 있다. 금속 재료인 경우는 반사를 잘 하므로 상대적으로 방사율이 낮다. 금속 재료를 LWIR 대역의 파장을 사용하면 오히려 방사율 때문에 측정 오차가 커질 수 있다. 따라서 금속 재료인 경우는 NIR

또는 SWIR 영역 대의 적외선을 사용하는 것이 좋다.

플라스틱 재료인 경우는 적외선 영역에서 투과를 잘하는 특성이 있는 재료가 많이 있다. 두께가 두꺼우면 투과하는 양은 적지만, 두께가 얇은 경우는 투과를 많이 하므로 오차가 생길 수 있다. 폴리에틸렌, 폴리프로필렌, 나일론, 폴리스티롤과 같은 재료는 3.43 μm에서 투과를 잘하므로 이 파장은 피해서 측정해야 한다. 폴리에스테르, 폴리우레탄, 테프론, 폴리아미드 등의 재료는 7.9 μm에서 투과 특성이 좋으므로 역시 이 파장은 피해서 측정하는 것이 좋다. 기타 짙은 색상의 재료들은 LWIR 영역 대의 파장을 사용하는 것이 좋다. 재료 및 측정하고자 하는 온도에 적합한 감지센서는 표 8-8과 같다.

적외선에 의한 비접촉식 온도 측정(디지털 온도계)은 다음과 같은 3가지 원리로 측정하며, 이러한 계산 알고리즘이 디지털 온도계 내부에 내장되어 있다. 통상 비접촉식인 적외선으로 온도를 측정하는 원리는 ① 물체의 복사온도 측정, ② 물체의 밝기온도 측정, ③ 물체의 컬러온도 측정 등이다. ①번의 복사온도 측정법은 전 파장대역(1~30 μm)의 복사량을 측정하는 방식인데, 이러한 형태의 온도계는 오차가 많이 생기기 때문에 더 이상 상품으로 나오지는 않는다. ②번의 밝기온도 측정을 위해서는 보통 다음과 같은 두 가지 형태를 사용한다. 하나는 광대역용으로 8~14 μm 대역의 필터를 이용하는 방법이고, 다른 하나는 유리와 같은 특수한 재료를 측정하기 위해 협대역용으로 5.14 μm 대역을 사용한다. ③번의 컬러온도 측정법은 동시에 두 가지 파장을 사용해서 측정하는 방법으로, 방사율에 무관하게 측정할 수 있다는 장점이 있다. 따라서 두 가지 파장은 방사율이 거의 변하지 않는 가까운 두 가지 파장대역을 사용하는데, 보통 0.8 μm와 1.05 μm 대역을 사용한다.

복사온도 측정법은 대상물체에서 나오는 적외선의 전 파장영역의 복사량을 측정하여 흑체의 복사량과 상대 비교를 통해 물체의 온도를 추정하는 방법인데, 이 방법은 물체의 복사량 측정범위에서 오차가 많이 발생할 수 있기 때문에 개념적으로만 가능성이 알려졌다.

표 8-8 감지센서에 따른 적절한 온도 및 대상 물체

감지센서	측정온도 및 파장대역	대상 물체
Si	550℃ 이상, 0.7~1.1 μm	금속, 세라믹, 녹은 유리
InGaAs	250℃ 이상, 1.4~1.8 μm	금속, 세라믹 등
PbS	50℃ 이상, 2.0~2.8 μm	금속 재료
PbSe	5℃ 이상, 2.0~5.0 μm	금속 재료
열전쌍 (Thermopile)	-40℃ 이상, 8.0~14.0 μm	비금속 재료, 플라스틱 등
	200℃ 이상, 3.9 μm	전기로 측정용
	100℃ 이상, 5.0 μm	유리 표면
초전체 (Pyroelectric)	-40℃ 이상, 8.0~14.0 μm	비금속 재료, 플라스틱 등
	50℃ 이상, 3.4~7.9 μm	플라스틱 필름 등
	100℃ 이상, 4.0~5.0 μm	유리 표면, 전기로 측정용

물체의 밝기온도 측정법은 Planck 복사법칙을 이용해서 측정하는 방법이다. 복사온도 측정법의 단점을 보완하기 위해 임의의 한 파장 영역대만 복사량을 측정할 수 있도록 필터를 사용하고, 그 파장대의 흑체 복사량을 계산해서 물체의 온도를 추정하는 방법이다. 그 계산 방법은 다음과 같다.

$$L(\lambda_0, T_B) = \frac{2hc^2}{\lambda_0^5\left[\exp(hc/\lambda_0 k T_B) - 1\right]} \left[\frac{\text{Watt}}{\text{cm}^2 \cdot \mu\text{m} \cdot \text{sr}}\right] \tag{8-12}$$

$$L_{obj}(\lambda_0, T_{obj}) = \frac{2hc^2}{\lambda_0^5\left[\exp(hc/\lambda_0 k T_{obj}) - 1\right]} \left[\frac{\text{Watt}}{\text{cm}^2 \cdot \mu\text{m} \cdot \text{sr}}\right] \tag{8-13}$$

$$L(\lambda_0, T_B) = \varepsilon\, L_{obj}(\lambda_0, T_{obj}) \tag{8-14}$$

$$T_{obj} = \frac{C}{\lambda_0} \cdot \frac{1}{\ln\left[\varepsilon\left(\exp(C/\lambda_0 T_B) - 1\right) + 1\right]} \tag{8-15}$$

여기서 ε은 물체의 방사율, $C = hc/k$이다. 복사 온도계의 검출기는 측정하고자 하는 물체에서 발산되는 복사에너지를 전기적 신호로 변환하여 출력한다. 전기적 신호의 출력값과 복사온도의 관계를 미리 알고 있으면, 위의 수식에서 물체의 온도를 계산할 수 있다. 복사 온도계의 출력값과 복사온도 관계는 다음 식에서 구할 수 있다.

$$\text{E} = \varepsilon \cdot K \cdot \int_0^\infty L(\lambda, T)\, d\lambda \tag{8-16}$$

$$\text{E} = \varepsilon \cdot K \cdot \int_0^\infty \frac{C_1}{\lambda^5} \cdot \frac{1}{\exp(C_2/\lambda T) - 1}\, d\lambda \tag{8-17}$$

여기서 K는 복사 온도계의 광학특성에 의해 결정되는 정수이고, ε은 측정하고자 하는 물체의 방사율이다. 여기서 $C_1 = hc^2$, $C_2 = hc/k$이다. 이 식에서 K는 흑체 또는 방사율을 알고 있는 단색화 장치를 사용해서 파장대역 및 온도의 특성관계인 K를 교정을 통해 구할 수 있다. 이러한 원리로 동작하는 대표적인 비접촉식 온도계의 개념도는 그림 8-26과 같다. 보통 필터는 보통 8~14 μm

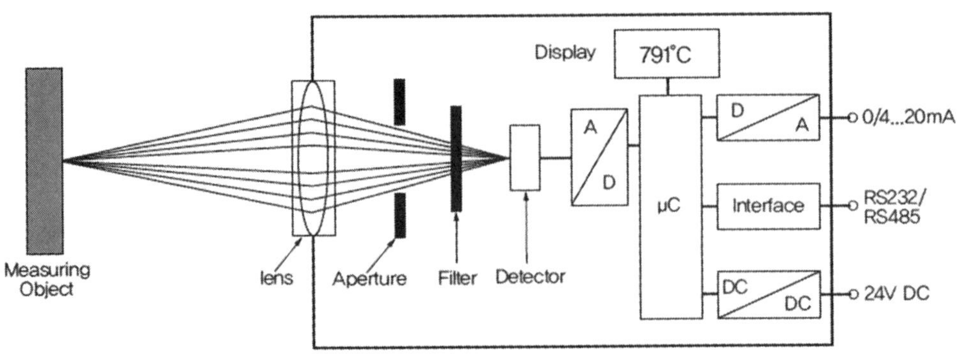

그림 8-26 디지털 비접촉식 온도계의 개념도

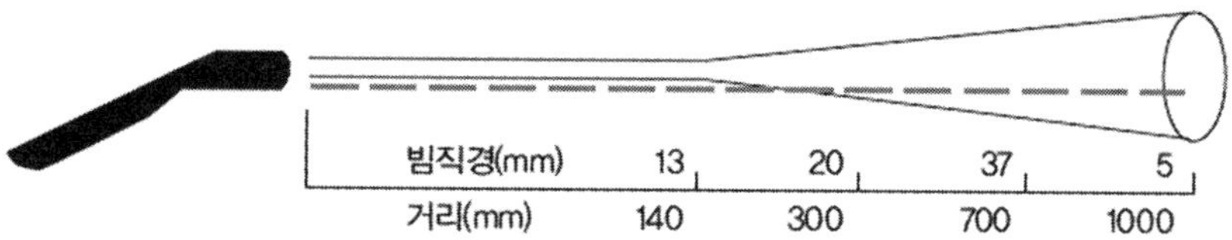

그림 8-27 거리대 빔직경의 관계(D: S=20:1의 경우)

와 5.14 μm를 사용한다[119].

컬러온도 측정법은 기본적으로 밝기온도 측정법과 유사한 방법이며, 하나의 파장 대역에서의 방사율 오차를 없애기 위해 두 파장에서 나오는 복사량을 계산 및 측정해서 온도를 측정하는 방법으로 가장 정확하게 온도를 측정하는 방법이다. 이때 사용하는 파장 대역은 서로 이웃하는 파장을 선택해서 방사율 $\varepsilon_1 = \varepsilon_2$로 가정하여 아래의 Planck 복사 수식에서 온도를 계산하는 방법이다.

$$\frac{L(\lambda_2)}{L(\lambda_1)} = \frac{\varepsilon_1}{\varepsilon_2} \frac{\lambda_2^5 [\exp(hc/\lambda_2 k T_{obj}) - 1]}{\lambda_1^5 [\exp(hc/\lambda_1 k T_{obj}) - 1]} \tag{8-18}$$

위의 식에서 인접한 2개 파장대역의 방사율은 $\varepsilon_1 \simeq \varepsilon_2$로 근사할 수 있으므로 물체온도 T_{obj}는 각 필터의 광출력의 비로부터 계산할 수 있다. 이 방법은 다음과 같은 장점이 있어 비교적 정확하게 온도를 측정할 수 있다. ① 파장에 따른 방사율을 고려할 필요가 없다. ② 측정 장소의 먼지나 기타 오염물질에 의한 오차를 줄일 수 있다. ③ 측정 부위에 약간의 진동이 있어도 정확하게 측정할 수 있다.

측정 대상물의 크기는 비접촉식 온도계의 거리에 따라 달라진다. 광학계가 바라보는 크기보다 대상물의 크기는 더 커야만 정확하게 측정할 수 있다. 보통 제품들은 거리 대 빔직경의 비인 D: S로 사양을 표시하고 있다. 이에 대한 개념은 그림 8-27과 같다. 여기서 D는 온도계와 대상물체까지의 거리이고, S는 빔의 직경이다. 그림 8-27에서 약 14 cm까지는 빔의 직경이 약 13 mm로 좁게 유지된 채 측정이 가능하나 이보다 더 멀어지게 되면 빔의 직경은 커지게 된다. 그림과 같이 약 1 m 떨어진 물체인 경우, 빔의 직경은 약 50 mm라는 의미로 D: S=20:1로 표시한다. 즉, 대상물체의 크기는 50 mm보다 작아야만 정확하게 측정할 수 있다는 의미이다. 그리고 약 13 mm까지 빔이 퍼지지 않는 거리를 집속거리(focusing distance)라 한다.

8.4 가속도센서의 원리

가속도는 Newton의 운동 제2법칙에 따라 물체의 움직임 특성을 나타내는 물리적인 항목이다. 정지해 있는 물체는 힘이 필요하지 않지만, 물체의 위치가 바뀌는 것은 물체의 속도가 변하는 것이고, 일정한 속도로 계속해서 움직이면 역시 힘이 필요하지 않는다. 그러나 위치와 속도가 시간에 따라 변하게 되면 물체에는 힘이 작용을 한다. 속도는 위치의 일차미분 형태이고, 가속도는 속도의 일차미분 형태이다. 이것이 Newton의 운동 제2법칙이다. 실제적으로 잡음이 많은 시스템에서 미분을 취한다는 것은 큰 오차를 낼 수 있기 때문에 속도와 가속도를 위치 센서로부터 구하지는 않고, 오히려 이에 맞는 특수한 용도의 센서를 사용한다. 만약 낮은 주파수 응용(10 Hz 이하)에서는 위치와 변위로부터 속도와 가속도를 비교적 정확하게 유도할 수 있으나, 중간 주파수 응용(1 kHz 이하)에서는 속도를 측정해야 하며, 높은 주파수 응용에서는 가속도를 측정하는 것이 정확하다.

속도는 선속도와 각속도로 구분되는데, 선속도는 일직선상으로 물체가 얼마나 빨리 움직이는가 하는 정도이며, 각속도는 얼마나 빨리 회전하느냐 하는 것이다. 움직이는 차량의 위치를 GPS를 이용해서 주기적으로 측정하여 속도를 계산하는 것은 오차가 거의 없다. 그러나 GPS를 적용할 수 없는 매우 작은 물체 또는 짧은 거리를 움직이는 경우에는 속도를 직접 측정해야 한다. 이것은 표준 대상물에 대하여 물체의 변위를 측정하여 속도를 유추하는 방식이다. 속도 측정에 있어 변위는 매우 중요한 물리적인 항목이다. 그러나 속도센서와 가속도센서는 물체의 움직임을 직접 전기적인 신호로 출력하기 때문에 계산 중간에 위치로 환산하는 경우는 없다. 예를 들면, 코일로 만든 전선 내부로 자석이 움직인다고 하면, Faraday 법칙에 의해 코일에 유도전압이 발생하게 된다. 이 전압은 자석의 속도와 자기장에 비례하는 값으로 나오기 때문에 속도를 직접 측정할 수 있다.

대표적인 전자석 속도센서는 그림 8-28과 같다. (a)의 경우는 파란색 단자를 검은색 단자로 연결하고, 초록색 단자를 빨간색 단자로 연결하여 유도코일의 상하를 병렬연결한 경우이다. 이런 연결은 민감도가 반으로 줄어들지만 고속으로 움직이는 분야에 적합하고, 낮은 입력 임피던스를 갖는 전기회로에 적합하며, 보다 높은 주파수 반응에 적합한 방식이다. (b)의 경우는 파란색과 초록색 단자를 서로 연결하여 직렬로 연결한 방식이다. 이것은 민감도를 최대로 할 수 있으며, 잡음을 최소화할 수 있는 장점이 있다[120]. 이러한 속도센서는 선형위치센서(LVDT, Linear Variable Differential Transformer)와 유사한 형태를 가지고 있다. LVDT는 움직이는 강자성체로 감지하는 능동센서인 반면, 속도센서는 움직이는 영구자석으로 감지하는 수동센서이다. 즉, 속도센서는 외부에서 신호를 인가할 필요없이 전류가 스스로 유기되는 방식이다.

가속도계의 물리적인 기본 개념은 스프링에 매달려 있는 질량의 움직임과 같다. 선형적인 움직임의 경우, 두 가지 중요한 물리적인 개념이 포함되어 있는데, 하나는 스프링의 움직임에 대한 Hooke

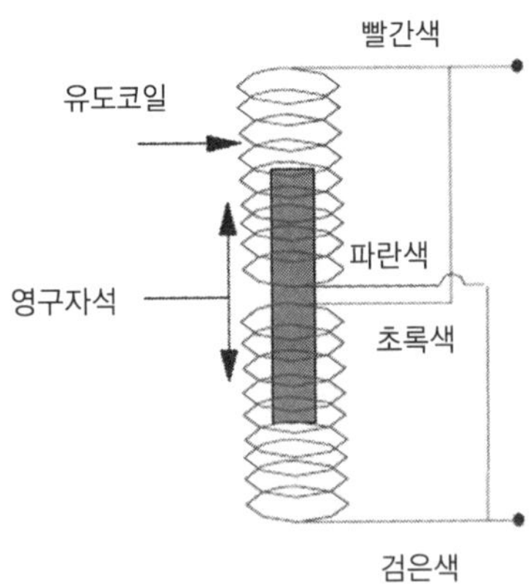

(a) 유도코일을 병렬 연결한 경우

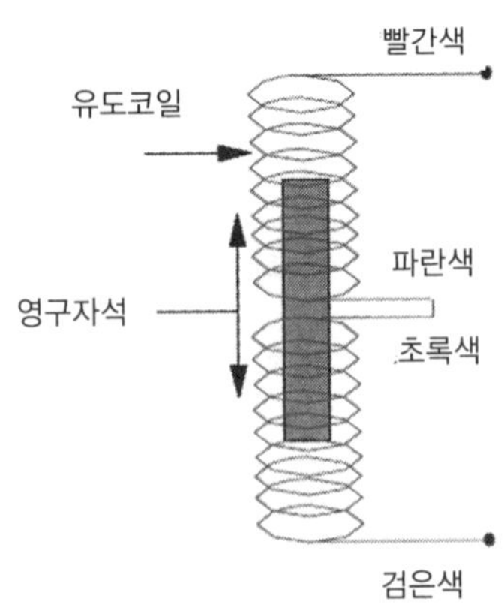

(b) 유도코일을 직렬 연결한 경우

그림 8-28 전자유도 방식의 속도 측정센서 개념

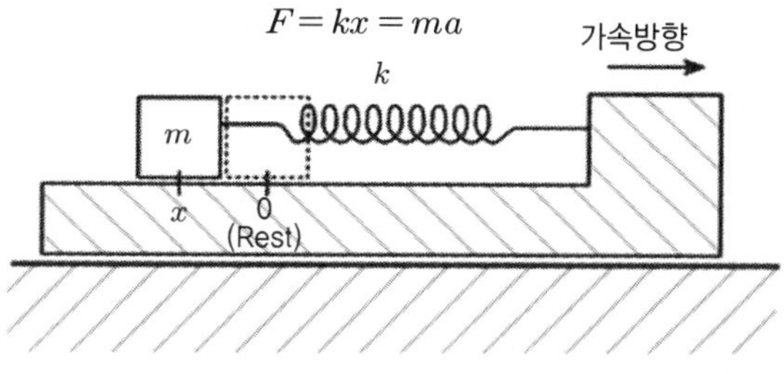

그림 8-29 가속도를 측정하는 기본적인 개념

의 법칙인 $F= kx$를 따른다는 점과 나머지 하나는 Newton의 운동 제2법칙인 $F= ma$를 따른다는 점이다. 그림 8-29는 임의의 질량이 스프링에 연결되어 있는 시스템이다. 만약 이 시스템이 선형적인 가속도를 받게 되면, Newton의 운동 제2법칙에 의해 ma만큼의 힘이 가해지게 될 것이다. 이 힘은 질량 m을 좌측 또는 우측방향으로 움직이게 할 것이며, Hooke의 법칙에 의해 스프링의 탄성계수에 의해 질량이 움직인 거리를 측정하면 가속도는 다음과 같은 관계식으로부터 계산할 수 있다.

$$F= ma= kx \tag{8-19}$$

$$a= \frac{kx}{m} \tag{8-20}$$

가속도계의 기본 시스템은 이와 같이 움직이는 질량(다른 표현으로 검증질량이라고 함)을 이용해서 가속도 방향으로 움직이게 한 후, 이로 인해 생긴 변위로부터 각종 물리량을 추출하여 가속도를 유추한다. 가속도계에서 공통적인 요소는 검증질량을 사용한다는 점이고, 다른 점은 변위를 어떻게 측정하느냐에 따라 다양한 가속도계가 사용된다.

8.4.1 정전용량(Capacitive) 가속도계

정전용량 가속도계는 그림 8-30과 같이 최소한 두 개의 부품으로 구성되어 있다. 하나는 고정된 전극부이며, 다른 하나는 관성에 의해 자유롭게 움직이는 검증질량부이다. 정지해 있는 상태에서는

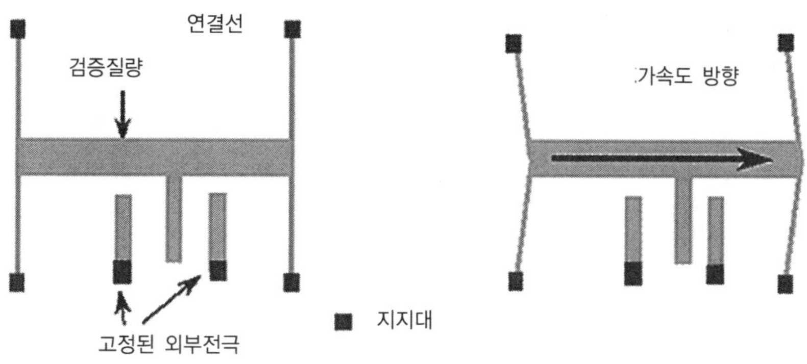

(a) 정지된 상태　　(b) 한쪽방향으로 가속된 상태

그림 8-30 정전용량 가속도센서의 검출 원리

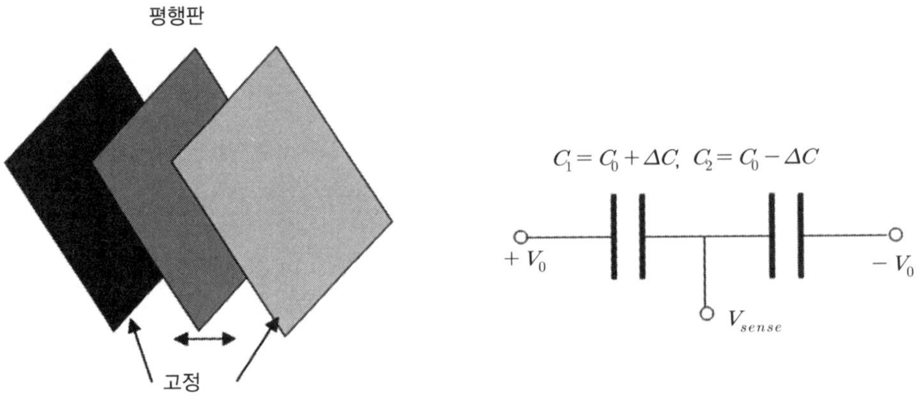

(a) 평행판의 구조 (b) 커패시터 구조의 등가회로

그림 8-31 움직이는 평행판에 의한 커패시터의 변화

그림 8-30(a)와 같이 전극부의 정전용량에는 변화가 없으나, 가속도를 받아 움직이게 되면 그림 8-30(b)와 같이 전극부 사이의 간격이 변화하며, 이로 인해 정전용량이 변화하여 가속도를 인식하게 되는 원리이다.

정전용량 가속도계에서 변위를 측정하는 기본적인 개념은 그림 8-31과 같다. 검증질량에 매달려 있는 평행판이 중간에 있다가 가속도 방향으로 움직이게 되면 한쪽방향으로 쏠리게 되고, 이로 인해 양쪽의 커패시턴스값이 각각 변화하게 된다. 왼쪽 평행판에 의한 전압을 $+V_0$, 오른쪽 평행판에 의한 전압을 $-V_0$라고 하면, 중앙의 움직임에 의한 감지된 전압은 다음과 같다.

$$\frac{V_{sense}}{V_0} = \frac{\Delta C}{C_0} \tag{8-21}$$

여기서 평행판 3개의 면적이 동일하다고 하면, 식 (8-21)은 다음과 같다.

$$\frac{V_{sense}}{V_0} = \frac{X_L}{d} + O\left(\frac{X_L}{d}\right)^3 \tag{8-22}$$

여기서 X_L은 중심판의 움직임 거리이고, d는 초기 상태에서 평행판 사이의 거리이다. 측정된 전압은 X_L에 비례하는 관계에 있으며, 나머지 변위에 의한 고차항은 거의 무시가 가능하다($d \gg X_L$이므로 고차항에서는 거의 0임). 그러므로 전압을 측정하면 변위를 알게 되고 이로부터 가속도를 계산할 수 있다.

8.4.2 압저항형(Piezoresistive) 가속도계

압저항에 대한 물리적인 내용은 3.5.3절에 설명되어 있다. 압저항이란 금속 또는 반도체 결정에 외력을 가하면 결정의 저항비가 변화하는 현상을 말한다. 이런 원리를 이용해서 스트레인 게이지 측정용에 응용되고 있다. 압저항형 가속도계는 1979년 Roylance와 Angell에 의해 제안된 방법이다. 초기에 심장벽의 가속 현상을 측정하기 위한 의학용으로 사용되었다. 센서를 소형화 할 수 있고 매우 폭넓은 주파수 영역(DC~13 kHz)에서 사용할 수 있으며, 0.01 g 정도의 정밀도로 측정이 가능하며 약 10,000 g 정도의 충격에도 견딜 수 있다.

압저항형 가속도계의 동작원리는 그림 8-32와 같다. (c)와 같이 힘이 주어지면 검증질량이 가속도 방향으로 휘게 되고, 이때 빔의 끝부분에 가해진 모멘트는 다음과 같다.

$$M = F\left(l + \frac{L}{2}\right) \tag{8-23}$$

이 경우 압저항체에 가해지는 최대 스트레인 ε_{max}은 다음과 같다.

$$\varepsilon_{max} = \frac{Mt}{2El} = \frac{6F\left(l + \frac{L}{2}\right)t}{Ewt^3} \tag{8-24}$$

스트레인이 저항체의 횡방향으로 작용한다면, 이때 저항의 변화는 다음과 같다.

$$\frac{\Delta R}{R} = G \cdot \varepsilon_{max} = \frac{6GF\left(l + \frac{L}{2}\right)}{Ewt^2} = \left(\frac{6Gm\left(l + \frac{L}{2}\right)}{Ewt^2}\right)a \tag{8-25}$$

여기서 E는 재료의 Young률로 고유한 값이며, G는 압저항체의 Gauge 인자라고 하는 값으로, 금속호일인 경우 1~5, 단결정 반도체인 경우는 80~150, 확산 반도체는 10~200의 값을 가진다. 위의 식에서 저항 변화인 ΔR을 제외하고는 대부분 고정된 값이므로, 저항변화를 측정하면 바로 가속도를 알 수 있다. 압저항형 가속도계는 최근 MEMS 기술의 발전으로 소형화 되어 휴대폰 등에 탑재되

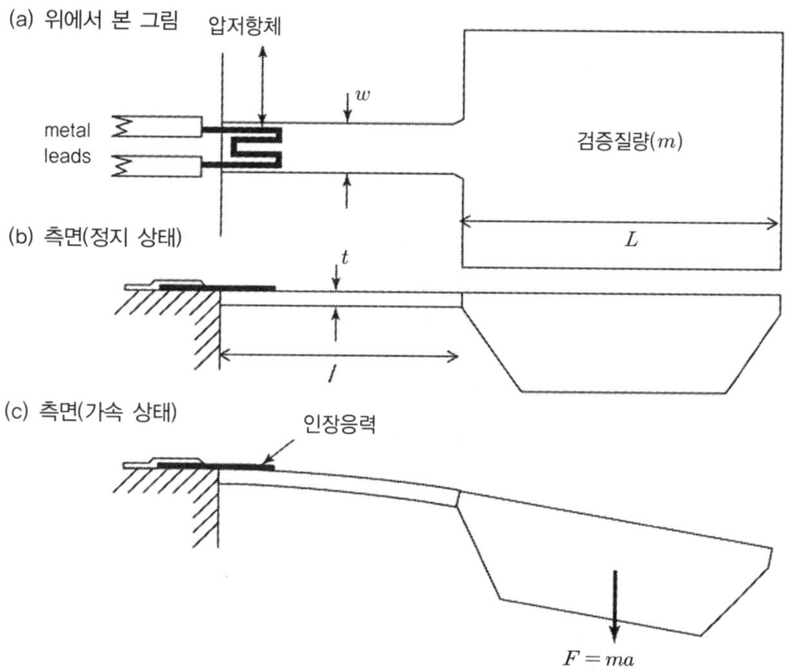

그림 8-32 압저항형 가속도계 동작원리

어 사용되고 있다.

8.4.3 압전형(Piezoelectric) 가속도계

압전효과에 대해서는 3.6절에 자세히 설명되어 있으며, 압전체는 결정에 압력을 가하면 결정 내부의 분극이 변하여 전기를 생성시키는 재료이다. 압전체의 응용분야는 청각센서의 마이크로폰, 소나 등에도 사용되며, 이뿐만 아니라 가속도를 측정하는 용도로도 사용된다. 이 센서는 2 Hz~5 kHz 정도의 낮은 주파수 대역에서 사용이 가능하며, 가속도에 대한 선형성이 우수하며, 동작온도 범위가 120℃까지 사용할 수 있을 정도로 비교적 넓다.

압전형 가속도계의 동작원리는 그림 8-33과 같다. 압전체로는 예전에 수정 단결정을 많이 사용하였으나, 최근에는 $BaTiO_3$, PZT 등의 세라믹 압전재료를 많이 사용한다. 압전체는 케이스 부분과 검증질량 사이에 샌드위치 형태로 고정시킨 후, 검증질량이 가속방향으로 움직이면 압전체에 수직으로 힘이 가하게 되어 압전체의 신호출력에서 가속도 정보를 얻게 되는 원리이다. 최근 MEMS 기술의 발전으로 이러한 구조가 Si 구조에서도 구현되고 있다. Si 자체에는 압전효과가 없으므로 Si 캔틸레버에 압전재료를 박막코팅하여 제작한다.

8.4.4 열형(Thermal) 가속도계

열형 가속도계는 가속도에 반응하는 매질을 검증질량 대신에 히터판을 사용하는 방식, 가스를 사용하는 방식 등이 있다. 히터판을 사용하는 방식은 검증질량과 동일한 개념인데, 그림 8-34와 같이 가속도 방향으로 움직이는 히터판의 온도를 측정하여 가속도를 계산하는 방식이다. 이러한 구조는 MEMS 기술을 이용하여 캔틸레버 구조로 아주 작게 제작할 수 있다. 온도를 측정하기 위한 열전대 방식의 온도센서를 같이 제작하고, 열전대에서 측정된 온도로부터 가속도를 환산하는 방식이다. 이 방식의 민감도는 가속도 1 g당 출력신호가 약 1% 정도 변하는데, 이 값은 앞서의 정전용량 방식이나

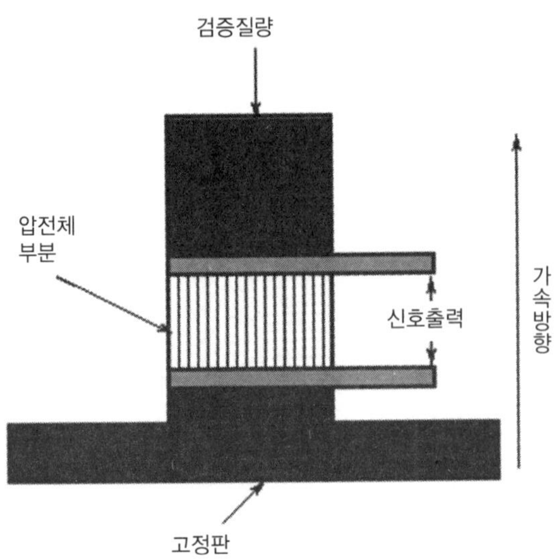

그림 8-33 압전형 가속도계의 동작원리

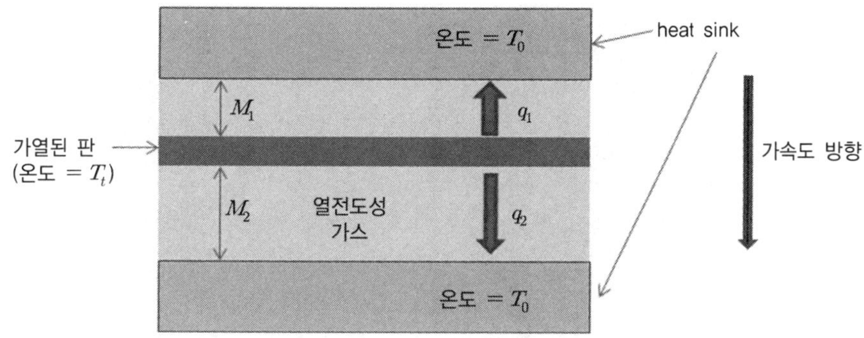

그림 8-34 가열된 판을 이용한 가속도계

압전체 방식에 비해 우수하다. 그러나 사용하는 주위 온도 또는 전자기장에 의한 잡음 등에 취약한 단점이 있다.

가스를 사용하는 방식은 가속도 방향으로 가열된 가스가 가속도 방향으로 움직이면서 생기는 온도차이를 이용해서 가속도를 측정하는 방식으로 동작원리는 그림 8-35와 같다. 가스를 검증질량 대신 사용하는 가장 큰 장점은 50,000 g에 해당하는 충격에도 견디는 가장 큰 장점이 있다. 가스를 담을 수 있는 내부에 공동(cavity)이 있으며, 이 공간에는 가스로 충전되어 있다. 중간에 히터가 있으며 동일한 간격으로 설치된 온도센서로부터 가스의 온도를 실시간 측정하여 움직임을 감지하는 원리이다. 이러한 원리를 응용해서 만든 MEMS형 3축 가속도센서의 확대 사진은 그림 8-36과 같다 [121]. 이렇게 만든 센서는 내부에 SF_6 가스를 채운 후 표준 16핀 DIP 패키지로 조립하여 만든다.

8.4.5 자기장 이용 가속도계

자기장을 이용한 가속도에는 자기장을 측정하는 Hall 효과 가속도계와 자기장에 의해 저항이 변하는 자기저항 효과 가속도계가 있다. Hall 효과 가속도계는 3.8절에 설명된 Hall 효과를 이용해서

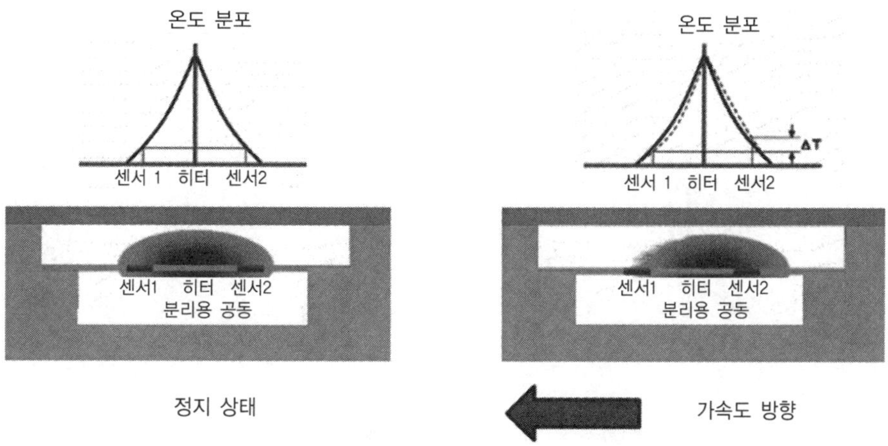

그림 8-35 열형 가속도계의 동작원리

그림 8-36 MEMS 3축 열형 가속도센서의 확대 사진

만든 가속도센서이다. 즉, 자기장의 변화를 Hall 센서의 전압 변화로부터 가속도를 환산하는 방식이다. 이에 대한 개념은 그림 8-37과 같다. 검증질량의 끝부분에 자석을 부착시키고, 가속도 방향에 따른 검증질량의 움직임에 의한 자석의 자기장 변화를 Hall 센서의 Hall 전압으로 측정할 수 있다.

그리고 3.13절에 설명된 자기저항 효과를 이용해서 만든 자기저항형 센서의 개념은 그림 8-37과 동일하며, Hall 센서 대신에 자성재료로 대체한 것만 다르다. 자기장의 변화에 의해 자성재료의 저항이 변하는 원리를 이용해서 자성재료의 저항값 변화로부터 가속도를 환산하는 방식이다.

8.5 자이로스코프(Gyroscope) 센서의 원리

자이로스코프는 운동하는 물체의 각도를 계측하는 센서이다. 오늘날 위성을 이용한 GPS로 내비게이션용으로 사용되기 전에는 자기컴파스(magnetic compass)와 더불어 자이로스코프가 가장 많이

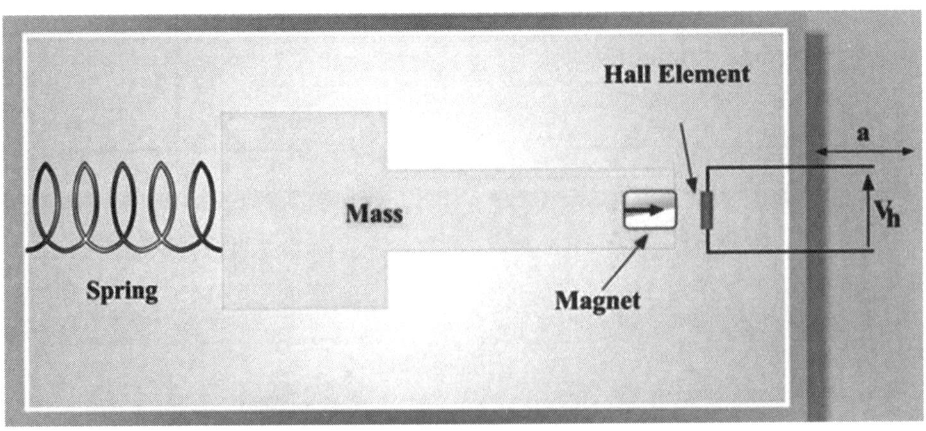

그림 8-37 Hall 효과 가속도계의 동작원리

사용되었다. 지자기(geomagnetic)가 없거나 어떤 방해물에 의해 장애가 생길 경우, 자이로스코프는 비행기와 미사일 등과 같은 동체의 각도를 정의하는데 필수적인 센서로 사용되었다. 현재는 자이로스코프가 내비게이션뿐만 아니라 총기류, 로봇, 터널 채굴용, 그 이외 안정된 표준방향이 필요한 응용분야에 널리 사용되고 있다.

최초의 자이로스코프는 1817년 독일인 Johann Bohnenberger에 의해 회전하는 구를 가진 자이로스코프가 만들어졌다. 1832년에 미국인 Walter R. Jonhson이 회전하는 디스크에 기반을 둔 자이로스코프를 개발하였고, 1852년에 Leon Foulcault가 지구 자전과 관련된 실험에 사용하였고, 그리스어로 '회전'이라는 의미의 'gyro'와 '본다'는 의미의 'skopein'의 합성어로 '회전을 본다'라는 의미의 gyroscope라는 이름을 최초로 명명하였다. 자이로스코프는 줄여서 자이로라고도 한다. 자이로스코프는 각모멘트 보존법칙이라는 물리법칙에 기반을 두고 있으며, 물체의 각속도를 전압 등의 전기적인 신호로 변화시켜서 운동을 유지하고자 하는 성격을 이용하여 물체의 회전각도를 감지하는 센서이다. 따라서 자이로센서는 달리 표현하면 각속도센서이며, 자세측정 장치를 통칭하여 자이로센서라고 한다.

8.5.1 로터 자이로스코프(Rotor Gyroscope)

기계식 자이로인 로터(회전자) 자이로는 스핀 축에 대해 자유롭게 회전하는 무거운 디스크 판(회전자)으로 구성되어 있으며, 이 디스크 판은 하나 또는 두 개의 축에 대해 자유롭게 회전할 수 있는 프레임 내에 고정되어 있다. 그러므로 회전축의 수에 따라 자이로는 1축 또는 2축 자유도로 구분된다. 로터 자이로의 원리 및 구조는 그림 8-38과 같다. 자이로는 항공기 기체와 내용물 간에 힘이 전달되지 않도록 베어링 등으로 연결된 구조인 짐발(gimbal)에 고속 회전자를 장착한 구조로 회전자는 동체의 운동에 영향을 받지 않고 일정한 자세를 유지한다. 이런 원리로 그림 8-38의 (나), (다)에서처럼 비행기가 진행방향을 바꾸더라도 회전자는 회전축을 중심으로 균형을 유지하고, 외부 틀인 자이로 틀은 비행기와 같이 회전하게 되어 비행기가 기준좌표계로부터 얼마나 틀어진 방향으로 진행하는지를 알 수 있다.

마찰, 균형이 잡히지 않은 회전자, 자기장 등의 영향으로 자이로에 오차를 일으킬 수 있다. 마찰

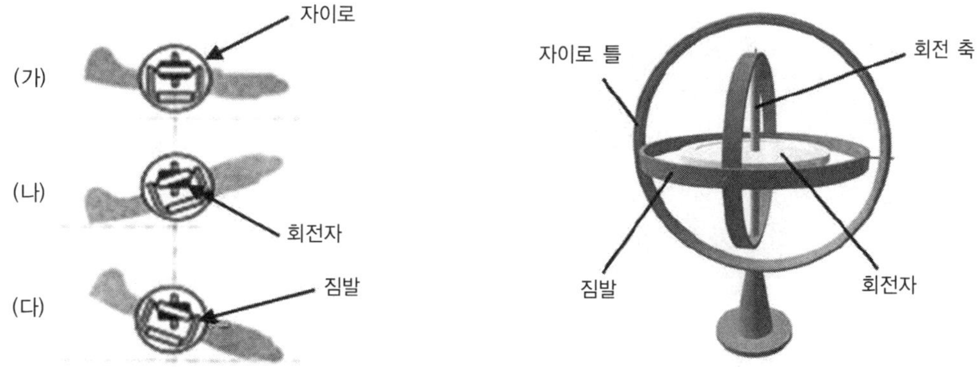

그림 8-38 자이로센서의 원리 및 구조

을 최소화하기 위해서 플로로카본(fluorocarbon)과 같은 점성이 있는 고밀도 유체 속에 회전체를 담구고 서스펜션을 제거한 방법을 주로 사용한다. 또 다른 방법으로는 소위 가스베어링을 사용하든지, 또는 진공을 유지하는 방법 등이 있다. 자기장(magnetic field)으로 회전자를 움직이는 경우, 이 시스템은 회전자가 초전도체가 되는 온도까지 온도를 냉각시켜 줄 필요가 있다. 이렇게 하면 회전자를 진공에 띄워서 회전시킬 수가 있어 마찰을 줄일 수 있다. 이런 자이로를 냉각형 자이로라고 한다.

8.5.2 모노리식 실리콘 자이로스코프(Monolithic Silicon Gyroscope)

기존의 기계식 자이로는 짐발, 회전자, 베어링, 모터 등 기계적으로 매우 정교하게 제작하고 조립해야 하기 때문에 가격을 낮추는 것은 불가능하였다. 그러나 최근 MEMS 기술의 발전으로 회전자 대신에 진동자로 대체하면서 소형화 및 저가격이 가능해졌다.

MEMS형 진동 자이로센서의 가장 기본적인 개념은 가속도센서와 마찬가지로 그림 8-39에서 보듯이 검증질량을 이용한 방식이다. 검증질량은 지지대에 의해 매달려 있고, 이 검증질량은 운전방향인 x축과 센서방향인 y축으로 자유롭게 진동할 수 있도록 설계되어 있다. 운동전극은 운동모드 진동을 만들기 위한 용도로 사용되고, 감지전극은 감지모드의 반응을 측정하는 용도로 사용된다. 운동모드 진동은 검증질량을 운동방향으로 진동시키는 모드이고, 검증질량이 외부의 주기적인 힘에 의해 운동방향으로 운동모드 공명주파수에서 공명하도록 되어 있다. 감지모드는 검증질량을 감지방향으로 움직일 때 감지하는 용도로 사용된다. 자이로가 원회전을 하게 되면, 운동모드 진동의 주파수에서 주기적인 코리올리(Coriolis) 힘이 감지방향으로 생기게 된다. 이 코리올리 힘은 검증질량을 감지방향으로 움직이게 하여 감지부에 신호를 보내게 되어, 이러한 주기적인 코리올리 반응이 감지부 전극에 의해 신호로 기여한다. 이러한 선형 진동형 자이로 시스템은 그림 8-39(b)와 같이 질량 m을 가진 2차원 자유도를 가진 진동시스템으로 가정할 수 있다.

자이로센서에서 사용되는 코리올리 힘은 1835년 프랑스의 Coriolis에 의해 처음으로 밝혀진 힘으로 회전 좌표계에서 다음과 같이 표현되는 일종의 관성력이다.

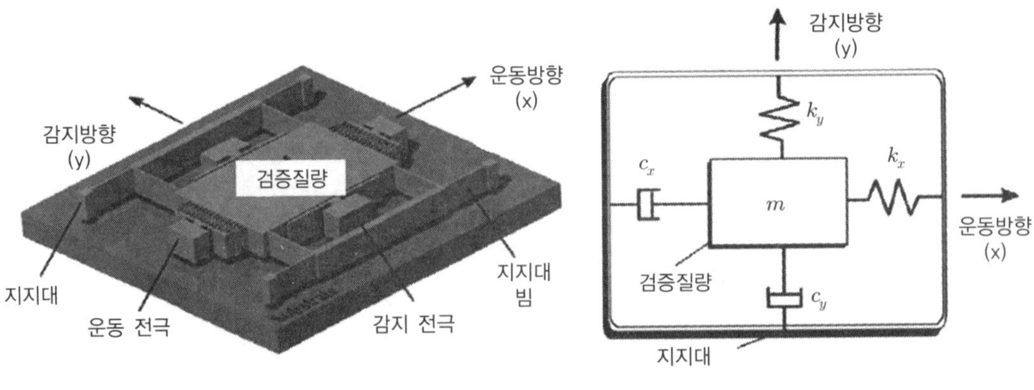

(a) 선형 진동형 자이로센서 외관　　(b) 진동형 자이로센서의 등가회로

그림 8-39 선형 진동 자이로센서의 구조 및 등가회로 개념

$$F_{coriolis} = 2m(\vec{v} \times \vec{\Omega}) \tag{8-26}$$

여기서 m은 질량, v는 물체의 속도, Ω는 물체의 각속도를 의미한다. 이러한 코리올리 힘의 발생 원인은 각운동량 보존법칙에 의해 생기는 것으로, 각운동량 보존법칙은 각운동량이 시간에 대해 일정하다는 것을 의미한다. 즉, 회전하는 좌표계 내에서 물체가 운동을 하는 경우 회전축에 대해 반지름이 줄어드는 경우에는 줄어드는 반지름에 대해 각속도가 변화하게 되어 이 결과 회전좌표계에 코리올리 힘이 발생한다. 이러한 코리올리의 힘이 적용되는 예는 푸코의 진자에서 볼 수 있다. 푸코의 진자는 어떤 수직면에서 자유롭게 흔들리는 줄에 매단 추이다. 진자는 정확히 수직면에서 흔들리기 시작하며, 지구의 자전에 의해 진동하는 수직축에 대해 시간이 지나면 지날수록 옆으로 도는 현상이 생기는데, 이것은 코리올리의 힘이 진자에 작용했기 때문이다. 북반구에서 내려다 볼 때 그 회전은 시계방향으로 움직인다.

선형 진동 자이로센서의 기술개발 이후, 하나의 센서로 3축 자이로를 구현할 수 있는 다양한 연구가 시도되었다. 이 중에서 MEMS 분야에서 세계 최고의 기술력을 자랑하는 미국의 STMicroelectronics 사(줄여서 STM)에서 그림 8-40과 같은 3축 MEMS 자이로센서를 2009년 11월에 발표하였다. 이 센서의 기본 원리는 회전에 의해 발생하는 검증질량의 움직임에 의해 커패시터(축전기)에서 감지되는 전기용량의 변화로부터 회전력을 감지하는 방식이다[122].

8.5.3 광 자이로스코프(Optical Gyroscope)

기계식 자이로의 문제점을 대체하기 위해 개발된 기술이 광학식 자이로센서이다. 기계식 자이로는 코리올리 힘을 이용한 것이라고 하면, 광학식 자이로센서는 사냑효과(Sagnac effect)를 이용한 것이다. 사냑효과는 프랑스 물리학자인 Georges Sagnac이 회전에 의한 간섭효과를 설명하였는데, 그의 이름을 따서 사냑효과라 한다.

사냑효과는 그림 8-41과 같이 간략화 할 수 있다. 어떤 닫힌 원환상의 계에 시계방향(CW)과 반시

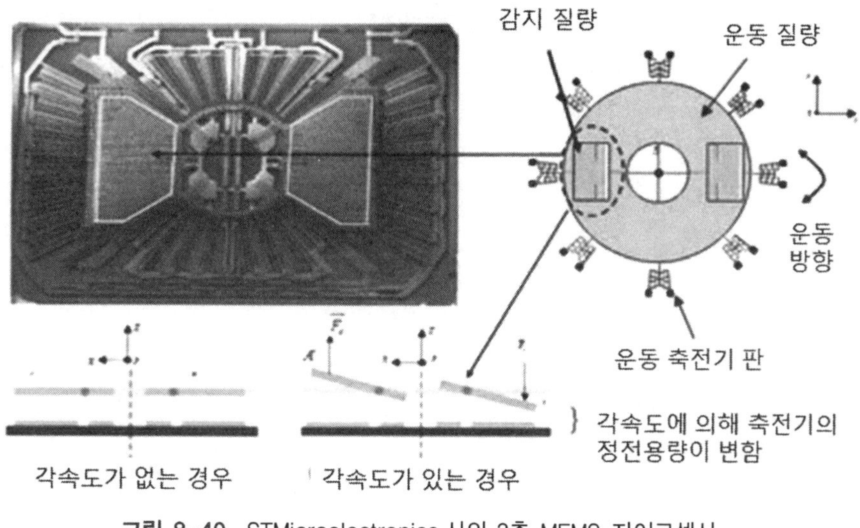

그림 8-40 STMicroelectronics 사의 3축 MEMS 자이로센서

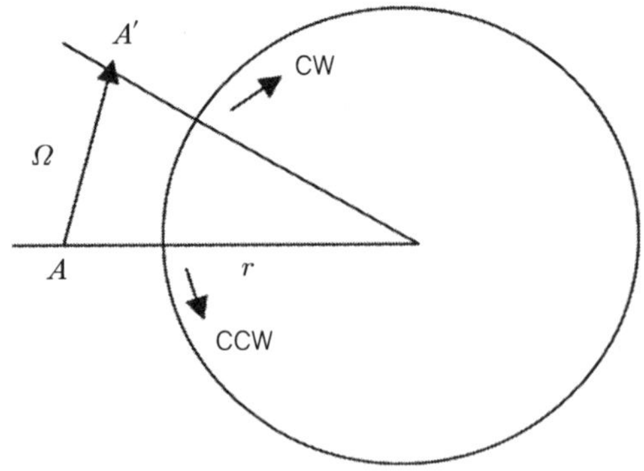

그림 8-41 사냑효과의 개념

계방향(CCW)으로 일정한 반경을 가진 닫힌 경로를 따라 빛이 서로 반대방향으로 진행할 때 광원이 회전각속도 Ω로 회전한다고 가정을 하면, 회전 반대방향으로 지나가는 빛은 회전방향으로 진행하는 빛보다 더 빨리 광원 위치에 도달한다는 것이다. 이때 두 빛 사이에 발생한 시간차 또는 위상차에 의해 빛 간에 생긴 간섭무늬의 이동이 생기는데, 이것을 사냑효과라 하며, 그 크기는 회전각속도에 비례한다.

사냑효과에 의한 두 개 빛의 시간차 $\triangle t$는 다음과 같다.

$$\triangle t = \frac{4\pi\Omega r^2}{c^2} = \frac{4A\Omega}{c^2} \tag{8-27}$$

여기서 r은 계의 반경, c는 광속이고, A는 빛이 원 운동한 면적이다. 이러한 시간차로 인한 광경로차 $\triangle L$은 다음과 같다[123].

$$\triangle L = \frac{4\pi\Omega r^2}{c} = \frac{4A\Omega}{c} \tag{8-28}$$

이러한 사냑효과는 빛의 간섭현상을 이용한 것이다. 빛의 간섭을 측정하는 장치로는 마이켈슨(Michelson) 간섭계, 마하-젠더(Mach-Zehnder) 간섭계, 그리고 사냑 간섭계 등이 있다. 마이켈슨 간섭계는 절대좌표계에서 지구의 움직임을 측정하기 위해서 개발되었고, 마하-젠더 간섭계는 경로상의 매개체 등에 의한 경로의 변화를 검출하기 위해 개발된 것이다. 사냑 간섭계는 어떤 측면에서 보면 마하-젠더 간섭계와 유사하나, 다른 점은 빛의 상대론적인 특성을 이용하여 회전에 의한 경로차이를 검출할 수 있도록 고안된 간섭계이다. 사냑효과를 이용한 광자이로에는 제1세대 시스템인 링 레이저 자이로(RLG, Ring Laser Gyro), 제2세대 시스템인 광섬유 자이로(fiber optic gyro), 제3세대 시스템인 원자간섭계로 크게 나눈다[124].

제1세대인 RLG는 그림 8-42와 같이 광학 공진기에 헬륨-네온 가스 혼합물을 채우고 음극과 양극에 고전압을 가하게 되면, 이때 발생된 레이저가 시계방향(CW)과 반시계방향(CCW)으로 전파하게 된다. 공진기가 회전할 때 CW와 CCW 광파 사이에 생긴 위상차는 광 검출기 면에 간섭무늬 이동으로 나타난다. 빛은 수백 THz의 높은 주파수를 갖고 있기 때문에 그 차가 조금이라도 나타나면 관측

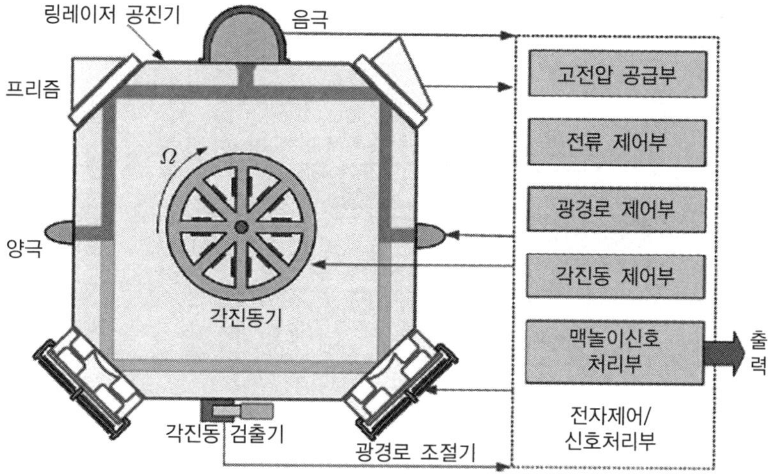

그림 8-42 링 레이저 자이로의 개념도

이 가능하다. RLG는 약 10^{-3}도/시간 정도의 분해능과 안정성을 갖고 있다. 그러나 이러한 RLG에도 몇 가지 단점은 있다. 낮은 각속도의 경우 출력이 비선형적이라는 점, 레이저 가스의 움직임에 의한 출력신호의 이동현상, 레이저 방전을 위하여 약 1 kV 정도의 고전압이 필요하다는 점, 레이저의 발진모드를 안정화시키기 위하여 열팽창, 압력변화, 기계적 변위에 의한 광로 변화 등의 문제점이 있다.

제2세대인 광섬유 자이로의 기본 동작원리는 그림 8-43과 같다. 광원으로부터 나온 빛은 광분할기에 의해 두 성분으로 나눠진다. 이 두 성분의 빛은 각각 N번 감긴 광섬유에 오른쪽과 왼쪽으로 도는 빛으로 입사된다. 광섬유의 광로를 거친 후, 두 성분의 빛은 다시 광분할기에 의하여 합쳐지고 간섭하여 검지된다. 회전하는 관성계에서 사냑효과는 한쪽 경로의 빛은 광로의 길이를 증가시키는 반면, 반대 방향의 광로 길이는 감소되어 그 결과 두 성분의 위상차가 다음과 같게 된다.

$$2\phi_s = \frac{4\pi RL\Omega}{\lambda_0 c} \tag{8-29}$$

여기서 R은 광섬유 코일의 반경, L은 폐경로의 광섬유 전체 길이, λ_0는 진공에서의 광원 파장, c는 빛의 속도, Ω는 회전각속도이다. 그리고 $2\phi_s$는 사냑효과에 의한 위상차이다.

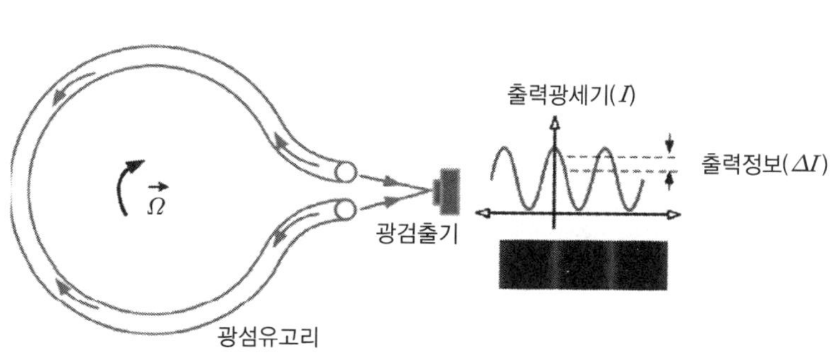

그림 8-43 광섬유 자이로의 개념도

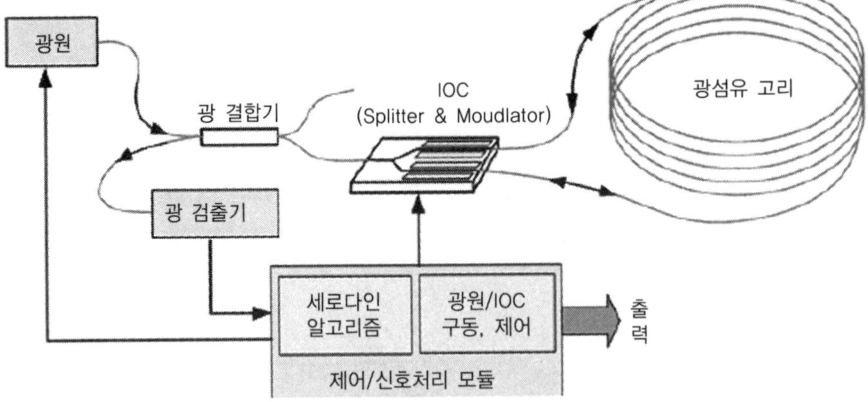

그림 8-44 폐회로 제어기를 포함한 광섬유 자이로의 구조

만약 20 cm 직경에 1,000번 감은 광섬유 코일이 1도/시간의 각속도로 회전하면 1 μm의 광원일 경우 사냑효과에 의한 위상차는 10^{-5} 라디안 정도 된다. 그러나 0.01도/시 정도 수준의 각속도를 얻기 위해서는 10^{-7} 라디안 정도의 위상을 측정할 수 있어야 한다. 이것을 길이로 환산하면 광섬유 코일의 길이를 10^{-17}분의 1 정도를 구분해야 한다. 이 정도의 정확성을 얻기 위해서는 자이로가 정지하고 있을 때 두 경로가 일치해야 한다. 이 조건을 만족하는 광학계를 소위 '최소구성'이라 한다.

폐회로 제어기를 포함한 광섬유 자이로의 구조는 그림 8-44와 같다. 입력에 구형파를 변조하고 간섭신호의 최대점을 다시 원점으로 복원시키는 기능은 IOC(integrated optic circuit)에서 이루어지며 전기장에 의하여 고리에 입사되는 두 빛의 초기위상에 차이가 발생하도록 변경시킨다. 광섬유 고리의 길이는 온도 등에 의하여 변화되는데, 이 효과를 고려한 변조된 빛에 의한 위상차이 $\Delta\phi_m$은 다음과 같다.

$$\Delta\phi_m(t) = \phi_m(t) - \phi_m(t - \Delta\tau) - \eta_{eff}L \tag{8-30}$$

여기서 L은 광섬유에 의한 광경로, η_{eff}는 서로 반대방향으로 진행하는 빛에 대한 광섬유 굴절률 차이이다. 광섬유 자이로의 출력은 광경로 길이 차이에 의한 빛의 위상차이로 회전입력에 의한 출력 곡선은 그림 8-45와 같다. 이 그림에서 보듯이 탑재체에 동일한 회전이 인가되는 경우에 광섬유의 길이가 길수록 위상차이가 커지므로 신호대 잡음비를 고려하면 광섬유의 길이를 길게 하는 것이 성능 측면에서 유리하다. 또한, 광섬유 자이로는 제작이 간단하고 진동을 일으키는 구조가 없으며 전력소모가 작다는 장점이 있다. 그러나 광섬유의 길이가 길어질수록 재평형에 필요한 전압이 상대적으로 커지므로 출력전압의 비선형성을 고려하여 동작범위의 축소가 필요하다는 단점이 있다. 또한 빛의 편광에 따른 굴절률 변화에 의하여 바이어스가 변동되므로 높은 품질의 편광유지 광섬유가 필요하고, 온도변화에 의한 광경로길이의 변화가 바이어스에 작용하는 영향이 비교적 크다는 단점이 있다.

제3세대인 원자간섭계는 빛을 대신하여 극저온 원자의 파동성을 이용하는 간섭장치이다. 원자간섭계는 광섬유 자이로와 유사한 형태를 가지며, 두 경로로 분리된 원자 물질파가 다시 간섭을 일으

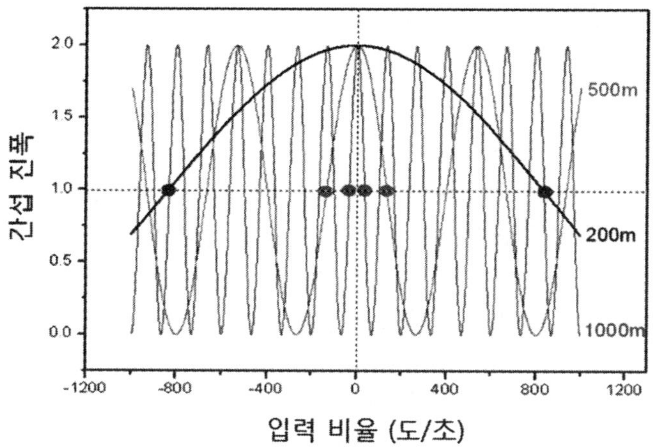

그림 8-45 입력 회전에 따른 광섬유 자이로의 출력 간섭세기의 특성 (광섬유 길이가 각각 200 m, 500 m, 1000 m에 대하여)

키면 위상차이는 다음과 같다.

$$\triangle \phi_{atom} = \frac{\triangle \phi}{2} = \frac{4\pi A}{\lambda_a v} \Omega \tag{8-31}$$

여기서 λ_a는 원자 물질파의 파장이고, v는 원자의 속도이다. 원자를 약 100K 이하로 냉각하면 원자의 속도와 파장은 m/sec 및 μm 수준이 되며, 이에 따라서 이론적인 계산에 의하면 원자간섭계는 광학간섭계에 비하여 약 10^{10}배 정도 정밀 측정이 가능할 것으로 보인다.

$$\frac{\triangle \phi_{atom}}{\triangle \phi_{light}} = \frac{\lambda c}{\lambda_a v} = \frac{m c^2}{\hbar \omega} \simeq 10^{10} \tag{8-32}$$

9 촉각센서

촉각센서는 인간의 피부와 같은 기능을 하는 센서인데, 피부는 대상물체와의 접촉을 통해 사물을 인지한다. 이와 같이 촉각센서는 대상물체에 접촉을 하여 정보를 얻는 센서를 촉각센서로 분류하였다. 대표적인 것으로 접촉식 온도센서, 습도센서, 압력센서, 유량센서 등을 촉각센서로 분류하였다. 따라서 촉각센서는 대부분의 물리적인 센서가 이에 속한다.

9.1 접촉식 온도센서 원리

9.1.1 접촉식 온도센서의 물리적 개념

접촉식으로 온도를 측정하기 위해서는 대상물체의 열적 에너지의 일부를 센서쪽으로 전달해야 한다. 센서 프로브(probe) 또는 센서를 대상물의 내부 또는 표면에 접촉시켰을 때, 대상물과 센서의 경계에서 열적 대류가 발생한다. 이때 센서 부분의 온도가 올라가거나 내려가거나 하면서 대상물과 열적 교환이 발생하게 된다. 아무리 작은 센서라고 하더라도 이러한 열적 교환으로 인해 온도측정에 오차가 발생하게 된다.

이러한 접촉식 온도센서가 열에 반응할 때 신호처리에 있어 두 가지 기본적인 방법을 생각할 수 있다. 즉, 평형상태에서 측정하는 방법과 예측하는 방법이다. 평형상태 측정법은 대상물체와 센서 사이에 뚜렷한 열적 교류상태가 더 이상 일어나지 않은 상태에서 측정하는 방법을 의미한다. 달리 말하면, 대상물체와 센서 사이에 발생하는 에너지 교환이 무시할 수 있을 정도로 미세하여 열적 평형상태에 도달했다는 것을 의미한다. 예측 방법은 측정 시간동안 평형상태에 도달하지 않았지만, 센서에서의 온도 변화율을 고려하여 일련의 계산 과정을 거쳐 평형상태를 미리 예측하는 방법이다. 센서를 대상물에 접촉하면 열적 평형상태에 도달하기까지는 많은 시간이 소요된다. 특히, 건조한 표면인 경우는 더 많은 시간이 걸린다. 예를 들면, 병원용 전자식 온도계는 물의 온도를 측정하는 데 약 5초 정도면 온도를 측정할 수 있지만, 똑같은 센서를 이용해서 겨드랑이의 온도를 측정하고자 한다면 약 3분 정도의 시간이 소요된다.

접촉식 온도 측정법에는 앞에서 언급된 대상물과의 열적 교환 이외에도 센서는 대상물만 접촉을 하고 있는 것이 아니고 주위와도 접촉을 공유하고 있으므로 이로 인해 측정 오차가 발생할 수 있다. 그림 9-1과 같이 센서를 대상물에 접촉했을 경우를 고려해 보면, 센서와 대상물과의 열적 교류 및 외부환경에 의해 실제 대상물의 온도가 T_B임에도 불구하고 임의의 순간 센서는 T_s라고 인식을 한다. 평형상태 측정법의 목표는 T_s가 T_B에 가능한 한 가깝도록 하는 것이다. 그리고 예측방법은 그림 9-1(b)와 같은 등가회로를 가정하여 온도를 측정하는 방법이다.

이 그림에서 열저항은 어떤 매질의 열적 에너지 정도를 나타내는 값으로, 열전도와 반대되는 개념으로 $r = 1/\alpha$이다. 만약 대상물의 온도가 외부환경보다 온도가 높다고 하면 열 흐름 방향은 그림 9-1(b)와 같이 될 것이다. 모든 온도가 더 이상 변동이 없을 만큼 오랜 시간이 경과하여 세 가지 온도가 정상상태에 있다고 가정하면 다음과 같은 에너지 보존법칙을 적용할 수 있다. 즉, 대상물에서 센서쪽으로 흐르는 열적 에너지는 센서에서 외부환경 방향으로 빠져 나가는 에너지와 동일하다고 가정할 수 있다. 이러한 가정에서 다음과 같은 수식을 얻을 수 있다.

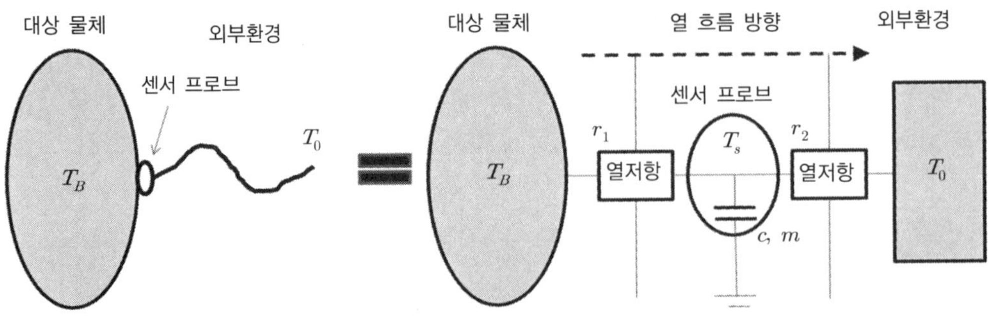

(a) 대상물에 센서 프로브 접촉 상태 (b) 등가 열적 회로

그림 9-1 센서 프로브(센서)를 대상물에 접촉했을 때의 등가 열적 회로

$$\frac{T_B - T_s}{r_1} = \frac{T_B - T_0}{r_1 + r_2} \tag{9-1}$$

이 식에서 센서의 온도 형태로 다시 풀어 쓰면 다음과 같다.

$$T_s = T_B - (T_B - T_0)\frac{r_1}{r_2} = T_B - \Delta T\frac{r_1}{r_2} \tag{9-2}$$

여기서 ΔT는 대상물과 외부환경 사이의 온도차이이다. 위의 식에서 몇 가지 사실을 논의할 수 있다. 첫 번째는 센서에서 측정한 온도 T_s는 대상물의 온도 T_B와는 다르다는 것이다. 만약 대상물과 외부환경의 온도가 같다는 특정한 환경하에서는 센서의 온도와 대상물의 온도는 같을 것이다. 두 번째는 r_1/r_2의 비가 0으로 접근할수록 센서의 온도는 대상물의 온도와 같아질 것이다. 즉, 측정 오차를 최소화하기 위해서는 센서와 대상물의 열적 접촉을 좋게 해야 하며, 주위 환경과는 열적 접촉을 좋지 않게 해야 한다는 것이다. 그러나 이런 접촉의 방법은 실제상황에서 쉽지 않다.

식 (9-2)에서 ΔT를 0으로 만드는 가장 최선의 방법은 그림 9-2와 같이 센서를 대상물에 설치하는 방법이다. 그림 9-2(a) 방법은 대상물 내부에 공동(cavity)을 만들어 센서를 안쪽에 설치하고, 센서와 내벽은 온도전달이 잘 되도록 서멀그리스(thermal grease)로 접촉을 시키고, 에폭시와 마개를 이용해서 외부의 열을 차단하는 방법이다. 이렇게 하면 센서와 신호선의 일부가 외부에 노출되지 않기 때문에 측정은 좀 더 정확해진다.

그러나 이와 같이 대상물체에 공동을 만드는 것은 항상 가능한 방법이 아니다. 실제적인 상황에서 그림 9-2(b)와 같이 표면을 측정해야 하는 경우도 발생한다. 하지만 이러한 방법은 그렇게 실용적이지 못하다. 그림 9-2(b)와 같이 표면에 금속으로 된 열 차단체를 만들어서 외부와 차단함으로써 그림 9-2(a)와 같은 효과를 가져올 수는 있다. 이와 같은 개념은 매우 중요하다. 의학용으로 겨드랑이의 온도를 측정하거나 귀속 온도를 측정하는 등의 방법이 이와 유사하게 외부환경을 차단한 채 대상물의 온도를 정확하게 측정하고자 시도되고 있다.

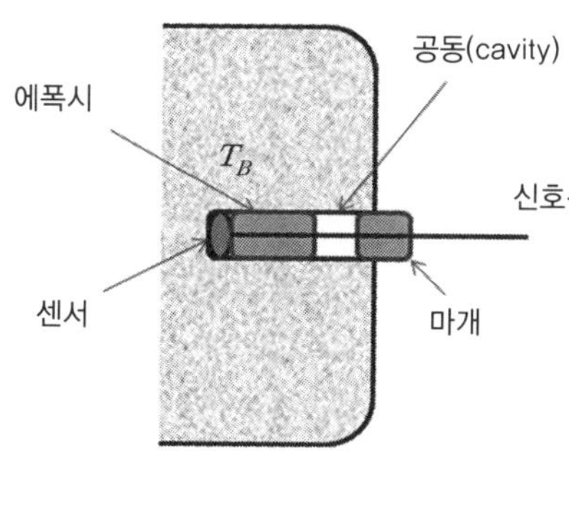

(a) 대상물체 내부에 센서를 설치

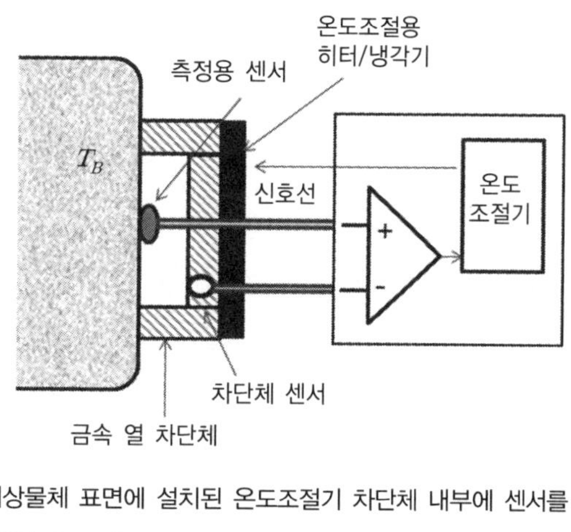

(b) 대상물체 표면에 설치된 온도조절기 차단체 내부에 센서를 설치

그림 9-2 대상물체의 정확한 온도 측정을 위한 방법

이와는 달리 시간에 따라 센서에서 측정되는 온도가 변화하는 것은 다음과 같은 두 가지 경우이다. 주위 환경의 온도가 변화하거나 또는 센서를 대상물체에 접촉한 지 시간이 얼마 지나지 않아 아직 온도가 안정화되지 않은 경우이다. 이 문제를 보다 간단화하기 위해 두 가지 가정을 하기로 한다. ① 센서와 주위 환경 사이의 열 저항은 무한히 크다($r_2 \rightarrow \infty$). ② 대상물체의 온도는 센서가 접촉했을 때 온도 변화가 전혀 없다. 달리 말하면 대상물체는 센서보다 매우 커서 마치 센서에 비해 무한히 큰 '열 소스/싱크(heat source/sink)'라고 볼 수 있다. 이것을 달리 표현하면 대상물체는 무한히 큰 열커패시터(heat capacity)를 가지고 있으며, 무한히 큰 열전도성(heat conductivity)을 가지고 있는 것으로 가정할 수 있다. 이와 같은 상기 두 가지 가정 하에서 센서가 대상물체에 접촉한 순간 ($t=0$), 이것은 T_i의 온도를 가지고 있는 센서가 T_B의 온도를 가진 대상물체에 접촉한다는 의미이다. 냉각의 Newton 법칙에 의해 센서에 전달된 열의 이동 증가분은 어떤 순간의 센서 온도 T_s와 물체 온도 T_B 사이의 온도 기울기와 비례한다는 것으로 다음과 같다.

$$dQ = \alpha_1 (T_B - T_s) dt \tag{9-3}$$

여기서 $\alpha_1 = 1/r_1$은 센서와 대상물 경계면에서의 열전도성이며, T_s는 변화하고 있는 온도이다. 만약 센서의 평균 비열(specific heat)은 c이고 질량이 m이라고 하면, 센서에 의해 흡수된 열은 다음과 같다.

$$dQ = mc\,dt \tag{9-4}$$

식 (9.3)과 식 (9.4)는 서로 동일하며, 수식적으로는 다음과 같이 일차 미분형태를 나타낸다.

$$\alpha_1 (T_B - T_s) dt = mc\,dt \tag{9-5}$$

여기서 열시정수(thermal time constant) τ_T를 다음과 같이 정의하면,

$$\tau_T = \frac{mc}{\alpha_1} = mcr_1 \tag{9-6}$$

로 쓸 수 있으며, 식 (9-5)를 다른 형태로 고쳐 쓰면 다음과 같다.

$$\frac{dT}{T_B - T_s} = \frac{dt}{\tau_T} \tag{9-7}$$

결론적으로 이 방정식의 해는 다음과 같으며 그림 9-3과 같다.

$$T_s = T_B - \Delta T e^{-t/\tau_T} \tag{9-8}$$

위 식에서 τ_T는 T_s가 T_B의 63.2%에 도달하기까지 걸린 시간을 의미한다. 열시정수가 작을수록 센서의 응답속도는 빨라진다. 열시정수는 센서의 크기를 작게 만듦으로써 질량 m을 작게 하여 식 (9-6)에서 열시정수를 작게 만들 수 있다. 그러므로 빠르고 정확한 온도 측정을 위해서는 대상물에 접촉하는 센서의 크기를 매우 작게 만들어야 한다.

만약 센서를 접촉한 후 매우 긴 시간($t \rightarrow \infty$)동안 기다린다면, 센서의 온도는 대상물체의 온도에 근접할 것이다. 이론적으로는 두 온도가 열적 평형상태에 도달하기까지는 무한대의 시간이 필요하

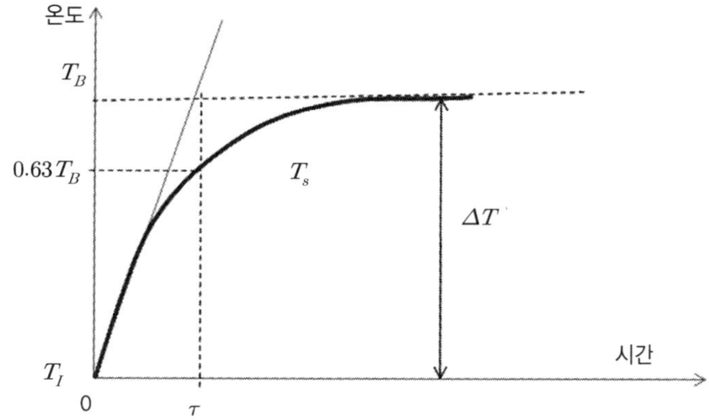

그림 9-3 센서의 시간에 따른 온도 변화

다. 그러나 현실적으로는 이렇게 오랜 시간을 기다릴 수가 없다. 다행스럽게도 일정한 정도의 정밀도만 필요하기 때문에 실제적인 상황에서는 5~10배의 열시정수 시간이면 준 평형상태에 도달한다고 볼 수 있다. 즉, $t=5\tau$인 시점에 센서의 온도는 대상물체의 온도와 약 0.7% 정도의 온도차이만 있으며, $t=10\tau$인 시점에는 0.005%의 온도차이만 존재한다.

이전까지는 이상적인 경우에 대해 알아보았지만, 지금부터는 보다 현실적인 내용에 대해 알아보고자 한다. 앞서의 첫 번째 가정인 주위환경의 열저항이 무한대고 아니고 일정한 값을 가지는 것이 현실적이다. 즉, $r_2 \neq \infty$ 이다. 이런 상황에서의 열시정수는 다음과 같다.

$$\tau_T = \frac{mc}{\alpha_1 + \alpha_2} = mc\frac{r_1}{1+\dfrac{r_1}{r_2}} \tag{9-9}$$

이 경우의 시간에 따른 온도변화는 그림 9-4와 같다. 이 결과에서 보듯이 아무리 오래 기다린다고 해도 센서 온도는 대상물체의 온도에 정확히 도달하지 못한다. 그러므로 이 경우 평형상태에 도

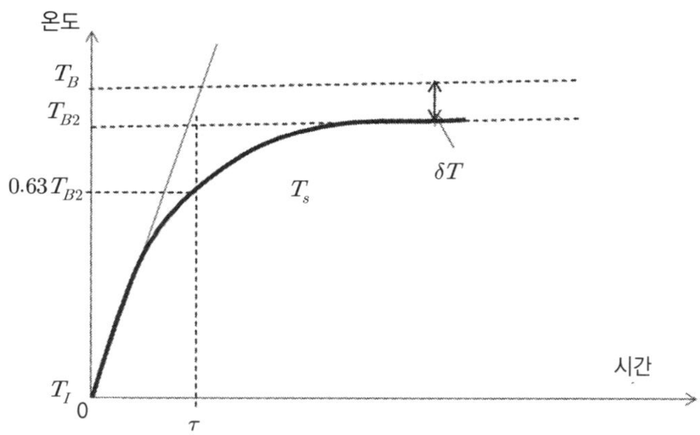

그림 9-4 주위 환경의 열저항이 무한대가 아닌 경우 시간에 따른 온도 변화

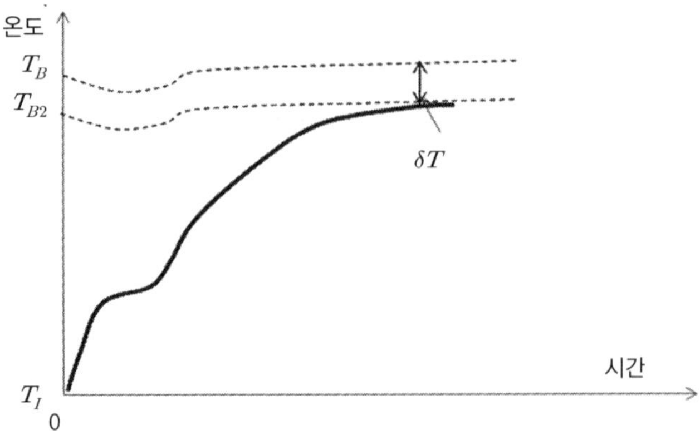

그림 9-5 실제적인 상황에서 시간에 따른 센서의 온도 변화

달하더라도 외부환경과의 열적 교류 때문에 실제 온도차이는 항상 δT만큼 존재하게 된다.

이번에는 앞서의 가정 중 대상물체는 이상적인 '열 소스/싱크'라는 가정을 없애고, 대상물체는 센서보다 매우 크지 않고, 대상물체의 열전도도는 매우 크지 않다고, 보다 실제적인 상황을 고려해 보자. 이러한 상황에서 센서를 대상물에 접촉하게 되면, 그림 9-5에서와 같이 센서는 일시적으로 측정에 방해를 받게 된다. 결과적으로 센서의 온도 추이는 지수함수와 열시정수의 개념을 가진다는 가정을 더 이상 따르지 않게 된다. 이렇게 되면 빠른 온도 측정이나 예측 알고리즘을 사용하기에는 온도 오차가 많이 생길 수밖에 없다. 그러므로 예측 알고리즘 기법은 그림 9-2와 같이 센서를 설치한 경우에 대해서만 정확히 예측할 수 있다.

앞에서 설명된 열적인 내용은 접촉식 방법과 비접촉식 방법 모두에 적용되는 법칙이다. 접촉식과 비접촉식의 유일한 차이는 다음과 같다. 접촉식은 $r_1 \ll r_2$ 인 경우이며, 비접촉식은 $r_1 \gg r_2$ 인 경우이다. 달리 말하면, 접촉식 온도센서는 외부환경보다는 대상물체와 열적인 전도가 훨씬 좋다는 의미이며, 반대로 비접촉식은 대상물체와는 열적인 전도가 거의 없으며, 오히려 외부환경에 대한 열적인 전도가 지배적이라는 뜻이다. 따라서 접촉식 온도센서는 다음과 같은 구성요건을 갖추어야 한다.

① 센서부 - 온도를 전기적인 신호로 바꾸어 주는 부분으로, 좋은 센서부가 되기 위해서는 낮은 비열, 매우 작은 질량, 높은 열전도도, 온도에 따라 예측 가능한 민감도를 갖추어야 한다.

② 센서 신호선은 센서부와 외부 전기회로 사이를 연결하는 전도성 도선이다. 따라서 신호선은 가능한 한 낮은 열전도도와 낮은 전기저항을 가져야 한다. 일반적으로 가격은 비싸지만 백금(platinum) 재료가 가장 적절하다. 또한, 신호선은 센서부를 지지하는 용도로 사용되기 때문에 기구적으로도 강해야 하며 안정적이어야 한다.

③ 센서 보호막은 센서부를 외부환경과 분리하기 위해 필요한 것으로 보통 하우징 또는 코팅으로 처리한다. 좋은 보호막은 낮은 열저항(높은 열전도도)과 높은 전기저항을 가져야만 한다. 이렇게 해야만 수분이나 기타 다른 요인으로부터 센서부를 안정적으로 유지할 수 있다. 대표적인 접촉식 센서 모듈의 형태는 그림 9-6과 같다.

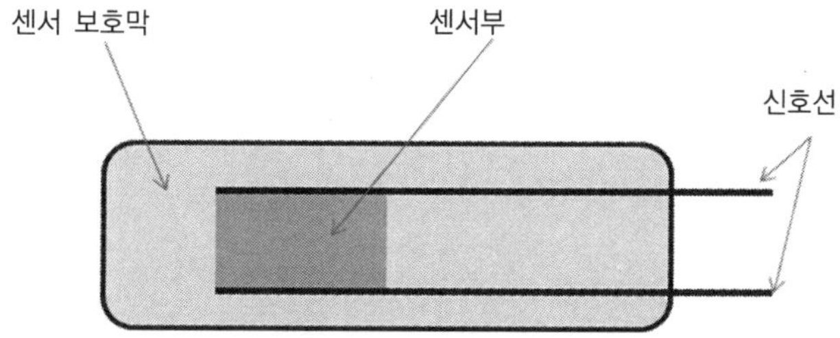

그림 9-6 접촉식 센서 모듈의 일반적인 구조

9.1.2 접촉식 온도의 표준점

온도센서의 보정을 위해서는 정밀한 표준이 필요하다. 과학과 산업분야에서는 일반적으로 선택된 평형 상태에서 온도 추이가 자연의 기본적인 법칙을 따르는 일종의 화합물을 표준으로 삼는다. 대표적인 온도 표준점은 표 9-1과 같다. 교정에 사용되는 표준 온도계는 기압이 조절되는 상황에서 표에 있는 조건에서 측정하고자 하는 범위 내에 있는 2~3개 조건에서 온도를 측정하여 교정을 한다. 이렇게 한 표준 온도계는 이차 온도 표준이 된다.

온도 교정 범위는 국제온도등급(ITS-90, international temperature scale)에 따라 실시해야 한다. 국제온도등급(ITS-90)은 1989년에 열린 국제도량형협회에서 채택되었으며, 이 등급은 1968년에 제정한 국제온도등급과 1976년에 제정된 잠정적 온도등급의 개정판이었다.

9.1.3 열저항(Thermoresistive) 온도센서

1821년에 Humpry Davy는 금속의 전기저항은 온도에 따라 변한다는 사실을 밝혔으며, 1871년에 William Siemens는 백금 저항 온도계를 처음으로 가능성을 보였고, 1887년에 Hugh Callendar는 백금 저항 온도계를 어떻게 실제적으로 사용할 수 있는지를 발표하였다. 이러한 열저항 센서는 회로부가 간단하고, 높은 민감도, 장시간의 안정성 등의 장점이 있다. 이러한 센서는 RTD, pn 접합 센서, 서미스터 등 세 가지 그룹으로 나눌 수 있다.

9.1.3.1 RTD(Resistance Temperature Detector)

모든 금속 재료들뿐만 아니라 일부 반도체들도 온도에 따라 저항이 변하는 특성을 가지고 있다. 이러한 특성을 이용하면 훌륭한 온도센서로 사용이 가능하다. 이런 내용은 이미 3.5.2절에서 언급을 한 바 있으며, 앞서에서도 백금 저항형 온도센서가 예측 가능한 반응, 장시간 안정성, 내구성 등의 특성 때문에 가장 많이 사용된다고 언급한 바 있다. 백금 온도센서에 대한 가장 적합한 전달함수는 Callendar-van Dusen 근사가 정확한 것으로 알려져 있다. -200℃부터 0℃ 사이의 온도와 저항 관계식은 다음과 같다.

$$R_t = R_0\left[1 + At + Bt^2 + Ct^3(t-100)\right] \tag{9-10}$$

그리고 0℃에서 630℃ 사이에서는 다음과 같다.

$$R_t = R_0\left[1 + At + Bt^2\right] \tag{9-11}$$

표 9-1 대표적인 온도 표준점

표준 상태	표준 온도 (℃)
수소의 삼중점	−259.34
일반 수소의 끓는점	−252.753
산소의 삼중점	−218.789
질소의 끓는점	−195.806
아르곤의 삼중점	−189.352
산소의 끓는점	−182.962
이산화탄소의 승화점	−78.476
수은의 어는점	−38.836
물의 삼중점	0.01
물의 어는점	0.00
물의 끓는점	100.00
벤존산(benzonic acid)의 삼중점	122.37
인듐(indium)의 어는점	156.634
주석(tin)의 어는점	231.968
비스무스(bismuth)의 어는점	271.442
카드뮴(cadmium)의 어는점	321.108
납(lead)의 어는점	327.502
아연(zinc)의 어는점	419.58
안티몬(antimony)의 어는점	630.755
알루미늄의 어는점	660.46
은의 어는점	961.93
금의 어는점	1,064.43
구리의 어는점	1,084.88
니켈의 어는점	1,455
팔라듐(palladium)의 어는점	1,554
백금의 어는점	1,769

여기서 상수 A, B, C는 센서의 제조에 사용되는 백금의 특성에 의해 결정되는 값이다. 두 온도 범위를 하나의 식으로 표현한 식은 다음과 같다.

$$R_t = R_0\left\{1+\alpha\left[1-\delta\left(\frac{t}{100}\right)\left(\frac{t}{100}-1\right)-\beta\left(\frac{t}{100}\right)^3\left(\frac{t}{100}-1\right)\right]\right\} \tag{9-12}$$

여기서 t는 ℃ 단위의 온도이며, 계수 A, B, C는 각각 다음과 같다.

$$A=\alpha\left(1+\frac{\delta}{100}\right),\ B=-\alpha\delta\times 10^{-4},\ C=-\alpha\beta\times 10^{-8} \tag{9-13}$$

여기서 δ는 아연의 어는점(419.58℃)과 같이 매우 높은 온도에서 보정을 통해 얻어지는 값이며, β는 영하의 온도에서 보정을 통해 얻어지는 값이다. 이 값의 보정에 대한 규격이 각 나라마다 약간씩 달리 사용되고 있다. 미국의 SAMA 표준에 의하면 $\alpha = 0.003923℃^{-1}$인 반면, 유럽의 DIN 규격에 의하면 $\alpha = 0.003850℃^{-1}$이며, 영국의 항공산업 표준에서는 $\alpha = 0.003900℃^{-1}$이다.

선재 형태로 만든 RTD의 일반적인 허용오차는 ±10 mΩ인데, 이것은 온도로 보면 약 ±0.025℃ 정도의 오차가 발생한다. 만약 매우 높은 정밀도를 요구하는 실험인 경우 센서의 외부환경에 영향을 받지 않도록 조립해야 한다. 이것은 매우 높은 온도를 측정하고자 할 때 특별히 신경을 써야 한다. 예를 들면, 550℃에서 10 MΩ의 분류 저항은 약 3 mΩ의 저항오차를 발생시킬 수 있으며, 이로 인해 온도 오차는 약 -0.0075℃ 정도 발생한다.

9.1.3.2 실리콘 저항형 PTC 센서(Silicon Resistive PTC Sensors)

실리콘 결정의 전기전도 성질은 PTC 특성을 가진 온도센서로 사용을 할 수 있다는 것을 의미한다. 현재 미세하게 가공된 구조의 실리콘 저항형 센서는 온도보상 또는 온도측정을 위해 사용되고 있다. Si PTC 센서는 우수한 선형성과 장기간 안정성(연간 ±0.05K)을 가지고 있다. 폴리실리콘이든 단결정이든, 실리콘은 본질적으로 저항에 대해 음의 온도계수(Negative Temperature Coefficient, NTC) 특성을 가지고 있다. 왜냐하면 온도가 올라가면 열적 에너지에 의해 가전도대에 있는 전자가 전도대로 더 많이 천이를 하여 내인성 운반자 농도(intrinsic carrier concentration)가 증가하게 되어 저항이 감소한다. 즉, 온도가 상승하면 저항이 작아지는 특성이다.

그러나 n형 불순물을 주입하게 되면, 특정 온도구간에서 저항에 대해 양의 온도계수 특성을 가지게 되는데, 온도가 올라가면 저항도 따라서 커지는 특성이다. 대표적인 PTC 실리콘 센서의 민감도는 0.7%/℃ 정도인데, 이것은 저항이 매 온도마다 0.7% 정도 변한다는 것을 의미한다. Philips 사에서 개발한 KTY 센서의 온도대 저항 관계는 그림 9-7과 같으며, 이 관계식의 전달함수는 다음과 같

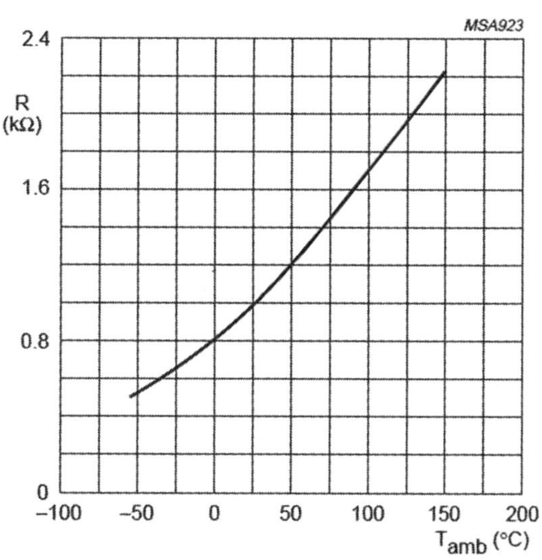

그림 9-7 KTY 실리콘 온도센서의 전달함수

다[125].

$$R_T = R_0\left[1 + A(T - T_0) + B(T - T_0)^2\right] \quad (9\text{-}14)$$

여기서 R_0와 T_0는 표준점에서의 저항과 온도(K)이다. KTY-81 센서는 -55~150℃ 범위에서 사용이 가능한 센서인데, 이때 $A = 0.007874\text{K}^{-1}$, $B = 1.874\times10^{-5}\text{K}^{-2}$이다.

9.1.3.3 서미스터(Thermistors)

서미스터의 영어 용어인 thermistor는 열을 뜻하는 thermal과 저항을 뜻하는 resistor의 합성어로 되어 있다. 말 그대로 온도의 변화에 따라 저항이 민감하게 변하는 저항체를 의미한다. 이러한 서미스터는 Ge, Si, 금속산화물 등을 이용해서 물방울 모양, 바 형태, 원통형, 직사각형, 두꺼운 필름 등의 다양한 형태로 만들 수 있다. 서미스터에는 일반적인 세라믹 소결형의 NTC 서미스터, 티탄산바륨계($BaTiO_3$), 산화아연계(ZnO-NiO), 산화염으로 대표되는 PTC 서미스터, 어떤 온도에서 급격하게 저항값이 바뀌는 급변온도(Critical Temperature Resistor, CTR) 서미스터 등이 있다. 이들 온도에 따른 저항 변화 특성은 그림 9-8과 같다. 일반적인 목적으로 NTC 서미스터가 가장 많이 사용되고 있으며, PTC 서미스터는 소형 모터의 과전류 보호 소자로 이용되고 있으며, CTR 서미스터는 일부 특수한 용도로 이용되고 있다.

전형적인 금속산화물 서미스터는 NTC 특성을 가지고 있는데, 이것은 온도가 증가하면 저항이 감소하는 특성을 보인다. 그리고 NTC의 저항은 재료의 비저항과 물리적인 크기에 의해 결정되며, 저항과 온도 사이의 관계는 일반적으로 그림 9-9와 같이 비선형적인 특성을 가지고 있다. 백금 RTD의 전달함수는 다음과 같은 선형적인 관계식을 얻을 수 있다.

$$R = R_0\left(1 + 36.79\times10^{-4}\,T\right) \quad (9\text{-}15)$$

반면, 서미스터의 전달함수는 다음과 같은 비선형적인 특성을 가진다.

$$R_t = R_0 e^{\beta\left(\frac{1}{T} - \frac{1}{T_0}\right)} \quad (9\text{-}16)$$

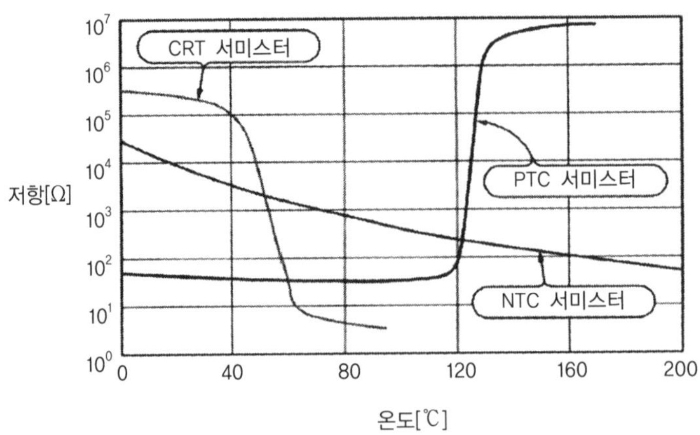

그림 9-8 서미스터 종류별 온도-저항 특성

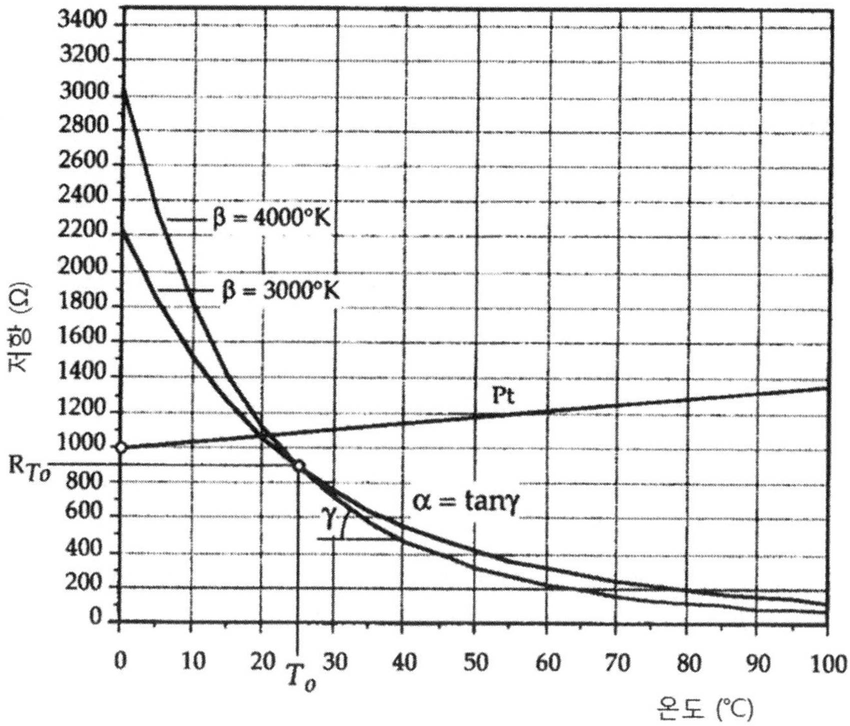

그림 9-9 두 개의 NTC 서미스터와 Pt RTD(R_0 =1K)에 대한 온도-저항 특성 비교 (서미스터는 25℃, RTD는 0℃에서 보정)

여기서 T는 온도, T_0는 보정온도, β는 절대온도 단위의 재료특성 온도값이다. 대량 생산되는 서미스터의 일반적인 온도 오차는 ±10% 정도이며, 특수 용도의 서미스터인 경우는 1%보다 더 작은 오차를 나타낸다. 실제적으로 서미스터를 사용하기 위해서는 전달함수가 정확해야 하는데, 식(9-16)의 수학적인 모델을 이용하여 측정온도 구간에서 교정을 통하여 다음과 같은 다항식을 이용해서 온도를 환산한다.

$$\ln S = A_0 + \frac{A_1}{T} + \frac{A_2}{T^2} + \frac{A_3}{T^3} \tag{9-17}$$

NTC 서미스터 제조용으로 사용되는 재료는 표 9-2와 같다[126]. 일반적으로 사용되는 재료는 Al_2O_3, MgO를 중심으로 하는 스피넬(spinel)형, $BaTiO_3$, PbO-TiO_2계의 페로브스카이트(perovskite)형, 그리고 ZrO계가 있다. 사용온도는 350℃에서 1,000℃까지 사용이 가능하다.

PTC 서미스터는 티탄산바륨($BaTiO_3$)을 기본 조성으로 하고 반도체화를 위해 La_2O_3, Nb_2O_5 등을 첨가하여 PTC 효과를 나타낸다. 실용적인 측면에서 상전이 온도를 조절하기 위해서 Ba을 Sr이나 Pb로 치환하고, PTC 효과를 억제하기 위하여 Mn을 첨가하며 미세구조를 조절하기 위해 입성장억제제나 소결조제를 첨가한다. 티탄산바륨계 반도체의 비저항은 앞서의 그림 9-8에서와 같이 어떤 온도에서 급격히 증가하는 특성을 갖고 있다. 낮은 온도에서는 일반저항과 같이 온도에 따라 크게 변

표 9-2 NTC 서미스터의 재료 분류

구분	화학 조성
spinel계열	Al_2O_3–CoO–$CaSiO_3$
	Al_2O_3–CoO–MnO–$CaSiO_3$
	Al_2O_3–NiO–CoO–$CaSiO_3$
	MgO–Cr_2O_3–MgO–Fe_2O_3
	MgO–Al_2O_3–Cr_2O_3–NiO
perovskite 계열	BaO–TiO_2–MgO–Fe_2O_3–Mn_2O_3
	PbO–TiO_2–MgO–Fe_2O_3–Mn_2O_3
ZrO 계열	ZrO–Y_2O_3, ZrO–CeO_3

하지 않지만 일정한 온도에 도달하면 아주 급격한 저항의 상승을 가져와 비저항이 1,000~10,000배 정도 증가하게 된다. 그 변화율은 매우 크며, 약 100℃ 근처에서의 온도계수가 30~60%/℃를 나타내며, 20~30℃의 온도차에서 그 저항값이 10^3~10^4배나 되는 것도 있다. Ba 대신에 Pb로 바꾸면 임계온도가 높아지고, Ba을 Sr으로 치환하든가 Ti의 일부를 Sn 또는 Zr으로 치환하면 임계온도가 낮아진다. PTC 서미스터의 특성에 따른 대표물질은 표 9-3과 같다.

기타 CTR 서미스터는 어떤 온도에서 급격하게 저항이 감소하는 특성을 갖는 센서이다. 산화 바나듐(VOx)계와 황화은계가 있으며, 6.3.1절에서 설명되었듯이 산화 바나듐계는 비냉각형 적외선 카메라에 응용되고 있다.

서미스터를 온도센서로 사용하려면 저항을 측정하는 회로가 필요하다. 이것은 소위 '제로부하저항'(zero-power resistance) 측정기법이 필요로 한다. 이것은 서미스터 내부를 흐르는 전류에 의해 온도가 상승하지 않도록 하는 방법이다. 자기가열에 의한 서미스터 내부에서의 온도 상승은 다음과 같다.

$$\triangle T_H = r\frac{N^2V^2}{S} \tag{9-17}$$

여기서 r은 열저항, V는 저항 측정을 위해 인가하는 직류전압, S는 온도 측정에 사용된 서미스터

표 9-3 PTC 서미스터의 재료별 역할

구성 요소	역할	대표 물질
주성분	PTC 소자의 모체 형성	$BaTiO_3$
반도체화 원소	원소가 제어에 의한 반도체화 실현	La, Y, Gd, Nb
임계온도 이동	스위칭 온도 이동	Pb, Sr, Sn, Zr
특성 개선	PTC 성능 개선	Mn
소결 촉진	소결촉진, 결정입경 제어	Al_2O_3, SiO_2, TiO_3
불순물	특성 및 신뢰성 저하	Fe, Cr, Mg, K

의 저항, N은 측정 사이클(예를 들어 $N=0.1$이라는 의미는 전압을 측정시간의 10% 동안만 인가한다는 의미)을 의미한다. 일반적인 직류 측정에서는 $N=1$이다. 그러므로 식 (9-17)에서 알 수 있듯이 제로부하저항 측정을 위해서는 서미스터의 저항이 높아야 하고, 열저항이 작고, 짧은 시간에 저전압으로 저항을 측정해야 한다. 일반적으로 자기가열에 의한 효과는 무시해도 될 만큼 작은 오차로 볼 수 있다.

9.1.3.4 반도체 pn 접합 센서

다이오드와 트랜지스터에서의 반도체 pn 접합은 온도에 따라 순방향 전압에서 전압값이 변하는 특성이 있다. 3.4절의 반도체 재료에 대한 설명에 온도에 따른 전류 특성이 설명되어 있다. pn 접합 다이오드의 전류-전압은 다음과 같이 주어진다.

$$I = I_0 e^{\frac{qV}{2kT}} \tag{9-18}$$

여기서 I_0는 포화전류(saturation current)이며, 이것이 온도의존성이 매우 높은 특성을 가지고 있다. 접합을 지나는 온도에 따른 전압은 다음과 같다.

$$V = \frac{E_g}{q} - \frac{2kT}{q}(\ln K - \ln I) \tag{9-19}$$

여기서 E_g는 0K에서 실리콘의 에너지갭이며, q는 전하량, K는 온도와 무관한 상수이다. 만약 접합이 정전류(constant current) 조건으로 동작한다면, 전압은 온도에 따라 선형적으로 변하며 그 기울기는 다음과 같으며, 그 결과는 그림 9-10과 같다.

$$b = \frac{dV}{dT} - \frac{2k}{q}(\ln K - \ln I) \tag{9-20}$$

일반적으로 실리콘 다이오드가 10 μA로 동작한다면, 위 식의 기울기는 약 −2.3 mV/℃이며, 1 mA에서는 −2.0 mV/℃가 된다. 따라서 어떠한 다이오드 또는 트랜지스터는 훌륭한 온도센서로 사용이

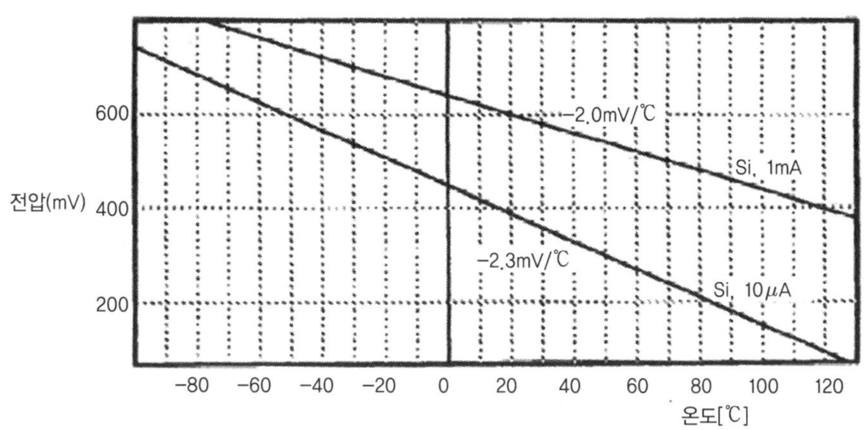

그림 9-10 정전압 반도체 pn Si 접합의 정전류 모드에서의 온도와 전압과 관계

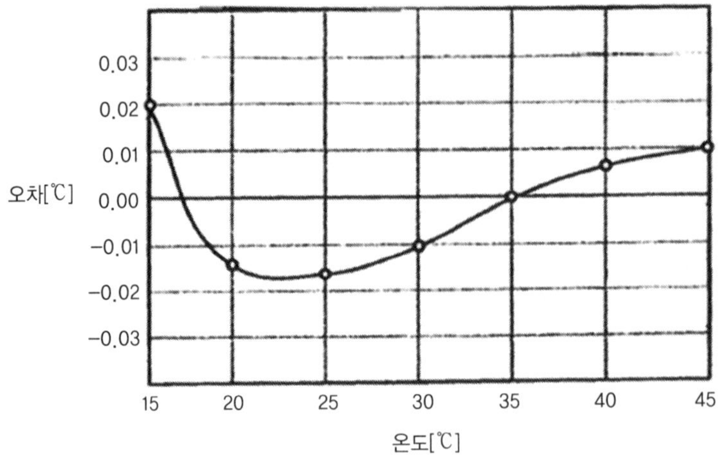

그림 9-11 실리콘 트랜지스터(PN100)의 온도에 따른 오차 수준

가능하다. 트랜지스터 온도센서는 가격이 매우 저렴하고 간단하기 때문에 여러 분야에서 사용되고 있다. 그림 9-11은 상용화된 PN100 실리콘 트랜지스터의 온도에 따른 오차범위를 나타내고 있다. 오차가 매우 작기 때문에 선형 보정이 굳이 필요없이 바로 사용이 가능하다.

9.1.4 열전(Thermoelectric) 온도센서

열전효과에 대한 물리적인 기본 개념에 대해서는 3.9절에 잘 설명되어 있다. 열전 접촉 센서는 열전대(thermocouple)를 의미하는 것으로 3.9절에서 설명한 제베크(Seebeck) 효과를 이용하여 넓은 범위 온도를 측정하기 위해 그림 9-12와 같이 두 종류의 금속을 접촉해서 만든 장치이다. 1821년 Thomas Johann Seebeck는 두 종류의 금속 A와 B를 접합하고, 양 접점에 온도를 달리 해주면 온도차에 비례하여 열기전력이 생긴다는 것을 발견했다. 한쪽 접촉점을 기준점으로 삼고 측정하고자 하는 부위에 다른 접촉점을 위치하면 기전력의 크기로 온도 차를 알 수 있으므로 기준점 온도와 비교하여 온도를 측정하게 된다.

금속재료에 따라 B, R, S, K, E, J, T형으로 부르며, 온도를 측정하고자 하는 범위에 따라 적절한 형의 열전대를 사용한다. 각각에 대한 특성은 표 9-4와 같다. 열전대는 여러 가지의 종류가 있지만

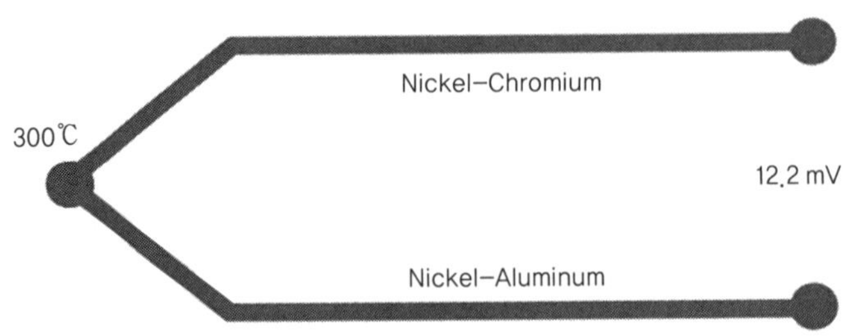

그림 9-12 열전대의 개념적인 형태

표 9-4 열전대의 종류 및 특징

분류	특징
B형	30% Pt/Rh(+) : 6% Pt/Rh(-), 870℃~1,700℃ 용융점 및 기계적 강도가 높고, 산화 및 중성 분위기에서 지속적으로 사용할 수 있으며, 다른 백금 및 로듐 열전대보다 환원 분위기에서 장시간 사용이 가능하며, 특히 정밀 측정 및 고온 하에 내구성을 요구하는 용도에 적합
R형	13% Pt/Rh(+) : Pt(-), 0~1,480℃ 산화 및 비활성 분위기 내에서 지속적으로 사용 가능하나, 진공, 환원 또는 금속증기 분위기 내에서는 사용이 불가능
S형	10% Pt/Rh(+) : Pt(-), 0~1,600℃ 1886년 LeChatelier에 의해 처음으로 개발된 열전대로 안티몬의 녹는점인 630.755℃와 금의 녹는점인 1,064.43℃ 사이의 표준 열전대로 널리 사용
K형	10% Ni/Cr(+) : 5% Ni/Al/Si(-), -200℃~1,260℃ 오늘날 산업용 열전대로 가장 많이 사용되고 있으며, 산화와 환원이 있는 부식성 분위기에서는 사용할 수 없음
E형	10% Ni/Cr(+) : Constantan(-), -200℃~900℃ 산업용 열전대 중 기전력 특성이 가장 높으며, 화력 및 원자력 발전소 등에서 주로 사용
J형	Fe(+) : Constantan(-), 0~760℃ E형 다음으로 기전력 특성이 높고, 750℃까지 환원, 비활성, 산화 또는 진공 분위기에 추천되며, 저렴한 가격으로 다양한 곳에서 사용되고 있으나, 538℃ 이상의 유황 분위기에서는 사용할 수 없음
T형	Cu(+) : Constantan(-), -200℃~350℃ 습한 분위기에서 부식에 강하며, 0℃ 근처인 온도 측정에 적합하고, 기전력 특성이 안정되고 정확하기 때문에 실험용으로 폭넓게 사용
N형	89%Ni/14.2%Cr/1.4%Si(+) : 95.5%Ni/4.4%Si/0.1%Mg(-), 0~1,300℃ 호주 국방성의 재료연구 실험실에서 처음으로 개발, 600℃~1,250℃의 온도범위에서 사용시 K형 열전대보다 안정되고 산화에 우수한 저항력을 갖고 있음

사용장소 및 용도에 따라서 적정한 것을 선정하는 것이 중요하다. 온도를 정확하게 측정하기 위해서는 열전대의 내열, 내식, 내진성 등을 고려한 보호관 등의 선정과 구조 및 취부 방법 등에 유의해야 한다. 이러한 열전대 종류별 온도에 따른 기전력의 특성은 그림 9-13과 같다.

9.1.5 부피팽창 온도센서

온도에 따른 부피팽창을 이용한 온도센서에는 바이메탈과 액체온도계 두 종류가 있다. 바이메탈은 열팽창 계수가 다른 두 종류의 얇은 금속판을 포개어 붙여 한 장으로 만든 막대 형태의 부품으로 열을 가했을 때 휘는 성질을 이용하여 온도를 측정하는 원리이다. 열팽창이 작은 금속으로 니켈(Ni)과 철(Fe)의 합금이 사용되며, 팽창이 잘 되는 금속은 니켈·망간·철의 합금, 니켈·몰리브덴·철의 합금, 니켈·망간·구리의 합금 등 여러 가지를 사용한다. 바이메탈은 온도에 따른 스위치 역할을 하는 곳에 주로 많이 사용하며, 나선형 바이메탈을 이용하여 온도측정용으로 사용한다. 바이메탈 온도계 내부의 개념도는 그림 9-14와 같다.

액체온도계는 온도에 따른 액체의 부피로부터 온도를 측정하는 방식이다. 수은 온도계는 체온과 실내온도 측정용으로 많이 사용되고 있으며, 특히 상온 부근에서는 약 0.02℃ 정도의 정확성을 가지

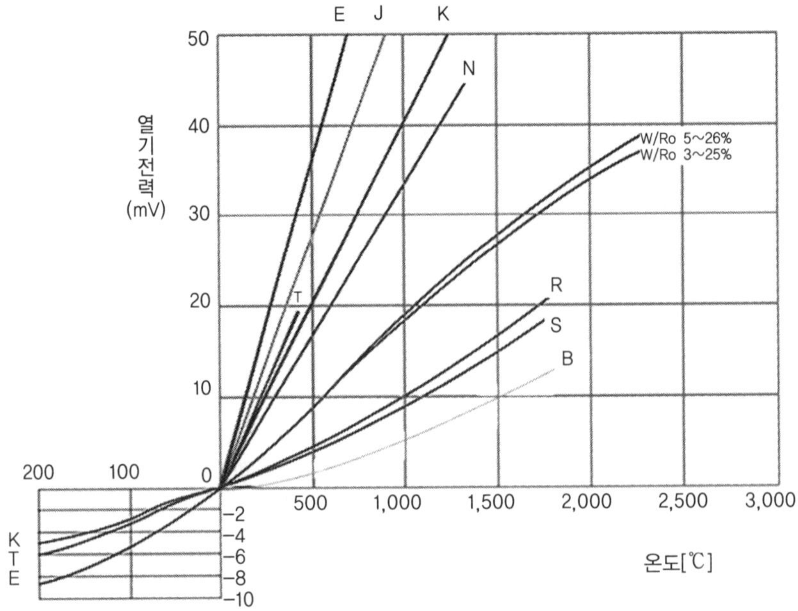

그림 9-13 열전대 종류별 기전력의 온도 특성

고 있다. 에틸알코올 온도계는 쉽게 볼 수 있도록 빨간색을 착색한 것으로, 에틸알코올의 끓는점이 78.3℃이므로 고온 측정에는 적합하지 않다. 그러나 저온 측정 범위는 수은 온도계보다 넓어 -100℃까지 측정이 가능하다.

9.1.6 광섬유 온도센서

기존의 열저항 방식이나 열전도 방식과 같은 전기적인 온도센서는 부분적인 온도 측정만이 가능

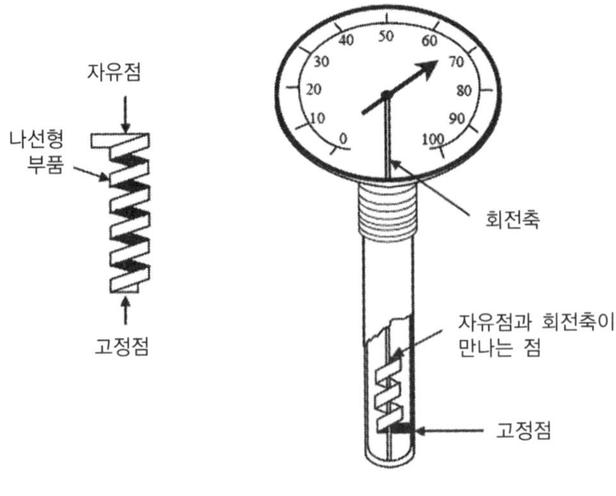

그림 9-14 바이메탈 온도센서의 개념도

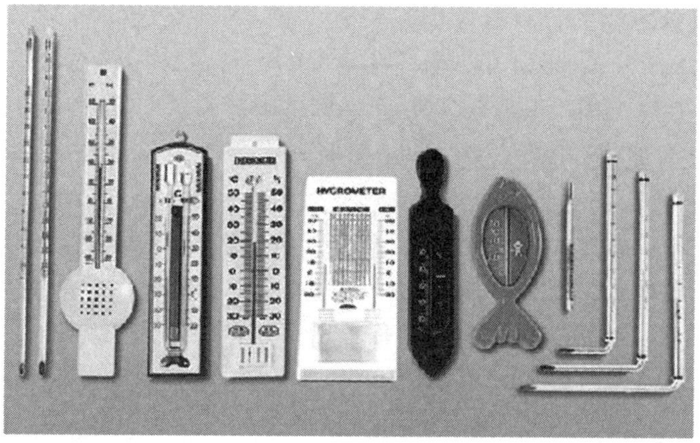

그림 9-15 다양한 형태의 수은 및 알코올 온도계

하여 넓은 지역의 온도를 측정하기에는 부적합하다. 이에 반해 광섬유 방식의 온도센서는 전자기적인 잡음에 영향을 받지 않고 광범위한 지역의 온도를 정밀하게 측정할 수 있으며, 한 가닥의 광섬유만을 사용하기 때문에 경량 및 소형 시스템을 구현할 수 있는 장점이 있다. 또한, 광섬유를 이용한 센서는 대부분의 물리량을 측정할 수 있고 측정대상 및 활용 범위에 따라 광의 세기, 위상, 산란, 흡수 등 빛의 성질을 이용하여 외부의 변화량을 측정하고 계산할 수 있다.

광섬유의 여러 가지 특성 중에서 라만 효과(Raman effect)는 강한 온도 종속성을 가지고 있으며 온도에 따라 특성이 변한다. 이러한 온도 측정기술은 영국의 Southampton 대학에서 1980년을 시작으로 발전되었다. 광섬유센서 케이블에 매우 폭이 좁은 레이저를 입사하면 대부분의 레이저는 직진하고 극히 일부분이 산란된다. 이러한 산란파에는 그림 9-16과 같이 Rayleigh 산란, Raman 산란, Brillouin 산란 등 세 가지 종류가 있다. 산란파 중 가장 큰 진폭을 갖는 Rayleigh 산란은 입사되는 파장과 산란되는 파장이 동일하며, 대체로 광케이블의 손실이나 케이블의 단락된 위치를 찾는데 활

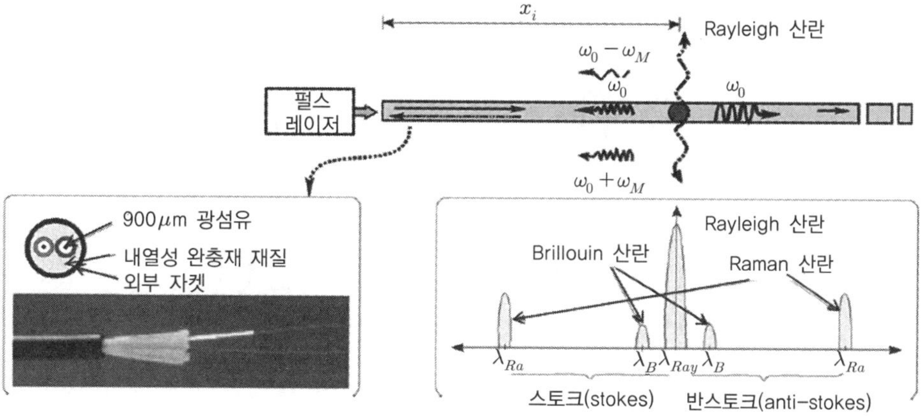

그림 9-16 광섬유센서 기술의 기본 원리

용된다. Raman 산란은 바로 케이블 주위의 온도와 유관하게 반응하며, 그 산란파는 입사 파장보다 그 파장이 작은 스토크(stokes) 영역과 입사된 파장보다 그 파장이 큰 반스토크(anti-stokes) 영역으로 나누어진다. 스토크 영역의 Raman 산란은 온도 변화에 따라 거의 변화가 없으나, 반스토크 영역의 산란은 온도 변화에 따라 그 진폭이 민감하게 반응한다. 따라서 온도측정은 바로 스토크 영역 및 반스토크 영역의 Raman 산란 세기를 분석하여 계산할 수 있다[127].

Brillouin 산란은 Raman 산란과 마찬가지로 입사된 파장과 다른 두 개의 파장(스토크 영역 및 반스토크 영역)으로 산란되나, 그 파장의 변화는 Raman 산란에 비하여 대단히 작아 Rayleigh 산란파와 인접되어 나타난다. 그리고 Brillouin 산란은 케이블 주위의 온도 변화와 변형률 변화에 따라 반응한다. 그림 9-17은 온도 및 변형률 변화에 따른 Brillouin 산란파의 변화를 나타내고 있다. 즉, 변형률의 변화없이 온도만 변하는 경우 Brillouin 산란파의 파장 변화는 극히 미소하게 변하지만 조도(또는 진폭)는 큰 변화를 나타내므로, 온도의 변화없이 변형률만 변하는 경우에는 조도의 변화는 대단히 작지만 주파수(또는 파장)의 변화가 크게 나타난다. 따라서 다양한 온도 및 변형률 변화에 따른 Brillouin 산란의 조도 및 주파수 변화 실험을 통해 각 계수를 산정하고 이를 이용하여 Brillouin 산란의 계측치인 조도 및 주파수 변화로부터 온도 및 변형률을 산출할 수 있다.

광섬유센서 케이블에 의한 온도 측정의 근본원리는 연속적으로 역산란되는 신호를 대상으로 하기 때문에 입사되는 레이저 파의 지속시간(duration time)이 최소 측정간격으로 간주된다. 이러한 측정법을 분산온도측정법(Distributed Temperature Sensing, DTS)이라고 하며, 그 기본적인 측정원리는 그림 9-18과 같으며, 현재 기술 수준에서 측정점 간격은 0.5 m이다. DTS 측정기법은 Raman 역산란파를 측정하여 분석한 결과를 이용하기 때문에 온도측정 분해능은 측정거리, 측정시간, 측정점 간격 선정에 따라 달라진다. 즉, 광케이블의 길이가 길어질수록 분해능이 떨어지고, 측정시간이 길어질수록 분해능이 좋아진다. 예를 들면, 케이블 길이가 20 km일 때 측정시간이 1분이면 분해능은 약 1.13℃ 정도이며, 측정시간이 10분이면 분해능은 약 0.35℃로 좋아진다.

이와 같이 광섬유를 이용한 온도센서는 넓은 지역을 동시에 측정할 수 있는 장점이 있기 때문에 LNG 터미널의 저장 설비의 누수 모니터링이 가능하며, 전력선 케이블에 광케이블을 같이 포설하여

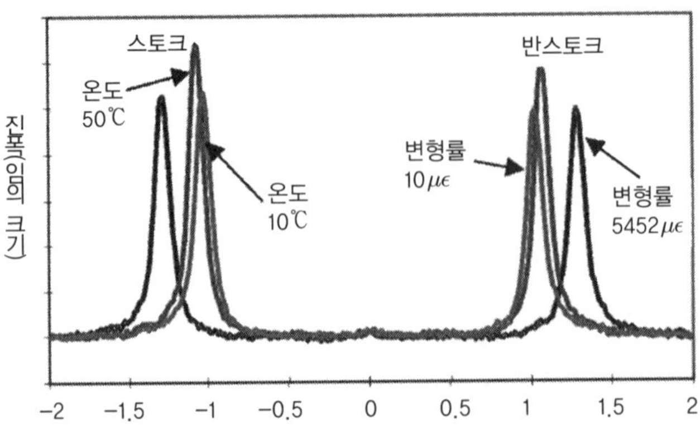

그림 9-17 온도 및 변형률에 따른 Brillouin 산란의 조도 및 주파수 변화

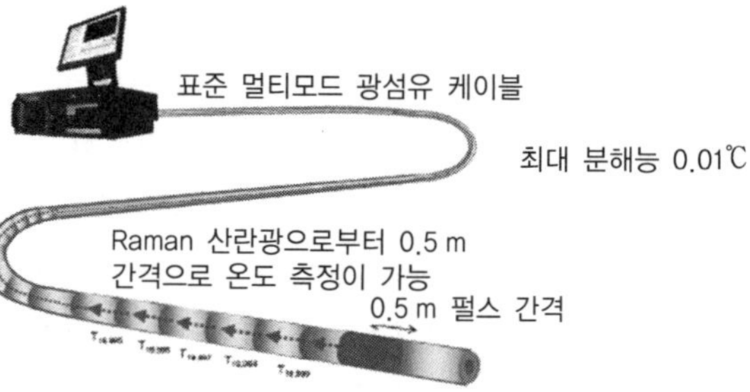

그림 9-18 DTS 측정기법의 기본 원리

전력선 케이블의 이상유무를 실시간 모니터링을 할 수 있다. 또한, 지하 공동구나 터미널 등에 화재 감시용으로 사용이 가능하며, 동절기에 차도나 보도에도 설치하여 이상온도를 감시하여 교통사고를 사전에 방지할 수 있다. 또한, 엄격한 온도 제어가 필요한 창고 내 전역의 온도 변화를 감지 및 경보 출력이 가능하다.

9.2 습도센서 원리

9.2.1 습도센서의 물리적 개념

공기 주위에 있는 수분의 양은 인간과 동물들의 건강에 매우 중요한 요소이다. 주위 환경이 인체에 영향을 주는 안락함의 정도는 주로 두 가지 중요한 요인이 있는데, 하나는 온도이고 다른 하나는 상대습도이다. 시베리아에서 겨울철 온도는 -30℃ 정도이고 공기는 매우 건조하지만 안락함을 느낀다. 반면, Erie 호수 근처인 Cleveland는 0℃ 정도의 온도에서 상당량의 수분을 포함하고 있어 매우 불편하다고 느끼게 된다. 또한, 습도는 정밀 전기회로와 정전기에 민감한 장비들에도 주요한 영향을 미친다.

습도는 여러 가지 방법으로 표현이 가능하다. 가스 내의 수분은 가스의 백만 입방체당 수분의 파운드로 표시하고, 액체나 고체 내의 수분은 총 질량당 물의 함량으로 표시한다. 만약 액체 내에 낮은 수분 함량이 있는 경우는 백만 질량당 함량을 의미하는 ppm 단위로 표시하기도 한다. 수분을 뜻하는 영어에는 두 가지가 있는데, 하나는 'moisture'이고 다른 하나는 'humidity'이다. 두 가지 모두 우리말로는 '수분'으로 번역되어 둘 사이에 구분이 없으나, 영어에서는 두 가지를 다음과 같이 구분해서 사용한다. 'moisture'는 액체와 고체 물질이 함유하고 있는 물의 양을 의미하며, 'humidity'는 기체 내에 포함된 물의 양을 의미한다. 우리말로 번역하면 일부 혼돈이 생길 수도 있으나, 이 책에서는 이를 구분하기 위해 'moisture'는 '수분'으로 번역하고, 'humidity'는 '습도'로 구분해서 번역을 하였다. 습도 또는 수분과 관련된 용어에 대한 정의를 하면 다음과 같다.

① 수분(moisture) : 액체나 고체의 화학적 특성의 변화없이 단순히 흡착 또는 흡수에 의해 포함된 물의 양을 의미한다.

② 혼합률(mixing ratio) : 건조한 가스의 단위질량당 수증기의 질량

③ 절대습도(absolute humidity) : 가스의 단위 체적 v당 함유된 수증기의 질량 m이며, 수식적으로는 $d_w = m/v$으로 표시한다. 이것을 달리 표현하면 절대습도는 수증기 함량의 밀도를 의미한다. 절대습도는 입방체 미터당 그램의 단위 또는 입방체 피트당 파운드를 사용한다. 이 값은 대기압에 따라 변하기 때문에 공학적인 분야에서는 잘 사용하지 않는다.

④ 상대습도(relative humidity, RH) : 임의의 온도에서 공기의 실제 증기압의 비율대 동일한 온도에서 포화된 최대 증기압으로 정의되며, 단위는 %의 단위를 사용한다. 이를 수식적으로 표현하면 다음과 같다. 여기서 P_w는 수증기의 부분압력이며, P_s는 주어진 온도에서 포화된 수증기의 압력이다.

$$RH = 100\frac{P_w}{P_s} \tag{9-21}$$

또 다른 표현으로 공간 내에 수증기의 몰(mole)양과 포화된 수증기의 몰양의 비율로 상대습도를 정의하는 방법이 있다. 측정하고자 하는 공기가 대기압 상태에 노출된 상태라고 하면, 앞서의 P_w에 건조한 공기의 부분압 P_a의 합은 대기압 P_{atm}과 같다.

$$P_w + P_a = P_{atm} \tag{9-22}$$

끓는점 이상의 온도에서는 수압이 폐공간 내에서 모든 다른 가스의 압력을 대체하게 되어 위 식에서 대기압은 수분의 증기압과 동일하게 된다. 즉, $P_w = P_{atm}$이 된다. 100℃ 이상의 온도에서 식 (9-21)에서 상대습도는 절대 100%를 넘을 수 없기 때문에 P_s는 항상 P_{atm}보다 큰 값을 가지고 있다. 그러므로 일반적인 대기압 하에서 100℃ 온도에서의 상대습도는 100%가 되고, 반면 200℃에서는 오직 6%가 된다.

⑤ 이슬점 온도(dewpoint temperature) : 수증기의 압력이 최대가 되거나 또는 포화된 증기 상태일 때의 온도로 정의한다. 다른 표현으로 가스-수증기의 혼합물이 일정 압력하에서 냉각을 시킬 때 성에 또는 얼음이 생성되는 온도로 정의한다. 즉, 이슬점은 상대습도가 100%인 온도를 의미한다. 온도를 이슬점까지 낮추게 되면, 공기는 포화되어 안개, 이슬, 또는 성에가 생긴다. 상대습도와 온도로부터 이슬점 온도(T_d)는 다음과 같은 수식에서 계산할 수 있다. 모든 온도 단위는 섭씨단위이다.

$$T_d = \frac{b \cdot r(T,\ RH)}{a - r(T,\ RH)} \tag{9-23}$$

$$r(T,\ RH) = \frac{a \cdot T}{b + T} + \ln\left(\frac{RH}{100}\right) \tag{9-24}$$

$$a = 17.271,\ \ b = 237.7℃ \tag{9-25}$$

습도센서를 보정하기 위해서는 온도와 마찬가지로 습도에 대한 표준이 필요하다. 직관적으로 이런 표준은 건조한 공기(0% 습도)와 수분이 함유된 스팀공기(100% 습도)를 이용해서 이를 알고 있는 비율로 혼합되면 된다. 그러나 이런 방법보다는 일반적으로 물속에 포화된 소금 용액

표 9-5 소금 용액의 종류에 따른 표준 상대습도

온도(℃)	$LiCl + H_2O$	$MgCl + 6H_2O$	$NaCl + 6H_2O$	K_2SO_4
5	13	33.6±0.3	75.7±0.3	98.5±0.9
15	12	33.3±0.2	76.6±0.2	97.9±0.6
25	11.3±0.3	32.8±0.3	75.3±0.1	97.3±0.5
35	11.3±0.2	32.1±0.1	74.9±0.1	96.7±0.4
45	11.2±0.2	31.1±0.1	74.5±0.2	96.1±0.4
55	11.0±0.2	29.9±0.2	74.5±0.9	–

을 가장 많이 사용한다. 포화된 용액이 있는 그릇을 대기압과 분리된 공간에 위치시키고, 온도를 조절하면 매우 정밀한 상대습도 값을 얻을 수 있다. 공간의 온도를 0.5℃ 정도의 정밀도를 유지한다면 상대습도는 ±2% 내의 정밀도로 측정이 가능하다. 용액의 종류와 온도에 따른 상대습도는 표 9-5와 같다.

습도측정의 원리는 물분자나 수증기가 가지는 고유한 물리적 성질을 이용하는 것과 흡습성 물질에 물분자가 흡착되어 그 물질의 물리적 성질의 변화를 측정하는 방법이 있다. 노점습도계, 건습구습도계, 확산식습도계, 적외선습도계 등이 전자에 속하고, 모발습도계, 박막 또는 후막 습도계, 색습도계 등이 후자에 속한다. 습도측정 방법에 따른 분류는 표 9-6과 같다[129].

표 9-6 습도측정 방법의 분류

대분류	중분류	측정방법	측정원리
직접 측정	포화에 의한 방법	노점습도계	노점의 측정
		연화리튬노점습도계	변이점 온도 측정
	흡수에 의한 방법	부피식습도계	수증기 부피의 측정
		전기분해식 습도계	흡수된 물의 전해전류 측정
		중량식 습도계	흡착체의 무게변화 측정
	증발에 의한 방법	건습구 습도계	증발에 의한 냉각의 측정
간접 측정	수분흡착에 의한 방법	모발습도계	모발의 길이변화 측정
		탄소피막 습도계	전기전도도의 변화 측정
		전기식 습도계	표면전도도의 변화 측정
		전기용량식 습도계	유전상수의 변화 측정
		색습도계	변색의 측정
	분광학적 방법	근적외선 습도계	근적외선 흡수의 측정
		마이크로파 습도계	유전성의 측정
	기타 방법	확산식 습도계	확산속도 차에 의한 압력차
		방전식 습도계	이온화 전위의 변화측정

9.2.2 모발 습도센서의 원리

흡수성 물질의 수축이나 팽창을 이용하여 습도를 측정하는 방법을 역학적 습도계라고 하며, 특히 모발은 습도에 따라서 신축성이 우수하여 오랫동안 사용되고 있는 습도계 중 하나이다. 사용되는 모발은 탈지를 한 후 감습특성을 향상시키기 위하여 압연처리하고 화학처리하여 사용한다. 모발의 성질 중 가장 중요한 것은 습도에 따라 신축하는 관계인데, 사람의 모발은 상대습도 0% RH에서 100% RH까지 변할 때, 0% RH보다 약 2.5% 길이가 늘어난다.

모발의 신축과 상대습도와의 관계는 1845년쯤 Regnault의 구체적 실험을 통하여 밝혔는데, 상대습도가 0% RH일 때 모발의 길이를 일정하다고 보고 공기 중에 방치하면 상대습도에 따라 일정한 값을 가진다. 또한, 모발습도계가 20% RH 이하의 습도에서는 정확한 측정이 어려우며, 이러한 신축특성은 온도에 의존한다는 것을 발표했다. 이러한 내용을 기반으로 하여 만든 모발습도계의 원리는 그림 9-19와 같다. 습도가 높으면 모발의 길이가 늘어나고, 습도가 낮으면 모발의 길이가 줄어드는 원리를 이용한 것이다. 이런 장치를 이용해서 상대습도 100% RH일 때 늘어난 길이를 100으로 하면 상관관계는 표 9-7과 같다.

9.2.3 정전용량식 습도센서의 원리

공기로 채워진 커패시터는 상대 습도센서로 사용이 가능한데, 공기 중에 있는 수분과 전기적인 유전상수(κ)의 관계식은 다음과 같다.

$$\kappa = 1 + \frac{211}{T}\left(P + \frac{48P_s}{T}RH\right)10^{-6} \tag{9-26}$$

여기서 T는 Kelvin 단위의 온도, P는 mmHg 단위의 수분이 함유된 공기의 압력, P_s는 온도 T와

표 9-7 습도에 대한 모발의 신장률(%)

습도(%)	100	80	60	40	20	10	0
신장률(%)	100	90.5	79.2	63.7	38.8	20.9	0

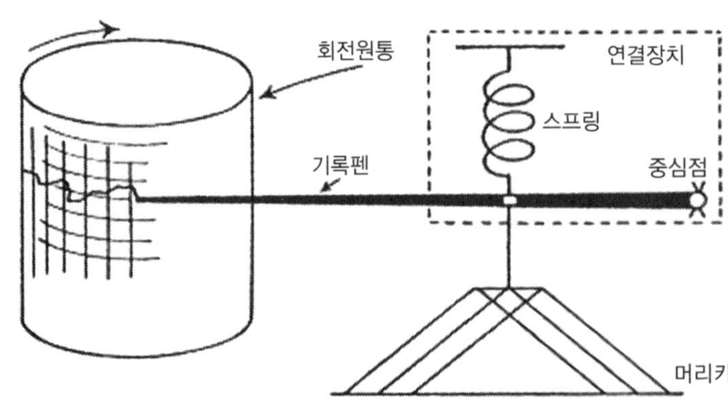

그림 9-19 모발습도계의 동작원리

압력 P하에서 포화된 물과 수증기의 압력, RH는 % 단위의 상대습도이다. 그리고 식 (9-26)에서 유전율과 상대습도는 서로 비례관계에 있다. 만약 공기 대신에 커패시터의 충전판을 수분에 매우 잘 반응하는 유전물질로 대체를 해도 동일한 효과를 얻을 수 있다. 이 센서의 통상적인 정확도는 0~90% RH 범위에서 ±2% RH이고, 90~100% RH 범위에서는 ±3% RH이다.

CMOS 공정으로 제조된 정전용량 습도센서의 단면도 및 앞에서 본 그림은 그림 9-20과 같다. Si 기판을 이용해서 전극판 사이에 유전체로 divinyl siloxane benzocyclobutene(BCB) 박막을 사용한 예이다. 이 소자는 반응속도가 약 650 ms 정도이며, 최소 측정시간은 400 ms이며, 한 번 측정 후 수초 만에 수분이 빠져 나간 원래 상태로 돌아올 수 있어 의학용으로 많이 사용되고 있다. 그리고

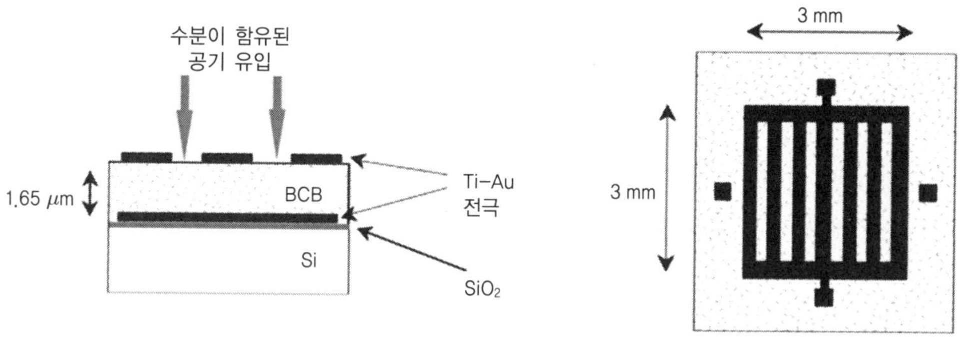

(a) CMOS 공정으로 제작된 습도센서의 단면도 (b) 위에서 본 그림

그림 9-20 CMOS 정전용량 습도센서의 구성

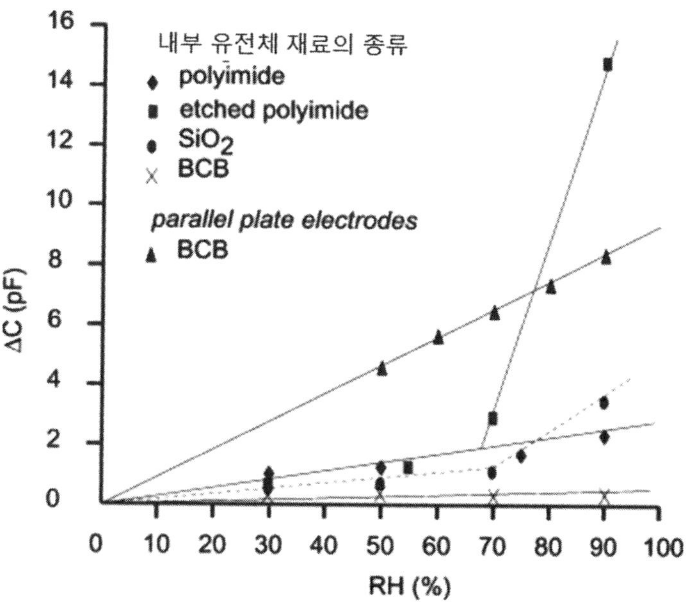

그림 9-21 유전체 종류별 상대습도에 따른 정전용량 변화

유전체 종류에 따라 상대습도에 따른 정전용량 변화는 그림 9-21과 같다.

9.2.4 전기저항식 습도센서의 원리

물질에 따라서 수증기를 흡수하면 전기저항이 변하는 것이 있는데, 이러한 물질의 전기저항 변화를 이용한 것이 전기저항식 습도센서이다. 저항과 상대습도와의 관계는 실험으로 결정되며, 이 결과로 저항을 측정하여 상대습도를 얻을 수 있다.

전기저항식 습도센서는 1927년 Bridge와 Alexander가 전극 사이에 순면이 촘촘히 쌓여 있을 때 전기저항이 상대습도에 따라 변하는 것을 이용하여 전기식 습도계를 만든 것이 계기가 되어, 1935년에 F. W. Dunmore가 염화리튬(LiCl)을 이용하여 습도계를 만든 후부터 다방면에 응용되고 있는 센서이다.

순수한 물은 전기적으로 절연체이나 실제로 공기 중 물은 어느 정도의 전해질 수용액 상태이므로 전기적으로 도체의 성질을 가지고 있다. 목면 등은 흡수성이 매우 강하며 이러한 흡수성은 일정한 온도에서 상대습도가 높을 때 수분흡수가 크게 일어나는데, 이때 전기저항은 감소하게 되고 이러한 성질은 약간의 온도 의존성을 가지고 있다.

상대습도에 따른 저항변화의 측정은 직류로는 분극작용 때문에 정확하게 측정할 수 없고 반드시 교류로 측정해야 한다. 전기저항식 습도센서로 습도 측정을 할 때 센서 부분이 측정 기체와 평형상태를 이룬 후에 측정해야 하며, 온도와 습도가 변하는 상태에서는 정확한 측정을 할 수 없다. 대표적인 전기저항식 습도센서의 내부 구조와 전기저항 변화는 그림 9-22와 같다. 감습재는 주위의 수분을 흡수하는 재료로 만드는데, 보통 도전성 고분자를 사용한다. Dunmore는 염화리튬을 사용하였고, 최근에는 물을 잘 흡수하는 산화알루미늄(Al_2O_3) 재료를 많이 사용한다. 그리고 습도에 따라 저항은 줄어드는 특성이 있다. 전기저항형 습도센서는 1 kHz에서 사용할 때 임피던스는 10 MΩ에서 100 Ω까지 변하며, 이 경우 습도는 0~90%까지 측정이 가능하다.

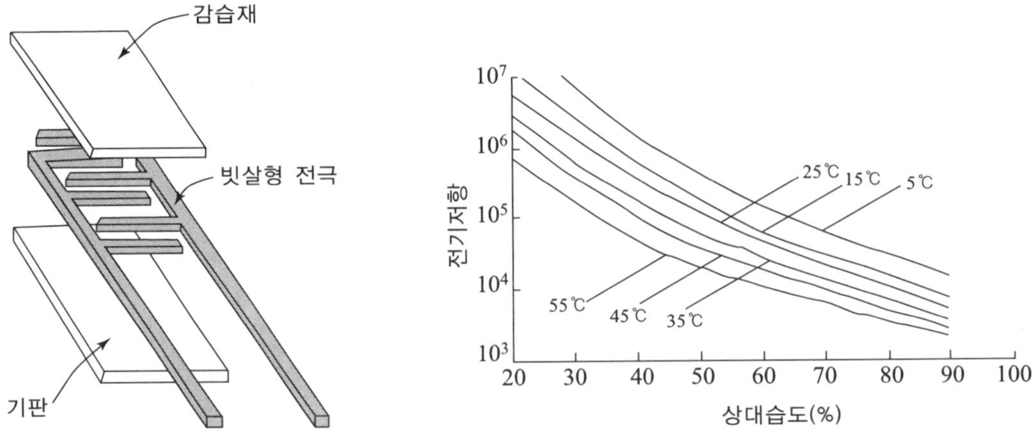

(a) 전기저항형 습도센서의 내부 구조 (b) 상대습도에 따른 전기저항의 변화

그림 9-22 전기저항식 습도센서의 내부 구조 및 상대습도에 따른 전기저항 변화

9.2.5 열전도식 습도센서의 원리

이 방법은 주로 고온에서의 절대습도를 측정하기 위해 사용하는 센서이며, 열전도도를 이용한 습도를 측정하기 위해서는 서미스터에 기반을 둔 센서를 사용해야 한다. 이 센서는 그림 9-23과 같이 두 개의 서미스터를 사용한다. 하나의 센서는 대기 중에 노출되어 있으며, 다른 하나는 건조한 공기 중에 설치되어 있는데, 일반적으로 건조된 질소가스를 주로 사용한다. 두 개의 서미스터는 저항이 다른 브릿지 회로에 연결되어 있다.

전류를 서미스터에 흘리면, 자기가열(self heating)에 의해 서미스터의 온도가 약 200℃까지 상승한다. 질소가스에 봉합된 서미스터 쪽이 수분을 함유하고 있는 대기 중에 노출된 서미스터보다 훨씬 더 빨리 열적손실이 발생한다. 그 이유는 수분을 함유한 공기와 건조한 질소가스의 열전도도 차이 때문이다. 열손실로 인해 서로 다른 온도를 나타내게 되고, 서미스터의 온도차에 의한 저항의 차이로부터 출력값이 0~13 mV까지 나오게 되는데, 이로부터 절대습도를 계산할 수 있다. 그 결과는 그

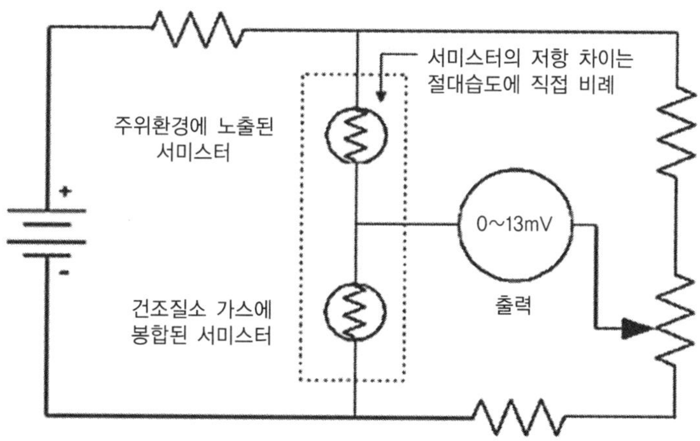

그림 9-23 열전도도 습도센서의 절대습도 측정원리

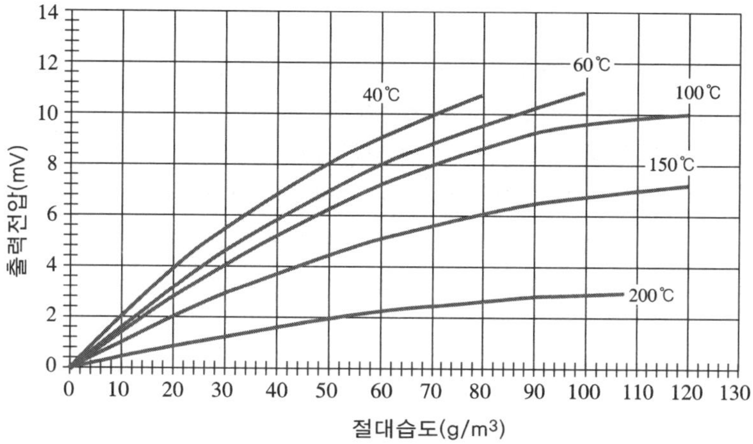

그림 9-24 열전도도 습도센서의 습도에 따른 출력 전압 특성

림 9-24와 같다.

일반적으로 절대습도센서는 앞서의 정전용량과 전기전도도 센서에 비해 170℃ 이상의 온도에서 보다 높은 정밀도를 제공하며, 일반적인 정밀도는 ±3 g/m^{3}인데, 이것을 상대습도로 환산하면 대략 40℃에서는 ±5% RH 정밀도, 100℃에서는 ±0.5% RH 정밀도를 제공한다.

9.3 힘, 스트레인, 접촉센서 원리

9.3.1 힘의 물리적인 특성

운동학(kinematics)은 물체의 운동과 위치에 대한 정보를 제공하는 반면, 역학(dynamics)은 운동의 원인이 무엇인지에 대한 답을 제공해 준다. 그리고 고전역학(classical mechanics)은 빛의 속도보다 작은 속도로 움직이는 물체를 다루고 있다. 광자, 원자, 그리고 전자와 같이 움직이는 입자들은 상대성 이론과 양자역학적으로 설명이 가능하다. 고전역학에서 다루는 일반적인 질문은 다음과 같은 것이다. "처음에 질량, 전하량, 분극, 위치 등의 정보를 주고, 알고 있는 질량, 전하량, 속도 등을 갖고 있는 물체와 상호작용하면 물체들은 어떤 운동을 할까?" 즉, 고전역학에서는 거시적 물체에 대한 상호작용을 다루는 학문이다. 이러한 운동을 수학적 모델을 만든 사람이 Galileo가 죽던 해에 태어난 Issac Newton(1642~1727)이다. 그는 Galileo의 아이디어를 더욱 발전시켜서 다음과 같은 그의 첫 번째 운동법칙을 발표하였다. "모든 물체는 외부에서 힘이 가하지 않으면 정지해 있거나 등속 직선 운동을 한다." 이 법칙을 관성의 법칙이라고도 한다. 이것을 달리 표현하면 다음과 같다. "만약 물체에 어떠한 힘도 주어지지 않으면, 그 물체의 가속도는 제로이다."

힘이 자유롭게 움직일 수 있는 물체에 가해지면, 힘의 방향으로 가속이 생성된다. Newton은 물체의 가속도는 다음과 같이 주어진 힘에 비례하고 질량에 반비례한다는 사실을 발견하였다.

$$a = \frac{F}{m} \tag{9-27}$$

이 방정식은 Newton의 운동 제2법칙으로 알려져 있으며, 운동 제1법칙은 운동 제2법칙의 특수한 경우로서 $F=0$이면 가속도는 $a=0$이다. Newton의 운동 제2법칙은 역학적인 단위를 계산하는 데 사용된다. 즉, SI단위계에서 질량(kg), 길이(m), 시간(s)는 표 2-1에서 정의한 기본 단위이며, 힘과 가속도는 Newton의 운동법칙으로부터 유도할 수 있다. 즉, 1 kg의 질량을 1 m/s^{2}의 가속도로 움직일 수 있는 힘으로 정의하며 이 단위를 Newton이라 하며, 기본 단위로 풀어쓰면 kg·m/s^{2}이 된다.

Newton의 제3법칙은 두 물체의 상호작용에 관한 법칙인 작용–반작용의 법칙이다. "모든 작용에는 항상 반작용이 존재한다. 그리고 두 물체의 상호작용은 항상 동일하며, 방향은 서로 반대방향이다." 공학적인 입장에서 보면 이 개념은 단위부피당 질량을 의미하는 물체의 밀도를 알기 위해서 사용된다. 밀도 ρ는 질량 m과 부피 V에 대해 다음과 같이 정의된다.

$$\rho = \frac{m}{V} \tag{9-28}$$

밀도의 단위는 kg/m^{3}이다. 힘의 SI단위는 물리학에서 기본물리량 중 하나이다. 힘을 측정하기 위해서는 물체의 무게를 재고, 인공장치를 디자인하는 등 역학과 토목학의 기술이 필요하다. 그러나 압력을 측정할 때에는 힘만 측정하면 된다. 고체와 같은 물체를 다룰 때 힘을 측정할 수 있고, 액체와 기체와 같은 유체를 다룰 때에는 압력을 측정할 수 있다. 즉, 힘이라고 하는 것은 한 점에 작용하는 행위라고 볼 수 있으며, 그 힘이 상대적으로 넓은 면에 퍼져 있을 때 측정되는 것이 압력이다.

따라서 힘 센서는 정성적인 것과 정량적인 것의 두 가지 부류로 나눌 수 있다. 정량적인 센서는 실제로 힘을 측정하고, 그 결과를 전기적인 신호로 나타내는 센서를 의미하며, 스트레인 게이지(strain gauge)와 로드셀(load cell) 등과 같은 것이다. 그리고 정성적인 센서는 힘의 값을 충실하게 잘 표현하는 것과는 관계없는 문턱 소자와 같은 것으로, 이들 소자는 단순히 충분히 강한 힘이 인가되었는지 아닌지만 나타낸다. 이러한 기능을 하는 센서의 예로는 컴퓨터 자판의 키를 충분한 힘 이상이 인가되었을 때에만 키의 접촉이 이루어지는 자판과 같은 것이다.

따라서 힘을 감지하는 다양한 방법은 다음과 같이 분류할 수 있다.

① 표준 질량을 가진 중력에 대해 미확인 힘과 비교분석
② 힘이 인가되었을 때, 질량을 알고 있는 물체의 가속도를 측정
③ 전자기적인 힘과 미확인 힘과 비교분석
④ 힘을 유체 압력으로 변환한 후 압력을 측정
⑤ 탄성체에 임의의 힘을 가하여 내부에 생성된 스트레인을 측정

오늘날 가장 많이 사용하는 방법은 ⑤번의 방법이고, ③과 ④는 가끔 사용하는 방법이다. 현재 사용 중인 대부분의 센서는 힘을 직접 전기적 신호로 바꾸는 것이 아니고, 중간 몇 단계를 거쳐 힘을 계산한다. 그러므로 많은 힘 센서는 조금 복잡한 구조로 되어 있다. 예를 들면, 힘 센서는 힘-변위 트랜스듀서와 위치 센서의 조합으로 만들 수 있다. 힘-변위 트랜스듀서는 간단한 코일 스프링이 필요하고, 압축된 변위는 다음과 같은 스프링의 탄성계수로부터 힘을 계산할 수 있다.

$$x = kF \tag{9-29}$$

또 다른 힘 센서로는 스프링과 압력센서로도 구성할 수 있다. 압력센서는 유체로 채워진 주름상자 모양의 벨로우즈(bellows)에 연결하고, 이 벨로우즈는 힘을 압력으로 변환하는 트랜스듀서 역할을 하는 것이다. 이로부터 힘을 측정한다.

9.3.2 스트레인 게이지 원리

스트레인은 힘이 물체에 가해졌을 때 물체에 변형이 일어난 것을 말한다. 스트레인 게이지는 1856년 Load Kelvin에 의해 발견된 센서이며, 저항성 탄성센서이다. 저항은 인가된 스트레인의 함수로 주어지며, 인가된 힘과 관련되어 있는데, 이러한 관계를 3.6절에서 설명한 압전효과(piezoelectric effect)라고 한다. 그리고 식 (3-57)의 게이지인자 S_e와 선형변수함수 e를 다시 쓰면 다음과 같다.

$$\frac{dR}{R} = S_e e \tag{9-30}$$

백금($S_e \approx 6$)을 제외한 대다수 물질은 $S_e \approx 2$ 정도이다. 2%를 초과하지 않는 저항의 조그만 변화에 대해 금속선의 저항은 다음과 같은 선형적인 식으로 근사할 수 있다.

표 9-8 대표적인 저항형 스트레인 게이지의 특성 비교

재료	57%Cu-43%Ni	백금합금	실리콘
게이지인자 S_e	2.0	4.0~6.0	-100 ~ 150
저항(Ω)	100	50	200
TCR(℃$^{-1}$ × 10^{-6})	10.8	2,160	90,000
비고	260℃ 이하에서 사용	고온에서 사용	높은 민감도, 큰 변형률 측정용

$$R = R_0(1+x) \tag{9-31}$$

여기서 R_0는 스트레스가 가해지지 않은 상태에서의 저항이고, $x = S_e e$ 이다. 그리고 대부분의 반도체 재료에 대한 관계식은 도핑의 농도에 따라 의존적이다. 대표적인 저항형 스트레인 게이지의 특성은 표 9-8과 같다.

실제 응용에서 사용되는 스트레인 게이지의 간단한 동작원리는 그림 9-25와 같다. 저항 측정을 위해 5 V 또는 12 V 전원을 인가하고, 전압은 mV 단위로 읽도록 되어 있다. 게이지를 로드셀에 접착제를 사용해서 붙여서 평상시는 그림 9-25(a)와 같이 있다가 그림 9-25(b)와 같이 장력이 발생하면 저항이 줄어들게 되고, 그림 9-25(c)와 같이 압축이 생기면 저항이 증가한다. 일반적으로 이러한

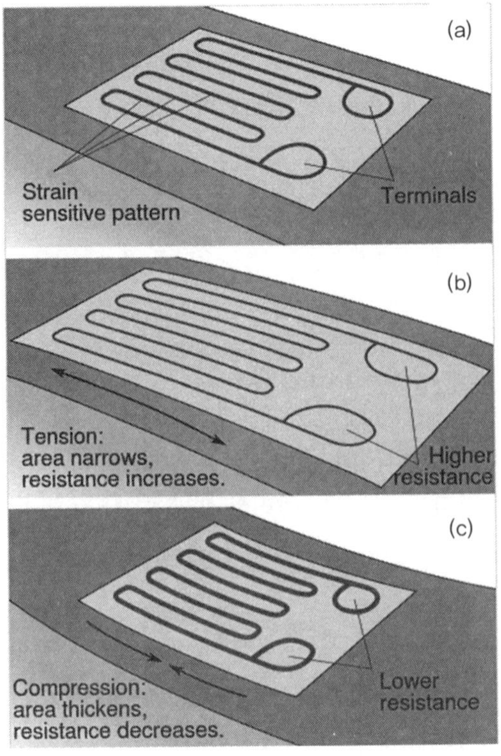

그림 9-25 저항형 스트레인 게이지 동작원리

게이지를 Wheatstone 브릿지 회로에 연결하여 사용한다.

9.3.3 접촉센서 원리

접촉센서는 다음과 같이 세 가지 그룹으로 나눌 수 있다.

① 터치센서 : 이 센서는 정의된 위치에 접촉하는 힘을 감지하고 측정하는 센서이다. 이 센서는 임계치를 감지하든가 또는 2진값을 감지하든가, 다른 말로 터치를 했는지 하지 않았는지를 감지한다.

② 공간센서 : 이 센서는 미리 정해진 감지영역에 수직으로 가해지는 힘의 공간 분포를 감지하고 측정하는 센서이다.

③ 미끄럼 센서 : 이 센서는 센서에 대해 상대적인 물체의 움직임을 감지하고 측정하는 센서이다. 물체의 움직임은 특별히 디자인된 미끄럼 센서를 통해 얻을 수 있으며, 또한 터치센서나 공간센서의 데이터를 분석해서 같은 결과를 얻을 수 있다.

일반적으로 접촉센서는 매우 작은 두께를 가진 힘 또는 압력을 변환하는 특별한 분류이다. 두 물체가 서로 인접해 있을 때 두 표면 사이에 힘 또는 압력이 가해지는 응용분야에 적용이 가능하다. 예를 들면, 터치센서나 키보드와 같이 물리적인 접촉을 감지하는 센서들이 이에 속한다. 생체인증분야 중 지문인식용의 센서로도 활용이 되고 있다. 접촉센서가 다양한 산업분야에 적용되기 위해서는 다음과 같은 특성이 요구된다.

① 터치센서는 센서 면적이 어떤 크기라 하더라도 이상적으로 한 점 접촉이어야 한다. 실제적으로 접촉면적이 1~2 mm^2 면적이면 사용이 가능하다.

② 터치센서의 민감도는 센서의 기본적인 물리적 특성에 의해 결정되는 몇 가지 변수들에 의해 조절이 가능해야 한다. 통상 0.4~10 N 범위 내의 민감도는 대부분의 산업용 응용분야에 적용이 가능하다.

③ 센서 최소 밴드폭은 100 Hz이어야 한다.

④ 센서 특성은 낮은 히스테리 특성으로 안정적이어야 하며 반복적인 사용이 가능해야 한다. 선형적인 반응은 선형근사 방법을 통해 어느 정도 극복이 가능하므로 반드시 선형적일 필요는 없다.

9.3.4 스위치 센서

가장 간단한 접촉센서는 "on-off" 기능의 센서이며, 이런 센서를 스위치 센서라고 한다. 그림 9-26과 같이 전도 특성을 가진 두 장의 얇은 판 사이에 스페이서를 삽입하고, 스페이서는 원 모양의 구멍(또는 다른 모양도 가능)이 뚫려있다. 한쪽 판은 접지되어 있고, 다른 한쪽은 멀티플렉스에 연결되어 있다. 멀티플렉스는 여러 개의 센서를 연결하는 데 사용된다. 외부에서 힘이 스페이서 사이에 있는 구멍으로 작용하게 되면, 위쪽 판과 아래쪽 판이 전기적인 접촉이 일어나게 되어 멀티플렉스에서 이를 감지하는 방식이다. 전도성의 얇은 판은 Mylar 또는 폴리프로필렌과 같은 뒷대기판(backing material) 위에 도전성질을 갖는 실크스크린 인쇄하여 만든다. 스페이스 사이의 구멍을 행

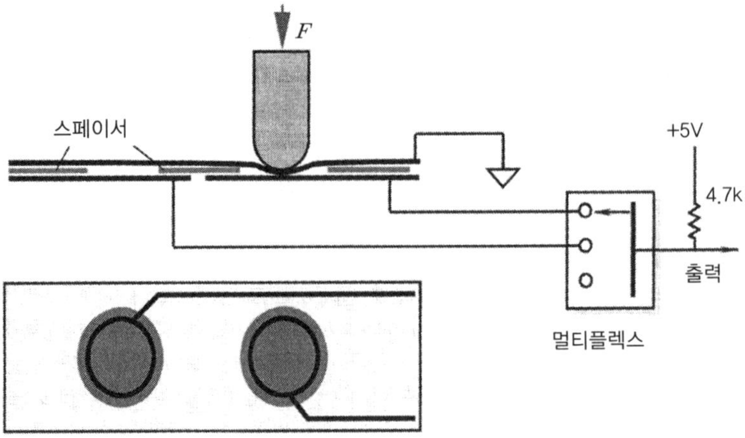

그림 9-26 멤브레인 구조의 스위치 센서 원리

과 열방향으로 이차원으로 배열해 제작한다. 센서의 특수한 부분을 누르면, 이에 해당하는 열과 행의 위치의 신호는 멀티플렉스를 통해 위치를 인식하게 된다[129].

9.3.5 압전 접촉센서

PVDF와 같은 압전체는 훌륭한 접촉센서로 사용이 가능하다. 압전체 필름을 사용하여 만든 능동형 초음파 커플링 터치센서의 개략도는 그림 9-27과 같다. 이 센서에는 3종류의 필름이 사용되는데, 위쪽과 아래쪽에는 압전 특성을 가지고 있는 PVDF 필름이고, 이 필름들 양쪽 사이에 있는 압축필름은 초음파 커플링용으로 사용된다. 이 센서의 민감도와 동작범위는 압축필름의 유연성에 의해 결정된다. 진동자의 AC 전압은 아래쪽 압전 필름에 인가된다. 이러한 자극 신호는 압축 필름에 전달

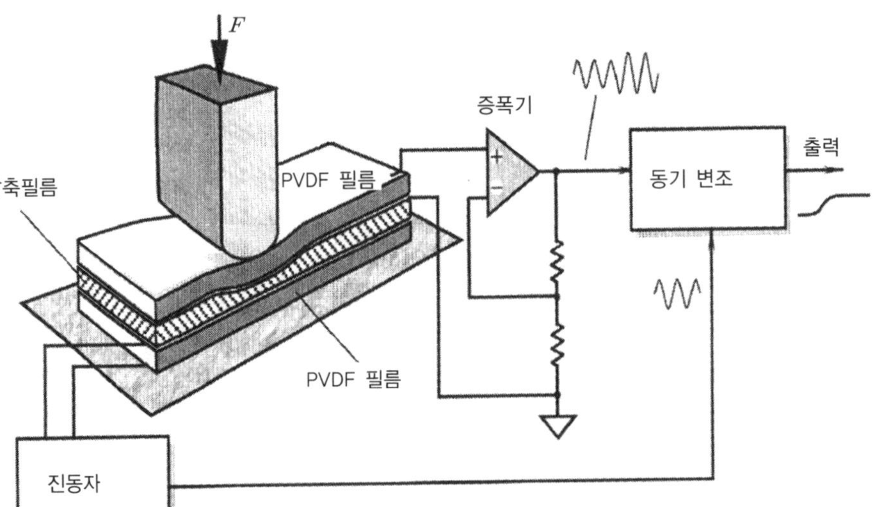

그림 9-27 능동형 압전 접촉센서의 동작원리

되어 필름의 기계적인 수축을 일으키게 하고, 계속해서 수신부 역할을 하는 위쪽 필름까지 전달된다. 압전성은 가역적인 반응이 가능하기 때문에 위쪽 필름은 압축 필름의 기계적인 진동에 따른 전기적인 신호인 전압을 발생한다. 이 진동신호는 증폭기를 거쳐 동기변조회로에 입력되며, 동기변조는 수신된 신호의 진폭과 위상에 반응한다. 이때 힘 F가 위쪽 필름에 가해지면, 3개층의 필름에서 기계적인 커플링 현상이 변화하게 되어 동기변조기에 수신되는 진폭과 위상이 바뀌게 된다. 변조기에서 관측된 변화량이 전압으로 출력되어 힘을 감지하게 된다.

일정 힘까지는 출력신호가 힘과 선형적인 관계를 가지고 있다. 만약 압전 필름으로 25 μm PVDF 필름을 사용하고, 압축 필름용으로 40 μm 실리콘 고무를 사용한다면, 3개층의 전체 두께는 보호막을 포함해서 200 μm를 넘지 않는다. 그리고 PVDF 필름 전극은 필름면에 셀과 같은 패턴으로 만들 수 있다. 앞서의 스위치 센서에서 사용한 멀티플렉스 회로를 추가한다면, 일정한 간격을 갖는 전극을 만들면 누른 힘의 이차원적인 위치를 인식할 수 있다. 그리고 이 센서의 공간 분해능은 수 mm 범위에서 ±2 μm 이상의 정밀도로 만들 수 있다. 이 센서의 장점은 간단한 구조와 출력신호가 정지된 힘(static force)을 인식할 수 있는 직류 형태라는 점이다.

또한, 그림 9-28과 같이 압전형 접촉센서는 고무 피부 내에 PVDF 필름 스트립을 매립한 형태로도 만들어 미끄럼 힘(sliding force)을 감지할 수 있다. 이 센서는 수동형이며, 어떠한 인가전압도 필요 없으며, 압전 필름 자체에서 나오는 신호를 출력신호로 사용이 가능하다. 결론적으로 스트레스 크기보다는 스트레스 변화율에 비례하는 출력신호를 얻을 수 있다. 고무 내에 있는 압전 스트립에 의해 생성된 전기신호는 마찰력에 의한 고무의 움직임을 반영한다. 왜냐하면 다른 방향으로 문지를 때 압전센서는 달리 반응하기 때문에 출력신호는 운동 방향의 변화에 따라 변화한다.

또한, PVDF 필름 센서는 자고 있는 어린아이들의 호흡률을 감지하는 용도로도 사용된다. 호흡에 의한 인체의 극미한 움직임을 지속적으로 모니터링하고, 만약 호흡이 중단되면 신체의 움직임이 없는 것을 감지할 수 있다. 이 센서의 개념은 그림 9-29와 같다. 이 센서를 침대 안의 매트리스 아래에 설치해 놓고 사용할 수 있다. 호흡을 하는 정상적인 아이들은 횡격막의 움직임에 의해 들숨과 날숨으로 약간씩 움직임이 있다. 이러한 움직임은 중력 중심의 이동을 가져오고, PVDF 센서는 이 움직임을 감지하는 것이다. 이 센서는 3개층으로 구성되어 있는데, 실리콘 고무와 같은 뒷대기판과 밀어내는 층 사이 가운데에 PVDF 필름을 위치시킨 형태이다. 밀어내는 층은 보통 Mylar라고 하는 플라

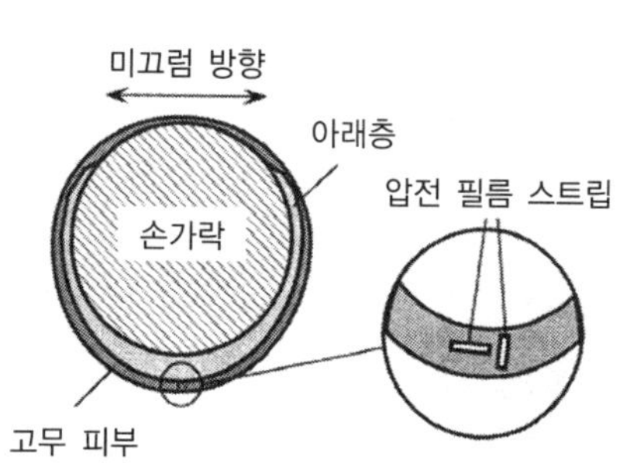

(a) 미끄럼 힘을 감지하는 접촉센서의 단면

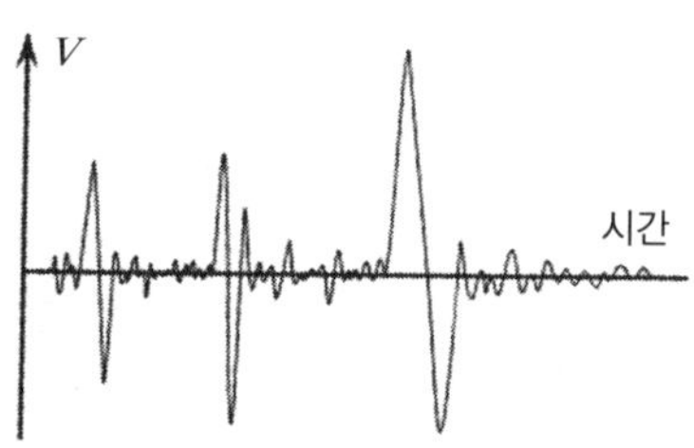

(b) 대표적인 출력신호 형태

그림 9-28 미끄럼 힘 감지용 압전필름형 접촉센서

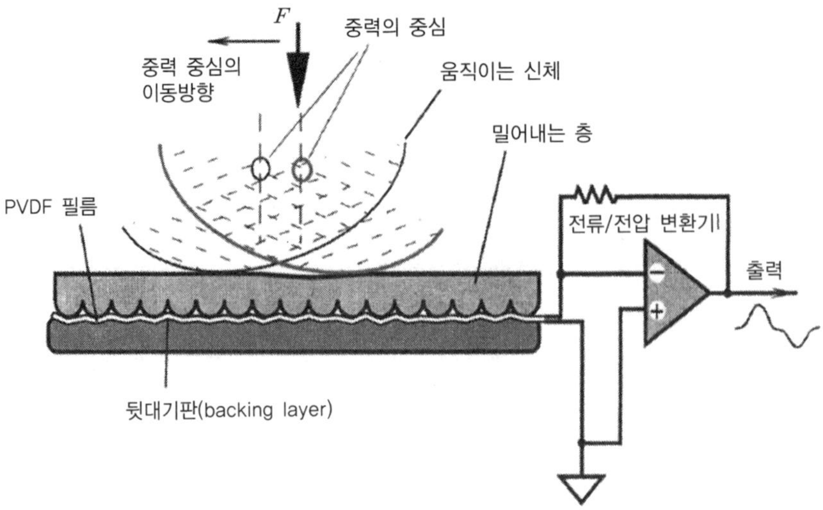

그림 9-29 호흡을 감지하는 압전형 필름 센서 원리

스틱 필름으로 만들고, 주름잡힌 표면이 PVDF 표면과 마주 보도록 설치한다. 힘이 가해지면, PVDF 필름에 밀어내는 층의 주름에 의해 스트레스가 인가하게 되어 그 결과가 전기회로에 출력이 된다. 전류/전압 변환기를 흐르는 전류는 전압으로 변환되어 중력에 비례하는 출력신호를 얻게 된다.

압전센서를 이용한 힘을 감지하는 응용분야는 매우 다양하게 사용되고 있다. 그림 9-30에서 보듯

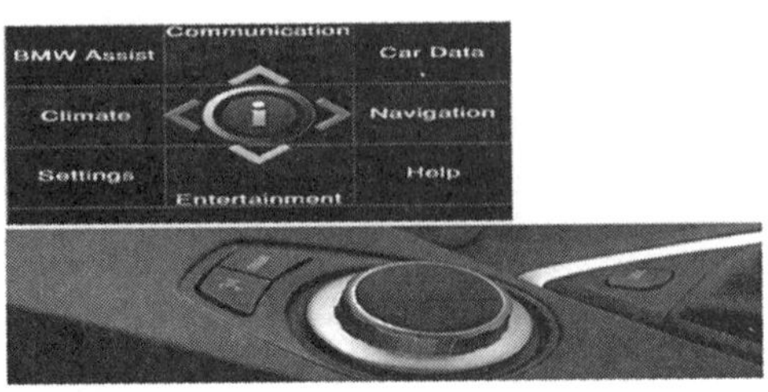

(a) BMW iDrive 인터페이스

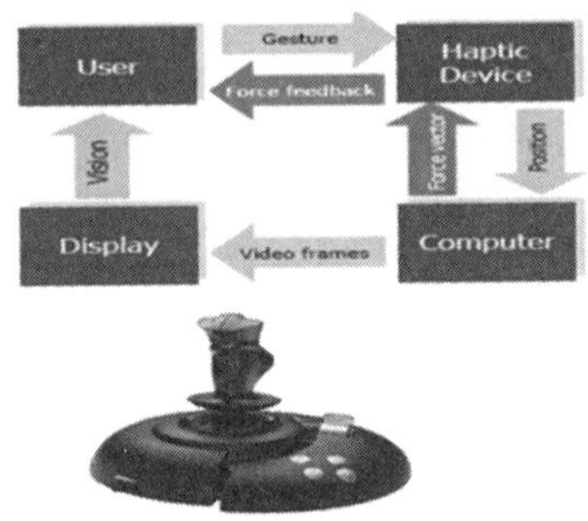

(b) 마이크로소프트사의 Sidewinder 조이스틱

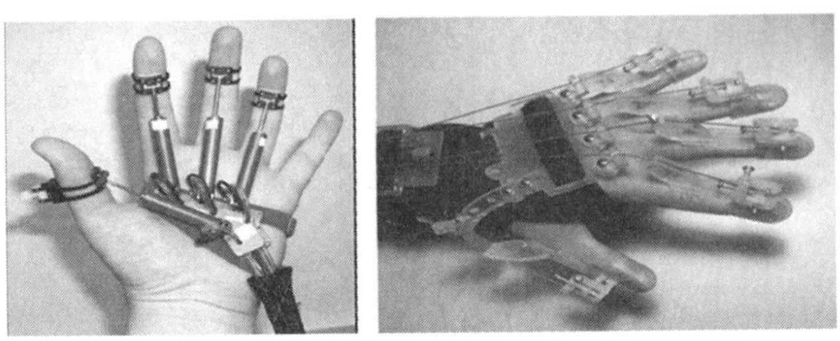

(c) Human-Machine 인터페이스

그림 9-30 압전형 필름센서의 다양한 응용분야

이 BMW 차량의 iDrive 인터페이스에서 적용되고 있는데, 기어박스 옆의 다이얼처럼 생긴 것을 움직이면 원하는 메뉴로 이동하는 기능이다. 이런 기능은 최근 국산차에도 적용되고 있다. 마이크로소프트 사에서 제작한 Sidewinder라는 조이스틱에는 기존 조이스틱이 하지 못하는 다양한 기능을 탑재하였고, Laboratory of Rutgers University에서 Human-Machine 인터페이스(그림 9-30(c)의 좌측)를 가상현실용의 목적으로 개발하였으며, Standard's Biomimetrics Lab(그림 9-30(c)의 우측)에서 손가락 관절을 잘 사용하지 못하는 사람을 위해 개발되었다.

9.3.6 압저항 터치센서

압저항(piezoresistive) 소자는 접촉센서로도 사용이 가능하다. 압저항 소자는 스트레인에 따라 전기적인 저항이 바뀌는 재료를 의미하며, 압력에 따라 저항이 변하는 '힘에 민감한 저항체'(Force-Sensitive Resistor, FSR)를 사용한다. 실리콘 고무, 폴리우레탄, 그리고 전도성 입자들이 스며든 혼합물로 전도 특성을 갖는 탄성중합체(elastomer)를 만든다. 예를 들면, 도전성 고무는 탄소 파우더 혼합물을 섞어서 만든다. 이러한 탄성중합체 접촉센서의 동작원리는 그림 9-31과 같이 힘을 가하는 전도성 단추와 도전성 기판 사이로 탄성중합체가 힘에 의해 눌려진 접촉 면적에 의한 저항 변화로부터 힘을 인식한다. 즉, 외부 힘이 변하면 단추와 기판 사이의 접촉 면적이 변하게 되어 결과적으로 저항이 줄어들게 되며, 그림 9-31(b)와 같은 결과를 얻을 수 있다.

어떤 힘에서 접촉면적은 최대로 도달하게 되고, 이때 저항변화는 거의 없으며 전달함수는 포화에 도달한다. 3M에서 제작한 저항성 폴리머인 Velostat는 70 μm 두께와 비저항은 11 kΩ/cm^{2}인데, 16 kPa 이상의 압력에 대한 저항 변화는 다음과 같다.

$$R = \frac{51.93}{p^{1.47}} + 19 \tag{9-32}$$

압력에 따라 저항이 일정하게 변화하므로, 압저항 센서인 FSR 센서는 정성적인 측정분야보다는 정량적인 측정분야에 더 유용하다. 그리고 저항이 압력에 따라 변화하는 반도체성의 폴리머 재료를

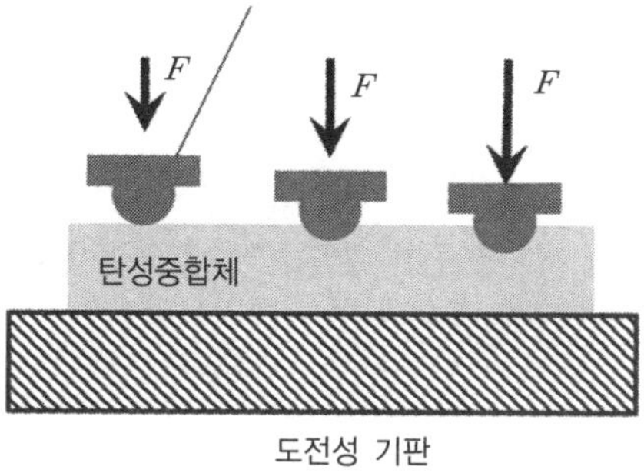

(a) 탄성중합체의 두께에 따른 누른 힘

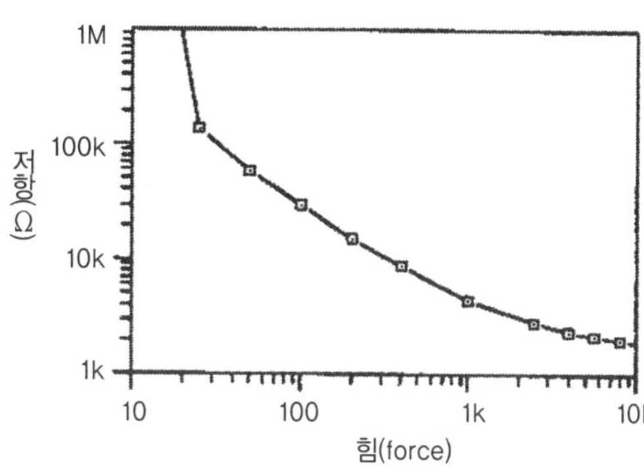

(b) 힘과 저항의 관계

그림 9-31 탄성중합체의 두께에 따른 힘의 인식

사용하면 훨씬 센서의 두께를 줄일 수 있다. 통상적인 FSR 폴리머 센서의 두께는 0.25 mm 이하이며, 이보다 훨씬 얇은 박막 센서의 제작도 가능하다. 스트레인 게이지와 비교했을 때 FSR 센서가 더 넓은 동작범위를 가지고 있다. FSR 센서는 0~3 kg 힘의 범위에 대해 저항이 약 30배 정도 변화하며, 약 ±10%의 정밀도를 제공한다. 많은 응용분야에서 정확한 힘의 크기를 필요로 하는 분야는 거의 없기 때문에 FSR 센서는 저렴한 가격의 장점이 있어 많은 분야에 널리 사용되고 있다.

또한, 이 기술은 저항성 터치센서에도 응용되고 있다. 현재는 뒤에 설명될 정전용량 터치센서 방식이 대세로 자리를 잡고 있지만, 틈새시장으로 단일터치만 요구되거나 매우 정확한 공간분해능이 요구되는 경우, 또는 사용자가 반드시 장갑을 착용해야 하는 환경 등에는 저항성 터치센서가 사용되고 있다.

그림 9-32와 같이 일반적인 저항성 스크린을 일정한 간격을 두고 분리된 두 개의 병렬 산화인듐 주석(Indium Tin Oxide, ITO) 전도층으로 구성되어 있다. ITO는 전기전도성이 우수하고 광학적으로 투명한 전극이기 때문에 터치센서에는 필수적인 재료이다. 위쪽 층(Y)의 에지 전극은 아래쪽 층(X)에 대해 90° 회전한 형태로 되어 있다. 스크린의 작은 영역에 압력이 가해져 두 층이 전기적으로 접촉하게 되면 터치가 발생한다. 아래쪽 층이 플로팅되어 있는 상태에서 위쪽 층의 두 전극 사이에 직류전압이 가해지면 터치로 인해 아래쪽 층의 전압이 위쪽 층 터치 지점의 전압과 같아진다. 위쪽 층으로 전달되는 터치 좌표는 아래쪽 층의 전압을 측정함으로써 총 저항에서 터치 지점까지 저항의 비율을 구하는 방식으로 확인할 수 있다. 그 후에는 두 층의 전기적 연결이 바뀌고 다른 축의 터치지점 좌표를 얻을 수 있다[130].

9.3.7 정전용량 터치센서

정전용량 터치센서는 3.2절의 평행판 커패시터의 이론에 근거를 두고 있다. 정전용량 터치센서는 인가된 힘에 따라 반응하는데, 힘이 평행판 또는 커패시터의 움직이는 판에 작용하면 커패시터 사이의 거리 변화를 인식해서 힘을 인식한다. 두 개의 전도성 판 사이에는 유전체가 삽입되어 있고, 이러

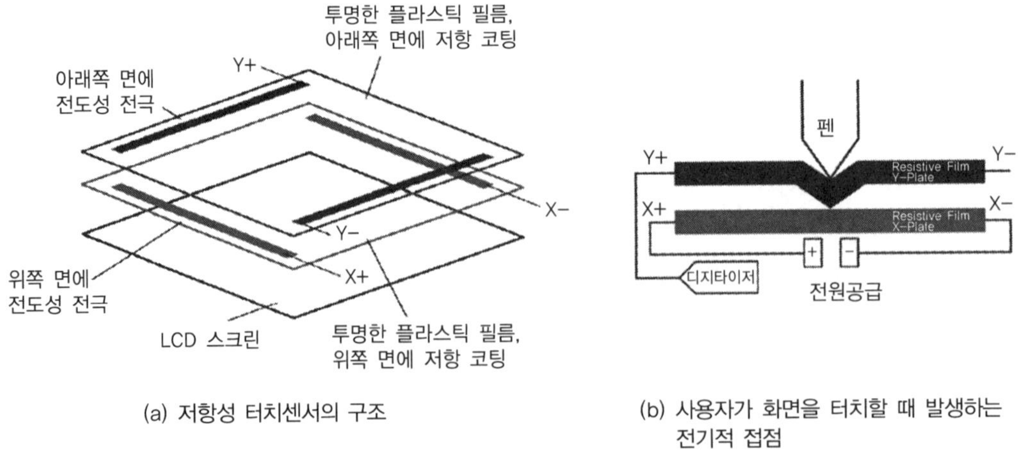

(a) 저항성 터치센서의 구조

(b) 사용자가 화면을 터치할 때 발생하는 전기적 접점

그림 9-32 저항형 터치센서 및 화면터치 시 발생하는 전기적 접점

한 유전체는 힘과 정전용량 특성을 나타내는 탄성중합체 역할을 한다. 힘이 인가되었을 때 정전용량의 변화를 최대로 하기 위해서는 높은 유전율을 가진 재료를 유전체로 사용해야 한다. PVDF와 같은 고유전율 폴리머는 정전용량 변화를 크게 할 수 있다. 응용 측면에서 보면, 평행판 전극보다는 동축 전극판의 디자인이 동일한 힘에 대해 더 큰 정전용량 변화를 만들 수 있다. 그러나 동축 전극판을 만들기 위해서는 매우 복잡해지고 크기도 커지게 되는 문제점이 있다.

정전용량 변화를 측정하는 몇 가지 방법이 알려져 있다. 가장 일반적인 방법은 저항을 가지고 있는 전류 소스를 이용해서 정전용량 변화에 의해 생기는 시간지연을 측정하는 방법이다. 그 다음 일반적인 방법이 LC 또는 RC 회로가 있는 진동자를 센서로 이용해서 주파수 반응을 측정하는 방법이다. 정전용량 센서에서 가장 주의해야 할 점은 센서를 금속 구조물과 근접하게 되면 정전용량 값이 변화될 가능성이 있다는 점이다. 그러나 이런 문제는 좋은 회로 배치와 기구적인 디자인으로 최소화시킬 수 있다.

오늘날 터치센서 판넬용으로 정전용량 터치센서가 가장 많이 사용되고 있다. 이것은 전기적으로 전도성 특성이 있고 광학적으로 투명한 산화인듐주석(Indium Tin Oxide, ITO)과 같은 투명전극 위에 유리 또는 투명한 폴리머를 코팅하여 만든다. 이런 센서는 전극판이 그리드 형태로 수평과 수직축 사이의 넓은 면적을 덮고 있는 구조로 되어 있다.

사람의 손은 전기적으로 도체이기 때문에 센서의 표면 위를 터치하게 되면 전기장이 변하게 되어 소자의 정전용량에 변화가 생기게 되어 감지를 할 수 있다. 이런 센서는 도전성 물체(예를 들면 손가락)가 근접해도 동작을 하며, 직접 터치를 해야만 동작을 하는 것은 아니다. 이런 센서는 내구성이 우수하여 상품매장 시스템, 산업용 제어, 공공기관의 키오스크 등에 폭넓게 사용되고 있다. 그러나 손가락이 접촉을 해야만 반응을 하고, 장갑을 끼거나 전도성이 없는 펜 스타일러스 등에는 반응을 하지 않는 단점이 있다.

정전용량 터치센서의 내부 구조와 동작원리는 그림 9-33과 같다. 내부 구조는 앞서의 저항성 터치센서에 비해 간단한 구조로 되어 있다. 동작원리는 손을 터치센서에 갖다 대면, 전도 특성을 가지

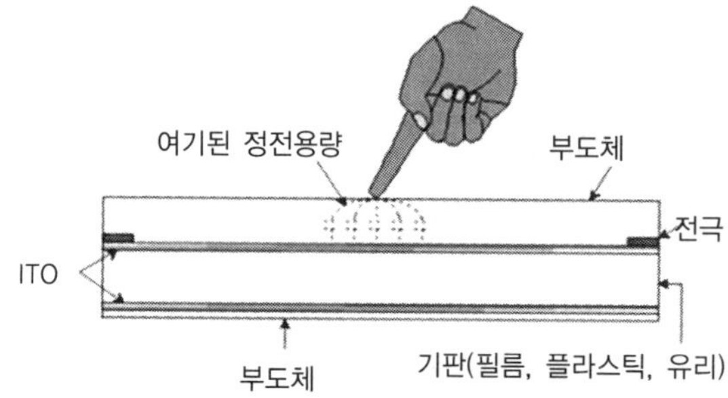

(a) 정전용량 터치센서 내부 구조

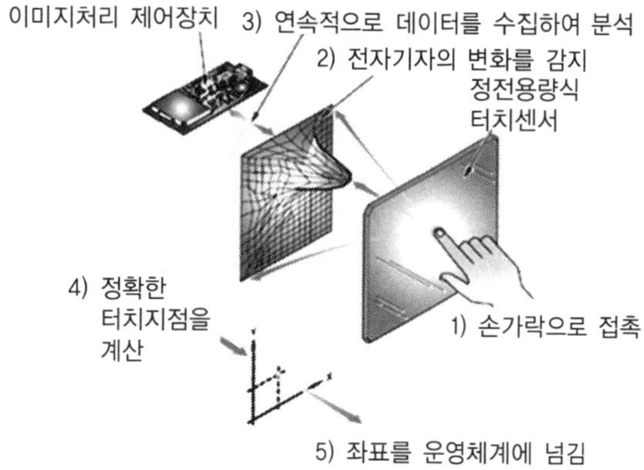

(b) 정전용량 터치센서 동작원리

그림 9-33 정전용량 터치센서의 내부 구조 및 동작원리

고 있는 손가락에 의해 정전용량이 변하게 된다. 변화된 전자기장을 감지하여 이미지 처리 제어장치에서 연속적으로 데이터를 수집하여 분석하여 정확한 터치지점을 계산해서 운영체계에 정보를 넘겨주는 방식으로 동작을 한다.

9.3.8 초음파 터치센서

초음파 터치센서는 사용자가 스크린을 터치할 때 물체에서 전파되는 음파를 인식하는 데 기반을 두고 있다. 물체를 터치하면 재료 내부로 관통하는 음파의 패턴이 생성된다. 이렇게 생성된 패턴은 충격을 준 위치에서 유일한 음파 신호를 나타낸다. 이러한 특성을 시간반전음향기술(time reversal acoustics)이라 하며, 이 기술을 이용하면 전파되는 파의 소스 위치를 정확히 결정할 수 있다.

초음파 터치센서는 가장 진보된 터치센서 기술 중 하나이다. 이 기술은 터치패널의 x축과 y축에 설치된 두 개의 트랜스듀서(발신부와 수신부)를 기초로 동작한다. 발신부 트랜스듀서는 마이컴에서 제어되어 나오는 전기적인 신호를 음파로 바꾸어서 패널의 양끝(x축과 y축) 부분을 따라서 설치된 반사체까지 내보내는 역할을 한다. 반사체에서 반사된 신호는 다시 수신부 트랜스듀서인 센서로 전달되고, 수신부 트랜스듀서에서는 음파를 전기적인 신호로 변환해서 마이컴으로 전달한다. 어느 순간 손가락이나 펜 스타일러스로 한 위치를 누르게 되면 그 위치에서 음파에너지는 방해를 받아 줄어들게 된다. 이러한 신호 변화를 마이컴에서 계산하여 누른 위치를 알아내는 방식이다. 이 방식에서 누르는 힘이 펜이나 손톱과 같은 딱딱한 물건으로 스크린을 누르면 인식하지 않을 수 있다. 손가락이나 장갑을 낀 손이나 팁 끝이 부드러운 스타일러스 펜과 같은 것에만 동작한다.

9.3.9 적외선 터치센서

가장 많이 사용되는 광학식 터치센서는 적외선 LED를 이용한 방식이다. 이 방식의 기본 원리는 앞 절의 초음파 터치센서와 거의 유사한 방법이다. 초음파에서 사용되었던 두 개의 트랜스듀서에서

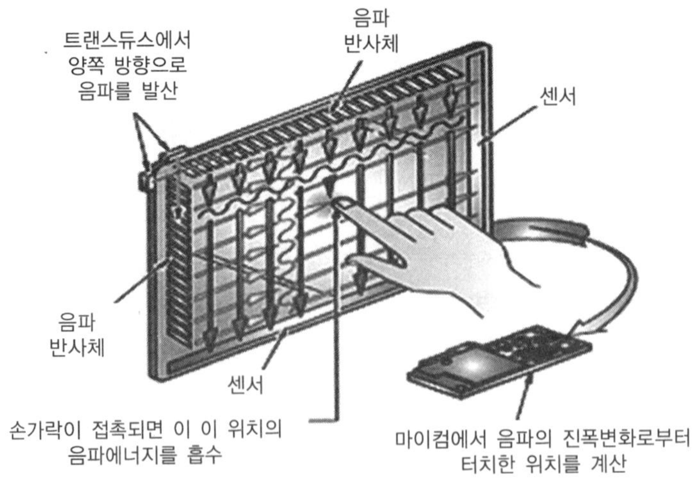

그림 9-34 초음파 터치센서의 동작원리

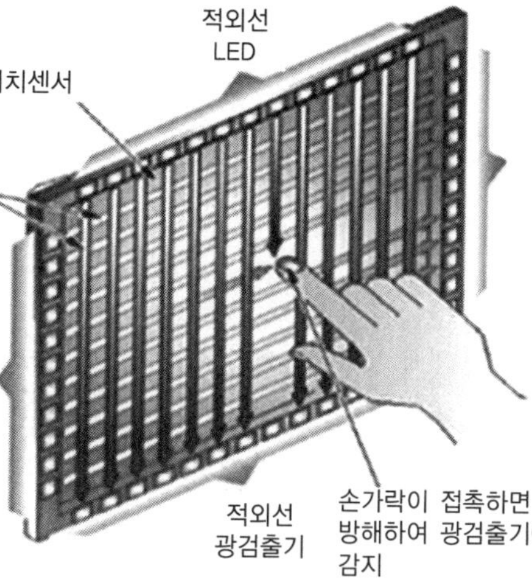

그림 9-35 적외선 터치센서의 동작원리

발신부가 광학식에서는 적외선 LED로 대체되었고, 수신부의 트랜스듀서는 적외선 광검출기로 대체된 것이다. 적외선 터치센서의 동작원리는 그림 9-35와 같다. 적외선 LED가 스크린 베젤의 x축과 y축 방향으로 나란히 배열되어 있고, 이와 반대 방향에 적외선을 검출하는 광검출기가 배열된 구조이다. 손가락이나 펜으로 스크린에 갖다 대면 공기와 손가락의 굴절률 차이로 인해 손가락 위치에서의 반사량이 달라진다. 이 결과로 터치한 위치를 인식하는 방법이다.

이 기술은 다른 터치센서 기술에 비해 두 가지 약점이 있다. 하나는 상대적으로 구현하는데 가격이 많이 든다는 문제이며, 밝은 외부 빛이 있는 환경에서 감도가 많이 떨어진다는 점이다. 두 번째 문제점은 태양에서 매우 많은 적외선이 방사되고 있기 때문에 광검출기의 잡음 수준이 올라가게 되어 오작동의 원인이 된다. 그러나 적외선 터치센서 기술은 디스플레이 전면부에 아무런 부가 기술이

표 9-9 대표적인 터치센서의 기술 비교

비교항목 \ 적용기술	저항	정전용량	초음파	적외선
터치방식	손가락, 스타일러스펜	손가락	손가락, 스타일러스펜	손가락
빛 투과율	85% 이하	90% 이상	92% 이상	100%
장점	저비용	내구성	대형스크린 가능	대형스크린 가능
단점	낮은 투과율	장갑, 손톱에 반응 안함	센서오염과 액체에 취약함	고비용
진입 장벽	낮음	높음	높음	높음
멀티 터치	가능	가능	×	×
적용 분야	게임기, ATM, 군사용	POS, 키오스크, 휴대폰	키오스크, 전자칠판, ATM	POS, 게임기

필요 없다는 점이 매력적이다. 이런 장점은 광투과도를 좋게 하기 때문에 선명한 화면을 볼 수 있다는 점이다. 앞에서 설명된 대표적인 터치센서에 적용된 4가지 기술들의 장단점은 표 9-9와 같다.

9.4 압력센서 원리

9.4.1 압력의 물리적 개념

Galileo의 학생이었던 이탈리아 물리학자인 Evangelista Torricelli의 선구적인 실험에 의해 압력에 대한 연구가 시작되었다. 1643년에 그는 수은이 담긴 그릇으로 실험하면서 그림 9-36과 같이 대기압이 지구에 작용하고 있음을 발견하였다. 즉, 한쪽 끝을 닫은 길이 1 m 정도의 유리관에 수은을 채운 후, 이것을 수은이 담긴 용기에 거꾸로 세우면 유리관 속의 수은은 76 cm의 높이까지 하강해서 멈추고, 유리관 윗부분은 진공이 된다. 이것은 인간이 처음으로 만들어 보인 진공으로서 토리첼리의 진공이라 하는데, 이 시대까지는 아리스토텔레스식의 자연학에 따라 진공은 있을 수 없다고 여겨 왔다. 이는 대기의 압력은 관내에 상승되는 수은주 무게에 의한 압력이 서로 같다는 것을 의미한다.

또 다른 훌륭한 선구자인 Blaise Pascal이 1647년에 행한 실험으로, 그의 처남과 함께 Puy de Dome이라는 산 정상에서 수은에 수직방향으로 가해지는 압력은 고도에 따라 달라진다는 것을 증명하였다. 그는 실험에서 사용된 기압계를 '진공 속의 수은(mercury-in-vacuum)'이라 명명하였다. 1660년에 Robert Boyle은 다음과 같은 유명한 관계를 발표하였다. "일정한 온도에서 기체의 압력과 부피는 서로 반비례한다." 그리고 1738년에 Daniel Bernoulli는 Boyle의 법칙이 수학적으로 표시될 수 있다는 기체압력에 관한 이론을 발표하였다. 그는 또한 일정한 부피 하를 가진 기체에 열을 가하면 압력이 증가한다는 Charles-Gay-Lussac 법칙을 예측하였다. 기체와 유체 운동에 대한 상세한 설명은 물리학과 관련된 많은 책에 상세히 설명되어 있다. 이 책에서는 압력센서를 사용하고 디자인하기 위한 이해의 수단으로 기초적인 내용만 간단히 정리하였다.

일반적으로 물질은 고체와 유체로 구분할 수 있다. 유체라는 단어는 흐르는 무엇인가를 나타내는

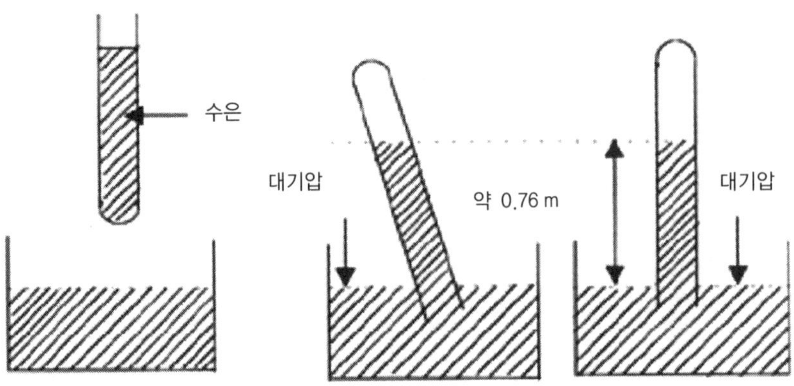

그림 9-36 Torricelli의 압력에 대한 실험 내용

용어이며, 액체와 기체가 유체라고 볼 수 있다. 유체와 기체 사이의 차이점은 정확하지는 않다. 압력을 변화시키면 액체에서 기체로 바꿀 수 있으며, 이와 반대되는 역의 과정도 가능하다. 유체에 압력을 가할 때에는 표면에 수직인 방향 이외의 임의의 방향으로 압력을 주는 것은 불가능하다. 90°를 제외한 임의의 각은 유체를 흐르게만 할 뿐이다. 그러므로 유체에 가해지는 힘은 접선방향이며 경계면에 가해진 압력은 표면에 수직이다. 정지해 있는 유체에 대해 압력은 경계 표면의 단위 면적 A에 대해 수직으로 인가한 힘 F로 정의하며 수식적으로는 다음과 같다.

$$p = \frac{dF}{dA} \tag{9-32}$$

압력은 기본적으로 질량, 길이, 시간의 기본적인 단위계로도 충분히 표시가 가능한 역학적인 개념이다. 압력은 경계면 내부에 있는 위치에 가장 큰 영향을 주지만, 주어진 위치에서 방향과는 무관하다. 따라서 고도에 따른 압력의 변화는 다음과 같다.

$$dp = -w\,dh \tag{9-33}$$

여기서 w는 매질의 비중이며, h는 수직방향의 높이를 나타낸다. 압력은 경계를 형성하고 있는 모양과는 무관하다. 따라서 압력센서는 모양과 크기와는 관계없이 디자인해서 다양한 형태로 만들 수 있다. 그리고 압력이 유체와 기체를 담고 있는 표면의 한쪽 면에 작용한다면, 압력은 전체 표면에 골고루 전달된다.

기체의 운동 방정식에서 압력은 표면을 공격하는 분자들의 총 운동에너지의 척도로 다음과 같이 표현한다.

$$p = \frac{2}{3}\frac{KE}{V} = \frac{1}{3}\rho C^2 = NRT \tag{9-34}$$

여기서 KE는 운동에너지, V는 부피, C^2은 분자 속도의 제곱평균값, ρ는 밀도, N은 단위 부피당 분자들의 수, R은 비기체 상수(specific gas constant)로 287.04 J/kg/K이며, T는 절대온도이다. 위의 식에서 압력과 밀도는 선형적인 관계에 있음을 알 수 있다. 압력이 증가하면 이에 비례해서 밀도도 증가한다. 예를 들면, 0℃ 1기압 압력의 공기 밀도가 1.3 kg/m^{3}라고 하면, 동일한 온도에서 50기압의 압력이 가해지면, 이 공기의 밀도는 1기압일 때 50배인 65 kg/m^{3}가 된다는 뜻이다. 이와는 달리 유체인 경우에는 밀도가 압력과 온도에 따라 많이 변하지 않는다. 예를 들면, 0℃ 1기압 물의 밀도가 1,000 kg/m^{3}라고 하면, 0℃ 50기압에서의 밀도는 1,002 kg/m^{3}가 되고, 100℃ 1기압에서는 958 kg/m^{3}이 된다.

만약 기체 압력이 대기압보다 작거나 높으면, 이를 압력 초과 또는 부분 진공이라 부른다. 대기압을 기준으로 측정되면 압력은 상대적인 값이 되고, 0기압의 진공을 기준으로 측정되면 압력은 절대값이 된다.

9.4.2 압력의 기본 단위

압력의 SI단위는 pascal이며, 1 Pa = 1 N/m^{2}이다. 즉 1 pascal은 1 N의 힘이 1 m^{2}의 표면 위에 골고루 작용하고 있다는 의미이다. 다른 표현으로 1 atm이라는 대기압을 사용하기도 하는데, 1 atm은 온도 4℃의 물이 1 m 높이에서 면적 1 cm^2에 작용하는 압력으로 정의된다. 1 Pa과 다른 단위와의 관계는 다음과 같다.

$$1\,Pa = 1.45 \times 10^{-4}\,lb/in^2 = 9.869 \times 10^{-6}\,atm = 7.5 \times 10^{-4}\,cmHg$$

1 Pa은 매우 낮은 압력이므로, 실제 응용분야에서는 다른 단위를 많이 사용한다. 0℃ 수은주 1 mm의 압력인 1 mmHg를 1 Torr로 정의하며, 지구 대기의 이상적인 압력은 760 Torr이다.

$$1\,atm = 760\,Torr = 101,325\,Pa$$

또 다른 단위로 psi라는 단위도 사용하는데, 이것은 제곱 인치당 파운드의 약자이며, SI단위와 비교하면 1 psi = 6.89×10^3 Pa = 0.0703 atm이다. 이와 같이 압력은 사용용도에 따라 편리성 때문에 다양한 단위를 사용하는데, 각 단위들 간의 환산은 표 9-10과 같다.

9.4.3 수은주 압력센서

수은주 압력계를 일반적인 용어로 액주식 압력계라고도 한다. 일반적으로 투명 유리관을 이용하여 유리관 내부에 액체를 채우고, 미지 압력을 가하면 관 내부의 액체 레벨이 변화하게 되는데, 이와 같이 액체의 위치를 측정함으로 압력을 구하는 압력계이다. 압력과 액체 위치의 관계는 다음과 같다.

$$\begin{aligned} P &= \frac{F}{A} = \frac{W}{A} = \frac{mg}{A} = \frac{\rho V g}{A} \\ &= \rho A h g / A = \rho g h \end{aligned} \tag{9-35}$$

위의 식에서 ρg가 측정 중에 일정하다면, 압력 P와 액주의 높이 h는 비례관계를 가지므로 액주의 높이를 정확히 측정하면 압력을 측정할 수 있다. 일반적으로 실용화되어 있는 것은 U자관형, 단관형, 경사관형 등이 있다. 구조는 다른 압력계에 비해 간단하고, 구조적인 오차 발생이 적고, 고장이 거의 없으며, 정확성이 높은 장점이 있다. 그러나 온도의 영향에 민감하고, 액체와 유리관 벽의 오염에 따른 오차가 발생할 수 있고, 측정 범위의 제약이 있는 단점이 있다.

액주형 압력계에 사용할 액체를 선정할 때에는 다음과 같은 사항을 고려해야 한다.

① 측정범위와 측정 정밀도에 적합한 밀도를 가지는 액체를 선정

② 점도가 낮고, 유리관에 달라붙지 않는 액체

표 9-10 압력의 단위 환산표

	Pa (N/m^2)	mbar	mmHg (Torr)	atm	psi (lb/in^2)	cmH_2O (@4℃)
Pa	1	1×10^{-2}	7.5×10^{-3}	9.87×10^{-6}	1.45×10^{-4}	1.02×10^{-2}
mbar	1.0×10^{2}	1	7.5×10^{-1}	9.87×10^{-4}	1.45×10^{-2}	1.02
Torr	1.33×10^{2}	1.33	1	1.32×10^{-3}	1.93×10^{-2}	3.94×10^{-2}
atm	1.01×10^{5}	1.01×10^{2}	7.60×10^{2}	1	1.47×10	1.0×10^{3}
psi	6.89×10^{3}	6.89×10	5.17×10	6.80×10^{-2}	1	7.03×10
cmH_2O	9.80×10	9.80×10^{-1}	7.36×10^{-1}	9.68×10^{-4}	1.42×10^{-2}	1

③ 증발하기 어려운 액체
④ 온도변화에 따른 밀도의 변화가 작은 액체
⑤ 냄새나 독성이 없고 관을 부식시키지 않는 액체
⑥ 액면 측정이 용이한 액체

이런 조건에 맞는 액체가 수은이며, 가장 많이 사용되고 있기 때문에 액주형 압력계라는 용어 대신에 수은주 압력계라는 말을 사용한다. 수은은 액면이 위로 볼록하게 나오고, 물이나 기름은 액면의 경계선이 아래로 오목한 상태가 된다.

수은주 압력계의 기본 개념은 그림 9-37과 같다. 이 센서는 주로 가스의 압력을 측정할 목적으로 사용된다. U-형 모양의 전선이 수은 내에 잠겨 있고, 양쪽 기둥의 수은 높이에 비례해서 저항값이 변한다. 저항들은 Wheatstone 브리지 회로로 연결되어 있으며, 튜브 내의 압력차이가 없으면 전기회로는 균형을 유지하고 있다. 압력이 한쪽 튜브 끝에 인가되면 압력의 차이에 따라 저항에 변화가 생겨 전기회로는 균형이 깨어진다. 좌측 튜브의 압력이 증가하면 할수록, 이에 해당하는 저항은 점점 더 크게 된다. 이때 생기는 출력전압은 전선의 저항 차이인 ΔR에 비례해서 다음과 같다.

$$V_{out} = V\frac{\Delta R}{R} = V\beta\Delta p \tag{9-35}$$

여기서 V는 브리지 회로에 인가하는 전압이며, R은 브리지 회로에 연결한 저항값이며, β는 비례상수이다. 따라서 수은주 센서를 이용해서 Torr 단위의 압력을 측정할 수 있다.

9.4.4 탄성식 압력계

대부분의 압력센서에는 변형 또는 움직임을 측정할 수 있는 변형이 가능한 기구적인 부분이 필요하다. 왜냐하면 이러한 변형으로부터 압력을 표현할 수 있는 전기적인 신호로 변환이 가능하기 때문

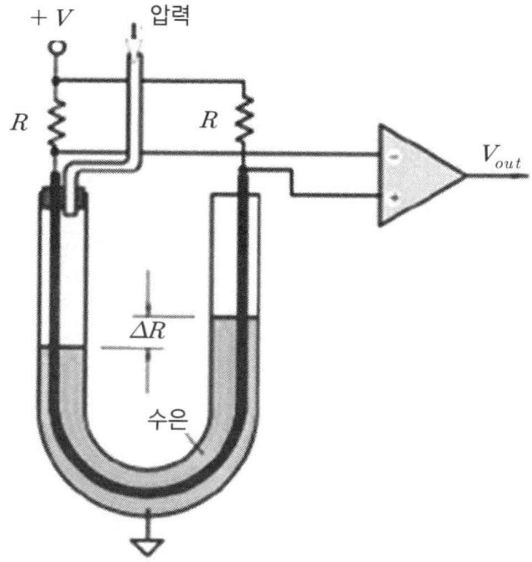

그림 9-37 수은주 압력센서의 원리

이다. 이와 같은 방법으로 압력을 측정하는 센서를 탄성식 압력계라고 하며, 부르돈관(Bourdon tube), 현수선(catenary) 모양의 다이어프램(diaphragm), 주름상자 모양의 벨로우즈(bellows) 등이 있다[131].

부르돈관은 1852년 프랑스의 Bourdon에 의해 발명된 것으로, 타원형 및 평원형을 갖는 튜브를 한쪽에 고정시킨 다음 개방시켜 압력을 가하고, 다른 쪽은 밀폐 자유단으로 하여 압력에 따라 변위를 발생시키도록 하는 원리를 이용한 것이다. 부르돈관의 원리는 그림 9-38에서 보듯이 원형 부르돈관에 압력이 가해지면 관이 팽창하여 원형에 변형이 일어나게 되고, 이런 변형 정도를 측정하면 압력을 알 수 있다. 압력을 측정할 수 있는 부르돈관 형태는 C형 이외에 U형, J형, 나선형(spiral type), 헬리칼형(helical type), 비틀림형(twisted type) 등이 있다.

압력에 따른 부르돈관 운동에 관한 정확한 해석은 매우 어렵고 복잡하며, 현재까지 완전한 이론식이 확립되어 있지 않다. 그러나 다음과 같은 실험식을 이용하여 근사적으로 사용하고 있다.

$$\triangle a = 0.05\left(\frac{\theta P}{E}\right)\left(\frac{R}{t}\right)^{0.2}\left(\frac{2a}{2b}\right)^{0.33}\left(\frac{2a}{t}\right)^{3.0} \tag{9-36}$$

여기서 $\triangle a$는 인가된 압력에 의해 변형된 각도, θ는 압력을 가하기 전의 지시계 각도, E는 재질의 영률, P는 psi 단위의 관 안과 밖의 압력차, $2a$와 $2b$는 인치단위의 관의 장축 및 단축의 길이, t는 관의 두께, R은 관의 곡률반경을 반타낸다.

이와 같은 부르돈관은 구조가 간단하고, 압력 측정범위가 넓으며, 가격이 저렴하며, 전기적인 시스템으로 사용이 가능한 장점이 있다. 반면, 다른 센서에 비해 크기 때문에 사용공간에 제약이 있으며, 기계적 마찰에 의한 의차가 발생할 수 있고, 응답속도가 느린 것이 단점이다.

다이어프램을 마이크로폰, 스피커, Golay cell 온도센서, 차동식 화재센서 등에 수많은 센서의 응

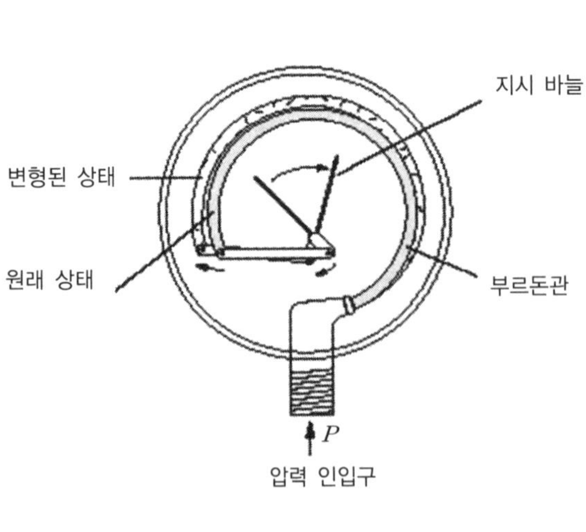

(a) 부르돈관 압력센서의 내부 구조

(b) 부르돈관 게이지의 외관

그림 9-38 부르돈관 압력센서의 내부 구조 및 게이지의 외관

용분야에 활용되고 있는 핵심부품이다. 다이어프램은 평면을 이루고 있는 얇은 막의 형태로 되어 있으며, 가해진 압력 변화에 대응된 수직방향으로 팽창 수축하기 때문에 압력 측정에 적합한 소자이다. 또한, 지시부와 외부압력 사이를 분리하는 역할 및 가압체를 용기로부터 밀봉시켜 주는 역할을 한다. 그러나 다이어프램 자체의 변동은 매우 작기 때문에 미소 변동을 확대해주는 이차적인 기구가 필요하다. 그림 9-39에서 보듯이 다이어프램에 압력이 가해지면 압력차에 의해 한쪽으로 변형이 일어나게 되고, 미소한 변형 신호를 확대시키기 위해 스프링 튜브를 이용해서 신호를 증폭하여 지시바늘을 움직이도록 하여 결과적으로 압력에 대해 변형된 만큼 압력측정기의 지시바늘이 움직이게 되어 교정된 눈금에 의해 압력 확인이 가능하다.

다이어프램은 그림 9-39(b)에서 보듯이 강도를 높이기 위하여 동심원 물결모양을 만드는데, 물결무늬의 수를 증가하면 강도는 증가하고, 또한 깊이를 감소시키면 강도가 증가한다. 압력을 받았을 때 다이어프램의 변형 정도는 다이어프램의 직경, 두께, 물결무늬의 형태와 수, 재질의 탄성계수 등에 의해 달라진다. 그리고 부르돈관 게이지와 다이어프램 게이지를 구분하는 방법은 측정하고자 하는 외부 압력 부위를 보면 쉽게 구분을 할 수 있다. 즉, 부르돈관 게이지는 연결 부위에 특별한 것이 없지만, 다이어프램 게이지는 연결 부위에 수직방향으로 넓은 판이 있는 것이 차이점이다. 넓은 판은 바로 다이어프램이 설치되어 있는 부분이다. 그리고 다이어프램의 장단점은 표 9-11과 같다.

벨로우즈는 외주에 주름상자형의 주름을 갖고 있는 금속박판원통을 의미하며, 그 내부 또는 외부에 압력을 받으면 중심축 방향으로 팽창 및 수축을 일으키는 압력계의 일종이다. 벨로우즈는 압력에

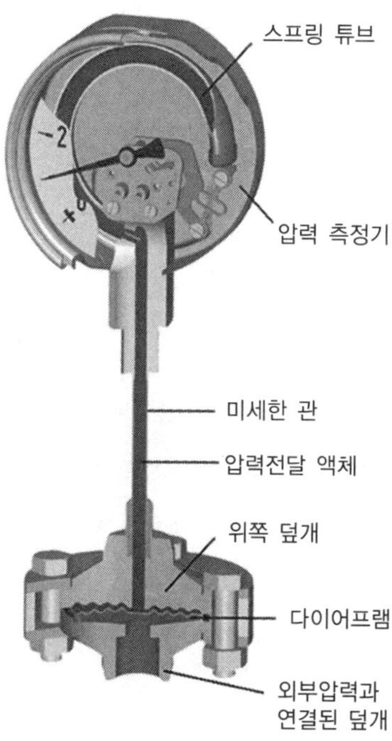

(a) 다이어프램 압력센서의 내부 구조

(b) 다이어프램 게이지의 외관

그림 9-39 다이어프램 압력센서의 내부 구조 및 게이지의 외관

표 9-11 다이어프램 압력센서의 장단점

장점	단점
① 수압면적이 커서 감도가 높고, 저압측정이 용이 ② 점도가 높은 액체 및 고형물질을 함유한 압력 측정에 적합 ③ 막의 고유진동수가 높아 응답속도가 빠름 ④ 전기적 변환장치를 사용하면 쉽게 전기적 출력이 가능	① 다른 탄성 센서에 비해 변위가 작아, 2차적인 신호 확대기구가 필요 ② 다른 탄성 센서에 비해 히스테리시스와 크리프(creep) 현상이 상대적으로 큼

따른 길이의 변화가 부르돈관이나 다이어프램보다 커서 보통 저압 측정에 많이 사용된다. 벨로우즈의 사용한도는 내압에 의해서 결정되며, 내압 증가를 위해 벨로우즈의 벽 두께를 증가하여야 하나, 이것은 강성도의 증가를 가져오기 때문에 선형도가 나빠지므로 보통 10 kg/cm^{2}가 한도이다. 그러나 선형도가 문제되지 않는 경우에는 내압 200 kg/cm^{2}까지 사용이 가능하다.

벨로우즈의 재질로는 황동, 인청동(청동에 인을 첨가한 합금), 벨릴륨동, 스테인리스 스틸, 니켈 등이 있으나, 황동이 가장 많이 쓰이는 재질이며, 인청동은 양호한 기계적 특성이 요구될 때 사용한다. 벨로우즈는 주름, 깊이, 끝 모양이 서로 다른 다양한 종류가 있으며, S형과 C형은 주로 고압용으로 사용하며, U형은 저압에 사용한다. 벨로우즈의 내경과 외경의 비는 보통 1.3~1.5 정도이다.

벨로우즈의 압력측정 원리는 그림 9-40과 같다. 벨로우즈의 선형성을 좋게 하기 위해 스프링과 결합해서 제작한다. 외부에서 압력이 가해지면, 압력 방향으로 벨로우즈에 힘이 가해져 벨로우즈가 힘의 방향에 따라 수축 및 팽창을 하게 되고, 끝 부분에 연결된 지시계의 바늘에 의해 압력을 확인할 수 있다. 벨로우즈 압력계의 압력측정 범위는 0.05 kg$_f$/cm^{2}까지이며, 미소압력 차압, 절대압력 등의 측정 및 지시용으로 사용된다. 벨로우즈 게이지는 부르돈 게이지와 외관이 매우 비슷하지만, 벨로우

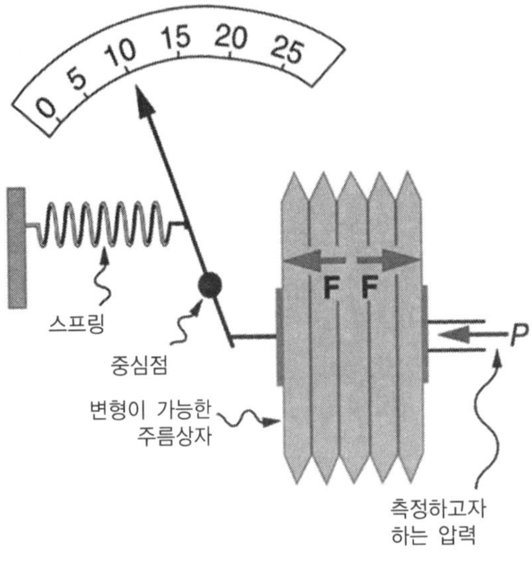

(a) 벨로우즈의 압력측정 동작원리

(b) 벨로우즈 게이지의 외관

그림 9-40 벨로우즈 압력센서의 동작원리 및 게이지의 외관

즈 게이지는 숫자판 뒤에 압력과 반응하는 벨로우즈가 설치되어 있어 부르돈 게이지에 비해 두께가 두꺼운 것이 차이점이다.

9.4.5 전기식 압력계

앞에서 설명된 수은주 압력계와 탄성식 압력계들을 이용해서도 전기적인 신호로 바꿀 수 있다. 예를 들면 벨로우즈의 끝부분에 커패시터를 부착하고 벨로우즈의 움직임에 따라 커패시터 사이의 거리가 변하게 되고, 이로부터 정전용량 변화를 이용해서 압력을 전기적인 신호로 바꿀 수 있다. 다이어프램 방식도 마이크의 원리를 이용하면 다양한 형태의 전기적인 신호로 바꿀 수 있다. 즉, 탄성식 압력계도 이차적인 장치를 추가하면 얼마든지 전기적인 신호로 바꿀 수 있다. 또한, 압력에 의해 재료의 전기적인 특성변화를 이용하는 직접적인 전기식 압력계로도 전기적인 신호로 바꿀 수 있다. 간접 전기식 방법 중 대표적인 것이 스트레인 게이지와 정전용량 압력센서이며, 직접 전기식 압력계로는 압전식 압력센서가 있다.

스트레인 게이지의 원리에 대해서는 힘을 측정하는 센서인 9.3.2절에 설명되어 있다. 압력측정에 이용되는 스트레인 게이지 변환기는 접착형과 비접착형 두 가지가 있으며, 그 원리는 동일하다. 즉, 도선이 탄성적으로 늘어나면 그 길이와 직경이 변하여 도선 전체의 전기저항이 변화하는 기본 원리를 이용한 것이다.

따라서 부르돈관, 다이어프램, 벨로우즈 등과 같은 길이 변환장치와 스트레인 게이지를 결합하면 압력을 전기적인 신호로 감지할 수 있다. 이와 같은 스트레인 게이지는 압력 측정, 로드셀, 토크 측정, 위치 감지 등 다양한 분야에서 사용되고 있다. 스트레인 게이지에는 저항형과 반도체형 두 가지가 있다. 일반적인 저항형 스트레인 게이지는 그림 9-41과 같이 대부분 포일(foil) 형태로 되어 있으며, 부드럽게 움직일 수 있는 기판 위에 조그만 압력 변화에도 저항 변화를 쉽게 감지할 수 있도록 하기 위해 저항성 전도선을 그리드 패턴으로 만들어 전도선의 길이를 최대로 만든다. 그리고 스트레인 게이지는 일종의 저항이기 때문에 보통 Wheatstone 브리지에 연결하여 저항변화를 감지한다. 반도체 스트레인 게이지는 저항형에 비해 게이지율이 50~70배 정도 높은 장점은 있으나, 저항 온도계수가 크고, 변형의 폭이 좁으며 작은 반경의 곡면에 접착시키기가 곤란한 단점이 있다.

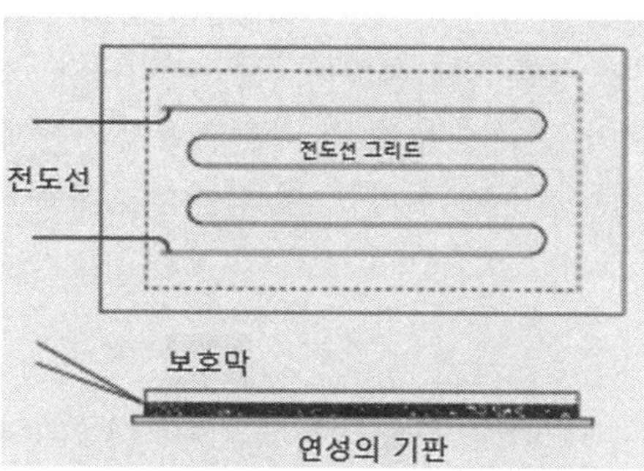

(a) 스트레인 게이지 내부 구조

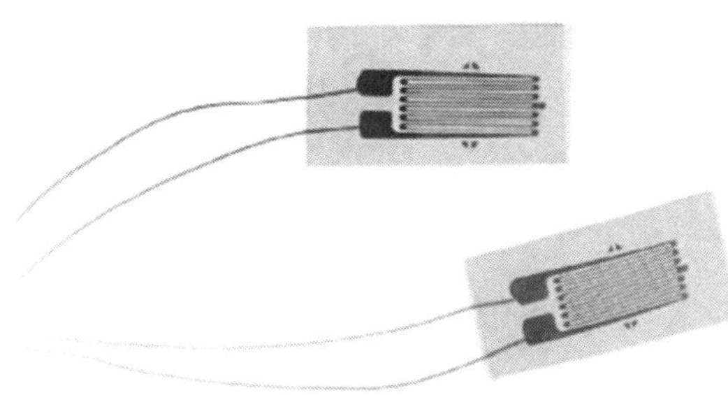

(b) 대표적인 스트레인 게이지 외관

그림 9-41 스트레인 게이지의 내부 구조 및 외관

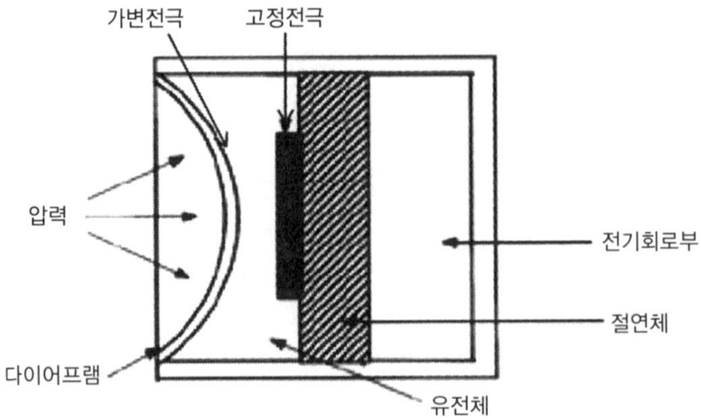

그림 9-42 다이어프램과 연결된 정전용량 압력센서의 구조

정전용량형 압력센서는 그림 9-42에서 보듯이 다이어프램과 연동하여 압력에 의해 위치가 변하는 쪽에 전극판을 만들고, 다이어프램이 압력을 받으면 이에 상응하는 위치의 변화가 일어나며, 이로 인해 전기용량의 변화가 생기게 된다. 이와 같은 변환기 자체의 가격은 저렴하며, 만들기 쉽고 유지가 편리한 장점이 있지만, 이의 출력값을 받아 전기적인 신호로 바꾸어 주는 신호 변환기가 다소 복잡하다. 평판 사이의 간격보다 사용변위를 작게 하고 적당한 두께의 유전체를 삽입하면 거의 직선에 가까운 출력을 얻을 수 있다. 또한, 유전체를 삽입하여 공기대비 유전상수를 크게 하면 변환기의 감도를 증가시킬 수 있다. 실제 운모를 사용한 경우는 공기보다 약 7배 큰 유전상수를 가지고 있어, 공기보다는 운모의 경우 감도를 개선시킬 수 있다.

압전식 압력센서는 압전(piezoelectric) 효과와 압저항(piezoresistive) 효과를 이용하여 압력을 소자가 직접 전기적인 신호로 바꾸는 센서이다. 압전형 압력센서는 입력압력에 대응된 전기적 출력을 얻을 수 있도록 설계된 것으로 압전식은 외부의 여기전원 없이도 사용이 가능하지만 이 경우에는 출력신호가 작기 때문에 증폭이 필수적이다. 따라서 대부분 경우에는 외부전원과 연결하거나 병렬로 센서를 여러 개 연결하여 사용하고 있다.

압저항에 사용되는 센서는 그림 9-43(a)와 같이 실리콘 재료를 이용하여 압력을 받는 부분을 미세가공하여 다이어프램 역할을 하도록 하고, 끝부분에 보론을 이온주입한 압저항 변환기에 연결해서 다이어프램의 변형에 의한 저항 변화를 압저항 센서를 통해 감지하도록 하는 원리이다.

그리고 압전체를 이용한 동작원리는 그림 9-43(b)에서와 같이 힘을 압력 입력부로 인가하게 되면, 동일한 힘이 힘을 전달하는 판에 그대로 전달되어 압전체를 누르게 되고, 이 힘에 비례하는 전압을 압전체에서 출력하게 된다.

9.4.6 진공용 압력계

매우 낮은 압력을 측정하는 것은 진공을 유지해야 하는 공정에는 반드시 필요하다. 진공의 의미는 기체 압력이 전혀 없는 것이 아니라 대기압보다 낮은 압력상태를 의미한다. 완벽한 진공은 절대 얻을 수 없으며, 심지어 우주 공간에서도 완전한 진공은 아니다.

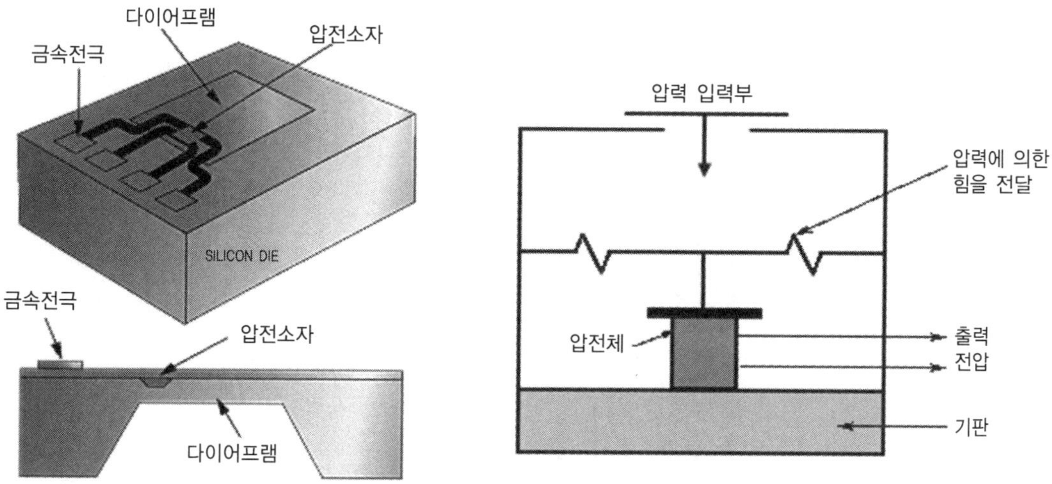

(a) 다이어프램을 이용한 압전소자 응용 (b) 압전체를 이용한 압력측정 원리

그림 9-43 압전식 압력센서의 동작원리

진공은 앞에서 설명된 압력센서로 측정하는 대기압과 비교해서 음의 압력을 측정하는 것이다. 일반적인 압력센서로는 신호대 잡음비가 별로 좋지 않기 때문에 매우 낮은 농도의 가스에 의한 압력을 구분할 수 없다. 대부분의 압력센서는 멤브레인 또는 다이어프램을 이용하지만, 진공을 측정하는 데에는 전혀 다른 원리를 사용해야 한다. 단위 체적당 분자들의 수와 관련된 가스 분자들의 특성을 이용해야 한다. 즉, 열전도도, 점성, 이온화 등의 특성을 분석해서 진공을 측정한다.

9.4.6.1 피라니 게이지(Pirani Gauge)

피라니 게이지는 가스의 열전도도를 통해 압력을 측정하는 원리이다. 진공 센서의 가장 오래된 방법 중 하나이다. 게이지의 가장 간단한 형태는 열을 가하는 판을 이용하는 것인데, 가스 압력에 따라 판의 열손실 정도를 검출하여 진공을 측정한다. 피라니 게이지는 1906년 Marcello Pirani에 의해 개발된 방법이며, 발명자의 이름을 따서 피라니라 명명되었다.

피라니 게이지의 내부 구조는 그림 9-44와 같다. 금속관 내부에 설치된 텅스텐 또는 백금으로 만든 저항형 히터인 필라멘트는 분자들의 충돌로 인해 가스쪽으로 열을 빼앗기게 된다. 만약 가스압력이 감소한다면, 분자의 수는 비례해서 줄어들 것이며, 필라멘트는 열을 서서히 잃게 된다. 이러한 열손실을 측정하면 간접적으로 진공을 측정할 수 있다. 열손실은 전기저항으로부터 알 수 있는데, 필라멘트의 전기저항은 온도에 따라 변하므로 저항은 필라멘트의 온도를 나타낸다. 이와 같은 피라니 게이지를 사용하면 0.5 Torr에서 10^{-4} Torr 사이의 압력을 측정하는데 유용하다[132].

9.4.6.2 이온화 게이지(Ionization Gauge)

피라니 게이지로 측정할 수 있는 더 낮은 진공은 이온화 게이지(ionization gauge)로 측정하는데, 이온화 게이지에는 페닝게이지(Penning gauge)라고 하는 '저온음극 이온화 게이지'(cold cathode ionization gauge)와 열이온게이지(thermionic gauge)인 '고온음극 이온화 게이지'(hot cathode ion-

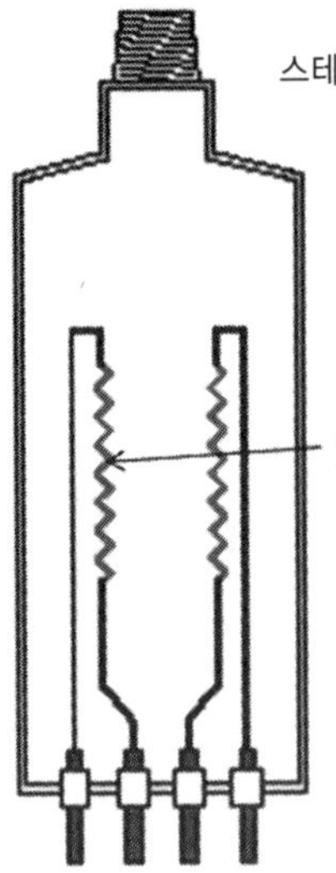

그림 9-44 피라니 게이지의 내부 구조

ization gauge) 두 종류가 있다. 페닝게이지는 10^{-3} Torr~10^{-13} Torr의 진공도 측정에 적합하며, 열이온게이지는 0.1 Torr~10^{-11} Torr 진공도 측정에 적합하다.

압력은 폐공간 내의 분자 수에 비례하므로, 이온화 게이지의 기본 원리는 이와 같은 분자 수를 측정하여 압력을 측정하는 방법이다. 이의 기본적인 내부 구조는 그림 9-45(a)와 같다. 열이온 게이지는 필라멘트를 가열하여 열전자를 방출하게 하고, 음극과 양극 사이의 전기장에 의해 방출된 전자는 가속되어 챔버 내에 있는 분자들을 이온화시키게 된다. 이때 이온화된 분자 중 양이온만을 포획하여 이의 전류를 측정하는 방법이다. 이때의 이온 전류는 챔버 내의 분자 수와 비례하므로 진공을 알 수 있다. 페닝게이지는 그림 9-45(b)와 같이 상온 상태에 있는 음극에 강한 전압을 인가하여 전자를 방출하게 하고, 전기장에 의해 가속된 전자가 챔버 내의 분자를 이온화시켜 이온의 전류를 측

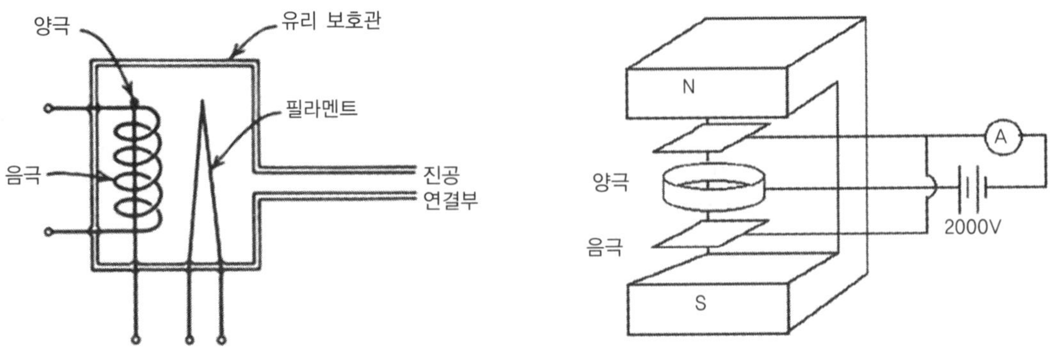

(a) 열이온 게이지의 내부 구조

(b) 페닝게이지의 내부 구조

그림 9-45 두 종류 이온화 게이지의 내부 구조

정하여 압력을 측정하는 방법이다. 전자의 운동에너지를 올리기 위해 전기장뿐만 아니라 자기장을 인가하기도 한다[133].

따라서 페닝게이지와 열이온게이지의 차이점은 전자를 생성시키는 방법에서 차이가 있다. 페닝게이지는 고전압을 인가하여 전자를 발생시키는 반면, 열이온게이지는 필라멘트의 열을 통해 전자를 발생시키는 방법이다.

9.5 유량계 원리

9.5.1 유량의 물리적 개념

물리법칙 중의 하나가 질량 보존의 법칙이다. 고립계 내에서 질량은 없앨 수도 없고 만들 수도 없다는 뜻이다. 만약 고립계가 아니고 경계면을 통해 질량의 흐름이 있다고 하면, 들어온 양과 빠져나간 양의 합은 제로일 것이며, 질량이 추가가 되면 반드시 빠져나간다는 뜻이다. 들어오고 나가는 것을 동시에 측정한다면 계에 들어오는 질량의 양과 빠져나가는 양은 동일할 것이다.

$$\frac{dM_{in}}{dt} = \frac{dM_{out}}{dt} \tag{9-37}$$

역학적인 관점에서 보면, 이러한 흐름은 액체(물, 기름, 가솔린 등), 공기, 가스(산소, 질소, 일산화탄소, 수증기 등) 등에서 생긴다. 흐름이 정지된 상태에서는 시간에 따라 흐르는 양이 제로일 것이다. 유체가 흐르는 모든 위치에서의 속도벡터는 흐름의 접선방향이 된다. 흐르는 유체를 감싸고 있는 경계면을 튜브라고 한다. 이와 같은 튜브의 경계면은 유선(streamline)을 형성하고 있으므로 튜브 경계의 바깥으로 통과하는 유체는 없으며, 튜브는 파이프와 같은 역할을 한다. 흐르는 유체는 이와 같은 파이프의 단면적 A_1인 한쪽 끝에서 들어와 A_2인 곳으로 빠져나간다. 튜브 내에서 움직이는 물체의 속도는 일반적으로 튜브 내의 다른 위치에서는 서로 다른 크기를 나타낸다. 특정한 시간 간격 Δt동안 주어진 면을 통과하는 움직이는 매질의 부피는 다음과 같다.

$$\Lambda = \frac{V}{\Delta t} = \int \frac{\Delta x}{\Delta t} dA = \int v\, dA \tag{9-38}$$

여기서 v는 움직이는 매질의 속도이며, Δx는 부피 V의 변위량에 해당한다. 계산을 쉽게 하기 위해 다음과 같은 평균속도의 개념을 사용한다.

$$v = \frac{\int v\, dA}{A} \tag{9-39}$$

파이프 크기보다 작은 면적을 가지는 센서에서 속도를 측정할 때에는 어느 정도의 오차를 가지고 있으므로 실제 속도보다 작을 수도 클 수도 있다. 평균 속도와 단면적의 곱을 플럭스(flux) 또는 흐름률(flow rate)이라고 하며, SI단위는 m^3/s이다. 그러므로 플럭스는 다음과 같이 쓸 수 있다.

$$A v_d = \int v\, dA \tag{9-40}$$

유량센서는 식 (9-40)의 v_d를 측정하는 것이다. 그러므로 플럭스를 결정하기 위해서는 유체가 흐르는 튜브의 단면적을 반드시 알아야 하며, 그렇지 않으면 그 측정은 의미가 없다. 흐름 측정은 매우 가끔 부피의 변위를 측정하기도 하지만, 대개의 경우 부피보다는 질량의 흐름을 측정한다. 그러므로 비압축성 재료에 대한 부피와 질량의 관계는 밀도 ρ의 개념을 사용해서 다음과 같이 쓸 수 있다.

$$M = \rho V \tag{9-41}$$

그러므로 질량 흐름률은 다음과 같다.

$$\frac{dM}{dt} = \rho A \bar{v} \tag{9-42}$$

질량 흐름에 대한 SI단위는 kg/s이다. 만약 임의의 압력에서 압축이 가능한 매질에 대해서는 압력을 반드시 표시해야 한다. 이와 같은 질량이나 부피의 변위를 측정할 수 있는 센서는 매우 많다. 어떤 종류의 센서를 사용하더라도 내재된 측정의 어려움 때문에 측정 과정이 다소 복잡해질 수도 있다.

9.5.2 유량 측정법의 분류

산업이 발달함에 따라 유량측정은 온도, 습도, 압력, 레벨 등의 공업계측 중에서 가장 중요한 계측이 되어가고 있다. 그러나 유량측정은 그 대상이 유체로서 정적이 아닌 동적인 관계로 측정이 매우 어렵고 정확도 또한 다른 계측에 비해 낮다. 유량계의 원리는 유체역학적으로 간단하지만 이를 실현시키기 위해서는 수많은 실험과 시행착오를 거치고, 산업현장에서 잘 적응하여 자리 잡기까지는 몇 십년 이상 소요되기도 하고, 때로는 현장 적응성 문제로 사장되기도 한다.

1990년대 들어 전자공학이 급속하게 발달하여 전자적인 유량계, 즉 초음파유량계, 전자기유량계, 질량유량계 등이 현저히 성능이 향상되어 각 분야에서 많이 사용되고 있다. 유량을 측정하는 방법에는 매우 많은 종류가 있으며, 사용되는 유량센서의 종류는 기계식, 전자식 등이 있다. 그리고 유량을 산출하기 위한 측정량으로는 차압, 온도, 등압, 회전수, 초음파의 전달시간, 레벨, 유도된 전기, 변이량, 와류 발생 주파수, 힘, 레벨 등 매우 다양하다. 따라서 유량센서에 대한 기술은 매우 종합적인 기술이라 볼 수 있다.

이들 유량계는 측정원리가 각각 다르고 정확도, 측정범위 등이 달라 유량측정 목적, 유체의 종류, 요구되는 정확도, 측정범위, 경제성을 고려하여 가장 적합한 유량계를 선정해야 한다. 그리고 선정된 유량계는 유량계가 요구하는 설치조건에 맞게 전, 후단의 직관부가 잘 형성되고 기포가 생기지 않는 지점에 설치해야 한다.

9.5.3 차압 유량계

액체 및 기체 등의 유체 유량을 측정하는 경우 유체가 흐르고 있는 관로 중에 조임기구인 오리피스, 벤츄리관, 플로우 노즐 등을 설치하여 전후 발생하는 압력의 차로부터 유량을 검출하는 방식이다. Bernoulli 법칙에 의하면 유체가 흐르고 있는 관로상 일부를 축소시키면 유체가 그 부분을 통과할 때 속도는 증가하고 압력이 감소함으로써 조임기구 전후 압력차와 유량과의 사이에는 일정한 관계가 있어 차압으로부터 유량을 측정하는 방법이다[134].

차압 유량계에서 사용되는 용어에 대한 정의는 다음과 같다. 조임기구는 관로의 중간에 설치하여 관로의 단면적을 축소하게 하는 장치이며, 오리피스, 벤츄리관, 노즐 등을 의미한다. 개구비(β)는 조임기구의 구멍 직경 d와 조임기구 이전 관로의 내경 D와의 비로서 $\beta = d/D$이다. 차압은 조임기구의 상류측 압력 출구와 하류측 출구에서의 압력 차이이다. 근접속도계수(E)는 $1/(1-\beta^4)^{1/2}$이며, 유량계수(α)는 조임기구를 설치한 관로에 비압축성 유체를 흘려 실험한 후 계산한 값이고, 유출계수(Cd)는 실제 유량과 이론 유량의 비이다.

차압 유량계의 측정원리는 그림 9-46과 같다. 단면이 원형인 수평배관의 중심에 동심원의 구멍이 있는 평판 형태의 조임기구를 흐름에 직각으로 설치하고, 유체는 비압축성으로 점도의 영향이 없는 유체이며, 흐름은 정상적인 흐름으로 관로 내를 가득차서 흐르고 있다고 가정하면, 조임기구 상류 단면도 a와 하류의 흐름이 좁혀진 단면 b와의 사이에는 다음과 같은 Bernoulli 방정식과 연속방정식이 성립한다.

$$P_1 + \frac{\rho_1 V_1^2}{2} = P_2 + \frac{\rho_2 V_2^2}{2} \tag{9-43}$$

$$\rho_1 V_1 A_1 = \rho_2 V_2 A_2 \tag{9-44}$$

따라서 조임기구를 통과하는 부피유량 Q와 차압 $(P_1 - P_2)$와의 관계는 다음과 같다.

$$Q = V_2 A_2 = A_2 \frac{1}{\left[1-(A_2/A_1)^2\right]^{1/2}} \left[\frac{1}{\rho_1}(P_1 - P_2)\right]^{1/2} \tag{9-45}$$

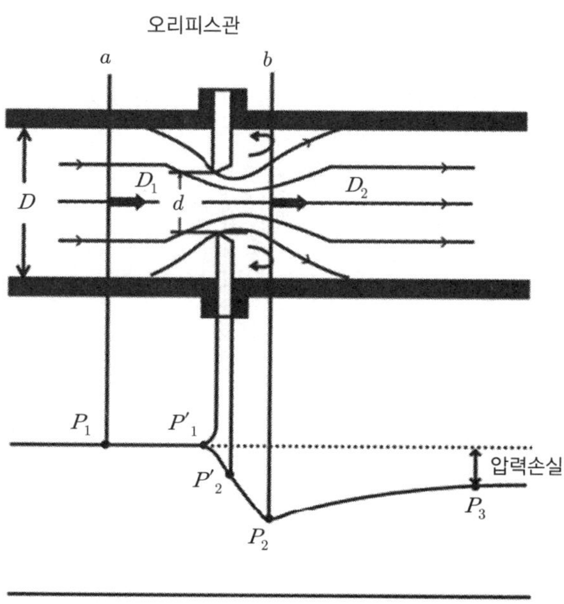

그림 9-46 오리피스 전후의 압력차

그러나 실제 유량은 유체의 마찰, 수축부의 불일치 등 이상적인 가정조건들과 차이가 있기 때문에 실제 유량을 얻기 위해서는 앞에서 설명한 유출계수라는 개념을 도입해야 하며, 실제 유체의 경우는 다음 식을 사용한다.

$$Q_v = Cd \cdot E \cdot \frac{\pi}{4} \cdot d^2 \left[\frac{1}{\rho_1} (P_1 - P_2) \right]^{1/2} \tag{9-46}$$

위의 식에서 유체유량 Q_v를 결정하는 중요한 함수는 조임기구 전후의 정압을 측정하여 위의 수식을 이용해서 유량을 산출하게 된다. 조임기구 전후단의 도관으로부터 각각 인출된 압력들은 차압 전송기로 검출하고 차압에 따른 공기적 또는 전기적인 신호를 개평연산기(square root converter)를 통해 연산하거나 차압발신기 자체에 마이크로프로세서가 내장되어 개평연산결과 신호를 이용하여 제어 또는 측정신호로 이용한다.

차압식에 사용되는 핵심부품인 조임기구용으로 가장 많이 사용하는 것이 오리피스이다. 오리피스는 노즐이나 벤츄리관에 비해 압력손실이 크고 다른 조임기구에 비해 유량계수가 작은 결점이 있다. 그러나 형상이 간단하고 제작이 용이하므로 가장 많이 사용되고 있다. 오리피스 플레이트의 구조는 그림 9-47에서 보듯이 상류측과 하류측을 구분해야 한다. 하류쪽에 그림과 같이 경사지게 되어 있는데, 보통 30~45° 크기로 제작한다. 오리피스 플레이트 가운데 부분, 즉 유체가 통과하는 부분의 형태는 직각날형, 콘형, 사분원형 등이 있으며, 가장 많이 사용되는 모양은 동심 직각날형 오리피스 플레이트이다. 오리피스를 이용한 자세한 사용방법은 국제규격 ISO 5167에서 다루고 있으며, 한국공업규격 KSA 0612에서 규정하고 있다.

또 다른 조임기구로 플로우노즐이 있다. 노즐에도 다양한 종류가 있으며, 한국공업규격 KSA 0612 및 ISO 5167에서 채택하고 있는 노즐은 ISA 1932 노즐과 타원노즐 두 가지이다. 노즐형상은 유체흐름에 의한 유선형로를 많이 따르고 있기 때문에 유체 중에 이물질에 의한 마모 등의 영향은 직각날 오리피스에 비해 매우 작은 편이며, 유출계수는 전 측정범위에서 0.9~0.99 범위로 동일한 직경, 동일 차압을 발생시키는 오리피스에 비하여 약 65% 정도 많은 유체를 흘릴 수 있다. 일반적으로 노즐

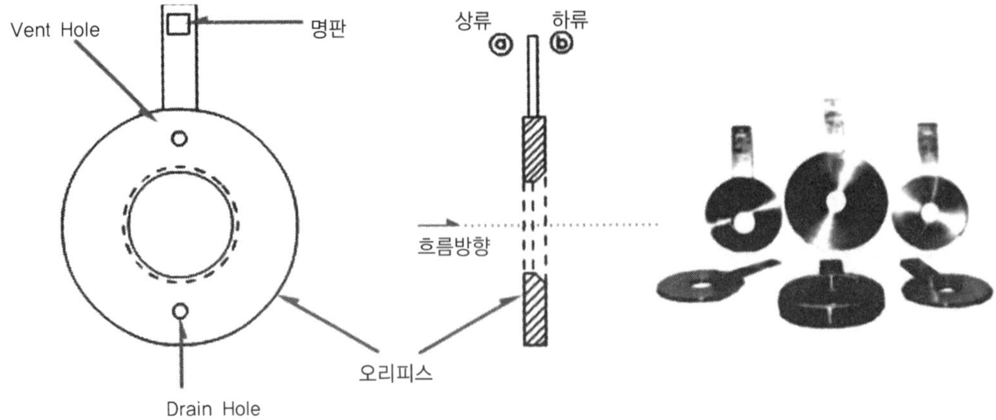

그림 9-47 오리피스 플레이트 구조 및 외관

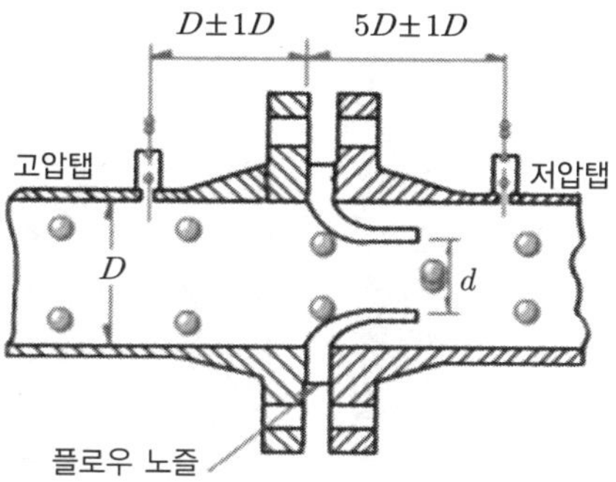

그림 9-48 플로우 노즐의 구조 및 외관

은 수직관로상에서 유입부를 위쪽으로 설치하는 것이 바람직하며, 액체보다는 기체 유량측정에 더 적합하다고 볼 수 있다.

또 다른 조임기구로 벤츄리관이 있다. 벤츄리관은 유체의 유입 및 유출부분이 모두 유선형으로 되어 있어서 유량 측정시 압력손실이 적으며, 실제적인 유체 유동과 벤츄리의 유선형도가 잘 일치하기 때문에 유출계수는 거의 1에 가깝다. 전형적인 벤츄리관은 그림 9-49와 같으며, 유출부분의 발산각도는 규격서에 7~15°로 되어 있지만 실제적으로는 7~8°로 하는 것이 압력 손실을 줄일 수 있다. 최근에는 벤츄리 노즐 부분의 길이를 짧게 한 형태가 많이 사용되고 있으며, 이들의 제작사양 및 설치조건 등에 관해서는 ISO 5167에 자세히 나와 있다. 벤츄리의 압력손실은 다른 유량계에 비하여 적기 때문에 정기적이고 계속적인 대용량 유체 공급 관로에 설치하는 것이 최초의 설치비용을 감안하더라도 오리피스 등과 같이 압력손실이 큰 유량계에 비하여 훨씬 경제적일 수 있다. 따라서 벤츄리관은 고속 대유량의 측정이나 압력손실에 주의해야 하는 경우에 주로 사용되며, 고체가 측정 유체 중에 포함되어 있는 탁한 액체에도 사용이 가능하다.

9.5.4 면적 유량계(Rotameter)

일명 rotameter라고도 하는 면적 유량계는 그림 9-50(a)와 같이 수직의 테이퍼관(tapered tube)과 그 안에서 자유롭게 위 아래로 움직일 수 있는 플로트(float)로 구성되어 있다. 측정되는 유체는 아래로부터 들어와 위쪽으로 빠져 나가게 되고, 유량이 변함에 따라 플로트의 위치가 위 아래로 이동

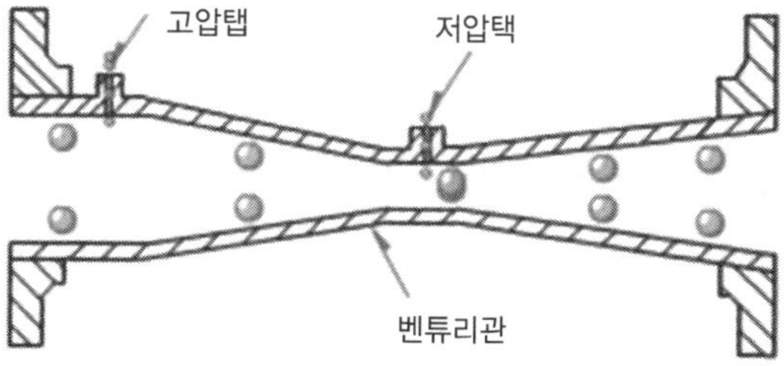

그림 9-49 벤츄리관의 구조 및 외관

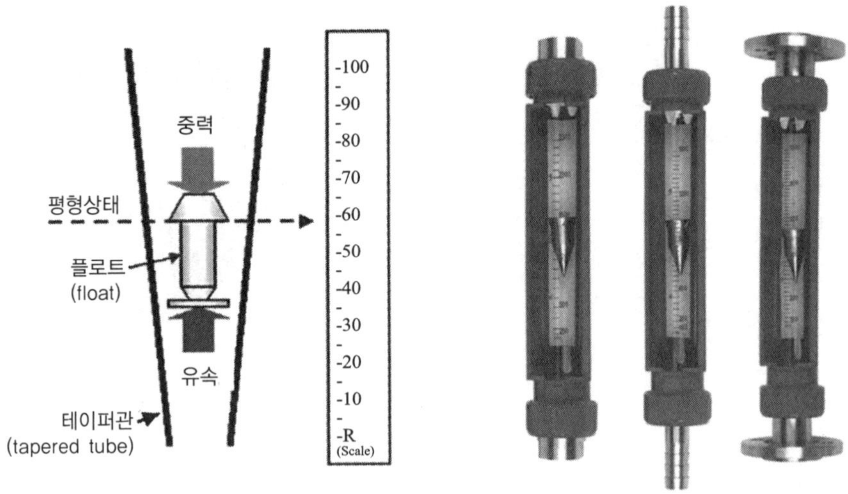

(a) 면적 유량계의 내부 구조　　(b) 대표적인 rotameter의 외관

그림 9-50 면적 유량계의 내부 구조 및 외관

하게 된다. 수직으로 사용하는 이유는 플로트의 중력과 유속에 의한 힘을 평형상태로 만들어서 사용하기 때문이다. 플로트의 위치는 유량과 선형적인 관계에 있기 때문에 플로트의 위치로부터 유량을 측정하는 방식이다. 그리고 플로트 위쪽과 아래쪽의 압력차가 항상 일정하게 유지되는 것이 특징이다. 즉, 면적 유량계에서는 유체가 흐르는 유로의 면적변화와 유량과의 선형적인 관계를 이용한 원리이다. 대표적인 외관은 그림 9-50(b)와 같은데, 플로트의 위치에서의 눈금을 볼 수 있도록 되어 있어 유량을 눈으로 확인할 수 있다.

유체가 관의 하부로 흘러 들어오면 플로트는 위로 상승하게 되고 플로트에 작용하는 압력차, 부력, 중력 및 점성력 등이 평행을 이루는 위치에서 정지하게 된다. 따라서 플로트가 어느 위치에서 균형을 잡고 있을 때, 플로트가 아래로 미는 힘과 위쪽으로 미는 힘이 같으므로 그림 9-51의 정의에 의해 관내에 흐르는 체적 유량은 다음과 같다. 여기에서 각종 기호들과 단위는 다음과 같다. V_f는 플로트의 부피(cm^3), p_f는 플로트의 밀도(g/cm^3), a_f는 플로트의 최대 단면적(cm^2), P_1은 플로트 아래쪽의 압력(Pa), P_2는 플로트 위쪽의 압력(Pa), ρ는 유체의 밀도(g/cm^3), U_1은 플로트 아래쪽의 유체속도(cm/s), U_2는 플로트 클리어런스(clearance)에서의 유속(cm/s), A_1은 플로트 아래쪽의 단면적(cm^2), A_2는 플로트 클리어런스(clearance)의 단면적(cm^2), Q는 흐름률(flow rate, cm^3/s), g는 중력가속도이다.

플로트를 위로 밀어올리는 힘은 $a_f(P_1 - P_2)$이며, 플로트가 아래로 작용하는 중력은 $V_f(\rho_f - \rho)g$이다. 플로트가 정지해 있다면, 두 힘이 같은 것이므로 다음과 같다.

$$a_f(P_1 - P_2) = V_f(\rho_f - \rho)g \tag{9-47}$$

$$P_1 - P_2 = \frac{V_f(\rho_f - \rho)g}{a_f} \tag{9-48}$$

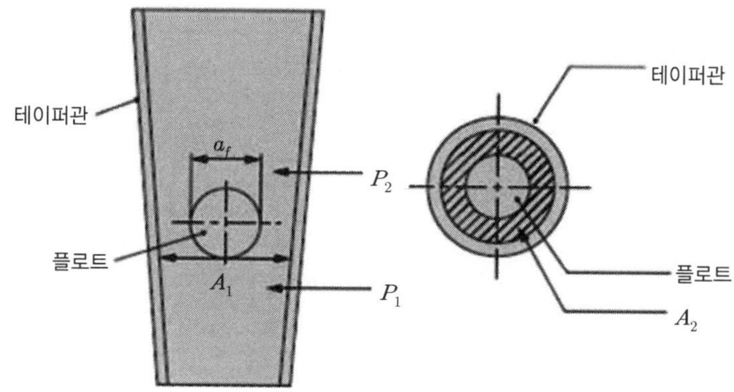

그림 9-51 면적 유량계의 원리

유체의 흐름율 $Q = A_1 U_1 = A_2 U_2$을 사용하면 Bernoulli 방정식은 다음과 같다.

$$\frac{U_1^2}{2} + \frac{P_1}{\rho} = \frac{U_2^2}{2} + \frac{P_2}{\rho} \tag{9-49}$$

식 (9-49)에서 압력차 $P_1 - P_2$는 다음과 같다.

$$P_1 - P_2 = \frac{\rho}{2}\left(U_2^2 - U_1^2\right) \tag{9-50}$$

식 (9-50)에 유체의 흐름률 관계식으로 바꾸면 다음과 같다.

$$P_1 - P_2 = \frac{\rho}{2}\left[\left(\frac{Q}{A_2}\right)^2 - \left(\frac{Q}{A_1}\right)^2\right] \tag{9-51}$$

식 (9-51)에서 Q에 대해 풀어쓰면 다음과 같다.

$$Q = \frac{A_1 A_2}{\sqrt{A_1^2 - A_2^2}} \sqrt{\frac{2(P_1 - P_2)}{\rho}} \tag{9-52}$$

식 (9-52)에 식 (9-48)을 대치하면 다음과 같다.

$$Q = \frac{A_1 A_2}{\sqrt{A_1^2 - A_2^2}} \sqrt{2g\left(\frac{\rho_f - \rho}{\rho}\right)\frac{V_f}{af}} \tag{9-53}$$

위의 식은 마찰이 없다고 가정한 것인데, 실제적으로는 약간의 마찰저항이 있기 때문에 실제적인 식은 다음과 같다.

$$Q = C\frac{A_1 A_2}{\sqrt{A_1^2 - A_2^2}} \sqrt{2g\left(\frac{\rho_f - \rho}{\rho}\right)\frac{V_f}{a_f}} \tag{9-54}$$

여기서 A_1과 A_2는 플로트의 위치에 의해 결정되는 값이고, C는 Reynolds 수의 함수로 플로트에 의해 결정되는 값이다. 따라서 플로트와 관련된 값을 모두 하나의 상수로 가정하게 되면, 식 (9-54)

는 다음과 같은 일반적인 관계식을 얻을 수 있다.

$$Q = C' \sqrt{2g\left(\frac{\rho_f - \rho}{\rho}\right) V_f} \tag{9-55}$$

임의의 액체에 대해 유량을 측정하고자 하면 물을 기준으로 하여 다음과 같은 관계식에서 유량을 보정할 수 있다.

$$Q_{물} = C' \sqrt{2g\left(\frac{\rho_f - \rho_{물}}{\rho_{물}}\right) V_f} \tag{9-56}$$

$$Q_{액체} = C' \sqrt{2g\left(\frac{\rho_f - \rho_{액체}}{\rho_{액체}}\right) V_f} \tag{9-57}$$

위의 식 (9-56)과 식 (9-57)을 나누게 되면 다음과 같은 결과를 얻을 수 있으며, 미지의 액체에 대한 실제 흐름률은 밀도를 이용한 아래 식으로부터 계산하여 보정할 수 있다.

$$Q_{액체} = Q_{물} \sqrt{\frac{(\rho_f - \rho_{액체}) \times \rho_{물}}{\rho_{액체} \times (\rho_f - \rho_{물})}} \tag{9-58}$$

그리고 가스인 경우는 가스의 밀도가 플로트의 밀도보다 무시할 정도로 작기 때문에 식 (9-55)에서 가스에 대한 흐름식은 다음과 같다.

$$Q = C' \sqrt{2g\left(\frac{\rho_f}{\rho}\right) V_f} \tag{9-59}$$

식 (9-59)에서 밀도 ρ_f와 부피 V_f는 상수이므로 줄여서 다음과 같이 쓸 수 있다.

$$Q = C'' \sqrt{\left(\frac{1}{\rho}\right)} \tag{9-60}$$

면적 유량계의 단점으로는 압력손실이 비교적 큰 편이며, 반드시 수직으로 설치해야 하기 때문에 불필요한 배관이 생겨나서 부가적인 압력손실이 발생할 수도 있고, 유량을 지시하는 플로트의 위치는 점도 또는 밀도에 대한 영향을 받기 때문에 측정대상이 다른 유체의 체적유량을 측정하면 큰 오차가 발생할 수 있기 때문에 반드시 위에서 유도한 흐름률의 수식을 통해 교정을 해야 한다. 면적 유량계는 주로 소용량의 유량 측정에만 사용되고 있으며, 일반적으로 최대 유량측정 범위는 물의 경우 초당 1리터이고, 공기의 경우는 초당 수십 리터 정도이다.

9.5.5 용적 유량계(Positive Displacement Flowmeter)

용적 유량계는 액체용과 기체용이 있으며, 계량법상 적산 유량계의 일종으로 분류된다. 유량측정 방법은 계량실 내부의 회전자나 피스톤 등의 가동부와 그것을 둘러싸고 있는 케이스와 사이에 일정 용적의 공간부를 밸브로 하고, 그 속에 유체를 충만시켜 그것을 연속적으로 유출구로 송출하는 구조로 되어 있으며, 그 계량횟수에서 용적유량을 측정하는 것이다. 용적 유량계에는 케이스와 가동부에 의해서 형성되는 계량 공간부 형식에 따라 회전자형, 피스톤형, 로터리 벤형 등 여러 가지가 있으며,

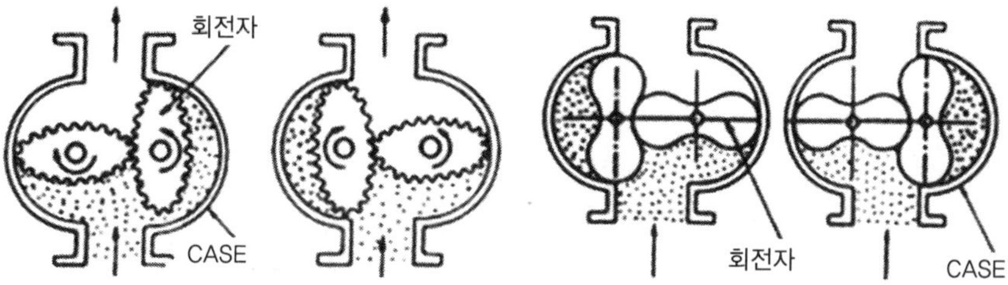

(a) 오벌기어 타입(oval gear type) (b) 루트 미터 타입(root meter type)

그림 9-52 대표적인 용적 유량계의 내부 구조

회전자형 중에서 가장 많이 사용하는 것이 오벌기어(oval gear)형과 루터미터(roots meter)형이 있으며, 이외에도 석유의 유량을 측정하는 스파이럴 기어형이 있다. 대표적인 것으로는 유량 계측방법은 유속이나 압력 등의 간접적인 방법으로 유량을 측정하는 것이 아니라 계량부의 일정체적에 따라 유량을 직접 측정하는 직접 측정방식이다. 계측 정밀도가 높아 공업용으로부터 천연가스, LPG의 소비량 및 기름 판매를 위한 계량용에 이르기까지 다양하게 이용되는 방식이다.

용적 유량계의 원리는 그림 9-52와 같다. 그림에는 대표적인 오발기어형과 루터미터형의 예가 나와 있지만, 다른 종류도 거의 동일한 원리로 동작한다. 유체가 유입되면 회전자에 회전력이 발생하게 되는데, 유체의 흐름이 빠르면 이와 비례해서 회전자가 빨리 돌게 되고, 반대로 유속이 느리면 회전자는 천천히 돌게 된다. 이때 회전자의 회전수를 측정하여 유량을 환산하는 방식이다. 즉, 유량(Q)은 다음과 같은 간단한 관계식으로부터 계산할 수 있다.

$$Q = K \times N \tag{9-61}$$

여기서 K는 회전자가 1회전할 때 배출되어 나오는 유체의 용량이며, N은 회전자의 회전수이다. K는 회전자를 설계하면서 알고 있는 값이므로, 결과적으로 회전자의 회전수를 측정하면 유량을 알 수 있게 된다.

용적 유량계의 구조는 일부 제작회사마다 다를 수 있지만, 기본적인 동작원리에 따르면 크게 계량부, 전동부, 변환부 등 3가지로 구성되며, 필요에 따라서 발신부 및 습도와 압력을 보정하는 보정 연산부가 추가된다. 계량부는 내압을 받아 유지하는 외통부와 계량실을 구성하는 내통부로 되어 있다. 내통부는 회전자의 축 및 축받이를 지지할 수 있도록 되어 있다. 전동부는 유체의 흐름에 따른 회전자의 운동을 외부로 전달하는 부분이다. 변환부는 전동부로부터 전달된 계량부의 회전을 계수부(지시기)의 계수 단위량으로 변환시키기 위한 감속 기어부로 구성되어 있으며, 유속을 표현해 주는 부분이다.

용적 유량계는 액체의 점도, 밀도 등 물리적 조건 등에 따른 영향이 작으므로 폭넓게 사용되고 있으며, 특히 고점도 유체유량 측정에 최적이다. 또한, 유체의 흐르는 에너지로 동작하기 때문에 외부로부터 에너지 공급 없이도 측정이 가능하며, 표준 정밀도가 ±0.5% 이내이고, 고급형은 ±0.2% 이내의 높은 정밀도 때문에 다른 유량계의 표준기로도 사용된다. 단점으로는 회전자가 필요한 복잡한 구조이므로 용량이 커지면 크기가 커지는 점과 회전자와 케이스 사이의 간격이 매우 정밀하게 제작되어야 하기 때문에, 액체 중에 고체 입자가 혼입이 되면 고장 날 우려가 있으므로, 반드시 인입구 앞에 필터를 설치해야 한다.

9.5.6 터빈 유량계(Turbine Flowmeter)

터빈 유량계는 그림 9-53과 같이 여러 개의 날개가 달린 회전날개가 베어링과 지지대에 의해 자유롭게 회전하도록 설계된 유량계이다. 회전날개의 직경은 거의 유량계 내부의 직경에 가깝도록 설계되어 있어서 흐르는 유체가 효율적으로 회전날개를 돌리게 된다. 유체가 유입되면 유체의 속도에 비례하여 회전축이 회전하며, 각 날개의 끝이 측정점을 통과하면서 회전수가 측정되고, 이와 같은 출력신호는 부피유량에 비례하는 주파수 신호이며, 터빈 유량계에서 발생한 각 펄스 신호는 측정된 액체의 부피에 해당된다. 회전날개는 자성을 띤 물체로 만들어지거나 또는 조그만 자석이 날개의 끝부분에 달려 있어서 터빈 유량계 모체 외부로부터 회전날개에 가깝게 설치된 코일로 만든 펄스감지부에서 전자기 유도에 의해 펄스를 유도발생하게 하여 회전수를 감지한다. 즉, 배관에 수평으로 터빈 유량계를 설치하여 유체의 흐름에 의하여 발생하는 터빈의 회전수로 유량을 측정하는 방법이다.

회전날개의 설계는 유속을 결정하는 가장 중요한 요인이다. 날개의 형상에는 여러 가지 있으나, 현재는 나선형 날개를 많이 사용한다. 날개의 설계시 주의해야 할 사항은 날개각도와 유체유입 각도에 차이가 생기면 날개의 근방에서 소용돌이가 발생하여 유체의 박리현상이 생기는데 터빈 유량계에 오차로 영향을 미치게 된다. 이에 대한 상세한 내용은 ISO/TC28/SC2/CD 2715.2의 '터빈 미터에 의한 체적 계측'의 개정도안에 상세히 설명되어 있다.

터빈 유량계의 장점으로는 크기가 간결하고, 선형도가 우수하며, 재현성이 좋아 교정 후 사용하면 ±0.2%의 측정 정확도 유지가 가능하다. 그러나 파이프 유동조건과 측정대상 유체의 점도에 따라 특성이 달라지며, 교정 후 사용기간이 길어지면 베어링 등 기계 구동부의 마모로 유량측정 정확도와

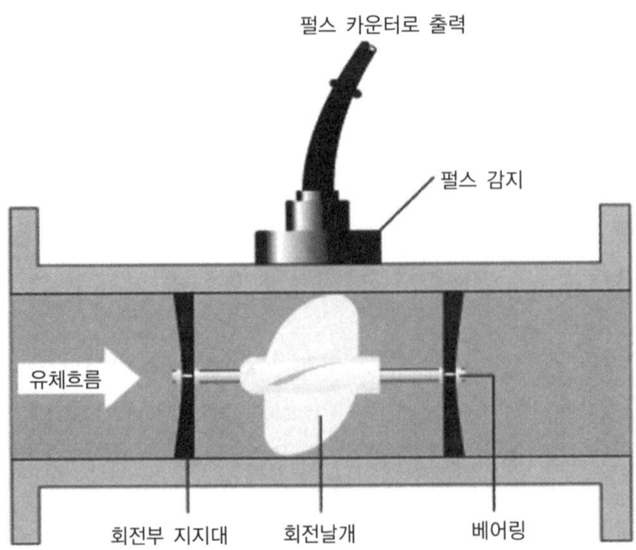

그림 9-53 터빈 유량계의 내부 구조

특성이 달라지는 문제점이 생길 수 있다.

9.5.7 초음파 유량계(Ultrasonic Flowmeter)

초음파 유량계는 1920년쯤 반전파 기술을 이용한 유량계가 처음 나왔고, 점차 기술의 발달로 1970년부터 산업현장에서 유량측정에 응용되기 시작하였다. 초음파 유량계는 음향식 유량계라고도 부르며, 유체가 흐르고 있는 관내에 음파를 보내면 그 전반 속도는 유체의 흐름 영향을 받아 흐름과 동일방향에 대해서는 정지되어 있을 때 음속에 유속을 가한 속도로 전해지고, 반대방향에는 반대로 유속을 뺀 속도로 전해진다. 이 두 가지 방향의 음속 차를 측정하면 유속이 구해지고, 이것을 이용하여 유체의 체적 유량을 측정할 수 있도록 한 것이다. 이 방법은 유속의 방해없이 유속측정이 가능하고, 초음파가 전달되는 유체라면 어떠한 유체에 대한 유속 측정이 가능하다. 또한, 두꺼운 금속관 외부로부터 유량 측정이 가능하므로, 기존 설치된 배관에 별도로 가공하지 않고도 유량 측정이 가능하다 [135].

초음파를 이용한 유속 유량 측정방법에는 다양한 방법이 시도되고 있으며, 현재 실용화되고 있는 것은 전반 속도차법과 도플러법을 이용한 것이다. 전반 속도차법은 정수공업 용수, 농수 등 비교적 맑은 물을 대상으로 하고, 도플러법은 하수, 공장폐수 등 이물질을 다량 함유한 오수를 측정 대상으로 한다.

유체가 흐르고 있는 유체 동일면상의 서로 반대방향에서 초음파를 발사하면 유체의 흐름과 같은 방향인 하류측으로 발사된 초음파와 그 반대방향인 상류측으로 발사된 초음파가 같은 거리를 통과하여 각각 반대편의 수신기까지 도달하는데 걸리는 시간의 차가 생기게 된다. 전반 속도차법은 이와 같은 차를 직접 시간차로 검출하느냐, 위상차로 검출하느냐, 또는 주파수로 검출하느냐에 따라서 각각 시간차법, 위상차법, 주파수차법으로 세분한다.

9.5.7.1 시간차법

시간차법의 동작원리는 다음과 같다. 초음파가 유체를 통과할 때 유체가 흐르고 있는 상태에서는 정지상태의 경우에 비해 유속분만큼 초음파 진행속도는 변화한다. 그림 9-54와 같이 2조의 초음파 송수신기 T_1, R_1 및 T_2, R_2를 유체 중에 대응해서 설치한 후 한쪽은 흐름과 동일방향으로 다른 쪽은 흐름과 역방향으로 초음파를 발사시킨다. 정지 유체 중의 음속을 c, 유체속도를 v라 하면, 순방향 초음파의 진행속도는 $c+v\cos\theta$가 되고, 역방향 초음파의 진행속도는 $c-v\cos\theta$가 된다. 순방향 초음파 도달시간을 t_1, 역방향 초음파 도달시간을 t_2라 하면 시간은 각각 다음과 같다.

$$t_1 = \frac{L}{c+v\cos\theta},\ t_2 = \frac{L}{c-v\cos\theta} \tag{9-62}$$

여기에서 유체를 액체로 생각하면 일반적으로 액체에서의 음속은 대략 1,500 m/s 정도이며, 유속 v는 수 m/s를 넘지 않으므로, $c^2 \gg v^2$ 이 되고, 따라서 시간차(Δt)를 구하는 방법은 다음과 같다.

$$\Delta t = t_2 - t_1 = \frac{L}{c-v\cos\theta} - \frac{L}{c+v\cos\theta} = \frac{2Lv\cos\theta}{c^2 - v^2\cos\theta} \approx \frac{2Lv\cos\theta}{c^2} \tag{9-63}$$

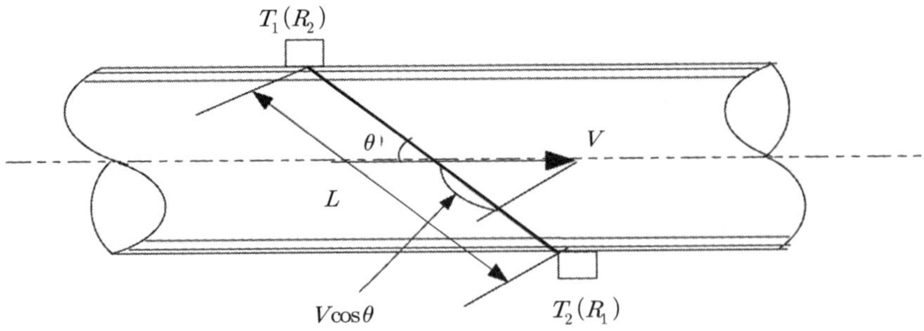

그림 9-54 시간차법의 측정원리

직경 1 m의 관로상에 물의 유속이 100 m/s일 때, 초음파 유량센서를 45°로 설치하면 $\Delta t = 10^4$ ns 이고, 관직경이 10 cm이면, $\Delta t = 100$ ns가 된다. 따라서 Δt를 측정하면 유속을 계산할 수 있다. 그러나 이 방법은 유체의 온도에 따라 음속이 변하는데, 만약 물의 온도가 20℃일 때, 1℃의 온도 증가에 따라 음속이 약 0.2% 변하게 되며, 이의 영향을 유속을 구하는 식 (9-63)에 대입하면 유속 측정시 약 0.4%의 오차를 유발하게 된다. 따라서 시간차법보다는 그 역수인 주파수 차이로 측정하는 주파수차법(싱어라운드 법)으로 해결하고 있다.

9.5.7.2 주파수차법

주파수차법은 초음파를 펄스로 일정간격으로 계속 발사하면서 식 (9-62)의 역수를 이용한 주파수를 사용하는 방법이다. 이때 반복 주파수는 다음과 같다.

$$f_1 = \frac{1}{t_1} = \frac{c + v\cos\theta}{L}, \quad f_2 = \frac{1}{t_2} = \frac{c - v\cos\theta}{L} \tag{9-64}$$

식 (9-64)의 주파수 차이 Δf는 다음과 같으며, 이 식에는 음속이 없으므로 음속과는 무관하게 유속을 측정할 수 있다.

$$\Delta f = f_1 - f_2 = \frac{c + v\cos\theta}{L} - \frac{c - v\cos\theta}{L} = \frac{2v\cos\theta}{L} \tag{9-65}$$

9.5.7.3 위상차법

위상차법은 본질적으로 시간차법과 동일하며, 위상차 $\Delta\phi$와 시간차 Δt의 관계로부터 위상차와 유속과의 다음과 같은 관계식을 얻을 수 있다.

$$\Delta\phi = \frac{4\pi f_t D v \cot\theta}{c^2} \tag{9-66}$$

여기서 f_t는 초음파의 주파수이다. 위의 식에서 위상차는 주파수에 비례하므로 주파수를 높게 하면 측정감도는 어느 정도 향상되지만, 주파수를 올리게 되면 측정가능한 최대 유속값이 내려가므로 적절한 주파수를 선정해야 한다. 또 연속파를 이용할 경우 2개 측정 경계간에는 상호 간섭이 생길 우려가 있다.

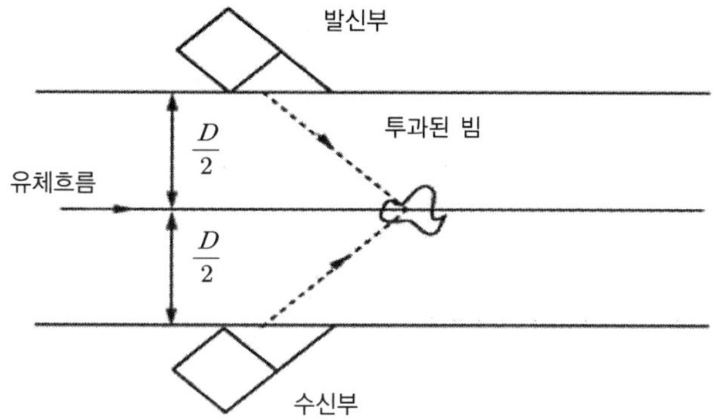

그림 9-55 도플러 초음파 유량계의 측정원리

9.5.7.4 도플러법

도플러법은 Doppler 효과를 이용하여 유속이나 유량을 측정하는 원리이다. 측정방법은 그림 9-55와 같이 흐르고 있는 유체에 초음파를 조사하면, 조사된 초음파는 유체 중의 부유물과 기포로부터 산란 및 반사된다. 이때 기포나 미소한 부유물은 유체와 함께 같은 속도로 이동하고 있는 것으로 볼 수 있으므로, 발신부 주파수를 f_t라 하면 기포나 미소 부유물로부터 산란 및 반사되어 들어온 수신부 주파수 f_r은 다음과 같다.

$$L_1 = L_2, \ f_r(c - v\cos\theta) = f_t(c + v\cos\theta) \tag{9-67}$$

$$f_r = f_t \frac{c + v\cos\theta}{c - v\cos\theta} = f_t \frac{(c + v\cos\theta)^2}{(c - v\cos\theta)(c + v\cos\theta)} = f_t \frac{c^2 + 2cv\cos\theta + v^2\cos^2\theta}{c^2 - v^2\cos^2\theta} \tag{9-68}$$

여기서 일반적으로 $c^2 \gg v^2\cos^2\theta$이므로 식 (9-68)은 다음과 쓸 수 있다.

$$f_r \simeq f_t\left(\frac{c^2 + 2cv\cos\theta}{c^2}\right) \simeq f_t\left(1 + \frac{2v\cos\theta}{c}\right) \tag{9-69}$$

여기서 발신부와 수신부의 주파수차(도플러 편이에 의한 주파수) Δf는 다음과 같다.

$$\Delta f = f_r - f_t = f_t \frac{2v\cos\theta}{c} \tag{9-70}$$

식 (9-70)은 도플러 편이에 의한 주파수와 유속 v와의 관계식을 나타내고 있다. 따라서 도플러 주파수 Δf를 측정하면 유체의 속도 v를 구할 수 있다. 도플러법을 이용한 초음파 유량계가 측정한 유속 v는 배관의 측정선을 통과하는 평균유속이며, 단면에 대한 평균유속이 아니기 때문에 측정한 유속을 단면에 대한 평균유속 $\overline{v}$로 환산해 주어야 한다. 이를 위해서는 유량보정계수 k_p를 이용하여 다음 관계식으로부터 결정한다.

$$Q = \overline{v} \times A = \left(\frac{v}{k_p}\right) \times A \tag{9-71}$$

위 식의 유량보정계수 k_p는 배관중심에서의 유속을 평균유속으로 나눈 값으로 레이놀즈 수 Re의 함수로 다음 식 중 하나를 사용한다.

① 블라지우스의 식 $(3\times10^3 \le Re \le 10^5)$: $k_p = 1 + 0.746\,Re^{-1/8}$

② 게이빌게일의 식 $(3\times10^3 \le Re \le 5\times10^5)$: $k_p = 1 + 0.01\left(56.26 + 3886\,Re^{-0.237}\right)^{1/2}$

③ 키비리스의 식 $(3\times10^3 \le Re \le 10^5)$: $k_p = 1.383 - 0.038\log Re$

도플러법에 의한 유량계를 실제 사용하는데 있어서는 여러 부유 물질로부터 반사된 파를 수신하는데, 이러한 부유물 가운데는 관의 벽면에 매우 근접한 것들도 있어 관내 유속과 상관관계가 매우 부정확할 우려가 있다. 도플러법에 의한 유량계는 깨끗한 물에 대해서는 사용할 수 없으며, 어느 정도 크기의 부유물이 있어야 한다. 이러한 이유로 초음파 시간차법으로는 측정이 불가능한 쥬스, 슬러리, 하수, 공업폐수, 펄프 등과 같은 유량측정에 적합하다. 현재는 부유물의 입자크기가 약 30 μm 정도만 되면 사용할 수 있는 도플러 초음파 유량계가 상품화 되어 있다.

9.5.8 전자 유량계(Electromagnetic Flowmeter)

전자 유량계는 자기장 속을 도체가 가로질러 이동할 때 이동속도에 비례하는 전압이 도체 중에 발생된다는 Faraday의 전자기 유도법칙을 기본 원리로 하고 있다. 그 역사는 Faraday가 영국 Thames 강의 유량을 계측하려고 지구의 자계를 가로질러 흐르는 강물에서 발생한 전압을 측정하고자 한 것으로부터 시작된다. 전자 유량계는 압력손실이 없이 유량에 비례하는 신호가 얻어지고, 부식성 유체를 측정할 수 있는 등 다른 유량계에서는 할 수 없는 많은 장점을 가지고 있다.

전자 유량계는 자기장 내부를 도체가 이동하거나 유체가 흐를 때 그 이동속도나 유속에 비례하는

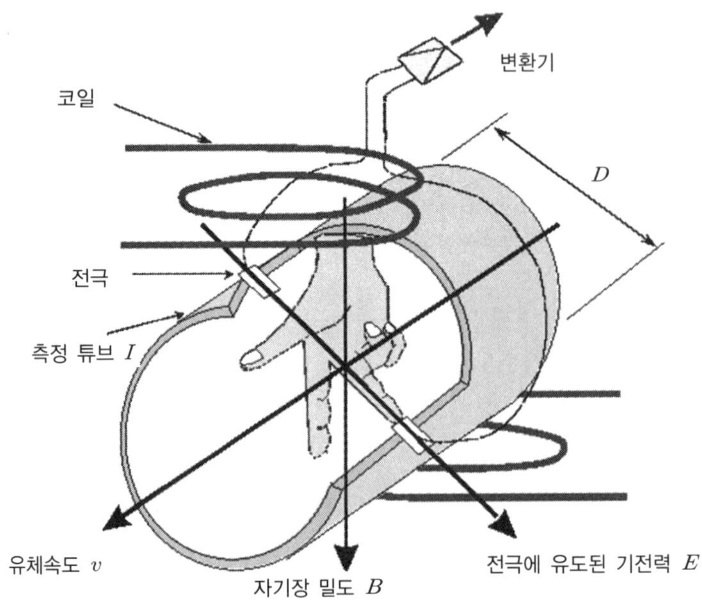

그림 9-56 전자 유량계의 원리

기전력이 도체나 유체의 내부에 발생한다는 원리를 이용하여 유량을 측정하는 유량계이다. 기전력의 발생 원리는 플레밍의 오른손법칙을 따르는데, 이 법칙을 응용하여 그림 9-56과 같이 N, S극 자기장 공간 내에 배관을 설치하고, 이동도체 대신에 유체를 흘려주면 자기장의 방향과 유체의 방향에 직각인 제3의 방향으로 기전력이 발생하며, 이 기전력은 자속밀도와 유체유속에 비례하므로, 자속밀도만 일정하다면 유체의 유속과 기전력은 비례하게 된다. 따라서 기전력만을 측정하여 유속과의 관계로 유량을 검출하는 원리이다.

내면이 절연된 내경 D의 원형 측정관에 전극을 설치하고, 코아 및 여자코일을 설치하여 이 전극 방향에 수직방향으로 자기장(자속밀도 B)을 형성시킨 후 관로 내부에 유체가 평균유속 v(m/s)로 흐르게 할 때 전극 사이에는 다음과 같은 기전력 신호 E(volt)가 발생한다.

$$E = k \cdot B \cdot D \cdot v \tag{9-72}$$

여기서 k는 상수이며, D는 관의 내경이자 전극 사이의 거리이다. 그리고 체적 유량 $Q = A \cdot v$이며, 여기서 $A = \pi D^2 / 4$이므로 속도항을 식 (9-72)에 대입하면 기전력은 유량과 다음과 같다.

$$Q = \left(\frac{\pi D}{4kB}\right) \cdot E \tag{9-73}$$

여기에서 자속밀도 B와 관의 직경 D는 유량계 제작시 결정되는 것으로서 일정한 상수를 가지는 값이 되므로 기전력은 체적유량 Q에 비례한다. 즉, 유속에 비례하는 기전력만을 측정하여 체적유량 Q를 검출하는 원리이다. 그리고 식 (9-73)에는 유량값과 관련하여 측정유체의 온도, 압력, 밀도, 전기전도율, 평균 유속 등이 포함되어 있지 않으므로 전자 유량계는 이들 조건과 유체성분의 영향을 받지 않고 체적유량의 측정이 가능하다.

전자 유량계의 특징은 다음과 같다.

① 액체의 압력, 온도, 점도, 도전율 등의 영향을 받지 않는다.
② 유량지시가 균등눈금으로 적산계 등과 간단하게 결합할 수 있다.
③ 검출지연이 없고, 맥류에서도 정확히 측정할 수 있다.
④ 진흙 상태의 액이나 고점도 액에서도 측정이 가능하다.
⑤ 층류, 난류 등 흐름의 상태에 영향을 받지 않으므로 검출기 전후에 직관부가 필요 없다.

9.5.9 코리올리 질량유량계(Coriolis Mass Flowmeter)

코리올리 질량유량계는 지구의 자력(Coriolis 힘)을 이용하여 유량을 측정하는 원리로 가장 최근에 개발된 유량 측정 방식이다. 이 유량계는 액체의 점도에 영향을 받지 않고 정확도가 우수하여 석유화학 분야에 급속하게 사용되고 있다. 코리올리 힘은 지구와 같이 회전하고 있는 좌표계에서 수평적으로 움직이는 물체가 느끼는 겉보기 힘을 말하며, 1828년 프랑스의 Coriolis가 이론적으로 유도하여 그의 이름을 따서 부르며, 위도에 따른 코리올리 힘은 다음과 같다.

$$F = ma = 2m\Omega v \sin\phi \tag{9-74}$$

여기서 m은 물체의 질량, Ω는 지구자전각속도, v는 물체의 속도, ϕ는 위도이다. 여기서 a는 물체의 가속도인데, $a=2\Omega v\sin\phi$ 로 표현되며 이것을 코리올리 가속도라 한다.

그리고 움직이는 물체가 그 물체의 속도에 대하여 수직으로 편향하도록 하는 효과를 코리올리 효과라 한다. 지구가 서쪽에서 동쪽으로 자전하기 때문에 코리올리 힘은 북반구에서 움직이는 물체의 진행방향의 수직으로 작용하여 운동이 오른쪽으로 편향되도록 하고, 반대로 남반구에서는 진행방향의 왼쪽으로 편향되도록 한다. 식 (9-74)에 의하면 코리올리 힘은 위도의 함수이므로 고위도로 갈수록 증가한다. 즉, 남극과 북극에서 코리올리 힘은 최대가 되고, 적도에서는 0이다.

코리올리 질량유량계는 코리올리 효과를 이용한 것으로 코리올리 힘을 측정하여 질량유량을 구하는 방식이다. 그림 9-57에서 보듯이 U자형 튜브의 고정점을 중심으로 한쪽 방향에 있는 U자형 튜브를 전자석을 이용해서 위 아래로 일정하게 고유진동수로 공진을 한다. 이 진동폭은 약 0.1 인치보다 작으며 초당 약 80회를 진동하도록 한다. 이 튜브 내로 들어온 액체는 입구로부터 U자로 구부러진 부분을 향해 흐를 때 튜브의 상승 또는 하강에 따른 속도에 의하여 유체의 질량과 유속에 비례하여 코리올리힘이 발생된다. 이 힘은 진동을 방해하는 방향으로 작용하여 튜브에 비틀림을 주게 된다. 구부러진 부분으로부터 출구를 향하여 흐를 때는 코리올리 힘이 진동하는 방향으로 발생하여 입구 쪽과는 반대방향의 비틀림을 주게 된다. 즉, 역방향의 코리올리 힘에 의하여 토크가 발생하게 되고, 그 비틀린 각도는 코리올리 힘에 비례하므로, 이 각도를 측정하는 것에 의해 질량유량을 알 수 있다.

그림 9-57(a)의 미소 유체 질량 δm 에 작용하는 코리올리 힘은 다음과 같다.

$$\delta \overline{F_c} = \delta m \cdot a_c = \delta m \cdot 2\overline{\Omega} \times \overline{v} \tag{9-75}$$

문제를 간단히 하기 위해 튜브는 단면적 A 를 가진 완벽한 U형이라 하고, 그림 9-57(a)와 같이 길이를 l, 폭을 d라고 하면, 코리올리 힘에 의해 입구쪽과 출구쪽에 다음과 같은 비틀림 모멘트 T_c 가 작용한다.

$$T_c = F_c \cdot d = m \cdot a_c \cdot d = (\rho A l) \cdot (2\Omega v) \cdot d \tag{9-76}$$

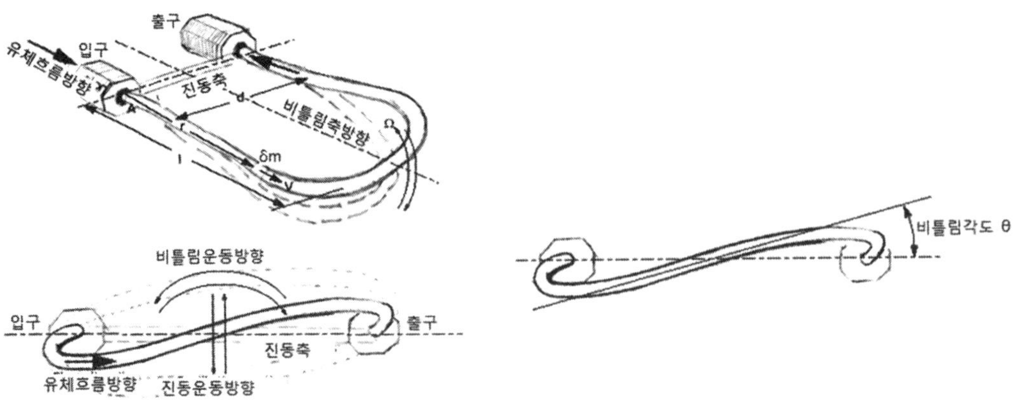

(a) 코리올리 유량계의 진동/비틀림 방향

(b) 코리올리 힘에 의한 비틀림각

그림 9-57 코리올리 유량계의 진동 및 비틀림 방향 및 비틀림 각도

여기서 보다 일반적인 U형에 대한 보상을 위해 보상계수 K를 사용하면 다음과 같은 일반적인 U형에 대한 코리올리 힘에 의한 비틀림 모멘트를 정의할 수 있다.

$$T_c = K \cdot (\rho A l) \cdot (2\Omega v) \cdot d = (2K\Omega) \cdot (\rho A v) \cdot d \cdot l = 2K\Omega Q_m dl \tag{9-77}$$

여기서 $Q_m = \rho A v$인 질량 흐름률이다. 그리고 비틀림에 대한 운동방정식은 다음과 같다.

$$I_u \frac{d^2\theta}{dt^2} + C_u \frac{d\theta}{dt} + K_u \theta = T_c \tag{9-78}$$

여기서 I_u는 U자관 튜브의 관성(inertia), C_u는 감쇠계수(damping coefficient), K_u는 튜브의 온도에 따른 강도(stiffness), θ는 그림(b)에서 정의된 비틀림 각도, t는 시간이다. 실제 각속도 Ω는 진동 주파수 ω의 함수인 $\Omega = \Omega_0 \cos \omega t$ 이고, 감쇠항을 무시하면 식 (9-78)은 다음과 같다.

$$I_u \frac{d^2\theta}{dt^2} + K_u \theta = T_c = 2KQ_m dl\Omega_0 \cos \omega t \tag{9-79}$$

위 식에서 비틀림 각도의 해를 구하면 다음과 같다.

$$\theta = \theta_0 \cos \omega t = \frac{2KQ_m \Omega_0 dl}{K_u - I_u \omega^2} \cos \omega t \tag{9-80}$$

또한, U자관 튜브의 입구와 출구쪽 사이의 시간차이 τ는 다음과 같다.

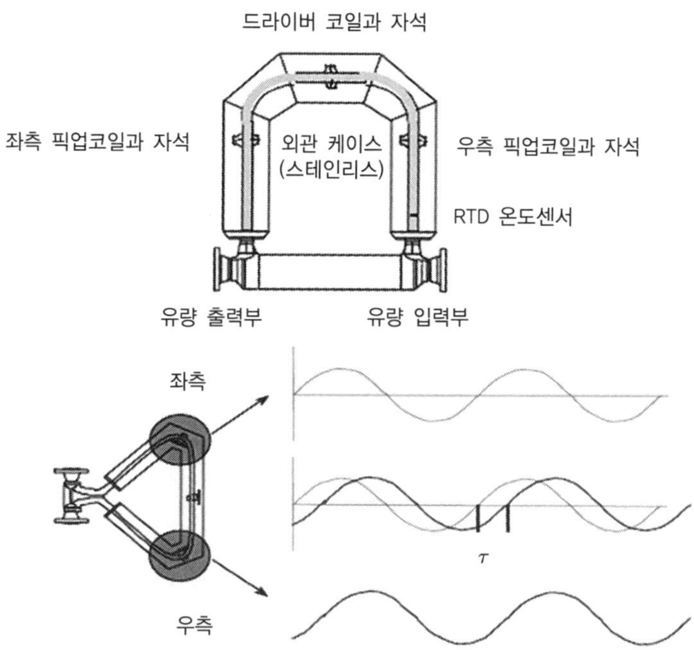

그림 9-58 코리올리 유량계의 동작원리

$$\tau = \frac{\theta d}{\Omega l} = \frac{\theta_0 d}{\Omega_0 l} = \frac{2K Q_m d^2}{K_u - I_u \omega^2} \tag{9-81}$$

그러므로 그림 9-58의 시간차 τ를 측정하면 질량 흐름률을 계산할 수 있다[136].

$$Q_m = \frac{K_u - I_u \omega^2}{2K d^2} \tau \tag{9-82}$$

참고문헌

Part I 센서의 기초

1) 미국 국토안보부 과학기술국, 2010년 4월
2) KT 종합기술원, "모발일 애플리케이션 촉매제 스마트폰 센서", Technology Hot Issues, 2010년 11월
3) 김현우, "관성센서 위주의 하이브리드 실내측위 기술", 정보통신산업진흥원, 주간기술동향, 2011년 12월 23일
4) 이대성, "IT융합을 위한 지능형 센서", C&I 2010. 10
5) "자동차에서의 센서기술", 과학기술부, 한국과학기술정보연구원, 2006년 10월
6) Yole 사 "센서세계시장 보고서", 2010년
7) Yole 사 보고서, "Status of the MEMS Industry 2010"
8) BIPM Homepage, http://www.bipm.org/en/si/new_si/
9) Jacob Fraden, "Handbook of Modern Sensors", 4th Edition, Springer
10) Suji E. Mayers (2003), "An Introduction to numerical Analysis", Cambridge University Press, Cambridge

Part II 센서의 물리적인 기본 원리

11) David Halliday, Robert Resnick, "Principles of Physics"
12) Roald K. Wangsness, "Electromagnetic Field"
13) 한국과학기술정보연구원, 압전소재, 2004, 8
14) Meissner A (1927), Uber piezoelectrische Krystalle bei Hochfrequenz. Z Tech Phys. 8:74
15) Neubert HKP (1975) Instrument transducers, An Introduction to their performance and design, 2nd edn. Clarendon, Oxford
16) A.J.Moulton & J.M.Herbert, Electroceramics, 318~337, Chapman & Hall, 1990
17) 박용수, "Pyroelectric Sensor", 포항공과대학교, 신소재공학과 자료
18) L.J. van der Pauw, "A Method of measuring specific resistivity and Hall effect of discs of arbitrary shape", Philips Research Reports, vol. 13, 1~9, (1958)
19) G.S.Nolas, J.Sharp, and H.J.Goldsmid, "Thermoelectrics: Basic Principles and New Developments", Springer Deries in Material Science, Springer-Verlag Berlin, 2001
20) Terry M.Tritt Harald Bottner, and L.Chen, "Thermoelectronics: Direct Solar Thermal Energy Conversion", MRS BULLETIN, vol.33, 2008, p.366.
21) Terry M. Tritt and M.A. Subramanian, "Thermoelectric Materials, Phenomena and Applications: A Bird's Eye View", MRS BULLETIN, vol.31, 2006, p.188.
22) ㈜카멜테크, Homepage, http://www.e-camel.co.kr/skin_module/theory1-2.php?mode=
23) Wikipedia, http://en.wikipedia.org/wiki/Thermoelectric_effect
24) Spillman, WB, Jr (1991), Optical Detectors. In: Udd Eric (ed) Fiber optic sensors, Wiley, New York
25) http://sciencesummit.wordpress.com/2011/05/28/michelson%E2%80%93morley-experiment/

26) Astheimer, R.W., Handbook of Infrared Radiation Measurements, Barnes Engineering Co., Stanford, CT, (1983)
27) Bramson, M.A., Infrared: A Handbook for Applications, Plenum Press, New York, (1966)
28) 손대락, "자기센서의 개발동향 및 응용", 한국자기학회지 제7권 제6호, 334~339
29) Janice Nickel, "Magnetoresistance Overview", HP Report, 1995
30) 유천열, "거대자기저항의 물리적 원리", 물리학과 첨단기술, 2007년 12월
31) A.J.Freeman and S.D.Bader, Journal of Magnetism and Magnetic Materials, vol.200, (1999)
32) S. Jin et al, Science, vol. 264, 413 (1994)
33) Wikipedia, http://en.wikipedia.org/wiki/Faraday_rotation
34) W.J.Tabor and F.S.Chen, "Electromagnetic propagation through materials possessing both Faraday rotation and birefringence", J. Appl. Phys. 40, (1969), pp2760
35) http://www.asu.cas.cz/~solmag/english/zeeman.htm
36) Chaeles Kittel, "Introduction to Solid State Physics", 8th Edition
37) Jaffe B, Cook WR, Jaffe H (1971) Piezoelectric Ceramics, Academic Press, London
38) Mason WP (1950) Piezoelectric crystals and their application to ultrasonics, Van Norstrand, New York
39) Tamura M, Yamagaguchi T, Oyaba T, Yoshimi T (1975) J Audio Eng Soc 23:31
40) 필스, Homepage, http://www.fils.co.kr
41) William D. Callister, Jr. & David G. Rethwisch, "Fundamentals of Materials and Engineering', 3rd Edition, John Wiley & Sons, Inc.
42) S.M.Sze and Kwok K, Ng, "Physics of Semiconductor Devices", 3rd Edition, John Wiley & Sons
43) 이성준, 문홍민, "Ceramic Superconductor", 포항공과대학 신소재공학과
44) Wikipedia, http://en.wikipedia.org/wiki/Meissner_effect
45) ABC Science, http://www.abc.net.au/science/articles/2011/07/20/3273635.htm
46) Index to HyperPhysics, http://hyperphysics.phy-astr.gsu.edu/hbase/solids/coop.html
47) Wikipedia, http://en.wikipedia.org/wiki/File:Magnetisation_and_superconductors.png
48) 2009년 제6회 THz Symposium, http://www.sura.org/commercialization/terahertz.html
49) E.L.Dereniak and G.D.Boreman, "Infrared Detectors and Systems", John Wiley & Sons, Inc., (1998), Chapter 2.
50) 정용택 이학박사학위 논문, "HgCdTe 반도체의 조성", 동국대학교, 1998년
51) Chattopahyay et al., Materials Science and Engineering, R 69 (2010), pp. 1-35
52) Max Born and Emil Wolf, "Principles of Optics", 7th Edition, Cambridge
53) Sirohi RS (1979) Design and performance of plano-cylindrical Fresnel lens, Appl. Opt., vol.14, 45(A)
54) FresnelTech Homepage, http://www.fresneltech.com
55) Wikipedia, http://en.wikipedia.org/wiki/infrared
56) Wikipedia, http://en.wikipedia.org/wiki/Emissivity
57) 정용택, "적외선 센서의 원리와 응용", pp137, (주)인포더, 2012년
58) Kai Chang, "RF and Microwave Wireless System", John Wiley & Sons, Inc., 2000

Part III 오감센서의 원리 및 응용

59) Yole 사 시장보고서 "Uncooled Infrared Imaging Market 2012"
60) Market and Market Homepage, http://www.marketsandmarkets.com
61) Snap av, Homepage, http://www,snapav.com/p-936-wps-700-dom-a-wh.aspx
62) 보안뉴스, "CCTV 카메라 모듈의 종류와 활용", 2007년 6월 18일
63) 박상식, "CCD/CMOS 이미지센서", 두양사, 2009년
64) 정용택, "물리보안용 센서의 원리와 응용", (주)인포더, 2012년
65) J.A. Ratches, Ferroelectrics 342, 183(2006)
66) 한명수, "적외선센서 기술 및 MEMS 공정기술 응용", 한국광기술원
67) 김경민 외, "비정질 실리콘을 이용한 미세피치 적외선이미지 센서 제조 및 특성", J. of the Korean Sensors Society, vol.19, No.2, 2010년
68) A. Rogalski, ACTA PHYSICA POLONICA A, vol. 116, no.3, pp 389, (2009)
69) M.Kohin, N.Butler, Proc. SPIE, vol. 5406, 447 (2004)
70) F. Niklaus, Proc. of SPIE, 6836, "MEMS-Based Uncooled Bolometer Arrays - A Review"
71) Haimann, Homepage, http://www.heimannsensor.com
72) Lawson W.D., et al., J. Phys. Chem. Solids, vol 9, pp 325, (1959)
73) Hansen G.L. et al., J. Appl. Phys. vol 53, pp. 7099 (1982)
74)Norton P. R., "Infrared detectors in the next millennium", Proc. SPIE, vol.3698, (1999)
75) Wavelength Electronics, Inc. Home page, http://www.teamwavelength.com/info/temperaturecontrollers.php
76) 홍석민, "전자광학 영상센서", 물리학과 첨단기술, 2006년 1월
77) Wikipedia, http://en.wikipedia.org/wiki/Nuclear_magnetic_resonance
78) Thomas L. James, "Fundamentals of NMR", University of California, 1998
79) 이성우 외, "최신 자기공명 영상학", 여문각, 1998년 12월
80) 허영, 전성채, 진승오, "디지털 X-ray용 센서기술 및 동향", 물리학과 첨단기술, 2007
81) "방사선 계측기술 및 중성자 계측기 기술 개발 현황", 기술현황분석보고서, 한국원자력연구소, 2002년
82) 박건식 외, "방사선 영상 장치용 반도체 검출기", 전자통신동향분석 제22권 제5호, 2007년 10월, 한국전자통신연구원
83) J.P.Ponpon, "Semiconductor Detectors for 2D X-ray Imaging", Nucl. Instrum. Meth. Vol.A551, 2005, p.15.
84) 최진우, 이원진, "디지털 방사선영상 시스템의 기본적 원리", 대한구강악안면방사선학회지 2010년 40, pp.155
85) Wikipedia, http://en.wikipedia.org/wiki/X-ray_fluorescence
86) 노도영 등, "X선 이용연구", 물리학과 첨단기술, 2005년 3월
87) 포항가속기연구소, Homepage, http://pal.postech.ac.kr/
88) Oliver Chris, "Understanding SAR Image", SciTech, 2004
89) 한국항공우주산업주식회사 자료 참고
90) 이훈열, "교육용 합성구경레이더의 개발과 공개", 대한원격탐사학회지, 21권, 2호, (2005)

91) 황효정, 김현구, "SAR 위성영상을 이용한 해상풍 분석", 한국풍공학회지, vol.15, no.4, pp.67~71, 2011
92) 김이현, "마이크로파 산란계 및 합성구경레이더를 이용한 작물생육 모니터링", 이학박사학위논문, 강원대학교, 2012년
93) 이훈열, "SAR 영상의 활용", 한국전자파학회지, 제22권 제6호, 2011년 11월
94) Chee Wee Tan and Jianmin Miao, "Design optimization of condenser microphone", J. Acoust. Soc. Am., vol.125 (6), June, 2009
95) Morse PM, "Vibration and Sound", McGraw-Hill, New York, (1948)
96) Sessler GM, "Electrets", Springer, Berlin, (1980)
97) 양우석 등, "초소형 음향소자의 기술 및 산업동향", 전자통신동향분석 제25권 제5호, 2010년 10월, ETRI
98) Yole Development, "Emerging MEMS", 2010
99) Philippe Blondel, "The Handbook of sidescan sonar", Springer, 2009
100) SIMRAD, Homepage, http://www.simrad.com
101) KAI Chang, "RF and Microwave Wireless Systems", John Wiley & Sons, Inc., 2000년
102) 손명식, 조병록, "RFID Tag 기술", 고분자과학과 기술, 제17권, 1호, 2006년 2월
103) 이훈재, 조형국, "RFID 시스템과 보안", 컴원미디어, 2009년
104) ETRI, "RFID 기술표준화 동향", 전자통신동향분석, 제25권, 제4호, 2010년 8월
105) 김경식, 신준호, "NFC 기술 및 인증동향", TTA Journal, vol.133, 132~136, 2011년
106) Verdeyen JT (1981), "Laser electronics", Prentice-Hall, Englewood Cliffs, NJ
107) Hamamatsu, Homepage, http://hamamatsu.com
108) Hamamatsu, Homepage, http://jp.hamamatsu.com/sp/ssd/tech_handbook_en.html
109) "다중이용시설 등의 실내공기질관리법", 환경부, 2006년
110) 윤영훈 외, "주요 산업공정 가스입자상물질 진단 및 평가를 위한 통합관리시스템 기술: 기술동향보고서", 2011년 4월
111) 이명구, "오존의 측정", C&I, 2009년 6월
112) 김현호, "환경 대기중의 아황산가스 계측기술", 한국표준과학연구원 환경계측그룹, 2002년
113) ㈜인바이런먼트 리딩 테크놀러지, 소방방재청 2010년 보고서, "신개념 화재감지용 CO & CO2 멀티가스 감지기 개발에 관한 연구과제"
114) InfraTec, Homepage, http://www.infratec-infrared.com
115) Si Ware system, Homepage, http://www.si-ware.com
116) CTR, Homepage, http://www.ctr.at
117) ㈜케이엔씨, Homepage, http://www.newcera.co.kr, 가스센서의 원리와 응용
118) 행정자치부고시 제2004-20호, "자동 화재탐지설비의 화재안전기준"
119) Mikron Infrared, Homepage, http://www.mikroninfrared.com
120) Trens-Tek, Inc., 기술자료
121) Abdul Haseeb Ma and Albert M. Leung, "Thermal Accelerometer Based on Buckled Cantilever Microstructure", IEEE SENSORS 2008 Conference
122) STMicroelectronics, Homepage, http://www.st.com/internet/com/home/home.jsp
123) 이상학, "자이로센서 기술동향", 한국과학기술정보연구원, 2002년 6월

124) 심규민, "사냑간섭계를 이용한 자이로의 원리와 발전전망", 한국광학회지, 제23권 제5호, 2012년 10월
125) Philips Sensor, Data sheet 참고
126) 이상철, "Thermistor(NTC, PTC)", 포항공과대학 신소재공학과
127) 권현호 외, "광섬유센서 케이블을 이용한 분포개념의 온도 및 변형률 계측기법의 활용", 광해방지기술, vol.2, No.1, (2008)
128) 방기석, "습도측정 및 습도센서", ㈜공보엔지니어링
129) http://www.realtechsupport.org/UB/MRII/docs/sensing/Tactile%20Sensors.pdf
130) "저항성 터치센서에 저스처 인식기능을 구현하는 AD7879 컨트롤러", 월간 전자기술 2012년 1월
131) 오찬종, "압력 검출", 포스코 인재개발원
132) Buckley OE (1916), Proc. Natl. Sci., USA 2:683
133) Leck JH, "Pressure measurement in vacuum systems". Chapman & Hall, London, (1957)
134) 김동화, "차압식 유량계에 의한 유량측정", 제어계측, 2003년 2월
135) 이철호, "이야기로 다시보는 프로세스 계측", C&J, 2007년 11월
136) http://www.efunda.com/designstandards/sensors/flowmeters/flowmeter_cor.cfm

찾아보기

저자 소개

정 용 택

[학력]

1985년 2월 부산대학교 물리학과 졸업

1987년 2월 부산대학교 대학원 물리학과 석사 졸업

1998년 2월 동국대학교 대학원 물리학과 박사 졸업

[경력]

1987년 3월~2003년 3월 국방과학연구소 선임연구원
- 적외선 카메라용 센서모듈 개발 및 평가기법 연구

2003년 4월~2012년 12월 ㈜에스원 기술연구소
- 물리보안용 센서 개발 총괄

2013년 1월~현재 ㈜시큐아이 R&D센터 상무

[저서]

물리보안용 센서의 원리와 응용, ㈜인포더, 2012년

적외선센서의 원리와 응용, ㈜인포더, 2012년

정가 29,000원

센서 물리학 개론

2013년 9월 16일 초판 인쇄

2013년 9월 30일 초판 발행

저 자 : 정 용 택

발행자 : 우 명 찬 · 송 준

발행처 : 홍릉과학출판사

주 소 : ㊍142-885 서울시 강북구 인수동 455-60

등 록 : 1976년 10월 21일 제5-66호

전 화 : 999-2274~5, 903-7037

팩 스 : 905-6729

ISBN : 979-11-5600-004-4

hongpub@hongpub.co.kr

www.hongpub.co.kr

저자와의 협의하에 인지생략